国家卫生健康委员会"十四五"规划教材
全国高等学校药学类专业第九轮规划教材
供药学类专业用

制药工程原理与设备

第4版

主　编　王志祥

副主编　王　毅　臧恒昌

编　者（以姓氏笔画为序）

王　毅（浙江大学药学院）
王立红（贵州中医药大学）
王志祥（中国药科大学）
吕惠卿（浙江中医药大学）
朱小勇（广西中医药大学）
江汉美（湖北中医药大学）
李传润（安徽中医药大学）
杨珅珅（天津中医药大学）
吴宏宇（沈阳药科大学）
张　烨（内蒙古医科大学）
武法文（中国药科大学）
岳春华（广东药科大学）
赵玉佳（牡丹江医学院）
夏成才（山东第一医科大学）
覃　艳（湖南中医药大学）
臧恒昌（山东大学药学院）

人民卫生出版社
·北　京·

图书在版编目（CIP）数据

制药工程原理与设备/王志祥主编. —4版. —北京：人民卫生出版社，2023.2

ISBN 978-7-117-34172-1

Ⅰ.①制… Ⅱ.①王… Ⅲ.①制药工业-化工原理-医学院校-教材②制药工业-化工设备-医学院校-教材 Ⅳ.①TQ460.1②TQ460.3

中国版本图书馆CIP数据核字(2022)第229446号

制药工程原理与设备

Zhiyao Gongcheng Yuanli yu Shebei

第4版

主　　编：王志祥
出版发行：人民卫生出版社（中继线 010-59780011）
地　　址：北京市朝阳区潘家园南里19号
邮　　编：100021
E - mail：pmph @ pmph.com
购书热线：010-59787592　010-59787584　010-65264830
印　　刷：人卫印务（北京）有限公司
经　　销：新华书店
开　　本：850×1168　1/16　　印张：24
字　　数：694千字
版　　次：2007年8月第1版　2023年2月第4版
印　　次：2023年3月第1次印刷
标准书号：ISBN 978-7-117-34172-1
定　　价：85.00元

出版说明

全国高等学校药学类专业规划教材是我国历史最悠久、影响力最广、发行量最大的药学类专业高等教育教材。本套教材于1979年出版第1版，至今已有43年的历史，历经八轮修订，通过几代药学专家的辛勤劳动和智慧创新，得以不断传承和发展，为我国药学类专业的人才培养作出了重要贡献。

目前，高等药学教育正面临着新的要求和任务。一方面，随着我国高等教育改革的不断深入，课程思政建设工作的不断推进，药学类专业的办学形式、专业种类、教学方式呈多样化发展，我国高等药学教育进入了一个新的时期。另一方面，在全面实施健康中国战略的背景下，药学领域正由仿制药为主向原创新药为主转变，药学服务模式正由"以药品为中心"向"以患者为中心"转变。这对新形势下的高等药学教育提出了新的挑战。

为助力高等药学教育高质量发展，推动"新医科"背景下"新药科"建设，适应新形势下高等学校药学类专业教育教学、学科建设和人才培养的需要，进一步做好药学类专业本科教材的组织规划和质量保障工作，人民卫生出版社经广泛、深入的调研和论证，全面启动了全国高等学校药学类专业第九轮规划教材的修订编写工作。

本次修订出版的全国高等学校药学类专业第九轮规划教材共35种，其中在第八轮规划教材的基础上修订33种，为满足生物制药专业的教学需求新编教材2种，分别为《生物药物分析》和《生物技术药物学》。全套教材均为国家卫生健康委员会"十四五"规划教材。

本轮教材具有如下特点：

1. 坚持传承创新，体现时代特色 本轮教材继承和巩固了前八轮教材建设的工作成果，根据近几年新出台的国家政策法规、《中华人民共和国药典》(2020年版)等进行更新，同时删减老旧内容，以保证教材内容的先进性。继续坚持"三基""五性""三特定"的原则，做到前后知识衔接有序，避免不同课程之间内容的交叉重复。

2. 深化思政教育，坚定理想信念 本轮教材以习近平新时代中国特色社会主义思想为指导，将"立德树人"放在突出地位，使教材体现的教育思想和理念、人才培养的目标和内容，服务于中国特色社会主义事业。各门教材根据自身特点，融入思想政治教育，激发学生的爱国主义情怀以及敢于创新、勇攀高峰的科学精神。

3. 完善教材体系，优化编写模式 根据高等药学教育改革与发展趋势，本轮教材以主干教材为主体，辅以配套教材与数字化资源。同时，强化"案例教学"的编写方式，并多配图表，让知识更加形象直观，便于教师讲授与学生理解。

4. 注重技能培养，对接岗位需求 本轮教材紧密联系药物研发、生产、质控、应用及药学服务等方面的工作实际，在做到理论知识深入浅出、难度适宜的基础上，注重理论与实践的结合。部分实操性强的课程配有实验指导类配套教材，强化实践技能的培养，提升学生的实践能力。

5. 顺应"互联网+教育"，推进纸数融合 本次修订在完善纸质教材内容的同时，同步建设了以纸质教材内容为核心的多样化的数字化教学资源，通过在纸质教材中添加二维码的方式，"无缝隙"地链接视频、动画、图片、PPT、音频、文档等富媒体资源，将"线上""线下"教学有机融合，以满足学生个性化、自主性的学习要求。

众多学术水平一流和教学经验丰富的专家教授以高度负责、严谨认真的态度参与了本套教材的编写工作，付出了诸多心血，各参编院校对编写工作的顺利开展给予了大力支持，在此对相关单位和各位专家表示诚挚的感谢！教材出版后，各位教师、学生在使用过程中，如发现问题请反馈给我们(renweiyaoxue@163.com)，以便及时更正和修订完善。

人民卫生出版社

2022年3月

主编简介

王志祥

中国药科大学教授、博士生导师、制药工程专业负责人，兼任中国药学会制药工程专业委员会副主任委员、教育部药学类教学指导委员会制药工程专业分委会委员。入选江苏省普通高等学校优秀青年骨干教师、江苏省“333 高层次人才培养工程”中青年科学技术带头人。长期从事制药工程领域的教学和研究工作，先后主持和参与 20 余项国家级、省部级课题，在国内外学术刊物上发表论文 150 余篇；15 项发明专利申请获国家知识产权局授权；获江苏省科技进步奖一等奖 1 项、教育部技术发明奖二等奖 1 项；获国家级一流本科课程 1 门、江苏省教学成果奖二等奖 2 项；主编教材 12 部，包括 3 部国家级规划教材、4 部省部级规划教材。

副主编简介

王　毅

教授、博士生导师，现任浙江大学药学院副院长，先后在美国 FDA、哈佛大学医学院从事访问研究，兼任教育部药学类教学指导委员会制药工程专业分委会委员、浙江省药学会中药与天然药物专业委员会副主任委员。主要从事中药药效物质及质量控制技术研究，承担国家自然科学基金、国家重点研发计划课题等国家级项目 10 余项，在 *Adv. Sci.*、*Engineering*、*Anal. Chem.* 等期刊发表论文 70 余篇，研究成果获国家科技进步奖一等奖 1 项、省部级科技奖励 6 项，获国家优秀青年科学基金与浙江省杰出青年科学基金资助，入选国家中医药多学科交叉创新团队、浙江省“新世纪 151 人才工程”及中华中医药学会中青年创新人才。

臧恒昌

教授、山东大学药学院博士生导师，现任山东大学药品监管科学研究院副院长、“药物制剂技术研究与评价”国家药品监督管理局重点实验室主任等，兼任教育部药学类教学指导委员会制药工程专业分委会委员，中国药学会制药工程专业委员会委员，中国仪器仪表学会药物质量分析与过程控制分会副理事长等。多年从事面向智能化的药物生产、评价与监管研究。作为项目首席专家主持国家重点研发计划 1 项，先后主持或承担国家级、省部级课题 20 余项。发表学术论文 200 余篇，授权发明专利 20 余项，多次参编国家规划药学类教材，获中国药学会科学技术奖二等奖、山东省科技进步奖二等奖、中国仪器仪表学会陆婉珍近红外光谱科技奖等。

前　言

本书是国家卫生健康委员会"十四五"规划教材和"十四五"江苏省高等学校重点教材，可供全国高等学校药学专业、制药工程专业、药物制剂专业及相关专业教学使用，也可作为制药行业从事研究、设计和生产的工程技术人员参考。

本书第 1 版、第 2 版和第 3 版分别于 2007 年、2011 年和 2016 年问世，三版教材先后受到许多兄弟院校及相关行业的同行、读者的支持和肯定。众多单位的使用实践证明，教材的章节体系、内容、深浅等尚能满足教学需要。但由于制药工业的飞速发展，新技术、新工艺和新设备层出不穷，同时，教育部持续推进高等学校教学质量与教学改革工程项目，教材的某些内容已不能适应本课程的教学要求。

此次对第 3 版教材进行修订，吸取了几年来各院校使用该教材的经验与建议，修订的总体指导思想是充分考虑药学类专业的特点，进一步精选内容，强调"三基"（基本理论、基本知识和基本技能）和"五性"（思想性、科学性、先进性、启发性和适用性），注重理论与实践以及药学与工程学的结合。修订时仍保持了本书的原有特点，对部分章节进行了修改，特别是与现行标准或规范不相适应的部分，通过数字化方式拓展了教学和学习资源，增加了目标测试和教学课件。此次再版将使本书的适用性和可读性得到进一步提升。

本书由中国药科大学王志祥教授任主编，浙江大学药学院王毅教授和山东大学药学院臧恒昌教授任副主编。本书教学课件由王毅教授统稿，其他均由王志祥教授和臧恒昌教授统稿。另外，在编写过程中得到了中国药科大学黄德春、崔志芹、杨照、林文、李想、戴琳、史益强等的大力支持，在此一并表示感谢。

由于水平所限，错误和不当之处仍在所难免，恳请广大读者批评指正，以使本书更趋完善。

王志祥

2022 年 4 月于中国药科大学

目　　录

绪论……1
一、制药工业与单元操作……1
二、课程性质和任务……1
三、单位换算……1

第一章　流体流动……4
第一节　流体静力学……4
一、流体的密度……4
二、流体的压强……6
三、流体静力学基本方程……7
四、流体静力学基本方程的应用……8
第二节　流体在管内的流动……11
一、流量与流速……11
二、稳态流动与非稳态流动……12
三、连续性方程……13
四、伯努利方程……14
第三节　流体在管内的流动现象……18
一、牛顿黏性定律和流体的黏度……18
二、流动类型与雷诺准数……19
三、流体在圆管内的速度分布……20
四、层流内层……21
第四节　流体在管内的流动阻力……21
一、直管阻力……21
二、局部阻力……24
三、管路系统的总能量损失……26
四、降低管路系统流动阻力的途径……27
第五节　流速与流量的测量……28
一、测速管……28
二、孔板流量计……29
三、文丘里流量计……29
四、转子流量计……30
第六节　管子、阀门、管件及管道连接……30
一、公称压力和公称直径……30
二、管子……31
三、阀门……31
四、管件……33
五、管道连接……33

第二章　输送设备……37
第一节　液体输送设备……37
一、离心泵……37
二、其他类型泵……47
第二节　气体输送设备……52
一、离心式通风机……52
二、鼓风机……52
三、压缩机……53
四、真空泵……54
第三节　固体输送设备……56
一、带式输送机……56
二、链式输送机……56
三、斗式提升机……57
四、螺旋式输送机……58
五、气力输送装置……58

第三章　搅拌……62
第一节　概述……62
第二节　搅拌器及其选型……63
一、常见搅拌器……63
二、搅拌过程的强化……65
三、搅拌器选型……67
第三节　搅拌功率……69
一、均相液体的搅拌功率……69
二、非均相液体的搅拌功率……73

第四章 固液提取 …… 76
第一节 概述 …… 76
一、药材有效成分的提取过程及机理 …… 76
二、常用提取剂和提取辅助剂 …… 77
三、提取方法 …… 78
第二节 提取过程的工艺计算及提取设备 …… 82
一、提取过程的工艺计算 …… 82
二、提取设备 …… 86
第三节 超临界流体萃取 …… 88
一、超临界流体 …… 88
二、超临界流体萃取的基本原理 …… 89
三、超临界萃取剂 …… 90
四、超临界流体萃取药物成分的特点 …… 91
五、超临界 CO_2 萃取装置 …… 91

第五章 沉降与过滤 …… 94
第一节 重力沉降 …… 94
一、重力沉降速度 …… 94
二、沉降槽 …… 97
第二节 离心沉降 …… 98
一、惯性离心力作用下的离心沉降 …… 98
二、离心分离设备 …… 99
第三节 过滤 …… 102
一、基本概念 …… 102
二、恒压过滤 …… 104
三、过滤设备 …… 106
四、滤饼的洗涤 …… 108
五、板框压滤机的生产能力 …… 109
第四节 膜过滤 …… 110
一、膜过滤原理与膜组件 …… 110
二、微滤 …… 112
三、超滤 …… 112
四、纳滤 …… 113
五、反渗透 …… 113
六、电渗析 …… 114

第六章 吸附与离子交换 …… 117
第一节 吸附 …… 117
一、基本原理 …… 117
二、常用吸附剂 …… 118
三、吸附平衡与吸附等温线 …… 121
四、吸附传质机理与吸附速率 …… 124
五、吸附过程 …… 125
六、吸附剂的再生 …… 126
第二节 离子交换 …… 127
一、基本原理 …… 127
二、离子交换树脂 …… 128
三、离子交换树脂的应用 …… 131
四、离子交换设备 …… 131

第七章 传热 …… 134
第一节 概述 …… 134
一、传热基本方式 …… 134
二、传热过程 …… 135
三、换热器的主要性能指标 …… 137
四、稳态传热和非稳态传热 …… 137
第二节 热传导 …… 137
一、导热系数 …… 137
二、平壁的稳态热传导 …… 138
三、圆筒壁的稳态热传导 …… 141
第三节 对流传热 …… 143
一、对流传热分析 …… 143
二、对流传热速率方程 …… 144
三、对流传热系数 …… 144
第四节 传热计算 …… 154
一、能量衡算 …… 154
二、总传热速率方程 …… 155
三、总传热系数 …… 155
四、平均温度差 …… 158
五、设备热损失的计算 …… 161
第五节 换热器 …… 162
一、间壁式换热器 …… 162

二、传热过程的强化 …… 168

第八章　蒸发 …… 171
第一节　概述 …… 171
一、蒸发过程及其特点 …… 171
二、蒸发的分类 …… 172
第二节　单效蒸发 …… 172
一、单效蒸发流程 …… 172
二、单效蒸发的计算 …… 172
第三节　多效蒸发与蒸发节能 …… 175
一、多效蒸发原理 …… 175
二、多效蒸发流程 …… 175
三、蒸发过程的节能措施 …… 177
第四节　蒸发器的生产能力、生产强度及效数的限制 …… 179
一、生产能力和生产强度 …… 179
二、多效蒸发效数的限制 …… 180
第五节　蒸发设备 …… 180
一、蒸发设备的结构 …… 180
二、蒸发器的选型 …… 185

第九章　结晶 …… 188
第一节　基本概念 …… 188
一、溶解度 …… 188
二、过饱和度 …… 189
第二节　结晶操作与控制 …… 191
一、结晶操作的性能指标 …… 191
二、结晶方式 …… 192
三、结晶操作方式 …… 192
四、结晶操作控制 …… 192
第三节　结晶设备 …… 193
一、冷却式结晶器 …… 193
二、蒸发式结晶器 …… 194
三、真空式结晶器 …… 195

第十章　蒸馏与吸收 …… 197
第一节　蒸馏 …… 197
一、概述 …… 197
二、双组分溶液的气液平衡 …… 198
三、蒸馏与精馏原理 …… 203
四、双组分连续精馏塔的计算 …… 207
五、间歇精馏 …… 218
六、特殊蒸馏 …… 220
七、其他蒸馏技术 …… 222
第二节　吸收 …… 226
一、吸收过程的基本概念 …… 226
二、吸收的工业应用 …… 226
三、吸收的分类 …… 226
四、吸收与解吸 …… 227
五、吸收剂的选择 …… 227
第三节　塔设备 …… 227
一、板式塔 …… 227
二、填料塔 …… 229

第十一章　干燥 …… 234
第一节　概述 …… 234
一、去湿方法 …… 234
二、干燥的分类 …… 235
三、对流干燥流程 …… 235
四、对流干燥的基本原理 …… 236
第二节　湿空气的性质和湿度图 …… 236
一、湿空气的性质 …… 236
二、湿空气的湿度图 …… 240
三、湿度图的应用 …… 242
第三节　湿物料的性质 …… 244
一、物料含水量的表示方法 …… 244
二、湿物料中水分的性质 …… 245
第四节　干燥过程的计算 …… 246
一、干燥过程的物料衡算 …… 246
二、干燥过程的热量衡算 …… 248
三、干燥系统的热效率 …… 249

第五节 干燥速率与干燥时间 …… 251
一、干燥速率 …… 251
二、恒定干燥条件下的干燥曲线与干燥速率曲线 …… 251
三、恒定干燥条件下的干燥时间 …… 252
第六节 干燥设备 …… 255
一、常用干燥器 …… 255
二、干燥器的选型 …… 267

第十二章 药物粉体生产设备 …… 270
第一节 粉碎 …… 270
一、粉碎方法与粉碎比 …… 270
二、粉碎设备 …… 272
第二节 筛分 …… 277
一、药筛标准 …… 277
二、粉末等级 …… 278
三、筛分设备 …… 278
第三节 混合 …… 281
一、混合机理 …… 281
二、混合设备 …… 281

第十三章 典型剂型生产设备 …… 285
第一节 丸剂生产设备 …… 285
一、丸剂的塑制设备 …… 285
二、丸剂的泛制设备 …… 287
三、丸剂的滴制设备 …… 287
第二节 片剂生产设备 …… 289
一、造粒设备 …… 289
二、压片设备 …… 291
三、包衣设备 …… 293
第三节 胶囊剂生产设备 …… 294
一、软胶囊剂生产设备 …… 294
二、硬胶囊剂生产设备 …… 296
第四节 注射剂生产设备 …… 302
一、注射用水生产设备 …… 302
二、安瓿洗涤设备 …… 304
三、安瓿灌封设备 …… 305
四、安瓿灭菌设备 …… 308
五、澄明度检查设备 …… 309
六、包装设备 …… 310
第五节 口服液生产设备 …… 312
一、旋转式口服液瓶轧盖机 …… 312
二、口服液联动线 …… 313

第十四章 制药工程设计 …… 315
第一节 制药工程设计程序 …… 315
一、项目建议书 …… 315
二、可行性研究 …… 315
三、设计任务书 …… 316
四、初步设计 …… 316
五、施工图设计 …… 317
六、施工、试车、验收和交付生产 …… 317
第二节 厂址选择和总平面设计 …… 317
一、厂址选择 …… 317
二、总平面设计 …… 318
第三节 制药车间设计 …… 320
一、车间组成及布置形式 …… 320
二、工艺流程设计 …… 320
三、物料衡算 …… 321
四、能量衡算 …… 322
五、设备选型与非标设备的设计 …… 322
六、车间布置设计 …… 323
七、管道设计 …… 324
八、制药非工艺设计 …… 325
第四节 洁净厂房 …… 326
一、GMP 对厂房洁净等级的要求 …… 326
二、制药洁净车间布置的一般要求 …… 327
三、制药洁净车间的布置设计 …… 329

参考文献 ………………………………………… 333

附录 ……………………………………………… 334

附录 1　单位换算因数 ……………………… 334
附录 2　饱和水的物理性质 ………………… 335
附录 3　某些有机液体的相对密度（液体密度与 4℃时水的密度之比） … 336
附录 4　某些液体的物理性质 ……………… 338
附录 5　饱和水蒸气表（按温度排列） … 340
附录 6　饱和水蒸气表（按压力排列） … 341
附录 7　干空气的热物理性质（$p=1.013\times10^5$Pa） …………… 343
附录 8　液体的黏度 ………………………… 344
附录 9　气体的黏度（$p=1.013\times10^5$Pa）………………………… 346
附录 10　固体材料的导热系数 …………… 348
附录 11　液体的导热系数 ………………… 349
附录 12　气体的导热系数（$p=1.013\times10^5$Pa） ……………………… 351
附录 13　液体的比热 ……………………… 353
附录 14　气体的比热（101.3kPa）……… 355
附录 15　液体的汽化潜热（蒸发潜热） ……………………… 357
附录 16　管子规格 ………………………… 359
附录 17　常用流速范围 …………………… 361
附录 18　IS 型单级单吸离心泵规格（摘录）…………………… 362
附录 19　错流和折流时的对数平均温度差校正系数 ……………………… 365
附录 20　换热器系列标准（摘录）……… 366
附录 21　壁面污垢热阻 …………………… 368

绪　论

学习要求

1. 掌握单位换算。
2. 熟悉制药过程与单元操作。
3. 了解本课程的学习方法。

0001

绪论

教学课件

一、制药工业与单元操作

制药工业是国民经济和社会发展的重要产业，包括原料药的生产和药物制剂的生产。原料药是药品生产的物质基础，但必须加工制成适当的药物制剂，才能成为医疗上所需的药品。药品的种类很多，每一种药品都有其独特的生产过程，但归纳起来，各种不同的生产过程都是由若干个反应（包括化学反应和生物转化反应等）和若干个基本的物理操作串联而成，每一个基本的物理操作过程都称为一个单元操作。例如，利用混合物中各组分的挥发度差异来分离液体混合物的操作过程称为精馏单元操作；利用各组分在液体溶剂中的溶解度差异来分离气体混合物的操作过程称为吸收单元操作；利用各组分在液体萃取剂中的溶解度不同来分离液体或固体混合物的操作过程称为萃取单元操作；利用混合物中各组分与固体吸附剂表面分子结合力的不同，使其中的一种或几种组分分离出来的操作过程称为吸附单元操作；通过对湿物料加热，使其中的部分水分汽化而得到干固体的操作过程称为干燥单元操作；通过冷却或使溶剂化的方法，使溶液达到过饱和而析出晶体的操作过程称为结晶单元操作等，这些均是常见的制药单元操作。再如，制剂生产中的许多过程，如粉碎、筛分、混合、造粒、压片、包衣等，均是常见的制剂单元操作。因此，在研究药品生产过程时不需要将每一个药品生产过程都视为一种特殊的或独有的知识加以研究，而只研究组成药品生产过程的每一个单元操作即可。研究药品生产过程中典型制药单元操作的基本原理及设备，并探讨这些单元操作过程的强化途径，是本课程的主要内容。此外，本课程还涉及制药工艺设计等方面的内容，而有关反应过程的基本原理和设备则不在本课程讨论之列。

二、课程性质和任务

本课程是利用数学、物理、化学、物理化学等课程的知识来解决制药生产中的实际问题，是一门理论与实践密切结合的工程类课程，也是一门学以致用的课程。本课程的任务是通过课堂教学和实验训练，使学生能够掌握典型制药单元操作的基本原理及设备，并具备初步的工程实验研究能力和实际操作技术。在教学和学习过程中，要善于理论联系实际，树立工程观点，从工程和经济的角度去考虑技术问题。对学生而言，努力学好本课程，将来无论是在科研院所，还是在工厂企业工作，都是大有裨益的。

0002

单元操作及其分类

三、单位换算

任何物理量都是用数字和单位联合表达的。一般先选几个独立的物理量，如长度、时间等作为基本量，并规定出它们的单位，这些单位称为基本单位。而其他物理量，如速度、加速度等的单位则根据其自身的物理意义，由相应的基本单位组合而成，这些单位称为导出单位。

由于历史、地区及不同学科领域的不同要求，对基本量及其单位的选择有所不同，因而形成了不同的单位制度，如物理单位制（CGS 制）、工程单位制等。多种单位制并存，给计算和交流带来不便，并容易产生错误。为改变这种局面，在 1960 年 10 月第十一届国际计量大会上通过了一种新的单位制，即国际单位制，其代号为 SI。国际单位制共规定了七个基本量和两个辅助量，如表 1 所示。

表 1　SI 制基本单位和辅助单位

项目	基本单位							辅助单位	
物理量	长度	质量	时间	电流	温度	物质的量	发光强度	平面角	立体角
单位名称	米	千克	秒	安培	开尔文	摩尔	坎德拉	弧度	球面度
单位符号	m	kg	s	A	K	mol	cd	rad	sr

“米”定义的起源与发展

我国目前使用的是以 SI 制为基础的法定计量单位，它是根据我国国情，在 SI 制单位的基础上，适当增加一些其他单位构成的。例如，体积的单位升（L），质量的单位吨（t），时间的单位分（min）、时（h）、日（d）、年（a）仍可使用。

本书采用法定计量单位，但在实际应用中，仍可能遇到非法定计量单位，需要进行单位换算。不同单位制之间的主要区别在于其基本单位不完全相同。表 2 给出了常用单位制中的部分基本单位和导出单位。

表 2　常用单位制中的部分基本单位和导出单位

国际单位制（SI 制）				物理单位制（CGS 制）				工程单位制			
基本单位			导出单位	基本单位			导出单位	基本单位			导出单位
长度	质量	时间	力	长度	质量	时间	力	长度	力	时间	质量
m	kg	s	N	cm	g	s	dyn	m	kgf	s	$kgf \cdot s^2/m$

在国际单位制和物理单位制中，质量是基本单位，力是导出单位。而在工程单位制中，力是基本单位，质量是导出单位。因此，必须掌握三种单位制之间力与质量之间的关系，才能正确地进行单位换算。

在工程单位制中，将作用于 1kg 质量上的重力，即 1kgf 作为力的基本单位。由牛顿第二定律 $F=ma$ 得

$$1N=1kg\times1m/s^2=1kg\cdot m/s^2$$

$$1kgf=1kg\times9.81m/s^2=9.81N=9.81\times10^5dyn$$

$$1kgf\cdot s^2/m=9.81N\cdot s^2/m=9.81kg=9.81\times10^3g$$

根据三种单位制之间力与质量的关系，即可将物理量在不同单位制之间进行换算。将物理量由一种单位换算至另一种单位时，物理量本身并没有发生改变，仅是数值发生了变化。例如，将 1m 的长度换算成 100cm 的长度时，长度本身并没有改变，仅仅是数值和单位的组合发生了改变。因此，在进行单位换算时，我们只需要用新单位代替原单位，用新数值代替原数值即可，其中

$$新数值=原数值\times换算因数 \qquad 式(1)$$

$$换算因数=\frac{原单位}{新单位} \qquad 式(2)$$

千克与千克力

换算因数表示一个原单位相当于多少个新单位。

例 1　试将物理单位制中的密度单位 g/cm^3 分别换算成 SI 制中的密度单位 kg/m^3 和工程单位制中的密度单位 $kgf\cdot s^2/m^4$。

解：首先确定换算因数

$$\frac{\mathrm{g}}{\mathrm{kg}}=10^{-3},\quad \frac{\mathrm{cm}}{\mathrm{m}}=10^{-2},\quad \frac{\mathrm{kg}}{\mathrm{kgf}\cdot \mathrm{s}^2/\mathrm{m}}=\frac{1}{9.81}$$

则

$$1\,\frac{\mathrm{g}}{\mathrm{cm}^3}=\frac{1\times 10^{-3}\mathrm{kg}}{(10^{-2}\mathrm{m})^3}=1\times 10^3\mathrm{kg/m^3}=1\times 10^3\times\frac{\frac{1}{9.81}\mathrm{kgf}\cdot \mathrm{s}^2/\mathrm{m}}{\mathrm{m}^3}=102\mathrm{kgf}\cdot \mathrm{s}^2/\mathrm{m}^4$$

例 2　在 SI 制中，压力的单位为 Pa（帕斯卡），即 $\mathrm{N/m^2}$。已知 1 个标准大气压的压力相当于 $1.033\mathrm{kgf/cm^2}$，试以 SI 制单位表示 1 个标准大气压的压力。

解：首先确定换算因数

$$\frac{\mathrm{kgf}}{\mathrm{N}}=9.81,\quad \frac{\mathrm{cm}}{\mathrm{m}}=10^{-2}$$

则

$$1\mathrm{atm}=1.033\,\frac{\mathrm{kgf}}{\mathrm{cm}^2}=\frac{1.033\times 9.81\mathrm{N}}{(10^{-2}\mathrm{m})^2}=1.013\,25\times 10^5\mathrm{N/m^2}=1.013\,25\times 10^5\mathrm{Pa}$$

目标测试

习　题

1. 在物理单位制中，黏度的单位为 P（泊），即 $\mathrm{g/(cm\cdot s)}$，试将该单位换算成 SI 制中的黏度单位 $\mathrm{Pa\cdot s}$。（$1\mathrm{P}=0.1\mathrm{Pa\cdot s}$）

2. 已知通用气体常数 $R=0.082\,06\mathrm{L\cdot atm/(mol\cdot K)}$，试以法定单位 $\mathrm{J/(mol\cdot K)}$ 表示 R 的值。[$8.314\mathrm{J/(mol\cdot K)}$]

第一章

流 体 流 动

第一章
教学课件

学习要求

1. 掌握流体静力学基本方程、连续性方程和伯努利方程及其应用，流动阻力的计算方法，降低管路系统流动阻力的途径。
2. 熟悉流体在管内的流动现象，常用流量计的结构、测量原理和特点。
3. 了解常用管子、阀门、管件及管道连接方法。

气体和液体都具有流动性，统称为流体。制药生产中所处理的物料大多数为流体，生产设备之间用管道连接。按照生产程序，输送机械将流体从一个设备输送至另一个设备，由上一道工序转移至下一道工序，逐步完成各种传热、传质及化学反应过程。制药过程的实现通常都会涉及流体流动，因此流体流动是最普遍最典型的制药单元操作之一，同时研究流体流动问题也是研究其他制药单元操作的重要基础。

流体具有流动性、连续性和黏性，即流体具有三性。从微观上讲，流体是由大量的彼此之间有一定间隙的单个分子所组成，且分子总是处于随机运动状态。但工程上通常仅研究流体的宏观运动规律，即将流体视为由无数流体质点或微团所组成的连续介质，亦即流体具有连续性。此外，流体还具有产生内摩擦力的性质，即流体还具有黏性（见本章第三节）。

要解决流体流动的问题首先必须掌握流体力学的相关知识，如基本原理和规律以及应用技能。流体力学包括流体静力学和流体动力学两大部分，分别研究、解决流体处于静止及流动时的有关工程实际问题。

流体的体积若随温度和压力的改变而发生显著变化，一般视为可压缩流体，如气体；若随温度和压力的改变而变化很小时，则一般视为不可压缩流体。液体的体积随温度及压力变化很小，一般把它当做不可压缩流体。气体与液体的区别在于气体具有可压缩性，但当温度和压力的变化率均很小时，气体也可近似按不可压缩流体处理。

第一节　流体静力学

流体静力学主要研究管道或设备内流体在外力作用下达到平衡时的规律，本节只讨论流体在重力和压力作用于处于静止或相对静止时的规律。流体静力学的基本原理在制药过程中有着广泛的应用，如管道或设备内压强的测量、贮槽内液位的测定以及液封高度的计算等。

一、流体的密度

单位体积流体所具有的质量称为流体的密度，通常用ρ表示，单位为kg/m^3。

$$\rho=\frac{m}{V} \qquad \text{式(1-1)}$$

式中，m为流体的质量，kg；V为流体的体积，m^3。

密度有不同的单位，在 SI 制中密度的单位为kg/m^3；在物理单位制中为g/cm^3；在工程单位制中为

$kgf \cdot s^2/m^4$，它们之间的换算关系如下

$$1g/cm^3 = 10^3 kg/m^3 = 102 kgf \cdot s^2/m^4$$

单位质量的流体所具有的体积称为流体的比容（或比体积），以 υ 表示，单位为 m^3/kg。显然，比容是密度的倒数，即

$$\upsilon = \frac{V}{m} = \frac{1}{\rho} \qquad 式(1\text{-}2)$$

1. 液体的密度　压力对液体密度的影响较小，常可忽略不计，故可将液体视为不可压缩流体。温度对液体密度有一定影响，一般情况下，液体密度随温度的升高而下降。常见液体的密度列于附录2～附录4中，其中附录3给出的是相对密度，它是液体在某温度时的密度与标准大气压下4℃时水的密度的比值，即

$$s = \frac{\rho}{\rho_{H_2O}} = \frac{\rho}{1\ 000} \qquad 式(1\text{-}3)$$

式中，s 为液体的相对密度；ρ_{H_2O} 为标准大气压下4℃时水的密度，值为 $1\ 000kg/m^3$。

实际生产中所遇到的液体一般由多个组分所组成的液体混合物。假设液体混合物为理想溶液，则混合前后的体积保持不变，即

$$V_m = \sum_{i=1}^{n} V_i \qquad 式(1\text{-}4)$$

式中，V_m 为液体混合物的体积，m^3；V_i 为液体混合物中组分 i 的体积，m^3。

现以1kg液体混合物为基准，则

$$\frac{1}{\rho_m} = \frac{x_{W1}}{\rho_1} + \frac{x_{W2}}{\rho_2} + \cdots + \frac{x_{Wn}}{\rho_n} = \sum_{i=1}^{n} \frac{x_{wi}}{\rho_i} \qquad 式(1\text{-}5)$$

式中，ρ_m 为液体混合物的密度，kg/m^3；ρ_i 为液体混合物中组分 i 的密度，kg/m^3；x_{wi} 为液体混合物中组分 i 的质量分数，显然 $\sum_{i=1}^{n} x_{wi} = 1$。

2. 气体的密度　气体具有可压缩性，为可压缩流体，其密度随温度和压力而变。当压力不太高（临界压力以下）、温度不太低（临界温度以上）时，气体可视为理想气体，则

$$pV = nRT = \frac{m}{M}RT \qquad 式(1\text{-}6)$$

从而有

$$\rho = \frac{m}{V} = \frac{pM}{RT} \qquad 式(1\text{-}7)$$

式中，p 为气体的压力，Pa；V 为气体的体积，m^3；T 为气体的温度，K；n 为气体物质的摩尔量，mol；m 为气体的质量，kg；M 为气体的摩尔质量，kg/mol；R 为摩尔气体常数，8.314J/(mol·K)。

标准状态（$T_o = 273.15K$，$p_o = 101.325kPa$）下，理想气体的密度 ρ_o 为

$$\rho_o = \frac{p_o M}{RT_o} = \frac{M}{22.4} \qquad 式(1\text{-}8)$$

由式(1-7)和式(1-8)得

$$\rho = \frac{M}{22.4} \times \frac{p}{p_o} \times \frac{T_o}{T} \qquad 式(1\text{-}9)$$

由式(1-9)可知，气体的密度与压力成正比，与温度成反比。

对于由多个组分所组成的气体混合物，各组分的组成常用体积分率表示。现以 $1m^3$ 气体混合物为基准，若各组分在混合前后的质量保持不变，则 $1m^3$ 气体混合物的质量等于各组分的质量之和，即

$$\rho_m = \rho_1 x_{V1} + \rho_2 x_{V2} + \cdots\cdots + \rho_n x_{Vn} = \sum_{i=1}^{n} (\rho_i x_{Vi}) \qquad 式(1\text{-}10)$$

式中，ρ_m为气体混合物的密度，kg/m^3；ρ_i为同温同压下组分 i 单独存在时的密度，kg/m^3；x_{Vi}为气体混合物中组分 i 的体积分数，显然 $\sum_{i=1}^{n} x_{Vi}=1$。

气体混合物的密度也可直接按式(1-7)或式(1-9)计算，但应以气体混合物的平均千摩尔质量 M_m代替式中的气体千摩尔质量 M。气体混合物的平均摩尔质量 M_m可按下式计算

波美比重计

$$M_m=\sum_{i=1}^{n}(M_i x_{Vi}) \qquad \text{式(1-11)}$$

式中，M_i为气体混合物中组分 i 的千摩尔质量，kg/mol。

例 1-1 已知20℃时甲酸的相对密度为1.22，试计算该温度下60%（质量分数）甲酸水溶液的密度及比容。已知20℃时水的密度为998kg/m^3。

解：由式(1-3)得甲酸的密度为

$$\rho=1.22\times1\ 000=1\ 220kg/m^3$$

由式(1-5)得

$$\frac{1}{\rho_m}=\frac{0.6}{1\ 220}+\frac{0.4}{998}$$

解得甲酸水溶液的密度为

$$\rho_m=1\ 120.3kg/m^3$$

由式(1-2)得甲酸水溶液的比容为

$$\upsilon=\frac{1}{\rho}=\frac{1}{1\ 120.3}=8.926\times10^{-4}m^3/kg$$

例 1-2 已知密闭容器内盛有温度为25℃、总压为2.61×10^5Pa、体积比为1∶3的氨气和氢气，试计算器内混合气体的密度。

解：首先由式(1-11)计算混合气体的平均摩尔质量，即

$$M_m=\sum_{i=1}^{n}(M_i x_{Vi})=17\times\frac{1}{1+3}+2\times\frac{3}{1+3}=5.75\times10^{-3}kg/mol$$

然后由式(1-7)计算混合气体的密度，即

$$\rho_m=\frac{pM_m}{RT}=\frac{2.61\times10^5\times5.75\times10^{-3}}{8.314\times298}=0.606kg/m^3$$

二、流体的压强

流体垂直作用于单位面积上的力即为流体的压强，但习惯上也称为流体的压力，用 p 表示，即

$$p=\frac{F}{A} \qquad \text{式(1-12)}$$

式中，F 为垂直作用于流体表面上的压力，N；A 为作用面的面积，m^2。

在静止流体中产生的压强称为静压强或静压力，从各个方向作用于某一点的压力大小均相等。

在SI制和法定单位制中，压强的单位为Pa（帕斯卡），但在实际应用中习惯上还采用其他单位，如物理大气压（atm）、工程大气压（kgf/cm^2）、液柱高度（mmHg、mmH_2O）、巴（bar）等，它们之间的换算关系为

$$1atm=760mmHg\text{柱}=1.033kgf/cm^2=10.33mmH_2O\text{柱}=1.013\ 3bar=1.013\ 3\times10^5Pa$$

在SI制或法定单位制中，压强的单位除用Pa表示外，还常根据压强的大小，用kPa或MPa来表示，它们之间的换算关系为

$$1MPa=10^3kPa=10^6Pa=10^9mPa$$

压强的大小常以绝对真空或外界大气压为基准来计量。

以绝对真空（零压）为基准测得的压力称为绝对压力，简称绝压，它是流体的真实压力。在物理、热力学中多采用绝压进行计算，如理想气体状态方程中的压强。

工程上常以外界大气压为基准对压强进行计量。当被测流体的压强高于外界的大气压强时，采用压强表进行测量，其读数反映了被测流体的绝对压强高于外界大气压强的数值，称为表压强，简称表压，即

$$表压（强）= 绝对压强 - 大气压强$$

当被测流体的压强低于外界的大气压强时，采用真空表进行测量，其读数反映了被测流体的绝对压强低于外界大气压强的数值，称为真空度，即

$$真空度 = 大气压强 - 绝对压强$$

实际使用的真空表，其数值范围常为 -0.1～0MPa，此时表压读数为负值，表示成真空度时要改为正值。

绝压、表压和真空度之间的关系如图 1-1 所示。

为避免混淆，用表压或真空度表示压强数值时，必须加以标注或说明，如 2×10^5Pa（表压）、4×10^3Pa（真空度）等。若无标注或说明，则压强为绝压。

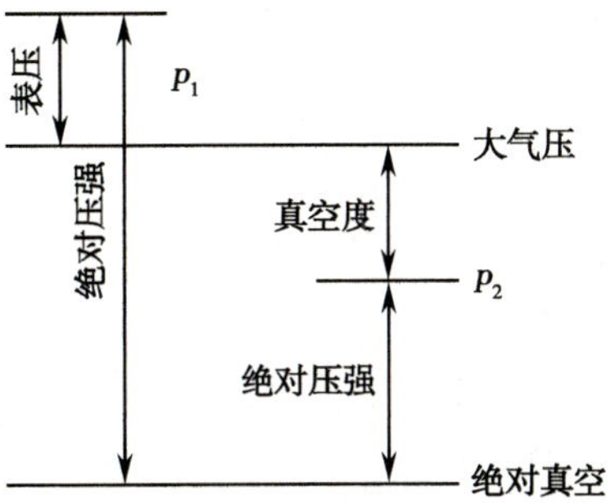

图 1-1　绝压、表压、真空度之间的关系

例 1-3　在大气压为 1.01×10^5Pa 的地区，某真空设备上的真空表的读数为 9.0×10^4Pa。若将该设备移至大气压为 8.5×10^4Pa 的地区，要求设备内的绝对压力维持相同的数值，则真空表的读数应为多少？

解：大气压为 1.01×10^5Pa 时，真空设备内的绝对压强为

$$绝对压强 = 大气压 - 真空度 = 1.01\times10^5 - 9.0\times10^4 = 1.1\times10^4\text{Pa}$$

则大气压为 8.5×10^4Pa 时，真空表的读数应为

$$真空度 = 大气压 - 绝对压强 = 8.5\times10^4 - 1.1\times10^4 = 7.4\times10^4\text{Pa}$$

三、流体静力学基本方程

描述静止流体内部压力变化规律的数学表达式称为流体静力学基本方程，此方程可用下述方法导出。

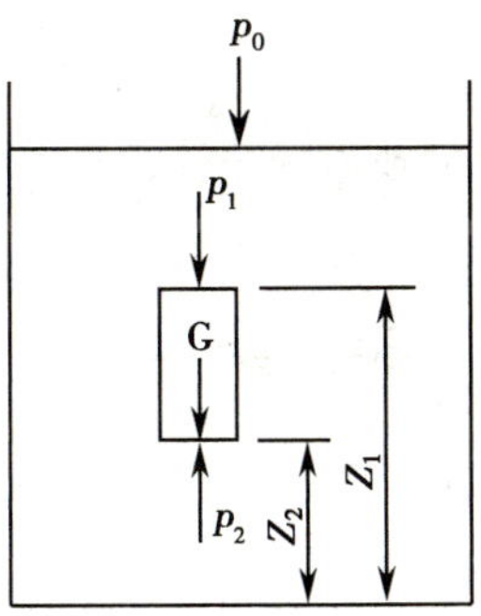

图 1-2　静止流体内部力的平衡

如图 1-2 所示，容器内静止液体的密度为 ρ。在液体中任取一截面积为 A 的垂直液体柱。以容器底面为基准水平面，设液柱上、下底面与基准面的垂直距离分别为 Z_1 和 Z_2。

液柱在垂直方向上所受的作用力有：①液柱所受的向下的重力 $G=A(Z_1-Z_2)\rho g$。②上底面所受的向下的总压力 p_1A。③下底面所受的向上的总压力 p_2A。

显然，液柱在垂直方向保持静止的条件是垂直作用于液柱的合力等于零，即

$$p_2A-p_1A-\rho gA(Z_1-Z_2)=0$$

则

$$p_2=p_1+\rho g(Z_1-Z_2) \qquad 式(1\text{-}13)$$

若取液柱的上底面为液面，则液柱上方的压力为 p_0，液柱高度为 $h=(Z_1-Z_2)$，则上式可改写为

$$p_2=p_0+\rho gh \qquad 式(1\text{-}14)$$

式(1-13)和式(1-14)统称为流体静力学基本方程。

由流体静力学基本方程可知：

（1）当液面上方的压力 p_0 一定时，静止液体内部任一点的压力与液体本身的密度及该点距液面的深度有关。因此，静止的、连续的同一种流体内，处于同一水平面上的各点压力均相等。此压力相等的水平面称为等压面，确定等压面是解决静力学问题的关键。

（2）当液面上方的压力 p_0 发生改变时，液体内部各点的压力 p 将发生同样大小的改变，即作用于容器内液面上方的压力能以同样的大小传递至液体内部任一点的各个方向上，这就是巴斯噶原理。

（3）式（1-14）也可改写为

$$h=\frac{p_2-p_0}{\rho g}\qquad\text{式(1-15)}$$

即压力或压力差的大小可用液柱高度 h 表示，但必须注明液体的种类和温度，否则将失去意义。

著名的数学家和物理学家——帕斯卡

（4）推导式（1-13）和式（1-14）的前提是假设 ρ 不随压力而变化，这对于液体是适用的，因为液体为不可压缩流体，其密度可视为常数。虽然气体的密度随压力而变，但由于气体的密度很小，因而在高度差不大的容器中，可近似认为静止气体内部各点的压强均相等。

例 1-4　在图 1-3 所示的敞口容器内盛有油和水，已知 $\rho_{油}<\rho_{水}$，故 $h<h_1+h_2$。油层高度 $h_1=0.8\text{m}$，密度 $\rho_1=800\text{kg/m}^3$；水层高度 $h_2=0.6\text{m}$，密度 $\rho_2=1\ 000\text{kg/m}^3$。若 A 与 A′及 B 与 B′分别处于同一水平面上，试确定：（1）$p_A=p_A'$ 及 $p_B=p_B'$ 是否成立；（2）水在玻璃管内的高度 h。

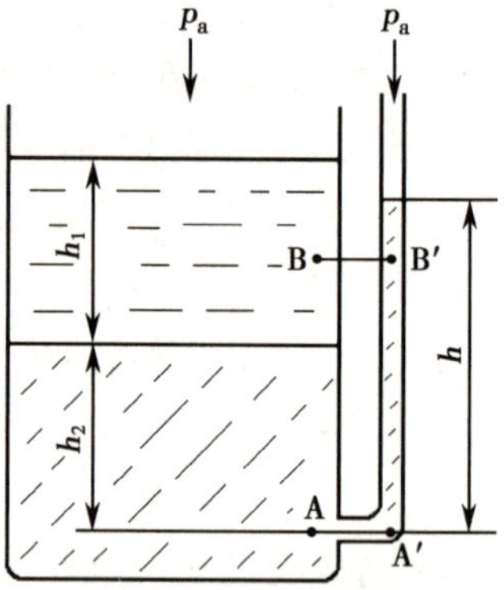

图 1-3　例 1-4 附图

解：（1）$p_A=p_A'$ 的关系成立。因为 A、A′两点处于静止的连通着的同一种流体内，且在同一水平面上，所以，截面 A-A′为等压面。

$p_B=p_B'$ 的关系不成立，这是因为 B 及 B′两点虽在静止流体的同一水平面上，但不是连通着的同一流体，即 B-B′不是等压面。

（2）由（1）可知，$p_A=p_A'$。由流体静力学方程得

$$p_A=p_a+\rho_1gh_1+\rho_2gh_2$$

$$p_A'=p_a+\rho_2gh$$

$$h=h_2+\frac{\rho_1}{\rho_2}h_1=0.6+\frac{800}{1\ 000}\times0.8=1.24\text{m}$$

四、流体静力学基本方程的应用

流体静力学的奠基人——阿基米德

流体静力学基本方程常用于测量流体内部两点间的压强差或某处流体的压强。此外，还用于测量容器内的液面位置以及计算液封高度等。

（一）压强与压强差的测量

以流体静力学基本方程为依据的典型测压装置是液柱压差计，常用的有 U 形管压差计、斜管压差计和微差压差计等。

1. U 形管压差计　如图 1-4 所示，U 形管压差计是一根内径均匀的 U 形玻璃管，其内装有指示液 A，装入量约为 U 形管总容积的一半。指示液 A 应与被测流体 B 不互溶、不起化学反应，其密度应大于被测流体的密度，即 $\rho_A>\rho_B$。此外，指示液与被测流体的界面应清晰。若被测流体为液体，则可用水银、四氯化碳和液体石蜡等密度较大的液体作指示液；若被测

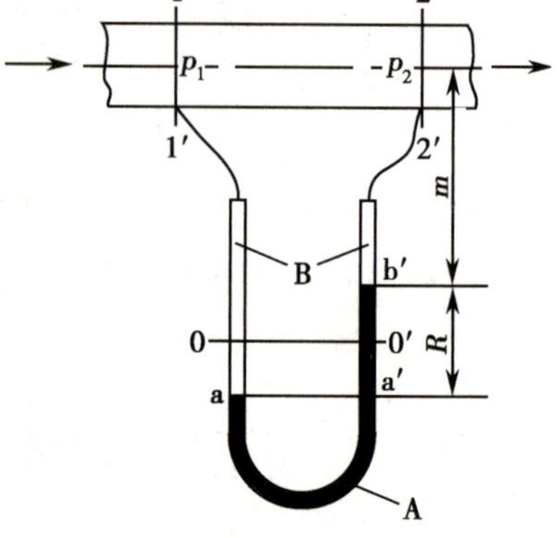

图 1-4　U 形管压差计

流体为气体，且气体不溶于水，则可用水作为指示液。为便于读取数据，可向水中加入适量染料。

测量时，将 U 形管的两端分别与管路中的截面 1-1′和 2-2′的测压口相连通。若作用于 U 形管两端的压力不等，则压力高端的指示液面将下降，而压力低端的指示液面则上升，从而在 U 形管两端产生指示液面高度差 R。根据 R 的大小，即可计算出流体内部两点间的压力差(p_1-p_2)。

首先在图 1-4 中寻找等压面。由于 a、a′两点处于同一种静止液体(指示液)的同一水平面上，故 $p_a=p_a'$。

其次，由流体静力学基本方程得

$$p_a=p_1+\rho_B g(m+R)$$

$$p_a'=p_b'+\rho_A gR=p_2+\rho_B gm+\rho_A gR$$

则

$$p_1+\rho_B g(m+R)=p_2+\rho_B gm+\rho_A gR$$

即

$$\Delta p=p_1-p_2=(\rho_A-\rho_B)gR \qquad 式(1\text{-}16)$$

若管中流过的是气体，因 $\rho_A\gg\rho_B$，则式(1-16)可简化为

$$\Delta p=p_1-p_2\approx\rho_A gR \qquad 式(1\text{-}17)$$

可见，(p_1-p_2)仅与读数 R 及两流体密度差($\rho_A-\rho_B$)有关，而与 U 形管的管径及 U 形管至测压口的连接管长度无关。但在实际应用中，管径也不能太细，否则会产生毛细管现象。一般情况下，U 形管的管径可取 5~10mm。应当指出的是，式(1-16)仅适用于水平管道内流体内部两点间压强差的计算。

例 1-5　如图 1-5 所示，在水平管路上方安装一 U 形管压差计，指示液为水银，压差计的读数 $R=150$mm。试分别计算下列两种情况下截面 A-A′与 B-B′之间的压强差。(1) 水平管内流经密度为 1 000kg/m³ 的水；(2) 水平管内流经温度为 20℃、压强为 101.325kPa 的空气。已知水银的密度为 13 600kg/m³。

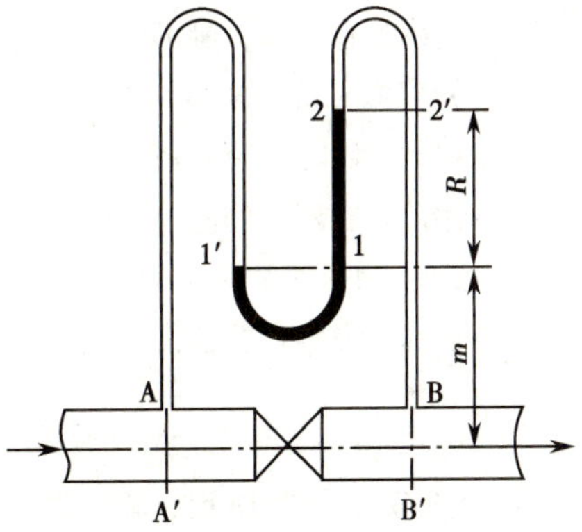

图 1-5　例 1-5 附图

解：图 1-5 中，截面 1-1′与 2-2′均为等压面，即

$$p_1=p_1'$$

$$p_2=p_2'$$

由流体静力学基本方程得

$$p_1'=p_A-\rho_B gm$$

$$p_2'=p_B-\rho_B g(m+R)$$

$$p_1=p_2+\rho_A gR=p_2'+\rho_A gR=p_B-\rho_B g(m+R)+\rho_A gR$$

所以

$$p_A-\rho_B gm=p_B-\rho_B g(m+R)+\rho_A gR$$

整理得

$$p_A-p_B=(\rho_A-\rho_B)gR$$

(1) 水平管内流经水时截面 A-A′与 B-B′之间的压强差：依题意 $R=0.15$m，代入上式得

$$\Delta p=p_A-p_B=(13\ 600-1\ 000)\times9.81\times0.15=1.854\times10^4\text{Pa}$$

(2) 水平管内流经空气时截面 A-A′与 B-B′之间的压强差：温度为 20℃、压强为 101.325kPa 的空气的密度为

$$\rho=\frac{M_m}{22.4}\times\frac{pT_o}{p_oT}=\frac{29}{22.4}\times\frac{101.325\times273.15}{101.325\times(273.15+20)}=1.206\text{kg/m}^3$$

可见，空气的密度远小于指示液水银的密度，故截面 A-A′与 B-B′之间的压强差为

$$\Delta p=p_A-p_B=(\rho_A-\rho_B)gR\approx\rho_A gR=13\ 600\times9.81\times0.15=2.0\times10^4\text{Pa}$$

2. 倒 U 形管压差计　当被测压强或压强差很小时，用 U 形管水银压差计测得的读数将很小，此时可能会产生很大的读数误差。为此，可改用密度较小的指示液，也可采用倒 U 形管压差计进行测量。

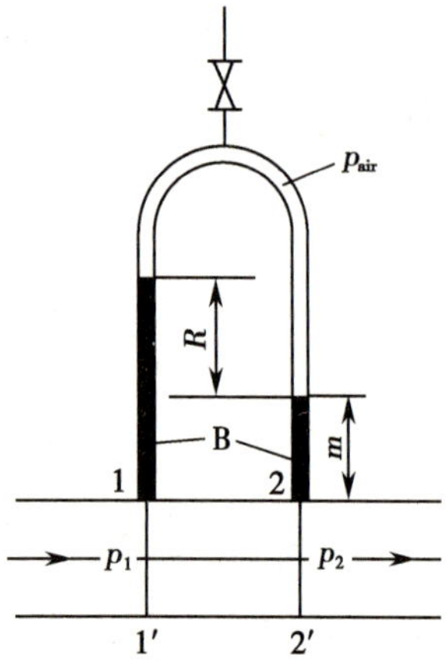

图 1-6　例 1-6 附图

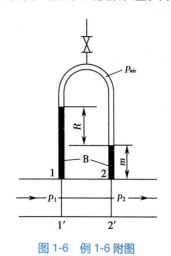

例 1-6　用如图 1-6 所示的倒 U 形管压差计测量液体流经水平管路两截面间的压强差。测量时，U 形管两端分别与被测截面 1-1′和 2-2′的测压口相连，以被测液体自身为指示液，液面上方充满了空气，空气可通过旋塞吸入或排出，以便调节 U 形管内液面的位置。已知液体的密度为 835kg/m³，压差计的读数 $R=250$mm，试计算截面 1-1′与 2-2′之间的压强差。

解：倒 U 形管压差计内两端上方的空气压强可近似认为相等，则由流体静力学基本方程得

$$p_1=p_{air}+\rho_B g(R+m)$$

$$p_2=p_{air}+\rho_B gm$$

所以

$$\Delta p=p_1-p_2=\rho_B gR=835\times9.81\times0.25=2.05\times10^3\text{Pa}$$

（二）液位的测量

制药生产中经常要了解容器内的液体贮存量，或要控制设备内的液位，因此常需对液位进行测量。下面介绍几种以流体静力学基本方程为依据的液位测量装置。

1. 近距离液位测量装置　图 1-7 是常用的压差法近距离液位测量装置。

U 形管压差计的两端分别与容器的上部空间和底部相连，U 形管上方装有平衡小室（扩大室），小室内的液体即为容器内的液体，其液面高度维持在容器液面允许到达的最高液位。当压差计的读数 R 发生改变时，由于平衡小室的内径远大于 U 形管的内径，故平衡小室内的液位可近似认为不变。由流体静力学基本方程得容器内的液位高度为

$$h_2=h_1-\frac{(\rho_A-\rho_B)}{\rho_B}R \qquad \text{式(1-18)}$$

式中，h_1 为平衡小室内的液位，即容器内液面允许到达的最高液位，m；h_2 为容器内的液位，m；ρ_A 为指示液的密度，kg/m³；ρ_B 为容器内液体的密度，kg/m³。

由式(1-18)可知，容器内的液位高度 h_2 越大，压差计的读数 R 越小。当容器内的液位高度 h_2 升至最高允许液位 h_1 时，压差计的读数 R 等于零。

2. 远距离液位测量装置　当需要远距离测量容器或设备内的液位时，可采用图 1-8 所示的远距离液位测量装置。

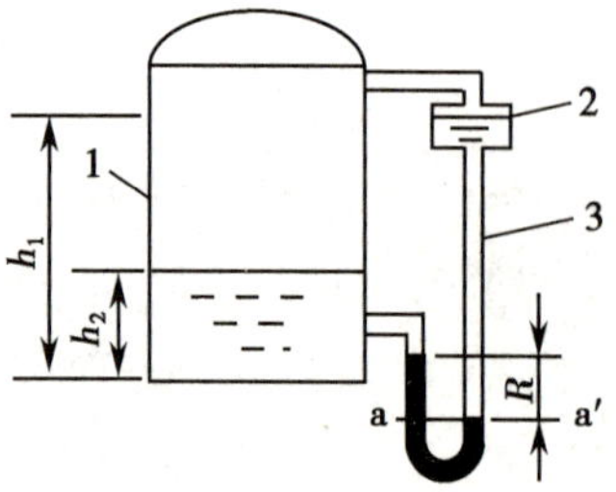

1. 容器；2. 平衡小室；3. U 形管压差计。

图 1-7　近距离液位测量装置

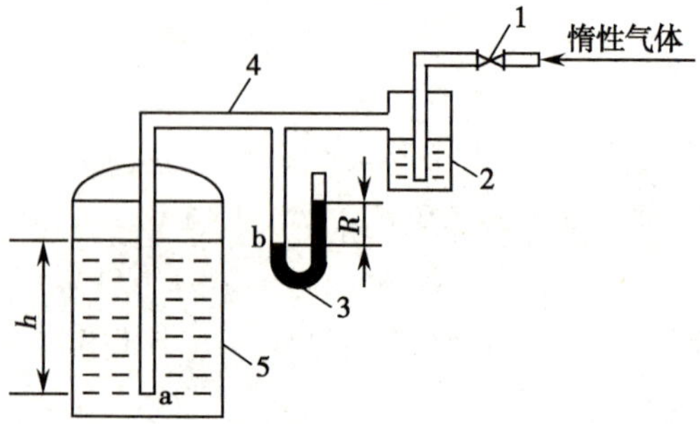

1. 调节阀；2. 鼓泡观察器；3. U 形管压差计；4. 吹气管；5. 贮罐。

图 1-8　远距离液位测量装置

测量时自管口通入压缩氮气或其他惰性气体，用调节阀调节其流量，使在观察器内仅有少许气泡逸出。气体流速很小，因此通过吹气管的流动阻力可忽略不计。用U形管压差计来测量吹气管内压力，其读数 R 的大小即可反映出贮罐内液面的高度 h。

由于吹气管内气体的流速很小，且管内不能存有液体，故管子出口a处与U形管压差计b处的压强近似相等，即 $p_a \approx p_b$。若贮罐上方与大气相通，则

$$\rho_B g h = \rho_A g R$$

故贮罐5内的液面高度 h 为

$$h = \frac{\rho_A}{\rho_B} R \qquad 式(1\text{-}19)$$

式中，ρ_A 为U形管压差计内指示液的密度，kg/m^3；ρ_B 为贮罐内液体的密度，kg/m^3。

（三）液封高度的计算

在制药生产中，为控制设备内的气体压力不超过规定的数值，常采用图1-9所示的安全液封。

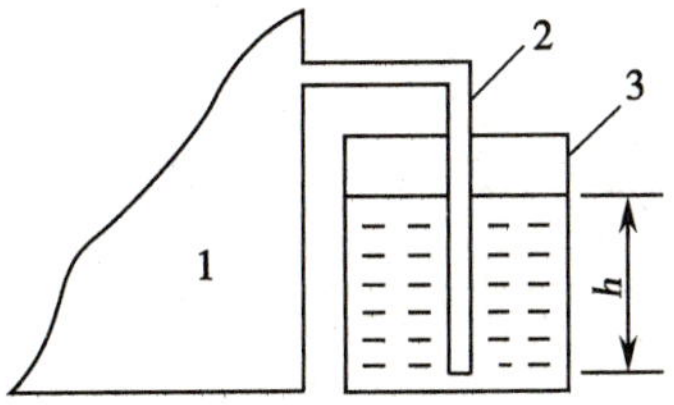

1. 设备；2. 液封管；3. 水槽。

图1-9　安全液封

实际生产中，安全液封中的液体通常为水，故安全液封又称为水封。当设备内的压力不超过规定的数值时，液封可防止设备内的气体向外界泄漏。当设备内的气体压力超过规定的数值时，气体即从液封管中排出，从而可确保设备的操作安全。

液封高度是液封的关键工艺参数，其值可根据流体静力学基本方程计算。若设备内的允许操作压力为 p_1（表压），则液封管插入液面下的深度 h 为

$$h = \frac{p_1}{\rho_{H_2O} g} \qquad 式(1\text{-}20)$$

第二节　流体在管内的流动

制药生产中，流体通常是在密闭的管道内流动的，故本节着重讨论流体在管内的流动规律，并应用这些规律去解决流体输送等问题。

一、流量与流速

（一）流量

1. 体积流量　单位时间内流体流经管道任一截面的体积称为体积流量，以 V_s 表示，单位为 m^3/s。

2. 质量流量　单位时间内流体流经管道任一截面的质量称为质量流速，以 W_s 表示，单位为 kg/s。质量流量与体积流量之间的关系为

$$W_s = \rho V_s \qquad 式(1\text{-}21)$$

由于气体的体积随温度和压力而变，因而气体在使用体积流量时应注明其温度和压力。

（二）流速

1. 平均流速　单位时间内流体在流动方向上流过的距离称为流速，以 u 表示，单位为 m/s。流体在管内流动时，由于流体具有黏性，因而管道任一截面上各点的流速并不相等。管路中心流速最大，愈靠近管壁流速愈小，管壁的流速为零。为便于计算，工程上常采用平均流速即流体在整个管截面上速度的平均值。平均流速简称为流速，可按下式计算

$$u = \frac{V_s}{A} = \frac{W_s}{\rho A} \qquad 式(1\text{-}22)$$

式中，A 为与流动方向相垂直的管道截面积，m^2。

2. 质量流速 单位时间内流体流经管道单位截面积的质量称为质量流速，以 G 表示，单位为 kg/(m² · s)。

质量流速与质量流量、体积流量及流速之间的关系为

$$G=\frac{W_s}{A}=\frac{\rho V_s}{A}=\rho u \qquad \text{式(1-23)}$$

由于气体的体积与温度和压力有关，因而当温度和压力发生改变时，气体的体积流量和平均流速亦随之改变，但其质量流量和质量流速保持不变。显然，对于气体而言，采用质量流量或质量流速更为方便。

（三）管道直径的估算

生产中所用的管道绝大多数为圆管，若以 d 表示管内径，则式(1-22)可改写为

$$u=\frac{V_s}{A}=\frac{V_s}{\frac{\pi}{4}d^2}$$

从而：

$$d=\sqrt{\frac{4V_s}{\pi u}} \qquad \text{式(1-24)}$$

流量 V_s 一般由生产任务所决定，选择适宜的流速后便可确定输送管路的直径。因此选择适宜的流速对于管路设计是至关重要的。为减少输送流体所需的动力消耗和操作费用，应选用较小的流速，但这会导致管径增大，从而增加购买管子所需的投资费用。一般来说，液体的流速可取 0.5~3m/s，气体的流速可取 10~30m/s。某些流体在管道中的常用流速范围列于附录 17 中。

由式(1-24)计算出的管径还应根据管子规格进行圆整。常用管子规格可从手册或附录 16 中查得。

例 1-7 某车间需安装一根输送自来水的管道，输水量为 30m³/h，试选择输水管的管径。

解：取水在管内的流速为 1.8m/s，则由式(1-24)得

$$d=\sqrt{\frac{4V_s}{\pi u}}=\sqrt{\frac{4\times\frac{30}{3\,600}}{3.14\times1.8}}=0.077\text{m}=77\text{mm}$$

根据附录 16 中的管子规格，选用 ϕ88.5mm×4mm 的焊接钢管，其内径为

$$d=88.5-4\times2=80.5\text{mm}=0.080\,5\text{m}$$

因此，水在输送管内的实际操作流速为

$$u=\frac{V_s}{\frac{\pi}{4}d^2}=\frac{30/3\,600}{0.785\times0.080\,5^2}=1.64\text{m/s}$$

二、稳态流动与非稳态流动

1. 稳态流动 在流体流动系统中，若任一点处的温度、压力、流速等与流动有关的参数仅随位置而变，而不随时间而变，这种流动即为稳态流动。如图 1-10(a)所示的溢流装置，水由进水管连续加入水箱，使水箱中的水位维持恒定，则出水管内任一点处的流速、压力等参数仅随位置而变，而不随时间而变，因而是稳态流动。

2. 非稳态流动 在流体流动系统中，若某点处的温度、压力、流速等与流动有关的参数有部分或全部随时间而变，这种流动即为非稳态流动。如图 1-10(b)所示，由于取消了进水管，因而槽内水位随时间而下降，从而使排水管内各点的流速、压力等参数逐渐减小，因而是非稳态流动。

在制药生产中，连续生产过程的开车、停车阶段，属于非稳态流动，而正常连续生产过程，均属于稳态流动。因此，制药生产中的流体在管内的流动大多为稳态流动，故本章仅讨论流体在管内的稳态流动。

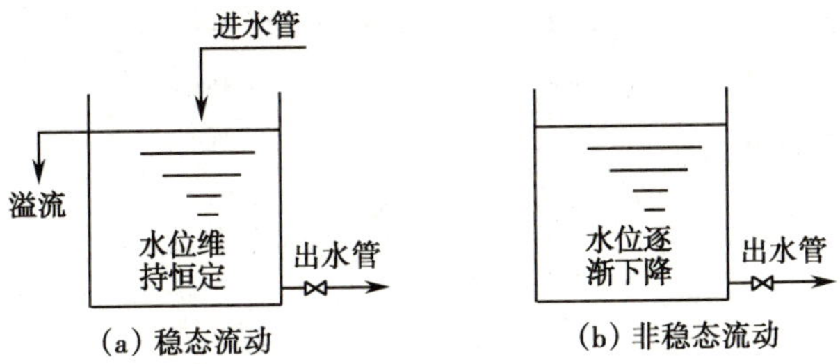

图 1-10　稳态流动与非稳态流动

三、连续性方程

流体的连续性方程是质量守恒定律在稳态流动系统中的具体应用。

如图 1-11 所示的稳态流动系统，流体连续地从截面 1-1′流向截面 2-2′，且充满全部管道。

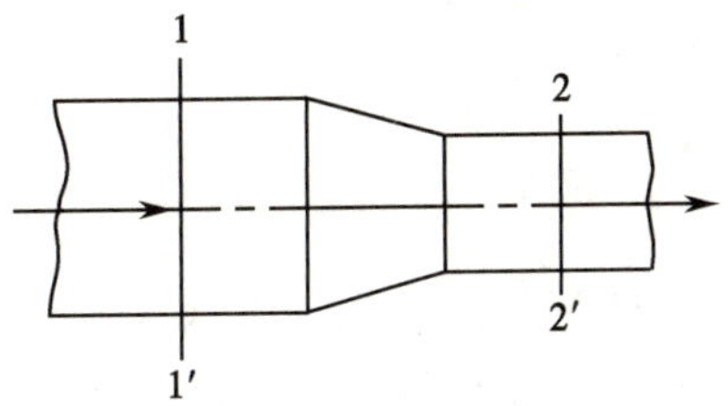

图 1-11　连续性方程的推导

以截面 1-1′、2-2′以及管内壁面所包围的区域为衡算范围，在管路中流体没有增加和漏失的情况下，根据质量守恒定律，由截面 1-1′流入的流体的质量流量 W_{s1} 必然等于由截面 2-2′流出的流体的质量流量 W_{s2}，即

$$W_{s1}=W_{s2} \qquad 式(1\text{-}25)$$

或

$$\rho_1 u_1 A_1=\rho_2 u_2 A_2 \qquad 式(1\text{-}26)$$

推广至任意截面，则有

$$W_s=\rho_1 u_1 A_1=\rho_2 u_2 A_2=\cdots\cdots=\rho uA=常数 \qquad 式(1\text{-}27)$$

式(1-27)即为稳态流动系统的连续性方程式。显然，在稳态流动系统中，流体流经各截面时的质量流量保持恒定。

对于不可压缩流体，即 $\rho=$常数，则式(1-27)可改写为

$$V_s=u_1 A_1=u_2 A_2=\cdots\cdots=uA=常数 \qquad 式(1\text{-}28)$$

式(1-28)表明，不可压缩流体在管内作稳态流动时，流经各截面的体积流量保持恒定。

对于圆形管道，由 $A=\frac{\pi}{4}d^2$ 和式(1-28)得

$$\frac{\pi}{4}d_1^2 u_1=\frac{\pi}{4}d_2^2 u_2$$

即

$$\frac{u_1}{u_2}=\left(\frac{d_2}{d_1}\right)^2 \qquad 式(1\text{-}29)$$

连续性方程式的适用范围

式(1-29)表明，不可压缩流体在圆管中作稳态流动时，流速与管内径的平方成反比。

例 1-8　硫酸在由大小管组成的串联管路中作稳态流动。已知硫酸的密度为 1 800kg/m^3，体积流量为 1.19×10^{-3}m^3/s，大小管尺寸分别为 ϕ60mm×2.5mm 和 ϕ80mm×4mm，试分别计算硫酸在大管和小管中的(1) 质量流量；(2) 平均流速；(3) 质量流速。

解：(1) 计算质量流量：根据连续性方程，硫酸在大小管中的质量流量相等，因此硫酸在大小管中的质量流量均为

$$W_s=\rho V_s=1\,800\times1.19\times10^{-3}=2.14\text{kg/s}$$

(2) 计算平均流速：依题意知，大、小管的内径分别为

$$d_{大} = 80-2\times4 = 72\text{mm} = 0.072\text{m}$$

$$d_{小} = 60-2\times2.5 = 55\text{mm} = 0.055\text{m}$$

则硫酸在大管中的平均流速为

$$u_{大} = \frac{V_s}{A_{大}} = \frac{V_s}{\frac{\pi}{4}d_{大}^2} = \frac{1.19\times10^{-3}}{\frac{\pi}{4}\times0.072^2} = 0.292\text{m/s}$$

在小管中的平均流速为

$$u_{小} = u_{大}\times\left(\frac{d_{大}}{d_{小}}\right)^2 = 0.292\times\left(\frac{0.072}{0.055}\right)^2 = 0.5\text{m/s}$$

(3) 计算质量流速:硫酸在大管中的质量流速为

$$G_{大} = \rho u_{大} = 1\ 800\times0.292 = 525.6\text{kg/(m}^2\cdot\text{s)}$$

在小管中的质量流速为

$$G_{小} = \rho u_{小} = 1\ 800\times0.5 = 900.0\text{kg/(m}^2\cdot\text{s)}$$

四、伯努利方程

流体在流动过程中必然遵循能量守恒定律,即能量既不会产生,也不会消失,只能从一种形式转换成另一种形式。伯努利方程反映了流体在流动过程中,各种形式机械能之间的相互转换关系。

(一) 流体机械能的几种形式

1. 位能 流体因受重力作用而具有的能量称为位能。流体所具有的位能与所处的高度有关,因此计算流体的位能首先要选定基准水平面。质量为 m、距基准水平面的距离为 Z 的流体所具有的位能等于将该流体由基准水平面升举至高度 Z 处所做的功,即 mgZ,单位为 J。若流体的质量为 1kg,则该流体所具有的位能为 gZ,单位为 J/kg。

2. 动能 流体因一定的流速而具有的能量称为动能。质量为 m、流速为 u 的流体所具有的动能相当于将该流体由静止加速到流速为 u 时所需的功,即 $\frac{1}{2}mu^2$,单位为 J。若流体的质量为 1kg,则该流体所具有的动能为 $\frac{1}{2}u^2$,单位为 J/kg。

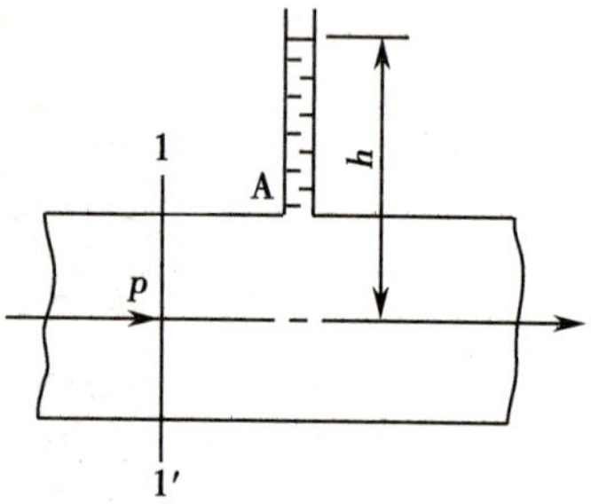

图 1-12 流体的静压能

3. 静压能 流体因一定的压力而具有的能量称为静压能。如图 1-12 所示。

液体以一定的流速在管内流动,若在管壁 A 处开一小孔,并在小孔处连接一根垂直的细玻璃管,液体便会在玻璃管内上升至一定高度 h,这是管内该截面处液体具有静压强的表现。

流体无论是处于静止还是处于流动状态,其内部任一点处都存在一定的静压强,而固体则不考虑静压强。但应注意,流体处于流动状态时,同一水平面上不同位置处流体的静压强是不同的。在图 1-12 所示的流动系统中,由于截面 1-1′处的流体具有一定的静压强,因而流体要通过该截面进入流动系统中,就需要对该流体做功,以克服这个静压强。换言之,经截面 1-1′进入流动系统中的流体,必具有与所做功相当的能量,该能量称为静压能或流动功。

将质量为 m、体积为 V 的流体,经截面 1-1′推入流动系统所需的作用力为 pA,所走的距离为 $\frac{V}{A}$,所做的功相当于流体带入系统的静压能,即

$$pA\cdot\frac{V}{A}=pV$$

若流体的质量为 1kg，则该流体带入系统的静压能为$\frac{pV}{m}=\frac{p}{\rho}$，单位为 J/kg。

流体的位能、动能和静压能统称为流体的机械能，三者之和称为流体的总机械能。

4. 外功（有效功）　在实际生产中，常采用泵、风机等流体输送设备由外界向流体传递机械能，以将流体由低能处输送至高能处。1kg 流体经流体输送设备所获得的能量称为外功或有效功，以 W_e 表示，单位为 J/kg。单位时间内流体输送设备所做的有效功，称为有效功率，以 N_e表示，单位为 W 或 kW，则

$$N_e=W_eW_s \qquad 式(1\text{-}30)$$

需要说明的是，流体输送设备所作的功并非全部为流体所获得，如泵在输送液体时存在功率损失，因而泵在做功时存在一个效率问题，即

$$\eta=\frac{N_e}{N} \qquad 式(1\text{-}31)$$

式中，η 为泵的效率，无因次；N 为泵的轴功率，W 或 kW。

5. 能量损失　实际流体在流动过程中，需要克服内摩擦力等阻力，因而部分机械能将转变为热能而无法利用，这部分损失掉的机械能称为能量损失。

（二）伯努利方程

如图 1-13 所示，不可压缩流体在管路系统中作稳态流动，在截面 1-1′和 2-2′之间有泵对流体作功，截面 0-0′为基准水平面，通过对截面 1-1′、2-2′及管内壁面所包围的流体进行能量衡算得

$$gZ_1+\frac{u_1^2}{2}+\frac{p_1}{\rho}+W_e=gZ_2+\frac{u_2^2}{2}+\frac{p_2}{\rho}+\sum h_f \qquad 式(1\text{-}32)$$

式中，$\sum h_f$为 1kg 流体由截面 1-1′流动至截面 2-2′时的能量损失，J/kg。

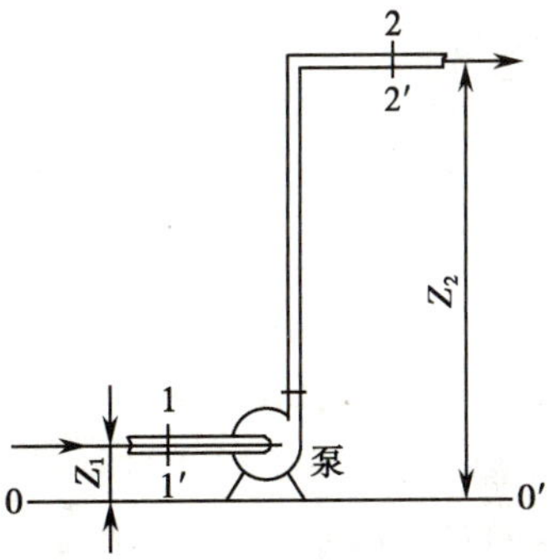

图 1-13　伯努利方程的推导

若流动系统内无外功加入，则 $W_e=0$。若流体在流动过程中不产生流动阻力，则这种流体称为理想流体，此时 $\sum h_f=0$。显然，对于理想流体且无外功加入时，式(1-32)可简化为

$$gZ_1+\frac{u_1^2}{2}+\frac{p_1}{\rho}=gZ_2+\frac{u_2^2}{2}+\frac{p_2}{\rho} \qquad 式(1\text{-}33)$$

式(1-33)称为理想流体的伯努利方程，式(1-32)是实际流体的机械能衡算式，可视为伯努利方程的引申，但习惯上也称为伯努利方程。

对于静止流体，$u_1=u_2=0$，$\sum h_f=0$，$W_e=0$，则式(1-32)可简化为

$$gZ_1+\frac{p_1}{\rho}=gZ_2+\frac{p_2}{\rho} \qquad 式(1\text{-}34)$$

著名的科学家家族——伯努利家族

式(1-34)是流体静力学基本方程的又一表达形式。由式(1-34)可知，静止流体在任一截面上的位能和静压能之和为常数。可见，流体的静止只不过是流动状态的一种特殊形式。

式(1-32)和式(1-33)均是以单位质量的流体为基准的伯努利方程，其各项的单位均为 J/kg。将式(1-32)的两边同除以 g 得

$$Z_1+\frac{u_1^2}{2g}+\frac{p_1}{\rho g}+\frac{W_e}{g}=Z_2+\frac{u_2^2}{2g}+\frac{p_2}{\rho g}+\frac{\sum h_f}{g}$$

令

$$H_e = \frac{W_e}{g}; \quad H_f = \frac{\sum h_f}{g}$$

则

$$Z_1 + \frac{u_1^2}{2g} + \frac{p_1}{\rho g} + H_e = Z_2 + \frac{u_2^2}{2g} + \frac{p_2}{\rho g} + H_f \qquad \text{式(1-35)}$$

式(1-35)是以单位重量的流体为基准的伯努利方程，式中各项的单位均为$\frac{J}{N}=\frac{N \cdot m}{N}=m$，即单位重量的不可压缩流体所具有的机械能，可理解为将流体自身从基准水平面升举的高度。在式(1-35)中，Z称为位压头；$\frac{u^2}{2g}$称为动压头；$\frac{p}{\rho g}$称为静压头；$\left(Z+\frac{u^2}{2g}+\frac{p}{\rho g}\right)$称为总压头；$H_e$称为有效压头，它是单位重量的流体经流体输送设备所获得的能量；H_f称为压头损失。

类似地，将式(1-32)的两边同乘以ρ即得以单位体积的流体为基准的伯努利方程

$$\rho g Z_1 + \frac{\rho u_1^2}{2} + p_1 + \rho W_e = \rho g Z_2 + \frac{\rho u_2^2}{2} + p_2 + \rho \sum h_f \qquad \text{式(1-36)}$$

式(1-36)中各项的单位均为$\frac{J}{m^3}=\frac{N \cdot m}{m^3}=\frac{N}{m^2}=Pa$，即单位体积的不可压缩流体所具有的机械能。式(1-36)中的ρW_e称为外加压力，以Δp_e表示；$\rho \sum h_f$表示流体因流动阻力而引起的压力降，简称为压力降，以Δp_f表示。应当注意，Δp_f的单位与压强的单位相同，但它与两截面间的压强差是两个截然不同的概念。由式(1-36)得

0107 船吸现象

$$\Delta p = p_2 - p_1 = \rho W_e - \rho g(Z_2 - Z_1) - \frac{\rho(u_2^2 - u_1^2)}{2} - \rho \sum h_f = \rho W_e - \rho g \Delta Z - \rho \Delta \frac{u^2}{2} - \rho \sum h_f$$

可见，两截面间的压强差是由多种因素所引起的，如不同形式机械能之间的相互转化等均能引起两截面压强差的变化。一般情况下，Δp与Δp_f在数值上并不相当，只有当流体在一段无外功加入的水平等径直管内流动时，Δp与Δp_f在数值上才是相等的。

例 1-9　如图 1-14 所示，水从贮水箱 A 经异径水平管段 B 和 C 流至大气中。水箱内的液面保持恒定，液面与管子中心线间的垂直距离为 5.5m，管段 B 的直径为管段 C 的两倍。水流经 B、C 直管段的流动阻力分别为 20J/kg 及 25J/kg。由水箱至管段 B 及由管段 B 至管段 C 的突然缩小损失均可忽略不计，而管段 C 至外界的出口损失不能忽略。试计算：(1) 水在管段 C 中的流速；(2) 水在管段 B 中的流速；(3) 管段 B 出口内侧的压强。已知水的密度为 1 000kg/m³。

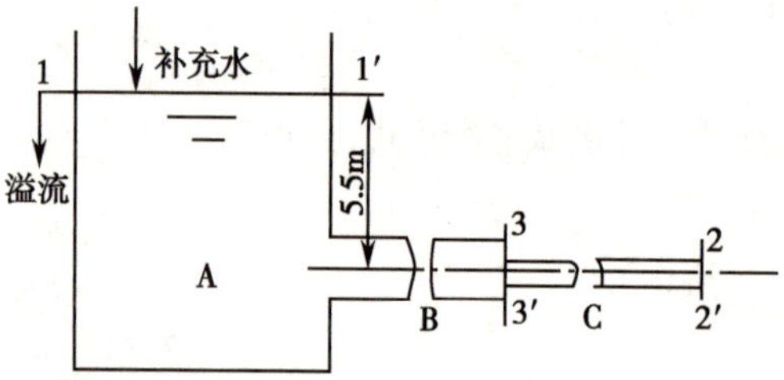

图 1-14　例 1-9 附图

解：依题意知，水箱内的液面保持恒定，故本题为无外功加入的不可压缩流体的稳态流动问题。

(1) 计算水在管段 C 中的流速：以水箱液面为上游截面 1-1′，管 C 出口内侧为下游截面 2-2′，并以经过水平管中心线的水平面为基准水平面。在截面 1-1′与 2-2′之间列伯努利方程得

$$gZ_1 + \frac{u_1^2}{2} + \frac{p_1}{\rho} + W_e = gZ_2 + \frac{u_2^2}{2} + \frac{p_2}{\rho} + \sum h_{f1-2}$$

式中，$Z_1=5.5m$，$u_1 \approx 0$，$p_1=0$(表压)，$W_e=0$，$Z_2=0$，$p_2=0$(2-2′截面在管口内侧，接近外界大气压，故可认为p_2与外界大气压相等，表压为零)，$\sum h_{f1-2}=20+25=45J/kg$，代入上式得

$$9.81 \times 5.5 = \frac{u_2^2}{2} + 45$$

解得

$$u_2=4.232\text{m/s}$$

即水在管段 C 中的流速为 4.232m/s。

(2) 计算水在管段 B 中的流速：设水在管段 B 和 C 中的流速分别为 u_B 和 u_C，则由式(1-29)得

$$\frac{u_B}{u_C}=\left(\frac{d_C}{d_B}\right)^2$$

所以

$$u_B=u_C\left(\frac{d_C}{d_B}\right)^2=4.232\times\left(\frac{1}{2}\right)^2=1.058\text{m/s}$$

即水在管段 B 中的流速为 1.058m/s。

(3) 计算管段 B 出口内侧的压强：管段 B 出口内侧的压强可在截面 1-1′与 3-3′之间或截面 2-2′与 3-3′之间列伯努利方程，计算的结果是一致的。现在截面 1-1′与 3-3′之间列伯努利方程，仍以经过水平管中心线的水平面为基准水平面，得

$$gZ_1+\frac{u_1^2}{2}+\frac{p_1}{\rho}+W_e=gZ_3+\frac{u_3^2}{2}+\frac{p_3}{\rho}+\sum h_{f1-3}$$

式中，$Z_1=5.5\text{m}$，$Z_2=0$，$u_1\approx0$，$p_1=0$(表压)，$u_3=u_B=1.058\text{m/s}$，$\sum h_{f1-3}=20\text{J/kg}$

$$9.81\times5.5=\frac{p_3}{1\ 000}+\frac{1.058^2}{2}+20$$

解得

$$p_3=3.34\times10^4\text{Pa}$$

即管 B 出口内侧的压强为 3.34×10^4Pa。

例 1-10　如图 1-15 所示，用离心泵将密度为 1 000kg/m^3 的水溶液由敞口水槽输送至敞口高位槽内，水槽液面及高位槽液面上方均为大气压，且液面均维持恒定，高位槽进料口高于水槽液面 20m。管路为 ϕ108mm×4mm 的钢管，输水量为 50m^3/h，水流经全部管路的能量损失为 40J/kg(不包括管出口能量损失)。若离心泵的效率为 65%，试计算泵的轴功率。

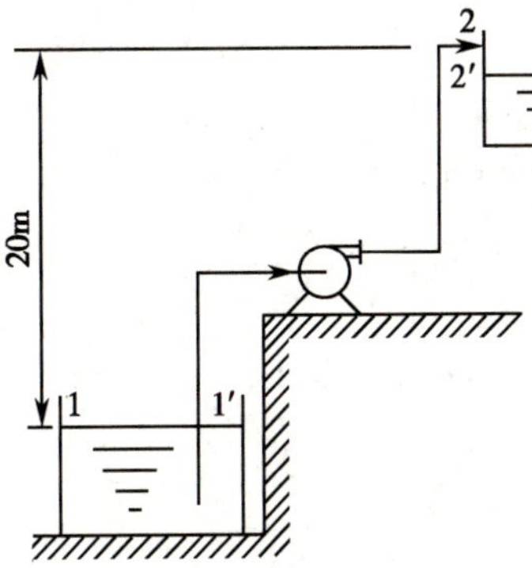

图 1-15　例 1-10 附图

解：以水槽液面为上游截面 1-1′，泵与高位槽连接管的出口内侧为下游截面 2-2′，并以截面 1-1′为基准水平面。在截面 1-1′与 2-2′之间列伯努利方程得

$$gZ_1+\frac{u_1^2}{2}+\frac{p_1}{\rho}+W_e=gZ_2+\frac{u_2^2}{2}+\frac{p_2}{\rho}+\sum h_f$$

式中，$Z_1=0$，$Z_2=20\text{m}$，$u_1\approx0$，$p_1=p_2=0$(表压)，$\sum h_f=40\text{J/kg}$。

管径 $d=108-4\times2=100\text{mm}=0.1\text{m}$，则

$$u_2=\frac{V_h}{3\ 600\times\frac{\pi}{4}\times d^2}=\frac{50}{3\ 600\times\frac{3.14}{4}\times0.1^2}=1.77\text{m/s}$$

将有关数据代入伯努利方程并整理得

$$W_e=gZ_2+\frac{u_2^2}{2}+\frac{p_2}{\rho}+\sum h_f=9.81\times20+\frac{1.77^2}{2}+0+40=237.77\text{J/kg}$$

由式(1-30)得

$$N_e=W_eW_s=W_eV_s\rho=237.77\times\frac{50}{3\ 600}\times1\ 000=3\ 302.4\text{W}\approx3.3\text{kW}$$

由式(1-31)得泵的轴功率为

$$N=\frac{N_e}{\eta}=\frac{3.3}{0.65}=5.1\text{kW}$$

应用伯努利方程解题时，应注意以下几点。

1. 截面的选取所选截面应与流动方向相垂直，且两截面间的流体应为连续稳态流动。在连续稳态的流体系统中，原则上任意两个截面均可选用。但为了计算方便，截面常选在已知条件最多的地方，而待求量应在截面上或两截面之间。实际应用中截面常选在输送系统的起点和终点的相应截面处。此外，截面的选取还应与两截面间的$\sum h_f$相一致。

2. 基准水平面的选取为确定流体的位能，应选取一个基准水平面。由于伯努利方程中所反映的是位能差的数值，因此基准水平面可以任意选取。但为了计算方便，常选取通过上、下游截面中位置较低截面的中点的水平面为基准水平面。

3. 当两截面的面积相差很大时，可认为大截面处的流速近似等于零。

4. 伯努利方程两边的压强应一致，可同时使用绝压或表压，但不能混用。

第三节　流体在管内的流动现象

实际流体具有黏性，在流动过程中会遇到阻力，因而要消耗一定的机械能，以克服流动阻力。在解决实际流体的流动问题时，只有给出能量损失的具体数值，才能应用伯努利方程来求解。研究表明，流动阻力与流体的黏度、流速以及管壁的粗糙程度等因素有关。

一、牛顿黏性定律和流体的黏度

1. 牛顿黏性定律　流体具有流动性，在外力的作用下其内部质点将产生相对运动。此外，流体在运动状态下还有一种抗拒内在向前运动的特性，称为黏性。流体的黏性越大，其流动性就越小。

如图1-16所示，设有两块平行放置且面积很大而相距很近的平板，板间充满某种流体。若将下板固定，而对上板施加一个恒定的推力F，使上板以速度u沿x方向作缓慢匀速运动。不难想象，两板间的流体将被分割成无数平行的速度不同的薄层。紧贴于上板表面的流体薄层将以同样的速度u随上板运动，其下各流体薄层的速度将依次降低，而紧贴于固定板表面的流体层速度为零。

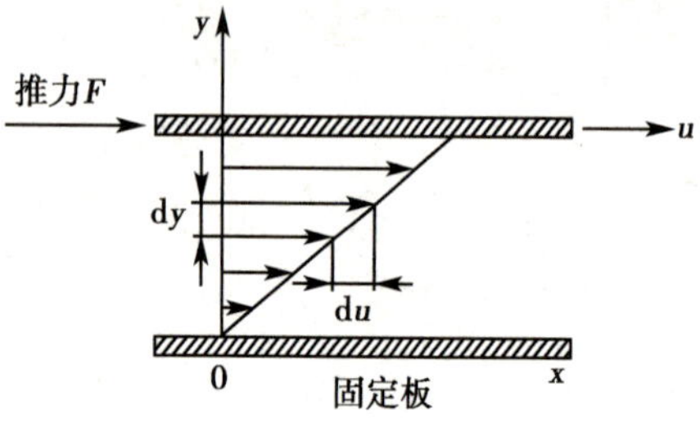

图1-16　平板间流体速度变化示意图

研究表明，对于特定的流体，两相邻流体层之间产生的内摩擦力与两流体层间的速度差成正比，与两流体层间的垂直距离成反比，与两流体层间的接触面积成正比，即

$$\tau=\frac{F}{S}=\mu\frac{du}{dy}\qquad\text{式(1-37)}$$

式中，F为两相邻流体层之间的内摩擦力，其方向与作用面平行，N；S为两相邻流体层之间的接触面积，m^2；τ为单位面积上的内摩擦力称为内摩擦应力或剪应力，N/m^2或Pa；$\frac{du}{dy}$为速度梯度，即与流体流动方向相垂直的y方向上流体速度的变化率，1/s；μ为比例系数，即流体的黏度，Pa·s。

式(1-37)称为牛顿黏性定律，它表明剪应力与速度梯度成正比，而与压力无关。服从牛顿黏性定律的流体称为牛顿流体，如全部气体及大部分液体；不服从牛顿黏性定律的流体称为非牛顿流体，如高分子溶液、胶体溶液、发酵液和泥浆等。

2. 流体的黏度　黏度是衡量流体黏性大小的物理量，是流体的重要的物理性质。流体的黏性愈大，其值愈大。

在法定单位制中，黏度的单位为 Pa·s。在物理单位制中，黏度的单位为 P（泊），但由于 P 的单位较大，故在手册或资料中，黏度的单位常用 cP（厘泊）来表示，1cP＝0.01P。

可以导出，在两种不同的单位制中，黏度单位的换算关系为

$$1\text{Pa}\cdot\text{s}=1\,000\text{cP}$$

流体的黏度与温度和压力有关。液体的黏度随温度的升高而减小，气体的黏度随温度的升高而增大。压力对液体的黏度影响很小，一般可忽略不计；而在通常的压力范围内，气体的黏度随压力的变化很小，只有在压力极高或极低的情况下，才需要考虑压力对气体黏度的影响。

液体和气体的黏度均由实验测定。附录 8 给出了常见液体的黏度，附录 9 给出了常见气体的黏度。

二、流动类型与雷诺准数

1883 年，英国物理学家雷诺通过实验发现了流体在管内流动时存在两种不同的流动状态。雷诺采用的实验装置如图 1-17 所示。

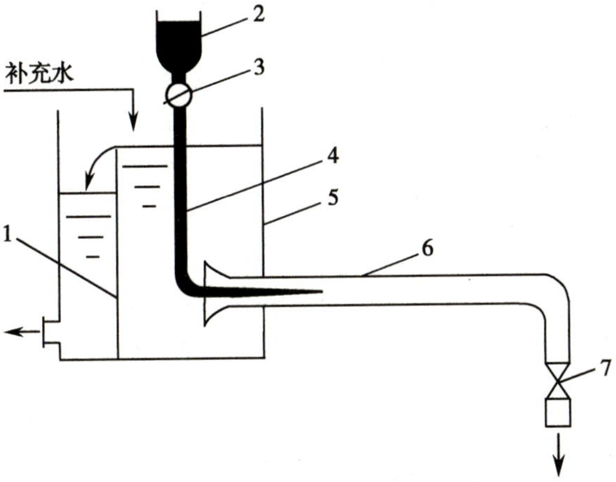

1. 溢流装置；2. 小瓶；3. 小阀；4. 玻璃细管；5. 玻璃水槽；6. 水平玻璃管；7. 调节阀。

图 1-17　雷诺实验装置

在玻璃水槽底部安装一根入口呈喇叭状的水平玻璃管，出口管内的水流速度可由调节阀调节。水槽上部有一小瓶，内装适量的染色液，其密度与水的密度相近。水槽设有溢流装置，以使水槽中的水位保持恒定。实验时，调节小瓶下端的小阀使染色液自瓶中流出，经喇叭口中心处的针状细管沿水平方向注入水平玻璃管的中心，其流出速度与管内的水流速度基本相同。观察染色液的流动情况可以判断管内水流中的质点运动情况，结果表明流体在管内流动时存在两种性质迥异的流动状态。

1. 层流或滞流　如图 1-18（a）所示。

当水流速度较小时，染色液在水平玻璃管内成一条轮廓清晰的细直线，表明流体质点始终沿着与管轴线平行的方向作直线流动，质点间互不混合，这种流型称为层流或滞流。

2. 湍流或紊流　当水流速度逐渐增大至某一数值时，染色液开始出现波浪形，但仍能保持较清晰的轮廓。当水流速度继续增大时，染色液与水流混合，波浪线开始断裂。

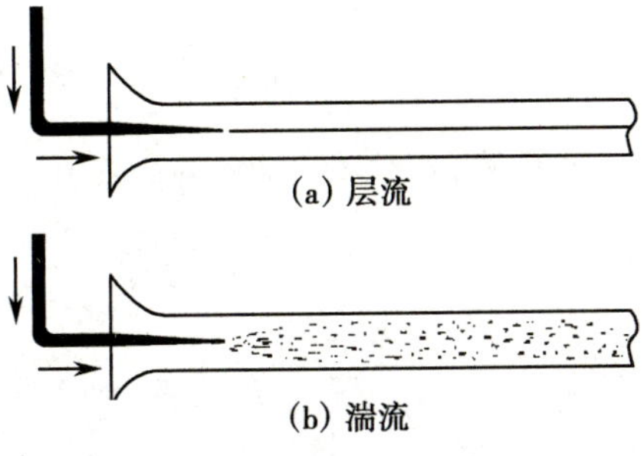

图 1-18　流体流动类型

流速进一步增大，染色液一进入玻璃管即与水完全混合，整个玻璃管中呈现均匀的颜色，并产生大大小小的旋涡，如图 1-18(b)所示。此时，流体质点已不再呈彼此平行的直线运动，各质点的速度大小和方向都在随时发生变化，且质点之间互相碰撞与混合，这种流型称为湍流或紊流。

采用不同的管径或不同的流体分别进行实验，可以发现，除流速 u 外，管内径 d、流体的黏度 μ 和密度 ρ 都能影响流体的流动状态。通过进一步分析，可将这些影响因素组合成 $\frac{du\rho}{\mu}$ 的形式，称为雷诺准数或雷诺数，以 Re 表示，即

$$Re=\frac{du\rho}{\mu} \qquad \text{式(1-38)}$$

雷诺数的因次为

$$[Re]=\left[\frac{du\rho}{\mu}\right]=\frac{\mathrm{m}\cdot(\mathrm{m/s})\cdot(\mathrm{kg/m^3})}{\mathrm{Pa}\cdot\mathrm{s}}=\frac{\mathrm{kg/(m\cdot s)}}{(\mathrm{N/m^2})\cdot\mathrm{s}}=\frac{\mathrm{kg}\cdot(\mathrm{m\cdot s^2})}{\mathrm{N}}=\frac{\mathrm{N}}{\mathrm{N}}=\mathrm{N}^0$$

可见，Re 是一个无因次数群，无论采用何种单位制，只要数群中各物理量的单位一致，计算出的 Re 必相等。

研究表明，根据 Re 的大小，可以判断流体在圆形直管中的流动状态。若 $Re\leqslant 2\,000$，则流体的流动状态为层流，此区域称为层流区或滞流区；若 $Re\geqslant 4\,000$，则流体的流动状态为湍流，此区域称为湍流区或紊流区。若 $2\,000<Re<4\,000$，则流体的流动状态可能是层流，也可能是湍流，取决于环境，该区域称为过渡区。

需要指出的是，依 Re 的大小将流体在管内的流动划分为层流区、过渡区和湍流区三个区域，但流体的流动类型只有层流和湍流两种。过渡区并非是流体的一种流型，它仅表示流体在该区域内流动时可能出现层流，也可能出现湍流，需视外界环境而定。

例 1-11 30℃的水以 0.5m/s 的速度流入管径为 50mm 的钢管内，已知 30℃时水的黏度为 $8.0\times10^{-4}\mathrm{Pa\cdot s}$，密度为 $995.7\mathrm{kg/m^3}$。试回答：(1) 判断管道中水的流动类型；(2) 欲使水在管道内保持层流状态，则水的最大流速为多少？(3) 若管内流动的是温度为 30℃、压强为 $1.8\times10^5\mathrm{Pa}$ 的空气，则空气在管内保持层流流动的最大流速又为多少？已知空气的黏度可取 $1.86\times10^{-5}\mathrm{Pa\cdot s}$，空气在标准状况下的密度为 $1.293\mathrm{kg/m^3}$。

解：(1) 判断管道中水的流动类型：水在管中流动时的雷诺数为

$$Re=\frac{du\rho}{\mu}=\frac{0.05\times0.5\times995.7}{8.0\times10^{-4}}=3.11\times10^4>4\,000$$

所以水在管内的流动状态为湍流。

(2) 计算水在管内保持层流时的最大流速：水在管内保持层流流动的最大雷诺数为 2 000，则水在管内的最大流速为

$$u_{\max1}=\frac{2\,000\mu}{d\rho}=\frac{2\,000\times8.0\times10^{-4}}{0.05\times995.7}=0.032\mathrm{m/s}$$

(3) 计算空气在管内保持层流时的最大流速：温度为 30℃、压强为 $1.8\times10^5\mathrm{Pa}$ 的空气的密度为

$$\rho=\rho_0\frac{pT_0}{p_0T}=1.293\times\frac{1.8\times10^5\times273}{1.013\,3\times10^5\times(273+30)}=2.07\mathrm{kg/m^3}$$

空气在管内保持层流流动的最大雷诺数为 2 000，则空气在管内的最大流速为

$$u_{\max2}=\frac{2\,000\mu}{d\rho}=\frac{2\,000\times1.86\times10^{-5}}{0.05\times2.07}=0.36\mathrm{m/s}$$

三、流体在圆管内的速度分布

流体在圆形直管内流动时，无论是层流还是湍流，管截面上各点的速度均随该点与管中心的距离

而变化，这种变化关系称为速度分布。一般地，管中心处的流速最大，愈靠近管壁流速就越小，管壁处流体的流速为零。

理论和实验均已证明，当流体在圆管内作稳态层流时，速度沿管径呈抛物线分布，如图1-19（a）所示。层流时，流体的平均流速 u 与最大流速 u_{max} 即管中心处的流速之比为1∶2。

由于湍流时流体质点的运动情况极其复杂，故湍流时的速度分布目前尚不能完全从理论上推导出来，而仅能通过实验来测定。实验测得的流体在圆管内作稳态湍流时的速度分布规律如图1-19（b）所示。显然，湍流时的速度分布曲线已不再是抛物线型。由于湍流时流体质点之间的强烈碰撞与混合，使管截面上的各点速度分布比较均匀，且湍流程度越剧烈即 Re 越大，速度分布曲线的顶部区域就越平坦。

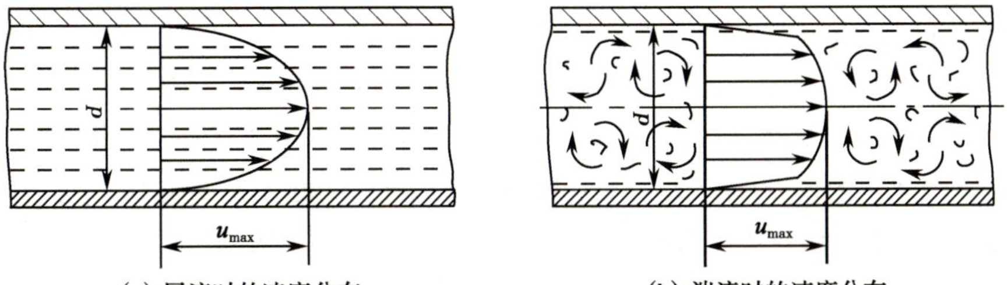

（a）层流时的速度分布　　（b）湍流时的速度分布

图1-19　流体在圆管内的速度分布

四、层流内层

流体在管内作湍流流动时，因流体黏性的存在，无论湍动多么强烈，管壁处的流速仍为零，故紧靠管壁处总存在一流体薄层，其内流体的流动方式为层流，该流体薄层称为层流内层或层流底层，如图1-20所示。自层流内层向管中心推移，流体的速度逐渐增大，经过渡层后到达湍流主体。

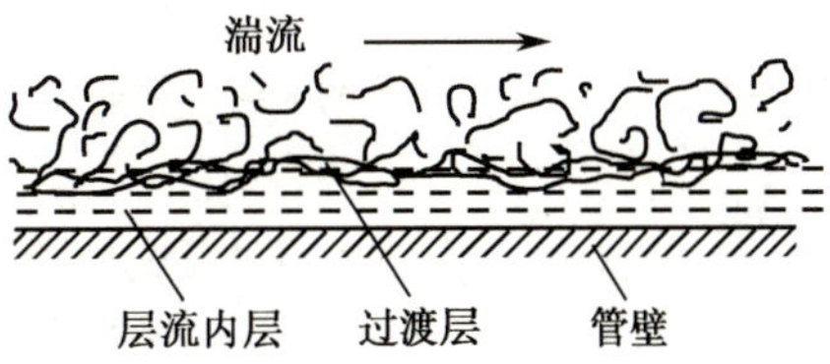

图1-20　湍流流动

层流内层的厚度与 Re 有关，Re 越大，层流内层越薄。虽然层流内层的厚度很薄，但该层内的流体质点仅沿管壁作平行流动，而无径向的碰撞与混合，因而对垂直于流动方向上的传热或传质速率的影响很大。因此，对于实际流体的传热和传质过程，若传递方向与流动方向垂直，则应设法减薄层流内层的厚度，以提高过程的传递速率。

第四节　流体在管内的流动阻力

流体在管内流动时的阻力可分为直管阻力和局部阻力两种。直管阻力是指流体流经一定管径的直管时，因流体的内摩擦而产生的阻力损失，以 h_f 表示，单位为J/kg。局部阻力是指流体流经管路中的管件、阀门、设备进出口及截面突然扩大或缩小等局部位置时而引起的阻力损失，以 h_f' 表示，单位为J/kg。伯努利方程中的 $\sum h_f$ 是指所研究的管路系统的总能量损失或阻力损失，包括管路系统中的全部直管阻力损失和各种局部阻力损失，即

$$\sum h_f = h_f + h_f' \qquad \text{式(1-39)}$$

一、直管阻力

（一）圆形管道的直管阻力

流体流经一定管径的圆形直管时所产生的直管阻力可用下式计算

$$h_f = \lambda \frac{l}{d} \frac{u^2}{2} \qquad \text{式(1-40)}$$

或

$$\Delta p_f = \rho h_f = \lambda \frac{l}{d} \frac{\rho u^2}{2} \qquad \text{式(1-41)}$$

式中，l 为直管的长度，m；λ 为摩擦系数或摩擦因数，无因次，与流体流动时的 Re 及管壁状况有关。

式(1-40)和式(1-41)是计算直管阻力的通式，又称为范宁公式。显然，应用范宁公式计算直管阻力的关键是确定摩擦系数的具体数值。研究表明，摩擦系数不仅与流体的流动类型有关，而且与管壁的粗糙度有关。

按照管壁的粗糙度不同，制药化工生产中所使用的管子大致可分为两大类，即光滑管和粗糙管。玻璃管、黄铜管、塑料管等一般可视为光滑管，而钢管和铸铁管一般可视为粗糙管。实际上，管壁的粗糙度不仅与材质有关，而且与腐蚀、污垢、使用时间等因素有关。工程上将管壁凸出部分的平均高度称为绝对粗糙度，以 ε 表示。一些工业管道的绝对粗糙度列于表 1-1 中。绝对粗糙度并不能全面反映管壁粗糙度对流动阻力的影响，如在同一直径下，ε 越大，阻力越大；但在同一 ε 下，直径越小，对阻力的影响就越大。为此，工程上常用绝对粗糙度与管内径的比值即相对粗糙度来表示管壁的粗糙度。

表 1-1　工业管道的绝对粗糙度

管道类别		绝对粗糙度 ε /mm
金属管	无缝黄铜管、铜管及铝管	0.01～0.05
	新的无缝钢管或镀锌铁管	0.1～0.2
	新的铸铁管	0.3
	具有轻度腐蚀的无缝钢管	0.2～0.3
	具有显著腐蚀的无缝钢管	0.5 以上
	旧的铸铁管	0.85 以上
非金属管	干净玻璃管	0.001 5～0.01
	橡胶软管	0.01～0.03
	陶土排水管	0.45～6.0
	很好整平的水泥管	0.33
	石棉水泥管	0.03～0.8

摩擦系数与雷诺准数及相对粗糙度之间的关系可由实验测定，其结果如图 1-21 所示。

按照雷诺准数的范围，可将图 1-21 划分成四个不同的区域：层流区（$Re \leqslant 2\times10^3$）、过渡区（$2\times10^3<Re<4\times10^3$）、湍流区（$Re \geqslant 4\times10^3$ 及虚线以下的区域）、完全湍流区（图中虚线以上的区域）四个不同的区域。

在层流区，λ 与 Re 的关系为一条向下倾斜的直线（斜率为负值），该直线可回归成下式

$$\lambda = \frac{64}{Re} \qquad \text{式(1-42)}$$

在湍流区，λ 与 Re 及 $\frac{\varepsilon}{d}$ 有关。在完全湍流区，λ 与 Re 的关系曲线几乎成水平线，即 λ 仅取决于 $\frac{\varepsilon}{d}$ 的值，而与 Re 无关。由式(1-40)可知，该区域的流动阻力与速度的平方成正比，故该区域又称为阻力平方区。

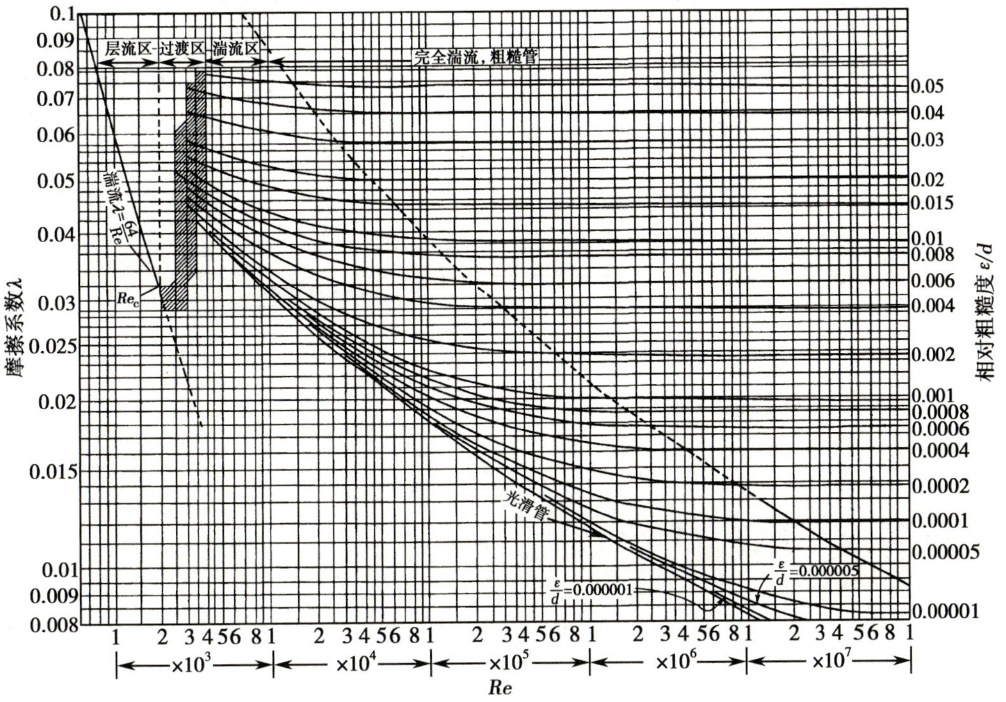

图 1-21　摩擦系数与雷诺准数及相对粗糙度之间的关系

在过渡区，流体的流动类型易受外界条件的影响而发生改变。为安全起见，工程上一般按湍流处理，即将湍流区相应的曲线延伸至该区域来查取 λ 的值。

（二）非圆形管道的直管阻力

流体在非圆形管道内的直管阻力仍可采用范宁公式来计算，但应用非圆形直管的当量直径 d_e 代替范宁公式及雷诺准数 Re 中的圆管直径 d。非圆形直管当量直径的定义为

$$d_e = 4\times\text{水力半径} = 4\times\frac{\text{流道截面积}}{\text{润湿周边长度}} = \frac{4A}{L} \qquad \text{式(1-43)}$$

值得注意的是，当量直径仅限于非圆形管道流动阻力的计算，而不能用于流道截面积、流速及流量的计算。

例 1-12　试推导下列两种管道截面的当量直径的计算式。(1) 管道截面为长方形，长和宽分别为 a 和 b；(2) 套管式换热器的环隙截面，外管内径为 D_i，内管外径为 d_o。

解：(1) 长方形截面的当量直径：依题意知，长方形截面的流道截面积 $A=ab$，润湿周边长度 $L=2(a+b)$，则由式(1-43)得长方形截面的当量直径为

$$d_e = 4\times\frac{ab}{2(a+b)} = \frac{2ab}{a+b}$$

(2) 套管换热器的环隙截面的当量直径：依题意知，套管换热器的环隙截面的流道截面积为

$$A = \frac{\pi}{4}D_i^2 - \frac{\pi}{4}d_o^2 = \frac{\pi}{4}(D_i^2 - d_o^2)$$

润湿周边长度为

$$L = \pi D_i + \pi d_o = \pi(D_i + d_o)$$

则由式(1-43)得套管换热器的环隙截面的当量直径为

$$d_e = 4\times\frac{\frac{\pi}{4}(D_i^2 - d_o^2)}{\pi(D_i + d_o)} = D_i - d_o$$

例 1-13 如图 1-22 所示，列管式换热器的外壳内径 $D_i=600mm$，换热管为 $\phi25\times2.5mm$ 的钢管，管子数 $n=100$。冷、热流体分别在管束内及管束外流动。试判断热流体以 $500m^3/h$ 的流量通过管间环隙时的流动类型。已知内管和外管均可视为光滑管，热流体的密度为 $700kg/m^3$，黏度为 $0.5\times10^{-3}Pa\cdot s$。

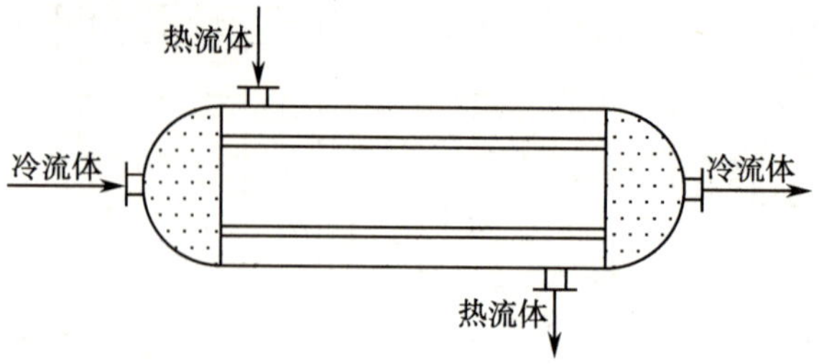

图 1-22 例 1-13 附图

解：依题意知，换热器的外壳内径 $D_i=600mm$；换热管的外径 $d_o=25mm=0.025m$，则管束外的流通截面积为

$$A=\frac{\pi}{4}(D_i^2-nd_o^2)=\frac{3.14}{4}\times(0.6^2-100\times0.025^2)=0.234m^2$$

管束外环隙流通截面的润湿周边长度为

$$L=\pi(D_i+nd_o)$$

则管束外环隙流通截面的当量直径为

$$d_e=4\times\frac{\frac{\pi}{4}(D_i^2-nd_o^2)}{\pi(D_i+nd_o)}=\frac{0.6^2-100\times0.025^2}{0.6+100\times0.025}=0.096m$$

热流体通过环隙的流速为

$$u=\frac{V_s}{A}=\frac{500}{3\ 600\times0.234}=0.594m/s$$

则

$$Re=\frac{d_eu\rho}{\mu}=\frac{0.096\times0.594\times700}{0.5\times10^{-3}}=7.98\times10^4>4\ 000$$

所以热流体通过套管环隙的流动类型为湍流。

二、局部阻力

流体流经管路中的管件（弯头、三通等）、阀门以及进口、出口、扩大、缩小等局部位置时，其流速的大小和方向都会发生变化，且流动会受到强烈的干扰和冲击，使涡流现象加剧，由此而产生的阻力称为局部阻力。迄今为止，还不能完全用理论方法对局部阻力进行精确计算，工程上一般采用阻力系数法或当量长度法对局部阻力进行估算。

1. 阻力系数法 克服局部阻力所引起的能量损失可表示成动能 $\frac{u^2}{2}$ 的一个函数，即

$$h_f'=\zeta\frac{u^2}{2} \qquad 式(1\text{-}44)$$

式中，h_f' 为局部阻力，J/kg；ζ 为局部阻力系数，一般由实验测定，无因次。某些管件和阀门的局部阻力系数见表 1-2。

表 1-2　某些管件和阀门的局部阻力系数与当量长度

名称	局部阻力系数	当量长度与管径之比$\frac{l_e}{d}$	名称	局部阻力系数	当量长度与管径之比$\frac{l_e}{d}$
45°标准弯头	0.35	15	底阀	1.5	420
90°标准弯头	0.75	35	升降式止回阀	1.2	60
180°回弯头	1.5	75	摇板式止回阀	2	100
三通	1	50	全开闸阀	0.17	7
管接头	0.4	2	3/4 开闸阀	0.9	40
活接头	0.4	2	1/2 开闸阀	4.5	200
截止阀全开	6.4	300	1/4 开闸阀	24	800
截止阀半开	9.5	475	水表(盘式流量计)	7.0	350
由管口流进贮槽	1.0	40	由贮槽流进管口	0.5	20

计算流体流经图 1-23 所示的突然扩大或突然缩小所产生的局部阻力，式(1-44)中的流速 u 均要采用小管内的流速，而式中的局部阻力系数可分别按下式计算

$$\text{突然缩小时,}\quad \zeta=0.5\left(1-\frac{A_1}{A_2}\right)^2 \qquad \text{式(1-45)}$$

$$\text{突然扩大时,}\quad \zeta=\left(1-\frac{A_1}{A_2}\right)^2 \qquad \text{式(1-46)}$$

式中，A_1 为小管的截面积，m^2；A_2 为大管的截面积，m^2。

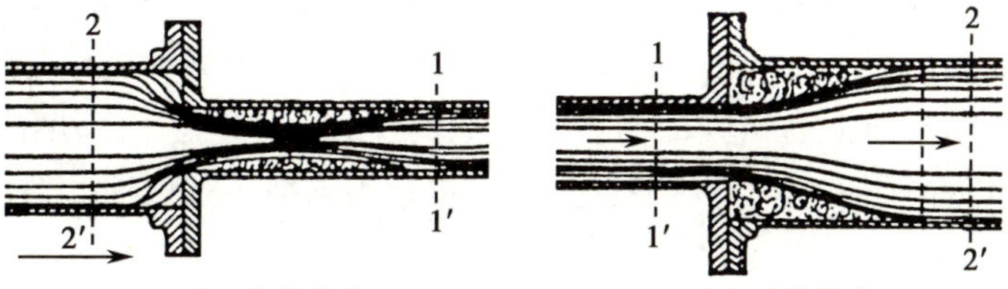

(a) 突然缩小　　(b) 突然扩大

图 1-23　流体截面突然缩小和突然扩大

流体由设备进入管内时，其流道截面突然缩小，由此而产生的局部阻力可用式(1-45)计算。由于管子截面积比设备截面积小得多，故$\frac{A_1}{A_2}\approx 0$，代入式(1-45)得 $\zeta=0.5$，此种损失常称为进口损失，相应的阻力系数称为进口阻力系数，以 ζ_c 表示。

流体由管内进入设备或管外空间时，其流道截面突然扩大，由此而产生的局部阻力可用式(1-46)计算。将$\frac{A_1}{A_2}\approx 0$ 代入式(1-46)得 $\zeta=1$，此种损失常称为出口损失，相应的阻力系数称为出口阻力系数，以 ζ_e 表示。

2. 当量长度法　该法是将流体流过管件、阀门等局部区域所产生的能量损失折合成相当于流体流过直径相同、长度为 l_e 的直管所产生的阻力，即

$$h_f'=\lambda\frac{l_e}{d}\frac{u^2}{2} \qquad \text{式(1-47)}$$

式中，l_e 为管件或阀门的当量长度。

管件和阀门的当量长度一般由实验测定，结果常表示成管道直径的倍数。某些管件和阀门的当量长度列于表 1-2 中。

三、管路系统的总能量损失

管路系统中的全部直管阻力与局部阻力之和称为管路系统的总能量损失。局部阻力的计算既可采用局部阻力系数法，又可采用当量长度法。若管路直径相同，则管路系统的总能量损失为

$$\sum h_f = h_f + h_f' = \lambda \frac{l+\sum l_e}{d}\frac{u^2}{2} \qquad 式(1\text{-}48)$$

或

$$\sum h_f = h_f + h_f' = \left(\lambda \frac{l}{d} + \sum \zeta\right)\frac{u^2}{2} \qquad 式(1\text{-}49)$$

式中，l 为管路系统中各段直管的总长度，m；$\sum l_e$ 为管路系统中全部管件、阀门等的当量长度之和，m；$\sum \zeta$ 为管路系统中全部管件、阀门等的局部阻力系数之和，m。

若 $\sum l_e$ 中不包括进、出口损失，则管路系统的总能量损失为

$$\sum h_f = h_f + h_f' = \lambda \frac{l+\sum l_e}{d}\frac{u^2}{2} + (\zeta_c + \zeta_e)\frac{u^2}{2} \qquad 式(1\text{-}50)$$

若管路是由若干直径不同的管段所组成，则流体在各管段内的流速不同，此时可分别计算各管段的能量损失，然后再求其总和，即得管路系统的总能量损失。

应用式(1-48)、式(1-49)和式(1-50)时，流速 u 是流体在管段内的流速，而伯努利方程中的动能项 $\frac{u^2}{2}$ 中的流速 u 则是流体在相应衡算截面处的流速。

当流体由管内直接流至管外空间时，若取管出口内侧截面作为伯努利方程中的下游截面，则管出口内侧截面上的压强可取为与管外空间的相同，此时流体尚未流出管道，故其流速仍为管内流速，但系统的总能量损失不包括出口损失。若取管出口外侧截面作为伯努利方程中的下游截面，则管出口外侧截面上的压强即为管外空间的压强，此时流体已流出管道，故其流速为零，但系统的总能量损失应包括出口损失。由于出口阻力系数 $\zeta_e = 1$，因此两种选取方法所得结果是相同的。

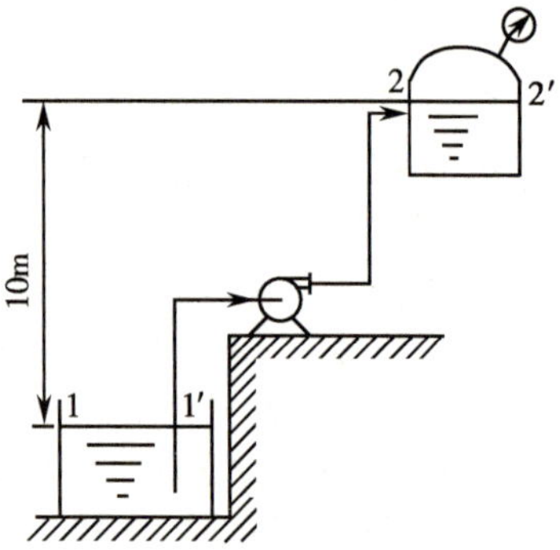

图 1-24 例 1-14 附图

例 1-14 如图 1-24 所示，用泵将 20℃ 的水以 $20m^3/h$ 的输送量从低位敞口水槽输送至高位槽内，高位槽上方气体压强为 0.2×10^3Pa(表压)，两槽液面均维持恒定，其间的垂直距离为 10m。输送管路的直径为 ϕ83mm×3.5mm，直管部分的总长度为 100m，管路上装有 3 个 90°标准弯头、1 个全开的闸阀、2 个三通及 1 个摇板式止回阀。若泵的效率为 65%，试计算泵的轴功率。

解：以水槽液面为上游截面 1-1′，高位槽液面为下游截面 2-2′，并以截面 1-1′为基准水平面。在截面 1-1′与 2-2′之间列伯努利方程得

$$gZ_1 + \frac{u_1^2}{2} + \frac{p_1}{\rho} + W_e = gZ_2 + \frac{u_2^2}{2} + \frac{p_2}{\rho} + \sum h_f$$

式中，$Z_1 = 0$，$Z_2 = 10$m，$p_1 = 0$(表压)，$p_2 = 0.2\times10^3$Pa(表压)。因水槽和高位槽的截面均远大于管道的截面，故 $u_1 \approx 0$，$u_2 \approx 0$。由附录 2 查得水在 20℃ 时的密度为 $998.2kg/m^3$，所以伯努利方程可简化为

$$W_e = gZ_2 + \frac{p_2}{\rho} + \sum h_f = 9.81\times10 + \frac{0.2\times10^3}{998.2} + \sum h_f = 98.30 + \sum h_f$$

式中，$\sum h_f$ 为管路系统的总能量损失，包括直管阻力、管件及阀门的局部阻力以及进出口阻力。

已知管径 $d=83-3.5\times2=76\text{mm}=0.076\text{m}$。由附录 2 查得水在 20℃时的黏度为 $1.004\times10^{-3}\text{Pa}\cdot\text{s}$，则水在管路中的流速为

$$u=\frac{20}{3\,600\times\frac{\pi}{4}\times0.076^2}=1.23\text{m/s}$$

$$Re=\frac{du\rho}{\mu}=\frac{0.076\times1.23\times998.2}{1.004\times10^{-3}}=9.26\times10^4>4\,000\ \text{为湍流}$$

参考表 1-1，取管壁的绝对粗糙度 $\varepsilon=0.3\text{mm}$，则 $\frac{\varepsilon}{d}=\frac{0.3}{76}=0.003\,95$。查图 1-21 得 $\lambda=0.029\,5$。下面分别用阻力系数法和当量长度法计算管路系统的总能量损失。

（1）阻力系数法：由表 1-2 查得 90°标准弯头 $\zeta=0.75$，全开闸阀 $\zeta=0.17$，三通 $\zeta=2\times1.0$，摇板式止回阀 $\zeta=2.0$。又进口阻力系数 $\zeta_c=0.5$，出口阻力系数 $\zeta_e=1.0$，则 $\sum\zeta=3\times0.75+0.17+2\times1.0+2.0+0.5+1.0=7.92$，所以管路系统的总能量损失为

$$\sum h_f=h_f+h_f'=\left(\lambda\frac{l}{d}+\sum\zeta\right)\frac{u^2}{2}=\left(0.029\,5\times\frac{100}{0.076}+7.92\right)\times\frac{1.23^2}{2}=35.35\text{J/kg}$$

（2）当量长度法：由表 1-2 查得 90°标准弯头 $l_e=35d$，全开闸阀 $l_e=7d$，三通 $l_e=2\times50d$，摇板式止回阀 $l_e=100d$，则 $\sum l_e=3\times35d+7d+2\times50d+100d=312d$。又 $l=100\text{m}$，所以管路系统的总能量损失为

$$\begin{aligned}\sum h_f&=h_f+h_f'=\lambda\frac{l+\sum l_e}{d}\frac{u^2}{2}+(\zeta_c+\zeta_e)\frac{u^2}{2}\\&=0.029\,5\times\frac{100+312\times0.076}{0.076}\times\frac{1.23^2}{2}+(0.5+1.0)\times\frac{1.23^2}{2}\\&=37.45\text{J/kg}\end{aligned}$$

显然，采用阻力系数法和当量长度法计算管路系统的总能量损失，结果不完全相同，但误差不大。下面采用阻力系数法的计算结果计算泵的轴功率。将 $\sum h_f=35.35\text{J/kg}$ 代入简化后的伯努利方程得

$$W_e=98.30+35.35\approx133.65\text{J/kg}$$

由式(1-30)得泵的有效功率为

$$N_e=W_eW_s=W_eV_s\rho=133.65\times\frac{20}{3\,600}\times998.2=741.2\text{W}$$

由式(1-31)得泵的轴功率为

$$N=\frac{N_e}{\eta}=\frac{741.2}{0.65}=1\,140.3W\approx1.14\text{kW}$$

四、降低管路系统流动阻力的途径

实际流体具有黏性，在流动过程中要消耗一定的机械能以克服流动阻力。显然，流动阻力越大，输送设备的动力消耗就越大。因此，降低管路系统的流动阻力对降低能耗和生产成本具有重要的意义。

实际生产中可采取以下措施来降低管路系统的流动阻力。

1. 由式(1-48)可知，$\sum h_f$ 与 $l+\sum l_e$ 成正比，因此在不影响管路布置的前提下，缩短管路长度或减少不必要的管件和阀门均能降低管路系统的流动阻力。

2. 将 $u=\dfrac{4V_s}{\pi d^2}$ 代入式(1-48)并整理得

$$\sum h_f=\lambda\left(l+\sum l_e\right)\frac{8V_s^2}{\pi^2}\frac{1}{d^5} \qquad 式(1\text{-}51)$$

由式(1-51)可知，$\sum h_f$ 与 d^5 成反比。因此，对于特定的流体输送量，适当增大管径，可显著降低管路系统的流动阻力。但管径增大后，管材消耗量和管路投资会相应增大。

3. 流体在管内流动时，黏度对流动阻力有着重要的影响。例如，当流体在管内保持层流时，将式(1-42)代入范宁公式得

$$h_f=\lambda\frac{l}{d}\frac{u^2}{2}=\frac{64}{Re}\frac{l}{d}\frac{u^2}{2}=\frac{64\mu}{du\rho}\frac{l}{d}\frac{u^2}{2}=\frac{32lu\mu}{\rho d^2} \qquad 式(1\text{-}52)$$

可见，流体在管内作层流流动时，流动阻力与黏度成正比。由于流体黏度与温度有关，因此，适当改变流体温度以降低流体的黏度，也可达到降低管路系统流动阻力的目的。如在输送高黏度液体时，适当提高液体温度，即可降低其黏度，从而可降低管路系统的流动阻力。

第五节　流速与流量的测量

流体流量是制药生产过程中的重要工艺参数之一，对其进行调节和控制是保证生产过程能够安全稳定进行的重要条件。测量流量的仪表型式多种多样，下面介绍几种根据流体流动时各种机械能之间的相互转换关系来测量流速或流量的装置。

一、测速管

如图 1-25 所示，将两根直径不同的金属管弯成直角后同心套合在一起，即为测速管。

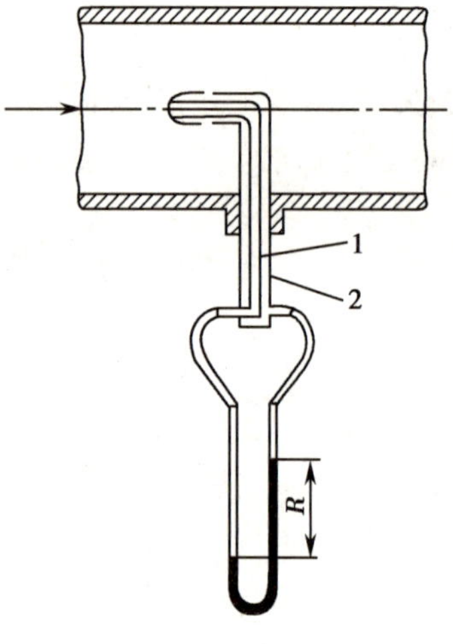

1. 内管；2. 外管。

图 1-25　测速管

测速管又称为皮托管，其内管的前端是敞开的，而外管的前端则是封闭的，且在外管前端壁面的四周还设有若干个测压小孔。为减小测量误差，常将测速管的前端加工成半球形以减小涡流。测量时，测速管的前端管口应正对着流体流动方向，而 U 形管压差计的两端则分别与测速管的内管和套管环隙相连。若压差计的读数为 R，则测量点处的流速可按下式计算

$$u_r=\sqrt{\frac{2gR(\rho_A-\rho)}{\rho}} \qquad 式(1\text{-}53)$$

式中，u_r 为测量点处流体的局部流速，m/s；ρ 为被测流体的密度，kg/m^3；ρ_A 为指示液的密度，kg/m^3。

由于气体的密度远小于指示液的密度，即 $\rho\ll\rho_A$，因此测量气体时，式(1-53)可简化为

$$u_r=\sqrt{\frac{2gR\rho_A}{\rho}} \qquad 式(1\text{-}54)$$

皮托管测量飞机速度

测速管测量的是管截面上某一点的轴向线速度，因此，可用测速管测量管截面上的速度分布。若将测速管的管口对准管道中心线，则可测出 U 形管压差计的最大读数，代入式(1-53)可求出管截面中心处的最大流速。

测速管必须安装在管路的稳定段内，通常要求测量点前的直管长度不小于管径的 50 倍，测量点后的直管长度不小于管径的 8~12 倍。此外，为减少测速管对流体流动状

态的干扰，测速管的外径不应超过管道内径的1/50。

二、孔板流量计

在管道上安装一片与管轴相垂直的开有圆孔的金属板，且孔的中心位于管轴上，这样的装置称为孔板流量计，如图1-26所示。孔板的孔口经精密加工后呈刀口状，在厚度方向与轴线呈45°，常称为孔板或锐孔板。由于截面1-1′后装有孔板，因此当流体以一定的流速流过截面1-1′后，流束便开始收缩，但在惯性作用下，流束经孔板后仍会继续收缩，到达截面2-2′处达到最小，此后流束又逐渐扩大，直至重新充满管截面。流束截面最小处常称为缩脉，如图中的截面2-2′。

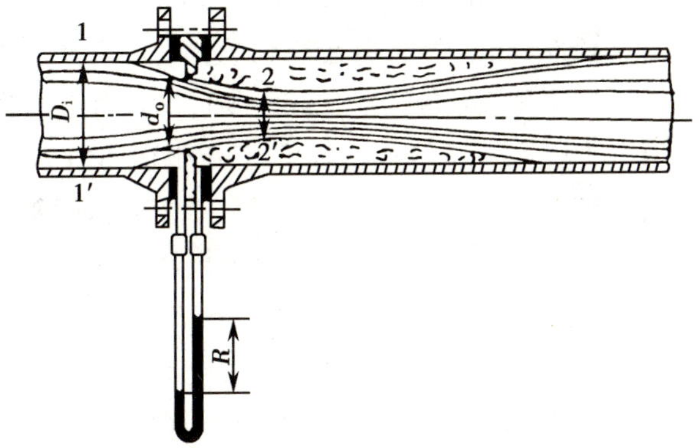

图1-26　孔板流量计

流体在缩脉处流速达到最大，而压力降至最低。流体流过孔板的压力降可用液柱压差计来测量。测量时，常将上、下游测压口分别设在靠近孔板前后的位置上，这种取压方法称为角接取压法，如图1-26所示。对于不可压缩流体，若U形管压差计的读数为R，则被测流体的体积流量可用下式计算

$$V_s = C_o A_o \sqrt{\frac{2gR(\rho_A - \rho)}{\rho}} \qquad 式(1\text{-}55)$$

式中，A_o为孔板小孔的截面积，m^2；C_o为流量系数或孔流系数，无因次，其值可从有关手册中查得。

孔板流量计的优点是结构简单，制造、安装和使用都比较方便。缺点是流体流经孔板时的阻力较大，因而能量损失较大。此外，孔板流量计也必须安装在管路的稳定段内，孔板前的直管长度应不小于管道内径的40~50倍，孔板后的直管长度应不小于管道内径的10~20倍。

三、文丘里流量计

如图1-27所示，用一段渐缩、渐扩管代替孔板，即成为文丘里流量计，其最小流通截面处常称为文氏喉。测量时，上游测压口距截面开始收缩处的长度应不小于管道内径1/2，而下游测压口则应设在文氏喉处。

文丘里流量计的测量原理与孔板流量计的基本相同，其流量计算公式亦与孔板流量计的相类似，即

$$V_s = C_V A_o \sqrt{\frac{2gR(\rho_A - \rho)}{\rho}} \qquad 式(1\text{-}56)$$

式中，C_V为流量系数，无因次，其值可由实验测定或从仪表手册中查得；A_o为文氏喉处的截面积，m^2。

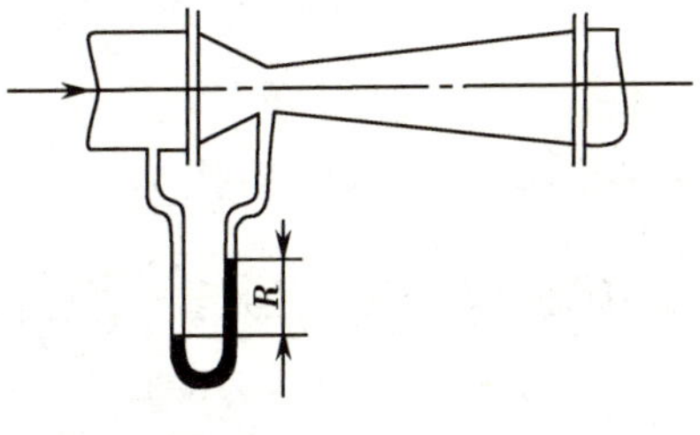

图1-27　文丘里流量计

文丘里流量计具有渐缩段和渐扩段，其内的流体流速

变化较为平缓，产生的涡流也较少，因而能量损失较小。缺点是各部分的尺寸要求严格，需要精细加工，因而造价较高。

四、转子流量计

转子流量计主要由一根上粗下细的锥形玻璃管和一个由金属或其他材料制成的浮子所组成，如图 1-28 所示。浮子置于锥形玻璃管内，管的外表面标有流量刻度。浮子的上端表面常刻有斜槽，在流体作用下可旋转，因而常将浮子称为转子。

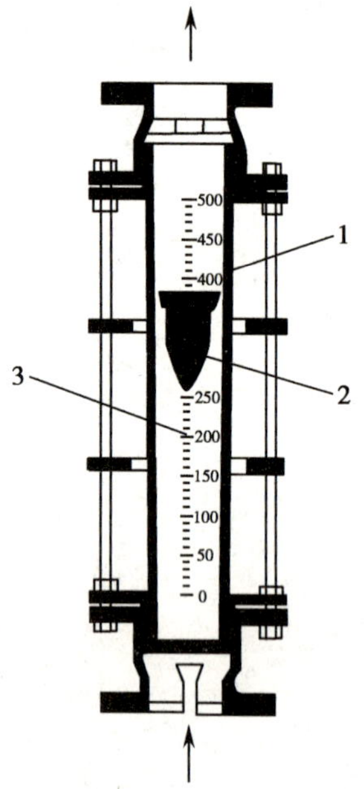

1. 锥形玻璃管；2. 转子；3. 刻度。

图 1-28 转子流量计

工作时，流体自玻璃管底部流入，经转子和管壁间的环隙后再由顶部流出。当管中无流体通过时，转子沉于管底。当被测流体以一定的流量流经转子与管壁间的环隙时，由于流道截面减小，流速增大，压力随之降低，于是在转子上、下端面间形成一个压差，将转子托起，使转子上浮。随着转子的上浮，环隙面积逐渐增大，流速逐渐减小，压力则随之增大，从而使转子上、下端面间的压差减小。当转子上浮至某一高度，使转子因上、下端面间的压差而产生的上升力恰好等于转子的重力时，转子便不再上升，而是悬浮于该高度。此时根据转子上端平面所处的位置即可读取流量的测量值。

需要指出的是，转子流量计的刻度所对应的流量与待测流体的密度有关。转子流量计上所标注的流量值是生产厂家用 20℃ 的水或 20℃、1.013×10^5Pa 的空气为介质的标定值。当被测流体与标定流体不同时，可用下式对流量测量值进行校正：

$$\frac{V_{s2}}{V_{s1}}=\sqrt{\frac{\rho_1(\rho_f-\rho_2)}{\rho_2(\rho_f-\rho_1)}} \qquad \text{式(1-57)}$$

式中，V_{s1} 为流量计的读数值，m^3/s；V_{s2} 为被测流体的流量，m^3/s；ρ_1 为标定流体（水或空气）的密度，kg/m^3；ρ_2 为被测流体的密度，kg/m^3；ρ_f 为转子材料的密度，kg/m^3。

对于气体转子流量计，由于转子材料的密度远大于气体的密度，则式(1-57)可简化为

$$\frac{V_{s2}}{V_{s1}}=\sqrt{\frac{\rho_1}{\rho_2}} \qquad \text{式(1-58)}$$

0109 流量计的发展

转子流量计必须垂直安装，而且流体必须下进上出。转子的最大截面所对应的刻度即为流量计的读数。

转子流量计的优点是阻力损失小、读数方便且精确度较高，并可用于腐蚀性流体的测量。缺点是锥形管常为玻璃管，不能承受高温或高压，因而在安装和使用过程中容易破碎。

第六节 管子、阀门、管件及管道连接

一、公称压力和公称直径

公称压力和公称直径是管子、阀门及管件尺寸标准化的两个基本参数。

1. 公称压力 公称压力是管子、阀门或管件在规定温度下的最大许用工作压力（表压）。公称压力常用符号 P_g 表示，可分为 12 级，如表 1-3 所示。

表 1-3　公称压力等级

序号		1	2	3	4	5	6	7	8	9	10	11	12
公称压力	kgf/cm^2	2.5	6	10	16	25	40	64	100	160	200	250	320
	MPa	0.25	0.59	0.98	1.57	2.45	3.92	6.28	9.8	15.7	19.6	24.5	31.4

2. 公称直径　公称直径是管子、阀门或管件的名义内直径，常用符号 D_g 表示，如公称直径为 100mm 可表示为 D_g100。

公称直径并不一定就是实际内径。例如，管子的公称直径既不是它的外径，也不是它的内径，而是小于管子外径的一个数值。管子的公称直径一定，其外径也就确定了，但内径随壁厚而变。

对法兰或阀门而言，公称直径是指与其相配的管子的公称直径。如 D_g100 的管法兰或阀门，指的是连接公称直径为 100mm 的管子用的管法兰或阀门。

各种管路附件的公称直径一般都等于其实际内径。

二、管子

1. 钢管　钢管包括焊接(有缝)钢管和无缝钢管两大类，常见规格见附录 9。

焊接钢管通常由碳钢板卷焊而成，以镀锌管最为常见。焊接钢管的强度低，可靠性差，常用作水、压缩空气、蒸气、冷凝水等流体的输送管道。

无缝钢管可由普通碳素钢、优质碳素钢、普通低合金钢、合金钢等的管坯热轧或冷轧(冷拔)而成，其中冷轧无缝钢管的外径和壁厚尺寸较热轧的精确。无缝钢管品质均匀、强度较高，常用于高温、高压以及易燃、易爆和有毒介质的输送。

2. 有色金属管　在药品生产中，铜管和黄铜管、铅管和铅合金管、铝管和铝合金管都是常用的有色金属管。例如，铜管和黄铜管可用作换热管或真空设备的管道，铅管和铅合金管可用来输送 15% ~ 65% 的硫酸，铝管和铝合金管可用来输送浓硝酸、甲酸、醋酸等物料。

3. 非金属管　非金属管包括无机非金属管和有机非金属管两大类。玻璃管、搪玻璃管、玻璃钢管、陶瓷管等都是常见的无机非金属管，橡胶管、聚丙烯管、硬聚氯乙烯管、聚四氟乙烯管、耐酸酚醛塑料管、不透性石墨管等都是常见的有机非金属管。

非金属管通常具有良好的耐腐蚀性能，在药品生产中有着广泛的应用。在使用中应注意非金属管的机械性能和热稳定性。

三、阀门

（一）常用阀门

1. 旋塞阀　旋塞阀的结构如图 1-29 所示。旋塞阀具有结构简单、启闭方便快捷、流动阻力较小等优点。旋塞阀常用于温度较低、黏度较大的介质以及需要迅速启闭的场合，但一般不适用于蒸气和温度较高的介质。由于旋塞很容易铸上或焊上保温夹套，因此可用于需要保温的场合。此外，旋塞阀配上电动、气动或液压传动机构后，可实现遥控或自控。

2. 球阀　球阀的结构如图 1-30 所示。球阀内有一可绕自身轴线作 90°旋转的球形阀瓣，阀瓣内设有通道。球阀结构简单，操作方便，旋转 90°即可启闭。球阀的使用压力比旋塞阀高，密封效果较好，且密封面不易擦伤，可用于浆料或黏稠介质。

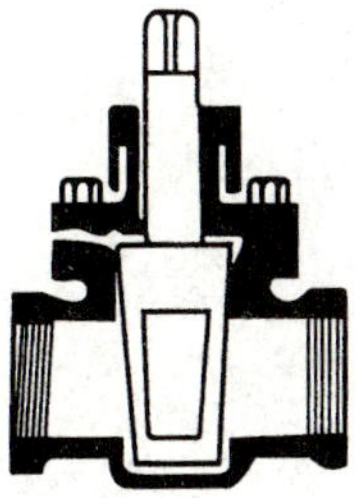

图 1-29　旋塞阀

3. 闸阀　闸阀的结构如图 1-31 所示。闸阀内有一与介质的流动方向相垂直的平板阀心，利用阀心的升起或落下可实现阀门的启闭。闸阀的优点是不改变流体的流动方向，因而流动阻力较小。闸阀主要用作切断阀，常用作放空阀或低真空系统的阀门。闸阀一般不用于流量调节，也不适用于含固体杂质的介质。闸阀的缺点是密封面易磨损，且不易修理。

4. 截止阀　截止阀的结构如图1-32所示。截止阀的阀座与流体的流动方向垂直，流体向上流经阀座时要改变流动方向，因而流动阻力较大。截止阀结构简单，调节性能好，常用于流体的流量调节，但不宜用于高黏度或含固体颗粒的介质，也不宜用作放空阀或低真空系统的阀门。

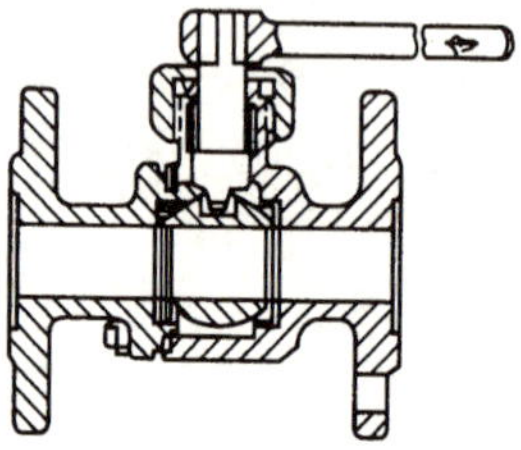

图1-30　球阀

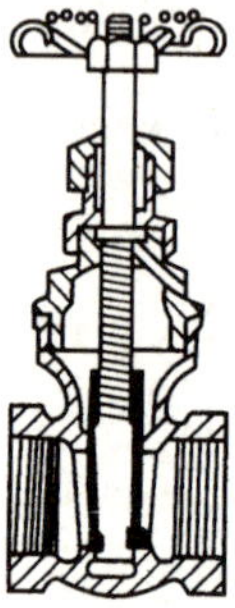

图1-31　闸阀

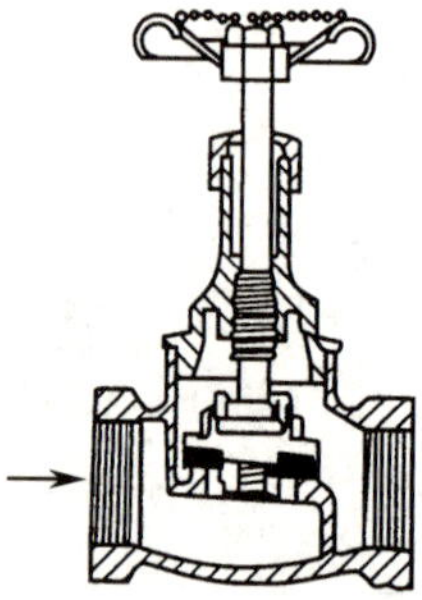

图1-32　截止阀

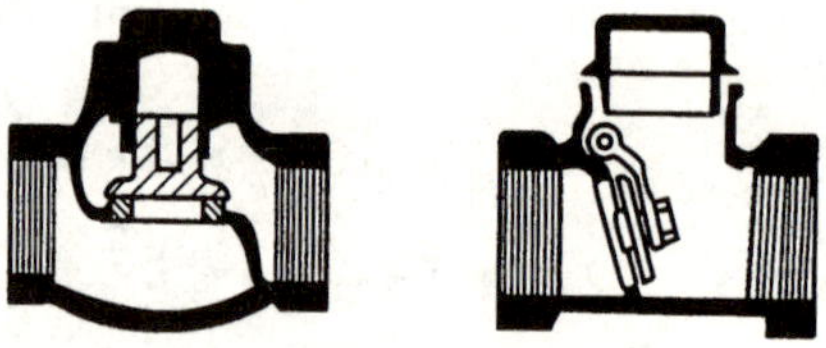

(a) 升降式　　(b) 摇板式

图1-33　止回阀

5. 止回阀　止回阀的结构如图1-33所示。止回阀的阀体内有一圆盘或摇板，当介质顺流时，阀盘或摇板即升起打开；当介质倒流时，阀盘或摇板即自动关闭。因此，止回阀是一种自动启闭的单向阀门，用于防止流体逆向流动的场合，如在离心泵吸入管路的入口处常装有止回阀。止回阀一般不宜用于高黏度或含固体颗粒的介质。

6. 疏水阀　疏水阀的作用是自动排除设备或管道中的冷凝水、空气及其他不凝性气体，同时又能阻止蒸气的大量逸出。因此，凡需蒸气加热的设备以及蒸气管道等都应安装疏水阀。

7. 减压阀　减压阀的阀体内设有膜片、弹簧、活塞等敏感元件，利用敏感元件的动作可改变阀瓣与阀座的间隙，从而达到自动减压的目的。

减压阀仅适用于蒸气、空气、氮气、氧气等清净介质的减压，但不能用于液体的减压。此外，在选用减压阀时还应注意其减压范围，不能超范围使用。

8. 安全阀　安全阀内设有自动启闭装置。当设备或管道内的压力超过规定值时阀即自动开启以泄出流体，待压力回复后阀又自动关闭，从而达到保护设备或管道的目的。

安全阀的种类很多，以弹簧式安全阀最为常用。当流体可直接排放到大气中时，可选用全启式安全阀；若流体不允许直接排放，则应选用封闭式安全阀，将流体排放到总管中。

阀门的发展

（二）阀门的选择

阀门是管路系统的重要组成部件，流体的流量、压力等参数均可用阀门来调节或控制。阀门的种类很多，结构和特点各异。根据操作工况的不同，可选用不同结构和材质的阀门。一般情况下，阀门可按以下步骤进行选择。

1. 根据被输送流体的性质以及工作温度和工作压力选择阀门材质。阀门的阀体、阀杆、阀座、压盖、阀瓣等部位既可用同一材质制成，也可用不同材质分别制成，以达到经济、耐用的目的。

2. 根据阀门材质、工作温度及工作压力，确定阀门的公称压力。

3. 根据被输送流体的性质以及阀门的公称压力和工作温度，选择密封面材质。密封面材质的最高使用温度应高于工作温度。

4. 确定阀门的公称直径。一般情况下，阀门的公称直径可采用管子的公称直径，但应校核阀门的阻力对管路是否合适。

5. 根据阀门的功能、公称直径及生产工艺要求，选择阀门的连接形式。

6. 根据被输送流体的性质以及阀门的公称直径、公称压力和工作温度等，确定阀门的类别、结构形式和型号。

四、管件

管件是管与管之间的连接部件，延长管路、连接支管、堵塞管道、改变管道直径或方向等均可通过相应的管件来实现，如利用法兰、活接头、内牙管等管件可延长管路，利用各种弯头可改变管路方向，利用三通或四通可连接支管，利用异径管（大小头）或内外牙（管衬）可改变管径，利用管帽或管堵可堵塞管道等。图 1-34 为常用管件示意图。

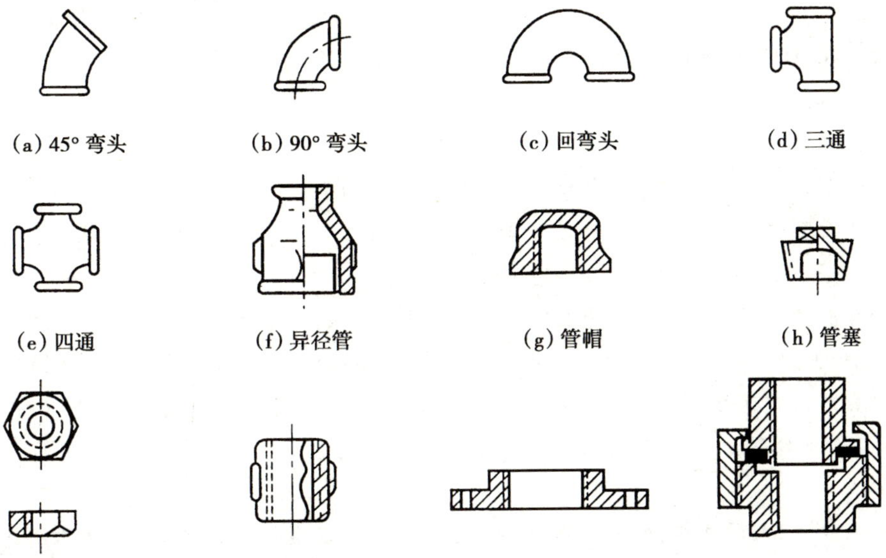

(a) 45° 弯头　(b) 90° 弯头　(c) 回弯头　(d) 三通

(e) 四通　(f) 异径管　(g) 管帽　(h) 管塞

(i) 内外牙　(j) 内牙管　(k) 法兰　(l) 活接头

图 1-34　常用管件

五、管道连接

1. 卡套连接　卡套连接是小直径（≤40mm）管道、阀门及管件之间的一种常用连接方式，具有连接简单、拆装方便等优点，常用于仪表、控制系统等管道的连接。

2. 螺纹连接　螺纹连接也是一种常用的管道连接方式，具有连接简单、拆装方便、成本较低等优点，常用于小直径（≤50mm）低压钢管或硬聚氯乙烯管道、管件、阀门之间的连接。缺点是连接的可靠性较差，螺纹连接处易发生渗漏，因而不宜用作易燃、易爆和有毒介质输送管道之间的连接。

3. 焊接　焊接是药品生产中最常用的一种管道连接方法，具有施工方便、连接可靠、成本较低的优点。凡是不需要拆装的地方，应尽可能采用焊接。所有的压力管道应尽量采用焊接，如煤气、蒸气、空气、真空等管道。

4. 法兰连接　法兰连接常用于大直径、密封性要求高的管道连接，也可用于玻璃管、塑料管、阀门、管件或设备之间的连接。法兰连接的优点是连接强度高、密封性能好、拆装比较方便，缺点是成本较高。

5. 承插连接　承插连接常用于埋地或沿墙敷设的给排水管，如铸铁管、陶瓷管、石棉水泥管等与管或管件、阀门之间的连接。连接处可用石棉水泥、水泥砂浆等封口，用于工作压力不高于 0.3MPa、介质温度不高于 60℃的场合。

6. 卡箍连接 该法是将金属管插入非金属软管，并在插入口外用金属箍箍紧，以防介质外漏。卡箍连接具有拆装灵活、经济耐用等优点，常用于临时装置或洁净物料管道的连接。

目标测试

课后习题

一、计算题

1. 试计算在 20℃时 80%（质量分数）醋酸水溶液的密度。已知 20℃时醋酸的密度为 1 049kg/m^3，水的密度为 998kg/m^3。（1 038kg/m^3）

2. 有一气柜装有氢气、氮气混合气体，操作压力为 2.5×10^5Pa（绝对压力），H_2 与 N_2 的体积比为 1∶3，温度为 20℃，试计算混合气体在操作条件下的密度。（2.2kg/m^3）

3. 某台离心泵进、出口压强表读数分别为 2.5×10^4Pa（真空度）及 1.3×10^5Pa（表压），若当地大气压为 1.05×10^5Pa，试分别计算进、出口处的绝对压强。（8×10^4Pa，2.35×10^5Pa）

4. 已知容器 A 中的气体真空度为 1.5×10^4Pa，容器 B 中的气体表压为 6.0×10^4Pa，试分别计算容器 A、B 中气体的绝对压力。已知该地区的大气压力为 1.01×10^5Pa。（8.6×10^4Pa，1.61×10^5Pa）

5. 敞口容器内盛有油和水，已知水的密度为 1 000kg/m^3，深度为 0.5m；油的密度为 900kg/m^3，深度为 3.5m，试计算容器底部的压强，以 Pa 表示。已知该地区的大气压力为 1.01×10^5Pa。（1.37×10^5Pa）

6. 有一内径为 8m 的气柜，如图 1-35 所示。已知钟罩及其附件的总质量为 15t，浸于水中部分所受浮力可忽略。若进入气柜的气速很低，即动能和阻力均可忽略，水的密度为 1 000kg/m^3，试计算钟罩上浮时钟罩内的水封高度 h，以 mm 表示。（298.6mm）

7. 某流化床反应器上装有两个 U 形管压差计，如图 1-36 所示。已知 R_1 = 500mm，R_2 = 60mm，指示液为水银。为防止水银蒸气向空间扩散，于右侧的 U 形管与大气连通的玻璃管内灌入一段水，其高度 R_3 = 60mm，试计算 A、B 两处的表压强。（8 593.6Pa，75 301.6Pa）

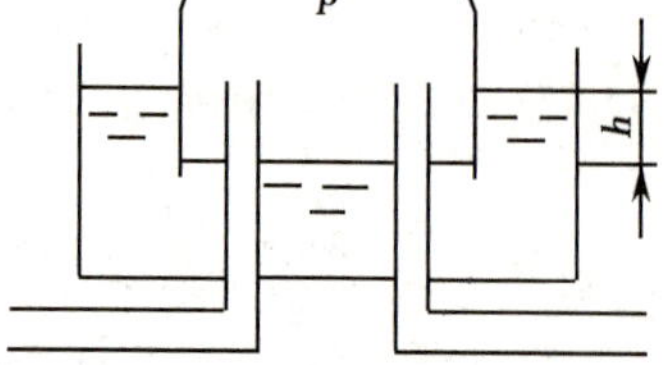

图 1-35

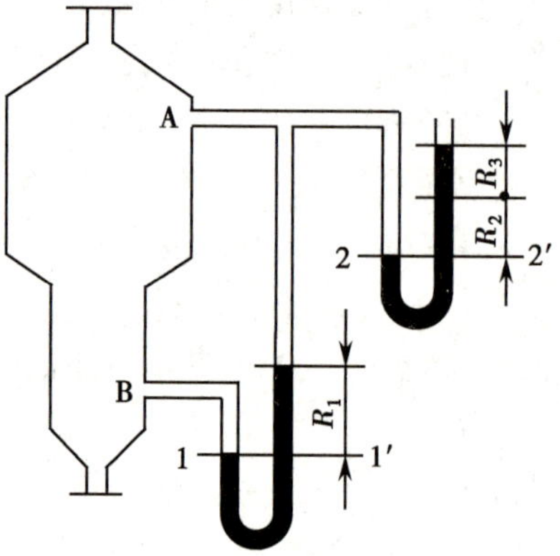

图 1-36

8. 管路由一段 ϕ89mm×4mm 的管 1、一段 ϕ108mm×4mm 的管 2 和两段 ϕ57mm×3.5mm 的分支管 3a 及 3b 连接而成,如图 1-37 所示。若水以 $6\times10^{-3}m^3/s$ 的体积流量流动,且在两段分支管内的流量相等,试计算水在各段管内的流速。(1.16m/s,0.764m/s,1.53m/s)

9. 20℃的乙醇溶液在 ϕ50mm×2.5mm 的管内作稳态流动。若乙醇溶液在管中的雷诺数为 1 500,试计算乙醇的质量流量。已知 20℃的乙醇溶液的黏度为 $1.15\times10^{-3}Pa\cdot s$,密度为 $789kg/m^3$。(0.060 9kg/s 或 219.4kg/h)

10. 常温水在管道内自下而上作稳态流动,如图 1-38 所示。已知管径由 400mm 逐渐缩小至 200mm,截面 1-1′、2-2′处的压强分别为 1.82×10^5Pa、1.60×10^5Pa(均为表压),两截面间的垂直距离为 2.0m。若流动过程中的能量损失可忽略不计,水的密度为 $1\ 000kg/m^3$,试计算管道中水的质量流量。(70.7kg/s)

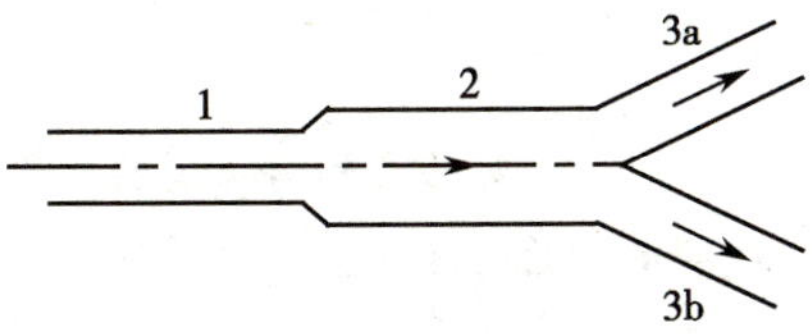

图 1-37

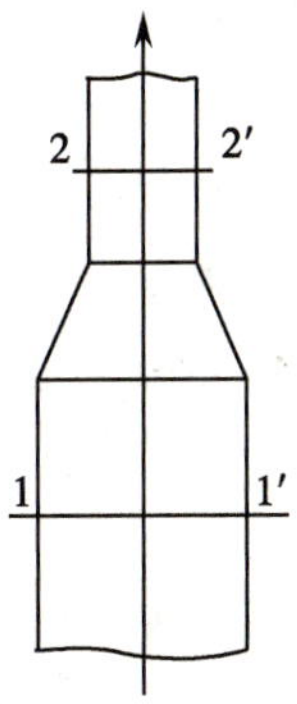

图 1-38

11. 如图 1-39 所示,料液以每小时 $40m^3$ 的输送量由高位槽经管道输送至设备内,已知高位槽内液面恒定,料液密度为 $950kg/m^3$,设备内的压强为 45kPa(表压)。管子为 ϕ80mm×3.5mm 的钢管。若料液在管内的压头损失为 1.5m 液柱(不包括出口能量损失),水的密度为 $1\ 000kg/m^3$,试计算高位槽液面与设备进口管间的垂直距离。(6.69m)

12. 液体在圆形直管内作层流流动,若管长及液体物性均保持不变,而管径缩小为原来的一半,且仍维持层流状态,试计算因流动阻力而产生的能量损失是原来的多少倍。(16 倍)

13. 如图 1-40 所示,硫酸以 0.5m/s 的流速自高位槽流入反应器内,已知管道直径为 ϕ57mm×3.5mm,全部直管长度为 50m,管路中有一个全开的闸阀和 2 个标准直角弯头。若硫酸的密度为 $1\ 830kg/m^3$,黏度为 $2.3\times10^{-2}Pa\cdot s$,试计算该管路系统的总能量损失。(当量长度法:4.5kJ/kg;阻力系数法:4.4kJ/kg)

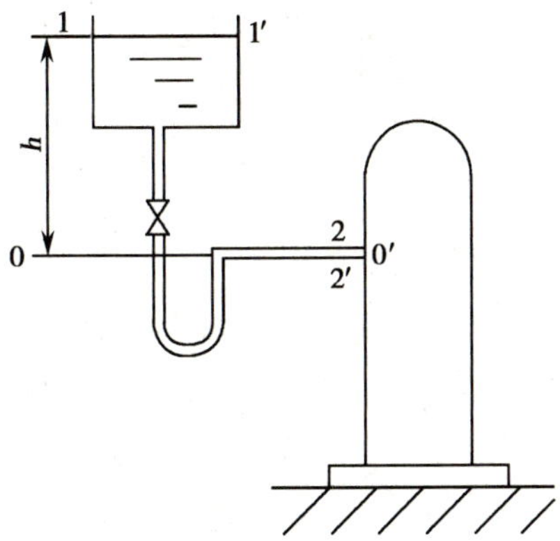

图 1-39

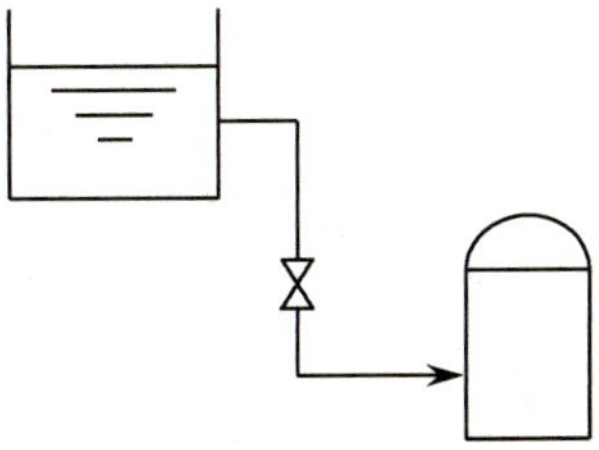
图 1-40

二、简答题

1. 什么是绝对压强、表压强和真空度？它们与大气压之间有什么关系？

2. 若混合溶液和混合气体可分别视为理想溶液和理想气体，则其密度如何计算？

3. 简述流体静力学基本方程的应用条件及表达形式。

4. 什么是等压面？等压面应满足什么条件？

5. U 形管压差计所测的压力或压差大小与哪些因素有关？U 形管的管径及连接管长度对测量结果有无影响？

6. 简述体积流量、质量流量、流速和质量流速之间的关系。

7. 举例说明什么是稳态流动？什么是非稳态流动？

8. 气体和液体在管内的常用流速范围是多少？

9. 简述伯努利方程的几种常用表达形式。

10. 理想流体的伯努利方程与实际流体的伯努利方程有何区别？

11. 流体黏度的影响因素有哪些？

12. 雷诺实验说明什么问题？如何根据 Re 的大小来判断流体在圆形直管内的流动状态？

13. 流体在圆管内作层流与湍流流动时，其速度分布有何不同？层流时管中心处的最大流速与平均流速之间存在什么关系？

14. 什么是层流内层？其厚度与哪些因素有关？层流内层对传热和传质过程有何影响？

15. 简述直管阻力和局部阻力。流体在直管中作层流流动时的摩擦系数如何计算？

16. 因流动阻力而引起的压强降与两截面间的压强差是否为同一概念？若不是，两者在什么条件下数值相等？

17. 莫狄（Moody）摩擦系数图可分为哪几个区域？在每个区域中，摩擦系数 λ 与哪些因素有关？

18. 什么是当量直径？如何计算套管式换热器和列管式换热器套管环隙的当量直径？

19. 什么是当量长度？如何用当量长度计算管路系统的局部阻力？

20. 简述用测速管测量流体在管内最大流速的方法。

21. 测速管、孔板流量计、文丘里流量计和转子流量计的测量原理是什么？分别简述它们在安装时应注意的问题。

第二章

输送设备

学习要求：

1. 掌握离心泵的工作原理，离心泵的主要性能参数与特性曲线，离心泵的工作点与流量调节，离心泵的气缚现象、汽蚀现象与安装高度，离心泵的操作与注意事项，容积式泵的流量调节方法。
2. 熟悉离心泵的类型与选用方法，往复泵、旋转泵、旋涡泵、磁力驱动泵和蠕动泵的结构和特点。
3. 了解离心式通风机、鼓风机、压缩机和真空泵的结构和特点，带式输送机、链式输送机和螺旋输送机的结构和特点，气力输送装置的工作原理和系统组成。

第二章
教学课件

在制药生产中，需要使用多种输送设备完成对各种原料、辅料、半成品和成品的输送，或将各生产环节衔接起来，组成相应的生产流水线，以减轻劳动强度，提高生产效率，并可减少物料与外界接触，保证药品卫生。合理地配备、使用输送设备已成为影响企业生产经济效益的重要因素。

药品生产中所要输送的物料种类繁多，由于物料性质彼此差异很大，因而输送设备的形式多种多样。按工作原理的不同，输送设备一般可分为连续式输送机械和间歇式输送机械两大类。按输送物料的种类不同，可分为流体输送设备和固体输送设备两大类。

流体输送设备输送的对象为液体和气体。输送液体的设备称为泵；而输送气体的设备则根据被输送气体所产生压强的大水分为通风机、鼓风机、压缩机和真空泵等。流体输送设备的特点是被输送流体经流体输送设备获得能量，始终在封闭的管道内运动，从而避免了与外界环境的接触，这既有利于生产过程的连续化和自动化，又有利于保证药品卫生。

固体输送设备的种类较多，如带式输送机、链式输送机、斗式提升机、螺旋式输送机、辊筒输送机、振动输送机以及气力输送系统等。

本章主要介绍典型输送设备的工作原理和特性，以达到能够正确选择和使用的目的。

第一节　液体输送设备

由热力学第二定律可知，液体总是自发地由高处流向低处，由高压处流向低压处，即从能量较高处流向能量较低处。但在实际生产中，常需使液体由能量较低处向能量较高处流动，此时必须由外界向液体提供机械能，即向液体提供一定的外加能量。

向液体提供能量的装置称为液体输送设备或泵。液体输送设备的种类很多，按工作原理的不同，可分为离心泵、往复泵和旋转泵等。

一、离心泵

离心泵是药品生产中的一种最常用最典型的液体输送设备，具有结构简单紧凑、使用方便、运转可靠、适用范围广等特点。

（一）离心泵的工作原理

图 2-1 是从贮槽内吸入液体的离心泵装置示意图。由一组后弯叶片组成的叶轮置于具有蜗壳形通道的泵壳内，叶轮被紧固在泵轴上。泵壳中央的吸入口与吸入管路相连接，泵壳侧边的排出口与排出管路相连接，排出管路上设有出口阀，液体由此输出。

离心泵启动前，必须用被输送液体灌满吸入管路、叶轮和泵壳，这种操作称为灌泵。电机启动后，泵轴带动叶轮高速旋转，转速一般可达 1 000～3 000r/min，在离心力的作用下，液体由叶轮中心被甩向外缘同时获得机械能，并以 15～25m/s 的线速度离开叶轮进入蜗壳形泵壳。进入泵壳后，由于流道截面逐渐扩大，液体流速渐减而压强渐增，最终以较高的压强沿泵壳的切向进入排出管。液体由旋转叶轮中心向外缘运动时在叶轮中心形成了低压区（真空），在吸入侧液面压强与泵吸入口及叶轮中心低压区之间的压差作用下，液体被吸入叶轮，且只要叶轮不断转动，液体就会连续地吸入和排出，完成特定的输液任务。图 2-2 为液体在泵内的流动情况。

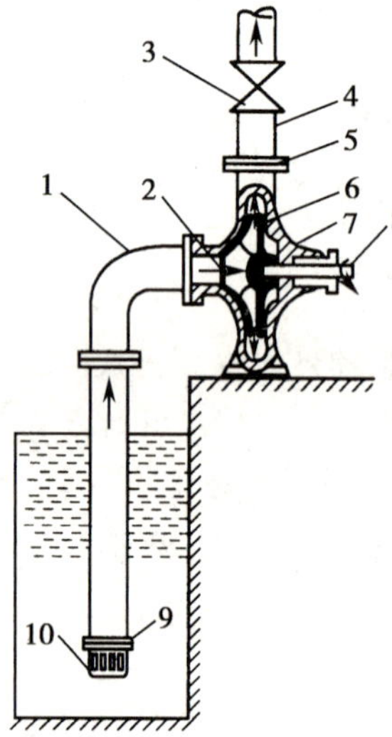

1. 吸入管路；2. 吸入口；3. 出口阀；4. 排出管路；5. 排出口；
6. 叶轮；7. 泵壳；8. 泵轴；9. 底阀；10. 滤网。

图 2-1　离心泵装置示意图

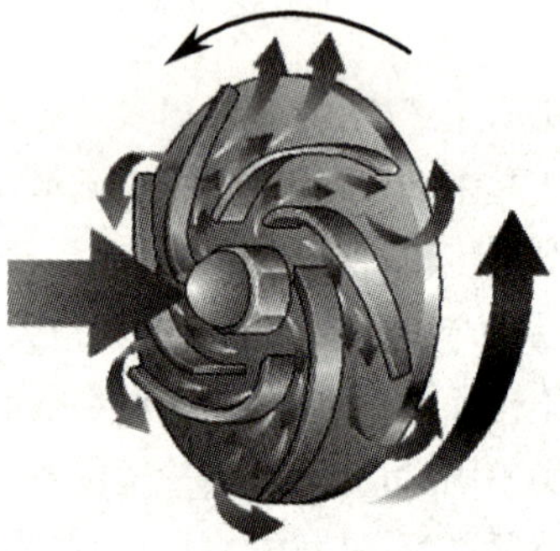

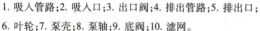

图 2-2　液体在泵内的流动情况

值得注意的是，离心泵是一种没有自吸能力的液体输送设备。在泵启动前，若吸入管路、叶轮和泵壳内没有完全充满液体而存在部分空气，则由于空气的密度远小于液体的密度，叶轮旋转对其产生的离心力很小，叶轮中心处所形成的低压不足以造成吸入液体所需的真空度。此时虽启动离心泵也不能输送液体，这种现象称为气缚现象。因此，在离心泵启动前必须进行灌泵。图 2-1 中的底阀是一种单向阀，其作用是防止启动前灌入的液体从泵内排出。单向阀下部装有滤网，其作用是防止液体中的固体杂质被吸入而引起堵塞和磨损。若将泵的吸入口装于吸入侧设备中的液位之下，液体就会自动流入泵中，启动前就不需灌泵了。出口阀主要供启动、停车及调节流量时使用。

（二）离心泵的主要部件

离心泵的零部件很多，其中叶轮、泵壳和轴封装置是三个主要零部件，它们对完成泵的基本功能，提高泵的工作效率有着重要影响。图 2-3 为泵的结构示意图。

1. 叶轮　叶轮是离心泵的核心部件，离心泵之所以能输送液体，主要是靠高速旋转的叶轮对液体做功，即叶轮的作用是将电动机的机械能传递给液体。使液体的静压能和动能均有所提高。叶轮通常由 4～12 片后弯叶片构成，由于叶片向后弯曲，与叶轮的旋转方向相反，因而可减少能量损失，提高泵的效率。

0202
离心现象

按结构的不同，叶轮有闭式、半闭式和开式三种类型，如图 2-4 所示。

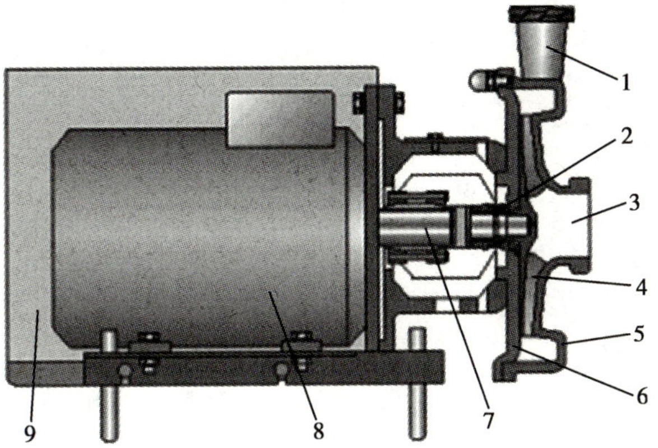

1. 出口；2. 密封件；3. 入口；4. 叶轮；5. 泵壳盖；6. 泵壳座；7. 主轴；8. 电动机；9. 外壳。

图 2-3　泵的结构

(a) 开式叶轮　(b) 半闭式叶轮　(c) 闭式叶轮

图 2-4　叶轮的类型

闭式叶轮的叶片两侧均设有盖板，因而效率较高，适用于输送不含固体颗粒的清洁液体，缺点是结构比较复杂。

开式叶轮的叶片两侧均无盖板，具有结构简单、制造容易、清洗方便等优点，适用于输送含较多固体悬浮物的液体。但由于没有盖板，因而液体易在叶片间产生倒流，故效率较低。

半闭式叶轮仅在叶片的一侧设有盖板（后盖板），其性能介于闭式和开式之间。

2. 泵壳　离心泵的外壳形状呈蜗牛壳形，故又称为蜗壳，如图 2-5 所示。由叶轮甩出的高速液体进入泵壳后，其大部分动能随流道的扩大而逐渐转换为静压能，因此蜗壳不仅作为汇集和导出液体的通道，而且又是一个能量转换装置。

对较大的离心泵，为减小叶轮甩出的高速液体与泵壳之间的碰撞而产生过大的阻力损失，可在叶轮与泵壳间安装一个如图 2-5 所示的导轮，它是一个固定不动而带有叶片的圆盘，液体由叶轮甩出后沿导轮的叶片间的流道逐渐发生能量转换，可使离开叶轮的高速液体缓和地降低流速，调整流向，使进入蜗壳的液体流向尽量与壳体相切，以减少能量损失。

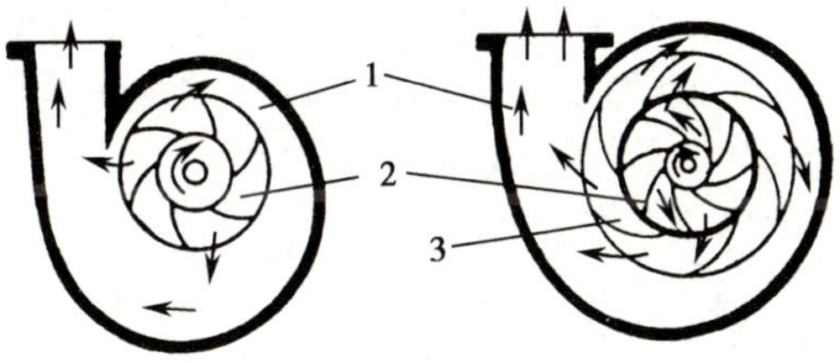

1. 泵壳；2. 叶轮；3. 导轮。

图 2-5　泵壳与导轮

3. 轴封装置　泵轴与泵壳之间的密封装置称为轴封装置，其作用是防止高压液体从泵壳内沿轴与泵壳的间隙漏出，或是避免外界空气以相反方向进入泵壳，以保持离心泵的正常运行。常用的轴封装置有填料密封和机械密封两种。

普通离心泵常采用填料函（即盘根箱）轴封装置。填料函中的填料常用石棉绳、树脂纤维、不锈钢纤维等，填料密封的优点是结构简单，成本较低，但密封效率较低、使用寿命较短、磨损轴并会使轴发热而出现抱轴现象，因此需定期调解压紧盖，以保证密封效果。

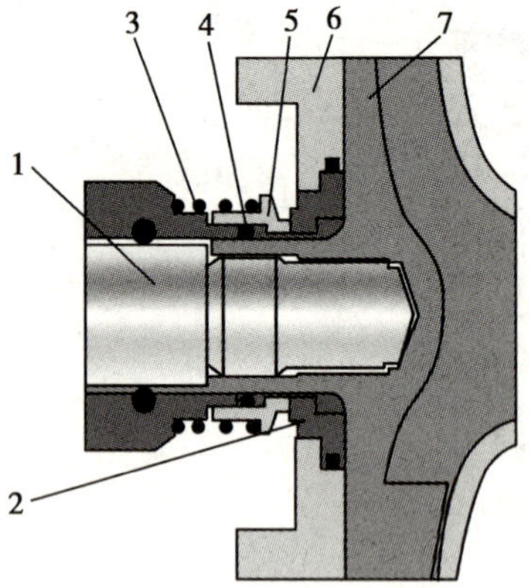

1. 主轴;2. 静环;3. 弹簧;4. 密封圈;
5. 动环;6. 泵壳;7. 叶轮。

图 2-6 泵的轴封结构

机械密封的结构如图 2-6 所示,静环固定于泵壳上,动环随泵轴旋转。动环通过弹簧和静环贴紧,轴转动时,动环和静环的两端面做相对运动,并始终保持互相紧贴,以防止漏液。机械密封装置近来应用很广,且形式较多,我国水泵厂已有机械密封装置的系列标准。

与填料密封相比,机械密封的优点是密封性好,装置紧凑,使用寿命长,轴不受摩擦,功率消耗低。缺点是结构复杂,制造要求高。

(三) 离心泵的主要性能参数和特性曲线

1. 离心泵的主要性能参数 离心泵的主要性能参数有压头、扬程、流量、功率、效率、转速等,这些参数多标注在泵的铭牌上。

0203

离心泵的出现

(1) 流量:是指离心泵在单位时间内输送至管路系统中的液体体积,以 Q 表示,单位为 m^3/s 或 m^3/h。在我国生产的泵规格中,流量单位也常用 L/s 表示。离心泵的流量取决于泵的结构、尺寸(主要为叶轮的直径与叶片的宽度)和转数。

(2) 扬程:是指离心泵能够向单位重量(1N)的液体提供的有效机械能,又称为压头,以 H 表示,单位为 m。离心泵的扬程取决于泵的结构(如叶轮直径,叶片的弯曲方向等)、转数和流量。对于特定的离心泵,当转数一定时,扬程与流量之间存在一定的关系。但由于流体在泵内的流动情况极其复杂,因而难以定量计算。目前,泵的扬程与流量之间的关系只能通过实验测定。

(3) 效率:外界能量传递到液体时,不可避免地会有能量损失。如容积损失(因泵泄漏而产生的能量损失)、水力损失(因液体在泵内流动而产生的能量损失)和机械损失(因机械摩擦而产生的能量损失)等,故泵轴所做的功不可能全部为液体所获得。离心泵运转时机械能损失的大小可用效率来表示,即

$$\eta=\frac{N_e}{N}\times 100\% \qquad \text{式(2-1)}$$

式中,η 为离心泵的效率,无因次;N_e为泵的有效功率,W 或 kW;N 为泵的轴功率,W 或 kW。

离心泵的效率是各种能量损失总和的反映,它与泵的类型、结构、尺寸、制造的精度以及液体的性质等有关。效率由实验测定,一般中小型泵的效率为 50%~70%,大型泵可达 90%。

(4) 功率:离心泵的功率有轴功率和有效功率之分。轴功率是指电动机传给泵轴的功率,以 N 表示,单位为 W 或 kW。有效功率是指所排送的液体从叶轮所获得的净功率,是离心泵对液体所作的净功率,以 N_e表示,即

$$N_e=W_eW_s=H_egQ\rho=HgQ\rho \qquad \text{式(2-2)}$$

或

$$N_e=\frac{HQ\rho\times 9.81}{1\,000}=\frac{QH\rho}{102} \qquad \text{式(2-3)}$$

式中,Q 为泵的流量,m^3/s;H 为泵的压头或扬程,m;ρ 为被输送液体的密度,kg/m^3;g 为重力加速度,m/s^2;N_e为有效功率,W 或 kW。

由于各种能量损失的存在,因此泵的轴功率大于有效功率。由式(2-1)和式(2-3)得

$$N=\frac{N_e}{\eta}=\frac{QH\rho H}{1\,000\eta}=\frac{QH\rho}{102\eta} \qquad \text{式(2-4)}$$

离心泵在运转过程中,由于启动等情况有可能出现超负荷,故所配电机的功率应高于泵的轴功率。在泵产品样本中,均列出了泵的轴功率,但除特别说明外,均指输送清水时的数值。

2. 离心泵的特性曲线　离心泵的压头、功率、效率与流量之间的关系曲线，称为离心泵的特性曲线。由于离心泵的各种能量损失难以准确估算，因此其数值通常是在额定转速和标准状况下由实验测得的。离心泵的特性曲线由制造厂提供，并附于产品样本或说明书中，该曲线对离心泵的正确选用和操作都具有重要意义。

图 2-7 是 IS100-80-125 型离心水泵的特性曲线，包括 H-Q、N-Q、η-Q 三条曲线。图中横坐标为流量，纵坐标分别为扬程、功率和效率。

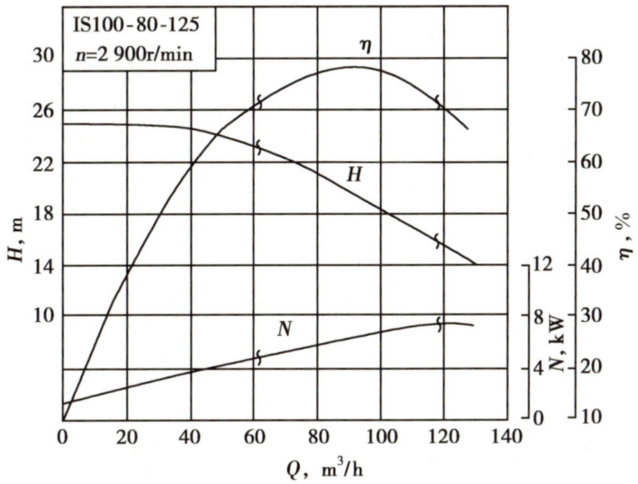

图 2-7　IS100-80-125 型离心水泵的特性曲线

对于同一台泵，其特性曲线随转速而变化。对于不同型号的泵，其各自均具有独自的特性曲线，但具有下列共同点。

（1）H-Q 曲线：是离心泵的扬程曲线，反映了离心泵所提供的扬程与流量之间的关系。由图 2-7 可知，离心泵的扬程随流量的增加而下降，且当流量为零时，扬程也能达到一定的数值，这是离心泵的一个重要特性。

不同型号的离心泵，H-Q 曲线的形状有所不同，较平坦的 H-Q 曲线，适用于扬程变化不大而要求流量变动范围较大的场合；较陡的 H-Q 曲线，适用于要求扬程变化范围大而流量变动较小的场合。

（2）N-Q 曲线：是离心泵的轴功率与流量之间的关系曲线。由图 2-7 可知，功率随流量的增加而平缓上升；且当流量为零时，功率最小。因此离心泵在启动时，应将出口阀关闭，即在流量为零的情况下启动，其目的是降低启动功率，以免电动机因超载而受损。

（3）η-Q 曲线：是离心泵的效率曲线，它反映了离心泵的效率与流量之间的关系。由图 2-7 可知，效率先随流量的增加而上升，至最大值后，再随流量的增加而下降。显然，在一定转速下，离心泵有一最高效率点，此点称为设计点。选用离心泵时，应使泵尽量在设计点附近的流量和压头下工作，这样最为经济。与最高效率点对应的 Q、H、η 值称为最佳工况参数。离心泵铭牌上标出的性能参数就是指该泵在最高效率点下运行时的性能参数。实际生产中，泵难以正好在设计点下运行，所以各种离心泵都规定了一个高效区，一般将最高效率的 92% 以上的区域作为高效区，正常工作的离心泵应在高效区运行。

例 2-1　采用图 2-8 所示的离心泵的特性曲线测定装置，以 20℃ 时的清水为介质，测量离心泵的性能参数。已知泵的转速 n=2 900r/min，泵的吸入管和排出管的直径相同，两测压口间的垂直距离为 0.5m，泵由电动机直接带动，传动效率可视为 100%，电机的效率为 93%。实验测得泵的流量 Q=50m^3/h，泵出口处压力表的读数为 1.82×10^5Pa，泵入口处真空表的读数为 2.55×10^4Pa，功率表测得电机所消耗的功率为 4.5kW。试计算该泵在输送条件下的扬程、轴功率和效率。取水的密度为 1 000kg/m^3。

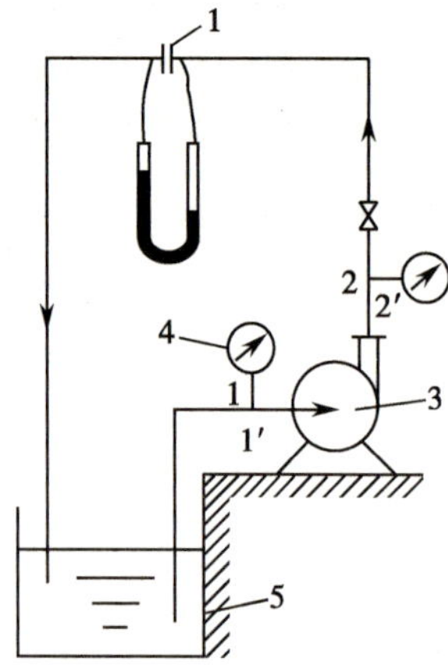

图 2-8　离心泵的特性曲线测定装置示意图

解：(1) 泵的扬程：以真空表所在处的截面为上游截面 1-1′，压强表所在处的截面为下游截面 2-2′，基准水平面经过截面 1-1′的中心。以单位重量流体为基准，在截面 1-1′ 与 2-2′之间列伯努利方程得

$$Z_1+\frac{p_1}{\rho g}+\frac{u_1^2}{2g}+H=Z_2+\frac{p_2}{\rho g}+\frac{u_2^2}{2g}+H_{f,1-2}$$

则

$$H=Z_2-Z_1+\frac{p_2-p_1}{\rho g}+\frac{u_2^2-u_1^2}{2g}+H_{f,1-2}$$

式中，$Z_2-Z_1=0.5m$，$p_1=-2.55\times10^4Pa$(表压)，$p_2=1.82\times10^5Pa$(表压)，泵的吸入管和排出管的直径相同，所以 $u_1=u_2$。由于两测压口的间的距离很短，故流动阻力可忽略不计，即 $H_{f,1-2}\approx0$。所以

$$H=0.5+\frac{1.82\times10^5+2.55\times10^4}{1\ 000\times9.81}=21.65m$$

(2) 泵的轴功率：功率表测得的功率为电机的输入功率，由于泵由电动机直接带动，传动效率可视为 100%，所以电机的输出功率即为泵的轴功率，电机自身的效率为 93%，则泵的轴功率为

$$N=N_{输入}\times\eta_{电机}\times\eta_{传}=4.5\times0.93\times100\%=4.19kW$$

(3) 泵的效率：由式(2-4)得

$$\eta=\frac{HQ\rho}{102N}=\frac{21.65\times50\times1\ 000}{3\ 600\times102\times4.19}\times100\%=70.4\%$$

利用例 2-1 中的装置即可测出离心泵的特性曲线。实验时通过改变出口阀门的开度，测出各不同流量下的有关参数，并按例 2-1 中的步骤分别计算不同流量下的 H、N 和 η，将计算结果标绘于直角坐标系中，即得该泵在特定转速下的特性曲线。

（四）特性曲线的影响因素

在制药生产中，所输送的液体种类多样，由于液体物理性质的不同，即使采用同一台泵输送不同物性的液体，泵的性能也要发生改变。此外，改变泵的转速或叶轮直径，泵的性能都会发生改变。离心泵的制造厂所提供的离心泵特性曲线通常是在常压和一定的转速下以 20℃ 的清水为介质而测得的。因此，在实际使用中，常需对制造厂商所提供的特性曲线进行换算。

1. 液体密度对离心泵特性的影响　离心泵的流量、扬程、效率均与液体的密度无关，所以离心泵特性曲线中的 H-Q 及 η-Q 曲线保持不变。但泵的轴功率与液体的密度有关，因此，当被输送液体的密度与常温下清水的密度不同时，原制造商提供的 N-Q 曲线将不再适用，此时泵的轴功率，可用式(2-3)和式(2-4)重新计算。

2. 液体黏度对离心泵特性的影响　当被输送液体的黏度大于常温下清水的黏度时，液体在泵体内的能量损失将增大，此时泵的流量、扬程将减小，效率下降，而轴功率增大，即泵的特性曲线将发生改变。液体黏度对小型泵的影响尤为显著，一般情况下，当被输送液体的运动黏度大于 $2\times10^{-5}m^2/s$ 时，应对离心泵的特性曲线进行换算，换算方法参阅有关书籍或资料。

3. 液体浓度对离心泵特性的影响　如果输送的液体是水溶液，浓度的改变必然影响液体的黏度和密度。浓度越高，与清水的差别就越大。浓度对离心泵特性曲线的影响，同样反映在黏度和密度上。如果输送液体中含有悬浮物等固体物质，则离心泵特性曲线不仅要受到浓度的影响，而且要受到固体物质的种类及粒度分布的影响。

4. 转速对离心泵特性的影响 离心泵的特性曲线都是在一定转速下测得的，当转速由 n_1 变为 n_2，且变化率小于 20%时，泵的效率可视为不变，而流量、压头及功率与转速之间近似符合下列关系

$$\frac{Q_2}{Q_1}=\frac{n_2}{n_1},\quad \frac{H_2}{H_1}=\left(\frac{n_2}{n_1}\right)^2,\quad \frac{N_2}{N_1}=\left(\frac{n_2}{n_1}\right)^3 \qquad \text{式(2-5)}$$

式中，Q_1、H_1、N_1 为转速为 n_1 时泵的性能数据；Q_2、H_2、N_2 为转速为 n_2 时泵的性能数据。式(2-5)称为比例定律。

5. 叶轮直径对离心泵特性的影响 当离心泵的转速一定时，通过切割叶轮直径使其变小，也能改变泵的特性曲线。对于同一型号的离心泵和同一种液体，当转速不变，且叶轮直径的切割量小于 5%时，泵的效率可视为不变。此时，泵的流量 Q、压头 H 及功率 N 的变化关系近似为

$$\frac{Q_2}{Q_1}=\frac{D_2}{D_1},\quad \frac{H_2}{H_1}=\left(\frac{D_2}{D_1}\right)^2,\quad \frac{N_2}{N_1}=\left(\frac{D_2}{D_1}\right)^3 \qquad \text{式(2-6)}$$

式中，Q_1、H_1、N_1 为叶轮直径为 D_1 时泵的性能数据；Q_2、H_2、N_2 为叶轮直径为 D_2 时泵的性能数据。式(2-6)称为切割定律。

（五）离心泵的汽蚀现象和安装高度

1. 离心泵的汽蚀现象 由离心泵的工作原理可知，在离心泵的吸入管路至离心泵入口之间，并无外界对液体做功，液体被吸入泵内的原因是离心泵入口处的静压力低于外界压力。此后旋转的叶轮对吸入泵内的液体做功，使其能量（包括动能和静压能）增大。显然，当被吸液体上方的压强一定时，叶轮中心附近低压区的压强愈低，则吸上高度愈高。但这种低压是有限度的，当低压区的最低压强等于或小于输送温度下液体的饱和蒸气压时，液体将在该处汽化并产生气泡，这些小气泡随同液体一起由低压区流向高压区。此后，气泡在高压作用下迅速破裂或凝结。在凝结过程中，液体质点从四周向气泡中心加速运动，以极高的速度冲向原气泡所占据的空间，在凝结的一瞬间，质点互相撞击，产生很高的局部压力。若气泡在金属表面附近破裂或凝结，将产生几万 kPa 的压强，冲击频率高达每秒数千次，此时液体质点就像无数小弹头一样，连续打击在金属表面上，使泵体产生振动和噪声，同时金属表面逐渐因疲劳而破坏，这种现象称为汽蚀现象。

0204 离心泵的发展

2. 离心泵的安装高度 显然，叶轮中心附近低压区的压强愈低，离心泵的允许安装高度就愈大。但若泵吸入口处液体的压强等于或低于操作温度下液体的饱和蒸气压，即会产生汽蚀现象。为保证离心泵能正常工作，避免汽蚀现象的发生，泵吸入口处的压强不能过低，这样泵的安装高度就不能太高。离心泵的安装高度可根据汽蚀余量来计算。

0205 汽蚀的危害

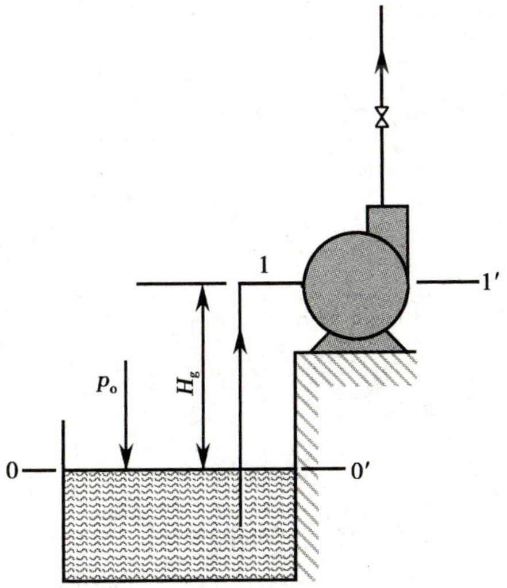

图 2-9 离心泵的安装高度

若离心泵安装于贮槽液面之上，则泵的吸入口与贮槽液面之间的垂直距离 H_g 即为离心泵的安装高度。如图 2-9 所示，离心泵的安装高度 H_g 可用下式计算

$$H_g=\frac{p_o}{\rho g}-\frac{p_v}{\rho g}-\Delta h-H_{f,0-1} \qquad \text{式(2-7)}$$

式中，Δh 为离心泵的允许汽蚀余量，m 液柱；p_o 为贮槽液面上方的压强，Pa；p_v 为操作温度下液体的饱和蒸气压，Pa；ρ 为液体的密度，kg/m^3；$H_{f,0-1}$ 为液体流经吸入管路时所损失的压头，m。

汽蚀余量是避免离心泵发生汽蚀的一个安装高度的安全余量值。离心泵性能表或样本上列出的汽蚀余量即 Δh，是在泵出厂前于 101.3kPa 和 20℃下，用清水

测得的。当输送液体不同时，Δh应乘以校正系数予以校正。由于一般情况下的校正系数小于1，故常将它作为外加的安全余量而不再校正。

为安全起见，泵的实际安装高度应比式(2-7)的计算值低0.5~1m，以免在操作过程中产生汽蚀现象。由式(2-7)可知，为提高泵的安装高度，应尽量减少吸入管路的阻力，如尽量减少泵入口管路上的阀门与弯头、选用直径稍大的吸入管以及尽量缩短吸入管路的长度等。

例2-2 某台离心水泵，从样本上查得汽蚀余量$\Delta h = 3mH_2O$。现用此泵输送敞口水槽中80℃的清水。已知泵吸入口位于水面以上4.5m处，吸入管路的压头损失为1m，当地的大气压力为0.1MPa，试确定该泵的安装高度是否合适。

解：由附录2查得水在80℃时的饱和水蒸气压$p_v = 4.736\times10^3$Pa，密度$\rho = 971.8kg/m^3$。依题意知，$p_o = 100kPa$，$H_f = 1m$，$\Delta h = 3m$，代入式(2-7)得泵的允许安装高度为

$$H_g = \frac{p_o}{\rho g} - \frac{p_v}{\rho g} - \Delta h - H_{f,0-1}$$

$$= \frac{100-4.736}{971.8\times9.81} - 3 - 1 = 5.99m$$

由于泵的实际安装高度$H_g = 4.5m$，小于5.99m，所以该泵的安装高度合适。

（六）离心泵的工作点

液体输送系统由泵和管路系统组成。当离心泵安装在一特定的管路系统中以一定的转速运行时，泵的实际工作压头和流量不仅与离心泵本身的性能有关，而且还与管路的特性有关。

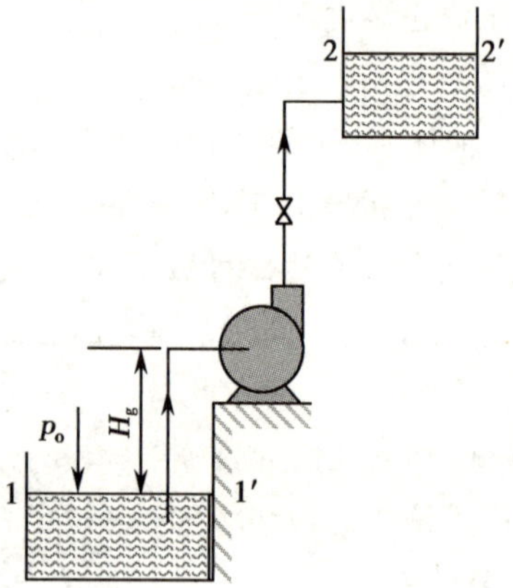

图2-10 泵与管路输送系统

1. 管路特性曲线 在图2-10所示的输送系统中，若贮槽与高位槽内的液面均维持恒定，输送管路的直径亦相同，则在截面1-1′与2-2′间列伯努利方程得

$$H_e = \Delta Z + \frac{\Delta p}{\rho g} + \frac{\Delta u^2}{2g} + H_{f,1-2} \qquad 式(2\text{-}8)$$

对于特定的管路系统，当操作条件一定时，$\left(\Delta Z + \frac{\Delta p}{\rho g}\right)$为定值，以符号$K$表示。

与管道截面相比，贮槽与高位槽的截面都很大，因此截面处的流速可忽略不计，即$\frac{\Delta u^2}{2g} \approx 0$，则式(2-8)可简化为

$$H_e = K + H_{f,1-2} \qquad 式(2\text{-}9)$$

管路系统的压头损失为

$$H_{f,1-2} = \left(\lambda\frac{l+\sum l_e}{d} + \zeta_c + \zeta_e\right)\frac{u^2}{2g} = \left(\lambda\frac{l+\sum l_e}{d} + \zeta_c + \zeta_e\right)\frac{1}{2g}\left(\frac{4Q_e}{\pi d^2}\right)^2 \qquad 式(2\text{-}10)$$

式中，Q_e为管路系统的输送量，m^3/s。

对于特定的管路，l、$\sum l_e$、ζ_c、ζ_e均为定值，湍流时摩擦系数λ的变化也很小，故式(2-10)中的$\left(\lambda\frac{l+\sum l_e}{d} + \zeta_c + \zeta_e\right)\frac{1}{2g}\left(\frac{4}{\pi d^2}\right)^2$可视为定值，以符号$B$表示，则式(2-10)可改写为

$$H_{f,1-2} = BQ_e^2$$

代入式(2-9)得

$$H_e = K + BQ_e^2 \qquad 式(2\text{-}11)$$

式(2-11)称为管路特性方程，它表明在特定的管路系统中输送液体时，管路所需的压头H_e随液体流量Q_e的平方而变化。若将此关系标绘在直角坐标纸上即得如图2-11所示的H_e-Q_e曲线，该曲线

称为管路特性曲线。管路特性曲线的形状取决于管路系统的布局和操作条件，而与泵的性能无关。

2. 离心泵的工作点　离心泵在特定的管路系统运行时，泵所提供的压头与流量必然与管路所需的压头与流量相一致。将离心泵的特性曲线 H-Q 与其所在管路的特性曲线 H_e-Q_e 标绘于同一直角坐标纸上，则两线的交点 M 称为泵在该管路系统中的工作点，如图 2-11 所示。该点所对应的流量和压头既能满足管路系统的要求，又为离心泵所提供，即 $Q=Q_e$，$H=H_e$。若该点所对应的效率位于泵的高效率区，则该泵的工作点是合适的。

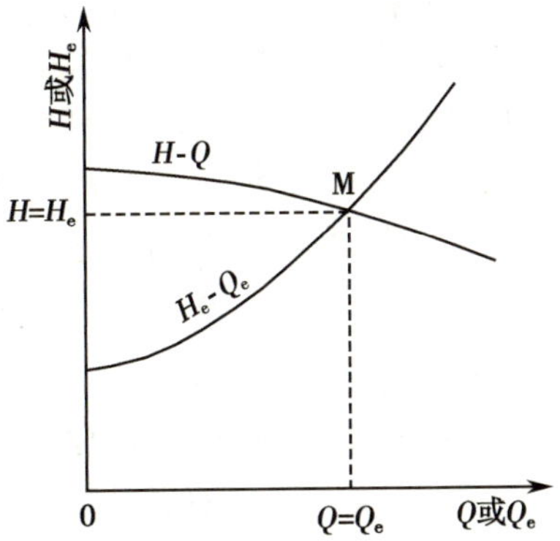

图 2-11　管路特性曲线与泵的工作点

（七）离心泵的流量调节

实际生产中，当生产任务发生改变时，泵的工作流量可能与生产要求不相适应，或已选好的离心泵在特定管路中运转时，所提供的流量不符合输送任务要求，此时都需要调节泵的流量。由离心泵的工作点可知，要对泵的流量进行调节，实质上就是设法改变其工作点。而改变离心泵的特性曲线或管路特性曲线，都可改变泵的工作点。

1. 改变管路特性曲线　离心泵的出口管路上常装有流量调节阀，改变泵出口管线上的阀门开度，其实质就是通过关小或开大阀门来增大或减小管路阻力，从而改变管路特性曲线。如图 2-12 所示，当阀门关小时，管路的局部阻力加大，管路特性曲线变陡，工作点由 M 移至 M_1，流量则由 Q_M减小至 Q_{M1}。当阀门开大时，管路的局部阻力减小，管路特性曲线变得平坦一些，工作点由 M 移至 M_2，流量则由 Q_M增大到 Q_{M2}。

用阀门调节流量的优点是简便快速，且流量可以连续变化，适合于连续化生产，其应用十分广泛。缺点是当阀门关小时，流动阻力将增大，动力消耗亦随之增加，因而不太经济。

2. 改变泵的转速　改变离心泵转速调节流量，实质上是维持管路特性曲线不变，而改变泵的特性曲线。如图 2-13 所示，泵原来的转速为 n，工作点为 M，若将泵的转速提高至 n_1，泵的特性曲线 H-Q 将上移，工作点将由 M 移至 M_1，流量则由 Q_M增大至 Q_{M1}。若将泵的转速减小至 n_2，H-Q 曲线将下移，工作点将移至 M_2，流量则减小至 Q_{M2}。通过改变离心泵的转速来调节流量，没有节流而引起的附加能量损失，流量随转速下降而减小，动力消耗也相应降低，从动力消耗的角度来考虑是比较经济的。但该法需增加设备投资，如变速器、变频电机等。此外，改变转速时，还要注意其转速不得超过泵的额定转速，以免使叶轮强度和电动机负荷超过允许值。

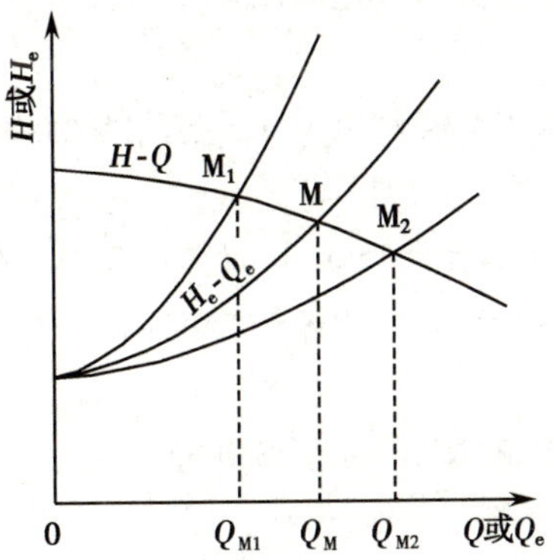

图 2-12　改变阀门开度时的流量变化

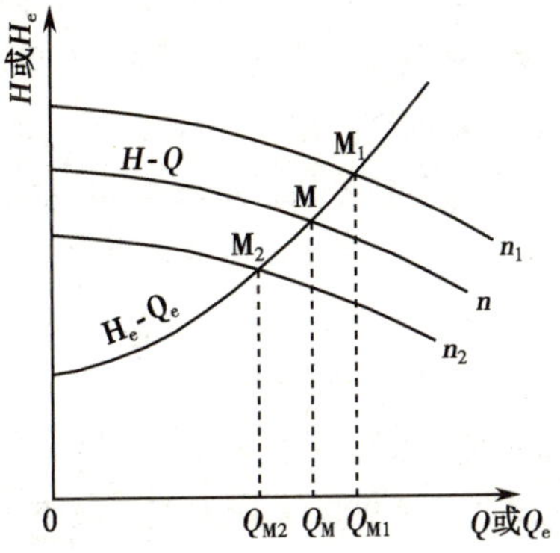

图 2-13　改变转速时的流量变化

3. 切割叶轮外径　改变叶轮直径也可改变泵的特性曲线，从而使泵的流量发生改变，此法的优点是不增加流动阻力。但改变叶轮直径不如改变转速方便，且直径改变不当会使泵和电机的效率下降，流量调节幅度也很有限。

（八）离心泵的类型与选用

1. 离心泵的类型　实际生产中，离心泵的类型很多，以适应不同的输送要求。按被输送液体的性质不同，离心泵可分为水泵、耐腐蚀泵、油泵和杂质泵等；按叶轮吸入液体方式的不同，可分为单吸泵和双吸泵；按叶轮数目的不同，可分为单级泵和多级泵。

（1）水泵：又称为清水泵，输送清水及物理化学性质类似于水的液体，广泛用于工业生产、城市给排水和农业排灌。

IS 型（原 B 型）水泵是我国按国际标准（ISO）设计、研制的单级单吸式（轴向吸入）系列离心水泵，全系列共有 29 个品种，流量范围为 6.3～400m^3/h，扬程范围为 5～125m，吸入口径为 40～200mm，常用于输送 80℃以下的清水以及性质与水相似的清洁液体。

IS 型水泵的型号由字母和数字组合而成，如 IS50-32-250，其中“IS”是单级单吸清水离心泵的国际标准代号；“50”表示泵吸入口的直径为 50mm；“32”表示泵排出口的直径为 32mm；“250”表示泵叶轮的名义直径为 250mm。

若液体输送量较大而扬程不高，则可选用单级双吸离心泵（S 型）。若所需的扬程要求较高，则可选用多级离心泵（D 型）。

（2）耐腐蚀泵：其特点是与液体接触的部件均采用耐腐蚀材料制造，用来输送酸、碱等腐蚀性液体。耐腐蚀泵的系列代号为 F，扬程范围为 15～105m，流量范围为 2～400m^3/h，被输送液体温度为 -20～105℃。

（3）油泵：输送石油产品的离心泵称为油泵。为防止易燃、易爆物的泄漏，要求油泵具有良好的密封性。当输送 200℃以上的油品时，轴封装置、轴承等部件还需用冷却水冷却。油泵的系列代号为 Y，其扬程范围为 32～2 000m，流量范围为 2～600m^3/h，被输送介质的温度范围为 -20～400℃。

（4）杂质泵：其特点是叶轮流道宽，叶片数目少，常采用开式或半开式叶轮，用来输送含固体颗粒的悬浮液及黏度较大的浆液等。杂质泵的系列代号为 P，可进一步细分为污水泵 PW、砂泵 PS 和泥浆泵 PN 等。

2. 离心泵的选用　离心泵可按下列步骤选用。

（1）确定泵的类型：根据被输送液体的性质和操作条件确定。

（2）确定输送系统的流量和扬程：输送系统的流量 Q 一般由生产任务所规定。扬程 H 可根据管路的布置情况，用伯努利方程来计算。

（3）确定泵的型号：按规定的流量和计算的扬程从泵样本或产品目录中选出合适的型号。考虑到操作条件的变化，所选泵提供的流量和扬程应稍大于生产任务所规定的流量 Q 和管路所需的扬程 H。此外，离心泵的工作点应位于泵的高效区。

（4）核算泵的轴功率：若被输送液体的密度和黏度与水相差较大，则应对所选用泵的特性曲线进行换算，并用式（2-4）校核轴功率 N，并注意泵的工作点是否位于高效区。

例 2-3　拟用 IS 型离心水泵输送水。已知管路系统的输水量为 15m^3/h，所需的压头为 45m，试确定该泵的具体型号，并确定该泵在实际运行时所需的轴功率及因用阀门调节流量而多消耗的轴功率。已知水的密度为 1 000kg/m^3。

解：（1）确定泵的型号：根据 $Q_e=15m^3/h$ 及 $H_e=45m$，由附录 18 查得 IS50-32-200 型水泵较为适宜，该泵的转速为 2 900r/min，在最高效率点下的主要性能参数为

$$Q=15m^3/h,\quad H=48m,\quad N=3.84kW,\quad \eta=51\%,\quad \Delta h=2.5m$$

（2）该泵实际运行时所需的轴功率：该泵实际运行时所需的轴功率实际上是泵工作点所对应的轴功率。当该泵在 $Q=15m^3/h$ 下运行时，所需的轴功率为 3.84kW。

（3）因用阀门调节流量而多消耗的功率：由该泵的主要性能参数可知，当 $Q=15m^3/h$ 时，$H=48m$

及 $\eta=51\%$。而管路系统要求的流量为 $Q_e=15m^3/h$，压头为 $H_e=45m$。为保证达到要求的输水量，应改变管路特性曲线，即用泵出口阀来调节流量。操作时，可关小出口阀，增加管路的压头损失，使管路系统所需的压头也为 45m。

因用阀门调节流量而多消耗的压头为

$$\Delta H=48-45=3m$$

所以由式(2-4)可得多消耗的轴功率为

$$\Delta N=\frac{\Delta HQ\rho}{102\eta}=\frac{3\times15\times1\ 000}{3\ 600\times102\times0.51}=0.24kW$$

（九）离心泵的操作与注意事项

1. 启动前的准备

（1）用手拨转电机风叶，叶轮应转动灵活，无卡磨现象。

（2）打开进口阀和排气阀，使吸入管路和泵腔充满液体，然后关闭排气阀。

（3）用手盘动泵，使润滑液进入机械密封端面。

（4）点动电机，确定转向是否正确。

2. 启动与运行

（1）全开进口阀，关闭出口阀。

（2）接通电源，当泵正常运转后，再逐渐打开出口阀，并调节至所需流量。

（3）注意观察仪表读数，检查轴封泄漏情况，正常时机械密封泄漏量应小于 3 滴/min；检查电机，轴承处的温升应小于 70℃。一旦发现异常情况，应及时处理。

3. 停车

（1）逐渐关闭出口阀，切断电源。

（2）关闭进口阀。

（3）若环境温度低于 0℃，应将泵内液体排放尽，以免冻裂。

（4）若长期停用，应将泵拆卸清洗，包装保管。

二、其他类型泵

在药品生产中，为满足输送不同液体的需要，还会用到其他类型泵，如往复泵、旋转泵等，其中旋转泵又包括齿轮泵、螺杆泵和旋涡泵等。

（一）往复泵

1. 结构　往复泵主要由泵缸、活塞、活塞杆、单向吸入阀和排出阀组成，如图 2-14 所示。

2. 工作原理　往复泵是依靠安装在泵体内的活塞做往复运动，依次开启吸入阀和排出阀，从而实现液体的吸入和排出。如图 2-14 所示，当活塞向右移动时，左工作室的容积增大，在泵体内形成低压，下端的吸入阀（单向阀）被泵外液体的压力推开，上端的排出阀则因受压而关闭，从而将液体吸入泵体内。当活塞向左移动时，泵内液体产生高压，排出阀门被推开，而吸入阀门则关闭，从而将液体压出泵体。

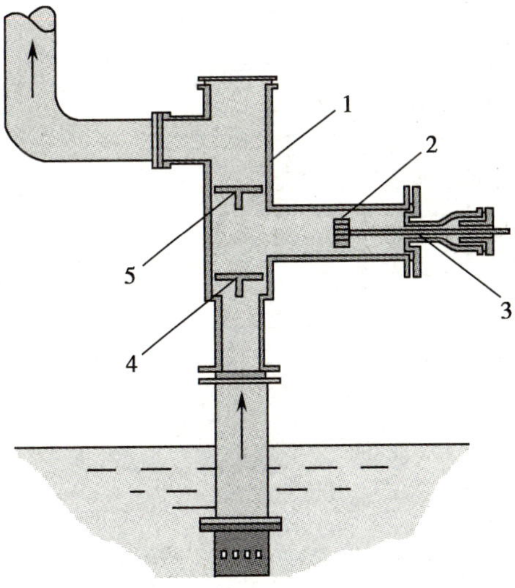

1. 泵体；2. 活塞；3. 活塞杆；4. 吸入阀；5. 排出阀。

图 2-14　往复泵装置简图

3. 分类　根据活塞往复一次时泵缸排液次数的不同，往复泵可分为单动泵、双动泵和三联泵。

（1）单动泵：活塞在泵缸内左右两端点间运动的距

离称为冲程。当活塞往复一次时,仅吸入和排出液体各一次的泵,称为单动泵,如图 2-14 所示。一般活塞的运动是依靠曲柄连杆机构来传动的,活塞的运动速度在其行程中是改变的,因而液体的体积流量随时间而变,其变化规律如图 2-15(a)所示。显然,单动泵的流量输出是很不均匀的。

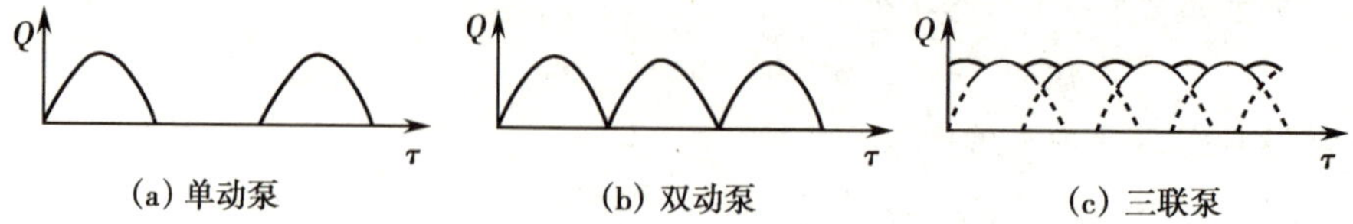

图 2-15　往复泵的流量曲线

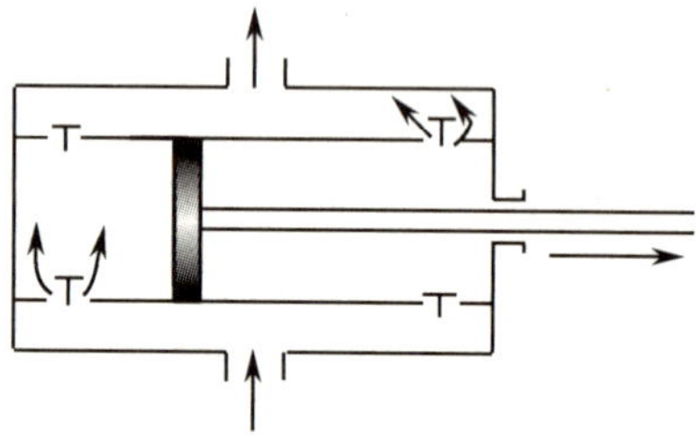

图 2-16　双动泵的工作原理

(2) 双动泵:为充分利用活塞两边的空间,可将往复泵改成图 2-16 所示的双动泵。当活塞自左向右运动时,活塞左边吸入液体,活塞右边排出液体。反之,右边吸入液体,左边排出液体。可见,活塞每往复一次,泵吸入和排出液体各两次,从而使吸入管路和排出管路中总有液体流过,其流量曲线如图 2-15(b)所示。双动泵输液连续,但输出流量仍有较大的起伏。

(3) 三联泵:三联泵实质上是由三台单动泵组合而成,其特点是在同一曲轴上安装三个互成 120°的曲柄,如图 2-17 所示。当曲轴旋转一周时,三台单动泵将各完成一次吸液和排液过程,但动作顺序相差 1/3 周期,从而使排液量较为均匀,其流量曲线如图 2-15(c)所示。

4. 往复泵的工作点　往复泵的工作点仍是泵的特性曲线和管路特性曲线的交点,如图 2-18 中的 M 点所示。理论上往复泵的压头与流量几乎无关,其压头仅取决于电动机的功率、泵的机械强度和密封性能,而与泵的几何尺寸无关,如图 2-18 中曲线 1 所示。但在实际操作中,由于活塞环、轴封、吸入阀和排出阀等处的泄漏,降低了往复泵可能达到的压头,并使流量稍有减少,如图 2-18 中曲线 2 所示。只要泵的机械强度及电动机的功率允许,往复泵的输出压头可以很高,但应注意往复泵工作点的压头不能超过最大允许压头,以免造成设备的破坏。

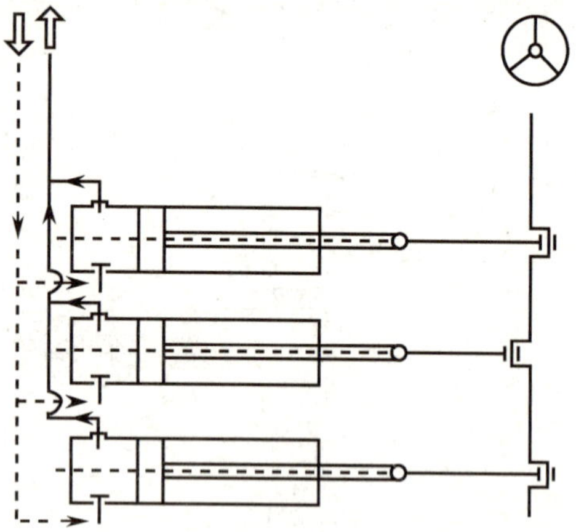

图 2-17　三联泵的工作原理

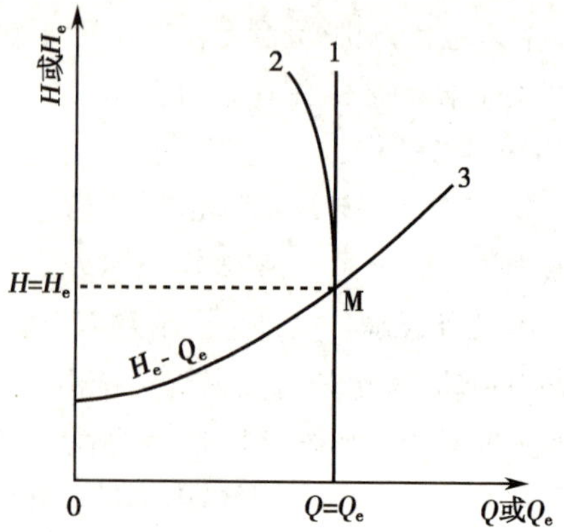

1. 理论上泵的 H-Q 曲线;2. 实际泵的 H-Q 曲线;3. 管路特性曲线。

图 2-18　往复泵的特性曲线与工作点

5. 往复泵的流量调节　往复泵的流量仅取决于泵的几何尺寸和活塞的往复次数,而与管路特性曲线无关,即无论扬程多大,只要往复一次,就能排出一定体积的液体,属于典型的容积式泵。若将出口阀完全关闭,缸体内的压力就会急剧上升,造成泵缸或电动机等的损坏。因此,往复泵不能简单地用出口阀门来调节流量。一般情况下，往复泵可用下列方法来调节流量。

（1）旁路调节：如图 2-19 所示，通过改变旁路阀门的开度，以增减泵出口回流至进口处的流量，从而可调节进入管路系统中的流量。若泵出口处的压力超过规定值，则旁路管线上的安全阀被高压液体顶开，液体流回吸入管路，使泵出口处减压，从而达到保护泵和电机的目的。旁路调节流量的优点是简便、安全，但增加了功率消耗。

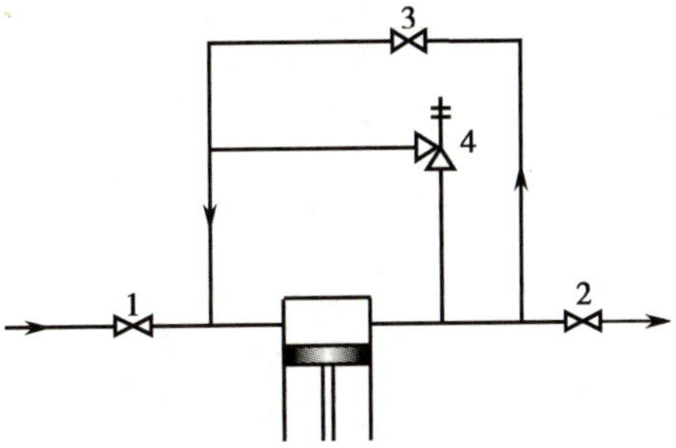

1. 吸入管路上的阀；2. 排出管路上的阀；3. 旁路阀门；4. 安全阀。

图 2-19　旁路调节往复泵流量示意图

（2）改变转速或活塞行程：改变电动机的转速以调节活塞的往复频率或改变活塞的行程，均可改变泵的特性曲线，从而达到改变往复泵流量的目的。

通过改变活塞的冲程以调节流量的一个典型应用就是计量泵。计量泵是往复泵的一种，其结构如图 2-20 所示，它是通过偏心轮将电机的旋转运动转变为活塞的往复运动。当转速一定时，调节偏心轮的偏心距即可改变活塞的冲程，从而可实现流量的精确调节。

此外，常用的隔膜泵也属于往复泵，它适用于输送腐蚀性液体或悬浊液，其结构如图 2-21 所示。其弹性隔膜将活塞与被输送液体隔开，这样活塞和缸体均可避免腐蚀和磨损。隔膜泵工作时，活塞往复运动使得隔膜右侧缸体容积改变，隔膜随之向两侧交替弯曲，从而使得左侧液体吸入和排出。

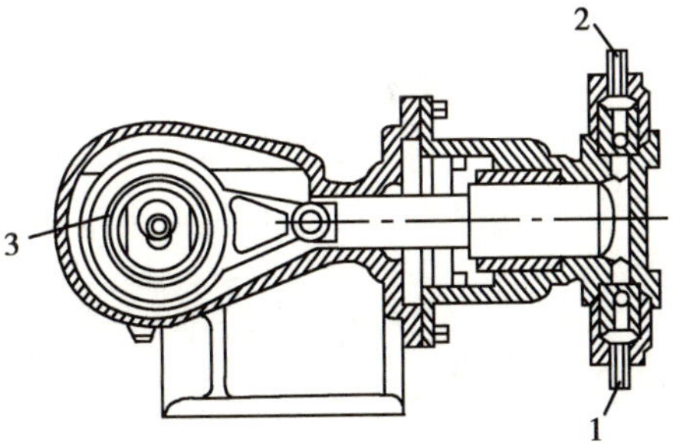

1. 吸入口；2. 排出口；3. 可调整的偏心轮装置。

图 2-20　计量泵

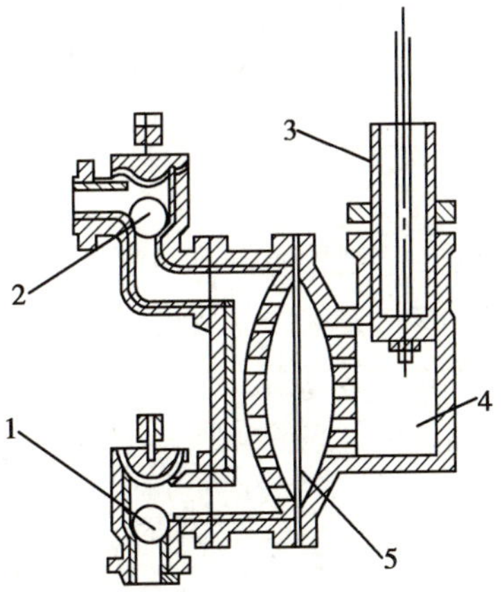

1. 吸入活门；2. 压出活门；3. 活塞；4. 水（或油）缸；5. 隔膜。

图 2-21　隔膜泵

（二）旋转泵

此类泵的特征是泵体内装有一个或以上的转子，通过转子的旋转运动来实现液体的吸入和排出，故又称为转子泵。旋转泵的形式很多，如齿轮泵、罗茨泵、螺杆泵等，其工作原理大同小异。

往复泵的发展

旋转泵也是正位移泵，只要转子以一定的速度旋转，泵就要排出一定体积流量的液体，因此与往复泵一样，旋转泵也要采用图 2-19 所示的方法来调节流量。

1. 齿轮泵　齿轮泵的结构如图 2-22 所示。泵壳内有一对相互啮合的齿轮，其中由电机直接带动的齿轮，称为主动轮；另一个为从动轮。两齿轮与泵壳间形成吸入和排出两个空间。当齿轮按箭头方向转动时，吸入空间内两轮的齿互相分开，然后分为两路沿泵内壁将液体推至排出空间，同时吸入空间内形成低压将液体吸入。排出空间内两轮的齿互相合拢，并形成高压将液体压出。

齿轮泵因其齿缝空间有限，故流量较小，但可产生较高的压头，因而常用于黏稠液体的输送，但不能输送含固体颗粒的悬浮液。

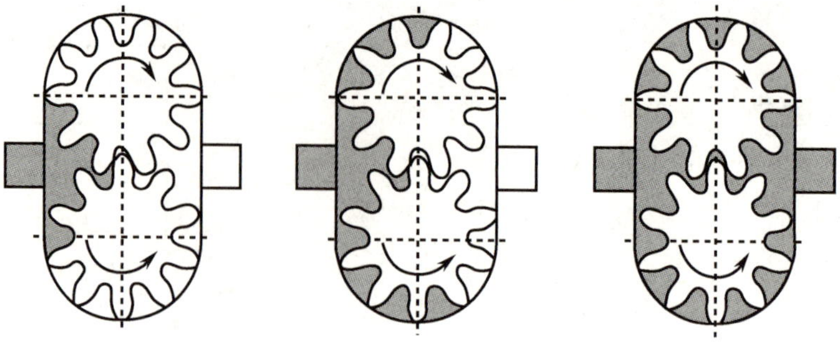

图 2-22　齿轮泵

2. 罗茨泵　罗茨泵又称为叶形转子泵，如图 2-23 所示。罗茨泵的转动元件为一对叶瓣形的转子，转子的叶瓣为 2~4 片。两个转子分别固定于主动轴和从动轴上。由主动轴带动转子旋转，两转子的旋转方向相反。由于两转子相互紧密啮合，以及转子与泵壳的严密接触，因而将吸入室与排出室隔开。当转子旋转时，完成吸入液体和排出液体的原理与齿轮泵的相同。被吸入的低压液体，逐次地被封闭于两相邻叶瓣与泵壳所包围的空间内，并随转子一起转动而到排出侧排出。

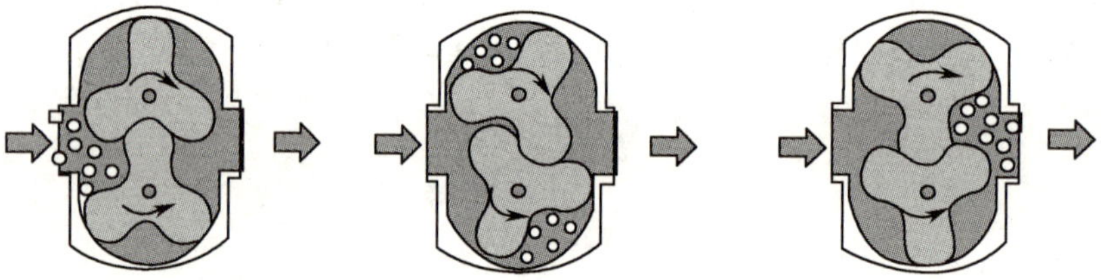

图 2-23　罗茨泵

罗茨泵由于结构简单，便于拆洗，且可产生中等压头，因而常用于黏稠物料的输送。

3. 螺杆泵　螺杆泵主要由泵壳和一根或以上的螺杆构成。图 2-24 和图 2-25 分别为单螺杆泵和双螺杆泵的结构示意图。双螺杆泵的工作原理与齿轮泵的十分相似，它利用两根相互啮合的螺杆来吸入和排送液体。当所需的压头较高时，可采用较长的螺杆。

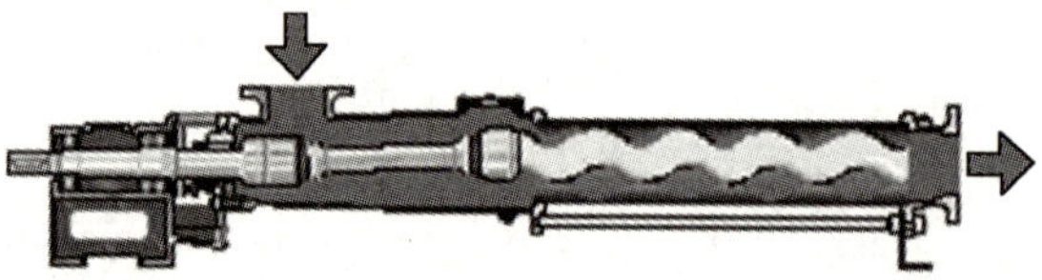

图 2-24　单螺杆泵的结构示意图

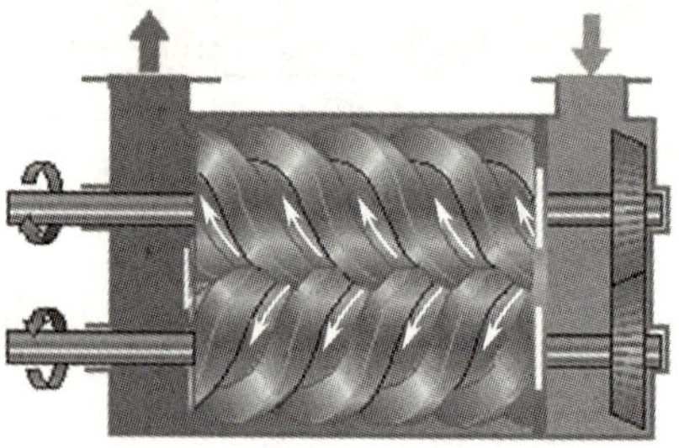

图 2-25　双螺杆泵的结构示意图

螺杆泵具有压头大、效率高、流量均匀、噪声低等特点，常用于高压黏稠性液体的输送。

（三）旋涡泵

旋涡泵是一种特殊类型的离心泵，主要由泵壳、叶轮、引液道、间壁等组成，其结构如图 2-26(a)所示。旋涡泵的叶轮是一个圆盘，其四周铣有数十个呈辐射状排列的凹槽，并构成叶片，如图 2-26(b)所示。当叶轮在泵壳内高速旋转时，泵内液体亦随叶轮旋转，并在引液道与叶片间反复运动，因而被叶片拍击多次，从而可获得较多的能量。

在相同的叶轮直径和转速条件下，旋涡泵的扬程约为离心泵的 2~4 倍。由于泵内流体的旋涡流作用，能量损失较大，因而旋涡泵的效率较低，一般仅为 30%~40%。当流量减小时，旋涡泵的压头升

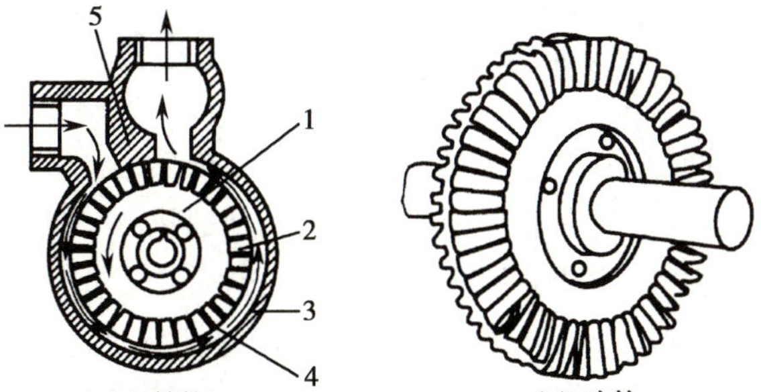

(a) 结构　　(b) 叶轮

1. 叶轮；2. 叶片；3. 壳体；4. 引液道；5. 间壁。

图 2-26　旋涡泵

高很快，且轴功率也增大。当流量为零时，泵的轴功率达到最大。因此，旋涡泵应避免在太小的流量或出口阀关闭的情况下长时间运行，且启动旋涡泵前应将出口阀全开，以减小电机的启动电流，保证泵和电机的安全。此外，旋涡泵也是依靠离心力来工作的，因此启动前必须向泵内灌满液体。

旋涡泵的流量调节方法与正位移泵的相同，即通过旁路来调节流量。

旋涡泵的特点是构造简单，制造方便，扬程较高。当流量增大时，旋涡泵的扬程会急剧降低，因此常用于小流量高扬程或低黏度液体的输送。

（四）磁力驱动泵

磁力驱动泵由泵体、磁力耦合器和电动机三部分组成。磁力耦合器的一半（从动磁铁）装于泵轴上，并以非铁磁性材料制成的隔离罩密封在泵体内；另一半（驱动磁铁）装于电机轴上，在隔离罩外以磁力带动内磁铁旋转驱动泵工作，如图 2-27 所示。磁力驱动泵属于无泄漏泵，适用于输送不含颗粒的有毒有害、易燃易爆、强腐蚀性的液体。

（五）蠕动泵

蠕动泵由驱动器、泵头和软管三部分组成。工作时，通过滚轮对泵的弹性输送软管交替进行挤压和释放来输送流体，这类似于用两根手指夹挤软管一样，随着手指的移动，管内形成负压，液体随之流动，如图 2-28 所示。蠕动泵具有双向同等流量输送能力，无液体空运转情况下不会对泵的任何部件造成损害，能产生高达 98% 的真空度。由于没有阀、机械密封和填料密封装置，因而也没有这些产生泄漏和维护的因素，仅软管为需要替换的部件，更换操作极为简单。蠕动泵能轻松地输送固、液或气、液混合相流体，允许流体内所含固体直径达到管状元件内径的 40%，可输送各种具有研磨、腐蚀、氧敏感特性的物料。缺点是流量范围比较窄。

0207 泵的主要应用领域

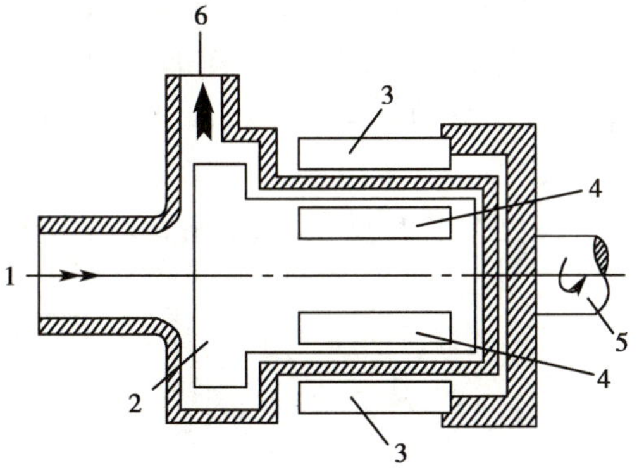

1. 吸入口；2. 叶轮；3. 驱动磁铁；4. 从动磁铁；5. 电机轴；6. 排出口。

图 2-27　磁力驱动泵

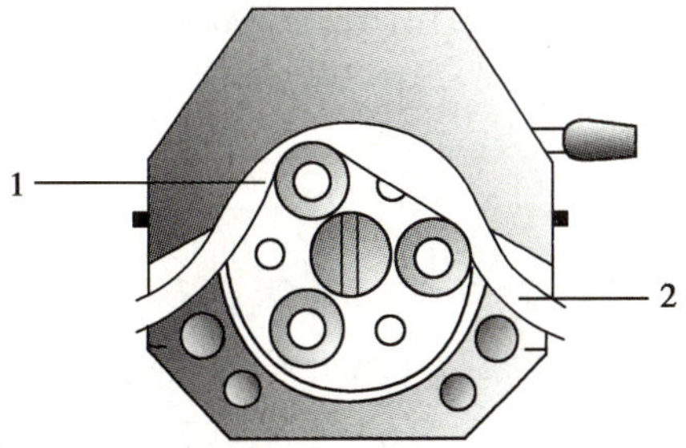

1. 滚轮；2. 软管。

图 2-28　蠕动泵工作示意图

第二节 气体输送设备

在制药生产中，不仅大量使用液体输送设备，而且还广泛使用气体输送设备，如喷雾干燥过程中热风的输送、流化造粒及气力输送过程中空气的输送、车间的通风、空气的调节与净化以及为真空蒸发等系统抽取真空等，都要使用气体输送设备。

气体具有可压缩性，在压送过程中，气体温度、压强和体积变化的大小，对气体输送设备的结构和形状有显著的影响。按终压（出口气体的压强）和压缩比（出口气体的绝压与进口气体的绝压之比）的大小，气体输送设备可分为四类：①通风机，终压 $p_2 \leqslant 15$kPa（表压），压缩比 $p_2/p_1 = 1 \sim 1.15$；②鼓风机，终压 p_2 为 15~300kPa（表压），压缩比 $p_2/p_1 < 4$；③压缩机，终压 $p_2 > 300$kPa（表压），压缩比 $p_2/p_1 > 4$；④真空泵，用于减压，终压为当时当地的大气压，压缩比由真空度决定。

此外，气体输送设备还可按其结构与工作原理分为离心式、往复式、旋转式和流体作用式等，其中以离心式和往复式最为常用。

一、离心式通风机

离心式通风机的结构和工作原理与离心泵的基本相同。图 2-29 是低压离心式通风机的结构示意图，它主要由蜗壳形机壳、叶轮和机座组成。离心式通风机的叶轮通常为多叶片叶轮，且由于输送气体的体积较大，因而叶轮直径一般较大而叶片较短。此外，叶片的形状不仅有后弯的，还有前弯或径向叶片。后弯叶片适用于较高压力的通风机，径向叶片则适用于风压较低的场合。前弯叶片有利于提高风速，可减小设备尺寸，但阻力损失较大。气体流通截面有方形和圆形两种，出口压强较低时多采用方形，而较高时则采用圆形。工作时，高速旋转的叶轮将能量传递给气体，以提高气体的静压能和动能。气体进入蜗壳形通道后，流速因流通截面的逐渐扩大而减小，从而使部分动能转化为静压能。于是，气体便以一定的流速和较高的压强由风机出口进入排出管路。与此同时，在叶轮中心附近形成了低压区，在压差的作用下，气体源源不断地进入风机。

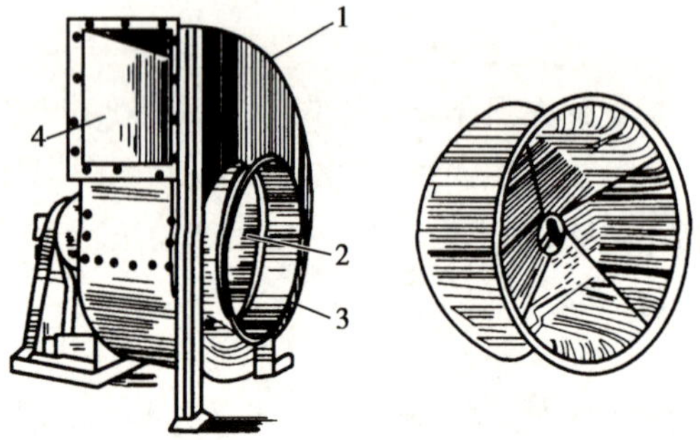

(a) 结构　　(b) 叶轮

1. 机壳；2. 叶轮；3. 吸入口；4. 排出口。

图 2-29 离心式通风机

根据风机出口压强的大小，离心式通风机可分为三类，即低压、中压和高压离心式通风机，其中低压离心式通风机的出口表压不超过 1kPa，中压离心式通风机的出口表压为 1~2.94kPa，高压离心式通风机的出口表压为 2.94~14.7kPa。离心式通风机的终压较低，所以一般都是单级的。

风机的发展

中、低压离心式通风机常用于车间的通风换气，高压离心式通风机常用于气体的输送。

二、鼓风机

常用的鼓风机有离心式鼓风机和罗茨鼓风机等。

1. 离心式鼓风机　离心式鼓风机又称为透平鼓风机，其主要构造和工作原理均与离心式通风机类似，但外壳直径和宽度均较大，叶轮的叶片数目较多，转速较高。一般情况下，单级离心式鼓风机的出口表压强小于 30kPa，若所要求的风压较高，则可采用多级离心式鼓风机。

离心式鼓风机的送风量较大，但出口风压不高。由于压缩比不大，因而气体压缩过程中产生的热量较少，故一般不需冷却装置。

2. 罗茨鼓风机　罗茨鼓风机的工作原理与齿轮泵的相似，如图 2-30 所示。罗茨鼓风机的壳体内有两个特殊形状（如腰形或三星形等）的转子，转子之间及转子与机壳之间的缝隙很小，转子可自由转动但无过多的泄漏。工作时，两转子的旋转方向相反，气体从机壳的一侧吸入，从另一侧排出。若改变转子的旋转方向，则吸入口与排出口互换。

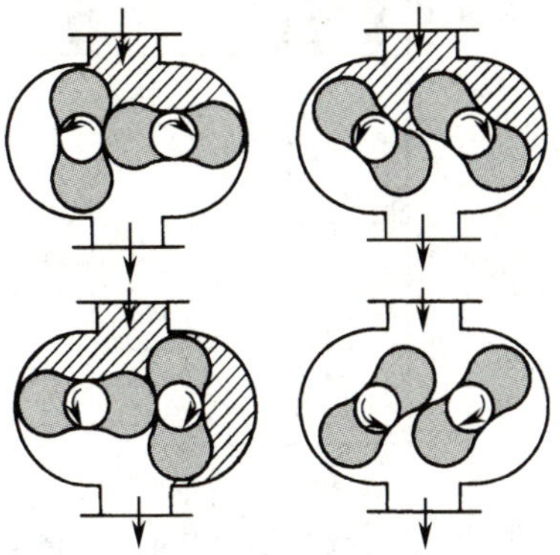

图 2-30　罗茨鼓风机

罗茨鼓风机属于正位移型，其风量与转速成正比，而与出口压力无关。罗茨鼓风机的风量范围为 2~500m³/min，出口表压强低于 80kPa。

罗茨鼓风机的出口应安装气体稳压罐和安全阀，流量采用旁路调节，且出口阀不能完全关闭。此外，操作温度不能超过 85℃，否则转子会因热膨胀而发生卡死现象。

三、压缩机

（一）离心式压缩机

离心式压缩机又称为透平压缩机，其主要结构、工作原理均与离心式鼓风机相似。但离心式压缩机的叶轮级数较多（通常在 10 级以上），转速较高，可达 5 000~10 000r/min，因而结构更为精密，产生的风压较高。由于气体的压缩比较大，因此体积变化和温度升高均相当显著。为此，常将离心式压缩机分成若干段，每段又包括若干级，叶轮直径逐级缩小。由于气体的温度随压强的增加而升高，故在段间要设置中间冷却器，以降低气体的温度。

0209
离心式压缩机的发展

离心式压缩机的流量可达每小时几十万立方米，并具有体积小、重量轻、运行平稳、维修方便、无润滑油污染等优点。

（二）液环式压缩机

液环式压缩机又称为纳氏泵，其结构如图 2-31 所示。液环式压缩机的壳体呈椭圆形，叶轮上装有辐射状的叶片，壳体内充有一定体积的液体。工作时，叶片带动壳内液体随叶轮一起旋转，在离心力的作用下被抛向壳体周边而形成椭圆形液环，并在椭圆长轴处形成两个月牙形空间，每个月牙形空间又被叶片分割成若干个小室。当叶轮旋转一周时，月牙形空间内的小室逐渐变大和变小各两次，气体则分别由两个吸入区吸入，从两个排出区排出。液环可将气体与壳体隔开，使气体只与叶轮接触，因此当叶轮采用抗腐蚀材料时，即可用于腐蚀性气体的输送。

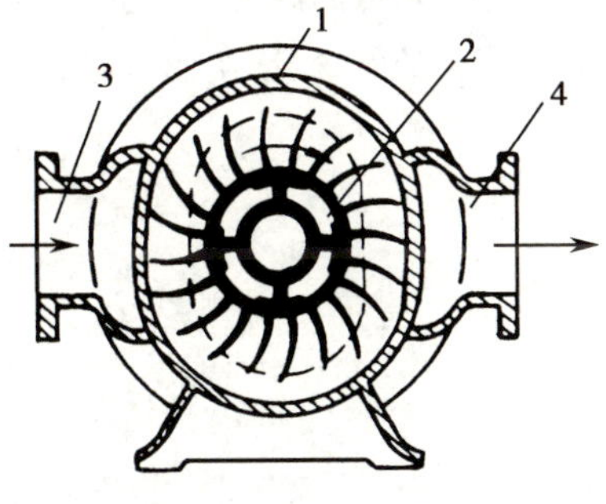

1. 外壳；2. 叶轮；3. 气体入口；4. 气体出口。

图 2-31　液环式压缩机

液环式压缩机产生的表压强可达 0.5~0.6MPa。此外，液环式压缩机也可作为真空泵使用，称为液环式真空泵。

（三）往复式压缩机

往复式压缩机主要由气缸、活塞、吸入阀和排出阀等组成，其结构和操作原理与往复泵很相似。但由于气体具有可压缩性，被压缩后压强增大，体积缩小，温度上升，故往复式压缩机的工作过程与往复泵有所不同。

往复式压缩机的工作原理如图 2-32 所示。当活塞位于气缸的最右端时，缸内气体的压强为 p_1，体积为 V_1，其状态对应于 p-V 图上的点 1。此后，活塞自右向左运动。由于吸入阀和排出阀都是关闭的，故气体压强随气缸容积的缩小而上升。当活塞运动至截面 2 时，气体体积缩小至 V_2，压强升高至 p_2，其状态对应于 p-V 图上的点 2，该过程称为压缩过程，气体状态沿 p-V 图上的曲线 1-2 而变化。

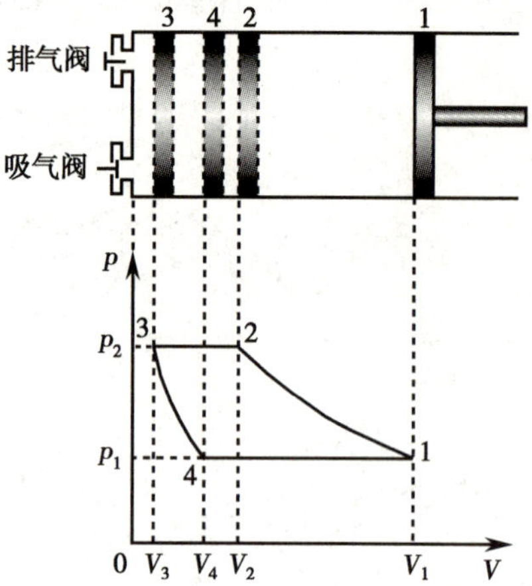

图 2-32 往复式压缩机的工作原理

当气体压强达到 p_2 时，排气阀被顶开，随着活塞继续向左运动，气体在压强 p_2 下排出。为防止活塞撞击在气缸盖上，在活塞与气缸盖之间必须留有一定的空隙，称为余隙。由于余隙的存在，当活塞运动至截面 3 时，排气过程即结束，该过程称为恒压下的排气过程，气体状态沿 p-V 图上的水平线 2-3 而变化。

排气过程结束时，活塞与气缸端盖之间仍残存有压强为 p_2、体积为 V_3 的高压气体。此后，活塞自左向右运动，气体压强随气缸容积的扩大而下降，一直降至吸入压强 p_1，该过程称为余隙气体的膨胀过程，气体状态沿 p-V 图上的曲线 3-4 而变化。

当活塞继续向右运动时，吸入阀被打开，并在恒定压强 p_1 下将气体吸入缸内，直至活塞运动至气缸的最右端，该过程称为恒定压强下的吸气过程，气体状态沿 p-V 图上的水平线 4-1 而变化。至此，完成一个工作循环。此后活塞向左运动，开始一个新的工作循环。

可见，往复式压缩机的压缩循环包括吸气、压缩、排气和膨胀四个过程。在每一工作循环中，活塞在气缸内扫过的体积为 (V_1-V_3)，但吸入气体的体积只有 (V_1-V_4)。显然，余隙越大，吸气量就越小。余隙体积与活塞扫过的体积之比，称为余隙系数，即

$$\varepsilon=\frac{V_3}{V_1-V_3} \qquad \text{式(2-12)}$$

式中，ε 为余隙系数，无因次。

余隙系数一定时，压缩比越高，余隙内气体膨胀后所占的体积就越大，吸气量就越少；当压缩比超过某一数值时，吸气量可能降为零。因此余隙体积和压缩比都不能太大。一般当压缩比大于 8 时，应采用多级压缩。但级数也不宜过多，否则会显著增加设备投资和操作费用。

四、真空泵

真空技术在制药生产中有着广泛的应用，如真空条件下的输送、脱气以及真空抽滤、真空蒸发、真空干燥、冷冻干燥、真空包装等。在真空状态下操作，可使料液中的水分在较低的温度下汽化，这对保护药品中的热敏性成分是十分有利的。此外，采用真空操作可降低系统中的氧含量，从而可减轻甚至避免药品因氧化作用而发生破坏的危险。

从设备或系统中抽出气体的设备称为真空泵。真空泵的形式很多，下面简要介绍几种常用的真空泵。

（一）水环式真空泵

水环式真空泵的外壳呈圆形，壳内有一偏心安装带辐射状叶片的叶轮，如图 2-33 所示。工作时，先向泵内注入适量的水。当叶轮高速旋转时，水在离心力的作用下被甩至壳壁而形成厚度均匀的水环。水环兼有液封和活塞的双重作用，与叶片之间形成许多大小不同的密闭小室。当叶轮按顺时针方向旋转时，右侧小室的空间逐渐增大，气体由吸入口吸入；而左侧小室的空间逐渐缩小，气体由排出口排出。

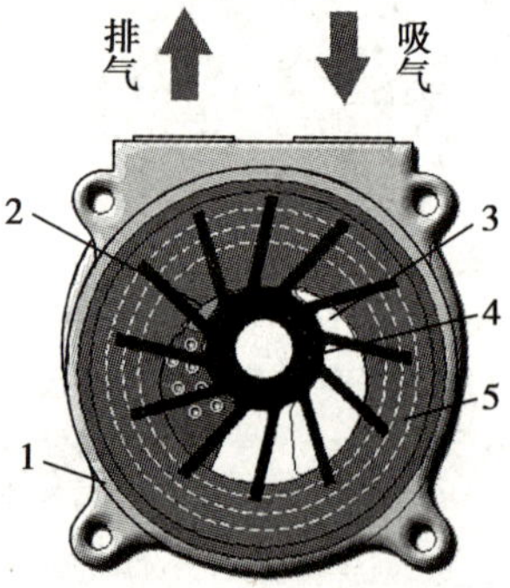

1. 泵体；2. 排气口；3. 吸气口；4. 叶轮；5. 水环。

图 2-33 水环式真空泵的工作原理

水环式真空泵的吸入气体中会夹带一定量的液体，因而是一种湿式真空泵。此类真空泵的优点是结构简单、紧凑，易于制

造和维修，最高真空度可达 83kPa，适用于抽吸有液体的气体以及腐蚀性或爆炸性气体。缺点是效率较低，一般仅为 30%～50%，且产生的真空度受泵内水温的限制。此外，在运转过程中需不断补充水以维持泵内的水环液封，并起到冷却作用。水环式真空泵还可作为低压压缩机使用，此时泵的吸入口与大气相通，排出口则与设备或系统相连，产生的表压强通常低于 100kPa。

（二）旋片式真空泵

旋片式真空泵是一种旋转式真空泵。如图 2-34 所示，当带有两个旋片的偏心转子按图示方向旋转时，旋片在弹簧压力及自身离心力的作用下，紧贴泵体内壁滑动，吸气工作室不断扩大，被抽气体通过吸气口经吸气管进入吸气工作室。当旋片转至垂直位置时，吸气完毕，此时吸入的气体被隔离。转子继续旋转，被隔离的气体逐渐被压缩，压力升高。当压力超过排气阀片上方的压力时，则气体经排气管顶开阀片后排出。泵在工作过程中，旋片始终将泵腔分成吸气和排气两个工作室，转子每旋转一周，吸气和排气各两次。

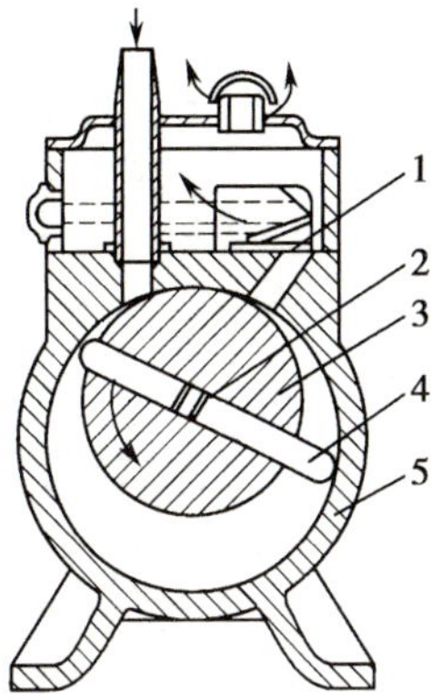

1. 排气阀片；2. 弹簧；3. 转子；4. 旋片；5. 泵壳。

图 2-34　旋片式真空泵

旋片式真空泵可达较高的真空度，但抽气速率较小，常用于抽气量较小的真空系统。

（三）喷射泵

此类泵属于流体作用泵，是利用流体流动时动能与静压能之间的相互转换来吸入和排出流体的，它既能输送液体，又能输送气体。实际生产中，喷射泵常用于抽真空，故又称为喷射式真空泵。

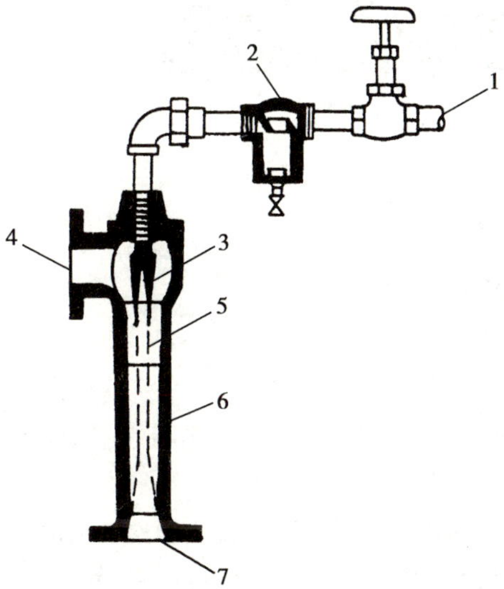

1. 水蒸气入口；2. 过滤器；3. 喷嘴；4. 吸入口；5. 混合室；6. 扩大管；7. 排出口。

图 2-35　水蒸气喷射泵的工作原理

喷射式真空泵的工作流体可以是蒸气，也可以是高压水。图 2-35 是水蒸气喷射泵的工作原理示意图。工作时水蒸气在高压下以很高的速度从喷嘴喷出，在喷射过程中，蒸气的部分静压能转变为动能，从而在吸入口处形成低压区，将气体吸入。被吸入的气体随同蒸气一起进入混合室，随后进入扩大管，流速逐渐下降，压强逐渐上升，即部分动能转化为静压能，最后经排出口排出。

单级水蒸气喷射泵一般只能达到 90% 左右的真空度。为获得更高的真空度，可采用多级水蒸气喷射泵。若要求的真空度不大，则常用一定压力的水为工作流体，称为水喷射泵。水喷射泵既可产生一定的真空度，又可与被吸入气体直接混合冷凝，可用作混合器、冷却器和吸收器等。

喷射泵的优点是结构简单、紧凑，没有活动部分。缺点是蒸气消耗量较大而效率很低，故一般仅作为真空泵使用，而不作为输送设备用。

（四）往复式真空泵

往复式真空泵的结构与往复式压缩机相似，但由于真空泵仅在低压下操作，气缸内外的压力差很小，因而要求吸入阀和排出阀必须更为轻巧。若所需达到的真空度较高，则压缩比会很大，此时余隙中的残留气体对真空泵的抽气速率影响很大，故真空泵的余隙必须很小。此外，还可在气缸内壁的端部设置平衡气道，如图 2-36 所示。这样在排气终了时，气缸的高压腔与低压腔可通过平衡气道短时间连通，使余隙中的部分残余气体流向另一

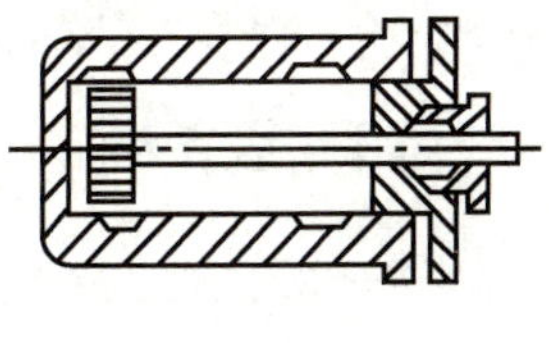

图 2-36　平衡气道

侧，从而减少了余隙中的残余气体量。

往复式真空泵有干式和湿式之分，干式只抽吸气体，可以获得较高的真空度；湿式可同时抽吸气体和液体，但真空度较低。

由于往复式真空泵存在排气量不均、结构复杂、维修费用高等缺点，近年来已逐渐被其他形式的真空泵所取代。

第三节 固体输送设备

固体输送设备可分为连续式和间歇式两大类。连续式输送设备简称为输送机，是沿着固定线路连续不断地输送物料的装置，其优点是结构简单，输送均衡，在装卸过程中也无需停车，故生产效率较高。间歇式输送设备的工作过程具有周期性，且装卸物料时停止输送，输送物料时也不装卸。间歇式输送设备一般包括起重设备和运输设备两大类。下面主要介绍几种典型的连续式输送设备。

一、带式输送机

带式输送机是以挠性输送带作为物料的承载件和牵引件来输送物料的，它是药品生产中应用最为广泛的一种连续式输送设备。

带式输送机的结构如图 2-37 所示。工作时，驱动滚筒通过摩擦传动带动输送带，使输送带连续运行并将带上的物料输送至所需要的位置。

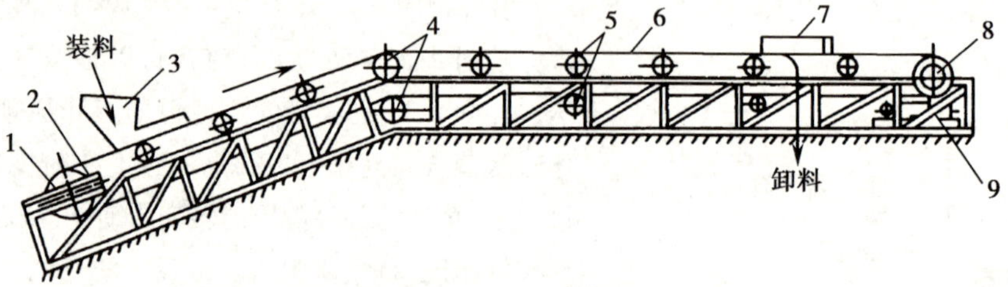

1. 张紧滚筒；2. 张紧装置；3. 装料斗；4. 改向滚筒；5. 托辊；
6. 环形输送带；7. 卸料装置；8. 驱动滚筒；9. 驱动装置。

图 2-37 带式输送机

在带式输送机中，输送带既是承放物料的承载件，又是传递牵引力的牵引件，它是带式输送机中成本最高，也是最易磨损的部件。常用的输送带有橡胶带、纤维带、塑料带、钢带和网带等，其中橡胶带和塑料带最为常用。

按所起作用的不同，滚筒可分为驱动滚筒、改向滚筒和张紧滚筒等。驱动滚筒是传递动力的主要部件，输送带借助与滚筒之间的摩擦力而运行。改向滚筒可改变输送带的走向，并可用来增大驱动滚筒与胶带之间的包角。张紧滚筒和托辊对输送带起到张紧和支撑作用。

带式输送机结构简单，工作可靠，使用维修方便；输送过程平稳，噪音小，且不损伤物料，并可长距离连续输送，输送能力强，输送效率高。缺点是输送不密封，易使轻质粉状物料飞扬；设备成本高，且输送带易磨损，易跑偏。此外，即使采用网纹带，也不适合于倾角过大的场合。

带式输送机适用于各种块状和颗粒状物料的输送，也可输送成件物品，还可作为清洗、选择、处理、检查物料的操作台，用在原料预处理、选择装填和成品包装等工段。

二、链式输送机

在制药生产中，链式输送机广泛用于各种流水作业的生产线上。链式输送机的主要特点是以链条作为牵引构件，把承载物件安装于链条上，链条本身不起承载作用，只是牵引和输送物品，如图 2-38 所示。

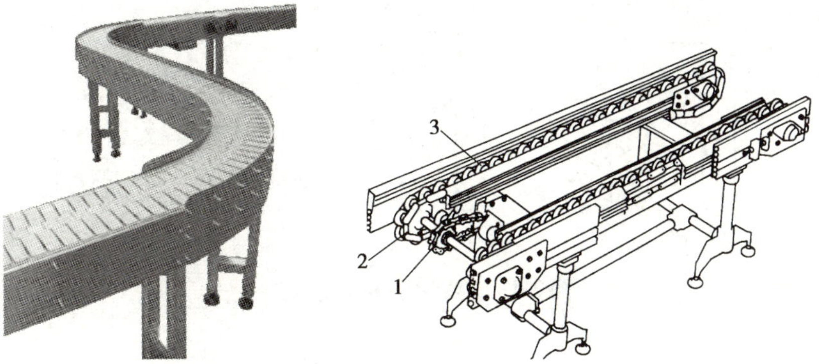

（a）链板式输送机　　（b）链式输送机

1. 驱动链轮；2. 张紧链轮；3. 牵引链条。

图 2-38　链式输送机

链式输送机的特点是输送能力大、运行平稳可靠、适用范围广。除黏度特别大的物料外，绝大多数固态物料以及成件物品都可用它来输送。此外，在输送过程中还可进行分类、干燥、冷却或包装等各种工艺操作。

三、斗式提升机

斗式提升机是利用装在环形牵引构件（带或链条）上的料斗来垂直或倾斜地连续提升物料的输送机械，如图 2-39 所示。

斗式提升机的工作过程包括装料、提升和卸料三个过程。斗式提升机的装料方式有挖取法和撒入法两种，如图 2-40 所示。挖取法是将物料加入底部，再被运动着的料斗所挖取提升，该法适用于中小块度或磨损小的粒状物料。撒入法是将物料由下部进料口直接加入到运动着的料斗中而提升，该法适用于大块和磨损性大的物料。

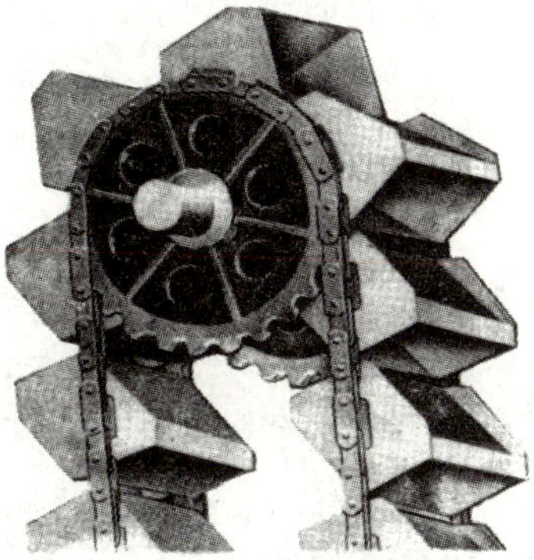

图 2-39　斗式提升机

（a）挖取法　　（b）撒入法

图 2-40　斗式提升机装料过程

斗式提升机的卸料方法有离心式、混合式和重力式三种，如图 2-41 所示。离心式卸料是当料斗升至顶端时，利用离心力将物料抛出，该法适用于输送干燥且流动性好的粒度小和磨损性小的粒料，但不适合于易破碎及易飞扬的粉状物料。混合式卸料是利用离心力和物料的重力进行卸料，该法适用于流动性不良的散状、纤维状物料以及潮湿物料。重力式卸料是利用物料的重力进行卸料，该法适用于提升大块、比重大、磨损性大和易碎的物料。

斗式提升机的优点是结构简单，工作安全可靠，可以垂直或接近垂直方向向上提升，提升高度大。此外，斗式提升机的占地面积较小，并有良好的密封性，可减少灰尘污染。缺点是不能水平输送，必须均匀供料，过载能力较差。

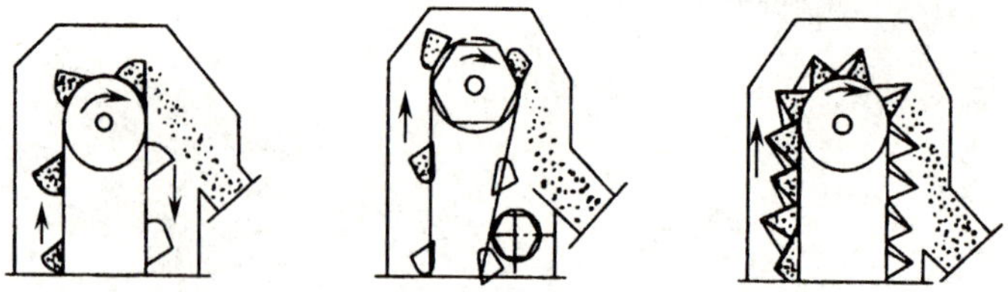

(a) 离心式　　(b) 混合式　　(c) 重力式

图 2-41 斗式提升机的卸料方式

四、螺旋式输送机

螺旋式输送机是利用螺旋叶片的旋转来输送物料的设备，它主要由料槽、进出料口、螺旋叶片、轴承和驱动装置等组成，如图 2-42 所示。

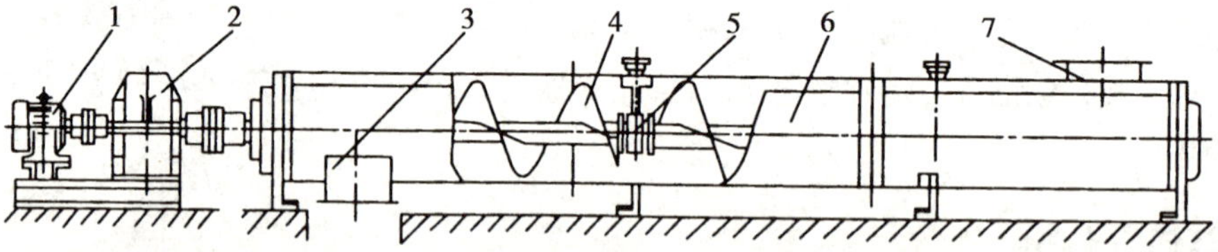

1. 电动机；2. 减速器；3. 卸料口；4. 螺旋叶片；5. 中间轴承；6. 料槽；7. 进料口。

图 2-42 螺旋式输送机

与其他输送设备相比，螺旋式输送机具有结构简单、横截面尺寸小、制造成本低、便于在若干位置上进行中间加料和卸料、操作安全方便、密封性好等优点。但在运输物料时，物料与料槽和螺旋间都存在摩擦力，因而动力消耗较大。此外，物料会因螺旋叶片的作用而产生严重破碎及损伤，同时螺旋叶片及料槽也有较严重的磨损，且运输距离不宜太长，一般在 30m 以下。

螺旋式输送机适用于需要密封运输的物料，如粉状、颗粒状及小块状物料的输送，也适用于易变质、黏性大及易结块物料的输送。

五、气力输送装置

气力输送装置是一种借助于具有一定能量的气流，将粉粒状物料从一处输送至另一处的连续输送设备。与其他输送装置相比，气力输送具有以下特点：①可以进行长距离的连续集中输送和分散输送，输送布置灵活，劳动生产率较高；②输送物料的范围较广，从粉状到颗粒状甚至块状、片状物料均可采用；③输送过程可与混合、粉碎、分级、干燥、加热、冷却、除尘等生产工艺相结合；④输送过程中可避免物料受潮、污染或混入杂质，且没有粉尘飞扬，生产环境较好；⑤结构简单，管理方便，易于实现自动化；⑥动力消耗大（不仅输送物料，还要输送大量空气）；⑦管道及与物料接触的构件易于磨损；⑧不适用于潮湿易结块、黏结性及易碎物料的输送。

（一）气力输送原理

物料在空气动力作用下呈悬浮状态而被输送。物料在气流中如何悬浮是问题的关键点，其颗粒悬浮机理及运动状态在垂直管、水平管中各不相同。

在垂直管内，气流自下而上，使颗粒悬浮于气流中，此时颗粒在垂直方向上受到两个力的作用，其一是颗粒自身重力与气体浮力之差，方向向下；其二是气体对颗粒所产生的上升力，方向向上。当两力处于平衡时，颗粒即悬浮于气流中。此时的气流速度称为悬浮气速。当气流速度大于悬浮气速时，颗粒即被气流所输送，且颗粒在气流中的分布较为均匀。

在水平管内，颗粒的受力情况比较复杂。但总的趋势是气流速度越大，颗粒在气流中的分布就越均匀。当气流速度逐渐减小时，则颗粒越靠近管底，其分布就越密集。当气流速度减小至一定数值时，部分颗粒则停滞于管底，一边滑动，一边被推着向前运动。当气流速度进一步减小时，则停滞于管底的料层会反复做不稳定移动，甚至停顿而堵塞管道。

（二）气力输送系统

气力输送系统一般由供料装置、输料管路、分离器、卸料装置、除尘装置和气体输送设备等组成。按工作原理的不同，气力输送系统可分为吸送式、压送式和混合式三种。

1. 吸送式气力输送系统 该系统是利用吸嘴将物料和大气混合后一起吸入，然后物料随气流一起被输送至指定地点，再用分离器将物料分出，含尘气体经除尘器净化后由风机排出，其流程如图 2-43 所示。

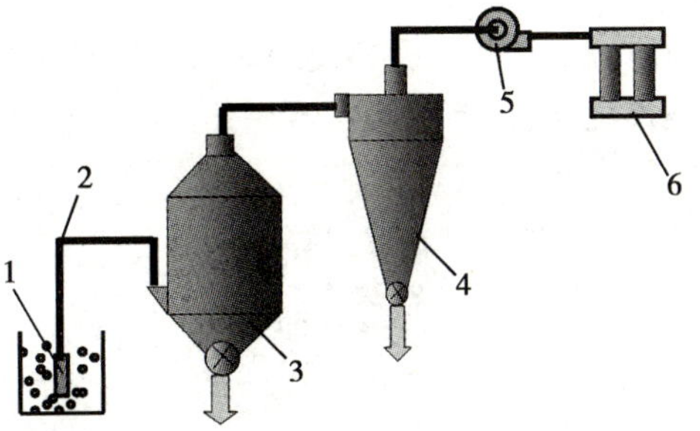

1. 吸嘴；2. 输料管；3. 重力分离器；4. 离心分离器；5. 风机；6. 除尘器。

图 2-43　吸送式气力输送流程

吸送式气力输送系统的供料设备结构比较简单，工作时系统内始终保持一定的负压，因而不致灰尘飞扬，工作环境较好。此外，风机处于系统末端，因而油分、水分不易混入物料，这对药品和食品的输送极为有利。但吸送式气力输送系统的动力消耗较大，也不宜于大容量和长距离输送。在制药生产中，该系统特别适合于粉状药粉的输送。

2. 压送式气力输送系统 该系统是依靠压气设备排出的高于大气压的气流，在输料管中将物料与气流混合后输送至指定地点，再用分离器将物料分出，含尘气体经除尘后排出，其流程如图 2-44 所示。

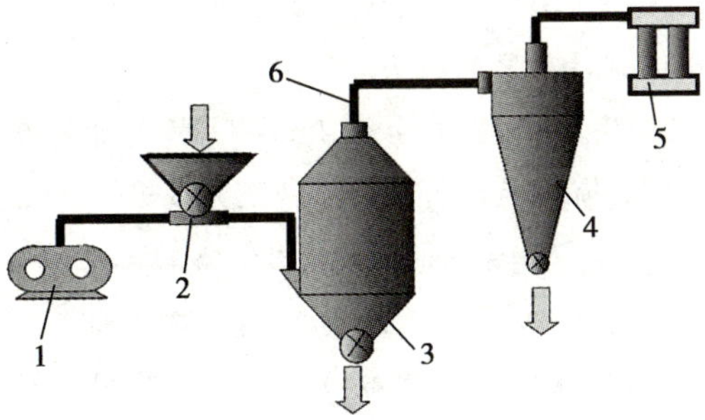

1. 鼓风机；2. 加料器；3. 重力分离器；4. 旋风分离器；5. 袋滤器；6. 输料管。

图 2-44　压送式气力输送系统

压送式气力输送系统采用正压输送，工作压力较大，因而适用于大容量和长距离输送，适用范围较大。缺点是供料设备的结构比较复杂，必须有完善的密封措施。

3. 混合式气力输送系统 该系统是吸送式和压送式气力输送装置的组合，其流程如图 2-45 所示。在风机之前，属于真空系统，风机之后则属于正压系统。真空部分可从几点吸料，集中送至分

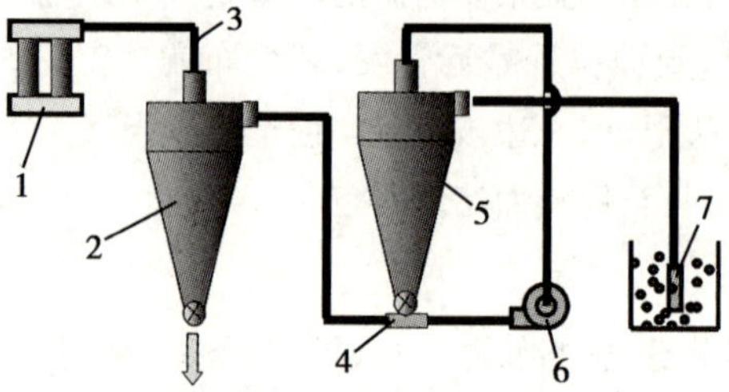

1. 袋滤器；2、5. 旋风分离器；3. 输料管；4. 供料器；6. 风机；7. 吸嘴。

图 2-45 混合式气力输送系统

离器内，分离出来的物料经加料器送入压力系统，输送至指定位置后，由分离器将物料分出，含尘气体经除尘后排出。

混合式气力输送系统特别适合于从几点吸料而同时又分散输送至不同地点的场合，但系统组成复杂，风机易受磨损，工作条件较差，因而除特殊情况外，生产上较少采用。

0210

目标测试

课 后 习 题

一、计算题

1. 某离心泵的排水量为 $12m^3/h$，泵出口处压力表的读数为 3.8atm，泵入口处真空表的读数为 200mmHg，轴功率为 2.3kW。压力表与真空表的表心垂直距离为 0.4m。吸入管和压出管的内径分别为 68mm 和 41mm。已知大气压力 760mmHg，水的密度为 1 000kg/m^3，试计算此泵的扬程和效率。(42.37m，61.4%)

2. 某离心泵以 20℃ 水进行性能实验测得体积流量为 $720m^3/h$，泵出口压力表读数为 3.75×10^5Pa，泵入口处真空计读数为 2.79×10^4Pa，压力表与真空计间垂直距离为 0.41m，泵入口管和泵出口管内径分别为 350mm 及 300mm，试计算泵的压头。(41.6m)

3. 在用水测定离心泵性能的实验中，当流量为 $26m^3/h$ 时，泵出口压力表读数为 1.52×10^5Pa，泵入口处真空计读数为 2.47×10^4Pa，轴功率为 2.45kW，转速为 2 900r/min。真空计与压力表两测压口间的垂直距离为 0.4m，泵进、出口管径相等，两测压口间管路的流动阻力可忽略不计，试计算该泵的效率，并列出该效率下泵的性能。($\eta=53.2\%$，$H=18.4m$，$Q=26m^3/h$，$N=2.45kW$)

4. 离心水泵将敞口贮槽中的水输送至冷却器内。已知贮槽中的水位保持恒定，在最大流量下吸入管路的压头损失为 2.5m，泵在输送流量下的允许汽蚀余量为 3.0m。试计算：(1) 输送 20℃ 水时泵的安装高度；(2) 输送 85℃ 水时泵的安装高度。泵安装地区的大气压为 9.81×10^4Pa。(4.28m，-1.36m)

5. 用离心油泵从贮罐向反应器输送液态异丁烷。贮罐内异丁烷液面恒定，其上方压强为 6.5×10^5Pa。泵位于贮罐液面以下 1.5m 处，吸入管路的全部压头损失为 1.6m。异丁烷在输送条件下的密度为 $530kg/m^3$，饱和蒸气压为 6.35×10^5Pa。已知输送流量下泵的允许汽蚀余量为 3.5m。试确定该泵能否正常操作。($H_g=-2.21m$，不能正常操作)

二、简答题

1. 离心泵启动前为什么要灌泵？
2. 什么是汽蚀现象？它有什么危害？
3. 离心泵的机械能损失主要包括哪些？
4. 如何改变离心泵的工作点？
5. 简述离心泵的操作与注意事项。
6. 简述离心泵和旋涡泵的异同点。
7. 简述离心泵和往复泵的流量调节方法。

第三章

搅　拌

第三章

教学课件

学习要求

1. 掌握常见搅拌器及其特点，搅拌器选型。
2. 熟悉打旋现象及其危害，全挡板条件，导流筒的安装方式，均相液体搅拌功率的准数关联式。
3. 了解搅拌功率的计算。

第一节　概　　述

搅拌是使釜（或槽）内物料形成某种特定方式的运动（通常为循环流动）。搅拌的主要目的是制备混合均匀物质、促进传质、促进传热和上述三种之间的混合。搅拌与混合具有不同的含义，混合是使物相不同的两种或两种以上的物料产生均匀的分布。因此，对于单一物相的物料而言，只能是被搅拌而谈不上被混合。搅拌注重的是釜内物料的运动方式和激烈程度，以及这种运动状况对于给定过程的适应性；而混合注重的是被混合物料所达到的均匀程度。

搅拌主要有机械搅拌和气流搅拌两大类，其中气流搅拌是将气体通入液层中而形成上升气泡，利用上升气泡对液体的扰动而产生搅拌作用。与机械搅拌相比，气流搅拌的效果较差，因而不适合于高黏度液体的搅拌，同时气流搅拌伴生大量废气，增加环保处理压力。在实际生产中，绝大多数搅拌操作都采用机械搅拌，但气流搅拌不用搅拌器，因而对物料没有机械损伤，所以在某些特殊情况下也采用气流搅拌。例如，用离子交换剂交换被吸附物料时，为避免机械搅拌对树脂的破坏作用，即可采用气流搅拌。同时，气流搅拌可用于实现多种工艺联合操作，如在生产中，可以利用气流搅拌一步实现气流干燥、粉碎和混合等目的。

高压反应釜磁力传动装置

制药生产中的搅拌操作多采用机械搅拌，典型的机械搅拌装置如图 3-1 所示。

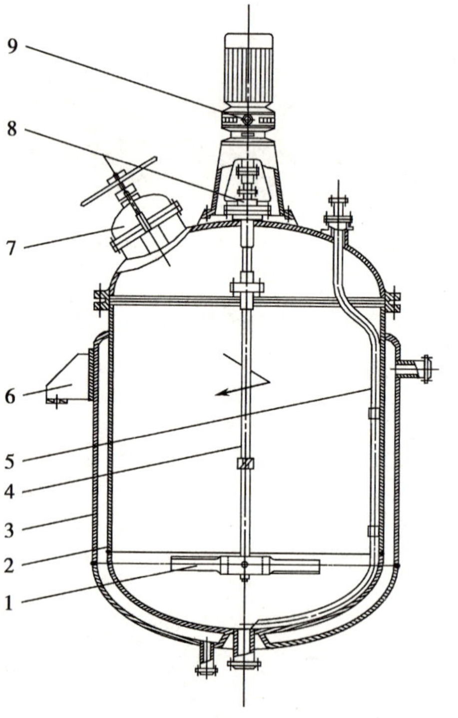

1. 搅拌器；2. 釜体；3. 夹套；4. 搅拌轴；5. 压出管；6. 支座；7. 人孔；8. 轴封；9. 传动装置。

图 3-1　典型的机械搅拌装置

圆筒形釜体一般由钢板直接卷焊而成，釜底和釜盖一般为椭圆形封头。根据物料的性质，釜体内壁可内衬橡胶、搪玻璃、聚四氟乙烯等耐腐蚀材料。为控制过程温度及强化传热和传质效果，釜外可设置夹套，釜内可安装蛇管、挡板及导流筒等内件。

搅拌过程的实质就是通过叶轮的旋转将机械能传递给液体，从而使液体在设备内部做强制对流，并达到均匀混合状态。在搅拌过程中，液体做强制对流的方式有两种，即总体循环流动和湍流运动。

机械密封

将两种不同的液体置于搅拌釜内，搅拌器通过叶轮将能量传递给液体，从而产生高速液流，该液流又会推动周围的液体，从而在釜内形成一定的循环流动，这种宏观流动称为总体循环流动。总体循环流动可促进釜内液体在宏观上的均匀混合，其特点是液体以较大的尺度（相当于或略小于设备尺寸）运动，且具有一定的流动方向，流动范围较大。

当叶轮旋转所产生的高速液流通过静止的或运动速度较低的液体时，在高速液体与低速液体的交界面上将产生速度梯度，使界面上的液体受到很强的剪切作用，从而产生大量旋涡，并迅速向四周扩散，在上下、左右、前后等各个方向上产生紊乱且又是瞬间改变速度的运动，即湍流运动。湍流运动可视为一种微观流动，在这种微观流动的作用下液体被破碎成微团，微团的尺寸取决于旋涡的大小。湍流运动的特点是流体以很小的微团尺度运动，运动距离很短，且不规则。与总体循环流动相比，湍流运动所引起的混合速度要快得多，且随着湍动程度的加剧，混合速度亦随之加快。而实际混合过程则是总体流动、湍流运动以及分子扩散作用等共同作用的结果。

在制药生产中，搅拌有十分广泛的应用，如原料药生产的许多过程都是在有搅拌器的釜式反应器中进行的。搅拌不仅可加速物料之间的混合，而且可提高传热和传质速率，促进反应的进行或加快物理变化过程。例如，对于液相催化加氢反应，搅拌既可使固体催化剂颗粒悬浮于液相中，又可使气体均匀地分散于液相中，从而可加快化学反应速度。此外，搅拌还能提高传热速率，有利于反应热的及时移除。在实际生产中，应针对不同的搅拌目的，根据工艺和流体力学特点，选择适宜的搅拌器型式和操作条件，以获得最佳搅拌效果。

第二节 搅拌器及其选型

搅拌器是搅拌设备的核心部件，它与釜体、传动装置及辅助部件一起构成搅拌装置。搅拌器通常由电机直接驱动或通过减速装置传动，将机械能传给液体，其作用原理与泵的叶轮相同，即向液体提供能量。

一、常见搅拌器

搅拌器的桨叶大小可用桨径大小和桨叶宽度来衡量，其中桨径大小又与搅拌器的种类和釜径有关。根据搅拌器的旋转直径和转速，常用搅拌器可分为两类，即小直径高转速搅拌器和大直径低转速搅拌器。

1. 小直径高转速搅拌器 此类搅拌器主要用于低黏度液体的搅拌，其特点是叶片面积小、转速高，常用的有推进式和涡轮式两种。

（1）推进式搅拌器：又称为旋桨式搅拌器，其典型结构如图 3-2 所示。

此类搅拌器的叶轮直径较小，通常仅为釜径的 20%～50%，但转速较高，可达 100～500r/min，叶端圆周速度较大，可达 5～15m/s。工作时，推进式搅拌器如同一台无外壳的轴流泵，高速旋转的叶轮使液体做轴向和切向运动。液体的轴向分速度使液体沿轴向向下流动，流至釜底时再沿釜壁折回，并重新返回旋桨入口，从而形成如图 3-3 所示的总体循环流动，起到混合液体的作用。

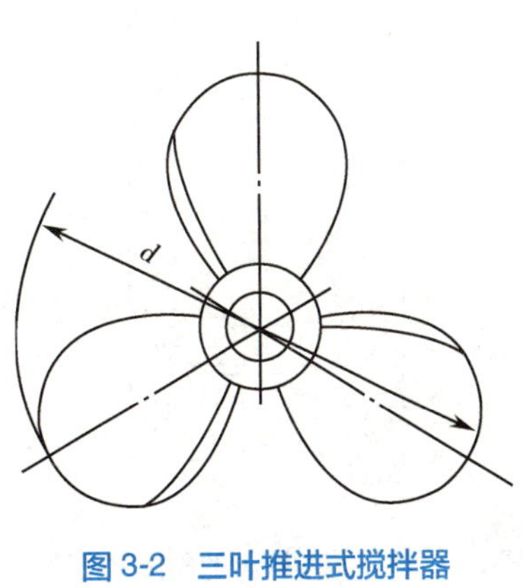

图 3-2 三叶推进式搅拌器

而液体的切向分速度使液体在容器内做圆周运动，这种圆周运动使釜中心处的液面下凹，釜壁处的液面上升，从而使釜的有效容积减少。下凹严重时桨叶的中心甚至会吸入空气，使搅拌效果急剧下降。此外，当釜内物料为液液或液固多相体系时，圆周运动还会使物料出现分层现象，起着与混合相反的作用，故应采取措施抑制釜内物料的圆周运动。推进式搅拌器的特点是液体循环量较大，但产生的湍动程度不高，常用于低黏度（<2Pa · s）液体的反应、混合、传热以及固液比较小的溶解和悬浮等过程。

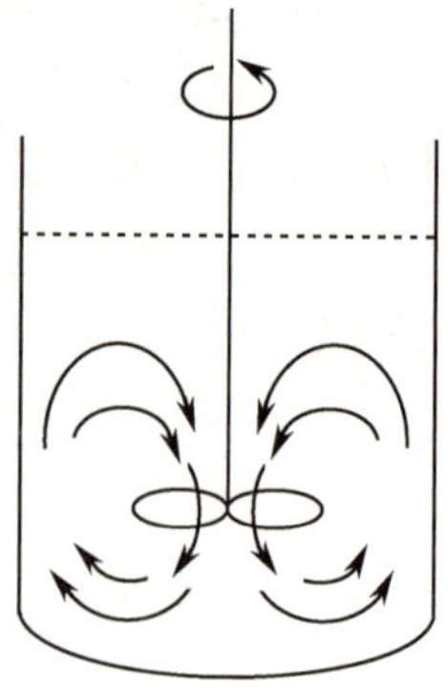

图 3-3 推进式搅拌器的总体循环流动

非均相反应

（2）涡轮式搅拌器：此类搅拌器的型式很多，几种典型结构如图 3-4 所示。

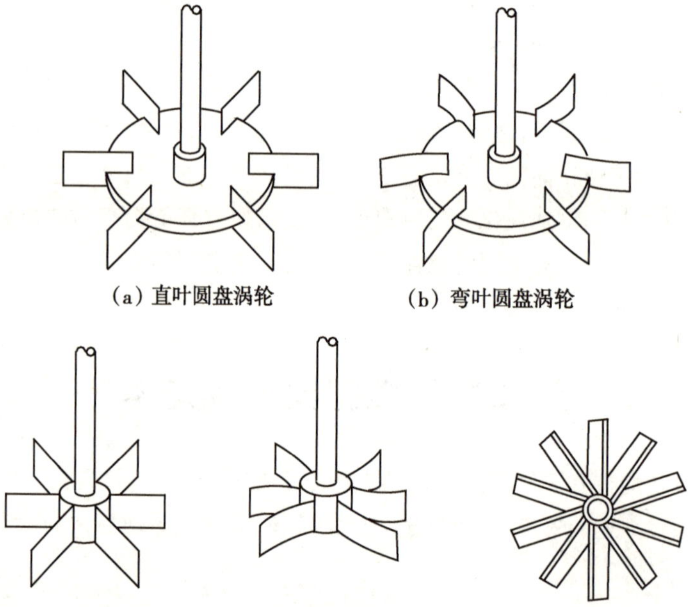

（a）直叶圆盘涡轮 （b）弯叶圆盘涡轮

（c）直叶涡轮 （d）弯叶涡轮 （e）折叶涡轮

图 3-4 典型的涡轮式搅拌器

此类搅拌器的叶轮直径亦较小，通常仅为釜径的 20%～50%，转速可达 10～500r/min，叶端圆周速度可达 4～10m/s。工作时，涡轮式搅拌器如同一台无外壳的离心泵，高速旋转的叶轮使釜内液体产生切向和径向运动。沿叶轮半径方向高速流出液体推动釜内液体流向釜壁，遇阻后分别形成上、下两条回路重新流回搅拌器入口，从而形成如图 3-5 所示的总体循环流动。

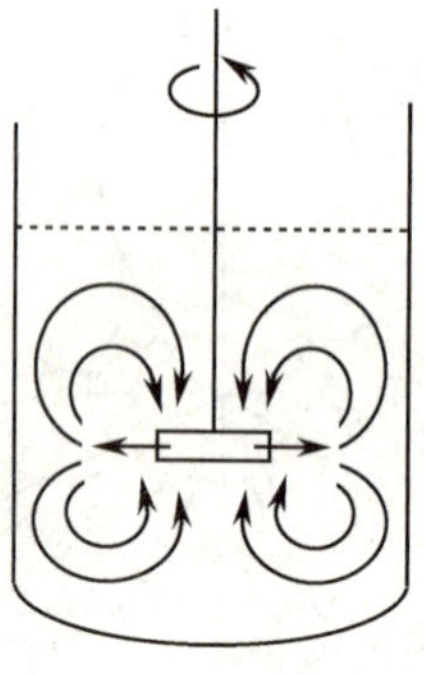

图 3-5 涡轮式搅拌器的总体循环流动

流出液体的切向分速度同样会使釜内液体产生圆周运动，应采取措施予以抑制。与推进式搅拌器相比，此类搅拌器所产生的总体循环流动的回路更为曲折，且由于出口流速较高，因而叶端附近的液体湍动更为强烈，从而产生较大的剪切力。可见，涡轮式搅拌器不仅能产生较大的液体循环量，而且可对桨叶外缘附近的液体产生较强的剪切作用，常用于黏度小于 50Pa · s 的液体的反应、混合、传热以及固体在液体中的溶解、悬浮和气体分散等过程。但对于易分层物料，如含有较重颗粒的悬浮液，此类搅拌器则不适用。

2. 大直径低转速搅拌器　若用小直径高转速搅拌器搅拌中高黏度的液体，则其总体流动范围会因流动阻力的增大而急剧减小。此时，距桨叶较远的液体流速很小，甚至是静止的，因而搅拌效果很差。因此，在搅拌中、高黏度的液体时，为提高搅拌效果，常采用大直径低转速搅拌器。

大直径低转速搅拌器的特点是叶片面积大、转速低、搅动范围大，常用的有桨式、锚式、框式和螺带式等。

物料的黏度

（1）桨式搅拌器：此类搅拌器的旋转直径可达釜径的 35%～90%，桨叶宽度一般为旋转直径的 1/10～1/4，常用转速为 1～100r/min，叶端圆周速度为 1～5m/s。如图 3-6 所示，此类搅拌器有平桨式、斜桨式和多斜桨式几种类型。

平桨式搅拌器可使液体产生切向和径向运动，可用于简单的液液混合、固液溶解、悬浮和气体分散等过程。但平桨式搅拌器所产生的轴向流动范围较小，即使是斜桨式搅拌器，所产生的轴向流动范围也不大。因此，当物料液位较高时，应采用多斜桨式搅拌器或与推进式搅拌器配合使用。此外，当用桨式搅拌器搅拌较高黏度的液体时，可进一步将其旋转直径增大至釜径的 90% 以上，并设置多层桨叶。

（2）锚式和框式搅拌器：此类搅拌器都是桨式搅拌器的改进型，其典型结构如图 3-7 所示。

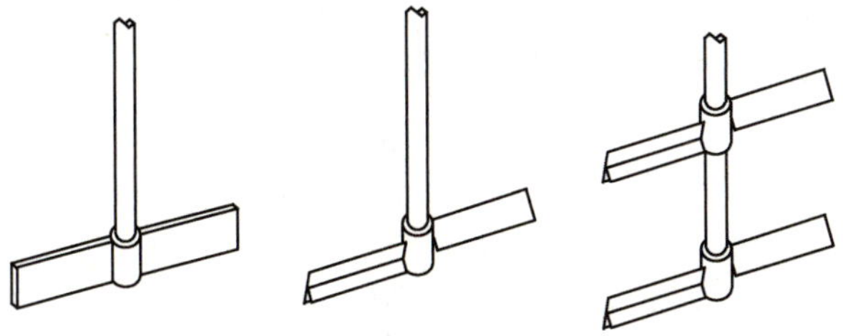

（a）平桨式　（b）斜桨式　（c）多斜桨式

图 3-6　桨式搅拌器

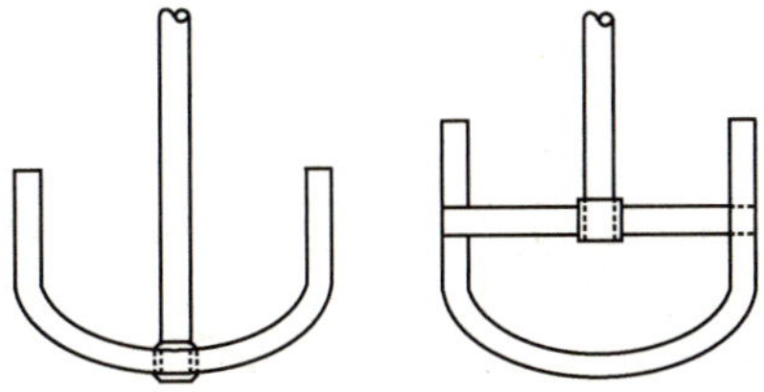

（a）锚式　（b）框式

图 3-7　锚式和框式搅拌器

此类搅拌器的特点是旋转直径较大，可达釜径的 90%～98%，但转速较低，仅为 1～100r/min，叶端圆周速度较小，仅为 1～5m/s。此类搅拌器的优点是搅动范围大，并可根据需要增加横梁数和竖梁数，以进一步增大搅拌范围，因而很少产生搅拌死区。此外，由于存在搅拌器的刮壁效应，因而可减少或防止固体颗粒在釜内壁上的沉积。缺点是液体主要做水平环向流动，基本没有轴向流动，因而难以保证轴向混合效果。锚式和框式搅拌器适用于中、高黏度液体的混合、反应及传热等过程。

（3）螺带式搅拌器：此类搅拌器一般具有 1～2 条螺带，其结构如图 3-8 所示。

此类搅拌器的特点是旋转直径较大，可达釜径的 90%～98%，但转速仅为 0.5～50r/min，叶端圆周速度小于 2m/s。搅拌时液体可沿螺带的螺旋面上升或下降，从而产生轴向循环流动，故轴向混合效果比锚式搅拌器或框式搅拌器的效果好。螺带式搅拌器主要用于中、高黏度液体的混合、反应及传热等过程。

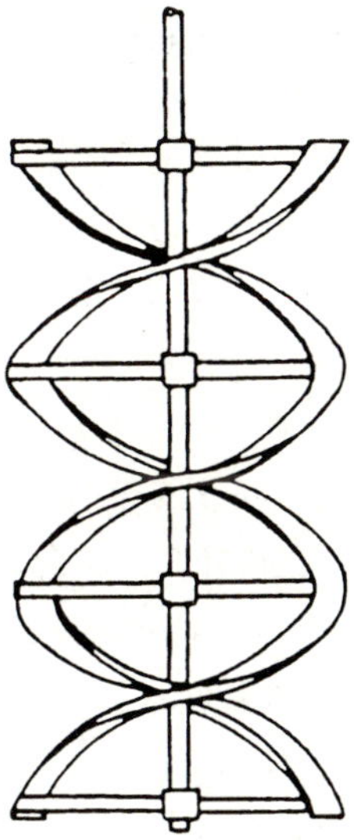

图 3-8　螺带式搅拌器

升降式强力搅拌器

二、搅拌过程的强化

1. 提高搅拌器的转速　研究表明，对于特定的搅拌器，叶轮旋转所产生的压头与转速的平方成正比，因此适当提高转速可提高叶轮旋转所产生的压头，亦即可向液体提供更多的能量，从而提高搅拌效果。

2. 打旋现象及其消除　若搅拌器安装于釜的中心，且釜内壁光滑并无其他构件，则旋转的叶轮可使排出的液体具有一定的切向分速度,从而产生圆周运动。若液体为低黏度液体,且叶轮转速足够高,则液体会在离心力的作用下涌向釜壁,并沿釜壁上升,而釜中心处的液面将下凹,结果形成了一个漏斗形的旋涡,且叶轮的转速越大,旋涡的下凹深度就越深,这种现象称为打旋,如图 3-9 所示。

在搅拌操作中,若发生打旋现象,搅拌效果就会急剧下降。打旋严重时,甚至会使全部液体仅随叶轮旋转,而各层液体之间几乎不发生轴向混合。对于固液悬浮体系,打旋还会促进体系产生分层或分离,使其中的固体颗粒被甩至釜壁而沉陷于釜底。当旋涡下凹至一定深度并使叶轮中心部位暴露于空气中时,叶轮便会吸入空气,从而引起液体的表观密度下降,此时搅拌功率显著减小,搅拌效果显著降低。此外,打旋还会造成搅拌功率不稳定,从而加剧搅拌器的振动和搅拌轴的磨损,甚至使其无法工作。可见,为强化搅拌操作,提高搅拌效果,必须抑制打旋现象。在设计方面消除打旋的方法主要是设置挡板、偏心安装和设置导流筒。

(1) 设置挡板:在釜内设置挡板,可加剧液体的湍动程度,并可将切向流动转化为轴向和径向流动,从而抑制打旋现象的发生。如图 3-10 所示,装设挡板后,釜内液面的下凹现象基本消失,打旋现象得到抑制或被消除,搅拌功率则成倍增大。

图 3-9　打旋现象

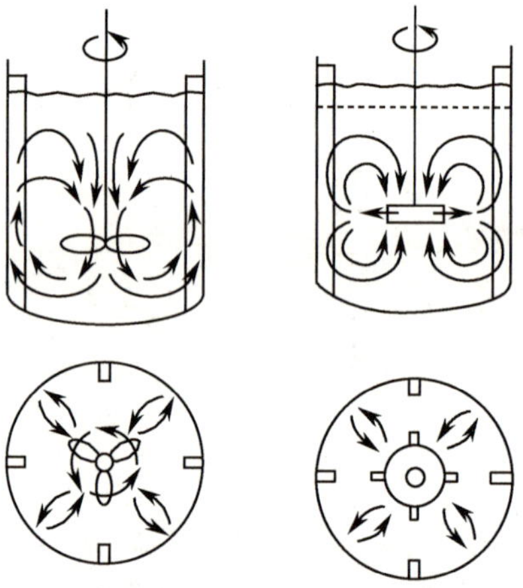

(a) 推进式　　(b) 涡轮式

图 3-10　有挡板时的液体流动情况

挡板在釜内沿周向均布,安装数量与搅拌釜的直径有关。当釜的直径较小时可采用 2~4 块挡板,直径较大时可采用 4~8 块。对于特定的搅拌釜,若增加挡板数也不能改善搅拌效果,则称该釜已达"全挡板条件"。研究表明,在全挡板条件下,挡板尺寸与釜内径之间存在下列近似关系,即

$$\frac{WN}{D} \approx 0.4 \qquad \text{式(3-1)}$$

式中,W 为挡板宽度,m;D 为釜内径,m;N 为挡板数。

当挡板尺寸与釜内径之间符合式(3-1)时,即使再增加挡板数,搅拌效果也不会明显提高。实际应用中,挡板数常取为 4,挡板宽度常取为釜径的 1/10,此时可近似认为符合全挡板条件。

(2) 偏心安装:液体在釜内做圆周运动是产生打旋现象的主要原因,因此若能抑制或消除这种圆周运动,即可阻止打旋现象的发生。针对圆周运动的运行轨迹具有对称性的特点,可按图 3-11 所示的方式将搅拌器偏心安装,以破坏液体循环回路的对称性,并加剧液体的湍动程度,从而可有效地抑制打旋现象的发生,显著地提高搅拌效果。此外,将搅拌器偏心且倾斜地安装或将搅拌器偏心水平地安装于大型釜的下部,均可有效地抑制或消除打旋现象,提高搅拌效果。

(3) 设置导流筒:导流筒实际上就是一个圆筒体,其作用是规范釜内液体的流动路线。对于推进式搅拌器,导流筒应安装于叶轮外部,如图 3-12(a)所示;而对于涡轮式搅拌器,导流筒则应安装于叶轮上方,如图 3-12(b)所示。

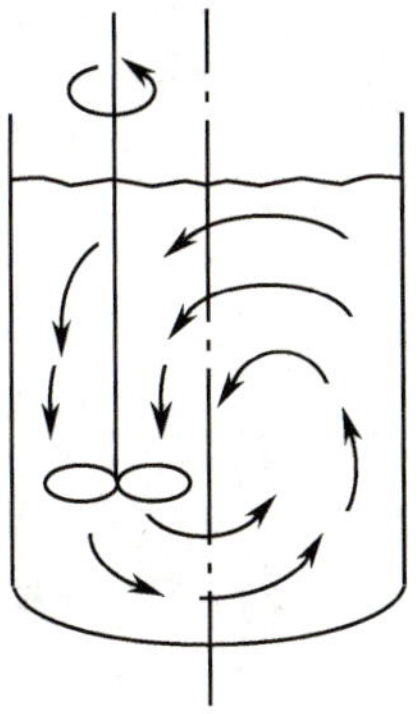

图 3-11 搅拌器的偏心安装

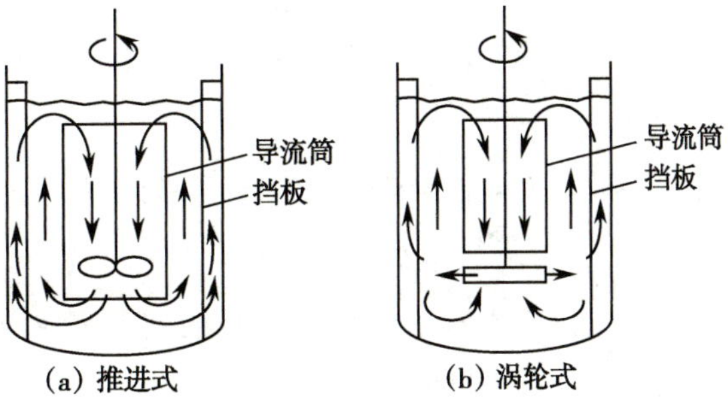

图 3-12 导流筒的安装方式

在导流筒的约束下，釜内液体的流速和流向都受到了严格控制，迫使液体都要流过导流筒内的强烈混合区，并在导流筒内、外形成轴向总体循环流动。可见，设置导流筒可消除打旋现象，并可避免短路与流动死区，从而使搅拌效果得到显著提高。

三、搅拌器选型

为满足不同的物系及搅拌要求，搅拌器有多种型式。对于特定的工艺过程，要选择一种适宜的搅拌器，就必须了解该工艺过程对搅拌过程控制因素的要求。若搅拌过程主要是依靠液体的总体流动来达到宏观混合的目的，而对依靠湍动运动来达到微观混合的要求不高，则将此类搅拌过程称为总体流动控制过程。如互溶液体的搅拌、传热过程的搅拌等均属于总体流动控制过程。若搅拌过程主要是依靠液体的湍动运动来达到微观混合的目的，而对总体流动的要求不高，则将此类搅拌过程称为湍动控制过程。当然，这种划分是相对的。例如，对于通常由湍动控制的过程，若液体的总体流量太小，则也可能转化为总体流动控制过程。

不同型式的搅拌器或同一型式的搅拌器采用不同转速或直径时，可给液体提供不同的流动特性。例如，在推进式、桨式和涡轮式三种搅拌器中，涡轮式易于获得较高的湍动，因而适用于大功率的场合。对于特定型式的搅拌器，当直径一定时，若增加转速，则所增加的输入功率将大部分消耗于液体的湍流运动，而仅有小部分功率消耗于液体的总体流动。反之，当转速一定时，若增加搅拌器直径，则所增加的输入功率将大部分消耗于液体的总体流动，而仅有较小部分消耗于液体的湍流运动。因此，对于一些主要由总体流动控制的过程，宜采用大叶片低转速搅拌器；而对于一些主要由湍流运动控制的过程，则宜采用小叶片高转速搅拌器。

对于特定的搅拌操作，常可选出几种均能符合要求的搅拌器；而对于特定的搅拌器，一般也能满足多种搅拌要求。搅拌过程的影响因素很多，其选型依据主要还是实践经验，此外也可通过试验来确定。对于特定的搅拌操作，可根据搅拌过程中的主要控制因素参照表 3-1 中的方法来选择适宜型式的搅拌器。

表 3-1 搅拌器的选型

搅拌过程	主要控制因素	搅拌器型式
混合（低黏度均相液体）	循环流量	推进式、涡轮式，要求不高时用桨式
混合（高黏度均相液体）	①循环流量 ②低转速	涡轮式、锚式、框式、螺带式

续表

搅拌过程	主要控制因素	搅拌器型式
分散(非均相液体)	①液滴大小(分散度) ②循环流量	涡轮式
溶液反应(互溶体系)	①湍流强度 ②循环流量	涡轮式、推进式、桨式
固体悬浮	①循环流量 ②湍流强度	按固体颗粒的粒度、含量及比重决定采用桨式、推进式或涡轮式
固体溶解	①剪切作用 ②循环流量	涡轮式、推进式、桨式
气体吸收	①剪切作用 ②循环流量 ③高转速	涡轮式
结晶	①循环流量 ②剪切作用 ③转速	按控制因素采用涡轮式、桨式或桨式的变形
传热	①循环流量 ②传热面上高流速	桨式、推进式、涡轮式
非均相反应	①剪切作用 ②循环流量 ③液滴大小(分散度)	推进式、涡轮式

1. 低黏度均相液体的混合　此类过程主要是通过搅拌获得一定均匀度的混合物,该过程要求搅拌器能产生较强的总体循环流动,其控制因素为液体循环流量。由于推进式搅拌器的液体循环流量较大且动力消耗较少,因而最为合适。桨式搅拌器的结构比较简单,可用于小体积的液体混合,但对于体积较大的液体混合,其循环流量往往不能满足要求。涡轮式搅拌器的液体循环流量也较大,但因较强的剪切作用而使动力消耗较大,故不太合适。

2. 高黏度均相液体的混合　此类过程的主要控制因素为总体流动,因而常用大尺寸低转速搅拌器,具体型式主要取决于被搅拌液体的黏度。一般情况下,锚式搅拌器适用于搅拌黏度为 0.1~1Pa·s 的液体;框式搅拌器适用于搅拌黏度为 1~10Pa·s 的液体,且黏度越高,横梁、竖梁就越多;而螺带式搅拌器适用于搅拌黏度为 2~500Pa·s 的液体。

3. 分散　此类过程的主要控制因素为剪切作用和总体循环流动。由于涡轮式搅拌器可提供较大的液体循环流量并具有较强的剪切作用,因而最为合适,尤其是直叶涡轮的剪切作用比折叶和弯叶的大,则更为合适。但当液体黏度较大时,则宜采用弯叶涡轮,以减少动力消耗。此外,在分散操作中,常在釜内设置挡板等内件,以进一步加强剪切效果。

4. 固体悬浮　此类过程的主要控制因素为总体循环流动,其次是湍流强度,因而涡轮式搅拌器较为适宜。由于开启涡轮没有中间圆盘,因而不会阻碍桨叶上下的液相混合,故特别适合于在低黏度的液体中悬浮易沉降的固体颗粒。为减缓固体颗粒对桨叶的磨损,涡轮叶片尤以弯叶为佳。推进式搅拌器的使用范围较窄,一般不适用于固液密度差较大或固液比超过 50% 的固体悬浮。桨式或锚式搅拌器的转速较低，一般不适用于固液比较小（<50%）或沉降速度较大的固体悬浮。

5. 固体溶解 固体溶解时要求固体颗粒能迅速分散于液相中，同时又要防止大量固体颗粒被甩至釜壁而发生沉积，因此要求搅拌器具有较强的剪切作用和较大的液体循环流量，所以涡轮式搅拌器最为合适。推进式搅拌器虽能提供较大的液体循环流量，但剪切作用较小，因而仅适用于小容量的固体溶解过程。对于易悬浮固体的溶解操作，可采用桨式搅拌器，但需借助挡板或导流筒来提高循环能力。

6. 气体吸收 此类过程的主要控制因素包括剪切作用、循环流量和高转速，即要求搅拌器具有较强的剪切作用、较大的液体循环量和较高的转速，因此涡轮式搅拌器较为适宜。在各种涡轮式搅拌器中，尤以具有中间圆盘的涡轮式搅拌器为最佳，这是因为此类搅拌器不仅能满足气体吸收过程在剪切作用、循环流量和转速方面的要求，而且在圆盘下面可以存住一些气体，从而使气体的分散过程更趋平稳。开启涡轮由于没有中间圆盘，因而效果不好。推进式和桨式一般不适用于气体吸收操作。

7. 结晶 此类过程的控制因素包括循环流量、剪切作用和转速。在结晶过程中常需控制晶体的形状和大小，因而过程比较复杂，操作也比较困难。多数情况下，结晶过程需根据实验结果来选择适宜的搅拌器。一般情况下，小直径高转速搅拌器（如涡轮式），适用于微粒结晶，但晶体形状难以一致；而大直径低转速搅拌器（如桨式），适用于大颗粒定形结晶，但釜内不宜设置挡板。

8. 传热 传热过程常与其他操作过程共存，当传热处于从属地位时，搅拌只要能满足主要的操作要求即可。对于以传热为主的搅拌过程，其主要控制因素为循环流量和传热面上的高流速，即要求搅拌器能提供较大的液体循环量，并能使液体在传热面上保持较高的流速。当采用夹套釜进行传热操作时，若传热量较小，可选用桨式搅拌器，但釜内一般不需设置挡板；若传热量较大，也可选用桨式搅拌器，但釜内需设置挡板；若传热量很大，则可选用推进式或涡轮式搅拌器，并在釜内加装蛇管，同时设置挡板。此外，在需冷却的夹套釜的内壁上易形成一层黏度更高的膜层，其传热热阻很大，此时宜选用锚式、框式等大直径低转速搅拌器，以降低膜层厚度，提高传热效果。

9. 非均相反应 非均相反应又称“多相反应”，反应物是两相或两相以上的组分（固体和气体、固体和液体、两种互不混溶的液体），或者一种或多种反应物在界面上（如固体催化剂表面上）进行的化学反应的总称。对于以反应为主的搅拌过程，其主目的是提高两相物质间接触的概率，即要求搅拌器能提供较大的液体循环量并具有较强的剪切作用，可采用推进式、涡轮式搅拌器。

第三节 搅 拌 功 率

搅拌釜内液体运动所需的能量来自于叶轮，叶轮所消耗的功率即搅拌功率是釜内物料搅拌程度和运动状态的度量，同时又是选择电机功率的主要依据。由于搅拌釜内物料的运动状况极其复杂，因而要从理论上建立一个计算搅拌功率的通式是极其困难的。对于特定的搅拌操作，搅拌功率可结合理论分析和实验结果来近似计算。

一、均相液体的搅拌功率

搅拌功率的影响因素很多，它是叶轮形状、尺寸、转速、位置以及液体性质、液层深度、搅拌釜与内部构件（如挡板、蛇管等）尺寸的函数。此外，若釜内物料产生了打旋现象，则会有部分液体被升举至平均液面之上，此部分液体需克服重力做功，因而还需考虑重力对搅拌功率的影响。上述影响搅拌功率的因素可分为几何因素和物理因素两大类，其中几何因素包括叶轮形状、尺寸、位置以及液层深度、搅拌釜与内部构件尺寸等；物理因素包括液体性质、搅拌器转速和重力等。对于特定的搅拌系统，通常以搅拌器的直径为特征尺寸，而将其他几何尺寸表示成搅拌器直径的一定倍数，故影响搅拌功率的

几何因素可归结为搅拌器直径的影响，所以搅拌功率与各影响因素之间的函数关系为

$$N=f(n, d, \rho, \mu, g) \quad 式(3\text{-}2)$$

式中，N 为搅拌功率，W；n 为叶轮转速，r/s；d 为叶轮直径，m；ρ 为液体密度，kg/m^3；μ 为液体黏度，Pa・s；g 为重力加速度，9.81m/s^2。

通过因次分析法，式(3-2)可转化为下列准数关联式

$$\frac{N}{\rho n^3 d^5}=K\left(\frac{nd^2\rho}{\mu}\right)^{a}\left(\frac{n^2 d}{g}\right)^{b} \quad 式(3\text{-}3)$$

令

$$N_P=\frac{N}{\rho n^3 d^5} \quad 式(3\text{-}4)$$

$$Re=\frac{d^2 n\rho}{\mu} \quad 式(3\text{-}5)$$

$$Fr=\frac{dn^2}{g} \quad 式(3\text{-}6)$$

将式(3-4)~式(3-6)代入式(3-3)可得计算均相液体搅拌功率的准数关联式为

$$N_P=KRe^{a}Fr^{b} \quad 式(3\text{-}7)$$

式中，N_P 为功率准数，是反映搅拌功率的准数；Re 为搅拌雷诺数，是反映物料流动状况对搅拌功率影响的准数；Fr 为弗劳德数，即流体的惯性力与重力之比，是反映重力对搅拌功率影响的准数；K 为系统的总形状系数，反映系统的几何构型对搅拌功率的影响；a、b 为指数，其值与物料流动状况及搅拌器型式和尺寸等因素有关，一般由实验确定，无因次。

习惯上，常将式(3-7)表示成下列形式

$$\Phi=\frac{N_P}{Fr^{b}}=KRe^{a} \quad 式(3\text{-}8)$$

式中，Φ 为功率因数，无因次。

在搅拌操作中，若釜内物料不会发生打旋现象，则重力对搅拌功率的影响可以忽略，此时 b=0，代入式(3-8)得

$$\Phi=N_P=KRe^{a} \quad 式(3\text{-}9)$$

对于特定型式的搅拌器，可通过实验测出 Φ 或 N_p 与 Re 之间的关系，并将其标绘于双对数坐标纸上，即得功率曲线。图 3-13 是实验测得的几种典型搅拌器的功率曲线，图中纵坐标为 Φ，横坐标为 Re。对于给定的搅拌系统，可先计算出 Re，然后由图 3-13 查得功率因数或功率准数，再经计算得出所需的搅拌功率。

由图 3-13 可知，在相同条件下，径向型的涡轮式搅拌器比轴流型的推进式搅拌器提供的功率要大。此外，根据 Re 的大小，搅拌釜内物料的流动情况大致可分为层流区、过渡区和湍流区三个区域，且不同型式的搅拌器，划分层流区与湍流区的 Re 是不同的。

(1) 层流区($Re<10$)：此区域内，物料不会产生打旋现象，故重力的影响可以忽略。由于不存在打旋现象，因而挡板对搅拌功率没有影响，故同一型式几何相似的搅拌器，不论是否装有挡板，功率曲线均相同。

由式(3-4)和式(3-9)得

$$\Phi=N_P=\frac{N}{\rho n^3 d^5}=K_1 Re^{a} \quad 式(3\text{-}10)$$

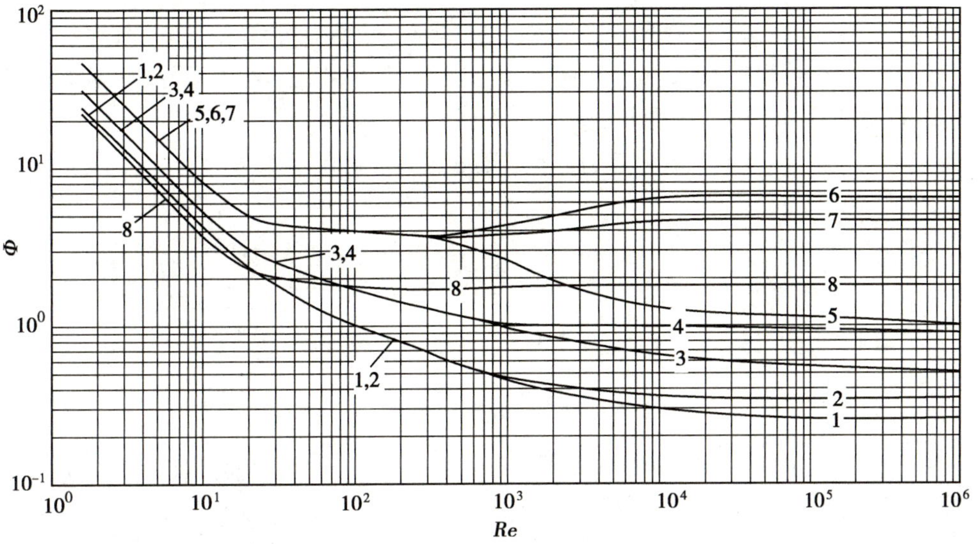

1. 三叶推进式，$s=d$，无挡板；2. 三叶推进式，$s=d$，全挡板；3. 三叶推进式，$s=2d$，无挡板；4. 三叶推进式，$s=2d$，全挡板；5. 六叶直叶圆盘涡轮，无挡板；6. 六叶直叶圆盘涡轮，全挡板；7. 六叶弯叶圆盘涡轮，全挡板；8. 双叶平桨，全挡板。

图 3-13　搅拌器的功率曲线

全挡板：$N=4$，$W=0.1D$；各曲线：$d/D\approx 1/3$，$b/d=1/4$；$H_L/D=1$

s. 桨叶螺距；N. 挡板数；W. 挡板宽度；D. 釜内径；d. 旋转直径；b. 桨叶宽度；H_L. 液层深度

由图 3-13 可知，不同型式的搅拌器在层流区内的功率曲线为彼此平行的直线，直线的斜率近似为-1。将 a=-1 代入式(3-10)得

$$\Phi=N_p=\frac{N}{\rho n^3 d^5}=K_1 Re^{-1}=\frac{K_1\mu}{d^2 n\rho}$$

则

$$N=\Phi\rho n^3 d^5 \qquad 式(3\text{-}11)$$

或

$$N=K_1\mu n^2 d^3 \qquad 式(3\text{-}12)$$

式中，K_1 为与搅拌器结构型式有关的常数，其值列于表 3-2 中。

表 3-2　搅拌器的 K_1、K_2 值

搅拌器型式		K_1	K_2	搅拌器型式		K_1	K_2
三叶推进式	$s=d$	41.0	0.32	双叶单平桨式	$d/b=4$	43.0	2.25
	$s=2d$	43.5	1.0		$d/b=6$	36.5	1.60
四叶直叶圆盘涡轮		70.0	4.5		$d/b=8$	33.0	1.15
六叶直叶涡轮		70.0	3.0	四叶双平桨式	$d/b=6$	49.0	2.75
六叶直叶圆盘涡轮		71.0	6.1	六叶三平桨式	$d/b=6$	71.0	3.82
六叶弯叶圆盘涡轮		70.0	4.8	螺带式		$340h/d$	
六叶斜叶涡轮		70.0	1.5	搪瓷锚式		245	

注：s. 桨叶螺距；d. 旋转直径；b. 桨叶宽度；h. 螺带高度。

（2）过渡区（$30<Re<10^4$）：此区域内，物料的流动情况比较复杂。若釜内未设置挡板，则随着 Re 的增大，物料在釜内可能发生打旋现象。当 $Re<300$ 或 $Re>300$ 但符合全挡板条件时，可不考虑打旋现象的影响。此时可根据 Re 由图 3-13 查得 Φ，再代入式（3-11）即可求得所需的搅拌功率，也可用式（3-12）直接计算所需的搅拌功率。

若 $Re>300$ 且釜内未设置挡板，则重力的影响不能忽略。此时搅拌功率应按式（3-8）计算，其中 b 可按下式计算

$$b=\frac{\alpha-\lg Re}{\beta} \tag{3-13}$$

式中，α、β 为与搅拌器型式和尺寸有关的常数，其值列于表 3-3 中。

表 3-3 搅拌器的 α 和 β 值

$\frac{d}{D}$	三叶推进式					六叶弯叶涡轮	六叶直叶涡轮
	0.48	0.37	0.33	0.30	0.20	0.30	0.33
α	2.6	2.3	2.1	1.7	0	1.0	1.0
β	18.0	18.0	18.0	18.0	18.0	40.0	40.0

（3）完全湍流区（$Re>10^4$）：此区域内，若釜内未设置挡板，则釜内物料会发生打旋现象，此时液面下陷呈漏斗状，空气被吸入液体，使液体的表观密度减小，而搅拌功率下降。对于特定的搅拌系统，可根据 Re 由图 3-13 查得 Φ，再用式（3-8）和式（3-13）计算所需的搅拌功率。

对于设置挡板的搅拌釜，由于不发生打旋现象，故重力的影响可以忽略。由图 3-13 可知，在完全湍流区，Φ 几乎与 Re 无关，即 Φ 为常数，从而有

$$\Phi=N_P=\frac{N}{\rho n^3 d^5}=K_2$$

则

$$N=K_2\rho n^3 d^5 \tag{3-14}$$

式中，K_2 为与搅拌器结构型式有关的常数，其值列于表 3-2 中。

应当指出的是，功率曲线都是以一定型式和尺寸的搅拌器通过实验测得的，使用时搅拌器的型式和尺寸应与功率曲线的测定条件一致。若搅拌器的型式和尺寸与功率曲线的测定条件不同，则可按构型相似的搅拌器来计算搅拌功率，然后再加以校正，具体校正方法可参阅有关书籍或资料。

例 3-1 某釜式反应器的内径为 1.5m，装有六叶直叶圆盘涡轮式搅拌器。已知搅拌器的直径为 0.5m，转速为 120r/min，反应物料的密度为 800kg/m^3，黏度为 0.2Pa·s，试计算下列两种情况下的搅拌功率：（1）釜内未设置挡板；（2）釜内设置挡板，并符合全挡板条件。

解：（1）釜内未设置挡板时的搅拌功率：由式（3-5）得

$$Re=\frac{d^2n\rho}{\mu}=\frac{0.5^2\times\frac{120}{60}\times 800}{0.2}=2\ 000$$

由于釜内未设置挡板，且 $Re>300$，故重力的影响不能忽略。由图 3-13 中的曲线 5 查得 $\Phi=1.9$。依题意知：$D=1.5$m，$d=0.5$m，故 $\frac{d}{D}=\frac{0.5}{1.5}=0.33$。由表 3-3 查得 $\alpha=1.0$，$\beta=40.0$。由式（3-6）和式（3-13）得

$$Fr=\frac{dn^2}{g}=\frac{0.5\times\left(\frac{120}{60}\right)^2}{9.81}=0.204$$

$$b=\frac{\alpha-\lg Re}{\beta}=\frac{1.0-\lg 2\,000}{40.0}=-0.057\,5$$

由式(3-4)和式(3-8)得

$$N=\Phi Fr^{b}\rho n^{3}d^{5}=1.9\times 0.204^{-0.057\,5}\times 800\times\left(\frac{120}{60}\right)^{3}\times 0.5^{5}=416\text{W}$$

(2) 釜内设置挡板,并符合全挡板条件时的搅拌功率:此时釜内物料不会发生打旋现象,故重力的影响可忽略不计。由图 3-13 中的曲线 6 查得 $\Phi=5.0$。由式(3-4)和式(3-14)得

$$N=\Phi\rho n^{3}d^{5}=5.0\times 800\times\left(\frac{120}{60}\right)^{3}\times 0.5^{5}=1\,000\text{W}$$

可见,釜内设置挡板后,搅拌功率显著提高。

二、非均相液体的搅拌功率

对于液液和固液非均相体系,可先计算出体系的平均黏度和平均密度,然后再按均相液体计算所需的搅拌功率;而对于气液非均相体系,则常用相应的准数关联式来估算。

1. 液液非均相搅拌

(1) 平均密度:液液非均相体系的平均密度可用下式计算

$$\bar{\rho}=\varphi_{\rm d}\rho_{\rm d}+(1-\varphi_{\rm d})\rho_{\rm c} \qquad \text{式(3-15)}$$

式中,$\bar{\rho}$ 为液液非均相体系的平均密度,kg/m^3;$\rho_{\rm d}$为分散相的密度,kg/m^3;$\rho_{\rm c}$为连续相的密度,kg/m^3;$\varphi_{\rm d}$为分散相的体积分率,无因次。

(2) 平均黏度:对于液液非均相体系,若两相液体的黏度均较低,则其平均黏度为

$$\bar{\mu}=\mu_{\rm d}^{\varphi_{\rm d}}\mu_{\rm c}^{(1-\varphi_{\rm d})} \qquad \text{式(3-16)}$$

式中,$\bar{\mu}$ 为液液非均相体系的平均黏度,Pa · s;$\mu_{\rm d}$为分散相的黏度,Pa · s;$\mu_{\rm c}$为连续相的黏度,Pa · s。

对常用的水-有机溶剂体系,若水的体积分率小于 40%,则其平均黏度为

$$\bar{\mu}=\frac{\mu_{\rm o}}{\varphi_{\rm o}}\left(1+\frac{1.5\varphi_{\rm w}\mu_{\rm w}}{\mu_{\rm w}+\mu_{\rm o}}\right) \qquad \text{式(3-17)}$$

式中,$\mu_{\rm w}$为水相的黏度,Pa · s;$\mu_{\rm o}$为有机溶剂相的黏度,Pa · s;$\varphi_{\rm w}$为水相的体积分率;$\varphi_{\rm o}$为有机溶剂相的体积分率。

若水的体积分率大于 40%,则其平均黏度为

$$\bar{\mu}=\frac{\mu_{\rm w}}{\varphi_{\rm w}}\left[1+\frac{6\varphi_{\rm o}\mu_{\rm o}}{\mu_{\rm w}+\mu_{\rm o}}\right] \qquad \text{式(3-18)}$$

2. 气液非均相搅拌 对于通入气体而进行搅拌的气液非均相体系,由于液体中存在气泡,故液体的表观密度将减小,且桨叶与气泡相撞时的阻力也比与液体相撞时的阻力小,从而使通气时的搅拌功率比不通气时的搅拌功率要低。

对于常用的六叶直叶圆盘涡轮式搅拌器,通气时的搅拌功率可用下式计算

$$\lg\left(\frac{N_{\rm g}}{N}\right)=-192\left(\frac{d}{D}\right)^{4.38}\left(\frac{d^{2}n\rho}{\mu}\right)^{0.115}\left(\frac{dn^{2}}{g}\right)^{\frac{1.96d}{D}}\left(\frac{Q}{nd^{3}}\right) \qquad \text{式(3-19)}$$

式中,$N_{\rm g}$为通气时的搅拌功率,W;N 为不通气时的搅拌功率,W;Q 为操作状态下的通气量,m^3/s。

例 3-2 若向例 3-1 的釜式反应器中通入空气,操作状态下的通气量为 3m^3/min,试计算在全挡板条件下所需的搅拌功率。

解:由式(3-19)得

$$\lg\left(\frac{N_{\rm g}}{N}\right)=-192\left(\frac{d}{D}\right)^{4.38}\left(\frac{d^{2}n\rho}{\mu}\right)^{0.115}\left(\frac{dn^{2}}{g}\right)^{\frac{1.96d}{D}}\left(\frac{Q}{nd^{3}}\right)$$

$$=-192\times\left(\frac{0.5}{1.5}\right)^{4.38}\times\left(\frac{0.5^2\times\frac{120}{60}\times800}{0.002}\right)^{0.115}\times\left[\frac{0.5\times\left(\frac{120}{60}\right)^2}{9.81}\right]^{\frac{1.96\times0.5}{1.5}}\times\left(\frac{\frac{3}{60}}{\frac{120}{60}\times0.5^3}\right)$$

$$=-0.45$$

则

$$N_g=10^{-0.45}N=10^{-0.45}\times1\ 000=355\text{W}$$

3. 固液非均相搅拌 对于固液非均相体系，若固含量不高，则可近似看成均一的悬浮状态。

（1）平均密度：固液非均相体系的平均密度可用下式计算

$$\bar{\rho}=\varphi\rho_s+(1-\varphi)\rho \qquad 式(3\text{-}20)$$

式中，$\bar{\rho}$ 为固液非均相体系的平均密度，kg/m^3；ρ_s 为固相的密度，kg/m^3；ρ 为液相的密度，kg/m^3；φ 为固相的体积分率，无因次。

（2）平均黏度：对于固液非均相体系，若固液体积比不大于 1，则其平均黏度为

$$\bar{\mu}=\mu(1+2.5\varphi') \qquad 式(3\text{-}21)$$

式中，$\bar{\mu}$ 为固液非均相体系的平均黏度，Pa·s；μ 为液相的黏度，Pa·s；φ' 为固液体积比，无因次。

0307

搅拌器的放大

若固液体积比大于 1，则其平均黏度为

$$\bar{\mu}=\mu(1+4.5\varphi') \qquad 式(3\text{-}22)$$

需要指出的是，固液非均相体系的搅拌功率还与固体颗粒的尺寸有关。若颗粒尺寸大于 200 目，则桨叶与固体颗粒接触时的阻力将增大，此时用上述方法求得的搅拌功率将偏小。

0308

目标测试

课后习题

一、计算题

1. 某釜式反应器的内径为 1.5m，装有三叶推进式搅拌器，搅拌器直径为 0.5m，转速为 160r/min，釜内装有挡板，并符合全挡板条件。反应物料的密度为 1 000kg/m^3，黏度为 0.2Pa·s。试计算下列两种情况下的搅拌功率：（1）桨叶螺距等于搅拌器直径，即 $s=d$；（2）桨叶螺距是搅拌器直径的两倍，即 $s=2d$。（237W，593W）

2. 某釜式反应器的内径为 1.5m，装有六叶直叶圆盘涡轮式搅拌器，搅拌器直径为 0.5m，转速为 150r/min，物料密度为 1 000kg/m^3，黏度为 0.1Pa·s。试计算下列两种情况下的搅拌功率：（1）釜内未设置挡板；（2）釜内设置挡板，并符合全挡板条件。（793W，2 930W）

3. 若向上题的釜式反应器内通入空气，操作状态下的通气量为 2m^3/min，试计算在全挡板条件下所需的搅拌功率。（1 782W）

二、简答题

1. 简述搅拌的定义及其工程意义。

2. 简述推进式搅拌器的结构特点及其主要应用范围。

3. 简述涡轮式搅拌器的结构特点及其主要应用范围。

4. 简述桨式搅拌器的结构特点及其主要应用范围。

5. 简述锚式搅拌器和框式搅拌器的结构特点及其主要应用范围。

6. 简述螺带式搅拌器的结构特点及其主要应用范围。

7. 强化搅拌过程的具体措施有哪些?

8. 什么是打旋现象?抑制或消除打旋现象可以采取哪些措施?

9. 简述圆满完成下列搅拌过程需要搅拌器类型及其选择的理论依据。(1) 低黏度均相液体的混合;(2) 高黏度均相液体的混合;(3) 非均相液体的混合;(4) 固体悬浮;(5) 固体溶解;(6) 气体吸收;(7) 传热;(8) 结晶;(9) 非均相反应。

10. 请简要分析搅拌在制药生产中的主要作用。

第四章

固液提取

第四章
教学课件

学习要求

1. 掌握药材有效成分的提取过程及机理，多功能提取罐的结构和特点，平转式连续提取器和罐组式逆流提取机组的工作原理。
2. 熟悉常用的提取剂和提取辅助剂，药材的常用提取方法，固液提取过程的工艺计算。
3. 了解超临界流体及其性质，超临界 CO_2 流体的特点，超临界 CO_2 萃取原理及装置组成。

第一节　概　　述

固液提取是一种利用有机或无机溶剂将原料药材中的可溶性组分溶解，使其进入液相，再将不溶性固体与溶液分开的单元操作，又称为提取或浸取，其实质是溶质由固相传递至液相的传质过程。习惯上，将药材中的可溶性组分称为溶质，所用的溶剂称为提取剂或仍称为溶剂，而不溶性组分称为惰性组分或载体。提取后得到的含有溶质的液体称为提取液或浸取液，提取后的载体以及残存于其中的少量溶液称为残渣。

中国古代的提取技术——植物染料的制备

固液提取在药品生产中的应用大致可归结为两个方面：①从固体中提取有价值的可溶性物质，经精制后作为制剂的原料。例如，从中药材中提取出各种有效成分后，再经一定的制剂工艺即可加工成酒剂、酊剂、浸膏、流浸膏、软膏、片剂、栓剂、气雾剂、注射剂等剂型。又如，在沉降、过滤、离心等固液非均相分离操作中，常用水或其他溶剂洗涤所得的固体，以回收包含于其中的有价值物质。②用溶剂洗去固体中的少量杂质，以提高固体产品或中间体的纯度。例如，在结晶操作中，晶体与母液分离后，常用适量的蒸馏水或其他溶剂洗涤，以除去包藏于晶体间的残留母液。

下面以中药材的提取过程为例，讨论固液提取过程的基本原理及主要设备。

一、药材有效成分的提取过程及机理

药材可分为植物、动物和矿物三大类。对无细胞结构的矿物药材，提取时其有效成分可直接溶解或分散悬浮于提取剂中。植物和动物药材均具有完好的细胞结构，但动物药材的有效成分一般为蛋白质、激素和酶等分子量较大的大分子物质，难以透过细胞膜，故提取时应先进行破壁处理；而植物药材中有效成分的分子量通常要远小于无效成分的分子量，故提取时应使有效成分透过细胞壁，而无效成分则应留在细胞内。下面以植物性药材为例，讨论药材有效成分的提取过程及机理。

中药材的提取过程大致可分为润湿、渗透、溶解、扩散等几个阶段。

1. 润湿与渗透阶段　提取是用适当的提取剂将药材中的有效成分提取出来。因此，提取剂首先要能够润湿药材表面并渗透至药材内部。

提取剂对药材表面的润湿性能，与提取剂和药材的性质有关。若提取剂与药材之间的附着力大

于提取剂分子间的内聚力，则药材易被润湿；反之，则不易被润湿。一般情况下，非极性溶剂不易从含水量较大的药材中提取出有效成分，而极性溶剂不易从富含油脂的药材中提取出有效成分。若药材中的油脂含量较高，则可先用石油醚或苯脱脂，然后再用适宜的提取剂提取。

提取剂渗透至药材内部的速度，与药材的质地、粒度及提取压力等因素有关。一般情况下，采用质地疏松及粒度较小的药材或加大提取压力，均可提高提取剂渗透至药材内部的速度。

2. 溶解阶段　提取剂渗透至药材内部后，即与药材中的各种成分相接触，并使其中的可溶性成分转移至提取剂中，该过程称为溶解。

药物成分能否被溶解取决于其结构和提取剂性质，溶解过程可能是物理溶解过程，也可能是使药物成分溶解的反应过程。不同种类的药材，其溶解机理可能差异很大。由于水能溶解晶体和胶质，故其提取液通常多含胶体物质而呈胶体液。乙醇提取液通常含胶质较少，而亲脂性提取液则不含胶质。此外，加入适当的酸、碱或表面活性剂等可以提高某些成分的溶解度，从而使溶解速度加快。

3. 扩散阶段　提取剂溶解药物成分后即形成浓溶液，从而在药材内外部产生浓度差，这正是提取过程的推动力。在浓度差的推动下，可溶性药物成分即溶质将由高浓度区向低浓度区扩散。在药材表面与溶液主体之间存在一层很薄的溶液膜，其中的溶质存在浓度梯度，该膜常称为扩散边界层。

在提取过程中，溶质不断地由药材内部的浓溶液中向药材表面扩散，并通过扩散边界层扩散至溶液主体中。一般情况下，溶质由药材表面传递至溶液主体的传质阻力远小于溶质在药材内部的扩散阻力。若药材结构为惰性多孔结构，且药材的微孔中存在溶质和提取剂，则通过固体药材的扩散过程可用有效扩散传质来描述。但对植物性药材而言，由于细胞的存在，一般并不遵循有效扩散系数为常数的简单扩散规律。

此外，在提取过程中还存在提取剂由溶液主体传递至药材表面，再由药材表面传递至药材内部的扩散过程，但该过程的速率很快，一般不会成为提取过程的速率控制步骤。

二、常用提取剂和提取辅助剂

（一）常用提取剂

适宜的提取剂应对药材中的有效成分有较大的溶解度，而对无效成分应少溶或不溶。此外，提取剂还应无毒、稳定、价廉，且易于回收。常用的提取剂有水、乙醇、丙酮、三氯甲烷、乙醚和石油醚等，其中以水和乙醇最为常用。

1. 水　水具有极性大、溶解范围广、价廉易得等特点，是最常用的提取剂。药材中的生物碱、盐类、苷类、苦味质、有机酸盐、蛋白质、糖、树胶、色素、多糖类（果胶、黏液质和淀粉等）以及酶和少量的挥发油等都能被水提取。但水的选择性较差，因而提取液中常含有大量的无效成分，从而给后处理和制剂带来困难。此外，部分有效成分（如某些苷类等）在水中会发生水解。

2. 乙醇　乙醇的溶解性能介于极性和非极性溶剂之间，可溶解水溶性的某些成分，如生物碱及其盐类、苷类和糖等，也能溶解非极性溶剂所能溶解的某些成分，如树脂、挥发油、内酯和芳烃类化合物等。

乙醇与水能以任意比例混溶。因此，为提高提取过程的选择性，常采用乙醇与水的混合液作为提取剂。例如，90%以上的乙醇适用于提取药材中的挥发油、有机酸、树脂和叶绿素等成分。50%～70%的乙醇适用于提取生物碱、苷类等成分。50%以下的乙醇适用于提取苦味质、蒽醌类化合物等成分。

乙醇的沸点为78℃，具有挥发性和易燃性，使用中应采取相应的安全和防护措施。

3. 丙酮　丙酮常用于新鲜动物性药材的脱水或脱脂，并具有防腐功能。缺点是易挥发和燃烧，并具有一定的毒性，因而不能残留于制剂中。

4. 三氯甲烷　三氯甲烷是一种非极性提取剂，能溶解药材中的生物碱、苷类、挥发油和树脂等成分，但不能溶解蛋白质、鞣质等成分。三氯甲烷具有防腐功能且不易燃烧，缺点是药理作用强烈，故一般仅用于有效成分的提纯和精制。

5. 乙醚　乙醚是一种非极性有机提取剂，可与乙醇等有机溶剂以任意比例混溶。乙醚具有良好的溶解选择性，可溶解药材中的树脂、游离生物碱、脂肪、挥发油以及某些苷类等成分，但对大部分溶解于水的成分几乎不溶。缺点是生理作用强烈，且极易燃烧，故一般仅用于有效成分的提纯和精制。

6. 石油醚　石油醚是一种非极性提取剂，具有较强的溶解选择性，可溶解药材中的脂肪油、蜡等成分，少数生物碱亦能被石油醚溶解，但对药材中的其他成分几乎不溶。在制药生产中，石油醚常用作脱脂剂。

（二）提取辅助剂

凡加入提取剂中能增加有效成分的溶解度以及制品的稳定性或能除去或减少某些杂质的试剂，均称为提取辅助剂。常用的提取辅助剂主要有酸、碱和表面活性剂等。盐酸、硫酸、冰醋酸和酒石酸等均是常用的酸类提取辅助剂，氨水、碳酸钠、碳酸钙等均是常用的碱类提取辅助剂。此外，许多表面活性剂也常用作提取辅助剂。

1. 酸　酸能与生物碱形成可溶性的生物碱盐，因此在提取剂中加入适量的酸可促进生物碱的溶解。此外，酸还能提高某些生物碱的稳定性，并能使部分杂质沉淀。常用的酸类提取辅助剂有盐酸、硫酸、醋酸、酒石酸及枸橼酸等。但由于过量的酸会引起某些成分的水解或其他不良反应，因而酸的用量不宜过多，一般以能维持一定的 pH 即可。

2. 碱　常用的碱类提取辅助剂有氨水、碳酸钠和碳酸钙等，其中以氨水最为常用。在提取剂中加入适量的碱可增加有效成分的溶解度和稳定性，促使有机酸、黄酮、蒽醌、内酯、香豆素以及酚类成分溶出，此外还具有除杂作用。例如，提取甘草制剂时加入氨溶液可促使甘草酸溶出。

3. 表面活性剂　表面活性剂能提高药材表面的润湿性，促进溶剂向药材内部渗透，并对某些有效成分起到增溶作用，从而提高有效成分的提取率。例如，以 50% 的乙醇为溶剂提取中药姜黄中的姜黄素，加入 0.5% 的十二烷基硫酸钠，可使姜黄素的提取率增加 16%。但使用时，应根据被提取药材中有效成分的种类和提取方法进行选择，如用阳离子型表面活性剂的盐酸盐有助于生物碱的提取，而阴离子型表面活性剂对生物碱有沉淀作用。

三、提取方法

药材的提取方法很多，常用的有煎煮法、浸渍法、渗漉法、回流法、水蒸气蒸馏法等。近年来，有关超声提取和微波萃取技术在中药有效成分提取方面的应用也日趋广泛。

1. 煎煮法　该法以水为溶剂，将药材饮片或粗粉与水一起加热煮沸，并保持一定时间，使药材中的有效成分进入水相，然后去除残渣，再将水相在低温下浓缩至规定浓度，并制成规定的剂型。为促进药物有效成分的溶解与提取，煎煮前常用冷水浸泡药材 30~60 分钟。

煎煮法是药材的传统加工方法，该法适用于有效成分能溶于水，且对湿、热较稳定的药材，可用于汤剂、丸剂、片剂、颗粒剂及注射剂等的制备。缺点是提取液中的杂质较多，并含有少量脂溶性成分，为精制带来不便。此外，煎煮液易发生霉变，应及时加工处理。

2. 浸渍法　该法是在一定温度下，将药材饮片或颗粒加入提取器，然后加入适量的提取剂，在搅拌或振摇的条件下，浸渍一定的时间，从而使药材中的有效成分转移至提取剂中。收集上清液并滤去残渣即得提取液。

按浸渍温度和浸渍次数的不同，浸渍法可分为冷浸渍法、热浸渍法和重浸渍法三种类型。冷浸渍法在室温下进行，浸渍时间通常为 3~5 日。热浸渍法是用水浴将浸渍体系加热至 40~60℃，以缩短浸提时间。重浸渍法又称为多次浸渍法，该法是将全部浸提溶剂分为几份，然后先用第一份提取剂浸渍药材，收集浸渍液后，再用第二份提取剂浸渍药渣，如此浸渍 2~3 次，最后将各次浸渍液合并。重浸渍法可将有效成分尽量多地浸出，但耗时较长。

浸渍法适用于黏性药物以及无组织结构、新鲜且易膨胀药材的提取，所得产品在不低于浸渍温度的条件下能保持较好的澄明度。缺点是提取效率较低，对贵重或有效成分含量较低的药材以及制备浓度较高的制剂，均应采用重浸渍法。此外，浸渍法的提取时间较长，且常用不同浓度的乙醇或白酒为提取剂，故浸渍过程应密闭，以防提取剂的挥发损失。

3. 回流法　该法是将药材饮片或粗粉与挥发性有机溶剂一起加入提取器，其中挥发性有机溶剂馏出后又被冷凝成液体，再重新流回提取器内，如此循环，直至达到规定的提取要求为止。该法的优点是提取速度快、效率高、提取剂可循环使用，但由于提取的浓度不断升高，且受热时间较长，因而不适用于热敏性组分的提取。此外，提取剂的消耗量较大，提取液中杂质含量较大。

4. 索氏提取法　将滤纸做成与提取器大小相适应的套袋，然后将固体混合物放入套袋，装入提取器内。如图 4-1 所示，在蒸馏烧瓶中加入提取剂和沸石，连接好蒸馏烧瓶、提取器、回流冷凝管，接通冷凝水，加热。沸腾后，溶剂蒸气由烧瓶经连接管进入冷凝管，冷凝后的溶剂回流至套袋内，浸取固体混合物。当提取器内的提取剂液面超过提取器的虹吸管的最高处时，提取器中的提取剂将流回烧瓶内，即发生虹吸。随着温度的升高，再次回流开始，然后又发生虹吸，提取剂在装置内如此循环流动，将所要提取的物质集中于下面的烧瓶内。每次虹吸前，固体物质都能被纯的热溶剂所萃取，提取剂反复利用，缩短了提取时间，故萃取效率较高。

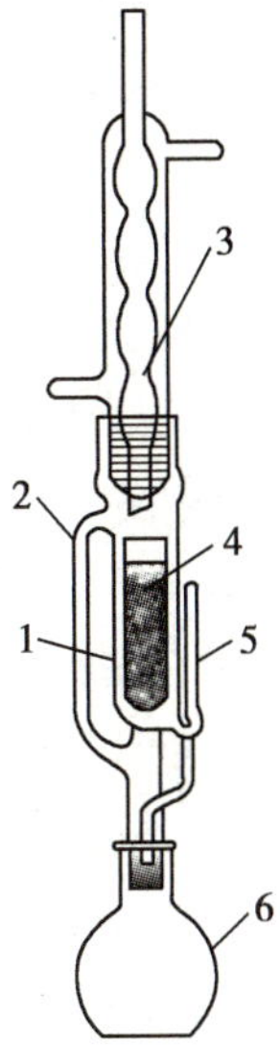

1. 提取器；2. 连接管；3. 回流冷凝管；4. 套袋；5. 虹吸管；6. 蒸馏烧瓶。

图 4-1　索氏提取装置

5. 连续逆流提取法　以上提取方法都属于单级接触提取过程，其共同特点是随着提取过程的进行，药材中有效成分的含量逐渐下降，提取液浓度逐渐增大，从而使传质推动力减小，提取速度减慢，并逐步达到一个动态平衡状态，提取过程即告终止。为改善提取效果，常需采用新鲜提取剂提取 2~3 次，提取剂用量一般可达药材量的 10 倍以上，造成提取剂的用量较大，并大大增加了后续浓缩工艺的负荷，导致生产成本大幅增加。由于是间歇提取，因而劳动条件较差，批间差异较大。

药材有效成分的提取过程实质上是溶质由固相向液相传递的过程。为克服传统提取方法的缺陷，可使药材与提取剂之间连续逆流接触，即采用连续逆流提取。如图 4-2 所示，在连续逆流提取过程中，提取剂中有效成分的含量沿流动方向不断增大，药材中有效成分的含量沿流动方向不断下降，从而使固液两相界面不断得到更新。由于最终流出的提取液与新鲜药材接触，因而提取液的含量较高；而最终排出的药材残渣与新鲜提取剂接触，因而药材残渣中有效成分的含量较低。

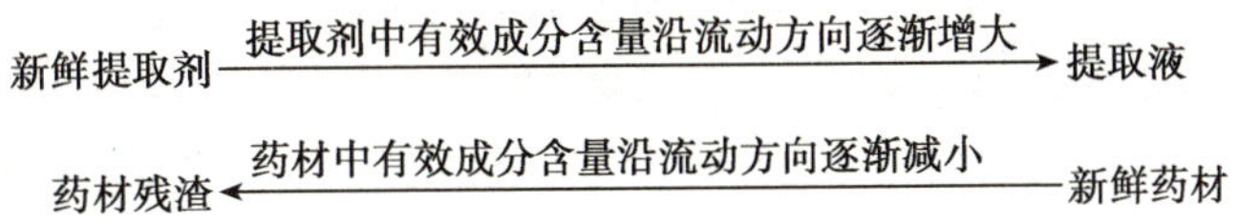

图 4-2　连续逆流提取过程中有效成分含量的变化

连续逆流提取具有传质推动力大、提取速度快、提取液浓度高、提取剂单耗小等特点，常用于大批量、单味中药材的提取。

6. 渗漉法　该法是将粉碎后的药材粗粉置于特制的渗漉器内，然后自渗漉器上部连续加入提取剂，渗漉液则从下部不断流出，从而提取出药材中的有效成分。

渗漉法提取过程中，提取剂自上而下穿过由药材粗粉填充而成的床层，这类似于多级接触提取，因而提取液可以达到较高的浓度，提取效果要优于浸渍法。

按操作方式的不同，渗漉法可分为单渗漉法、重渗漉法、加压渗漉法和逆流渗漉法。重渗漉法是以渗漉液为提取剂进行多次渗漉的提取方法，其提取液浓度较高，提取剂用量较少。加压渗漉法是通过加压的方法使提取剂及提取液快速流过药粉床层，从而可加快提取过程的提取方法。逆流渗漉法是使提取剂与药材在渗漉器内做反方向运动，连续而充分地进行提取的一种方法，是一种动态逆流提取过程。

渗漉提取过程一般无需加热，操作可在常温下进行，因而特别适用于热敏性组分及易挥发组分的提取。渗漉提取过程是一种动态提取过程，提取剂的利用率及有效成分的提取率均较高，因而比较适合于贵重药材、毒性药材、高浓度制剂以及有效成分含量较低的药材的提取。

7. 水蒸气蒸馏法 该法是将药材饮片或粗粉用水浸泡润湿后，一起加热至沸或直接通入水蒸气加热，使药材中的挥发性成分与水蒸气一起蒸出，蒸出的气体混合物经冷凝后去掉水层即得提取物。该法是提取和纯化药材中挥发性有效成分的常用方法，其优点是体系的沸腾温度低于各组分的沸点温度，因而可将沸点较高的组分从体系中分离出来。

8. 超声提取法 超声波是指频率高于可听声频率范围的声波，是一种频率超过 17kHz 的声波。当大量的超声波作用于提取介质时，体系的液体内存在着张力弱区，这些区域内的液体会被撕裂成许多小空穴，这些小空穴会迅速胀大和闭合，使液体微粒间发生猛烈的撞击作用。此外，也可以液体内溶有的气体为气核，在超声波的作用下，气核膨胀长大形成微泡，并为周围的液体蒸气所充满，然后在内外悬殊压差的作用下发生破裂。当空穴闭合或微泡破裂时，会使介质局部形成几百到几千 K 的高温和超过数百个大气压的高压环境，并产生很大的冲击力，起到激烈搅拌的作用，同时生成大量的微泡，这些微泡又作为新的气核，使该循环能够继续下去，这就是超声波的空化效应。

利用超声提取技术提取中药有效成分时，首先利用超声波在液体介质中产生特有的空化效应，即不断产生无数内部压力达上千个大气压的微小气泡，并不断“爆破”产生微观上的强冲击波而作用于中药材上，促使药材植物细胞破壁或变形，并在溶剂中瞬时产生的空化泡的作用下发生崩溃而破裂，这样溶剂便很容易地渗透到细胞内部，使细胞内的化学成分溶解于溶剂中。由于超声波破碎过程是一个物理过程，因而不会改变被提取成分的化学结构和性质。

其次，超声波在介质中传播时可使介质质点产生振动，从而起到强化介质扩散与传质能力的作用，这就是超声波的机械效应。超声波的机械效应对物料有很强的破坏作用，可使细胞组织变形、植物蛋白质变性，并能给予介质和悬浮体不同的加速度，且介质分子的运动速度远大于悬浮体分子的运动速度，从而在两者之间产生摩擦，这种摩擦力可使生物分子解聚，使细胞壁上的有效成分更快地溶解于溶剂中。

再次，超声波在介质中传播时，其声能可以不断地被介质的质点所吸收，同时介质会将多吸收的能量全部或大部分转变成热能，导致介质本身和药材组织的温度上升，这就是超声波的热效应。超声波的热效应可增大药物有效成分的溶解度，加快有效成分的溶解速度。由于这种吸收声能而引起的药物组织内部温度的升高是瞬时的，因而不会破坏被提取成分的结构和生物活性。

可见，超声提取法主要是利用超声波的空化作用来增大物质分子的运动频率和速度，从而增加提取剂的穿透力，提高被提取成分的溶出速度。此外，超声波的次级效应，如热效应、机械效应等也能加速被提取成分的扩散并充分与提取剂混合，因而也有利于提取。目前，超声提取技术已广泛应用于生物碱类、苷类、黄酮类、蒽醌类、多糖类等物质的提取。

9. 微波萃取法 微波是频率为 300MHz～300GHz 的电磁波，常用的微波频率为 2 450MHz。微波萃取是指在提取药物有效成分的过程中加入微波场，利用物质吸收微波能力的差异使基体物质的某些区域或萃取体系中的某些组分被选择性加热，从而使被萃取物质从基体或体系中分离出来，进入到介电常数较小、微波吸收能力相对较差的萃取剂中。

微波萃取法的机理可从三个方面来分析：①微波辐射过程是高频电磁波穿透萃取介质到达物料

内部的维管束和细胞系统的过程。由于吸收了微波能,细胞内部的温度将迅速上升,从而使细胞内部的压力超过细胞壁膨胀所能承受的能力,结果细胞破裂,其内部的有效成分自由流出,并在较低的温度下溶解于萃取介质中。通过进一步的过滤和分离,即可获得所需的萃取物。②微波所产生的电磁场,可加速被萃取组分的分子由固体内部向固液界面扩散的速率。例如,以水作提取剂时,在微波电磁场的作用下,水分子由高速转动状态转变为激发态,这是一种高能量的不稳定状态。此时水分子或者汽化,以加强萃取组分的驱动力;或者释放出自身多余的能量回到基态,所释放出的能量将传递给其他物质的分子,以加速其热运动,从而缩短萃取组分的分子由固体内部扩散至固、液界面的时间,结果使萃取速率提高数倍,并能降低萃取温度,最大限度地保证萃取物的质量。③微波作用于分子时,可促进分子的转动运动。若分子具有一定的极性,即可在微波电磁场的作用下产生瞬时极化,并以24.5 亿次/s 的速度做极性变换运动,从而产生键的振动、撕裂和粒子间的摩擦和碰撞,并迅速生成大量的热能,促使细胞破裂,使细胞液溢出并扩散至溶剂中。

综上所述,微波能是一种能量形式,它在传输过程中可对许多由极性分子组成的物质产生作用,使其中的极性分子产生瞬时极化,并迅速生成大量的热能,导致细胞破裂,其中的细胞液溢出并扩散至提取剂中。就原理而言,传统的溶剂提取法,如浸渍法、渗漉法、回流法等,均可加入微波进行辅助提取,使之成为高效的提取方法。

0403 微波加热的特点

目前,微波萃取法可对多糖、黄酮、蒽醌、有机酸、生物碱等中药有效成分进行有效提取,并已成功用于葛根、银杏等中药的提取生产。与传统萃取方法相比,微波萃取法具有设备简单、适用范围广、萃取效率高、重现性好、污染小、节省时间和节省溶剂等特点。

10. 酶提取法　酶提取法的基本原理是基于中草药的有效活性成分大多存在于植物细胞的胞质中,若提取分离有效成分,就要将有效成分从细胞内的原生质中释放到提取溶剂中,这就要求应将中草药细胞壁破裂降解,去除活性成分释放阻碍。由于中草药的细胞壁多是由纤维素、半纤维素、果胶质、木质素等物质构成的致密结构,在提取中草药的有效成分过程中,有效成分扩散至提取介质中就必须克服细胞壁及细胞间质的双重阻力。一些生物酶,如纤维素酶、半纤维素酶、果胶酶等,具有相应的生物降解作用,能够作用于中草药的细胞壁,使细胞壁及细胞间质中的纤维素、半纤维素、果胶质等物质降解,从而破坏细胞壁的致密结构,增强细胞壁、细胞间质等屏障的通透性,促进有效成分从胞内向提取介质中扩散,从而实现最大限度地从中草药中提取有效活性成分。

酶提取法的特点主要包括:①反应条件温和,产物不易变性。酶提取法主要采用酶破坏细胞壁结构,具有反应条件温和、选择性高的特点,而酶的专一性可避免对底物外物质的破坏。在提取热稳定性差或含量较少的化学成分时,优势更为明显。②提高提取率,缩短提取时间。酶提取法预处理减少了中药材中有效成分的溶出及溶剂提取时的传质阻力,缩短了提取时间,提高了提取率,具有很高的应用价值。③降低成本,环保节能。酶提取法是绿色高效的植物提取技术,可利用相关的酶制剂来提高提取物的极性,从而减少有机溶剂的使用,降低成本。④优化有效组分。酶提取法不仅可以应用在中药材的提取过程,也可对中药提取物进行酶提取法处理,优化有效组分,提高目标产物的药用价值。⑤工艺简单可行。酶提取法在原工艺条件上仅增加了一个操作单元,反应条件温和易获得,不需要对原有工艺设备进行过多的改变,对反应设备的要求较低,操作简单。

酶提取法的影响因素主要为药材颗粒度、提取溶剂的种类、酸碱度、温度、酶的浓度及酶解时间等。因此在应用酶提取法提取中药成分时,应根据中草药药用部位、提取的中药成分、酶类等条件,筛选反应介质的 pH、反应温度、酶浓度及酶解作用时间,优化制定中草药酶提取工艺。

目前,酶提取法技术可对多糖、黄酮、生物碱、有机酸以及中药复方制剂等进行有效提取。但酶提取法的最佳反应条件需要严格控制,条件微小的波动,也有可能引起酶活性的大大下降。另外,酶有可能会与其他的化学物质发生反应,影响反应速率和产物的

0404 青蒿素的发现

纯度。在实验室或工业生产中,多采用酶提取法与其他技术联合进行中药提取,如与超声波、超高压、微波等技术的联用。多种技术的联合应用,可发挥协同作用,提高有效成分的提取效率。

第二节 提取过程的工艺计算及提取设备

提取剂加入到药材中提取一段时间后,提取液中浸出组分的浓度逐渐增加,当从药材中扩散至提取液中的组分的量等于从提取液中扩散回到药材中的组分的量时,提取液的浓度恒定,此时提取过程达到动态平衡,药材内部液体的浓度等于药材外部提取液的浓度,称为平衡提取。但实际提取过程常常没有足够的时间,药材内部液体的浓度和提取液的浓度不太可能达到平衡状态,称为非平衡提取。

一、提取过程的工艺计算

与液液萃取类似,固液提取操作也有三种基本形式,即单级提取、多级错流提取和多级逆流提取,对提取过程的计算一般是基于理论级或平衡状态进行物料衡算。

(一)单级提取和多级错流提取

1. 提取量的计算 对待提取的目标组分进行物料衡算得

$$\frac{W}{s+s'}=\frac{W'}{s'} \qquad \text{式(4-1)}$$

式中,W 为药材中含有的溶质量,kg;W'为提取后残留在药材中的溶质量,kg;s 为达到提取平衡时,提取后放出的溶剂量,kg;s'为提取后剩余在药材中的溶剂量,kg。

由式(4-1)得

$$W'=\frac{W}{\alpha+1} \qquad \text{式(4-2)}$$

式中,α 为提取后放出的溶剂量与剩余在药材中的溶剂量之比,即

$$\alpha=\frac{s}{s'} \qquad \text{式(4-3)}$$

可见,对于一定量的提取剂,α 越大,提取后剩余在药材中的溶质量就越少,提取率就越高。

进行二次提取时,先分离出第一次的提取液,再加入相同量的新鲜提取剂,同理可得

$$\frac{W'}{s_2+s_2'}=\frac{W_2'}{s_2'} \qquad \text{式(4-4)}$$

$$W_2'=\frac{W'}{\alpha+1} \qquad \text{式(4-5)}$$

式中,s_2 为第二次提取后放出的溶剂量,kg;s_2'为第二次提取后剩余在药材中的溶剂量,kg;W_2'为第二次提取后残留在药材中的溶质量,kg。

将式(4-2)代入式(4-5)中,得

$$W_2'=\frac{W}{(\alpha+1)^2} \qquad \text{式(4-6)}$$

依此类推,进行多级提取时,第 n 次提取后剩余在药材中的溶质量为

$$W_n'=\frac{W}{(\alpha+1)^n} \qquad \text{式(4-7)}$$

式中,W_n'为第 n 次提取后残留在药材中的溶质量,kg。

式(4-7)也适用于平衡状态下的多级错流提取,假定条件是各级进料量均相等,各级所用的溶剂量相等且溶剂中不含有溶质。

例 4-1　溶质含量为 2.5% 的药材 100kg，第一次提取时提取剂加入量与药材量之比为 5∶1，其他各级提取剂新加入量均为药材量的 4 倍。若药材中所剩余的溶液量与药材量相等，试分别计算经一次和三次提取后药材中所剩余的溶质量。

解：药材中含有的溶质总量为

$$W=100\times 2.5\%=2.5\text{kg}$$

依题意，药材中剩余的提取剂量为 $s'=100\text{kg}$，提取一次后放出的提取剂量为

$$s=500-100=400\text{kg}$$

由式(4-3)得

$$\alpha=\frac{s}{s'}=\frac{400}{100}=4$$

由式(4-2)得一次提取后药材中剩余的溶质量为

$$W'=\frac{W}{\alpha+1}=\frac{2.5}{4+1}=0.5\text{kg}$$

由式(4-7)得三次提取后药材中剩余的溶质量为

$$W'_3=\frac{W}{(\alpha+1)^3}=\frac{2.5}{(4+1)^3}=0.02\text{kg}$$

2. 提取率 $\bar{E}$ 的计算　提取率 $\bar{E}$ 是指提取后放出的提取液中所含有的溶质量与原药材中所含有的溶质总量之比，其数值大小反映了药材中溶质的被提取效果。

设提取后药材中所含的提取剂量为 1，加入的总提取剂量为 M，则放出的提取量为 $(M-1)$。平衡提取时，提取一次的提取率为

$$\bar{E}_1=\frac{M-1}{M} \qquad \text{式(4-8)}$$

由提取率的定义可知，提取后药材中剩余的溶质的分率为 $(1-\bar{E})$。重复提取时，第二次提取放出的溶质的提取率 $\bar{E}_2$ 为

$$\bar{E}_2=\bar{E}_1(1-\bar{E}_1)=\frac{M-1}{M}(1-\bar{E}_1)=\frac{M-1}{M^2} \qquad \text{式(4-9)}$$

而提取两次后溶质的总提取率为

$$\bar{E}=\bar{E}_1+\bar{E}_2=\frac{M-1}{M}+\frac{M-1}{M^2}=\frac{M^2-1}{M^2} \qquad \text{式(4-10)}$$

依此类推，第 n 次提取后放出的溶质的提取率 $\bar{E}_n$ 为

$$\bar{E}_n=\frac{M-1}{M^n} \qquad \text{式(4-11)}$$

经过 n 次提取后，溶质的总提取率为

$$\bar{E}=\frac{M^n-1}{M^n} \qquad \text{式(4-12)}$$

由式(4-11)可知，$\bar{E}_n$ 与 M^n 成反比，一般 $n=4\sim5$，n 如果再大，从经济方面考虑则不适宜了。

例 4-2　某药材含有效成分 3%，含无效成分 20%，提取剂用量为药材自身质量的 20 倍，药材对提取剂的吸收量为其自身质量的 4 倍。试计算：(1) 100kg 药材单次提取能得到的有效成分的量和无效成分的量；(2) 通过压榨处理药渣，使药材中含有的提取剂量由 4 倍降低至 2 倍，提取率可提高至多少？

解：(1) 计算单次提取能得到的有效成分的量和无效成分的量：设药材中吸收提取剂的量为 1，则总提取剂量为 $M=20/4=5$。

提取率为

$$\bar{E}=\frac{M-1}{M}=\frac{5-1}{5}\times100\%=80\%$$

故 100kg 药材中有效成分的提取量为

$$100\times0.03\times0.8=2.4\text{kg}$$

而无效成分的浸出量为

$$100\times0.2\times0.8=16\text{kg}$$

(2) 计算压榨处理药渣后的提取率:压榨处理药渣后的总提取剂用量为 M=20/2=10,则提取率可提高至

$$\bar{E}=\frac{M-1}{M}=\frac{10-1}{10}\times100\%=90\%$$

可见,减少药渣中提取剂的含量可提高提取率。

(二) 多级逆流提取

多级逆流提取的工艺流程如图 4-3 所示,新鲜提取剂由第 1 级加入,而新鲜药材则由末级(第 n 级)加入,提取剂和提取液以相反的方向依次流过各级。

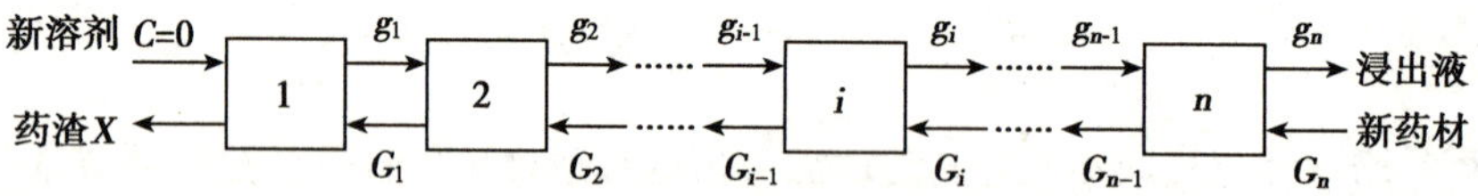

图 4-3 多级逆流提取工艺流程

设 C 为加入第 1 级的新鲜提取剂中溶质的量,$C=0$;X 为由第 1 级提取器排出药渣内溶剂中所含溶质的量;α 为提取器放出溶剂量与药材中溶剂量的比;$g_i(i=1、2\cdots n)$ 为第 i 级提取器提取后提取剂中所含溶质的量;G_i 为进入第 i 级提取器的固体药材内提取剂中所含溶质的量。

由 α 的定义可知

$$\alpha_1=\frac{g_1}{X}$$

对第 1 级提取器进行物料衡算得

$$G_1=g_1+X=\alpha_1X+X=X(1+\alpha_1)$$

对于第 2 级提取器有

$$g_2=\alpha_2G_1=\alpha_2X(1+\alpha_1)=X(\alpha_2+\alpha_2\alpha_1)$$

对第 1、2 级提取器进行物料衡算得

$$G_2=g_2+X=X(\alpha_2+\alpha_1\alpha_2)+X=X(1+\alpha_2+\alpha_2\alpha_1)$$

依此类推可得

$$g_3=X(\alpha_3+\alpha_3\alpha_2+\alpha_3\alpha_2\alpha_1)$$

$$G_3=X(1+\alpha_3+\alpha_3\alpha_2+\alpha_3\alpha_2\alpha_1)$$

$$g_4=X(\alpha_4+\alpha_4\alpha_3+\alpha_4\alpha_3\alpha_2+\alpha_4\alpha_3\alpha_2\alpha_1)$$

$$G_4=X(1+\alpha_4+\alpha_4\alpha_3+\alpha_4\alpha_3\alpha_2+\alpha_4\alpha_3\alpha_2\alpha_1)$$

$$\cdots\cdots$$

$$g_n=X(\alpha_n+\alpha_n\alpha_{n-1}+\alpha_n\alpha_{n-1}\alpha_{n-2}+\cdots+\alpha_n\alpha_{n-1}\cdots\alpha_3\alpha_2\alpha_1)$$

$$G_n=X(1+\alpha_n+\alpha_n\alpha_{n-1}+\alpha_n\alpha_{n-1}\alpha_{n-2}+\cdots+\alpha_n\alpha_{n-1}\cdots\alpha_3\alpha_2\alpha_1)$$

药材中不能放出的溶质的分率,即浸余率 F 为

$$F=\frac{X}{G_n}=\frac{1}{1+\alpha_n+\alpha_n\alpha_{n-1}+\alpha_n\alpha_{n-1}\alpha_{n-2}+\cdots+\alpha_n\alpha_{n-1}\cdots\alpha_3\alpha_2\alpha_1} \quad \text{式(4-13)}$$

若各级提取器的提取剂比 α 相同，即 $\alpha_1=\alpha_2=\cdots=\alpha_{n-1}=\alpha_n=\alpha$，则式(4-13)可转化为

$$F=\frac{1}{1+\alpha+\alpha^2+\alpha^3+\cdots+\alpha^n} \qquad \text{式(4-14)}$$

因为提取率 $\bar{E}=1-F$，所以

$$\bar{E}=1-F=\frac{\alpha+\alpha^2+\alpha^3+\cdots+\alpha^n}{1+\alpha+\alpha^2+\alpha^3+\cdots+\alpha^n} \qquad \text{式(4-15)}$$

当 $n=1$ 时，式(4-15)可简化为

$$\bar{E}=\frac{\alpha}{1+\alpha} \qquad \text{式(4-16)}$$

若 $\alpha=M-1$，则由式(4-16)得

$$\bar{E}=\frac{M-1}{M} \qquad \text{式(4-17)}$$

显然，式(4-17)即为单级提取的提取率。表 4-1 给出了不同 n 和 M 时多级逆流提取的提取率。

表 4-1　多级逆流提取的提取率

α	M	提取的级数 n				
		1	2	3	4	5
0.2	1.2	0.165 6	0.195 3	0.198 7	0.199 1	0.199 6
0.5	1.5	0.333 3	0.428 6	0.461 3	0.483 7	0.491 9
1	2	0.500 0	0.666 7	0.750 0	0.800 0	0.833 3
2	3	0.666 7	0.857 1	0.930 0	0.967 7	0.984 2
3	4	0.750 0	0.923 1	0.975 0	0.991 7	0.997 3
4	5	0.800 0	0.952 4	0.988 2	0.997 1	0.999 3
5	6	0.833 3	0.967 7	0.993 6	0.998 7	0.999 7
6	7	0.857 1	0.976 7	0.996 1	0.999 4	
7	8	0.875 0	0.982 4	0.997 5	0.999 6	
8	9	0.899 9	0.986 3	0.998 3	0.999 8	
9	10	0.900 0	0.989 0	0.998 8	0.999 9	

由表 4-1 可知，$M=1\sim3$ 是多级逆流提取过程中提取率变化较大的区间，M 再增大且 n 较多时，提取率增加比较缓慢。当 $M<2$ 时，增加提取级数 n，浸出率的增加存在一个极限；当 $n\to\infty$ 时，提取率趋于 100%。当 $M=2$ 时，$\alpha=M-1=2-1=1$，提取率的极限为

$$\lim\bar{E}=\lim\frac{n}{n+1}=1$$

由表 4-1 还可以得出，当 $\alpha=0.2$ 时，$\lim\bar{E}=0.2$；当 $\alpha=0.5$ 时，$\lim\bar{E}=0.5$。因此，在实际生产中，若 $M<2$，则不可能将药材中的有效成分完全提取出来。而当 $\alpha=1$ 时，$n=4$，提取率为 80%～85%。若要提取率达到 95%，则提取级数 n 要达到 10～15 级。可见，若采用较小的 α，要提高提取率是很困难的，故一般以 $\alpha>1.5$ 为宜。

例 4-3　采用五级逆流提取器提取某药材中的有效成分，所用提取剂用量为每一提取器中药材量的 4 倍，吸收提取剂量为药材量的 2 倍，试计算该提取器的提取率。

解：依题意可知，$M=4/2=2$，$\alpha=M-1=2-1=1$。由式(4-18)可得提取率为

$$\bar{E}=\frac{1+1^2+1^3+1^4+1^5}{1+1+1^2+1^3+1^4+1^5}=\frac{5}{6}=83.3\%$$

二、提取设备

提取设备的种类很多,特点各异。按操作方式的不同,提取设备可分为间歇式、半连续式和连续式三大类。

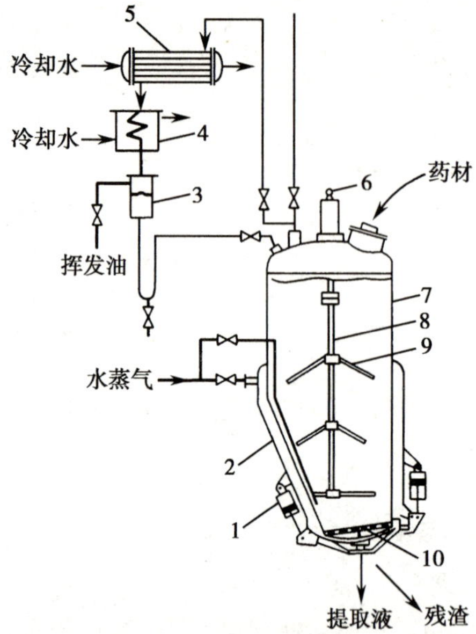

1. 下气动装置;2. 夹套;3. 油水分离器;4. 冷却器;5. 冷凝器;6. 上气动装置;7. 罐体;8. 上下移动轴;9. 料叉;10. 带筛板的活动底。

图 4-4 多功能提取罐的结构

1. 多功能提取罐 多功能提取罐的结构如图 4-4 所示。罐体常用不锈钢材料制造,罐外一般设有夹套,可通入水蒸气或冷却水。罐顶设有快开式加料口,药材由此加入。罐底是一个由气动装置控制启闭的活动底,提取液可经活动底上的滤板过滤后排出,而残渣则可通过打开活动底排出。罐内还设有可借气动装置提升的带有料叉的轴,其作用是防止药渣在罐内胀实或因架桥而难以排出。

多功能提取罐是一种典型的间歇式提取设备,具有提取效率高、操作方便、能耗较少等优点,在制药生产中已广泛用于水提、醇提、回流提取、循环提取、渗漉提取、水蒸气蒸馏以及回收有机溶剂等。

2. 搅拌式提取器 此类提取器有卧式和立式两大类,图 4-5 是常见的立式搅拌式提取器。器底部设有多孔筛板,既能支承药材,又可过滤提取液。操作时,将药材与提取剂一起加入提取器内,在搅拌的情况下提取一定的时间,提取液经滤板过滤后由底部出口排出。

搅拌式提取器的特点是结构简单,操作方式灵活,既可间歇操作,又可半连续操作,常用于植物籽的提取。但由于提取率和提取液的浓度均较低,因而不适合提取贵重或有效成分含量较低的药材。

3. 渗漉提取设备 渗漉提取的主要设备为渗漉筒或渗漉罐,可用玻璃、搪瓷、陶瓷、不锈钢等材料制造。渗漉筒的筒体主要有圆柱形和圆锥形两种,其结构如图 4-6 所示。一般情况下,膨胀性较小的药材多采用圆柱形渗漉筒。对于膨胀性较强的药材,则宜采用圆锥形,这是因为圆锥形渗漉筒的倾斜筒壁能

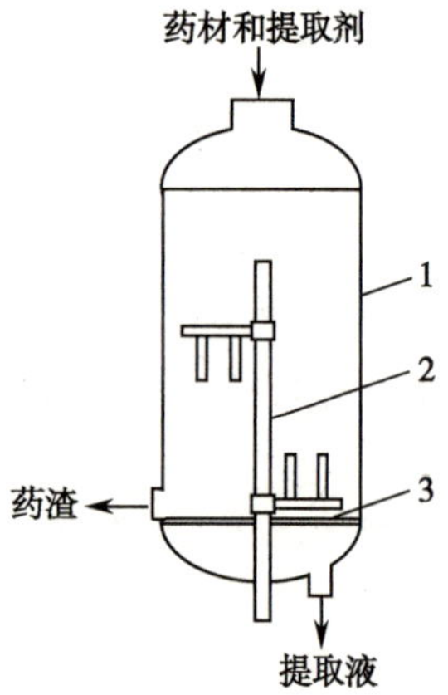

1. 器体;2. 搅拌器;3. 支承筛板。

图 4-5 立式搅拌式提取器

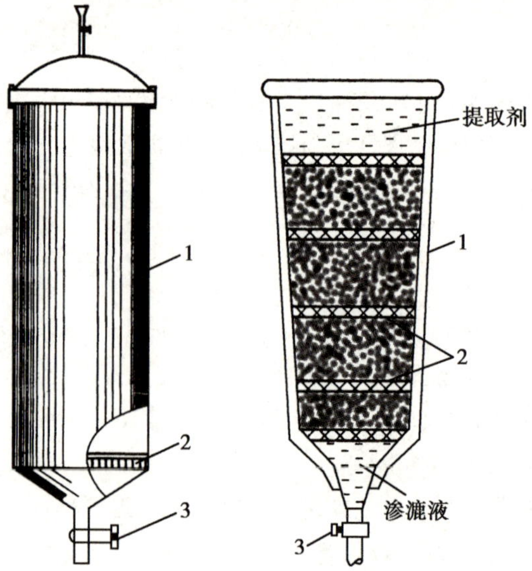

(a) 圆柱形渗漉筒 (b) 圆锥形渗漉筒

1. 渗漉筒;2. 筛板;3. 出口阀。

图 4-6 渗漉筒

很好地适应药材膨胀时的体积变化。此外，确定渗漉筒的适宜形状还应考虑提取剂的因素。由于以水或水溶液为提取剂时易使药粉膨胀，故宜选用圆锥形；而以有机溶剂为提取剂时则可选用圆柱形。

为增加提取剂与药材的接触时间，改善提取效果，渗漉筒可采用较大的高径比。当渗漉筒的高度较大时，渗漉筒下部的药材可能被其上部的药材及提取液压实，致使渗漉过程难以进行。为此，可在渗漉筒内设置若干块支承筛板，从而可避免下部床层被压实。

大规模渗漉提取多采用渗漉罐，图 4-7 是采用渗漉罐的提取过程示意图。渗漉提取结束时，可向渗漉罐的夹套内通入饱和水蒸气，使残留于药渣内的提取剂汽化，汽化后的蒸气经冷凝器冷凝后收集于回收罐中。

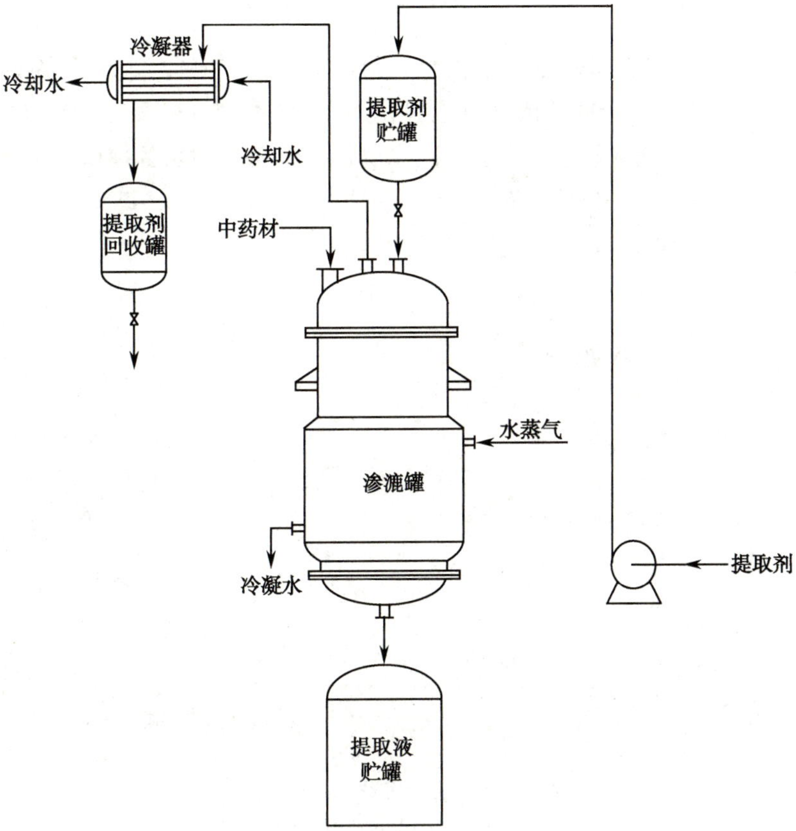

图 4-7 采用渗漉罐的提取工艺流程

4. 平转式连续提取器 此类提取器也是一种渗漉式连续提取器，主要由圆筒形容器、扇形料格、循环泵及传动装置等组成，其工作原理如图 4-8 所示。在圆筒形容器内间隔安装有 12 个扇形料格，料格底为活动底，打开后可将物料卸至器底的出渣器。工作时，在传动装置的驱动下，扇形料斗沿顺时针方向转动。提取剂首先进入第 1、2 格，其提取液流入第 1、2 格下的贮液槽，然后由泵输送至第 3 格，如此直至第 8 格，最终提取液由第 8 格引出。药材由第 9 格加入，加入后用少量的最终提取液润湿，其提取液与第 8 格的提取液汇集后排出。当扇形料格转动至第 11 格时，其下的活动底打开，将残渣排至出渣器。第 12 格为淋干格，其上不喷淋提取剂。

平转式连续提取器的优点是结构简单紧凑、生产能力大，目前已成功地用于麻黄、莨菪等植物性药材的提取。

5. 罐组式逆流提取机组 图 4-9 是具有 6 个提取单元的罐组式逆流提取过程的工作原理示意图。操作时，新鲜提取剂首先进入 A 单元，然后依次流过 B、C、D 和 E 单元，并由 E 单元排出提取液。

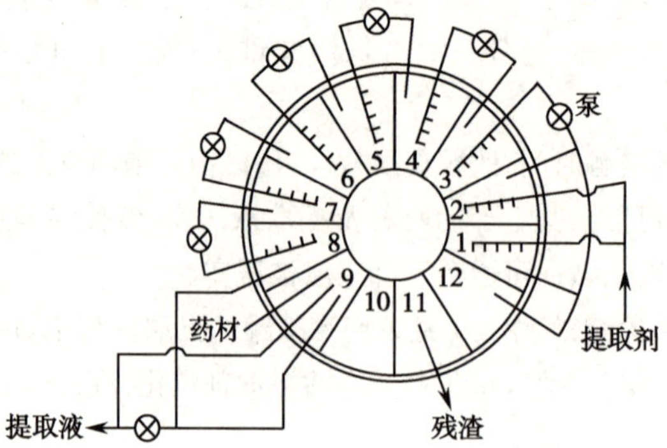

图 4-8　平转式连续浸取器的工作原理

在此过程中，E 单元进行出渣、投料等操作。由于 A 单元接触的是新鲜提取剂，因而该单元中的药材被提取得最为充分。经过一定时间的提取后，使新鲜提取剂首先进入 B 单元，然后依次流过 C、D、E 和 F 单元，并由 F 单元排出提取液。在此过程中，A 单元进行出渣、投料等操作。随后再使新鲜提取剂首先进入 C 单元，即开始下一个提取循环。由于提取剂要依次流过 5 个提取单元中的药粉层，因而最终提取液的浓度很高。显然，罐组式逆流提取过程实际上是一种半连续提取过程，又称为阶段连续逆流提取过程。

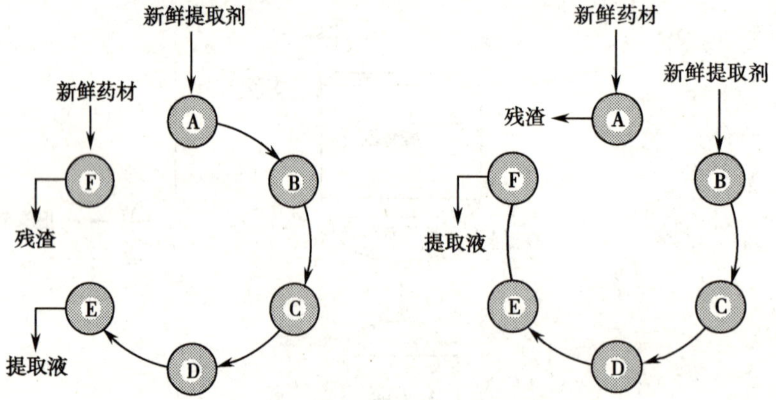

图 4-9　罐组式逆流提取过程的工作原理

实际生产中，通过管道、阀门等将若干组提取单元以图 4-9 所示的方式组合在一起，即成为罐组式逆流提取机组。操作中可通过调节或改变提取单元组数、阶段提取时间、提取温度、溶剂用量、循环速度以及颗粒形状、尺寸等参数，以达到缩短提取时间、降低提取剂用量并最大限度地提取出药材中的有效成分的目的。

第三节　超临界流体萃取

一、超临界流体

当流体的温度和压力分别超过其临界温度和临界压力时，则该状态下的流体称为超临界流体（supercritical fluid，SCF）。对于特定的气体，当温度超过其临界温度时，则无论施加多大的压力也不能使其液化，故超临界流体不同于通常的气体和液体。

流体的相图如图 4-10 所示，由于阴影区中的状态点所对应的温度和压力分别超过流体的临界温度和临界压力，故阴影区即为超临界流体区。超临界流体具有许多特殊的性能，表 4-2 分别给出了超临界流体、气体和液体的某些性质。

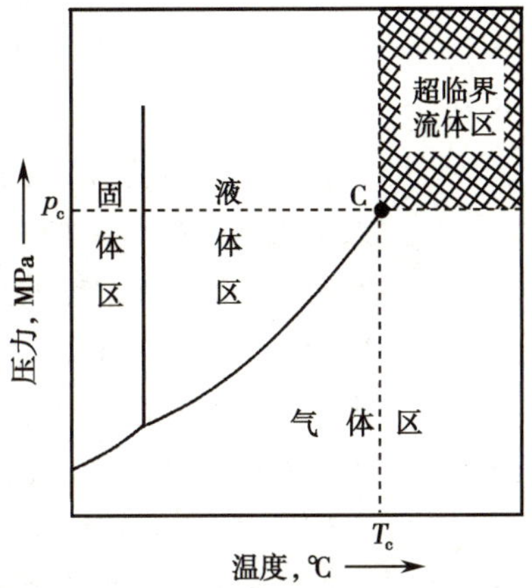

图 4-10　流体的相图

表 4-2　超临界流体、气体和液体的某些性质

流体	密度/（kg/m^3）	黏度/（Pa·s）	扩散系数/（m^2/s）
气体（15~30℃）	0.6~2	$(1\sim3)\times10^{-5}$	$(0.1\sim0.4)\times10^{-4}$
超临界流体	$(0.4\sim0.9)\times10^{3}$	$(3\sim9)\times10^{-5}$	0.2×10^{-7}
有机溶剂（液态）	$(0.6\sim1.6)\times10^{3}$	$(0.2\sim3)\times10^{-3}$	$(0.2\sim2)\times10^{-13}$

结合图 4-10 和表 4-2 可知，超临界流体具有以下特点：

（1）超临界流体与液体的密度相近。由于溶质在溶剂中的溶解度与溶剂的密度成正比，故超临界流体的萃取能力与液体溶剂的萃取能力相近。

（2）超临界流体与气体的黏度相近，而扩散系数介于气体和液体之间，但更接近于气体，因此超临界流体具有气体的低黏度和高渗透能力，故在萃取过程中的传质能力远大于液体溶剂的传质能力。

（3）当流体接近于临界点时，汽化热（又称汽化潜热）会急剧下降，至临界点处，可实现气液两相的连续过渡。此时，两相界面消失，汽化潜热为零。由于超临界流体萃取的工作区域接近于临界点，因而有利于传热和节能。

（4）超临界流体具有显著的可压缩性，临界点附近温度和压力的微小变化将引起流体密度的显著变化，从而使其溶解能力产生显著变化，因此可借助于调节体系的温度和压力的方法在较宽的范围内来调节超临界流体的溶解能力，这正是超临界流体萃取工艺的设计基础。

二、超临界流体萃取的基本原理

超临界流体对溶质的溶解度取决于其密度。一般情况下，超临界流体的密度越大，其溶解能力就越大。研究表明，在临界点附近，当压力和温度发生微小变化时，密度即发生较大改变，从而引起溶解度的改变。适当改变体系的温度或压力，可使超临界流体的溶解度在 1 000 倍的范围内变化。单个溶质在超临界流体中的溶解度数据具有一个共同的特征：存在压力交叉点。即在交叉压力以下，等压温度的升高引起溶解度的降低，在交叉压力以上，效果相反。这种行为可以通过考虑温度对溶解度的两种相反的影响来理解。固体溶质的气压随温度升高而升高，而超临界流体的密度随温度升高而降低。在压缩系数较大的交叉压力下，密度效应占主导地位，溶解度随温度升高而减小。当压力高于交叉压力时，气压效应占主导地位，因此溶解度随温度升高而增加。超临界流体萃取正是利用这一特性

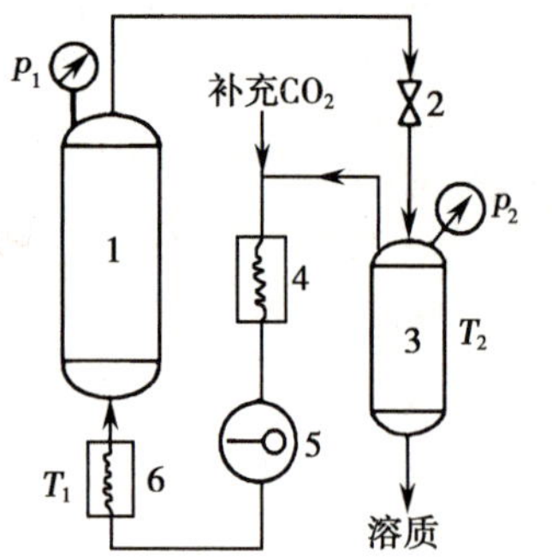

1. 萃取釜;2.节流阀;3. 分离釜;4. 冷凝器;5. 加压泵;6. 换热器。

图 4-11 超临界 CO_2 流体萃取示意图

将某些易溶解的成分萃取出来。

现以超临界 CO_2 流体的萃取过程为例,简要介绍超临界流体萃取的基本原理。如图 4-11 所示,将被萃取原料加入萃取釜,CO_2 气体首先经换热器冷凝成液体,再用加压泵提升至工艺过程所需的压力(高于 CO_2 的临界压力),同时调节温度,使其成为超临界 CO_2 流体,然后进入萃取釜。在萃取釜内,原料与超临界 CO_2 充分接触,其中的可溶性组分溶解于超临界 CO_2 中。此后,含萃取物的高压 CO_2 经节流阀降压至低于 CO_2 的临界压力,再进入分离釜。在分离釜内,溶质在 CO_2 中的溶解度因压力下降而急剧下降,从而析出被萃取组分,并自动分离成溶质与 CO_2 气体,前者即为萃取物,后者经换热器冷凝成 CO_2 液体后循环使用。采用该流程时,操作通常在等温下进行。

三、超临界萃取剂

超临界流体萃取技术的出现

按极性的不同,超临界萃取剂可分为极性和非极性两大类。二氧化碳、乙烷、丙烷、丁烷、戊烷、环己烷、苯、甲苯等均可用作非极性超临界萃取剂,氨、水、丙酮、甲醇、乙醇、异丙醇、丁醇等均可用作极性超临界萃取剂。在各种萃取剂中,以非极性的 CO_2 最为常用,这是由超临界 CO_2 具有的特点所决定的。

1. 溶质在超临界 CO_2 中的溶解性能 许多非极性和弱极性溶质均能溶于超临界 CO_2,如碳原子数小于 12 的正烷烃、小于 10 的正构烯烃、小于 6 的低碳醇、小于 10 的低碳脂肪酸均能与超临界 CO_2 以任意比例互溶。而相对分子质量超过 500 的高分子化合物几乎不溶于超临界 CO_2。

高碳化合物可部分溶解于超临界 CO_2,且溶解度随碳原子数的增加而下降。

强极性化合物和无机盐难溶于超临界 CO_2,如乙二醇、多酚、糖类、淀粉、氨基酸和蛋白质等几乎不溶于超临界 CO_2。

对极性较强的溶质,超临界 CO_2 的溶解能力较差。有时,为提高超临界 CO_2 对溶质的溶解度和选择性,可适量加入另一种合适的极性或非极性溶剂,这种溶剂称为夹带剂。加入夹带剂的目的,一是提高被分离组分在超临界 CO_2 中的溶解度,二是提高超临界 CO_2 对被分离组分的选择性。

2. 超临界 CO_2 的特点 CO_2 的临界温度为 31.1℃,该温度接近于室温,因此以超临界 CO_2 为萃取剂可避免常规提取过程中可能产生的氧化、分解等现象,从而可保持药物成分的原有特性,这对热敏性或易氧化药物成分的提取是十分有利的。

CO_2 的临界压力为 7.38MPa,属于中压范围。就目前的技术水平而言,该压力范围在工业上比较容易实现。

超临界 CO_2 具有极高的扩散系数和较强的溶解能力,因而有利于快速萃取和分离。

超临界 CO_2 萃取的产品纯度较高,控制适宜的温度、压力或使用夹带剂,可获得高纯度的提取物,因而特别适用于中药有效成分的提取浓缩。

CO_2 的化学性质稳定,并具有抗氧化灭菌作用以及无毒、无味、无色、不腐蚀、无污染、无溶剂残留、价格便宜、易于回收和精制等优点,这对保证和提高天然产品的品质是十分有利的。

超临界 CO_2 易于萃取挥发油、烃、酯、内酯、醚、环氧化合物等非极性物质;使用适量的水、乙醇、丙酮等极性溶剂作为夹带剂,以提高 CO_2 的极性,也可萃取某些内酯、生物碱、黄酮等极性不太强的物质。但超临界 CO_2 不能萃取极性较强或分子量较大的物质。

四、超临界流体萃取药物成分的特点

与传统分离方法相比，利用超临界流体萃取技术提取药物成分具有许多独特的优点。

1. 超临界流体萃取兼有精馏和液液萃取的某些特点。溶质的蒸气压、极性及分子量的大小均能影响溶质在超临界流体中的溶解度，组分间的分离程度由组分间的挥发度和分子间的亲和力共同决定。一般情况下，组分是按沸点高低的顺序先后被萃取出来；非极性的超临界 CO_2 流体仅对非极性和弱极性物质具有较高的萃取能力。

2. 超临界萃取在临界点附近操作，因而特别有利于传热和节能，这是因为当流体接近于临界点时，汽化潜热将急剧下降。在临界点处，可实现气液两相的连续过渡。此时，气液两相界面消失，汽化潜热为零。

3. 超临界流体的萃取能力取决于流体密度，因而可方便地通过调节温度和压力来加以控制，这对保证提取物的质量稳定是非常有利的。

4. 超临界萃取所用的萃取剂可循环使用，其分离与回收方法远比精馏和液液萃取简单，因而可大幅降低能耗和溶剂消耗。实际操作中，常采用等温减压或等压升温的方法，将溶质与萃取剂分离开来。

5. 当用煎煮、浓缩、干燥等传统方法提取中药有效成分时，一些活性组分可能会因高温作用而破坏。而超临界流体萃取过程可在较低的温度下进行，如以 CO_2 为萃取剂的超临界萃取过程可在接近于室温的条件下进行，因而特别适合于对湿、热不稳定或易氧化物质的中药有效成分的提取，且无溶剂残留。

超临界流体萃取技术用于中药有效成分的提取也存在一些局限性。例如，对于极性较大、分子量超过 500Da 的物质的萃取，需使用夹带剂或提高过程的操作压力，这就需要选择适宜的夹带剂或提高设备的耐压等级。又如，超临界萃取装置存在一个转产问题，更换产品时，为防止交叉污染，装置的清洗非常重要，但比较困难。再如，萃取原料多为固体（制成片状或粒状等），其装卸方式是间歇式的。此外，药材中的成分往往非常复杂，类似化合物较多，因此单独采用超临界流体萃取技术往往不能满足产品的纯度要求，此时需与其他分离技术（如色谱、精馏等分离技术）联用。

五、超临界 CO_2 萃取装置

超临界 CO_2 萃取装置主要由萃取釜和分离釜两部分组成，并适当配合压缩装置和热交换设备。由于萃取过程在高压下进行，因此对设备和整个管路系统的耐压性能有较高的要求。

1. CO_2 升压装置　超临界 CO_2 萃取系统的升压装置可采用压缩机或高压泵。采用压缩机的流程和设备均比较简单，经分离后的 CO_2 流体不需冷凝成液体即可直接加压循环，且可采用较低的分离压力以使解析过程更为完全。但压缩机的体积和噪声较大、维修比较困难、输送流量较小，因而不能满足工业规模生产时对大流量 CO_2 的需求。目前，仅在一些实验规模的超临界 CO_2 萃取装置上使用压缩机来升压。采用高压泵的流程具有噪声小、能耗低、输送流量大、操作稳定可靠等优点，但进泵前 CO_2 流体需经冷凝系统冷凝为液体。考虑到萃取过程的经济性以及装置运行的效率和可靠性等因素，目前国内外中型以上的超临界 CO_2 萃取装置，其升压装置一般都采用高压泵，以适应工业规模的装置需有较大的流量以及能够在较高压力下长时间连续运行的要求。

CO_2 高压泵是超临界 CO_2 萃取装置的“心脏”，是整套装置中主要的高压运动部件，它能否正常运行对整套装置的影响是不言而喻的。但不幸的是它恰恰是整套装置中最容易发生故障的地方。出现此问题的根本原因是泵的工作介质在性能上的特殊性。水的黏度较大且可在泵的柱塞和密封填料之间起润滑作用，因此高压水泵的问题比较容易解决。而超临界 CO_2 流体的性质不同于普通液体的性质。如前所述，超临界 CO_2 流体具有易挥发、低黏度、渗透力强等特点，这些特点是 CO_2 作为溶剂的突出优点，但在超临界 CO_2 流体的输送过程中却会因此而产生很多麻烦。由于高压柱塞泵是依靠柱塞的往复运动来输送超临界 CO_2 流体的，当柱塞暴露于 CO_2 气体的瞬间，其表面的 CO_2 会迅速挥

发，使柱塞杆边干涩而失去润滑作用，从而加剧柱塞杆与密封填料之间的磨损，导致密封性能丧失、密封填料剥落堵塞 CO_2 高压泵的单向阀等。很多泵在使用 2~3 天或 1 个星期左右即需更换柱塞密封填料，频繁的更换会严重影响科研和生产的正常进行。因此，对于输送 CO_2 的高压泵，应解决好柱塞杆与密封填料之间的润滑问题，并强化柱塞杆表面的耐磨性。实践表明，若能较好地解决上述问题，输送 CO_2 的高压泵可维持较长的连续运行时间（半年以上）而不需检修。

目前，输送 CO_2 的高压泵可采用双柱塞、双柱塞调频和三柱塞等类型，其工作压力可达 50MPa 以上。在 50MPa 的工作压力下，双柱塞泵的工作流量可达 20L/h，双柱塞调频泵的工作流量可达 50L/h，三柱塞泵的工作流量可达 400L/h。

2. 萃取釜　萃取釜是超临界 CO_2 萃取装置的主要部件，它必须满足耐高压、耐腐蚀、密封可靠、操作安全等要求。萃取釜的设计应根据原料的性质、萃取要求和处理量等因素来决定萃取釜的形状、装卸方式和设备结构等。目前大多数萃取釜是间歇式的静态装置，进出固体物料时需打开顶盖。为提高操作效率，生产中常采用 2 或 3 个萃取釜交替操作和装卸的半连续操作方式。

为便于装卸，通常将物料先装入一个吊篮，然后再将吊篮置于萃取釜中。吊篮的上、下部位均设有过滤板，其作用是防止 CO_2 流体通过时带走物料。吊篮的外部设有密封机构，其作用是确保 CO_2 流体流经物料而不会从吊篮与萃取釜之间的间隙穿过，即防止 CO_2 流体产生短路。对于装填量极大且基本上为粉尘的物料，则可采用从萃取釜上端装料下端卸料的两端釜盖快开设计。

3. 分离釜　从萃取釜出来的溶解有溶质的超临界流体，经减压阀减压后，在阀门出口管中流体呈两相流状态，即存在气体相和液体相（或固体），若为液体相，其中包括萃取物和溶剂，以小液滴形式分散在气相中，然后经分离釜，进行气液分离，分离出萃取物。当产物是混合物时，其中的轻组分容易被溶剂夹带，从而影响产物的收率。

4. 中小型超临界流体萃取设备和工业化装置　超临界流体萃取装置可分为以下几类：①实验室萃取设备，萃取釜容积一般在 500ml 以下，结构简单，无 CO_2 循环设备，耐高压（可达 70MPa），适合于实验室探索性工作。②中试设备（1~20L），配套性好，CO_2 可循环利用，适合于工艺研究及小批量样品生产。③工业化生产装置，萃取釜容积 50L 至数立方米。我国目前能自制 500L 工业化萃取装置。

超临界流体萃取装置的总体要求：①工作条件下安全可靠，能经受频繁开关盖（萃取釜），抗疲劳性能好；②一般要求单人操作，在十分钟内就能完成萃取釜全膛的开启和关闭一个周期，密封性能好；③结构简单，便于制造，能长期连续使用（即能三班运转）；④设置安全联锁装置。

目标测试

课后习题

一、计算题

1. 某 200kg 药材有效成分的提取率达 96.3% 时，需要提取三次，已知药材对提取剂的吸收量为 1.5，并假定药材中所剩留的提取剂量等于其本身的重量。试求提取剂的消耗量。（2 100kg）

2. 溶质含量为 25% 的药材 100kg，第一次提取时溶剂加入量与药材量之比为 5∶1，其他各级溶剂新加入量与药材比为 4∶1。若药材中所剩余的溶液量与药材量相等，试分别计算经一次和五次提取后药材中所剩余的溶质量。（5kg，0.008kg）

3. 某药材含有效成分 30%，提取剂用量为药材自身质量的 20 倍，药材对提取剂的吸收量为其自

身质量的 4 倍,试计算 25kg 药材单次提取能得到的有效成分的量。(6kg)

4. 某三级逆流提取器提取某药材中的有效成分,所用提取剂用量为每一提取器中药材量的 4 倍,吸收提取剂量为药材量的 2 倍,试计算该提取器的提取率。(75%)

二、简答题

1. 简述固液提取过程及机理。
2. 为什么乙醇是目前中药提取过程中最常用的溶剂之一?
3. 药材的常用提取方法有哪些?
4. 什么是超声提取的空化效应?
5. 简述微波萃取的机理。
6. 结合图 4-9,简述罐组式逆流提取机组的工作原理。
7. 简述超临界流体的优点。
8. 简述超临界 CO_2 萃取的特点。
9. 简述超临界流体萃取的总体要求。

第五章

沉降与过滤

第五章
教学课件

学习要求

1. 掌握重力沉降速度的计算,恒压过滤的计算。
2. 熟悉离心沉降的原理,旋风分离器的结构与工作原理,过滤操作的基本概念,板框压滤机的结构与工作原理,典型膜过滤操作及其特点。
3. 了解沉降槽、旋液分离器、管式离心机、碟式离心机等典型沉降设备的结构和工作原理。

在制药生产中,混合物系一般可分为均相和非均相两大类。前者是指内部物性均匀且不存在相界面的物系,又称为均相混合物;后者是指内部存在相界面且界面两侧物性不同的物系,又称为非均相混合物。本章所讨论的物系均为非均相物系。

就非均相物系而言,其中处于分散状态的物质称为分散相或分散物质,如分散于流体中的固体颗粒、液滴或气泡;而包围分散相且处于连续状态的物质则称为连续相或分散介质。根据连续相的相态不同,非均相物系又可分为两种,即气态非均相物系和液态非均相物系。前者是指气体连续相中含有悬浮的固体颗粒或液滴等分散相的混合物,如含尘气体、含雾气体等;后者是指液体连续相中含有分散的固体颗粒、液滴或气泡的混合物,如悬浮液、乳浊液和泡沫液等。

非均相物系的分离是制药生产中十分常见的分离任务,其主要目的是收集分散物质、净化分散介质或进行环境保护等,实质是将分散相与连续相分开,如液固分离、气体净化及含尘气流中的药粉回收等。利用分散相和连续相的物理性质不同,工业上一般对其采用机械法进行分离,如沉降和过滤等。

沉降是借助于某种力(重力和惯性离心力)的作用,利用分散相与连续相之间的密度差,使两者产生相对运动,从而实现颗粒与流体间的分离。常见的沉降分离方法有重力沉降和离心沉降,前者是指因重力场而引发的沉降分离,后者是指因惯性离心力场而引发的沉降分离。过滤是以布、网和膜等多孔材料为介质,在外力的推动下,使气体或液体顺利通过介质的孔道而固体颗粒被介质所截留的固液分离操作。

第一节　重力沉降

一、重力沉降速度

1. 球形颗粒的自由沉降　若颗粒群在流体中分散良好,可认为颗粒的沉降运动将不受其他颗粒和器壁的影响,则该沉降过程称为自由沉降。显然,单个颗粒在流体中的沉降过程即为典型的自由沉降。

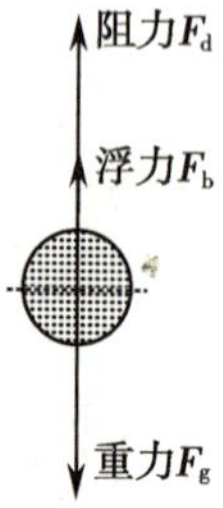

图 5-1　沉降颗粒的受力分析

颗粒在重力场中的沉降速度主要取决于颗粒与流体间的密度差。通常,颗粒的密度 ρ_s 要大于流体的密度 ρ,此时的颗粒受力如图 5-1 所示。

如该颗粒为球形，其直径为 d，则其所受重力 F_g、浮力 F_b 和阻力 F_d 的大小可分别表达为

$$F_g = mg = \frac{\pi}{6}d^3\rho_s g$$

$$F_b = \frac{\pi}{6}d^3\rho g$$

$$F_d = \zeta A\frac{\rho u^2}{2} = \zeta\frac{\pi d^2}{4}\frac{\rho u^2}{2}$$

其中，m 为颗粒的质量，kg；g 为重力加速度，m/s^2；ζ 为阻力系数，无因次；A 为颗粒在垂直于其运动方向平面上的投影面积，m^2；u 为颗粒相对于流体的运动速度，m/s。

由牛顿第二运动定律可知，颗粒重力沉降运动的基本方程应为

$$F_g - F_b - F_d = ma$$

即

$$\frac{\pi}{6}d^3\rho_s g - \frac{\pi}{6}d^3\rho g - \zeta\frac{\pi d^2}{4}\frac{\rho u^2}{2} = \frac{\pi}{6}d^3\rho_s a \qquad \text{式(5-1)}$$

式中，a 为沉降加速度，m/s^2。

当颗粒开始沉降的瞬间，由于颗粒与流体间无相对运动，即速度 $u=0$，故阻力 F_d 也为零，因此加速度 a 具有最大值。此后，由于颗粒开始沉降，阻力将随着运动速度 u 的增加而增大，a 将不断减小。直至 u 增大至某一数值时，阻力、浮力和重力将达到平衡，则此后的加速度 a 将维持恒定且等于零，颗粒开始做匀速沉降运动。可见，颗粒在静止流体中的重力沉降过程可划分为两个运动阶段，即初始的加速阶段和后期的匀速阶段。但对于小颗粒而言，由于其比表面积较大，即阻力 F_d 随 u 的增长变化率较快，故沉降的加速段时间很短，通常可忽略。

在匀速沉降阶段，颗粒相对于流体的运动速度称为沉降速度。由于该速度在数值上等于加速段终了时刻颗粒相对于流体的运动速度，故又称为“终端速度”，常以 u_t 表示，单位为 m/s。

当 $a=0$ 时，$u=u_t$，代入式(5-1)并整理可得出球形颗粒沉降速度 u_t 的计算式

$$u_t = \sqrt{\frac{4gd(\rho_s - \rho)}{3\zeta\rho}} \qquad \text{式(5-2)}$$

2. 阻力系数　运用式(5-2)计算沉降速度 u_t 时，需首先确定阻力系数 ζ。研究表明，颗粒的阻力系数与颗粒相对于流体运动时的雷诺数 Re_t 及颗粒的形状有关。对于重力沉降，颗粒相对于流体运动时的雷诺数 Re_t 的定义式为

$$Re_t = \frac{du_t\rho}{\mu} \qquad \text{式(5-3)}$$

式中，μ 为流体的黏度，Pa·s。

颗粒的形状可采用球形度来表示，即

$$\Phi = \frac{S_P}{S} \qquad \text{式(5-4)}$$

式中，Φ 为颗粒的球形度，无因次；S 为颗粒的外表面积，m^2；S_P 为与颗粒体积相等的一个圆球的表面积，m^2。

由式(5-4)可知，若颗粒为球形，则 $\Phi=1$；若颗粒的形状偏离球形程度越远，则 Φ 就越小于 1，这意味着颗粒沉降时的阻力系数将越大。

图 5-2 为实验测得的 ζ、Re_t 及 Φ 之间的关系曲线。依据 Re_t 的大小，可将其中球形颗粒的曲线划分为 3 个区域，即

(1) 当 $10^{-4} < Re_t \leqslant 2$ 时，该区域称为层流区，又称为斯托克斯(Stokes)定律区。此区域内的关系

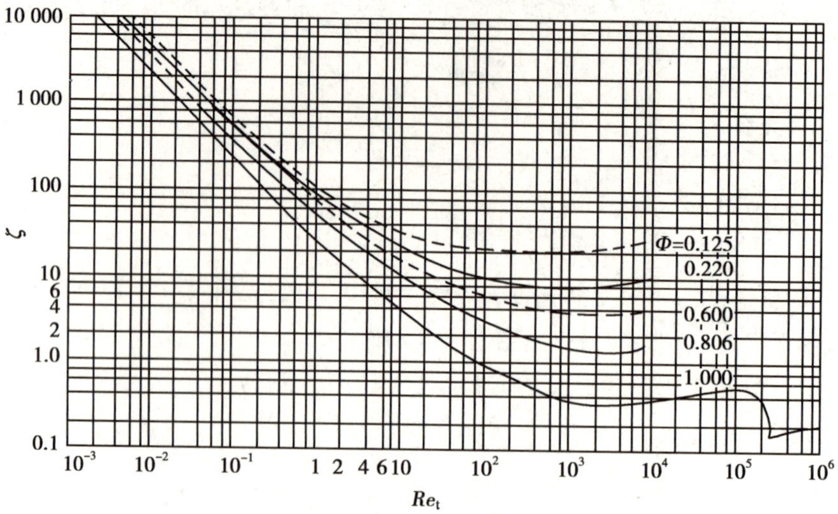

图 5-2 颗粒沉降时 ζ 与 Re_t 及 Φ 之间的关系

曲线近似为一条向下倾斜的直线，其方程可写为

$$\zeta=\frac{24}{Re_t} \qquad \text{式(5-5)}$$

将式(5-3)和式(5-5)代入式(5-2)得

$$u_t=\frac{gd^2(\rho_s-\rho)}{18\mu} \qquad \text{式(5-6)}$$

式(5-6)又称为斯托克斯公式。

从亚里士多德到斯托克斯

(2) 当 $2<Re_t\leqslant 500$ 时，该区域称为过渡区，又称为艾伦(Allen)定律区。此区域内的曲线方程可写为

$$\zeta=\frac{18.5}{Re_t^{0.6}} \qquad \text{式(5-7)}$$

将式(5-7)代入式(5-2)得

$$u_t=0.27\sqrt{\frac{gd(\rho_s-\rho)}{\rho}Re_t^{0.6}} \qquad \text{式(5-8)}$$

式(5-8)又称为艾伦公式。

(3) 当 $500<Re_t\leqslant 2\times10^5$ 时，该区域称为湍流区，又称为牛顿(Newton)定律区。此区域内的关系曲线近似为一条水平线，其方程可写为

$$\zeta=0.44 \qquad \text{式(5-9)}$$

将式(5-9)代入式(5-2)得

$$u_t=1.74\times\sqrt{\frac{gd(\rho_s-\rho)}{\rho}} \qquad \text{式(5-10)}$$

式(5-10)又称为牛顿公式。

3. 试差法计算沉降速度 计算球形颗粒的沉降速度 u_t 时，需首先根据雷诺数 Re_t 判断出沉降的流型，方可选用相应的计算式。然而，Re_t 自身又与沉降速度 u_t 有关，故需要采用试差法计算。具体步骤为先假设沉降属于某一流型，并采用相应的计算公式求得 u_t，然后再利用 u_t 验证 Re_t 是否与原假设流型的 Re_t 取值范围相一致。若是，则表明原假设成立，所求 u_t 有效；否则，需重新假设流型并再次求取 u_t，直至 Re_t 吻合为止。

例 5-1 已知 20℃时水和空气的密度分别为 998.2kg/m³ 和 1.2kg/m³，黏度分别为 1.004×10^{-3}Pa·s

和 1.81×10^{-5} Pa·s，试计算：(1) 直径为 100μm、密度为 3 000kg/m³ 的固体颗粒在 20℃ 水中的自由沉降速度；(2) 相同颗粒在 20℃ 空气中的自由沉降速度。

解：(1) 鉴于颗粒直径较小且液体黏度较大，故假设沉降位于层流区，则由式(5-6)得

$$u_t=\frac{gd^2(\rho_s-\rho)}{18\mu}=\frac{9.81\times(100\times10^{-6})^2\times(3\ 000-998.2)}{18\times1.004\times10^{-3}}=1.1\times10^{-2}\text{m/s}$$

核算流型

$$Re_t=\frac{du_t\rho}{\mu}=\frac{100\times10^{-6}\times1.1\times10^{-2}\times998.2}{1.004\times10^{-3}}=1.09<2$$

可见，原假设成立，故颗粒在 20℃ 水中的自由沉降速度为 1.1×10^{-2} m/s。

(2) 鉴于空气的黏度较小，故假设沉降位于过渡区，则由式(5-8)和式(5-3)得

$$u_t=\frac{0.154g^{\frac{1}{1.4}}d^{\frac{1.6}{1.4}}(\rho_s-\rho)^{\frac{1}{1.4}}}{\rho^{\frac{0.4}{1.4}}\mu^{\frac{0.6}{1.4}}}$$

$$=\frac{0.154\times9.81^{\frac{1}{1.4}}\times(100\times10^{-6})^{\frac{1.6}{1.4}}\times(3\ 000-1.2)^{\frac{1}{1.4}}}{1.2^{\frac{0.4}{1.4}}\times(1.81\times10^{-5})^{\frac{0.6}{1.4}}}=0.657\text{m/s}$$

核算流型

$$Re_t=\frac{du_t\rho}{\mu}=\frac{100\times10^{-6}\times0.657\times1.2}{1.81\times10^{-5}}=4.356$$

由于 $2<Re_t\leqslant500$，故原假设成立。因此，颗粒在 20℃ 空气中的自由沉降速度为 0.657m/s。

二、沉降槽

沉降槽为一种重力沉降设备，可用于提高悬浮液的浓度或获取澄清的液体，又称为增浓器或澄清器。沉降槽有间歇式沉降槽和连续式沉降槽之分。

1. 间歇式沉降槽 该类沉降槽的外形通常为带锥底的圆槽。操作时，料浆被置于槽内，静置足够长的时间，待料浆出现分级后，清液即可由槽上部的出液口抽出，增浓后的沉渣则从底部的出料口排出。

2. 连续式沉降槽 如图 5-3 所示，连续式沉降槽为一个大口径的浅槽，其底部略呈锥形。操作时，料浆经中央加料口送至液面以下约 0.3~1.0m 处并迅速地分散于槽内。随后，在密度差的推动下，清液将向槽的上部流动，并由顶端的溢流口连续流出，称为溢流。与此同时，颗粒将下沉至槽的底部，形成沉淀层，并由缓慢转动的耙将其聚拢至锥底的排渣口排出。

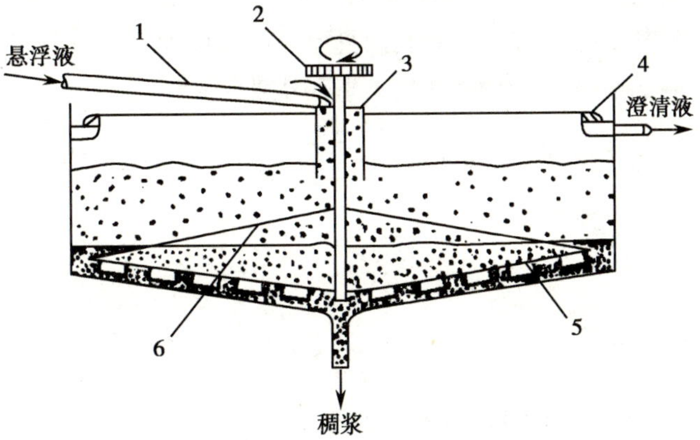

1. 进料槽道；2. 转动机构；3. 料井；4. 溢流槽；5. 叶片；6. 转耙。

图 5-3 连续式沉降槽

连续式沉降槽适于处理量大但浓度不高的大颗粒悬浮料浆的分离，分离后的沉渣中通常仍含有50%左右的液体。

为强化重力沉降槽的分离效果，合理地设计沉降槽的结构十分必要。沉降槽有增浓悬浮液和获取澄清液的双重作用。其中，为顺利获取清液，沉降槽必须有足够大的横截面积，以保证任何瞬间液体向上的流动速度均小于颗粒的沉降速度；其次，为将沉渣增浓至指定稠度，沉降槽加料口以下的增浓段应保留足够高度，以确保颗粒在槽内的停留时间大于转耙压紧沉渣所需的时间。

0503

水力分级机

为提高重力沉降槽的操作效率，生产中一般还需对料液进行适当地预处理，如通过添加少量的电解质或表面活性剂，以促进料液中细粒产生“凝聚”或“絮凝”。此外，生产中也可通过改变一些物理操作条件，如加热、冷却或震动等，使料液中颗粒的粒度或相界面积发生改变，进而有利于沉降。

第二节 离心沉降

由于重力沉降的速度较小，尤其当颗粒的粒径或分离两相间的密度差较小时，重力沉降的速度通常极低。为此，本节将介绍一种新的沉降操作，即离心沉降，该操作具有较高的沉降速度。离心沉降是指在惯性离心力的作用下，使得非均相物系发生沉降分离。

一、惯性离心力作用下的离心沉降

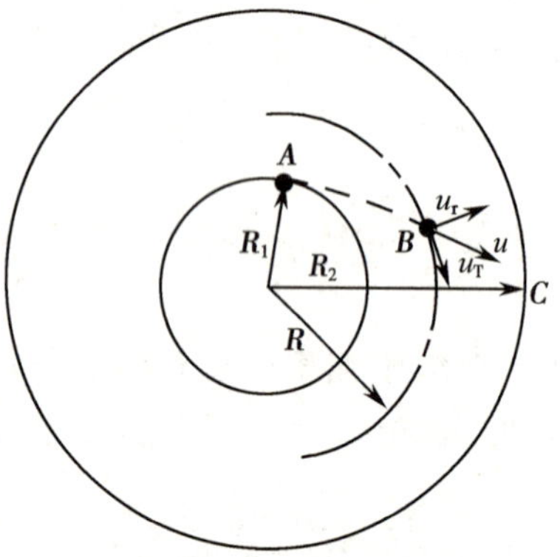

图 5-4 颗粒在离心场中的运动

1. 离心沉降原理 如图 5-4 所示，当流体围绕某一中心轴做圆周运动时，便形成了惯性离心力场。在与中心轴距离为 R、切向速度为 u_T 的位置上，相应的离心加速度为 $\frac{u_T^2}{R}$。可见，惯性离心力场的离心加速度并非为常数，而是随位置及切向速度的改变而变化。离心力的作用方向为沿着旋转半径由中心指向外周。显然，当颗粒跟随流体一起旋转时，若颗粒的密度大于流体密度，则在惯性离心力的作用下，颗粒势必在径向上与流体发生相对运动，进而飞向外围，实现与流体的分离。

2. 离心沉降速度 与重力沉降过程相似，在惯性离心力场中，颗粒在径向上也将受到三个力的作用，即惯性离心力（相当于重力场中的重力，方向为沿半径指向外周）、向心力（相当于重力场中的浮力，方向为沿半径指向旋转中心）和阻力（与颗粒的运动方向相反，方向为沿半径指向中心）。若某球形颗粒的直径为 d、密度为 ρ_s，流体密度为 ρ，颗粒与中心轴的距离为 R，切向速度为 u_T，则上述三个力的作用大小可分别表达为

$$\text{惯性离心力}=\frac{\pi}{6}d^3\rho_s\frac{u_T^2}{R}$$

$$\text{向心力}=\frac{\pi}{6}d^3\rho\frac{u_T^2}{R}$$

$$\text{阻力}=\zeta\frac{\pi}{4}d^2\rho\frac{u_r^2}{2}$$

其中，u_r 为颗粒与流体在径向上的相对运动速度，m/s。

当上述三个力的合力为零，即受力达到平衡时，颗粒在径向上相对于流体的运动速度 u_r 便被称为颗粒在该位置处的离心沉降速度，其值可通过下式求取，即

$$\frac{\pi}{6}d^3\rho_s\frac{u_T^2}{R}-\frac{\pi}{6}d^3\rho\frac{u_T^2}{R}-\zeta\frac{\pi}{4}d^2\rho\frac{u_r^2}{2}=0$$

整理可得

$$u_r=\sqrt{\frac{4d(\rho_s-\rho)}{3\zeta\rho}\frac{u_T^2}{R}}\qquad\text{式(5-11)}$$

比较式(5-2)与式(5-11)可以看出，离心沉降速度 u_r与重力沉降速度 u_t的计算式十分相似，只是后者采用离心加速度 u_T^2/R 替换了前者中的重力加速度 g。但需说明的是，离心沉降速度 u_r并不是颗粒运动时的绝对速度，而只是绝对速度在径向上的分量。

对于离心沉降，若颗粒与流体间的相对运动为层流，则式(5-11)中阻力系数 ζ 可直接采用式(5-5)进行描述，结合式(5-3)，整理可得

$$u_r=\frac{d^2(\rho_s-\rho)}{18\mu}\frac{u_T^2}{R}\qquad\text{式(5-12)}$$

3. 离心分离因数　同一颗粒在相同的流体介质中，其离心沉降速度与重力沉降速度之比，称为离心分离因数，以 K_c表示，相应的定义式可写为

$$K_c=\frac{u_r}{u_t}=\frac{u_T^2}{gR}\qquad\text{式(5-13)}$$

离心分离因数是考察离心分离设备的重要性能参数。虽然某些高速离心分离设备的分离因数可高达数十万，但就绝大多数普通的离心分离设备而言，其分离因数还多介于 5~2 500。例如，当旋转半径 R=0.3m、切向速度 u_T=30m/s 时，其离心分离因数为

$$K_c=\frac{30^2}{9.81\times0.3}=306$$

例 5-2　半径为 0.1m 的圆筒充满 20℃的水，现以 3 000r/min 的速度旋转，试计算距离中心 0.05m 处直径为 15μm、密度为 1 500kg/m³ 的球形颗粒的离心沉降速度。

解：已知 20℃时水的密度 ρ=998.2kg/m³，黏度 $\mu=1.004\times10^{-3}$Pa·s，故

$$u_r=\frac{d^2(\rho_s-\rho)}{18\mu}\frac{u_T^2}{R}=\frac{(15\times10^{-6})^2\times(1\ 500-998.2)}{18\times1.004\times10^{-3}}\times\frac{\left(2\times3.14\times\frac{3\ 000}{60}\times0.05\right)^2}{0.05}$$

$$=3.08\text{m/s}$$

二、离心分离设备

在制药生产中，常见的离心分离设备有旋风分离器、旋液分离器和离心机等。通常，气固非均相物系的离心沉降在旋风分离器中进行，液固悬浮物系的离心沉降在旋液分离器或离心机中进行。

1. 旋风分离器　旋风分离器是利用惯性离心力的作用，从气流中离心分离出尘粒的操作设备，属于气固分离设备。该分离器具有结构简单、易于制造和分离效率高等优点。

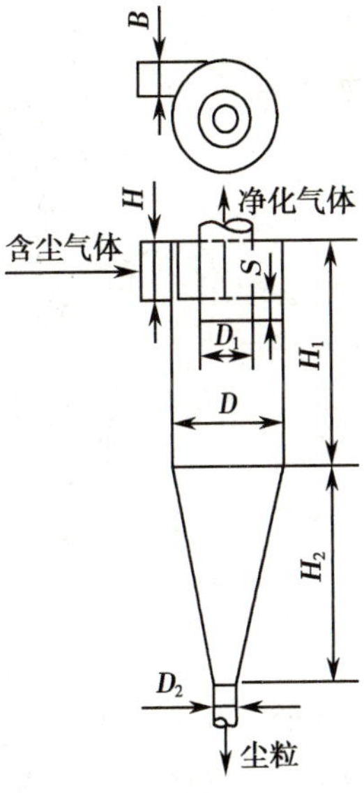

图 5-5　标准型旋风分离器

$H=\frac{D}{2}$；$S=\frac{D}{8}$；$B=\frac{D}{4}$；$D_1=\frac{D}{2}$；$D_2=\frac{D}{4}$；$H_1=2D$；$H_2=2D$

图 5-5 所示为标准型旋风分离器的结构。器体的上部呈圆筒形，下部呈圆锥形，各部位的尺寸均与圆筒的直径成比例。操作时，含尘气流由位于圆筒上部的进气管切向进入器内，然后沿圆筒的内壁做自上而下的螺旋运动，其间颗粒因惯性离心力的作用被抛向器壁，再沿壁面逐渐下沉至排灰口收集，而净化后的气流则在中心轴附近做自下而上的

螺旋运动，最后由顶部的排气管排出。

图 5-6 是气流在旋风分离器内的运动流线示意图。为便于研究与描述，通常把下行的螺旋气流称为外旋流，上行的螺旋气流称为内旋流。操作时，两旋流的旋转方向相同，其中除尘区主要集中于外旋流的上部。旋风分离器内各处的压强大小是不同的，其中器壁附近的压强最大，而越靠近中心轴处的压强将越小，通常会形成一个负压气芯（由排气管入口至底部出灰口）。因此，旋风分离器的出灰口必须要严格密封，否则易造成外界气流的渗入，进而卷起已沉降的粉尘，降低除尘效率。

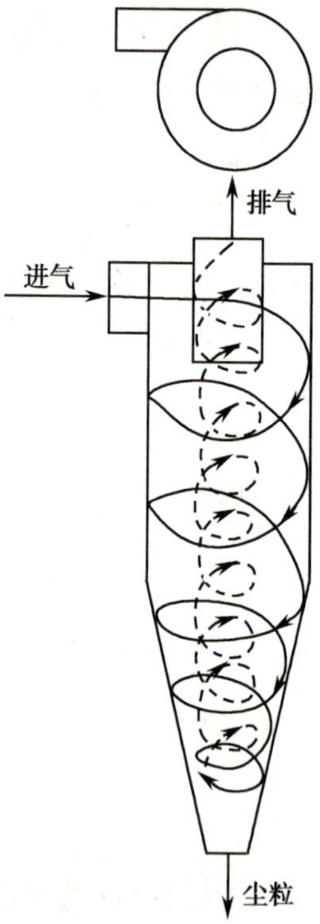

图 5-6 气流在旋风分离器内的运动

0504
旋风分离器

2. 旋液分离器 旋液分离器的结构及工作原理均与旋风分离器相似，也是利用离心力的作用使得悬浮液增稠或使得颗粒分级的操作设备，如图 5-7 所示。操作时，悬浮液由圆筒上部的进料口进入器内，然后自上而下地做旋流运动。其间，在惯性离心力的作用下，悬浮液中的固体颗粒将离心沉降至器壁，且随外旋流逐渐下降至锥底的出口，成为黏稠的悬浮液而排出，称为底流；与此同时，澄清的液体或含有细小颗粒的液体，则在器内形成向上的内旋流，并经上方的中心溢流管而排出，称为溢流。

旋液分离器在制药生产中的应用也十分广泛，既可用于悬浮液的增浓或颗粒的分级操作，也可用于气液分离和互不相溶液体混合物的分离以及传热、传质和雾化等操作。旋液分离器结构上的显著特点是圆筒段的直径较小及圆锥段的距离较长。采用较小的圆筒直径可增大旋转时的惯性离心力，提高离心沉降速度；采用较长的圆锥段高度可增加液流的行程，延长悬浮液在器内的停留时间，进而有利于液固分离。

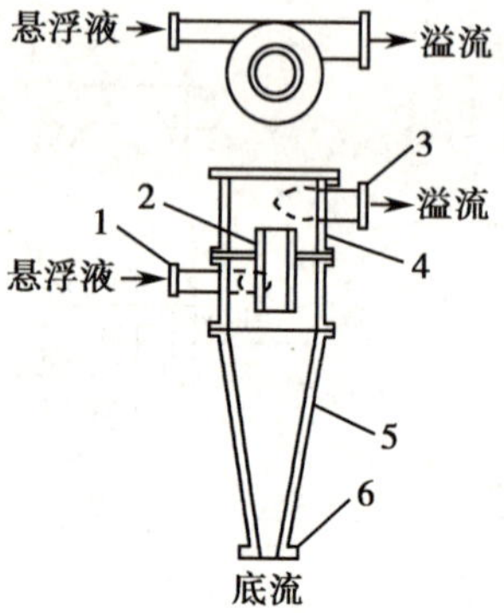

1. 悬浮液进口；2. 中心溢流管；3. 溢流出口；4. 圆筒；5. 锥形筒；6. 底流出口。

图 5-7 旋液分离器

3. 离心分离机 离心分离机简称离心机，它是利用离心沉降的原理，使液体混合物或液固混合物得以分离的设备。常见的离心机型式有管式离心机、碟式离心机和三足式离心机等。

（1）管式离心机：如图 5-8 所示，管式离心机的核心构件为管状转鼓。操作时，转鼓高速旋转，从而产生强大的离心力场。

若分离的对象为乳浊液，则料液经加料管连续地送至转鼓，并在转鼓内自下而上地运动，因离心力场的作用，密度不同的两种液体将被分成内层和外层，分别称为轻液层和重液层。当两层液体旋转上升至转鼓的顶部时，将由各自的溢流口单独排出，此操作可连续进行。若分离的对象为悬浮液，则操作一般只可间歇进行。当悬浮液被送至转鼓内，并在转鼓内自下而上地运动时，液相可由转鼓上部的溢流口连续排出，而固相只能沉积于鼓壁，并待积累到一定程度后，停机后方可卸出。因此，在实际的工业生产中，当采用管式离心机分离悬浮液时，常将两台管式离心机交替使用，一台运转，而另一台除渣清理。

（2）碟式离心机：如图 5-9 所示，碟式离心机的主要构件为中心管、转鼓和倒锥形碟片。其中，碟片的直径一般约为 0.2~1.0m，锥角一般为 35°~50°，碟片的数目一般为 30~150 片，相邻碟片间的空隙一般为 0.15~0.25mm。操作时，在高速离心力场的作用下，密度小的轻液将沿着碟片的锥面向上流动，而密度大的重液则沿着碟片的锥面向下流动，两者在转鼓内被自动地分成内层和外层，并最终都由位于转鼓顶部的各自流道分别排出。

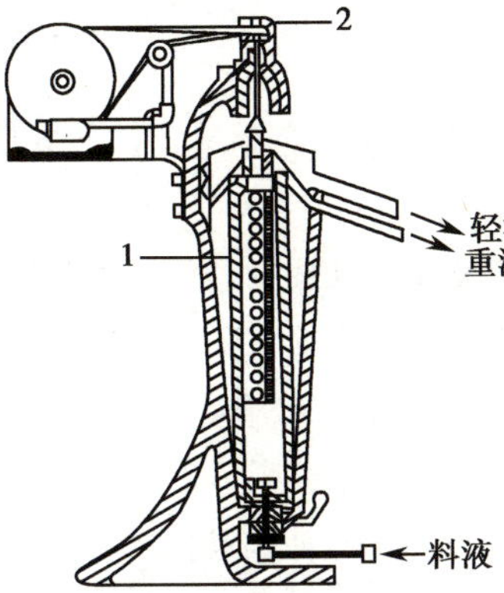

1. 转鼓；2. 传动装置。

图 5-8　管式离心机

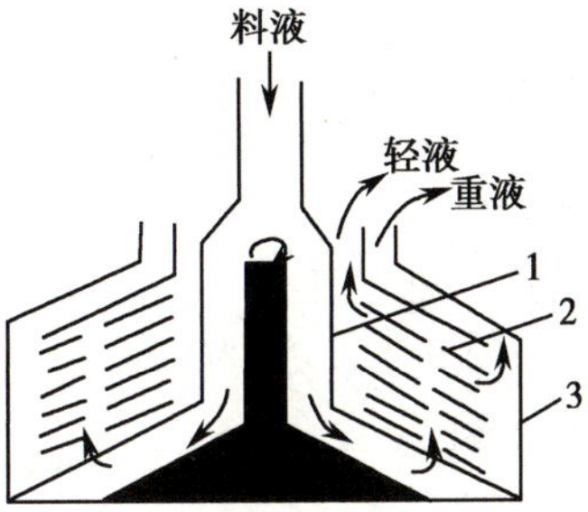

1. 中心管；2. 碟片；3. 转鼓。

图 5-9　碟式离心机

碟式离心机既可用于乳浊液的分离，又可用于含少量细粒的悬浮液的分离，碟片结构略有不同，碟片上开有小孔的适用于前者的分离，不开孔的适用于后者的分离，其优点主要为分离时间短，且因操作均处于密闭的管道和容器中进行，不仅较好地避免了类似于重力沉降生产中的热气散失现象，同时也可有效地预防细菌污染，提高产品质量。因此，在制药生产中，碟式离心机有着非常广泛的应用。例如，中药煎煮液经一次粗过滤后，即可直接进入碟式离心机进行分离和除杂，所得药液随即进入后续的浓缩设备浓缩，从而真正实现了生产过程的连续化。

（3）三足式离心机：此类离心机的壳体内设有可高速旋转的转鼓，鼓壁上开有诸多小孔，内侧衬有一层或多层滤布。操作时，将悬浮液注入转鼓内，随着转鼓的高速旋转，液体便在离心力的作用下依次穿过滤布及壁上的小孔而排出，与此同时颗粒将被截留于滤布表面。

图 5-10 为工业上常见的三足式离心机的结构示意图。为减轻转鼓的摆动以及便于安装与拆卸，该机的转鼓、外壳和传动装置均被固定于下方的水平支座上，而支座则借助于拉杆被悬挂于三根支柱上，故称为三足式离心机。工作时，转鼓的高速旋转是由下方的三角带所驱动，相应的摆动则由拉杆上的弹簧所承受。

三足式离心机的分离因数一般可达 500~1 000，可分离粒径约为 0.05~5mm 的颗粒，间歇方式操作，主要缺点为劳动强度大、生产效率低。

离心机

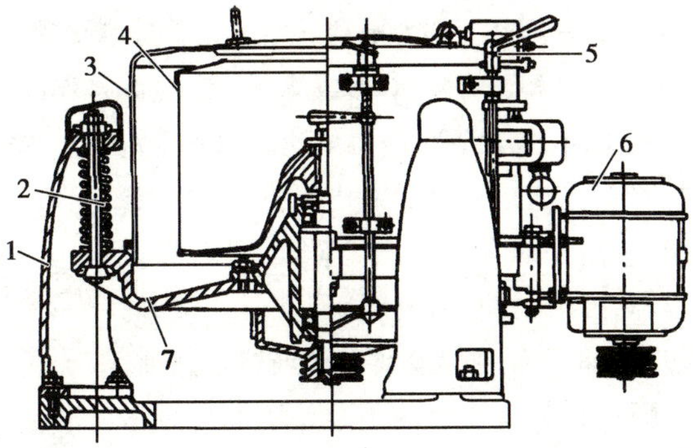

1. 支柱；2. 拉杆；3. 外壳；4. 转鼓；5. 制动器；6. 电动机；7. 机座。

图 5-10　三足式离心机

第三节 过 滤

一、基本概念

过滤是制药生产中常见的单元操作，一般作为沉降、结晶和固液反应等单元操作的后续生产单元，属于机械分离操作。

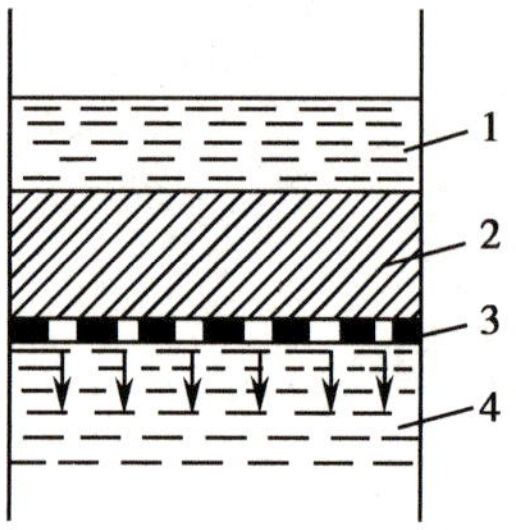

1. 料浆；2. 滤饼；3. 过滤介质；4. 滤液。

图 5-11 过滤操作示意图

如图 5-11 所示，过滤操作所处理的悬浮液称为料浆或滤浆，所用的多孔材料称为过滤介质，通过介质的液体称为滤液，而被介质所截留的固相颗粒称为滤饼或滤渣。过滤操作的推动力可以是重力、惯性离心力，也可以是压强差，其中以后者即压强差为推动力的过滤操作最为常见。按过滤推动力的不同，过滤操作可分为重力过滤、离心过滤、加压过滤和真空过滤。

0506

中国古代将过滤技术用于造纸

1. 过滤介质 过滤介质必须是多孔材料，以便滤液顺利通过，但孔道尺寸也不能过大，须能截留住颗粒并起到支撑滤饼的作用。可见，过滤介质应具有尽可能小的流动阻力及足够的机械强度。此外，过滤介质通常还应具有良好的抗腐蚀性和耐热性。

工业上常见的过滤介质主要有织物介质、粒状介质、多孔固体介质和多孔膜。

（1）织物介质：又称为滤布，是用棉、毛、丝、麻等天然纤维或各种合成纤维加工而成的织物，以及由玻璃丝或金属丝编织而成的多孔网。织物介质的厚度一般较薄，具有阻力小、易清洗及更新方便、价格便宜等优点，故工业应用最为广泛，通常可截留最小粒径为 5~65μm 的颗粒。

（2）粒状介质：是指由各种固体颗粒（如砂、木炭、石棉、硅藻土等）或非纺织纤维等堆积而成的固定床层，一般床层较厚，多用于深层过滤。

（3）多孔固体介质：是指采用多孔陶瓷、多孔塑料或多孔金属等具有大量微细孔道的固体材料所制成的管或板等。该类介质通常较厚、阻力较大，但孔道细，可截留粒径为 1~3μm 的小颗粒。

0507

中国古代将过滤技术应用于制酒

（4）多孔膜：是指用于膜过滤的各种无机材料膜和有机高分子膜。该类膜的厚度通常较薄，多介于几十微米到几百微米之间，且孔径极小，可截留 1μm 以下的微细颗粒，常用于超滤和微滤操作中。

2. 过滤方式 工业上的过滤操作有滤饼过滤和深层过滤之分。

（1）滤饼过滤：由于悬浮液中多数颗粒的尺寸都大于过滤介质的孔道直径，故当悬浮液被置于过滤介质的一侧并在外力推动下穿过介质时，颗粒将被截留而形成滤饼层，液体则可顺利地通过滤饼层和过滤介质，形成滤液。在过滤操作的开始阶段，会有部分的小颗粒进入介质的孔道内，并通过孔道而不被截留，使得早期的滤液呈混浊状。随着过程的进行，颗粒将在孔道内迅速产生“架桥”现象，如图 5-12 所示。由于架桥现象，使得小颗粒也可被介质所截留，即此后的颗粒会在介质上逐步堆积，形成滤饼层。滤饼层一旦形成，滤液将变得澄清，操作可顺利进行，此过程称为滤饼过滤或饼层过滤。可见，在饼层过滤中，真正对颗粒起截留作用的主要是不断增厚的滤饼层，而并不是过滤介质。饼层过滤适于颗粒含量较高（固相体积分数大于 1%）的悬浮液的分离。

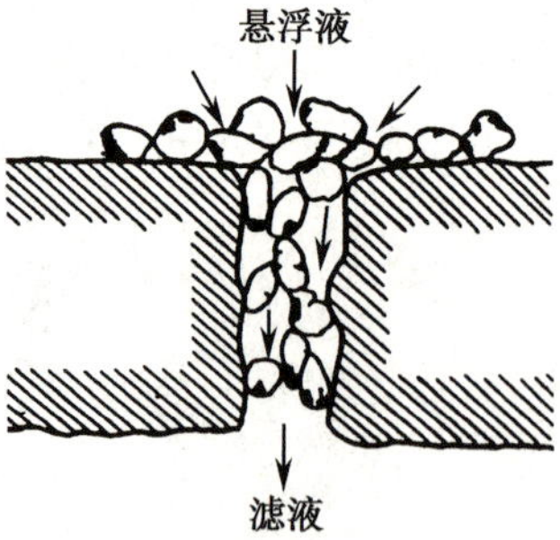

图 5-12 “架桥”现象

（2）深层过滤：若悬浮液的颗粒尺寸普遍小于介质的孔径，则此时可选用较厚的粒状床层即固定床作为过滤介质。由于此类介质的孔道弯曲细长，故当颗粒随流体在曲折孔道中流动时，将会因表面力和静电力的作用而附着在孔道壁面，使得固液相分离。可见，该过滤过程中颗粒并非是在过滤介质的表面形成滤饼，而是附着和沉积于过滤介质的内部，故称为深层过滤。在深层过滤中，真正起过滤作用的是过滤介质。

深层过滤适于固相含量少（固相体积分数小于 0.1%）、粒度小但处理量大的悬浮液的分离。典型的深层过滤如混浊药液的澄清、分子筛脱色等。

3. 滤饼的压缩性和助滤剂　随着过滤操作的进行，滤饼层不断加厚，使得滤液的流动阻力增大。研究表明，滤饼颗粒的特性决定了滤液流动阻力的大小。若构成滤饼的颗粒为不易变形的坚硬固体，如碳酸钙、硅藻土等，则当两侧的压强差增大时，颗粒的形状及颗粒间的空隙一般均不会发生明显的变化，此时单位厚度的滤饼层所具有的流动阻力可视为恒定，该种滤饼称为不可压缩滤饼。若滤饼层为絮状物或胶状物，则当两侧的压强差增大时，滤饼内颗粒的形状及颗粒间的空隙均将发生明显的变化，故此时单位厚度的滤饼层所具有的流动阻力将随压强差或滤饼层厚度的增加而增大，这种滤饼称为可压缩滤饼。

对于可压缩滤饼，随着过滤压强差的增大，滤饼层的空孔隙将变小，滤液流动时的阻力将增大。此外，对于所含颗粒十分细小的悬浮液的过滤，初始时这些细粒极易进入介质的孔道并将孔道堵死，即使未完全堵死，这些细粒所形成的滤饼层也极不利于滤液的流动，导致流动阻力急剧增大，操作难以继续。为解决上述两个问题，工业过滤中，会经常采用添加助滤剂的方法，即在过滤开始前，将另一种质地坚硬且能形成疏松饼层的固体颗粒混入料浆中或涂于过滤介质之上，以帮助过滤操作形成疏松的滤饼层。这种预混或预涂的固体颗粒习惯称为助滤剂，其使用量一般不超过固体颗粒质量的 0.5%，常见的助滤剂有硅藻土、石棉、活性炭、珍珠岩等。需注意的是，混入的助滤剂通常难以除去，故一般只在以液体回收为目的的过滤操作中才会使用助滤剂。

4. 床层的空隙率和颗粒的比表面积　单位体积床层中所具有的空隙体积，称为空隙率，即

$$\varepsilon=\frac{\text{空隙体积}}{\text{床层体积}} \qquad \text{式(5-14)}$$

式中，ε 为床层的空隙率，m^3/m^3。

单位体积床层中所具有的颗粒表面积，称为比表面积，即

$$a=\frac{\text{颗粒的表面积}}{\text{颗粒的体积}} \qquad \text{式(5-15)}$$

式中，a 为颗粒的比表面积，m^2/m^3。

5. 过滤速度与过滤速率　按整个床层截面积计算的滤液流速，称为过滤速度，可理解为单位时间内通过单位过滤面积的滤液体积，即

$$u=\frac{\mathrm{d}V}{A\mathrm{d}\tau} \qquad \text{式(5-16)}$$

式中，u 为过滤速度，m/s；V 为滤液体积，m^3；A 为过滤面积，m^2；τ 为过滤时间，s。

与过滤速度不同，过滤速率则是指单位时间内获得的滤液体积，单位为 m^3/s。

应当指出的是，过滤速度与过滤速率虽是两个不同的概念，但习惯上也常将过滤速度称为过滤速率。

6. 过滤阻力　过滤阻力由滤饼阻力和过滤介质阻力两部分组成。单位厚度滤饼所具有的阻力称为比阻，以 r 表示，其值反映了颗粒形状、尺寸及床层空隙率对滤液流动的影响。若滤饼的厚度为 L，则滤饼的阻力可表示为

$$R=rL \qquad \text{式(5-17)}$$

式中，R 为滤饼的阻力，1/m；r 为滤饼的比阻，$1/m^2$。

对于不可压缩滤饼,滤饼的比阻可用下式计算

$$r=\frac{5a^2(1-\varepsilon)^2}{\varepsilon^3} \qquad 式(5\text{-}18)$$

过滤介质的阻力与其厚度及致密程度有关,一般可视为常数。习惯上将过滤介质的阻力折合成一定厚度的滤饼层阻力,该厚度称为虚拟滤饼厚度或当量滤饼厚度。与式(5-17)类似,过滤介质的阻力可表示为

$$R_m=rL_e \qquad 式(5\text{-}19)$$

式中,R_m为过滤介质的阻力,1/m;L_e为虚拟滤饼厚度或当量滤饼厚度,即与过滤介质阻力相当的滤饼层厚度,m。

7. 过滤推动力 为克服流体在过滤过程中通过过滤介质和滤饼层的阻力,必须施加一定的外力,如重力、离心力和压强差等,所加的外力即为过滤推动力。由于流体所受的重力较小,所以一般重力过滤仅适用于过滤阻力较小的场合。而制药化工生产上常以压强差为推动力,此时过滤的总推动力为滤液通过串联的滤饼和过滤介质的总压强降,总阻力为两层的阻力之和。

过滤时,若一侧处于大气压下,则过滤压强差即为另一侧表压的绝对值。实际操作时有恒压过滤和恒速过滤两种操作方式,其中恒压过滤最为常见。此外,为避免过滤初期因压强差过高而引起滤液浑浊或滤布堵塞,也可采用先恒速后恒压的复合操作方式。

例 5-3 采用过滤操作分离某悬浮液,已知悬浮液中颗粒的直径为 0.3mm,固相的体积分率为 20%,过滤所形成的滤饼为不可压缩滤饼,其空隙率约为 50%,试计算:(1) 滤饼的比阻;(2) 每平方米过滤面积上获得 $1m^3$ 滤液时的滤饼阻力。

解:(1) 计算滤饼的比阻:由式(5-15)得颗粒的比表面积为

$$a=\frac{颗粒表面积}{颗粒体积}=\frac{\pi d^2}{\frac{\pi}{6}d^3}=\frac{6}{d}=\frac{6}{0.3\times10^{-3}}=2\times10^4\,m^2/m^3$$

由式(5-18)得滤饼的比阻为

$$r=\frac{5a^2(1-\varepsilon)^2}{\varepsilon^3}=\frac{5\times(2\times10^4)^2\times(1-0.5)^2}{0.5^3}=4\times10^9\,1/m^2$$

(2) 计算每平方米过滤面积上获得 $1m^3$ 滤液时的滤饼阻力:设每平方米过滤面积上获得 $1m^3$ 滤液时的滤饼厚度为 L,则对滤饼、滤液及料浆中的液体进行物料衡算得

滤液体积+滤饼中液体的体积=料浆中液体的体积

即

$$1+1\times L\times0.5=(1+1\times L)\times(1-0.2)$$

解得

$$L=0.67m$$

因此,滤饼的阻力为

$$R=rL=4\times10^9\times0.67=2.68\times10^9\,1/m$$

二、恒压过滤

过滤操作有恒压过滤和恒速过滤之分,其中以恒压过滤较为常见。此外,为避免过滤初期因压强差过高而引起滤液浑浊或滤布堵塞等现象,实际生产中还可采用先恒速再恒压的复合过滤方式。一般情况下,连续过滤机上进行的操作均为恒压过滤,而间歇过滤机上进行的也多为恒压过滤。因此,本节将只对恒压过滤的相关计算做简要介绍。

恒压过滤时,过滤的总推动力即过滤压强差 Δp 为定值。随着过滤过程的进行,滤饼不断增厚,滤

液的流动阻力不断增大，过滤速率逐渐降低。

设每获得 $1m^3$ 滤液所形成的滤饼体积为 v，则任一瞬间滤饼层的厚度 L 与当时已获取的滤液体积 V 之间的关系为

$$LA=\nu V$$

即

$$L=\frac{\nu V}{A} \qquad 式(5\text{-}20)$$

式中，ν 为滤饼体积与相应的滤液体积之比，m^3/m^3。

依此类推，设生成厚度为 L_e 的滤饼层所获得的滤液体积为 V_e，则

$$L_e=\frac{\nu V_e}{A} \qquad 式(5\text{-}21)$$

式中，V_e 为过滤介质的虚拟滤液体积或当量滤液体积，m^3。

对于不可压缩滤饼，可以导出下列关系

$$V_e^2=KA^2\tau_e \qquad 式(5\text{-}22)$$

$$V^2+2V_eV=KA^2\tau \qquad 式(5\text{-}23)$$

式中，τ_e 为虚拟过滤时间，即获得体积为 V_e 的滤液所需的时间，s；K 为过滤常数，其值由物料特性及过滤压强差决定，m^2/s。

对于不可压缩滤饼，K 与压强差 Δp 成正比。

将式(5-22)和式(5-23)相加并整理得

$$(V+V_e)^2=KA^2(\tau+\tau_e) \qquad 式(5\text{-}24)$$

式(5-22)～式(5-24)统称为恒压过滤方程。

令 $q=\frac{V}{A}$ 及 $q_e=\frac{V_e}{A}$，并依次代入式(5-22)～式(5-24)，则恒压过滤方程式将变换为

$$q_e^2=K\tau_e \qquad 式(5\text{-}25)$$

$$q^2+2q_eq=K\tau \qquad 式(5\text{-}26)$$

$$(q+q_e)^2=K(\tau+\tau_e) \qquad 式(5\text{-}27)$$

式中，q_e 为介质常数，其反映过滤介质阻力的大小，m^3/m^2。

习惯上将 K、q_e 和 τ_e 统称为过滤常数，它们均可由实验直接测得。其中，对于不可压缩滤饼，除 q_e 外，K 和 τ_e 将随着过滤压强差 Δp 而变化；而对于可压缩滤饼，三者均随着 Δp 而变化。

当过滤介质的阻力可忽略，即 q_e 和 τ_e 均为零时，式(5-27)可简化为

$$q^2=K\tau \qquad 式(5\text{-}28)$$

例 5-4 某悬浮液中固相体积分率为 20%，在 9.81×10^3Pa 的恒定压强差下过滤，得不可压缩滤饼，滤液为清水。已知滤饼的空隙率为 50%，过滤常数 $K=7.32\times10^{-3}m^2/s$，过滤介质的阻力可忽略，试计算：(1) 每获得 $1m^3$ 滤液所形成的滤饼体积；(2) 每平方米过滤面积上获得 $1.8m^3$ 滤液所需的过滤时间；(3) 过滤时间延长一倍所增加的滤液量；(4) 在与(1)相同的过滤时间内，当过滤压强差增至原来的 1.5 倍时，每平方米过滤面积上所能获得的滤液量。

解：(1) 计算每获得 $1m^3$ 滤液所形成的滤饼体积：设每获得 $1m^3$ 滤液所形成的滤饼体积为 ν，则对滤饼、滤液及料浆中的水分进行物料衡算得

滤液体积+滤饼中水的体积=料浆中水的体积

即

$$1+\nu\times0.5=(1+\nu)\times(1-0.2)$$

解得

$$\nu = 0.67\text{m}^3/\text{m}^3$$

(2) 计算每平方米过滤面积上获得 1.8m³ 滤液所需的过滤时间：由题意可知，过滤介质的阻力可忽略，且 $q=1.8\text{m}^3/\text{m}^2$，故代入式(5-28)得

$$\tau = \frac{q^2}{K} = \frac{1.8^2}{7.32\times10^{-3}} = 443\text{s}$$

即每平方米过滤面积上获得 1.8m³ 滤液所需的过滤时间为 443s。

(3) 计算过滤时间延长一倍所增加的滤液量：若过滤时间延长一倍，则

$$\tau' = 2\tau = 2\times443 = 886\text{s}$$

由式(5-28)得

$$q' = \sqrt{K\tau'} = \sqrt{7.32\times10^{-3}\times886} = 2.55\text{m}^3/\text{m}^2$$

即

$$q'-q = 2.55-1.8 = 0.75\text{m}^3/\text{m}^2$$

可见，每平方米过滤面积上可再增加 0.75m³ 的滤液。

(4) 计算当过滤压强差增至原来的 1.5 倍时，每平方米过滤面积上所能获得的滤液量：对于不可压缩滤饼，K 与压强差 Δp 成正比，则有

$$\frac{K'}{K} = \frac{\Delta p'}{\Delta p} = 1.5$$

即

$$K' = 1.5K$$

故

$$q' = \sqrt{K'\tau} = \sqrt{1.5K\tau} = \sqrt{1.5\times7.32\times10^{-3}\times443} = 2.21\text{m}^3/\text{m}^2$$

可见，每平方米过滤面积上所能获得的滤液量为 2.21m³。

三、过滤设备

过滤悬浮液的生产设备统称为过滤机。依据过滤压强差的不同，过滤机可分为压滤、吸滤和离心三种类型。目前，制药生产中广泛使用的板框压滤机和叶片压滤机均属典型的压滤式过滤机，各种真空过滤机均属吸滤式过滤机，而三足式离心机则为典型的离心式过滤机。此外，依据操作方式的不同，过滤机又可分为间歇式和连续式两大类，前述的板框压滤机、叶片压滤机均属间歇式过滤机，而转筒真空过滤机则属连续式过滤机。

1. 板框压滤机　如图 5-13 所示，板框压滤机由多块带凸凹纹路的滤板与滤框交替排列于机架上而构成。板和框一般均制成正方形，其角端均开有圆孔，当板和框相互间隔组装起来并压紧后，这些圆孔即构成了供滤浆、滤液或洗涤液流动的通道。框的两侧覆以滤布，于是空框与滤布便围成了可容纳滤浆和滤饼的空间。除最外侧两端板的外侧表面外，其余的板两侧表面均开有纵横交错的沟槽。

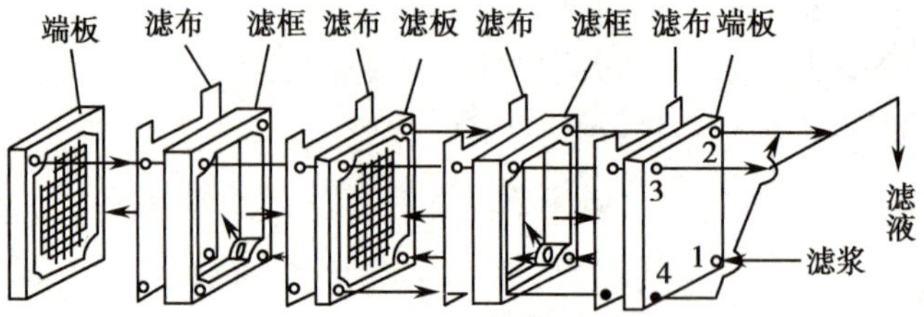

图 5-13　板框压滤机

依据结构的不同，板又分为洗涤板和过滤板两种，前者的两侧表面有暗孔与通道3相通，后者的两侧表面有暗孔与通道2和通道4相通，而通道1代表了滤浆通道，通道2、3和4代表了滤液通道。为区分不同的板及框，常在板和框的外侧铸有标记钮，通常过滤板为一钮，洗涤板为三钮，而框为二钮。装合时，应按钮数1-2-3-2-1-2-3-2……的顺序对板和框加以排列。

过滤时，悬浮液从框的右下角的通道1进入滤框，届时固体颗粒将被滤布截留于框内形成滤饼，而滤液则依次穿过滤饼和滤布，到达过滤框两侧的板，再经板面的暗孔进入通道2、3或4排出。待框内全部充满滤饼后，操作即可停止。

0508 板框式压滤机的起源

若滤饼需要洗涤，则应先切断通道1，再将洗涤液压入通道3，届时洗涤液将经过洗涤板两侧的暗孔进入板面与滤布之间，并在压强差的推动下依次穿过滤布、滤饼和滤布，最后由过滤板板面的暗孔进入通道2和4排走，此种洗涤法称为横穿洗涤法。洗涤结束后，旋开压紧装置将板与框拉开，卸下滤饼，洗涤滤布，然后重新组装，进入下一操作循环。

板框压滤机的结构简单，操作灵活，推动力高，占地少，过滤面积大且可调，便于采用耐腐蚀性材料制造。主要缺点为劳动强度大，以及间歇操作方式致使其生产效率低。

2. 转筒真空过滤机　如图5-14(a)所示，转筒真空过滤机的主体为一个转动的水平圆筒，称为转鼓。其表面装有一层用于支承的金属网，网的外周覆以滤布，采用纵向隔板将转鼓的内腔分隔为若干个扇形小格，每个小格都有一根管道与转鼓侧面圆盘的一个端孔相连，该圆盘被固定于转鼓并随转鼓一起转动，称为转动盘，其结构如图5-14(b)所示。转动盘与另一静止的圆盘相配合，后者盘面上开有三个圆弧形的凹槽，这些凹槽均通过孔道分别与滤液排出管（连接真空系统）、洗水排出管（连接真空系统）和压缩空气管相连通，由于该圆盘静止不动，故称为固定盘，其结构如图5-14(c)所示。当固定盘与转动盘的表面紧密贴合时，转动盘上的小孔与固定盘上的凹槽将对应相通，称为分配头。

0509 聚丙烯滤板

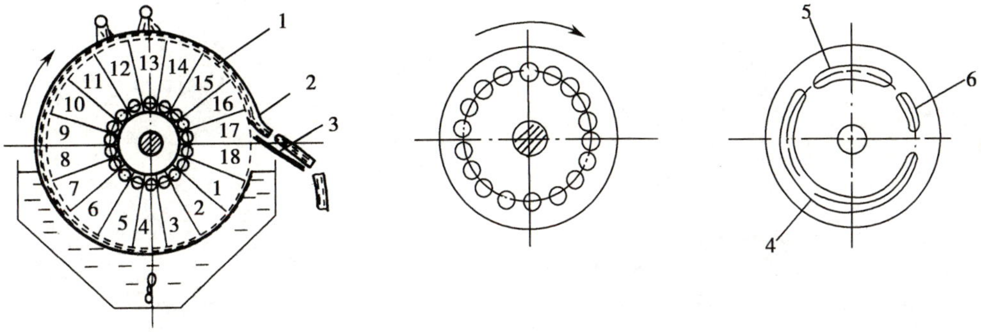

(a) 转鼓　　(b) 转动盘　　(c) 固定盘

1. 转筒；2. 滤饼；3. 刮刀；4. 吸走滤液的真空凹槽；
5. 吸走洗水的真空凹槽；6. 通入压缩空气的凹槽。

图5-14　转鼓、转动盘及固定盘的结构

转筒真空过滤机工作时，筒的下部浸入料浆中，转动盘随转鼓一起旋转。凭借分配头的作用，使得相应的转筒表面上的各部位分别处于被抽吸或被吹松的状态。于是，在转鼓旋转一周的过程中，每个扇形小格所对应的转鼓表面可依次顺序地进行过滤、吸干、洗涤、吸干、吹松和卸渣等操作阶段，现分述如下：

(1) 过滤和吸干阶段：当转动盘上某几个小孔与固定盘上的滤液排出管所对应的凹槽贴合时，与这几个小孔相连通的各扇形小格及对应的转鼓表面将与滤液抽空系统相连，于是滤液被抽吸而出，而滤饼将沉积于滤布的外表面，从而实现对料浆的过滤操作，随后这些扇形小格依次离开料浆槽，开始吸干操作。

（2）洗涤和吸干阶段：随着转鼓的转动，当这些小孔与洗水排出管所对应的凹槽贴合时，相应的扇形小格及对应的转鼓表面将与吸水抽空系统相连，届时自转鼓上方喷洒而下的洗水将被直接吸入排出管，从而完成对滤饼的洗涤和吸干操作。

（3）吹松阶段：当这些小孔与压缩空气管所对应的凹槽贴合时，扇形小格及转鼓表面将与压缩空气的吹气系统相连，从而实现对滤饼的吹松操作。

（4）卸渣阶段：随着转鼓的转动，这些小孔所对应的转鼓表面上的滤饼将与刮刀相遇，从而实现对滤饼的卸渣操作。

若继续旋转，这些小孔所对应的转鼓表面又将重新浸入料浆中，开始下一操作循环。此外，每当转动盘上的小孔与固定盘两凹槽之间的空白位置（与外界不相通的部分）相遇时，相应的转鼓表面将停止工作，以避免两工作区发生串通。

转筒真空过滤机的突出优点是可实现连续自动操作，劳动强度小，适于处理量大但易于分离的料浆过滤；主要缺点为体积大、附属设备多、投资费用高、有效的过滤面积小，以及由于真空吸液的推动力有限，故料浆的温度不能过高等。

3. 叶片压滤机 叶片压滤机简称叶滤机。如图 5-15 所示，叶滤机是由诸多的滤叶组成，每一滤叶均相当于一个过滤单元，其上覆有滤布。操作时，料浆先由加压泵打入机壳内，并在压差的推动下穿过滤布，使得滤液进入到滤叶的内腔，再由滤叶的各排出口汇聚至总管收集。与此同时，滤饼则被截留于滤布上。待操作进行一段时间后，用洗涤水置换料浆，对滤饼进行洗涤，称为置换洗涤法。洗涤结束后，可打开机壳的上盖，将滤叶取出，进行卸渣和清洗滤布，然后重新组装开始下一操作循环。

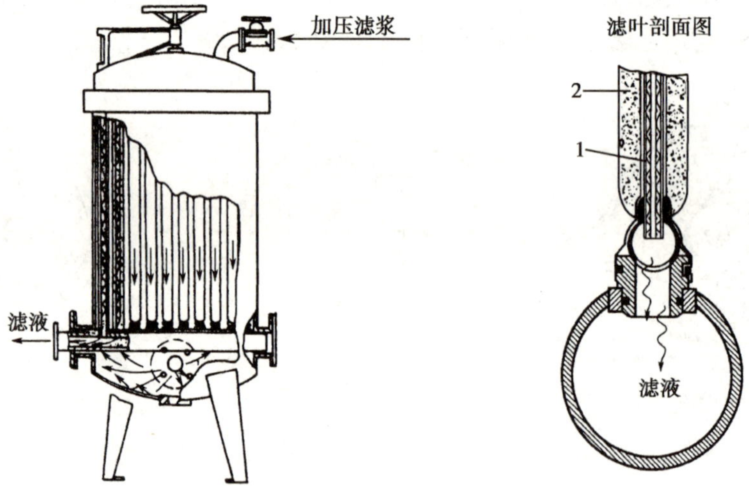

1. 滤叶；2. 滤饼。

图 5-15 圆形滤叶压滤机

叶滤机的最大优点在于其洗涤与装卸过程均较方便，且占地面积小，过滤速度大。但滤饼的厚度一般不均匀，同时设备的造价也较高。

四、滤饼的洗涤

由于滤饼层的颗粒间存有空隙，其内存有一定量的滤液，这不仅降低了固相产品的质量，同时又影响了液相产品的回收，为此生产中一般需对滤饼进行洗涤。通常，洗涤液多为清液，因其内不含固体，故进行洗涤操作时，滤饼层的厚度可视为不变。因此，若此时的操作压强差保持恒定，则洗涤液的体积流量也应为恒定。

洗涤速率可采用单位时间内所消耗的洗涤液体积来表示，即

$$\left(\frac{dV}{d\tau}\right)_W=\frac{V_W}{\tau_W} \qquad 式(5\text{-}29)$$

式中，$\left(\frac{dV}{d\tau}\right)_W$ 为洗涤速率，m^3/s；V_W 为洗涤过程中所消耗的洗涤液体积，m^3；τ_W 为洗涤时间，s。

若洗涤操作的压差推动力与过滤终了时的推动力一致，且洗涤液的黏度与滤液相近，则洗涤速率与过滤终了时的过滤速率之间将存在定量的换算关系。

对于板框压滤机，由于采取的是横穿洗涤法，则洗涤液需穿越两层滤布及整个框内的滤饼层，其流经长度约为过滤终了时滤液流经长度的 2 倍，而流通截面积却只有后者的一半，故板框压滤机的洗涤速率约为过滤终了时过滤速率的 1/4。

对于叶片压滤机，由于采用的是置换洗涤法，洗涤液与过滤终了时的滤液流径基本相同，且洗涤面积与过滤面积也相同，故叶滤机的洗涤速率大致等于过滤终了时的过滤速率。

因此对于板框压滤机，其洗涤时间可用下式计算

$$\tau_W=\frac{8(V+V_e)V_W}{KA^2}=\frac{8(q+q_e)V_W}{KA} \qquad 式(5\text{-}30)$$

五、板框压滤机的生产能力

过滤机的生产能力既可采用单位时间内所获得的滤液体积量来表示，又可采用单位时间内所获得的滤饼量来表示。

板框压滤机的每一生产循环包括过滤、洗涤、卸渣、清洗和重装等操作，属于典型的间歇操作式生产设备，其生产能力可计算为

$$Q=\frac{V}{T}=\frac{V}{\tau+\tau_W+\tau_D} \qquad 式(5\text{-}31)$$

式中，Q 为生产能力，m^3/s；V 为一个生产循环中所得到的滤液体积，m^3；T 为一个生产循环所需的操作时间，即操作周期，s；τ_W 和 τ_D 分别为一个生产循环内的洗涤时间和辅助操作（卸渣、清洗和重装）时间，s。

例 5-5　在压强差为 3.42×10^5Pa 的操作条件下，采用 BMS20/635-25 型（框的边长和厚度分别为 635mm 和 25mm）板框压滤机过滤某悬浮液。已知该压滤机内配有 26 个滤框；洗涤液采用清水，其消耗量为滤液体积的 10%；每一操作周期内的辅助操作时间为 15 分钟；每获得 $1m^3$ 滤液所得的滤饼体积为 $0.02m^3$。若过滤常数 $K=1.678\times10^{-4}m^2/s$，$q_e=0.022m^3/m^2$，试计算该板框压滤机的生产能力（以滤液体积量表示）。

解：由题意知，该板框压滤机的总过滤面积 $A=0.635^2\times2\times26=21m^2$，滤饼总体积 $V_{饼}=0.635^2\times0.025\times26=0.262m^3$，故当滤框内全部充满滤饼时所得的滤液体积为

$$V=\frac{V_{饼}}{\nu}=\frac{0.262}{0.02}=13.1m^3$$

则

$$q=\frac{V}{A}=\frac{13.1}{21}=0.624m^3/m^2$$

由过滤常数 K 和 q_e，结合式(5-25)，可得另一过滤常数 τ_e，即

$$\tau_e=\frac{q_e^2}{K}=\frac{0.022^2}{1.678\times10^{-4}}=2.88\text{s}$$

将 q、K、q_e 及 τ_e 代入恒压过滤方程(5-27)，即

$$(q+q_e)^2=K(\tau+\tau_e)$$

$$(0.624+0.022)^2=1.678\times10^{-4}(\tau+2.88)$$

解得

$$\tau=2\ 484\text{s}$$

由题意知，洗涤水的用量为

$$V_W=0.1V=0.1\times13.1=1.31\text{m}^3$$

代入式(5-30)得洗涤时间为

$$\tau_W=\frac{8(q+q_e)V_W}{KA}=\frac{8\times(0.624+0.022)\times1.31}{1.678\times10^{-4}\times21}=1\ 921\text{s}$$

因此，由式(5-31)得该过滤机的生产能力为

$$Q=\frac{V}{\tau+\tau_W+\tau_D}=\frac{13.1}{2\ 484+1\ 921+15\times60}=0.002\ 5\text{m}^3/\text{s}=9\text{m}^3/\text{h}$$

第四节 膜 过 滤

一、膜过滤原理与膜组件

1. 膜过滤原理 膜可以看作是一个具有选择透过性的介质，它允许一些物质透过而阻止另一些物质透过，从而起到分离作用。膜可以是均相的或非均相的、对称型的或非对称型的、固体的或液体的、中性的或荷电性的，其厚度可以从 0.1 微米至数毫米。

膜过滤是以膜为过滤介质，其原理可用图 5-16 来说明。将含有 A、B 两种组分的原料液置于膜的一侧，然后对该侧施加某种作用力，若 A、B 两种组分的分子大小、形状或化学结构不同，其中 A 组分可以透过膜进入到膜的另一侧，而 B 组分被膜截留于原料液中，则 A、B 两种组分即可分离开来。进行膜过滤时，被分离的混合物中至少有一种组分几乎可以无阻碍地通过膜，而其他组分则不同程度地被膜截留于原料侧。

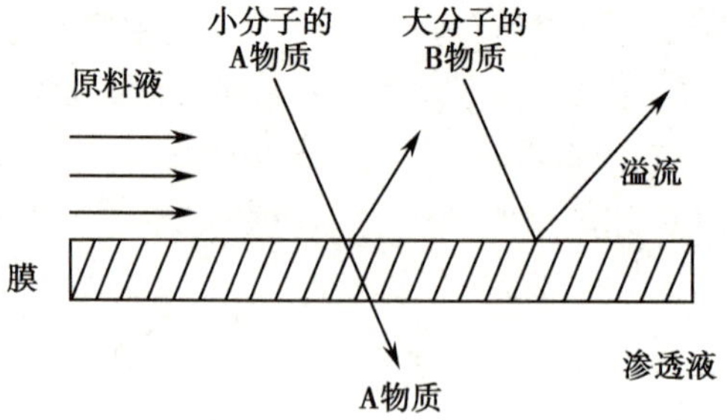

图 5-16 膜过滤原理

膜分离过程

膜过滤的种类很多，常见的有微滤、超滤、纳滤、反渗透、渗析和电渗析等，其中微滤、超滤和反渗透的推动力均为压力差，渗析的推动力为浓度差，而电渗析的推动力则是电位差。

2. 膜组件 将膜按一定的技术要求组装在一起即成为膜组件，它是所有膜过滤装置的核心部件，其基本要素包括膜、膜的支撑体或连接物、流体通道、密封件、壳体及外

接口等。常见的膜组件有板框式、卷绕式、管式和中空纤维膜组件等。将膜组件与输送设备、过滤器、阀、仪表及管路等按一定的技术要求装配在一起，即成为膜过滤装置。

（1）板框式膜组件：将平板膜、支撑板和挡板以适当的方式组合在一起，即成为板框式膜组件。典型平板膜片的长和宽均为 1m，厚度为 200μm。支撑板的作用是支撑膜，挡板的作用是改变流体的流向并分配流量，以避免沟流，即防止流体集中于某一特定的流道。板框式膜组件中的流道如图 5-17 所示。

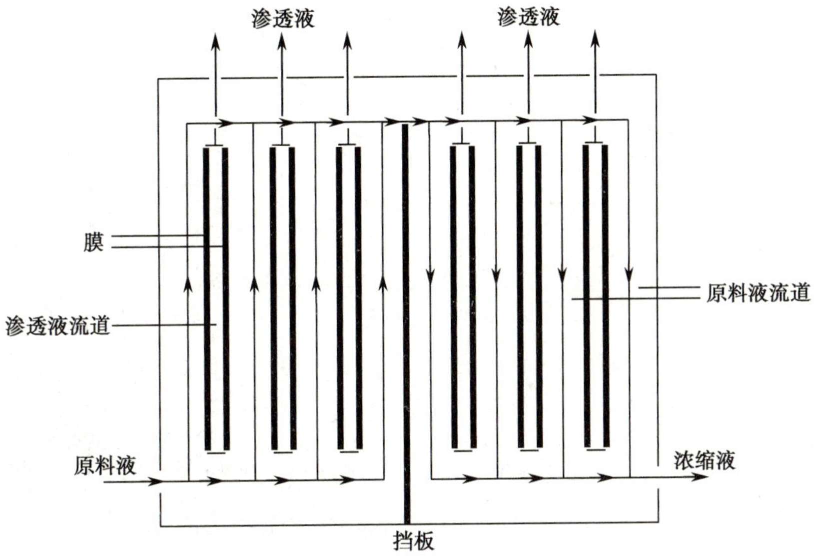

图 5-17　板框式膜组件中的流道

对于板框式膜组件，每两片膜之间的渗透物都被单独引出来，因而可通过关闭个别膜组件来消除操作中的故障，而不必使整个膜组件停止运行，这是板框式膜组件的一个突出优点。但板框式膜组件单位体积具有的膜面积较小，且内部阻力损失较大。

（2）卷绕式膜组件：平板膜片也可制成卷绕式膜组件。将一定数量的膜袋同时卷绕于一根中心管上，即成为卷绕式膜组件，如图 5-18 所示。膜袋由两层膜构成，其中三个边沿被密封而黏接在一起，另一个开放的边沿与一根多孔的产品收集管即中心管相连。膜袋内填充多孔支撑材料以形成透过液流道，膜袋之间填充网状材料以形成料液流道。工作时料液平行于中心管流动，进入膜袋内的透过液，旋转着流向中心收集管。为减少透过侧的阻力，膜袋不宜太长。若需增加膜组件的面积，可增加膜袋的数量。

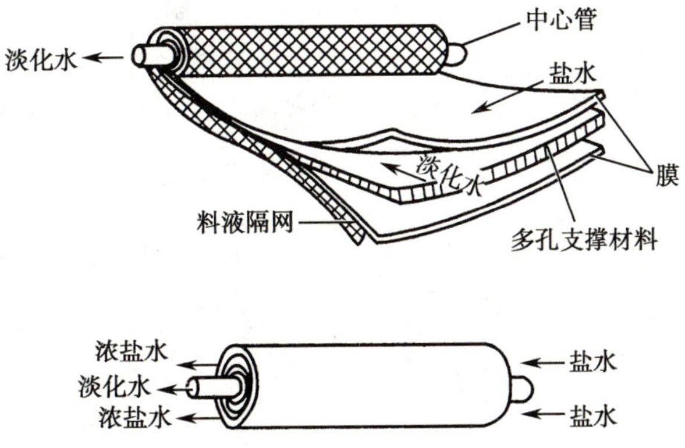

图 5-18　卷绕式膜组件的结构

(3) 管式膜组件:将膜制成直径约几毫米或几厘米的圆管,即成为管式膜。管式膜可以玻璃纤维、多孔金属或其他适宜的多孔材料作为支撑体。将一定数量的管式膜安装于同一个多孔的不锈钢、陶瓷或塑料管内,即成为管式膜组件,如图 5-19 所示。

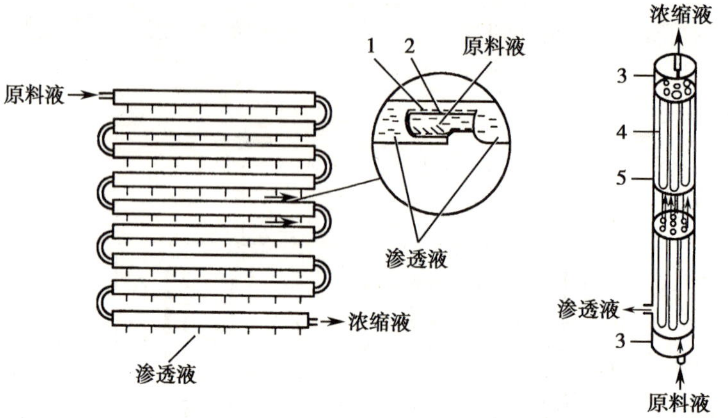

(a) 内压单管式　　(b) 内压管束式

1. 多孔外衬管;2. 管式膜;3. 耐压端套;4. 玻璃钢管;5. 渗透液收集外壳。

图 5-19 管式膜组件

管式膜组件有内压式和外压式两种安装方式。当采用内压式安装时,管式膜位于几层耐压管的内侧,料液在管内流动,而渗透液则穿过膜并由外套环隙中流出,浓缩液从管内流出。当采用外压式安装时,管式膜位于几层耐压管的外侧,原料液在管外侧流动,而渗透液则穿过膜进入管内,并由管内流出,浓缩液则从外套环隙中流出。

(4) 中空纤维膜组件:将一端封闭的中空纤维管束装入圆柱形耐压容器内,并将纤维束的开口端固定于由环氧树脂浇注的管板上,即成为中空纤维膜组件,如图 5-20 所示。工作时,加压原料液由膜组件的一端进入壳侧,当料液由一端向另一端流动时,渗透液经纤维管壁进入管内通道,并由开口端排出。

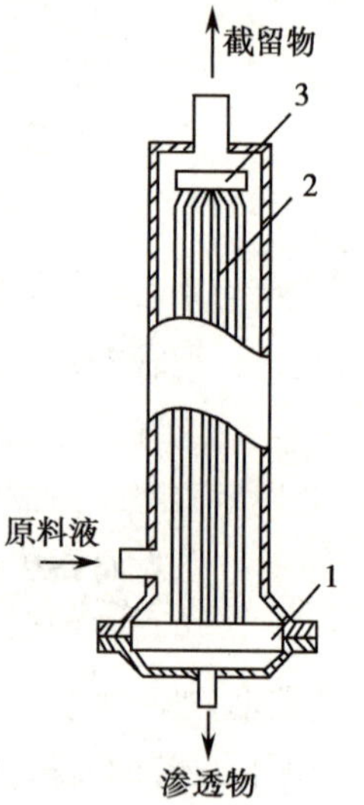

1. 环氧树脂管板;2. 纤维束;3. 纤维束端封。

图 5-20 中空纤维膜组件

二、微滤

微滤是目前应用最为广泛的一种膜过滤技术,常用于从液相或气相中截留微粒、细菌和其他污染物,以达到净化和除菌的目的。

微滤膜具有材质薄、滤速快、吸附少、无介质脱落、不参与化学反应等优点,这是普通过滤材料无法取代的。微滤膜的孔径一般为 0.1~1μm,其中以 0.45μm 的微滤膜的应用最为广泛,常用于料液和水的净化处理。孔径为 0.6~0.8μm 的微滤膜可用于气体的除菌和过滤,0.22μm 的微滤膜可用于药液的除菌过滤。

目前微滤技术已在药品生产中得到广泛应用。许多药品,如葡萄糖注射液、右旋糖酐注射液、维生素类注射液、硫酸庆大霉素注射液等的生产过程以及空气的无菌过滤等,均使用微滤技术来去除细菌和微粒,以达到提高产品质量的目的。

三、超滤

超滤是一种具有分子水平的膜过滤技术。在制药工业中,超滤常用作反渗透、电渗析、离子交换树脂等装置的前处理设备。

制备制药用水所用的原水中常含有大量的悬浮物、微粒、胶体物质以及细菌和海藻等杂质，其中的细菌和藻类物质很难用常规的预处理技术完全除去，这些物质可在管道及膜表面迅速繁衍生长，容易堵塞水路和污染反渗透膜，影响反渗透装置的使用寿命。通过超滤可将原水中的细菌和海藻等杂质几乎完全除去，从而既保护了后续装置的安全运行，又提高了水的质量。

超滤在生物合成药物中主要用于大分子物质的分级分离和脱盐浓缩以及小分子物质的纯化、生化制剂的去热原处理等。目前已开发出结构与板框压滤机相似，但体积比板框小得多的工业规模的超滤装置，可取代传统的板框压滤机对发酵液进行过滤。该装置已用于红霉素、青霉素、头孢菌素、四环素、林可霉素、庆大霉素和利福霉素等抗生素的过滤生产。

由于超滤过程无相变，不需要加热，不会引起产品变性或失活，因而药品生产中常用于病毒及病毒蛋白的精制。目前狂犬疫苗、日本乙型脑炎疫苗等病毒疫苗均已采用超滤浓缩提纯工艺生产。

0511

超滤的发现与发展

此外，超滤技术还可用于制备复方丹参注射液、五味消毒饮等中药注射液、口服液的制备以及提取中药有效成分和制备中药浸膏等。

四、纳滤

纳滤是近年来发展起来的一种介于超滤与反渗透之间的膜过滤技术，可截留能通过超滤膜的溶质，而让不能通过反渗透膜的溶质通过，从而填补了由超滤与反渗透留下的空白。

纳滤能截留小分子有机物，并同时透析出无机离子，是一种集浓缩与脱盐于一体的膜过滤技术。由于无机盐能透过纳滤膜，因而大大降低了渗透压，故在膜通量一定的前提下，所需的外压比反渗透的要低得多，从而可使动力消耗显著下降。

在制药工业中，纳滤技术可用于抗生素、维生素、氨基酸、酶等发酵液的澄清除菌过滤、去除蛋白质以及分离与纯化等。此外，还用于中成药、保健品口服液的澄清除菌过滤以及从母液中回收有效成分等。

五、反渗透

反渗透所用的膜为半透膜，该膜是一种只能透过水而不能透过溶质的膜。反渗透原理可用图 5-21 来说明。将纯水和一定浓度的盐溶液分别置于半透膜的两侧，开始时两边液面等高，如图 5-21(a)所示。由于膜两侧水的化学位不等，水将自发地由纯水侧穿过半透膜向溶液侧流动，这种现象称为渗透。随着水的不断渗透，溶液侧的液位上升，使膜两侧的压力差增大。当压力差足以阻止水向溶液侧流动时，渗透过程达到平衡，此时的压力差 $\Delta\pi$ 称为该溶液的渗透压，如图 5-21(b)所示。若在盐溶液

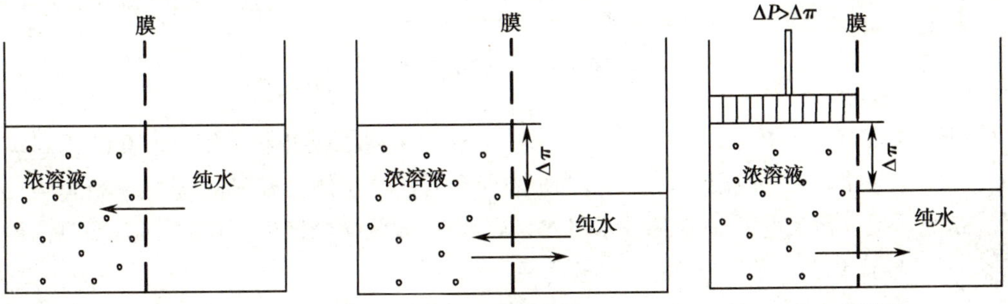

(a) 渗透　　(b) 渗透平衡　　(c) 反渗透

图 5-21　反渗透原理

的液面上方施加一个大于渗透压的压力，则水将由盐溶液侧经半透膜向纯水侧流动，这种现象称为反渗透，如图 5-21(c)所示。

若将浓度不同的两种盐溶液分别置于半透膜的两侧，则水将自发地由低浓度侧向高浓度侧流动。若在高浓度侧的液面上方施加一个大于渗透压的压力，则水将由高浓度侧向低浓度流动，从而使浓度较高的盐溶液被进一步浓缩。

0512 海鸥体内的反渗透装置

反渗透技术在制药工业中的一个重要应用就是用来制备纯化水，已基本取代了离子交换树脂制备纯水工艺。此外，还常用于抗生素、维生素、激素等溶液的浓缩过程。如在链霉素的提取精制过程中，传统的真空蒸发浓缩方法对热敏性的链霉素很不利，且能耗很大。若采用反渗透法取代传统的真空蒸发，则可提高链霉素的回收率和浓缩液的透光度，并可降低能耗。

六、电渗析

电渗析法是在外加直流电场的作用下，以电位差为推动力，使溶液中的离子做定向迁移，并利用离子交换膜的选择透过性，使带电离子从水溶液中分离出来。

电渗析所用的离子交换膜可分为阳离子交换膜(简称阳膜)和阴离子交换膜(简称阴膜)，其中阳膜只允许水中的阳离子通过而阻挡阴离子，阴膜只允许水中的阴离子通过而阻挡阳离子。

电渗析系统由一系列平行交错排列于两极之间的阴、阳离子交换膜所组成，这些阴、阳离子交换膜将电渗析系统分隔成若干个彼此独立的小室，其中与阳极相接触的隔离室称为阳极室，与阴极相接触的隔离室称为阴极室。操作中离子减少的隔离室称为淡水室，离子增多的隔离室称为浓水室。如图 5-22 所示，在直流电场的作用下，带负电荷的阴离子向正极移动，但它只能通过阴膜进入浓水室，而不能透过阳膜，因而被截留于浓水室中。同理，带正电荷的阳离子向负极移动，通过阳膜进入浓水室，并在阴膜的阻挡下被截留于浓水室中。

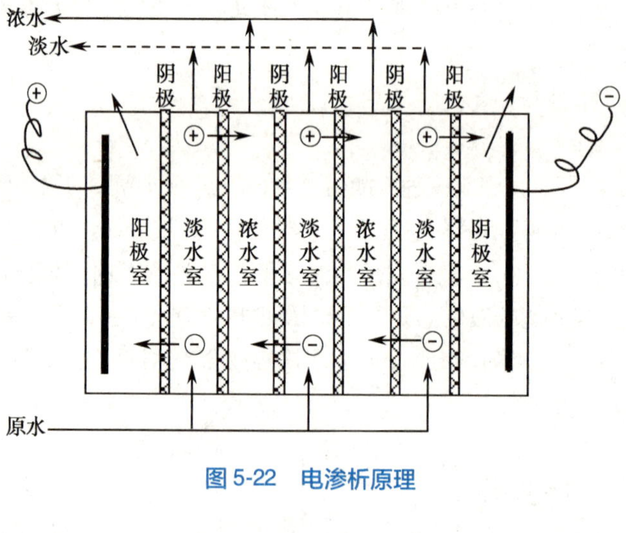

图 5-22　电渗析原理

由于阳极的极室中有初生态氯产生而对阴膜有毒害作用，故贴近电极的第一张膜宜用阳膜，因阳膜价格较低且耐用。而在阴极的极室及阴膜的浓室侧易有沉淀，故电渗析每运行 4~8 小时需倒换电极，此时原浓水室变为淡水室，故倒换电极后，需将电压逐渐升高至工作电压，以防离子迅速转移而使膜生垢。

0513 中国的电渗析技术

电渗析技术在制药工业中的一个重要应用就是用于水的脱盐，通常与反渗透技术相结合制备注射用水。此外，电渗析法还可用于葡萄糖液、氨基酸、溶菌酶、淀粉酶、肽、维生素 C、甘油、血清等药物的脱盐精制。

目标测试

课后习题

一、计算题

1. 试计算直径 40μm、密度 2 600kg/m^3 的球形颗粒在 30℃ 常压大气中的自由沉降速度。(0.122m/s)

2. 采用过滤面积为 0.1m^2 的过滤器，对某药物颗粒在水中的悬浮液进行过滤。若过滤 5 分钟得滤液 1.2L，又过滤 5 分钟得滤液 0.8L，试计算再过滤 5 分钟所增加的滤液量。(0.67L)

3. 某悬浮液中固相体积分率为 16%，在 9.81×10^3Pa 的恒定压强差下过滤，得不可压缩滤饼和滤液水。已知滤饼的空隙率为 55%，过滤常数 $K=8\times10^{-3}m^2/s$，过滤介质的阻力可忽略，试计算：(1) 每获得 1m^3 滤液所形成的滤饼体积；(2) 每平方米过滤面积上获得 2.0m^3 滤液所需的过滤时间；(3) 过滤时间延长一倍所增加的滤液量；(4) 在与(2)相同的过滤时间内，当过滤压强差增至原来的 1.8 倍时，每平方米过滤面积上所能获得的滤液量。(0.55m^3，500s，0.83m^3/m^2，2.68m^3)

4. 在压强差为 0.4MPa 的操作条件下，采用板框压滤机对某药物悬浮液进行间歇恒压过滤，得到不可压缩滤饼。已知该压滤机的滤框数为 26 个，框尺寸为 635mm×635mm×25mm，过滤得到的滤饼与滤液的体积之比 0.016。在其他操作工况相同的实验条件下，当过滤压强差为 0.1MPa 时，测得该压滤机的过滤常数 $q_e=0.022\,7m^3/m^2$，$\tau_e=2.76s$。试计算当滤框内全部充满滤饼时，所获得的滤液体积及所需的过滤时间。(16.375m^3，8 634s)

5. 在压强差为 3.5×10^5Pa 的操作条件下，采用 BMS20/635-25 型(框的边长和厚度分别为 635mm 和 25mm)板框压滤机过滤某悬浮液。已知该压滤机内配有 26 个滤框；洗涤液采用清水，其消耗量为滤液体积的 12%；每一操作周期内的辅助操作时间为 18 分钟；每获得 1m^3 滤液所得的滤饼体积为 0.023m^3。若过滤常数 $K=1.704\times10^{-4}m^2/s$，$q_e=0.021m^3/m^2$，试计算该板框压滤机的生产能力(以滤液体积量表示)。(8.83m^3/h)

6. 在 4×10^5Pa 的压强差下，对某药物颗粒在水中的悬浮液进行过滤试验，测得过滤常数 $K=5.2\times10^{-5}m^2/s$，$q_e=0.013m^3/m^2$，每获取 1m^3 滤液所获得的滤饼体积为 0.078m^3。现采用备有 38 个滤框的 BMY50/810-25 型(框的边长和厚度分别为 810mm 和 25mm)板框压滤机对此悬浮液进行过滤处理，过滤推动力及所用滤布与试验相同。若滤饼为不可压缩滤饼，试计算：(1) 过滤至框内全部充满滤饼时所需的时间。(2) 若过滤结束后，采用相当于滤液体积 15% 的清水进行洗涤，洗涤时间为多少？(3) 若每次卸滤饼和重装等全部辅助的操作时间为 20 分钟，则过滤机的生产能力为多少(以滤液体积量表示)？(4) 若将过滤压强差提高一倍，则过滤至框内全部充满滤饼时所需的时间为多少？(574s，641s，11.9m^3，287s)

二、简答题

1. 举例说明什么是均相物系？什么是非均相物系？

2. 什么是离心分离因数？如何提高此值？

3. 结合图 5-5，简述旋风分离器工作过程。

4. “架桥”现象在过滤过程中有什么意义？
5. 什么是助滤剂？何种情况下需要添加助滤剂？
6. 简述饼层过滤过程中的推动力和阻力。
7. 结合图 5-13，简述板框压滤机的结构和操作过程。
8. 板框压滤机的洗涤速率与过滤终了时的过滤速率有何关系？
9. 影响板框压滤机生产能力的因素有哪些？如何提高板框压滤机的生产能力？
10. 什么是膜组件？常见的膜组件有哪些？
11. 结合图 5-21，简述反渗透的工作原理。
12. 结合图 5-22，简述电渗析的工作原理。

第六章

吸附与离子交换

学习要求

1. 掌握吸附的基本原理，离子交换树脂的分类及工作原理。
2. 熟悉常用吸附剂，吸附剂的再生方法，离子交换树脂的特性。
3. 了解吸附等温线方程，固定床吸附过程，典型的离子交换设备。

第六章
教学课件

第一节 吸　　附

一、基本原理

当多孔性固体颗粒与流体（气体或液体）相接触时，流体中的某些组分在固体表面产生富集，这种现象称为吸附。当吸附过程发生后，若改变操作条件，原已吸附于固体表面上的组分可能会重新回到流体中，这种现象称为解吸。在吸附过程中，具有一定吸附能力的多孔性固体物质称为吸附剂，流体中被吸附的物质称为吸附质。吸附操作就是采用适宜的多孔性固体选择吸附流体中的某些组分，从而将这些组分从混合物中分离出来，它是分离纯化气体和液体混合物的重要单元操作。

按吸附质与吸附剂之间相互作用力的不同，吸附可分为物理吸附和化学吸附两大类，两者的比较见表 6-1。

表 6-1　物理吸附与化学吸附的比较

吸附性质	物理吸附	化学吸附
作用力	范德瓦耳斯力	化学键力
吸附热	近于液化热	近于化学反应热
选择性	一般没有	有
吸附速度	快，几乎不需要活化能	较慢，需要一定的活化能
吸附层	单分子层或多分子层	单分子层
温度	放热过程，低温有利于吸附	温度升高，吸附速率增加
可逆性	常可完全解吸	不可逆

物理吸附是由于吸附质与吸附剂之间存在分子间作用力即范德瓦耳斯力（又称范德华力）而引起的，故又称为范德瓦耳斯吸附。物理吸附的作用力较弱，无选择性。物理吸附一般为可逆吸附，且吸附速度较快，易液化的气体容易被吸附，如同气体被冷凝于固体表面一样，吸附放出的热与气体的液化热相近，约为 20~40kJ/mol。物理吸附时，被吸附的分子既可形成单分子层吸附，也可形成多分子层吸附，吸附速度和解吸速度均较快，因而容易达到平衡。通常，在低温下进行的吸附多为物理吸附。

古老而应用广泛的分离技术——吸附分离

化学吸附是由于吸附剂与吸附质的分子间形成化学键而引起的。化学吸附时，吸附剂与吸附质的分子间存在电子转移、原子重排、化学键破坏与形成等，因而具有选择性，如氢可在钨或镍的表面上进行化学吸附，但与铝或铜则不能发生化学吸附。化学吸附一般为不可逆吸附，且放热量很大，约为40～400kJ/mol，接近于化学反应热。此外，由于化学键的生成，化学吸附只能是单分子层吸附，且不易吸附和解吸，故难以快速达成平衡。

二、常用吸附剂

（一）吸附剂的物理性质

吸附剂的物理性质影响其吸附性能，如在吸附剂颗粒内部含有大量的孔隙，这些孔隙的大小及分布对吸附剂的性能产生很大影响。

1. 孔径与孔径分布 吸附剂颗粒内部孔径的大小可分成三类：大孔、过渡孔和微孔。由于各种吸附剂的孔径变化很大，因此常用平均孔径来表示。

孔径分布又称孔容分布，反映了吸附剂内部某一孔径范围内孔隙体积的分布情况。一般来说，活性炭的孔径分布较宽，而分子筛的孔径分布较窄。

2. 孔隙率 吸附剂颗粒内部的孔隙体积占颗粒总体积的比率称为孔隙率，孔隙率常用 ε_p 表示。

3. 比表面积 单位质量的吸附剂所具有的表面积称为比表面积。在恒温条件下，固体吸附剂与被吸附气体达到吸附平衡时，可根据BET理论，利用吸附等温方程求出比表面积。

4. 密度

（1）堆密度：又称为填充密度。测定堆密度时，将一定量烘干后的吸附剂装入量筒中，摇实至体积不变时，加入到量筒中的吸附剂质量与其所占体积之比值即为该吸附剂的堆密度。

（2）表观密度：又称为颗粒密度或假密度，是指扣除吸附剂颗粒与颗粒之间的间隙体积后，单位体积吸附剂颗粒的重量。由于汞在常压下能填充于颗粒之间的间隙，而不能进入吸附剂的内部孔隙中，因此常用汞置换法来测量颗粒之间的孔隙体积，从而计算出吸附剂的表观密度。

（3）真实密度：又称为真密度，是指扣除吸附剂颗粒内部的孔隙体积后，单位体积吸附剂颗粒的重量。由于氦、水、苯等不仅能进入颗粒之间的间隙，而且可进入吸附剂颗粒的内孔中，因此常用它们代替汞，进行类似的汞置换法，可测得吸附剂的真实密度。

5. 容量 吸附剂的吸附容量分为静吸附量（平衡吸附量）和动吸附量两类。

（1）静吸附量：指当吸附剂与含有吸附质的气体或液体相互接触并达到充分平衡后，单位质量的吸附剂吸附气体或液体的量。测定静吸附量最直接的方法就是测量吸附前后被吸附气体体积的变化、液体重量的变化或吸附剂重量的变化。

（2）动吸附量：指当含吸附质的混合气体或液体流过吸附剂床层时，经长时间接触并达到稳定后吸附剂的平均吸附量。动吸附量通常小于静吸附量。

（二）常用吸附剂

在吸附分离过程中，常用的吸附剂有活性炭、活性白土、硅胶、活性氧化铝、分子筛和大孔吸附树脂等，其性能见表6-2。

1. 活性炭 活性炭具有吸附力强、分离效果好、价格低、来源方便等优点。但不同来源、制法、生产批号的产品，其吸附力可能不同，因此很难使其标准化。生产中常因采用不同来源或不同批号的活性炭而得不到重复的结果。另外，由于色黑质轻，往往易污染环境。

活性炭有粉状、颗粒和锦纶-活性炭三种基本类型。①粉状活性炭：颗粒极细，呈粉末状，比表面积大，吸附力和吸附量也特别大，是活性炭中吸附力最强的一类。但因其颗粒太细影响过滤速度，过

表 6-2　常用吸附剂的性能

吸附剂	孔隙率/%	堆密度 $\times 10^{-3}$/（kg/m^3）	比表面积 $\times 10^{-3}$/（m^2/kg）	孔径 $\times 10^{-9}$/m	容量/（kg/kg）
活性炭	35~50	0.4~0.6	1 000	2.0~3.5	0.7~1.2*
活性白土	30~50	0.6~0.8	100~250	3.0~4.0	0.1~0.2
硅胶	35~55	0.45~0.8	300~900	2.0~5.0	0.4~0.6
活性氧化铝	30~60	0.75~0.8	200~400	3.0~4.0	0.15~0.22
分子筛	60	0.5~0.7	500~700	0.3~1.0	0.2~0.3
大孔吸附树脂	30~50	1.02	300~500	20.0~30.0	

*碘值：在 0.1mol/L 碘溶液中加入活性炭 24 小时后所测得的吸附容量。

滤操作时常要加压或减压。②颗粒活性炭：由粉末状活性炭制成的颗粒，其比表面积相应有所减小，吸附力和吸附量仅次于粉末状活性炭。③锦纶-活性炭：以锦纶为黏合剂，将粉末状活性炭制成颗粒，其比表面积介于上述两种活性炭之间，但吸附力较两者都弱。锦纶不仅起黏合作用，而且还是一种活性炭的脱活性剂。它可用来分离因前两种活性炭吸附力太强而不易洗脱的吸附物，如分离酸性氨基酸及碱性氨基酸有良好效果，流速易控制，操作简便。

活性炭由于生产环境、包装、运输、储存条件的影响，会吸收水分和空气使其吸附力下降，应根据具体情况进行必要的活化处理。实验表明，活化后的活性炭除热源作用明显优于未活化的活性炭。例如，因包装密封不好，吸收水分和空气时，可于 120℃烘炽；对氯化物、硫酸盐有限量要求的注射剂，所用活性炭宜在适量的新鲜注射用水中煮沸 15 分钟，放冷、滤干后烘干再用。

活性炭吸附生物物质时，应根据被分离物质的特性选择吸附力适宜的活性炭。当被分离物质不易被吸附时，选择吸附力强的活性炭；反之，则选择吸附力弱的活性炭。活性炭是非极性吸附剂，因此在水溶液中吸附力最强，在有机溶剂中吸附力较弱，对不同物质的吸附力也不同，一般遵循下述规律：①对极性基团（—COOH、—NH_2、—OH 等）多的化合物吸附力大于极性基团少的化合物。例如，活性炭对羟基脯氨酸的吸附力大于脯氨酸，因为前者比后者多了一个羟基。②对芳香族化合物的吸附力大于脂肪族化合物。③对分子量大的化合物吸附力大于分子量小的化合物。例如，对肽的吸附力大于氨基酸，对多糖的吸附力大于单糖。④活性炭的吸附效率与发酵液的 pH 有关，一般碱性物质在中性下吸附、酸性下解吸；酸性物质在中性下吸附、碱性下解吸。

在制剂生产中，活性炭是较常用的一种吸附剂。但应注意：①活性炭的用法影响制剂的质量，分次加入活性炭比一次加入吸附效果好。因为活性炭吸附杂质到一定程度后，吸附与解吸处于平衡状态，吸附力减弱。例如，大输液生产时分 2~3 次加入活性炭效果最佳，能使制剂质量明显提高。②活性炭的用量应视原料质量、品种而定，常用量为 0.1%~0.5%（W/V）。若用量不足，对杂质、热源等不能完全吸收；用量过大，其所含水溶性杂质可对药液造成污染，影响制剂质量。对主药含量低或主药易被活性炭吸附的制剂，活性炭的用量最好控制在 0.05%（W/V）以内，并通过计算适当增加主药投料量。

0603 猪嘴防毒面具的由来

2. 活性白土　活性白土又称为漂白土，其主要成分为硅藻土。在 80~100℃的温度下，用含量为 20%~40%的硫酸处理天然白土即得活性白土。常见的活性白土通常由 50%~70%的 SiO_2、10%~16%的 Al_2O_3 以及氧化铁、氧化镁等物质所组成。市售活性白土有粉末状和颗粒状两种规格，在制药生产中常用作脱色剂。

3. 硅胶　硅胶是一种透明或乳白色固体，其分子式可表示为 $xSiO_2 \cdot yH_2O$。将适量的水玻璃

(Na_2SiO_3)溶液与硫酸溶液混合，经喷嘴喷出成小球状，凝固成型后进行老化(使网状结构坚固)并洗去所含的盐，升温加热至300℃再经4小时干燥，即得小球状的硅胶。使用前，需在120℃加热活化24小时。

硅胶是一种多孔极性吸附剂，其表面有很多硅醇基，含水量约为3%~7%，吸湿量可达40%左右。硅胶的吸附能力随含水量的增加而下降，一般按含水量的不同进行分级(表6-3)。

表6-3 硅胶根据含水量不同的分级

分级	Ⅰ级	Ⅱ级	Ⅲ级	Ⅳ级	Ⅴ级
含水量/%	0	5	15	25	35

在药品生产中，硅胶常用于气体干燥以及色谱分离等，如用于强心苷、生物碱、甾体类药物的分离等。

4. 活性氧化铝 活性氧化铝又称为活性矾土，是一种多孔性、吸附能力较强的吸附剂。制备时，先制取氢氧化铝，再将氢氧化铝直接加热至400℃脱水可得碱性氧化铝。用两倍量的5% HCl处理碱性氧化铝，煮沸，用水洗至中性，加热活化可得中性氧化铝。中性氧化铝用醋酸处理后，加热活化可得酸性氧化铝。

与硅胶一样，活性氧化铝也是一种极性吸附剂，其吸附活性随含水量的增加而下降。按含水量的不同，氧化铝的活性可分为Ⅰ~Ⅴ级。含水0为Ⅰ级，3%为Ⅱ级，6%为Ⅲ级，10%为Ⅳ级，15%为Ⅴ级。吸水达到饱和后，可经275~315℃加热去水复活。

在药品生产中，活性氧化铝常用作干燥剂、催化剂或催化剂的载体以及色谱分离等。

5. 分子筛 分子筛是世界上最小的"筛子"，它能对物质的分子进行筛分，故称为分子筛。分子筛具有微孔结构，其微孔尺寸与被吸附分子的直径差不多，如泡沸石、多孔玻璃等属于此类吸附剂。泡沸石是铝硅酸盐的多水合物，具有蜂窝状结构，孔穴占总体积50%以上。

与其他吸附剂相比，分子筛的突出优点是选择性好。分子筛允许小于筛孔的分子通过筛孔而吸附于空穴内部，但大于筛孔的分子则被排斥在筛孔之外，从而可将分子大小不同的混合物分离开来，即起到筛分各种分子的作用。例如，用5Å分子筛(孔径约为5×10^{-10}m)分离正丁烷、异丁烷和苯的混合液，由于正丁烷的分子直径小于5×10^{-10}m，而异丁烷和苯的分子直径均大于5×10^{-10}m，因此5Å分子筛只能吸附正丁烷而不能吸附异丁烷和苯，从而可将正丁烷从混合液中分离出来。此外，分子筛在低浓度及高温下仍能保持较高的吸附能力。当吸附质浓度很低或温度较高时，普通吸附剂的吸附能力将显著下降。而分子筛则不同，只要吸附质分子的直径小于分子筛的孔径，即能保持较高的吸附能力。

6. 大孔吸附树脂 大孔吸附树脂是一类具有大孔结构但不含交换基团的高分子吸附剂，一般为白色球形颗粒，粒度多为20~60目。大孔吸附树脂是继离子交换树脂之后发展起来的一类新型的树脂类分离介质，具有良好的网状结构和很大的比表面积，可以物理吸附方式从水溶液中选择吸附有机物质，从而将被吸附组分从混合物中分离出来；具有良好的选择性和机械强度，解吸较为容易，并可反复使用。

大孔吸附树脂按骨架材料的极性强弱，可分为非极性、中极性、极性和强极性四类。非极性吸附剂是以苯乙烯为单体、二苯乙烯为交联剂聚合而成的，故称为芳香族吸附剂。中等极性吸附剂是以甲基丙烯酸酯作为单体和交联剂聚合而成的，也称为脂肪族吸附剂。含有硫氮、酰胺、氮氧等基团的为极性吸附剂。

市售的大孔吸附树脂含有未聚合单体、致孔剂、分散剂等残留的杂质成分，使用前必须加以处理。可将大孔树脂用乙醇浸泡24小时，充分溶胀，取一定量湿法装柱，先用适当浓度的乙醇清洗至洗出液加等量蒸馏水无白色浑浊为止，再用蒸馏水洗至无醇味且水液澄清，备用。通过乙醇与水交替反复洗脱，可除去树脂中的残留物，一般洗脱溶剂用量为树脂体积的 2~3 倍，交替洗脱 2~3 次，最终以水洗脱后即可使用。

目前，大孔吸附树脂已成功地应用于头孢菌素、维生素、林可霉素等的吸附提取。大孔吸附树脂在中药有效成分分离中也有广泛的应用，并日益显示出其独特的作用，举例介绍如下。

（1）黄酮类化合物：大孔吸附树脂分离纯化葛根总黄酮工艺过程为葛根药材先用 50% 乙醇提取回流两次（第 1 次 2 小时，第 2 次 1.5 小时），然后过滤，减压浓缩。采用 LSA10 大孔吸附树脂，树脂与药液的比例为 4∶1，以 1BV/h（BV：bed volume，指装在树脂床中的树脂体积）流速上柱至树脂饱和；然后进行洗脱，先以 2BV/h 水洗，再以 4BV 50% 乙醇洗脱，控制流速 0.5BV/h，得到的乙醇洗脱液减压浓缩，真空干燥得到葛根总黄酮。

（2）生物碱类化合物：生物碱类可用离子交换树脂分离，但酸、碱或盐类洗脱剂会给下一步分离造成麻烦，用大孔吸附树脂可避免外来杂质的问题。大孔吸附树脂吸附中药中碱类成分时吸附作用随吸附对象的结构不同而有所差异，且易被有机溶剂洗脱。大孔吸附树脂分离纯化川芎中川芎嗪的工艺为川芎药材先用 90% 乙醇回流提取，回流 3 次，每次 3 小时，并过滤浓缩；然后进行树脂吸附，采用 D101 大孔吸附树脂，调节 pH 至 10，树脂与药液的比例为 4∶1，以 4BV/h 流速上柱至饱和；先以 2BV/h 水洗，再选用 95% 乙醇作为洗脱剂，以 4BV/h 流速解吸得到醇洗脱液，减压浓缩、干燥，得到淡黄色粉末，即川芎嗪。

（3）苷类化合物：近年来大孔吸附树脂在苷类成分的分离纯化中得到广泛的应用，利用弱极性的大孔吸附树脂，很容易用水将糖等亲水性成分洗脱下来，然后再用不同浓度乙醇进行梯度洗脱，洗下被树脂吸附的苷类，从而达到纯化的目的。

大孔吸附树脂分离纯化人参总皂苷的工艺如下：先将人参饮片进行预处理，用 8 倍量 95% 乙醇回流提取 3 次，每次 4 小时，过滤得人参醇提液，减压回收乙醇，过滤得到人参上清液。延长提取时间和增加提取次数均有利于收率的提高，但也会增加消耗。提取液中加入 4% 的无机盐，不仅能够加快树脂对人参总皂苷的吸附速率，而且吸附量明显增大，因为加入无机盐降低了人参皂苷在水中的溶解度，使人参皂苷更容易被树脂吸附。用水稀释成含生药量 0.5mg/ml 后，以 2BV/h 吸附流速上柱；D101 大孔吸附树脂在此条件下能选择性地吸附人参成分中的总皂苷。饱和树脂先用水洗涤至无糖，再用 10BV 的 70% 乙醇将吸附在树脂上的人参总皂苷洗脱下来。收集洗脱液，洗脱率达 90% 以上，减压浓缩后即得人参总皂苷粗品。经 D101 型大孔吸附树脂吸附纯化后，人参总皂苷得到富集并大大地提高了纯度。利用大孔吸附树脂纯化人参总皂苷效果好，且操作简便、重现性好，适用于工业化生产。

0604

中药现代化的利器——大孔吸附树脂

三、吸附平衡与吸附等温线

（一）吸附平衡

吸附过程是吸附质在固体表面上不断吸附与解吸的过程。在吸附初期，由于吸附的吸附质分子数超过解吸的吸附质分子数，即吸附速度大于解吸速度，故在宏观上表现为吸附。随着吸附过程的进行，吸附剂表面被吸附质分子所覆盖的比例不断增大，相应地，吸附速度不断减小，解吸速度不断增大。当吸附速度与解吸速度相等时，吸附过程达到动态平衡，此平衡称为吸附平衡。

恒温恒压下，当含有吸附质的流体与吸附剂之间达到吸附平衡时，吸附质在流体主体中的浓度称为平衡浓度，单位质量吸附剂所吸附的吸附质的量称为平衡吸附量，简称为吸附量。

吸附剂的平衡吸附量可用下式计算

$$q=\frac{m_1}{m} \qquad \text{式(6-1)}$$

式中，q 为吸附剂的平衡吸附量，kg/kg；m_1 为流体中被吸附物质的质量，kg；m 为吸附剂的质量，kg。

对于气相吸附，吸附质的量常用体积来表示，此时式(6-1)可改写为

$$q=\frac{V}{m} \qquad 式(6-2)$$

式中，V 为气体中被吸附物质的体积，m^3。

吸附量的大小与吸附剂及吸附质本身的性能有关，此外还与温度和压力等外部条件有关。

恒压下，吸附量与平衡浓度之间存在一定的关系，一般可通过实验来测定并用曲线表示，这种曲线称为吸附等压线。

类似地，恒温下测得的吸附量与平衡浓度之间的关系曲线称为吸附等温线，若用函数关系式来描述，则称为吸附等温线方程。

（二）吸附等温线方程

1. Henry 方程 在气相吸附过程中，若吸附质的分压很低，则吸附剂的吸附量与吸附质的分压成正比，即

$$q=k_{H}p \qquad 式(6-3)$$

式中，q 为吸附剂的平衡吸附量，m^3/kg；k_H 为亨利系数，$m^3/(kg \cdot Pa)$；p 为吸附质的平衡分压，Pa。

Henry 方程适用于吸附剂表面被吸附的面积小于 10% 的气相或液相吸附过程。但对于液相吸附，式(6-3)应改写为

$$q=k_{H}C \qquad 式(6-4)$$

式中，C 为吸附质的平衡浓度，kg/m^3。

2. Freundlich 方程 由于固体表面情况的复杂性，因此在处理固体表面吸附时，多采用经验公式。研究表明，某些吸附过程的吸附等温线可采用 Freundlich 方程。对于气相吸附，Freundlich 方程可表示为

$$q=k_{F}p^{\frac{1}{n}} \qquad 式(6-5)$$

式中，p 为吸附平衡时气体的压力，Pa；k_F 为与溶剂种类、特性及温度有关的常数，由实验确定；n 为与温度有关的常数，由实验确定，n 越大，吸附过程越容易进行。

将式(6-5)两边取对数得

$$\lg q=\frac{1}{n}\lg p+\lg k_{F} \qquad 式(6-6)$$

以 $\lg q$ 对 $\lg p$ 作图可得一条直线，直线的斜率为$\frac{1}{n}$，截距为 $\lg k_F$，由斜率和截距即可求出 n 和 k_F。

Freundlich 方程仅适用于中等压力范围内的气相吸附过程，当用于高压或低压范围时则会产生较大的偏差。此外，Freundlich 方程还可用来描述某些液相吸附过程的吸附等温线，此时式(6-6)应改写为

$$q=k_{F}C^{\frac{1}{n}} \qquad 式(6-7)$$

3. 单分子层吸附理论——Langmuir 方程 吸附质分子在吸附剂表面上的吸附分为单分子层吸附和多分子层吸附。若吸附质分子只有碰撞到吸附剂表面的空白处才能被吸附，而碰撞到已被吸附的吸附质分子时则被弹回，这种吸附即为单分子层吸附。若被吸附质分子所覆盖的吸附剂表面可继续吸附吸附质分子，则将形成多分子层吸附。

Langmuir 在研究低压下气体在金属表面上的吸附过程时，总结出 Langmuir 单分子层吸附理论。根据可逆吸附和单分子层假设，可导出 Langmuir 方程。对于气相吸附，Langmuir 方程可表示为

$$q=\frac{k_{L}q_{M}p}{1+k_{L}p} \qquad 式(6-8)$$

式中，q 为气体分压为 p 时的吸附量，m^3/kg；q_M 为吸附剂表面全部被吸附质的单分子层所覆盖时的吸附量，m^3/kg；k_L 为 Langmuir 常数，1/Pa；p 为吸附质在气体混合物中的分压，Pa。

Langmuir 方程可较好地说明图 6-1 所示的吸附等温线。在低压、高温情况下，$k_Lp \ll 1$，故 $1+k_Lp\approx 1$，则 $q=k_Lq_Mp$。由于 k_Lq_M 为常数，故 q 与 p 成正比。在高压、低温情况下，$k_Lp\gg 1$，故 $1+k_Lp\approx k_Lp$，则 $q=q_M$，此时相当于吸附剂表面已全部被吸附质的单分子层所覆盖，所以压力增大，吸附量不再增加。在中压范围内符合 $q=\dfrac{k_Lq_Mp}{1+k_Lp}$，此时吸附等温线保持曲线形式。

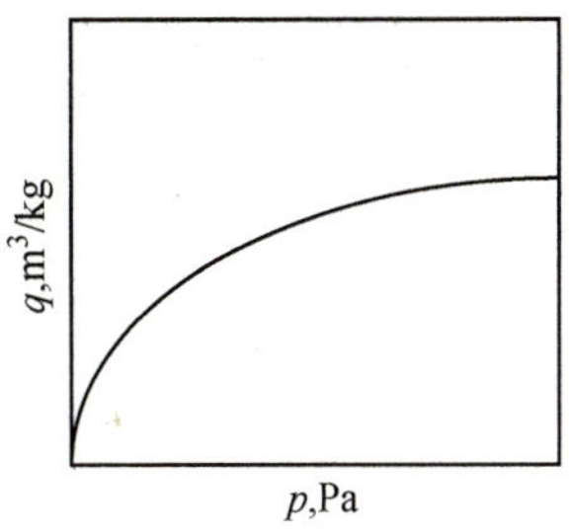

图 6-1 Langmuir 吸附等温线

由式(6-8)得

$$\frac{p}{q}=\frac{1}{q_M}p+\frac{1}{k_Lq_M}$$ 式(6-9)

以 $\dfrac{p}{q}$ 对 p 作图可得一条直线，直线的斜率为 $\dfrac{1}{q_M}$，截距为 $\dfrac{1}{k_Lq_M}$，由斜率和截距即可求出 q_M 及 k_L。

Langmuir 方程是一个理想的吸附等温线方程，可很好地解释化学吸附以及气相物理吸附过程，是吸附理论中一个重要的基本公式。

4. 多分子层吸附理论——BET 方程 Langmuir 方程可较好地描述单分子层吸附过程，但大多数吸附过程并非单分子层吸附。1938 年 Brunauer、Emmett 和 Teller 三人共同提出了多分子层吸附理论(即 BET 理论)，该理论认为吸附主要是依靠分子间引力即范德华力，且吸附是多分子层的，各相邻吸附层之间存在着动态平衡。如图 6-2 所示，第一层吸附是依靠固体表面分子与吸附质分子间的引力，第二层以上的吸附则是依靠吸附质分子间的引力，由于两者的作用力不同，所以吸附热也不同。

0605

卓越的化学家和物理学家——朗格缪尔

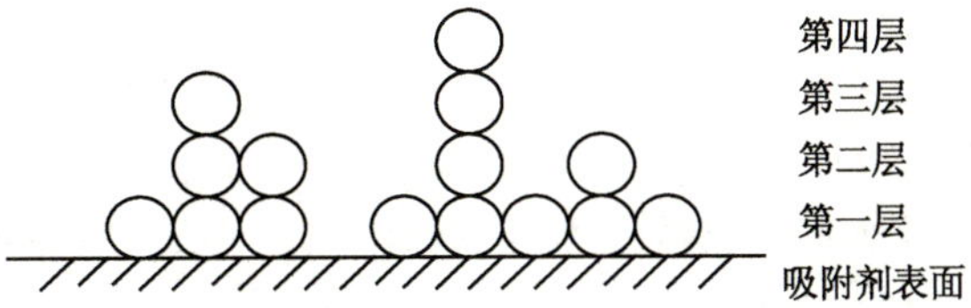

图 6-2 BET 多分子层吸附模型

根据可逆吸附和多分子层理论，可导出 BET 方程。对于气相吸附，BET 方程为

$$q=\frac{k_Bq_Mp}{(p^\circ-p)\left[1+(k_B-1)\dfrac{p}{p^\circ}\right]}$$ 式(6-10)

式中，q 为平衡吸附量，m^3/kg；k_B 为 BET 常数；p 为吸附质的分压，Pa；p° 为吸附质的饱和蒸气压，Pa；q_M 为第一层单分子层的饱和吸附量，m^3/kg。

式(6-10)中有两个常数 k_B 和 q_M，故称为两常数式。由式(6-10)得

$$\frac{p}{q(p^\circ-p)}=\frac{k_B-1}{k_Bq_M}\frac{p}{p^\circ}+\frac{1}{k_Bq_M}$$ 式(6-11)

由式(6-11)可知，以 $\dfrac{p}{q(p^\circ-p)}$ 对 $\dfrac{p}{p^\circ}$ 作图，可得一条直线，直线的斜率为 $\dfrac{k_B-1}{k_Bq_M}$，截距为 $\dfrac{1}{k_Bq_M}$，由斜率和截距即可求出 q_M 和 k_B。

四、吸附传质机理与吸附速率

1. 吸附传质机理 对于特定的吸附体系，当操作条件一定时，吸附质由流体主体传递至吸附剂颗粒的内表面并被吸附的过程可看成由下列三个过程串联而成。

（1）吸附质由流体主体扩散至固体吸附剂的外表面，此过程称为外扩散。

（2）吸附质由吸附剂的外表面进入吸附剂的微孔内，然后扩散至固体的内表面，此过程称为内扩散。

（3）吸附质在固体内表面上被吸附，此过程称为表面吸附。

总吸附传质过程的速率由上述三个步骤的速率共同决定。一般情况下，表面吸附速度很快，几乎可在瞬间完成。因此，总吸附传质速率主要由内扩散速率和外扩散速率决定。对于高浓度的流动相体系，由于内扩散阻力较大，因而内扩散速率小于外扩散速率，故总吸附传质速率主要由内扩散速率决定。对于低浓度的流动相体系或孔径较大的吸附剂颗粒，由于内扩散速率较快，故总吸附传质速率主要由外扩散速率决定。

2. 吸附速率 吸附速率可用单位质量的吸附剂在单位时间内所吸附的吸附质的量表示，是吸附装置设计的一个重要参数。

（1）外扩散吸附传质速率方程：吸附质由流体主体扩散至吸附剂颗粒外表面的过程属于对流传质过程，其外扩散传质速率方程为

$$\frac{\partial q}{\partial \tau}=k_F a(C-C_i) \qquad 式(6\text{-}12)$$

式中，τ 为吸附时间，s；$\frac{\partial q}{\partial \tau}$为吸附速率，kg/(kg·s)；$k_F$ 为流体相侧的对流传质系数，m/s；a 为吸附剂颗粒的比表面积，m^2/kg；C 为吸附质在流体主体中的浓度，kg/m^3；C_i 为吸附质在吸附剂颗粒外表面处的浓度，kg/m^3。

由式(6-12)可知，吸附剂颗粒的直径越小，其比较面积就越大，故外扩散的传质速率就越大。此外，增加流体相与吸附剂颗粒之间的相对运动速度，可使流体相侧的传质系数 k_F 增大，从而可提高外扩散的传质速率。

（2）内扩散吸附传质速率方程：内扩散过程包括吸附质分子在细孔内的扩散以及吸附质分子在细孔内表面的二次扩散。内扩散过程属于分子扩散，情况比外扩散复杂。

内扩散传质吸附速率方程可表示为

$$\frac{\partial q}{\partial \tau}=k_s a(q_i-q) \qquad 式(6\text{-}13)$$

式中，k_s 为固体侧的传质系数，与吸附剂的物理性质、吸附质的性质等因素有关，其值一般由实验测定，m/s；q_i 为与吸附剂颗粒外表面上的吸附质浓度 C_i 成平衡的吸附量，kg/kg；q 为吸附剂颗粒中的平均吸附量，kg/kg。

研究表明，内扩散的传质速率与吸附剂颗粒直径的较高次方成反比，即吸附剂颗粒的直径越小，内扩散的传质速率就越大。因此，与粒状吸附剂相比，采用粉状吸附剂可提高吸附速率。此外，采用内孔直径较大的吸附剂也可提高内扩散的传质速率，但吸附量将下降。

（3）总吸附传质速率方程：由于吸附剂颗粒外表面处的浓度 C_i 及与之成平衡的吸附量 q_i 很难确定，故吸附过程的传质速率常用总传质速率方程来表示，即

$$\frac{\partial q}{\partial \tau}=K_F a(C-C^*)=K_S a(q^*-q) \qquad 式(6\text{-}14)$$

式中，C^* 为流动相中与 q 成平衡的吸附质浓度，kg/m^3；q^* 为与流体相中的吸附质 C 成平衡的吸附量，

kg/kg；K_F 为以($C-C^*$)为推动力的流体相侧的总传质系数，m/s；K_S 为以($q-q^*$)为推动力的固体相侧的总传质系数，m/s。

五、吸附过程

吸附分离过程包括吸附和解吸两个过程。由于被处理流体的浓度、性质以及吸附要求的不同，吸附操作有多种形式，其中以接触过滤式吸附和固定床吸附操作最为典型。

1. 接触过滤式吸附过程　接触过滤式吸附过程通常是在带有搅拌器的吸附槽中进行的。操作时，先将原料液加入吸附槽中，然后在搅拌状态下加入吸附剂，通过搅拌器可使槽内液体呈强烈的湍动状态，同时可使吸附质悬浮于溶液中。随着时间的推移，溶液中的吸附质不断被吸附剂所吸附，直至达到动态平衡。此后再通过过滤机将吸附剂从溶液中分离出来，所得吸附剂一般经适当的解吸处理后可重复使用。

接触过滤式吸附有单程吸附和多段吸附两种操作方式。在单程吸附操作中，原料液与吸附剂仅在搅拌槽中进行一次充分接触；而多段吸附操作是将两台或两台以上的搅拌槽串联，原料液依次在各搅拌槽中与吸附剂充分接触。

接触过滤式吸附过程属间歇操作过程。一般情况下，单程吸附适用于溶质的吸附能力很强且溶液浓度较低的吸附过程；而多段吸附则可处理浓度较高的溶液。

2. 固定床吸附过程　将颗粒状的吸附剂均匀堆放于圆筒状吸附塔的多孔支承板上即构成固定床吸附器，其结构如图 6-3 所示。

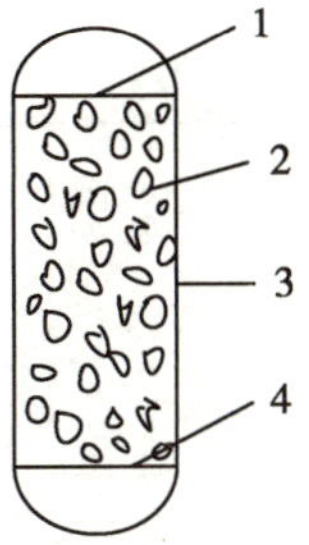

1. 压圈；2. 吸附剂；3. 筒体；4. 支承板。

图 6-3　固定床吸附器

操作时，吸附剂固定不动，含吸附质的液体或气体以一定的流速流过吸附剂床层，在此过程中部分吸附质留在床层中，而其余组分流出床层。当床层内的吸附剂接近或达到饱和时，吸附过程停止，随后对床层内的吸附剂进行再生。再生完成后，可继续进行下一循环的吸附操作。显然，固定床吸附过程是一种典型的间歇操作过程。

固定床吸附器内进行的吸附传质过程是一种非常复杂的非稳态传质过程，床层内吸附质的浓度随时间和床层位置而变化，流出物浓度亦随时间或流出物体积而变化。

当含吸附质的流体自上而下连续流过吸附剂床层时，流体中的吸附质被吸附剂所吸附。若吸附过程不存在传质阻力，则吸附速度为无限大，因而进入床层的吸附质可在瞬时被吸附剂所吸附，此时床层内的吸附质就像活塞平推一样向下移动。但实际吸附过程存在传质阻力，因而吸附平衡不可能在瞬间达成，此时将在床层入口处形成如图 6-4(a)所示的传质区，且传质区内的吸附质浓度由初始浓度 C_0 沿流动方向逐渐降低。

吸附过程中的传质区又称为吸附前沿，所占的床层高度又称为传质区高度。传质区以下的区域是新鲜的吸附剂，称为未用区。当流体连续流过吸附剂床层时，某时刻床层内的吸附质浓度沿床层高度而变化的关系曲线称为吸附负荷曲线，如图 6-5 所示。吸附器出口流体中的吸附质浓度随时间而变化的关系曲线称为穿透曲线，如图 6-6 所示。

传质区形成后，将沿流体流动方向不断向前移动。由于吸附剂不断吸附，床层入口处的一段吸附剂将达到饱和，即其内的吸附过程达到动态平衡。此时整个吸附剂床层可分为进口处的饱和区、中部的传质区和出口处的未用区三个区域，如图 6-4(b)所示。若流体流速保持不变，则传质区将以恒定的速度向前推进，且高度保持不变，如图 6-7 所示。

随着吸附过程的进行，饱和区的范围逐渐扩大，未用区逐渐缩小。经过一定时间后，传质区的前端到达床层的出口，此时出口流体中的吸附质浓度突然上升，该点称为穿透点，如图 6-6 中的 B 点所示。穿透点所对应的吸附质浓度和吸附时间分别称为穿透浓度和穿透时间。图 6-6 中 B 点所对应的

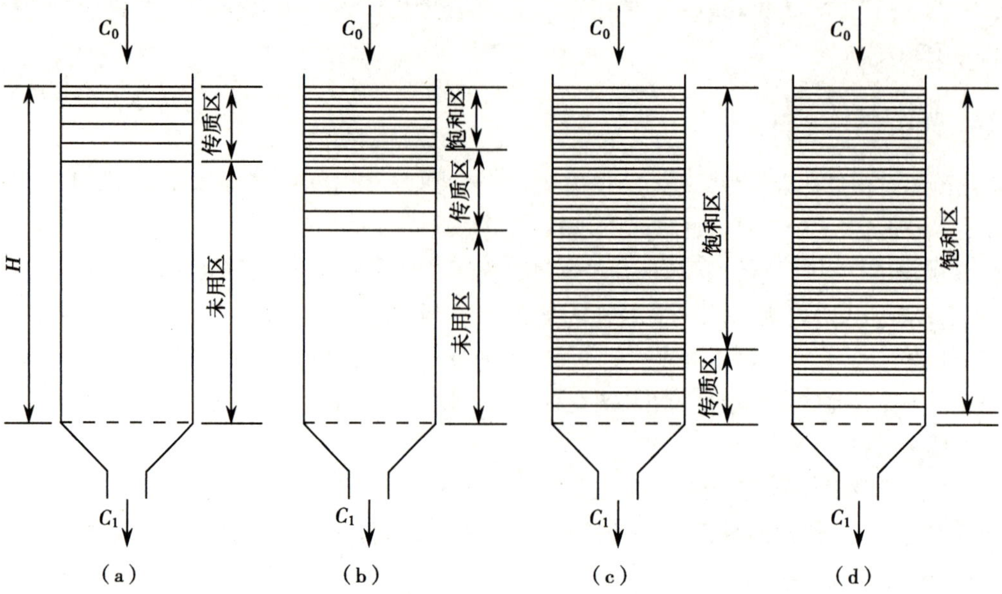

图 6-4　固定床吸附过程示意图

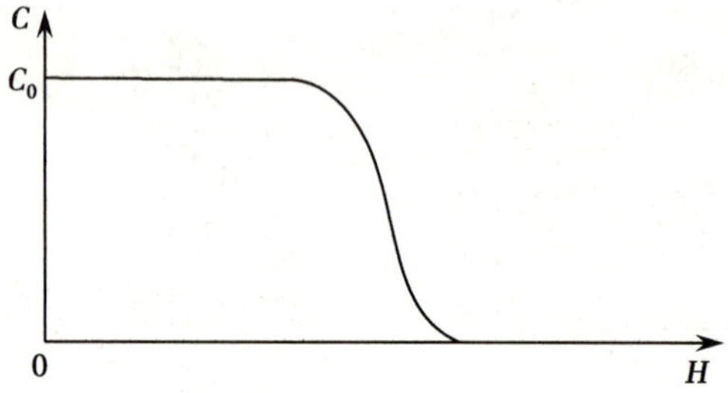

图 6-5　固定床吸附器的吸附负荷曲线

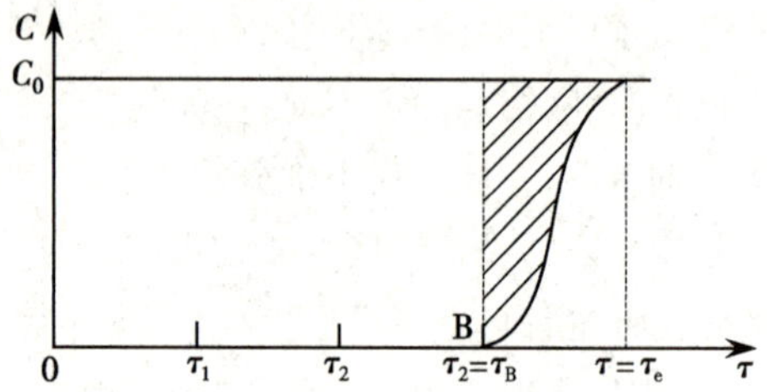

图 6-6　固定床吸附器的穿透曲线

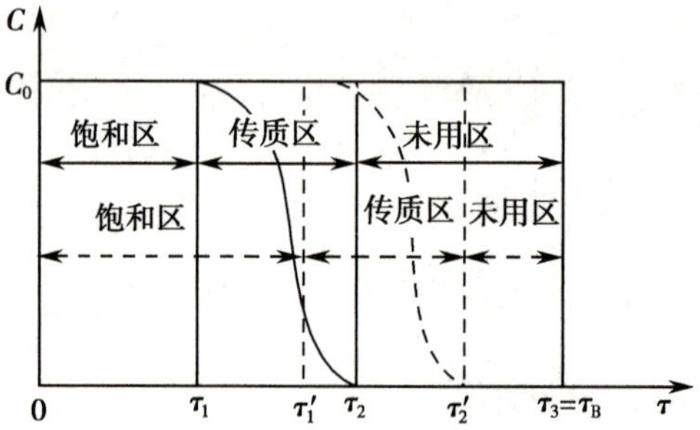

图 6-7　固定床传质区的移动

时间 τ_B 即为穿透时间，此后出口流体中的吸附质浓度会随时间的推移而上升，直至与进口流体中的浓度完全相同，此时整个床层均成为饱和区，失去吸附能力，需进行再生操作。

新型吸附器——流化床吸附器

六、吸附剂的再生

在吸附分离过程中，吸附剂的吸附能力与选择性均随使用时间的延长而逐渐下降，直至丧失。当吸附剂达到饱和或超过吸附容量时，都必须进行再生处理，以达到重复使用或延长吸附剂使用寿命的目的。

吸附剂的再生方法很多，常用的有热再生法、溶剂再生法、生物再生法和氧化分解再生法等。

1. 热再生法　该法是利用加热的方法使吸附质从吸附剂表面脱附出来，从而达到使吸附剂再生的目的。例如，用热再生法对处理过有机废水后的活性炭进行再生。当温度较低时，水分开始蒸发，同时可除去易挥发组分。当温度升高至300℃左右时，低沸点的有机物将发生汽化而脱附。当温度继续升高至800℃左右时，高沸点的有机物将发生分解反应，其中一部分生成小分子的烃而脱附，其余成分则成为“固定碳”而留在活性炭的空隙中。在高温阶段，为避免活性炭的氧化，一般需在真空或惰性气体保护的条件下进行。最后用水蒸气活化，使热分解过程中残留下来的炭分解，使其恢复吸附性能。

实际生产中，常以高温水蒸气或惰性气体作为热再生法的加热介质，但应注意吸附剂的热稳定性。例如，对于分子筛的再生，温度一般控制在200~350℃，温度过高可能会烧毁分子筛。

热再生法可分解多种吸附质且对吸附质基本没有选择性，具有再生效率高、再生时间短、应用范围广等特点，是目前应用最为广泛的一种再生方法。缺点是能耗、投资和运行费用较高。

2. 溶剂再生法　该法是将吸附剂与另一溶剂相接触，利用溶剂与吸附质间的相互作用，使吸附质转化为易溶物质而脱附，或从吸附剂上直接将吸附质置换出来，以达到使吸附剂再生的目的。例如，处理过含酚废水的活性炭，可用 NaOH 溶液对其进行脱附。因为酚类可与 NaOH 发生化学反应而生成易溶的酚钠，故用 NaOH 溶液对活性炭多次洗涤即可达到再生的目的。又如，活性炭对苯酚的平衡吸附量随溶剂的不同而不同。当用甲醇、乙醇或丙酮作溶剂时，活性炭对苯酚的吸附量明显低于用水作溶剂时的吸附量。因此，处理过含酚废水的活性炭可用甲醇、乙醇或丙酮作溶剂，使活性炭吸附的部分苯酚脱附出来，从而达到使活性炭再生的目的。

溶剂再生法适用于可逆吸附，常用于高浓度、低沸点有机废水的处理。但该法的针对性较强，往往是一种溶剂只能脱附某些吸附质，因而对于特定的溶剂，其应用范围受到限制。

3. 生物再生法　该法是利用微生物的作用，将吸附剂表面所吸附的有机物质氧化成 CO_2 和 H_2O，从而达到使吸附剂再生的目的。

由于生物再生法的设备和工艺均较为简单，因而投资和运行费用较低。但该法仅能用于可生物降解的吸附质，且需较长的再生时间，吸附容量的恢复程度也有限，并易受水质和温度的影响，因而实际应用受到限制。

4. 氧化分解再生法　该法是利用氧化剂将吸附剂表面所吸附的各种有机物质氧化分解成小分子，从而达到使吸附剂再生的目的。常用的氧化剂有 Cl_2、$KMnO_4$、O_3、H_2O_2 和空气等，常用方法主要是湿式氧化法。

湿式氧化法是在高温和中压条件下，以氧气或空气为氧化剂，将吸附剂表面所吸附的有机物质分解成小分子，从而实现吸附剂的再生。湿式氧化法的优点是再生时间较短，再生效率稳定，但对某些难降解的有机物，再生过程中可能会生成一些毒性较大的中间产物。

第二节　离子交换

一、基本原理

离子交换是指与固相偶联的交换基团中的可交换离子与液相中的离子之间发生的可逆离子互换。离子交换剂是含有可交换基团的不溶性电解质的总称。若交换基团中的可交换离子为阳离子，则称为阳离子交换剂，若为阴离子则称为阴离子交换剂。离子交换剂中的可交换离子与周围介质中的离子发生互换后，其本身结构并不发生改变。

离子交换树脂是最常用的一类离子交换剂。下面分别以阳离子交换树脂 HR（R 代表交换树脂的骨架部分)和阴离子交换树脂 RCl 为例,介绍离子交换的基本原理。

阳离子交换树脂 HR 可在水中电离出 H^+,若用它来处理含有 Na^+ 等阳离子的溶液,则树脂中的 H^+ 可与溶液中的 Na^+ 发生离子交换反应,即

$$HR+Na^+ \rightleftharpoons RNa+H^+$$

阴离子交换树脂 RCl 可在水中电离出 Cl^-,若用它来处理含有 SO_4^{2-} 等阴离子的溶液,则树脂中的 Cl^- 可与溶液中的 SO_4^{2-} 发生离子交换反应,即

$$2RCl+SO_4^{2-} \rightleftharpoons R_2SO_4+2Cl^-$$

在离子交换过程中,树脂中的可交换离子与溶液中的同符号离子按等当量的原则进行交换。交换剂中原有的可交换离子被取代下来并进入到溶液中,而溶液中的同符号离子则进入交换剂中,从而将某些离子从溶液中分离出来。

随着离子交换过程的进行,被交换离子的数量逐渐增加,而交换剂的交换能力则逐渐下降。当交换剂达到饱和或交换容量达到某一数值后,需对交换剂进行再生处理。再生的方法是用另一种与交换剂亲和力更强的盐溶液进行处理,使上述离子交换反应逆向进行,从而恢复交换剂的交换能力。再生完成后,可继续进行下一循环的离子交换操作。显然,离子交换过程也是一种典型的间歇操作过程。

二、离子交换树脂

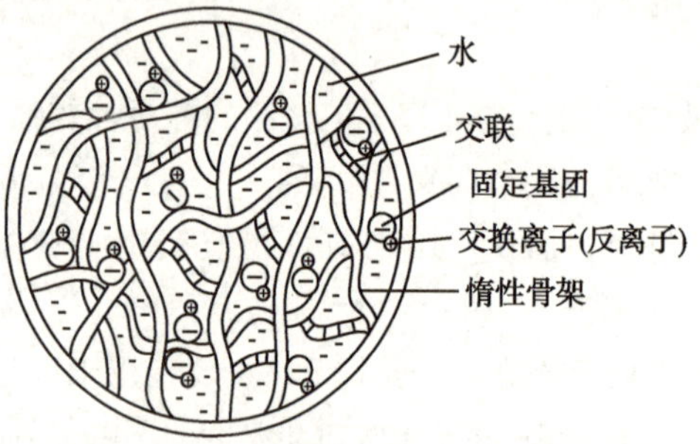

图 6-8 离子交换树脂结构示意图

1. 离子交换树脂的结构 离子交换树脂是一种具有活性交换基团的不溶性高分子共聚物,其结构由惰性骨架、固定基团及交换离子三部分组成,如图 6-8 所示。

固定基团固定于惰性骨架上,是不能移动的带电荷的有机离子。交换离子又称为反离子,是连接于固定基团上带相反电荷的离子。固定基团与交换离子一起组成交换基团,当树脂被水溶剂化后,交换基团可在树脂内部电离,其中的交换离子可与溶液中的离子发生离子交换。

惰性骨架是一种由高分子碳链构成的多孔海绵状的不规则网状结构,它不溶于一般的酸、碱溶液及有机溶剂。按骨架材料的不同,离子交换树脂可分为聚苯乙烯型、丙烯酸型和酚醛型等。在惰性骨架中引入交换基团后,即成为离子交换树脂。在制备惰性骨架时常添加一定量的交联剂、致孔剂、加重剂和磁性材料等辅助材料,以改善树脂的性能。例如,在制备聚苯乙烯或丙烯酸树脂时,可加入一定量的二乙烯苯(DVB)交联剂,以使合成的骨架具备一定的结构和强度,即具有一定的微孔尺寸、孔隙率和密度。又如,为获得大孔型树脂,可在制备惰性骨架时加入石蜡、汽油等致孔剂,不加致孔剂则得常规凝胶型树脂。再如,为获得高密度树脂或加重树脂,可在惰性骨架上引入磷酸锆、氧化锆、氧化钛等大密度材料。加重树脂易于沉降,操作时可采用较高的液相流速,因而可提高生产能力和分离效率。此外,为获得磁性树脂,可在惰性骨架中引入 γ-Fe_2O_3 或 CrO_2 等无机磁性材料。磁性树脂的离子交换速度较快,并可加速沉降,因而可提高操作效率。在磁场的作用下,磁性树脂还可形成含水量较大的疏松絮状物,这不仅有利于输送,而且可减少树脂的磨损。

2. 离子交换树脂的分类 按交换离子性质的不同,离子交换树脂大致可分为阳离子交换树脂和阴离子交换树脂两大类,如图 6-9 所示。

(1) 阳离子交换树脂:阳离子交换树脂的骨架上结合有磺酸和羧酸等酸性官能团,可交换离子为阳离子。按官能团酸性强弱程度的不同,阳离子交换树脂可分为强酸性和弱酸性两大类。

- 离子交换剂
  - 有机交换剂
    - 天然
      - 磺化煤
      - 改性淀粉
    - 合成
      - 离子交换树脂
        - 阳离子树脂
          - 强酸性
          - 弱酸性
        - 阴离子树脂
          - 强碱性
            - Ⅰ型
            - Ⅱ型
          - 弱碱性
      - 离子交换纤维
      - 离子交换膜
  - 无机交换剂
    - 天然
      - 沸石、蒙脱土、海绿石
      - 长石
      - 高岭土、磷灰石
    - 合成
      - 人工沸石
      - 磷酸锆

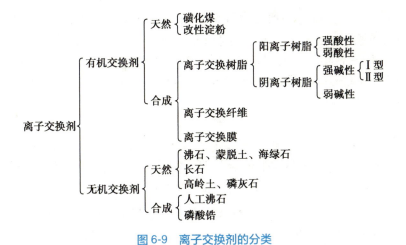

图 6-9　离子交换剂的分类

阳离子交换树脂 $R-SO_3H$ 或 R-COOH 可在水中电离出 H^+，电离方程为

$$R-SO_3H \rightleftharpoons R-SO_3^- + H^+$$

$$R-COOH \rightleftharpoons R-COO^- + H^+$$

具有$—SO_3H$、$—PO_3H_2$、$—HPO_2Na$、$—AsO_3H_2$、$—SeO_3H$ 等官能团的树脂极易电离，其酸性与盐酸或硫酸的酸性相当，故属于强酸性阳离子交换树脂。此类树脂可在酸性、中性和碱性条件下与水溶液中的阳离子发生离子交换。例如，用 H 型阳离子交换树脂处理 NaCl 水溶液时，将发生下列离子交换反应

$$R-SO_3H + NaCl \rightleftharpoons R-SO_3Na + HCl$$

又如，用盐基型阳离子交换树脂 $R-SO_3Na$ 处理 $MgCl_2$ 水溶液时，将发生下列离子交换反应

$$2R-SO_3Na + MgCl_2 \rightleftharpoons (R-SO_3)_2Mg + 2NaCl$$

强酸性阳离子交换树脂失效后，可用 HCl、H_2SO_4 或 NaCl 溶液进行再生，以恢复其交换能力。

具有羧基(—COOH)或酚羟基($—C_6H_5OH$)等官能团的树脂不易电离，其酸性与有机弱酸的酸性相当，属于弱酸性阳离子交换树脂。H 型弱酸性阳离子交换树脂在使用前常用 NaOH 或 $NaHCO_3$ 溶液中和，其反应方程为

$$R-COOH + NaOH \rightleftharpoons R-COONa + H_2O$$

$$R-COOH + NaHCO_3 \rightleftharpoons R-COONa + H_2O + CO_2$$

弱酸性阳离子交换树脂只能在中性或碱性溶液中使用，其交换容量取决于外部溶液的 pH。由于弱酸性阳离子交换树脂对 Ca^{2+}、Mg^{2+} 等具有极高的选择性，故用 NaCl 溶液再生的效果不佳。通常情况下，弱酸性阳离子交换树脂可用 HCl 等强酸使其转变为 H 型树脂。由于弱酸性阳离子树脂对 Cu^{2+}、Co^{2+}、Ni^{2+} 等具有较大的亲和力，因而常用来处理含微量重金属离子的污水，如用于电镀废水的处理等。

(2) 阴离子交换树脂：阴离子交换树脂的骨架上带有季胺、伯胺、仲胺、叔胺等碱性官能团，可交换离子为阴离子。按官能团碱性强弱程度的不同，阴离子交换树脂可分为强碱性和弱碱性两大类。

具有季胺等官能团的树脂具有强碱性，属于强碱性阴离子交换树脂。强碱性阴离子交换树脂又可分为Ⅰ型和Ⅱ型两种，其中Ⅰ型树脂的氮上带有三个甲基的季胺结构($—N^+(CH_3)_3Cl$)，Ⅱ型树脂的氮上带有两个甲基和一个羟乙基[$—(CH_3)_2NCH_2CH_2OH$]。

目前，市售强碱性阴离子交换树脂主要为化学稳定的 Cl^- 型，此外还有 OH^- 型和 SO_4^{2-} 型等。对于 Cl^- 型树脂，若用 NaOH 溶液处理，则很容易转变为 OH^- 型树脂。强碱性阴离子交换树脂可分别采用 NaOH、NaCl、HCl、Na_2SO_4 和 H_2SO_4 溶液进行再生。

强碱性阴离子交换树脂可与水中的 NO_3^- 等酸根进行交换，此外 OH^- 型的强阴离子交换树脂还能吸附硼酸或硅酸等弱酸。

$$R-Cl + NaNO_3 \rightleftharpoons R-NO_3 + NaCl$$

$$2R-OH+H_2SiO_3 \rightleftharpoons R-SiO_3-R+2H_2O$$

强碱性阴离子交换树脂在酸、碱溶液中均是稳定的，外部溶液的 pH 对其交换容量没有影响。

具有伯胺（$-NH_2$）、仲胺（—NH）、叔胺（—N）等官能团的树脂碱性较弱，故属于弱碱性阴离子交换树脂。此类树脂只能与 H_2SO_4、HCl 等强酸的阴离子进行充分交换，而与 SiO_3^{2-}、HCO_3^- 等弱酸的阴离子则不能进行充分交换。

离子交换树脂

$$R-N+HCl \rightleftharpoons (R-NH)^+Cl^-$$

弱碱性阴离子交换树脂可用微过量的碳酸钠、氢氧化钠或氨（或芳香胺）溶液处理，使其转变为 OH^- 型树脂，即可达到再生的目的。

3. 离子交换树脂的主要性能 离子交换树脂不溶于水、酸、碱和有机溶剂，但可在水中膨胀和解离成离子。解离的离子可与溶液中其他离子产生可逆性交换而不影响本身的结构。交联度和交换容量是表示树脂性能的重要指标。

（1）交联度：交联度表示离子交换树脂中交联剂的含量，以质量分数表示。树脂的孔隙大小与交联度有关，交联度越大，网孔越小，形成的网状结构越紧密，水中越不易膨胀；交联度越小，网孔越大，形成的网状结构越疏松，水中越易于膨胀。

（2）交换容量：交换容量表示树脂与某离子交换能力的大小，取决于离子交换基团的数量，用每克干树脂所含交换基团的物质的量（mmol）表示。树脂的交换容量一般为 1~10mmol/g，实际的交换容量受交联度和溶液 pH 的影响，都低于理论值。

4. 离子交换树脂的选择 选择离子交换树脂时应考虑以下几个方面：①被分离物质带何种电荷、解离基的类型及电性强弱（pKa）。被分离的物质如果是生物碱或无机阳离子时，选用阳离子树脂；如果是有机酸或无机阴离子时，选用阴离子交换树脂。②被分离的离子吸附性强（交换能力强），选用弱酸或弱碱型离子交换树脂，如用强酸或强碱型树脂，则由于吸附力过强而难以洗脱和再生；吸附性弱的离子，选用强酸或强碱型离子交换树脂，如用弱酸弱碱型则不能很好地交换或交换不完全。③被分离物质分子量大，选用低交联度树脂。分离生物碱、大分子有机酸及多肽类，采用 1%~4% 交联度的树脂为宜。分离氨基酸或小分子肽类可用 8% 交联度的树脂。如制备无离子水或分离无机成分，可用 16% 交联度树脂。④柱色谱用的离子交换树脂要求颗粒细，一般用 200~400 目；提取离子性成分用的树脂粒度可粗一些，可用 100 目左右；制备无离子水的交换树脂可用 16~60 目。但无论何种用途，都应选用交换容量大的树脂。

5. 离子交换树脂的预处理 新出厂的树脂要用水浸泡，使之充分溶胀，然后用酸、碱处理，以除去不溶于水的杂质。一般步骤：先用水浸泡 24 小时，倾出水后洗至澄清，加 2~3 倍量一定浓度盐酸搅拌 2 小时，水洗至中性，加 4~5 倍量一定浓度的氢氧化钠搅拌 2 小时，水洗至中性，再用适当试剂处理，使成所要求的形式。

6. 离子交换树脂的稳定性 离子交换树脂的稳定性对其使用寿命有较大影响，不同类型的离子交换树脂其稳定性也不同。一般聚苯乙烯型树脂化学稳定性比缩聚型树脂好，阳离子树脂比阴离子树脂好，阴离子树脂中弱碱性树脂最差。低交联阴离子树脂在碱液中长期浸泡易降解破坏，羟基型阴离子树脂稳定性差，故以 Cl^- 型存放为宜。干燥的树脂受热易降解破坏。强酸、强碱性树脂的盐型比游离酸（碱）型稳定，苯乙烯系比酚羟基系树脂稳定，阳离子树脂比阴离子树脂稳定。各种离子交换树脂的最高工作温度见表 6-4。

表 6-4 各种离子交换树脂的最高工作温度 单位：℃

类型	强酸性		弱酸性		强碱性		弱碱性	
	Na^+型	H^+型	Na^+型	H^+型	Cl^-型	OH^-型	丙烯酸系 OH^-型	苯乙烯系 Cl^-型
最高工作温度	100~120	150	120	120	<76	<60	<60	<94

三、离子交换树脂的应用

1. 水处理　目前约有70%以上的离子交换树脂被用于水处理。水处理包括水的软化、脱盐、高纯水或超纯水的制备、工业废水的处理等。

水的脱盐是将含盐水先通过H^+型强酸性阳离子交换树脂除去阳离子，再通过OH^-型强碱性阴离子交换树脂除去阴离子，这样即可脱除水中的大部分离子。脱盐后的离子交换树脂可分别用酸、碱再生。

利用离子交换法可以有效处理无机废水、有机废水及放射性废水，结合其他方法使处理后的水不仅达到排放标准，还可满足再利用的要求。

2. 食品工业　离子交换树脂可用于制糖、味精及酒的精制等工业装置上。例如，高果糖浆的制造是由玉米中提取出淀粉后，再经水解反应产生葡萄糖与果糖，而后经离子交换处理，可以生成高果糖浆。离子交换树脂在食品工业中的消耗量仅次于水处理。

3. 制药行业　离子交换树脂可用于抗生素、有机酸、生物碱、氨基酸、核苷酸等生物分子的提取和分离，利用离子交换法可以对发酵产物及天然药物进行提取和精制，例如组氨酸的精制。

组氨酸是婴儿营养食品的添加剂，医疗上还可以作为治疗消化性溃疡、缓解胃痛的药物，并用作输液配料。从猪血水解液中提取组氨酸的工艺如下：将相当于140kg猪血粉的猪血煮熟，离心脱水后置于1 000L搪瓷反应锅内，加500kg工业盐酸水解，经石墨冷凝器回流22小时，水解液减压浓缩回收盐酸，用活性炭脱色，在搪瓷过滤器内减压过滤，静置后滤去酪氨酸，滤液加水配成密度1.02g/ml的溶液以H^+型强酸性阳离子交换树脂进行固定床吸附，当流出液中检出组氨酸时停止吸附，用水淋柱，之后用0.1mol/L氨水洗脱。收集pH为7~10的洗脱液，树脂用水反冲后经1.5~2mol/L盐酸再生。树脂水洗至流出液pH为4，待用。洗脱液浓缩10倍，调pH至3.0~3.5，经多次重结晶、过滤、洗涤，最后烘干得到成品。

4. 合成化学和石油化学工业　在有机合成中，常用酸和碱做催化剂进行酯化、水解、酯交换、水合等反应。用离子交换树脂代替无机酸、碱，同样可进行上述反应且优点更多，如树脂可反复使用、产品容易分离、反应器不会被腐蚀、不污染环境、反应容易控制等。

5. 环境保护　许多水溶液或非水溶液中含有有毒离子或非离子物质，这些物质可用树脂进行回收使用，如去除电镀废液中的金属离子、回收电影制片废液里的有用物质等。

6. 湿法冶金及其他　离子交换树脂对混合金属离子具有不同的离子交换选择性，可以从贫铀矿里分离、浓缩、提纯铀及提取稀土元素和贵金属。

四、离子交换设备

离子交换过程一般包括离子交换、再生和清洗等操作步骤。由于离子交换过程与吸附过程极为相似，因此，离子交换过程所涉及的设备、操作方法等均与吸附过程的相类似。常用的离子交换设备主要有搅拌槽式离子交换器以及固定床交换器和移动床离子交换器等。

1. 搅拌槽式离子交换器　搅拌槽式离子交换器主要由圆筒形容器、多孔支承板和搅拌器等组成。操作时，将液体和树脂加入交换器，树脂位于支承板之上。通过搅拌使液体与树脂充分接触，进行离子交换反应。当离子交换过程达到或接近平衡时，停止搅拌，并将液体放出。此后，将再生液加入交换器，在搅拌下进行再生反应，再生后排出再生液。由于再生后的树脂中仍残留少量的再生液，因此，再生后的树脂还应通入清水进行清洗。清洗完成后，即可开始下一循环的离子交换过程。可见，在搅拌槽式离子交换器中进行的离子交换过程是一种典型的间歇操作过程。

搅拌槽式离子交换器的优点是结构简单、操作方便，缺点是间歇操作、分离效果较差、生产能力较小，一般用于小规模及分离要求不高的场合。

2. 固定床离子交换器 固定床离子交换器是制药生产中应用最为广泛的离子交换设备，其结构、操作特性和操作方法均与固定床吸附器的相类似。但应注意固定床离子交换器内树脂的再生和清洗问题。为获得较好的再生效果，常使再生剂的流向与离子交换过程中的原料液的流向相反，即采用逆流操作。但由于离子交换树脂的密度与水的密度相近，当液体向上流动时，树脂极易上浮形成流化状态，从而不能保证交换与再生之间的逆流操作。为此，可在固定床离子交换器的上方和下方各设置一块多孔支承板，如图 6-10 所示。交换时，原料液自下而上流动，若流速较大，则全部树脂将集中于上支承板的下方形成固定床；若流速较小，则部分树脂将处于流化状态，处于流化状态的树脂的比例可通过改变料液的流速来调节。

根据料液的组成、吸附剂的种类以及分离要求，固定床离子交换器可采用单床、复合床、混合床等形式。其中单床常用于回收或脱除溶液中的某种离子或物质；复合床由若干组阳离子与阴离子交换器串联而成，常用于纯水的制备以及溶液的脱盐和精制等；混合床是将阴、阳离子树脂按一定比例混合后填充于同一固定床内。对于混合床，可利用阴、阳离子树脂的密度差，用反洗水流使两种树脂分层，然后再分别用碱性和酸性水溶液处理碱性树脂层和酸性树脂层。

固定床离子交换器具有结构简单、操作方便、树脂磨损少等优点，适用于澄清料液的处理。缺点是树脂的利用率较低，操作的线速度较小，且不适用于悬浮液的处理。

3. 移动床离子交换器 在移动床离子交换器内，树脂床层呈密实状态在床内做类似于活塞平推的移动，料液则以逆流方式从树脂床层的空隙中流过。活塞平推式的流动方式可使交换器的操作接近于理想的逆流操作，故传质效率很高。

移动床离子交换器的形式很多，图 6-11 是常见的 Higgins 环形移动床离子交换器的结构与工作原理示意图。环的左上部为交换段，左下部为再生段；右边的立管为循环树脂的贮存室，各部分之间由阀门隔开。操作过程中，树脂顺时针移动，与料液及再生液均呈逆流接触。整个操作过程由工作阶段和树脂移动阶段组成。在工作阶段，往复泵不动作，而料液、再生液和清水分别从相应的部位通入，并持续约数分钟，分别进行离子交换、再生和清洗操作。在树脂移动阶段，各液流均停止通入，而往复泵启动，将贮存于右边立管中的树脂压入再生段的下部。相应地，再生段上部再生后的树脂进入交换段的下部，交换段上部的饱和树脂进入右边立管的上部。此时往复泵回压，右边立管上部的树脂下落至贮存室中，同时恢复通液操作，开始下一操作循环的工作阶段。

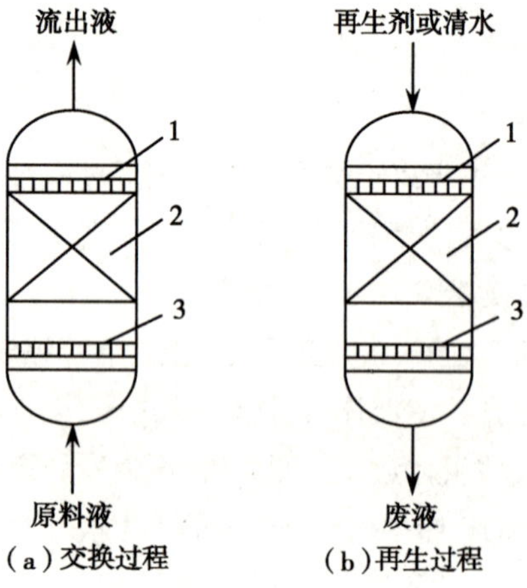

1. 上支承板；2. 树脂；3. 下支承板。

图 6-10 固定床离子交换器

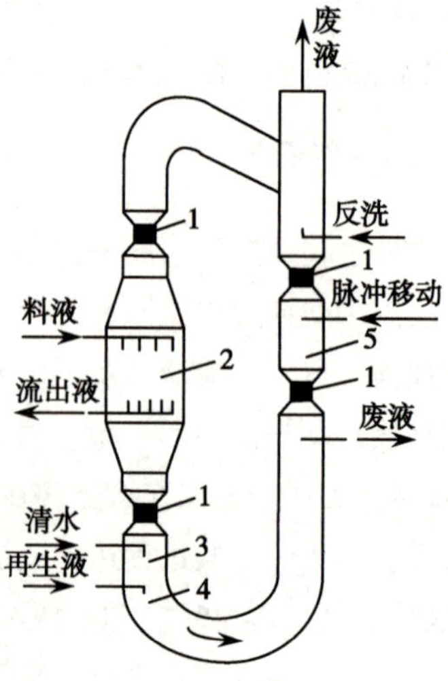

1. 控制阀；2. 交换段；3. 清洗段；4. 再生段；5. 贮存室。

图 6-11 Higgins 环形移动床离子交换器

与固定床离子交换器相比，移动床离子交换器具有生产能力较大、树脂的利用率较高、再生液消耗较少、操作线速度较大等优点，特别适用于处理低浓度的水溶液。

0608

目标测试

课后习题

1. 简述 Langmuir 吸附等温方程和 BET 吸附等温方程的联系和共同点，并指出在什么条件下，BET 吸附等温方程可简化为 Langmuir 吸附等温方程。
2. 简述吸附平衡和吸附传质机理。
3. 活性炭选择应遵循哪些规律？
4. 简述吸附剂的再生方法及其原理。
5. 简述离子交换的基本原理。
6. 离子交换树脂的特性与哪些参数有关？
7. 离子交换树脂的选择应考虑哪些因素？

第七章

传　　热

第七章
教学课件

学习要求

1. 掌握间壁传热过程的计算，典型间壁式换热器的结构、特点及其选用，传热过程的强化途径。
2. 熟悉导热系数及其意义，稳态热传导过程的计算，对流传热过程及其温度分布，对流传热系数的一般准数关联式，定性温度，传热设备当量直径，相变传热过程的特点及其强化，传热设备热损失的计算。
3. 了解传热基本方式，间壁传热过程，换热器的主要性能指标，稳态传热与非稳态传热，傅里叶定律，对流传热系数的影响因素及准数关联式。

第一节　概　　述

物体内部或物体之间由于存在温度差而发生的能量传递过程，称为热量传递或传热。传热是自然界中极为普遍的一种物理过程，也是工程技术领域中应用最为广泛的单元操作之一。制药工业与传热的关系尤为密切，诸多药品的生产和炮制过程要求严格控制在适宜的温度条件下进行。为此，必须对操作系统进行加热或冷却，如在药物合成、提取、蒸发、蒸馏、干燥、结晶等诸多单元操作中，都要按一定的速率输入或输出热量。此外，制药设备的保温、生产过程中热能的合理分配以及余热的回收利用等问题也都涉及传热过程的问题。

制药生产中研究传热过程的目的，其一是强化传热过程，对于各种换热设备而言，要求热量传递的速率越快越好，这样可使完成指定换热任务的设备结构紧凑，费用降低。其二是削弱传热过程。对于高温或低温设备以及一些需要保温或绝热的输送管道等，其热量传递的速率则应越慢越好。

本章研究的传热过程是指热量自发地由高温向低温传递的过程。

一、传热基本方式

对传热机理的研究表明，热量传递有热传导、热对流和热辐射三种基本方式。传热可依靠其中的一种或几种方式同时进行，在无外功输入时，净的热流方向总是由高温处向低温处传递。

1. 热传导　系统两部分之间存在温度差，此时热量将从高温部分传向低温部分，或从高温物体传向与它接触的低温物体，直至整个物体的各部分温度相等为止，这种传热方式称为热传导或导热。

在热传导过程中，物体各部分之间并不发生宏观相对位移，其传热是借助于分子、原子和自由电子等微观粒子的热运动而进行，常发生于固体或静止的流体内部，但它的微观机理因物态而异。固体的热传导有两种导热方式，在金属固体中，热传导主要是通过自由电子在金属晶格间的运动与碰撞进行的；在不良导体的固体中和大部分液体中，热传导是借助固定粒子结构间的振动，即原子、分子在其平衡位置附近的振动来实现的；在气体中，热传导则是由于分子的无规则运动而产生的碰撞所引起的。

2. 热对流 在流体内部，流体质点产生相对位移而引起的热量传递过程，称为热对流或对流。热对流仅发生于流体中，热对流发生时必然伴有热传导现象。工程传热所指的热对流通常是指流体与壁面直接接触时，流体与壁面间的传热。不同能量的粒子之间发生混合与碰撞，从而完成热量传递过程。

流体中产生对流的原因有二，其一是流体中各处的温度不同而引起了密度差异，密度轻的部分上浮，重的部分下沉，从而使得流体质点产生相对位移，这种对流称为自然对流；其二是因泵（风机）或搅拌等其他外力作用所致的质点强制运动，这种对流称为强制对流。同一种流体中，有可能同时发生自然对流和强制对流。

3. 热辐射 物体（固体、液体和气体）之间以电磁波方式传递能量，且不需要任何介质。这种由热能转化为电磁波形式向外发射并传播能量的过程称为热辐射。对于热力学温度 0K 以上的物体，都会不停地向外发射辐射能，同时又会不断地吸收来自周围其他物体发出的辐射能，并将其转化为热能。物体之间相互辐射和吸收能量的综合过程称为辐射传热。由于高温物体发射的能量多于吸收的能量，而低温物体则相反，从而使净热量由高温物体传递至低温物体。

辐射传热过程中不仅有能量的传递，而且有能量形式的转换。辐射源将热能转变为电磁辐射能，以电磁波的形式向空间传送，当辐射的电磁波被物体吸收时，辐射能部分或全部转变为热能，完成辐射传热。应予指出，只有当物体温度差别较大时，热辐射才能成为主要的传热方式。

制药生产过程中的传热，三种传热方式很少单独出现，大多是热传导、对流与辐射联合作用的传热过程。例如，在间壁式传热过程中，间壁及靠近壁面附近的边界层主要通过热传导方式传热，而在流体主体中则主要依靠热对流方式传热。可见对流传热与流体的流动状况密切相关。虽然热对流是一种基本的传热方式，但由于热对流过程中往往伴随着热传导，要将两者分开处理是很困难的。习惯上将流体与固体壁面间的传热称为对流传热，工程上一般并不讨论单纯的热对流，而是讨论具有实际意义的对流传热。

当传热所涉及的温度低于 300℃时，热辐射与其他传热方式相比常可忽略不计。

热水瓶的保温原理

二、传热过程

1. 间壁传热过程 制药生产所涉及的传热过程，大多是两种流体不允许直接接触的热交换过程。为防止流体间的混合污染，常采用固体壁面将两流体隔开，冷、热流体分别在固体壁面两侧流动，这种换热器称为间壁式换热器。

在间壁式换热器中，热量垂直通过间壁进行传递，与热流方向相垂直的间壁固体表面称为传热面。间壁两侧流体间的传热过程如图 7-1 所示。壁面两侧流体由于存在着温度差，热量将自发地由热流体通过壁面传递给冷流体，冷、热流体通过间壁两侧的传热过程可看成由下列三个传热过程串联而成。①热流体以对流传热方式将热量传递至与之接触的固体壁面一侧；②热量以热传导方式从固体壁面的一侧传递至另一侧；③固体壁面的另一侧以对流传热方式将热量传递给冷流体。

在上述传热过程中，热流体放出热量以加热冷流体，温度由 T_1 下降至 T_2，冷流体吸收热量温度由 t_1 上升至 t_2。参与传热的两流体统称为载热体，其中热流体又称为加热剂或热载热体，冷流体又称为冷却剂或冷载热体。

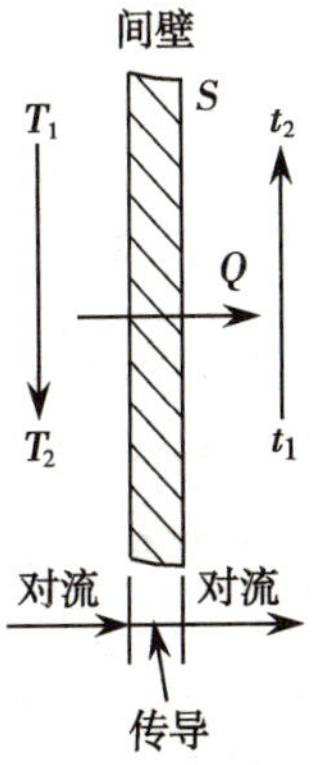

图 7-1 间壁两侧流体间的传热过程

2. 换热器的基本结构 换热器是用来进行热量交换的基本设备，由于传热面形状的不同，换热器有多种结构形式。为便于讨论传热的基本原理，此处先简要介绍两种典型间壁式换热器的基本结构，其他形式的换热器将在本章第五节中讨论。

图 7-2 是典型的套管式换热器，它是由直径不同的两根管子同心套合在一起而构成。工作时，温度不同的冷、热流体分别在内管和套管环隙中流

动，热流体放出的热量通过内管壁面传递给冷流体。

图 7-3 是典型的单程列管式换热器，主要由壳体、管板、列管、封头、接管等部件构成，壳体与管板相连，列管按一定的几何排列固定于管板上，封头与壳体间以法兰连接。壳体、管板和列管外壁构成一个空间，封头、管板和列管内壁构成另一个空间。工作时，冷、热流体分别流过两个空间，通过列管壁面进行传热。

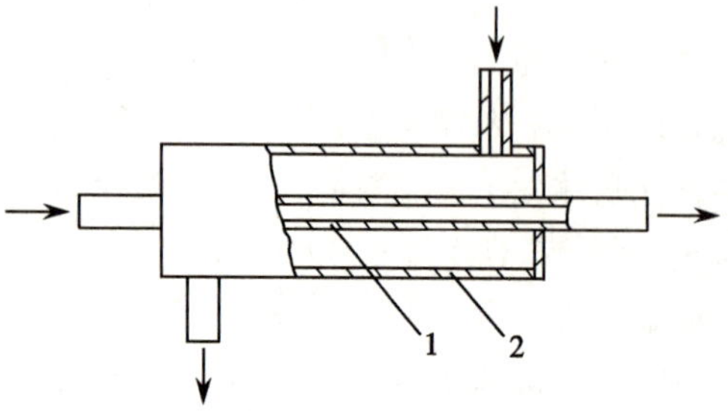

1. 内管；2. 外管。

图 7-2 套管式换热器

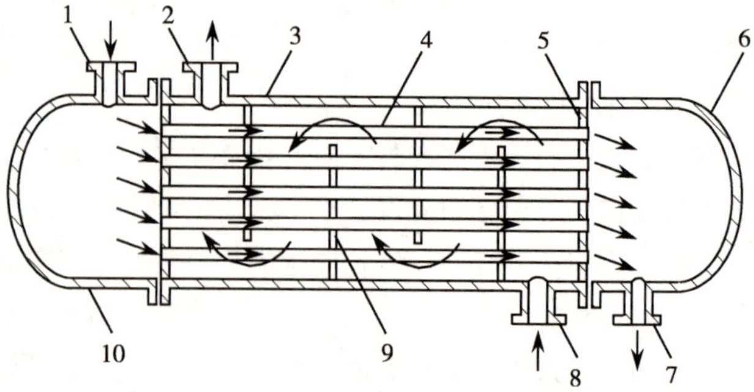

1,2,7,8. 接管；3. 壳体；4. 管束；5. 管板；6,10. 封头；9. 折流板。

图 7-3 单程列管式换热器的结构

通常将流体流经列管内部空间称为流经管程，该流体称为管程（或管方）流体；而将流体流经管间空隙称为流经壳程，该流体称为壳程（或壳方）流体。由于图 7-3 所示的管程流体在管束内仅流过一次，故称为单程列管式换热器。折流板的作用是延长壳程流体的停留时间，并加剧壳程流体的湍动程度，以利于冷、热流体间热量的充分交换。

为使冷、热流体间的热交换更为充分，可延长管程流体在换热器内的停留时间。结构上可采用隔板对单程列管式换热器的分配室进行分隔，使之成为多管程列管式换热器。常见的有双程、四程、六程列管式换热器等。图 7-4 为双程列管式换热器的结构图。管程流体被隔板 11 阻挡，因而只能先流经管束的一半，待流至另一端的分配室后再折回流经管束的另一半，然后经接管 9 流出换热器。

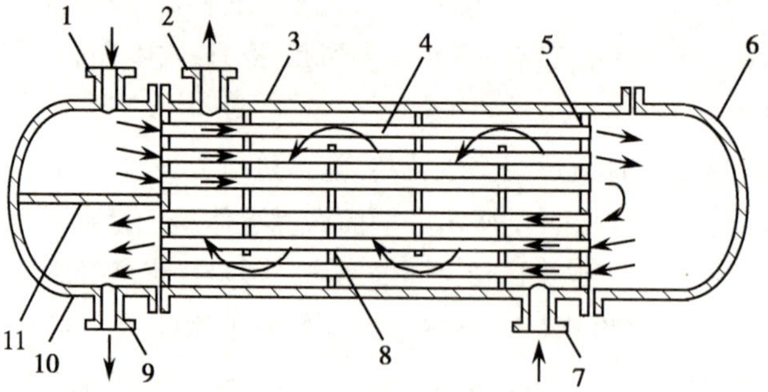

1,2,7,9. 接管；3. 管壳；4. 管束；5. 管板；6,10. 封头；8. 折流板；11. 隔板。

图 7-4 双程列管式换热器的结构

在列管式换热器中，由于冷、热流体间的传热是沿径向垂直穿过列管表面而进行的，故管壁的面积即为传热面积。显然，传热面积越大，传递的热量就越多。对于给定的列管式换热器，其传热面积可按下式计算

$$S=n\pi dL \tag{式(7-1)}$$

式中，S 为传热面积，m^2；n 为管子数；d 为管径，m；L 为管长，m。

应予指出，式(7-1)中的管径 d 可分别采用管内径 d_i、管外径 d_o 或平均直径 d_m 进行计算，所得传热面积分别为管内侧面积 S_i、管外侧面积 S_o 或平均面积 S_m。

三、换热器的主要性能指标

1. 传热速率 传热速率是指单位时间内通过传热面的热量，以 Q 表示，单位为 W。传热速率是反映换热器换热能力大小的性能指标。

2. 热通量 热通量是指单位时间内通过单位传热面积的热量，即单位面积上的传热速率，以 q 表示，单位为 W/m^2。

$$q=\frac{Q}{S} \tag{式(7-2)}$$

对于管式换热器而言，由于换热器的传热面积可采用管内侧面积、管外侧面积或平均面积表示，所以相应的热通量数值各不相同。因此，计算时应注明所选择的基准面积。

传热速率和热通量是评价换热器工艺性能的主要指标。

四、稳态传热和非稳态传热

根据传热系统中的温度变化情况，传热过程可分为稳态传热和非稳态传热两大类。

1. 稳态传热 传热系统中各点的温度仅随位置而变化，不随时间而改变，这种传热过程称为稳态传热。若冷、热流体在间壁式换热器中的传热过程达到稳定，则通过管壁的传热过程为一维稳态传热过程，其沿径向各点的传热速率必相等。

2. 非稳态传热 传热系统中各点的温度不仅随位置而变化，而且随时间而改变，这种传热过程称为非稳态传热。

在制药生产中，连续生产过程所涉及的传热多为稳态传热，而间歇生产过程以及连续生产过程在开车、停车阶段所涉及的传热均属于非稳态传热。本章主要讨论在间壁式换热器中进行的稳态传热过程。

第二节 热 传 导

一、导热系数

1822 年，傅里叶在完成大量实验的基础上，提出了描述导热过程基本规律的傅里叶定律，即由热传导所引起的传热速率与温度梯度及垂直于热流方向的截面积成正比。对于一维稳态热传导，傅里叶定律可表示为

$$\mathrm{d}Q=-\lambda \mathrm{d}S\frac{\mathrm{d}t}{\mathrm{d}x} \tag{式(7-3)}$$

0703

著名的数学家和物理学家——傅里叶

式中，S 为导热面积，即垂直于热流方向的截面积，m^2；λ 为比例系数，称为导热系数，W/(m·℃)或 W/(m·K)；$\frac{\mathrm{d}t}{\mathrm{d}x}$为温度梯度，℃/m；负号表示热流方向总是与温度梯度的方向相反。

由式(7-3)得

$$\lambda=-\frac{\mathrm{d}Q}{\mathrm{d}S\frac{\partial t}{\partial n}} \tag{式(7-4)}$$

式(7-4)即为导热系数的定义式。导热系数在数值上等于单位温度梯度下的热通量，所以导热系数是表征物质导热能力大小的一个参数，是物质的物理性质之一。导热系数的数值与物质的组成、结

构及状态（温度、压力和相态）有关，通常由实验测定。一般情况下，纯金属的导热系数最大，合金次之，其后依次为建筑材料、液体、绝热材料，而气体的导热系数最小。常见固体、液体及气体的导热系数分别列于附录 10-12 中。

固体中金属是良好的导热体，金属的纯度对导热系数的影响很大，一般随纯度的增加而增大，纯金属的导热系数比合金的大。非金属的导热系数与物质的组成、结构有关，一般随密度的增加而增大。此外，温度、湿度和孔隙率也会对物质的导热系数产生较大影响。

研究表明，当温度变化范围不大时，大多数物质的导热系数与温度大致呈线性关系，即

$$\lambda=\lambda_0(1+\alpha t) \qquad \text{式(7-5)}$$

式中，λ 为物质在 t℃时的导热系数，W/（m·℃）；λ_0为物质在 0℃时的导热系数，W/（m·℃）；α 为温度系数，1/℃，对于大多数金属材料和液体，α 为负值，而对于大多数非金属材料和气体，α 为正值。

液体中水的导热系数与温度不呈线性关系。水的导热系数在 120℃时达到最大。当温度低于 120℃时，其导热系数随温度的升高而增大，当温度高于 120℃时，其导热系数随温度的升高而下降。除水和甘油外，液体的导热系数随温度的升高而略有减小。

由式（7-5）可知，气体的导热系数随温度的升高而增大。此外，在相当大的压力范围内，气体的导热系数随压力的变化甚微，因而可忽略压力对气体导热系数的影响。只有在过高或过低的压力（高于 2×10^5kPa 或低于 3kPa）下，才考虑压力的影响，此时导热系数随压力的增加而增大。

气体的导热系数很小，对导热不利，但对保温、绝热有利。工业上所用的保温材料，如软木、玻璃棉等固体材料，就是因为其空隙中存在大量的空气，所以其导热系数较低，寒冷地区常采用双层玻璃窗对房屋进行保温，也是这个道理。

导热系数在实际应用中具有重要的意义。例如，对于间壁式换热器，间壁材料的导热速率要大，故宜选用钢、铜、铝等导热系数较大的金属材料。非金属材料石墨的导热系数较大（附录 10），且具有良好的耐腐蚀性能，因而也常用作间壁的材料。再如，对于蒸气管道的保温材料而言，其导热速率应小，故宜选用石棉、软木等导热系数较小的材料。

二、平壁的稳态热传导

1. 单层平壁的稳态热传导

如图 7-5 所示，单层平壁一侧温度恒为 t_1，另一侧温度恒为 t_2，且 $t_1>t_2$；平壁面积为 S，厚度为 b；设平壁材料结构均匀，导热系数 λ 不随温度而变，或取平均导热系数；平壁内的温度仅沿垂直于壁面的 x 方向而变化，等温面为垂直于 x 轴的平面，且平壁面积远大于侧表面积，即平壁边缘处损失的热量可忽略不计。根据上述假设，该传热过程可视为一维稳态热传导过程，由式（7-3）可得

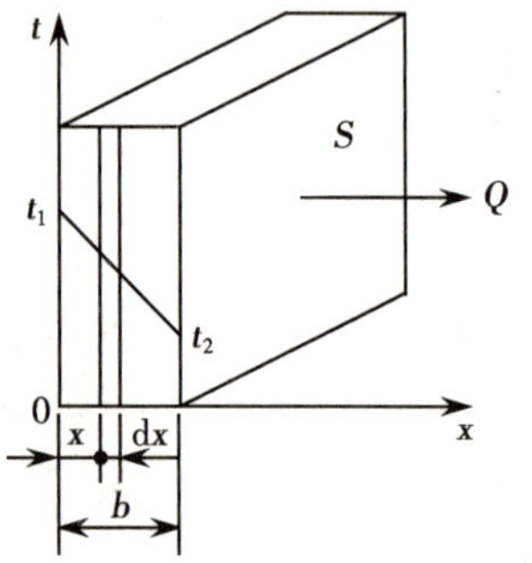

图 7-5 单层平壁的稳态热传导

$$Q=-\lambda S\frac{\mathrm{d}t}{\mathrm{d}x} \qquad \text{式(7-6)}$$

式（7-6）的边界条件为

$$x=0,\quad t=t_1$$
$$x=b,\quad t=t_2$$

将式（7-6）分离变量并积分得

$$\int_{t_1}^{t_2}\mathrm{d}t=-\frac{Q}{\lambda S}\int_0^b\mathrm{d}x$$

则

$$t_2-t_1=-\frac{Q}{\lambda S}b$$

故

$$Q=\frac{\lambda}{b}S(t_1-t_2)=\frac{t_1-t_2}{\dfrac{b}{\lambda S}}=\frac{\Delta t}{R}=\frac{\text{热传导推动力}}{\text{导热热阻}} \qquad \text{式(7-7)}$$

式(7-7)表明传热速率 Q 与传热推动力 Δt 成正比，与导热热阻 R 成反比。

由式(7-2)得热通量为

$$q=\frac{Q}{S}=\frac{\lambda}{b}(t_1-t_2)=\frac{\Delta t}{\dfrac{b}{\lambda}}=\frac{\Delta t}{R'}=\frac{\text{热传导推动力}}{\text{导热比热阻}} \qquad \text{式(7-8)}$$

式中，Δt 为温度差，热传导过程的推动力，℃；$R=\dfrac{b}{\lambda S}$为导热热阻，℃/W；$R'=\dfrac{b}{\lambda}$为导热比热阻，通常也称为导热热阻，$m^2 \cdot$ ℃/W。

在热传导过程中，物体内部沿传热方向不同位置处的温度是不同的，因而导热系数也不同。工程上通常取固体两侧温度下导热系数的算术平均值，或取两侧温度的算术平均值作为定性温度，并以其确定固体的导热系数。采用平均导热系数进行热传导计算，可满足一般工程计算的需要，不会引起太大的误差。

例 7-1 某平壁的传热面积为 40m^2，壁厚为 500mm，内表面温度为 900℃，外表面温度为 80℃。已知平壁材料的导热系数为 1.2W/(m·℃)，试分别计算通过该平壁的导热速率和热通量，并确定平壁内的温度分布。

解：(1) 计算导热速率 Q：由式(7-7)得

$$Q=\frac{\lambda}{b}S(t_1-t_2)=\frac{1.2}{0.5}\times 40\times(900-80)=78\ 720(\text{W})$$

(2) 计算热通量 q：由式(7-2)或(7-8)得

$$q=\frac{Q}{S}=\frac{78\ 720}{40}=1\ 968(\text{W/m}^2)$$

(3) 确定平壁内的温度分布：设壁厚为 x 处的温度为 t，则

$$Q=\frac{\lambda}{x}S(t_1-t)=\frac{1.2}{x}\times 40\times(900-t)=78\ 720(\text{W})$$

解得

$$t=900-\frac{78\ 720}{1.2\times 40}x=900-1\ 640x$$

上式表明，当导热系数为常数时，平壁内温度 t 与壁厚 x 之间呈线性关系。

2. 多层平壁的热传导 现以图 7-6 所示的三层平壁的稳态热传导为例。设各层壁厚分别为 b_1、b_2 和 b_3，各层导热系数分别为 λ_1、λ_2 和 λ_3。假设各层之间接触良好，两表面接触处温度相同，不存在附加热阻。各层的表面温度分别为 t_1、t_2、t_3 和 t_4，且 $t_1>t_2>t_3>t_4$。

对于平壁的一维稳态热传导，通过各层的传热速率必相等，即

$$Q=Q_1=Q_2=Q_3 \qquad \text{式(7-9)}$$

则有

$$Q=\frac{t_1-t_2}{\dfrac{b_1}{\lambda_1 S}}=\frac{t_2-t_3}{\dfrac{b_2}{\lambda_2 S}}=\frac{t_3-t_4}{\dfrac{b_3}{\lambda_3 S}}=\frac{\Delta t_1}{R_1}=\frac{\Delta t_2}{R_2}=\frac{\Delta t_3}{R_3}$$

即

$$\Delta t_1=t_1-t_2=QR_1=Q\frac{b_1}{\lambda S}$$

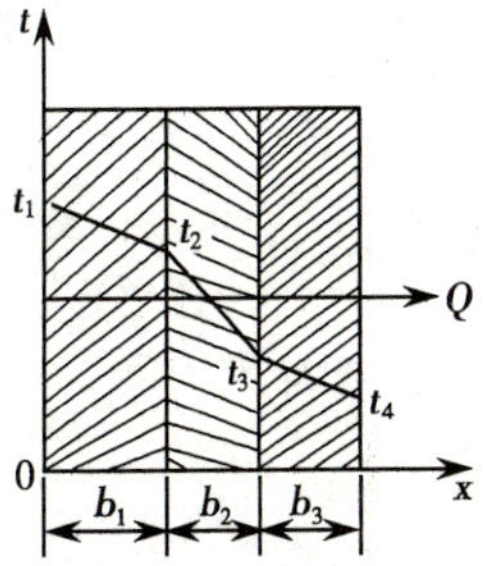

图 7-6 三层平壁的稳态热传导

$$\Delta t_2 = t_2 - t_3 = QR_2 = Q\frac{b_2}{\lambda S}$$

$$\Delta t_3 = t_3 - t_4 = QR_3 = Q\frac{b_3}{\lambda S}$$

以上三式分子和分母分别相加并整理得

$$Q = \frac{(t_1 - t_2) + (t_2 - t_3) + (t_3 - t_4)}{\frac{b_1}{\lambda_1 S} + \frac{b_2}{\lambda_2 S} + \frac{b_3}{\lambda_3 S}} = \frac{t_1 - t_4}{R_1 + R_2 + R_3} = \frac{\text{总推动力}}{\text{总导热热阻}} \qquad \text{式(7-10)}$$

式(7-10)即为三层平壁稳态热传导时的传热速率方程。类似地，对于 n 层平壁的稳态热传导，其传热速率方程为

$$Q = \frac{t_1 - t_{n+1}}{\sum_{i=1}^{n} \frac{b_i}{\lambda_i S}} = \frac{\sum_{i=1}^{n} \Delta t_i}{\sum_{i=1}^{n} R_i} = \frac{\text{总推动力}}{\text{总导热热阻}} \qquad \text{式(7-11)}$$

对于多层平壁的稳态热传导，不仅各层的传热速率相等，而且各层的热通量也相等。总推动力为各层温度差之和，即总温度差，总热阻为各层热阻之和。

例 7-2 某平壁燃烧炉是由耐火砖与普通砖砌成，两层厚度均为 225mm，其导热系数分别为 1.05W/(m·℃)及 0.81W/(m·℃)。待操作稳定后，测得炉壁的内表面温度为 950℃，外表面温度为 90℃。为减少燃烧炉的热损失，在普通砖的外表面增加一层厚度为 50mm、导热系数为 0.069 8W/(m·℃)的保温砖。操作稳定后，又测得炉内表面温度为 950℃，外表面温度为 50℃，两层材料的导热系数不变，试计算加保温层后炉壁的热损失比原来减少的百分数。

解：加保温砖前，单位面积炉壁的热损失为

$$q_1 = \frac{Q}{S} = \frac{t_1 - t_3}{R_1' + R_2'} = \frac{t_1 - t_3}{\frac{b_1}{\lambda_1} + \frac{b_2}{\lambda_2}} = \frac{950 - 90}{\frac{0.225}{1.05} + \frac{0.225}{0.81}} = 1\ 747.61(\text{W/m}^2)$$

加保温砖后，单位面积炉壁的热损失为

$$q_2 = \frac{t_1 - t_4}{\frac{b_1}{\lambda_1} + \frac{b_2}{\lambda_2} + \frac{b_3}{\lambda_3}}$$

$$= \frac{950 - 50}{\frac{0.225}{1.05} + \frac{0.225}{0.81} + \frac{0.05}{0.069\ 8}} = \frac{900}{0.214\ 3 + 0.277\ 8 + 0.716\ 3} = 744.79(\text{W/m}^2)$$

所以，加保温砖后炉壁的热损失比原来减少的百分数为

$$\frac{q_1 - q_2}{q_1} \times 100\% = \frac{1\ 747.61 - 744.79}{1\ 747.61} \times 100\% = 57.38\%$$

由例 7-2 还可计算各层的温度差和界面温度，即

$$\Delta t_1 = R_1' q_2 = 0.214\ 3 \times 744.79 = 159.6℃$$

所以

$$t_2 = t_1 - \Delta t_1 = 950 - 159.6 = 790.4℃$$

同理可得

$$\Delta t_2 = 206.9℃, \quad \Delta t_3 = 533.5℃, \quad t_3 = 583.5℃$$

现将例 7-2 中各层的导热系数、温度差及热阻的数值列于表 7-1 中。由表中数据可知，各层的热阻越大，温度差也越大。保温砖的导热系数最小，其热阻最大，故分配于该层的温度差亦最大，

即温度差与热阻成正比。由于大部分温度差落在保温层内，从而降低了燃烧炉的外壁温度，使热损失大为减少。

表 7-1 例 7-2 附表

材料	导热系数 W/（m·℃）	温度差/℃	热阻 W/（m·℃）
耐火砖	1.05	159.6	0.214 3
普通砖	0.81	206.9	0.277 8
保温砖	0.069 8	533.5	0.716 3

三、圆筒壁的稳态热传导

制药生产中的设备及管道大多为圆筒形，通过圆筒壁的热传导过程非常普遍。与平壁热传导不同的是，圆筒壁的传热面积不是常量，温度和传热面积随半径而变。

1. 单层圆筒壁的稳态热传导 单层圆筒壁的稳态热传导如图 7-7 所示。设圆筒的长度为 L，内、外半径分别为 r_1、r_2，内、外壁面温度分别为 t_1、t_2，且 $t_1>t_2$，并保持恒定，圆筒壁材料的导热系数 λ 为定值，圆筒壁很长，轴向散热可忽略不计。根据上述假设，沿径向的传热过程为稳态传热，其传热速率为定值。

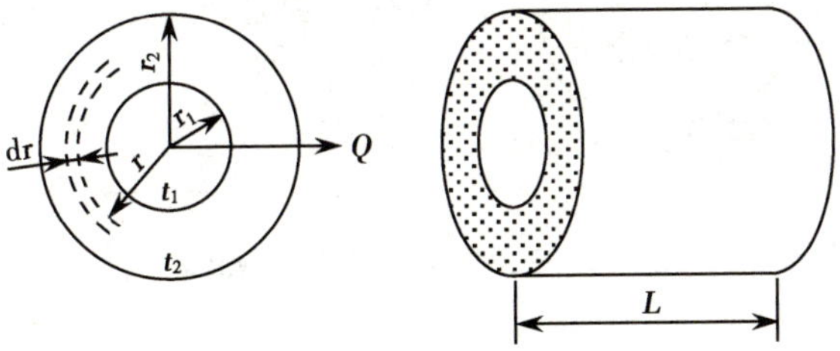

图 7-7 单层圆筒壁的稳态热传导

在半径 r 处，沿半径方向取微元厚度 dr 的薄壁圆筒，其传热面积为 $2\pi rL$；沿薄壁圆筒厚度方向的温度变化为 dt。由傅里叶定律可知，通过该薄壁圆筒的传热速率可表示为

$$Q=-\lambda S\frac{\mathrm{d}t}{\mathrm{d}r}=-\lambda(2\pi rL)\frac{\mathrm{d}t}{\mathrm{d}r} \qquad \text{式(7-12)}$$

式(7-12)的边界条件为

$$r=r_1,\quad t=t_1$$

$$r=r_2,\quad t=t_2$$

将式(7-12)分离变量并积分得

$$Q\int_{r_1}^{r_2}\frac{\mathrm{d}r}{r}=-2\pi L\lambda\int_{t_1}^{t_2}\mathrm{d}t$$

则

$$Q=\frac{2\pi L\lambda(t_1-t_2)}{\ln\frac{r_2}{r_1}} \qquad \text{式(7-13)}$$

式(7-13)即为单层圆筒壁稳态热传导时的传热速率方程，该式可写成与平壁热传导速率方程相类似的形式。由式(7-13)得

$$Q=\frac{2\pi L(r_2-r_1)\lambda(t_1-t_2)}{(r_2-r_1)\ln\dfrac{2\pi r_2 L}{2\pi r_1 L}}=\frac{(S_2-S_1)\lambda(t_1-t_2)}{(r_2-r_1)\ln\dfrac{S_2}{S_1}} \qquad 式(7\text{-}14)$$

令 $b=r_2-r_1$，$S_m=\dfrac{S_2-S_1}{\ln\dfrac{S_2}{S_1}}$，代入式(7-14)得

$$Q=\lambda S_m\frac{t_1-t_2}{b}=\frac{t_1-t_2}{\dfrac{b}{\lambda S_m}} \qquad 式(7\text{-}15)$$

式中，b 为圆筒壁的厚度，m；S_m 为圆筒壁的内、外表面的对数平均面积，m^2。

当 r_2 与 r_1 的比值不超过 2 时，可用算术平均值代替对数平均值进行计算，由此而产生的误差不超过 4%，可满足一般工程计算的精度要求。

2. 多层圆筒壁的稳态热传导　现以图 7-8 所示的三层圆筒壁的稳态热传导为例。假设各层间接触良好，则接触界面处的温度相等，即不存在附加热阻。已知各层的导热系数分别为 λ_1、λ_2、λ_3，厚度分别为 b_1、b_2、b_3，则 $b_1=r_2-r_1$，$b_2=r_3-r_2$，$b_3=r_4-r_3$。各层的表面温度分别为 t_1、t_2、t_3 和 t_4，且 $t_1>t_2>t_3>t_4$。

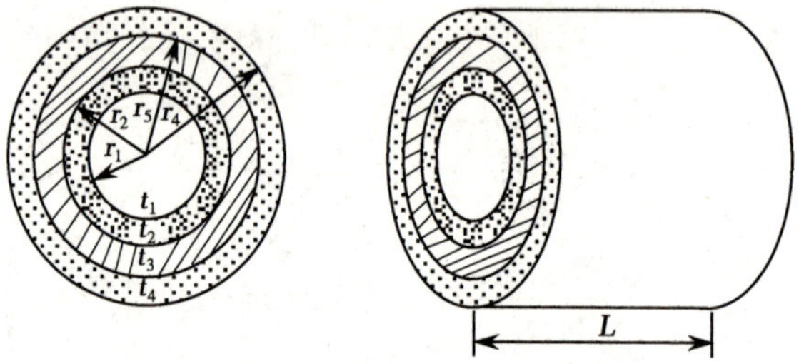

图 7-8　三层圆筒壁的稳态热传导

对于多层圆筒壁的稳态热传导，通过各层的传热速率均相等，即

$$Q=Q_1=Q_2=Q_3 \qquad 式(7\text{-}16)$$

结合式(7-13)得

$$Q=\frac{2\pi L\lambda_1(t_1-t_2)}{\ln\dfrac{r_2}{r_1}}=\frac{2\pi L\lambda_2(t_2-t_3)}{\ln\dfrac{r_3}{r_2}}=\frac{2\pi L\lambda_3(t_3-t_4)}{\ln\dfrac{r_4}{r_3}}$$

与式(7-10)的推导方法相似，由式(7-16)可导出三层圆筒壁的稳态热传导时的传热速率方程为

$$Q=\frac{2\pi L(t_1-t_4)}{\dfrac{1}{\lambda_1}\ln\dfrac{r_2}{r_1}+\dfrac{1}{\lambda_2}\ln\dfrac{r_3}{r_2}+\dfrac{1}{\lambda_3}\ln\dfrac{r_4}{r_3}} \qquad 式(7\text{-}17)$$

类似的，对于 n 层圆筒壁的稳态热传导，其传热速率方程可表示为

$$Q=\frac{t_1-t_{n+1}}{\sum\limits_{i=1}^{n}\dfrac{1}{2\pi L\lambda_i}\ln\dfrac{r_{i+1}}{r_i}} \qquad 式(7\text{-}18)$$

对于多层圆筒壁的稳态热传导，通过各层的传热速率均相等。但由于各层的半径不同，故各层的热通量并不相等。

例 7-3　在外径为 110mm 的蒸气管道外包扎保温材料，以减少热损失。已知蒸气管道的外壁温度为 400℃，保温层厚度为 60mm，导热系数为 0.15W/(m·℃)，外表面温度为 40℃。试确定：(1) 每

米管长的热损失；(2) 保温层中的温度分布。假设蒸气管外壁与保温层之间接触良好。

解：依题意知，$r_2=0.055\text{m}$，$r_3=r_2+0.06=0.115\text{m}$，$\lambda_2=0.15\text{W}/(\text{m}\cdot℃)$，$t_2=400℃$，$t_3=40℃$。

(1) 每米管长的热损失：由式(7-13)得

$$\frac{Q}{L}=\frac{2\pi\lambda_2(t_2-t_3)}{\ln\dfrac{r_3}{r_2}}=\frac{2\times3.14\times0.15\times(400-40)}{\ln\dfrac{0.115}{0.055}}=460\text{W/m}$$

即每米管长的热损失为460W/m。

(2) 保温层中的温度分布：设保温层中半径为 r 处的温度为 t，则

$$\frac{Q}{L}=\frac{2\pi\lambda_2(t_2-t)}{\ln\dfrac{r}{r_2}}=\frac{2\times3.14\times0.15\times(400-t)}{\ln\dfrac{r}{0.055}}=460$$

解得

$$t=-488.3\ln r-1\,016.3℃$$

可见，当导热系数为常数时，圆筒壁内的温度与半径之间的关系为曲线。

日常生活中的导热现象

第三节 对流传热

一、对流传热分析

在间壁换热过程中，流体将热量传递给壁面或由壁面将热量传递给流体的过程都属于对流传热，对流传热在制药生产中占有重要的地位。由于对流传热主要是依靠流体质点的移动与混合来实现的，因此对流传热与流体的流动状况密切相关。

当流体做层流流动时，各层流体均沿壁面做平行流动，在与流动方向相垂直的方向上，其热量传递方式为热传导。

当流体做湍流流动时，无论流体主体的湍动多么强烈，由于流体具有黏性，紧邻壁面处总存在层流内层。在层流内层中，流体仅沿壁面做平行流动，相邻流体层间没有流体的宏观位移，因而在与流动方向相垂直的方向上不存在热对流，热量传递方式基本为热传导。由于多数流体的导热系数较小，因而热传导时的热阻很大，导致层流内层的温度差较大，即温度梯度较大。在层流内层与湍流主体之间存在着一个过渡层，过渡层内的温度变化较为缓慢，热量传递则是由热对流与热传导共同作用的结果。在湍流主体中，由于流体质点的强烈碰撞与混合，并充满旋涡，因而湍流主体中温度差极小，即基本不存在温度梯度，可以认为没有传热热阻。工程上，将有温度梯度存在的区域称为传热边界层。

冷、热流体分别沿间壁两侧平行流动时，传热方向与流动方向垂直。如图7-9所示，在与流动方向相垂直的任一截面上，从热流体到冷流体之间必存在一个温度分布，其中热流体从其湍流主体温度 T 经过渡区、层流内层降温至该侧的壁面温度 T_w，再经间壁降温至另一侧的壁面温度 t_w，又经冷流体的层流内层、过渡区降温至冷流体的主体温度 t。由于冷、热流体之间不断通过间壁进行热交换，所以不同截面上各对应点的温度值可能有所不同，但温度分布规律是类似的。

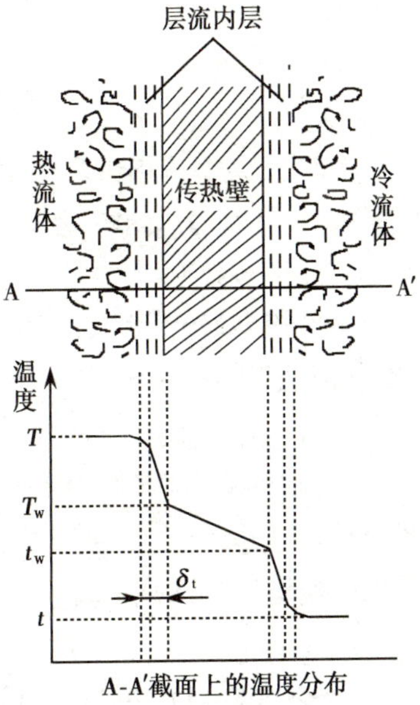

图7-9 对流传热的温度分布

由上述分析可知，流体主体与壁面之间的温度差是流体与壁面之间进行对流传热的推动力，其中热流体侧的推动力为$(T-T_w)$，冷流体侧的推动力为(t_w-t)。

综上所述，间壁传热是集对流与热传导于一体的综合传热现象，而对流传热的热阻主要集中于层流内层中。因此，强化对流传热的主要途径是减薄层流内层的厚度。

二、对流传热速率方程

间壁传热是一类非常复杂的传热过程，尽管紧邻壁面的薄层层流内层中的传热以热传导为主，但为便于处理，常将间壁表面至湍流主体间的传热均按对流传热处理。由于影响对流传热速率的因素很多，且不同的对流传热情况又存在很大差别，因此对流传热的理论计算非常困难。目前，对流传热的计算主要采用半理论、半经验的方法进行处理。

研究表明，对流传热速率与传热温度差及传热面积成正比，即

$$Q=\alpha S\Delta t=\frac{\Delta t}{\dfrac{1}{\alpha S}} \qquad 式(7\text{-}19)$$

式中，α为平均对流传热系数，$W/(m^2 \cdot ℃)$；S为总传热面积，m^2；Δt为流体与壁面间的平均温度差，℃；$\frac{1}{\alpha S}$为对流传热热阻，℃/W。

式(7-19)即为对流传热速率方程，又称为牛顿冷却定律。

对于管式换热器，传热面积可用管内侧面积S_i或管外侧面积S_o表示。例如，若冷流体在换热器的管内流动，热流体在管间流动，则对流传热速率方程可分别表示为

$$Q=\alpha_i S_i \Delta t \qquad 式(7\text{-}20)$$

$$Q=\alpha_o S_o \Delta t \qquad 式(7\text{-}21)$$

式中，α_i、α_o为分别为管内侧和外侧流体的平均对流传热系数，$W/(m^2 \cdot ℃)$；Δt为管内壁面与冷流体或热流体与管外壁面间的平均温度差，℃。

式(7-20)和式(7-21)表明，对流传热系数总是与传热面积和温度差相对应。

三、对流传热系数

式(7-19)可改写为

$$\alpha=\frac{Q}{S\Delta t} \qquad 式(7\text{-}22)$$

式(7-22)即为对流传热系数的定义式。对流传热系数在数值上等于单位温度差下，单位传热面积上的对流传热速率，其单位为$W/(m^2 \cdot ℃)$。对流传热系数可反映体系对流传热的快慢能力，其值越大，对流传热速率就越快。

（一）影响对流传热系数的因素

对流传热系数α与导热系数λ不同，它不是流体的物性参数。对流传热系数不仅与流体的物性有关，而且会受诸多因素的影响。

1. 流体的种类 对流传热系数与流体的种类有关。制药过程所处理的物料多种多样，其性质不同，对流传热情况也不同。通常情况下，液体的对流传热系数要大于气体的对流传热系数。

2. 流体的物性 流体的导热系数、密度、比热、黏度及体积膨胀系数均对于对流传热系数有较大影响。

(1) 导热系数(λ)：流体的导热系数越大，传热边界层的热阻就越小，对流传热系数将越大。

(2) 热容(C)：密度与比热的乘积表示单位体积流体所具有的热容。流体的密度或比热越大，表

示流体携带热量的能力就越大，因而对流传热的强度就越大。

（3）黏度（μ）：黏度越小的流体，其 Re 越大，即流体的湍流程度越剧烈，从而可减薄传热边界层的厚度，增大对流传热系数。

（4）体积膨胀系数（β）：流体自然对流时，其体积膨胀系数越大，所产生的密度差就越大，自然对流的强度就越大，从而使对流传热系数增大。由于流体在传热过程中的流动多为变温流动，所以即使在强制对流的情况下，也存在附加的自然对流，故流体的体积膨胀系数对于强制对流时的对流传热系数也会产生一定的影响。

3. 流体的相变情况 传热过程中，流体有相变化时的对流传热系数与无相变化时的差别很大。发生相变的情况有两种，即蒸气冷凝放热和液体受热沸腾汽化。通常，有相变时的对流传热系数要远大于无相变时的对流传热系数。例如，在套管式换热器中用水蒸气加热管内的空气，则环隙中蒸气冷凝时的对流传热系数要远大于管内空气的对流传热系数。

4. 流体的流动状态 层流和湍流的传热机理有着本质区别。当流体做层流流动时，在传热方向上无质点运动，传热基本上是依靠分子扩散作用所产生的热传导而进行的，因而对流传热系数较小；当流体做湍流流动时，除有主流方向上的流动外，流体质点还有径向的强烈碰撞与混合，因而对流传热系数较大。但不论流体的湍动程度多么强烈，靠近壁面处总存在层流内层，其热阻是对流传热的主要热阻。在层流内层中，传热方式主要为热传导。随着 Re 的增大，层流内层的厚度逐渐减薄，对流传热系数逐渐增大，从而使对流传热过程得以强化。

5. 对流情况 一般情况下，对于同一种流体，强制对流时的流速较大，而自然对流时的流速较小。因此，强制对流时的对流传热系数一般要大于自然对流时的对流传热系数。

6. 传热面的结构 传热面的形状（如管、板、环隙、管束等）、位置（如管子排列方式，水平、垂直或倾斜放置等）及流道尺寸（如管径、管长、板高等）都直接影响对流传热系数，这些都将反映在对流传热系数的计算公式中。

（二）对流传热系数的一般准数关联式

由于影响对流传热系数的因素很多，因此要想从理论上建立一个通式来计算对流传热系数是极其困难的。由理论分析和实验研究可知，影响对流传热系数的因素有流体的密度 ρ、黏度 μ、定压比热 C_p、导热系数 λ、流速 u 以及传热设备的尺寸等。借助于数学物理中的量纲分析法，可将众多的影响因素组合成 Nu、Re、Pr 和 Gr 四个无因次数群，它们之间的关系为

$$Nu=f(Re,Pr,Gr) \qquad \text{式(7-23)}$$

式中，Nu 为努塞尔特准数，$Nu=\dfrac{\alpha l}{\lambda}$，是表示对流传热系数的准数，无因次；$Re$ 为雷诺准数，$Re=\dfrac{lu\rho}{\mu}$，是反映流体流动状态的准数，无因次；Pr 为普兰特准数，$Pr=\dfrac{C_p\mu}{\lambda}$，是反映流体物性的准数，无因次；$Gr$ 为格拉斯霍夫准数，$Gr=\dfrac{l^3\rho^2\beta g\Delta t}{\mu^2}$，是反映重力（自然对流）影响的准数，无因次；$\alpha$ 为对流传热系数，W/(m^2·℃)；l 为传热面的特征尺寸，可以是管内径、管外径或平板高度等，m；λ 为流体的导热系数，W/(m·℃)；μ 为流体的黏度，Pa·s；C_p 为流体的定压比热，J/(kg·℃)；u 为流体的流速，m/s；β 为流体的体积膨胀系数，1/℃；Δt 为温度差，℃；g 为重力加速度，9.81m/s^2。

对没有发生相变的强制对流传热，重力因素导致的自然对流影响可忽略不计，此时式(7-23)可简化为

$$Nu=f(Re,Pr) \qquad \text{式(7-24)}$$

对于没有发生相变的自然对流传热，表示流动状态影响的 Re 准数可忽略不计，此时式(7-23)可简化为

$$Nu=f(Pr,Gr) \quad 式(7\text{-}25)$$

通常影响对流传热系数的几个准数之间的关系式可表示为幂指数的形式，如强制对流时努塞尔特准数 Nu 可表示为

$$Nu=CRe^{\alpha}Pr^{k} \quad 式(7\text{-}26)$$

式中，C、α、k 为常数，可通过实验确定。

对流传热系数的准数关联式是一个半理论半经验公式，在各种不同情况下的对流传热系数的具体函数关系可由实验确定，但应注意以下几点：

（1）定性温度：在没有发生相变的对流传热过程中，流体的温度处处不同，流体的物理性质也随之改变。确定准数中流体的 C_{ρ}、ρ、μ、λ 等各物性参数时所依据的温度，称为定性温度。由于流体的各种物理性质随温度的变化规律不尽相同，因而难以找到适合各种物理性质的定性温度。在传热计算中，定性温度主要有三种取法：①取 $t=\frac{t_1+t_2}{2}$ 作为定性温度，其中 t_1、t_2 分别为流体的进、出口温度；②取壁面的平均温度 t_w 为定性温度；③取流体与壁面的平均温度即 $t=\frac{t+t_w}{2}$ 作为定性温度，该温度又称为膜温。

在选取定性温度的三种方法中，由于壁面温度常常为未知量，使用起来比较麻烦且需要试差，故工程上多采用流体的平均温度作为定性温度。由于不同关联式确定定性温度的方法不完全相同，因此使用时应按关联式的规定确定定性温度。

（2）特征尺寸：通常将 Nu、Re 及 Gr 等无因次准数中所包含的传热面尺寸称为特征尺寸。在传热计算中，通常选取对流体的流动和传热有决定性影响的尺寸作为特征尺寸。例如，流体在圆形管内进行对流传热时，特征尺寸常取管内径 d_i；流体在非圆形管内进行对流传热时，特征尺寸常取传热当量直径 d_e'，因此公式中应说明特征尺寸的取法。

值得注意的是，传热当量直径与流动当量直径的定义是不同的。传热当量直径的定义为

$$d_e'=\frac{4\times 流道截面积}{传热周边长度} \quad 式(7\text{-}27)$$

对流传热的早期研究

流动当量直径 d_e 应用于流动阻力的计算；而传热计算中，传热当量直径 d_e' 与流动当量直径 d_e 都可能被选用，取决于具体的关联式。

（3）适用范围：在使用对流传热系数的准数关联式时，应注意不能超出公式的适用范围。

（三）流体无相变时的对流传热系数

1. 流体在圆形管内做强制对流 与流体力学中的情况有所不同，在传热计算中，一般规定 $Re<2\ 300$ 为层流，$Re>10\ 000$ 为湍流，而 $2\ 300<Re<10\ 000$ 则为过渡流。

（1）流体在圆形直管内做强制湍流

1）低黏度流体：当流体的黏度低于 2×10^{-3}Pa·s 时，可应用下列准数关联式计算对流传热系数

$$Nu=0.023Re^{0.8}Pr^{n} \quad 式(7\text{-}28)$$

或

$$\alpha=0.023\frac{\lambda}{d_i}Re^{0.8}Pr^{n}=0.023\frac{\lambda}{d_i}\left(\frac{d_i u\rho}{\mu}\right)^{0.8}\left(\frac{C_{\rho}\mu}{\lambda}\right)^{n} \quad 式(7\text{-}29)$$

式中，n 为与热流方向有关的常数，无因次。若流体被加热，n 取 0.4；若流体被冷却，n 取 0.3。

定性温度：流体进、出口温度的算术平均值。

特征尺寸：管内径 d_i。

适用范围：$Re>10^4$；$0.7<Pr<120$；管长与管径之比 $\frac{L}{d_i}\geqslant 60$。若 $\frac{L}{d_i}<60$，则由式(7-28)或式(7-29)求

得的 α 需乘以 $\left[1+\left(\frac{d_i}{L}\right)^{0.7}\right]$ 进行校正。

2）高黏度流体：当流体的黏度高于 2×10^{-3}Pa · s 时，对流传热系数的准数关联式为

$$Nu=0.027Re^{0.8}Pr^{1/3}\left(\frac{\mu}{\mu_w}\right)^{0.14} \qquad \text{式(7-30)}$$

定性温度：除黏度 μ_w 取壁温外，其余均取流体进、出口温度的算术平均值。

特征尺寸：管内径 d_i。

适用范围：$Re>10^4$；$0.7<Pr<16\ 700$，其余同式(7-28)。

若壁温为未知，则应用式(7-30)时，需采用试差法进行计算。由于试差法比较麻烦，因此工程上常按下述方法进行近似计算。若液体被加热，则取 $\left(\frac{\mu}{\mu_w}\right)^{0.14}\approx1.05$；若液体被冷却，则取 $\left(\frac{\mu}{\mu_w}\right)^{0.14}\approx0.95$。对于气体，不论是被加热还是被冷却，均取 $\left(\frac{\mu}{\mu_w}\right)^{0.14}=1.0$。

例 7-4　在常压和 20℃ 的条件下，流量为 $60m^3/h$ 的空气进入套管换热器的内管，并被加热至 40℃，内管规格为 ϕ56mm×3mm，长度为 3m，试计算管壁对空气的对流传热系数。

解：依题意可知，定性尺寸 $l=d_i=0.05m$；定性温度 $t=\frac{t_1+t_2}{2}=\frac{20+40}{2}=30℃$。由附录 7 查得 30℃ 时空气的物性数据为

$$\mu=1.86\times10^{-5}\text{Pa}\cdot\text{s};\quad \lambda=2.67\times10^{-2}\ \text{W/(m}\cdot℃);\quad \rho=1.165\text{kg/m}^3;\quad Pr=0.701$$

设空气的进口处速度为 u，则

$$u=\frac{V_s}{\frac{\pi}{4}d_i^2}=\frac{4\times60}{3\ 600\times3.14\times0.05^2}=8.49\text{m/s}$$

故

$$Re=\frac{lu\rho}{\mu}=\frac{d_iu\rho}{\mu}=\frac{0.05\times8.49\times1.165}{1.86\times10^{-5}}=26\ 588.3$$

又

$$\frac{L}{d_i}=\frac{3}{0.05}=60$$

显然，Re、Pr 均在式(7-29)的应用范围内，故可用式(7-29)计算管壁对空气的对流传热系数。由于空气被加热，故取 $n=0.4$，则

$$\alpha=0.023\frac{\lambda}{d_i}Re^{0.8}Pr^n=0.023\times\frac{2.67\times10^{-2}}{0.05}\times26\ 588.3^{0.8}\times0.701^{0.4}=36.9\text{W/(m}^2\cdot℃)$$

（2）流体在圆形直管内做强制层流：若流体在管内做强制层流，则需考虑自然对流的影响。当管径较小，流体与壁面间的温度差不大，流体的 $\frac{\mu}{\rho}$ 较大，从而使 $Gr<2.5\times10^4$ 时，自然对流对强制层流传热的影响可忽略不计，此时对流传热系数的准数关联式为

$$Nu=1.86Re^{1/3}Pr^{1/3}\left(\frac{d_i}{L}\right)^{1/3}\left(\frac{\mu}{\mu_w}\right)^{0.14} \qquad \text{式(7-31)}$$

定性温度：除黏度 μ_w 取壁温外，其余均取流体进、出口温度的算术平均值。

特征尺寸：管内径 d_i。

适用范围：$Re<2\ 300$，$0.6<Pr<6\ 700$，$\left(RePr\frac{d_i}{L}\right)>10$。

当 $Gr>2.5\times10^4$ 时，自然对流的影响不能忽略，此时可先用式(7-31)计算出对流传热系数 α，然后再乘以校正系数 f，其中 f 可按下式计算

$$f=0.8\times(1+0.015Gr^{1/3}) \qquad 式(7\text{-}32)$$

需要指出的是，在换热器的设计中，为提高总传热系数，流体大多呈湍流流动。

(3) 流体在圆形直管内做过渡流：当 $2\,300\leqslant Re\leqslant10\,000$ 时，可根据流体的黏度，先用式(7-28)或式(7-30)计算出 α，然后再乘以校正系数 f，即得过渡流下的对传热系数，其中 f 的计算式为

$$f=1-\frac{6\times10^5}{Re^{1.8}} \qquad 式(7\text{-}33)$$

(4) 流体在圆形弯管内做强制对流：如图 7-10 所示，流体在圆形弯管内流动时，由于受惯性离心力的作用，流体的湍动程度将加剧，从而使对流传热系数增大，此时对流传热系数可用下式计算

$$\alpha'=\alpha\left(1+1.77\frac{d_i}{R}\right) \qquad 式(7\text{-}34)$$

式中，α'为流体在弯管内做强制对流时的对流传热系数，W/(m^2·℃)；α 为流体在直管内做强制对流时的对流传热系数，W/(m^2·℃)；R 为弯管轴的弯曲半径，m。

(5) 流体在非圆形管内做强制对流：流体在非圆形管内做强制对流时仍可采用上述各关联式计算对流传热系数，但应将特征尺寸由管内径改为相应的当量直径。前已述及，传热当量直径与流动当量直径的定义是不同的。如图 7-11 所示的套管环隙，由式(1-43)可得流动当量直径为

$$d_e=\frac{4\times\frac{\pi}{4}(D_i^2-d_o^2)}{\pi(D_i+d_o)}=D_i-d_o \qquad 式(7\text{-}35)$$

式中，D_i为外管的内径，m；d_o为内管的外径，m。

而由式(7-27)可得传热当量直径为

$$d_e'=\frac{4\times\frac{\pi}{4}(D_i^2-d_o^2)}{\pi d_o}=\frac{D_i^2-d_o^2}{d_o} \qquad 式(7\text{-}36)$$

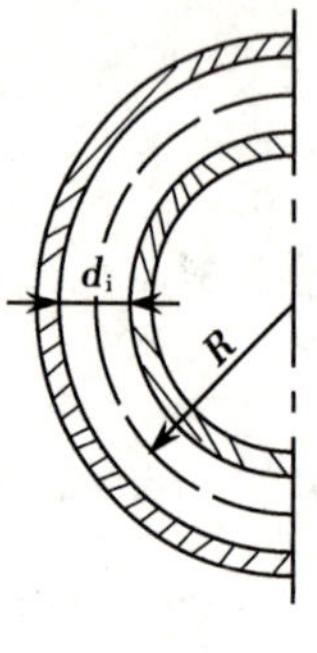

图 7-10 弯管

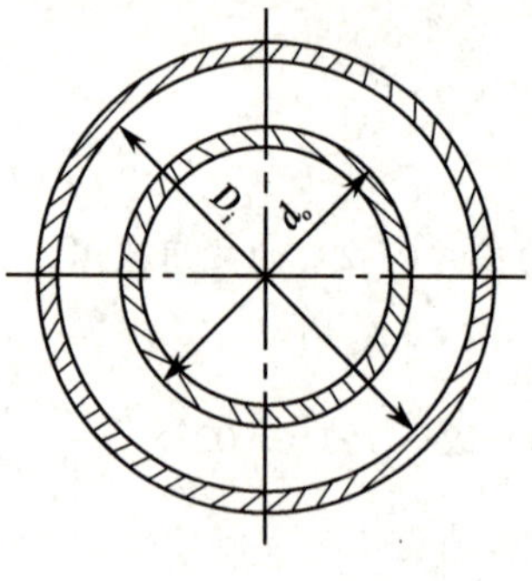

图 7-11 套管环隙

利用当量直径来计算非圆形管内的对流传热系数较为简便，但计算结果误差较大。对于常用的非圆形管道，也可通过实验得出计算对流传热系数的关联式。例如，对于套管环隙，用水和空气进行实验，可得对流传热系数的经验关联式为

$$\alpha=0.02\frac{\lambda}{d_e}\left(\frac{D_i}{d_o}\right)^{0.53}Re^{0.8}Pr^{1/3} \qquad 式(7\text{-}37)$$

定性温度：流体进、出口温度的算术平均值。

特征尺寸：流动当量直径 d_e。

适用范围：12 000≤Re≤220 000，1.65<$\frac{D_i}{d_o}$<17。

2. 流体在管外做强制对流 流体垂直流过单根圆管时，沿管子圆周各点的局部对流传热系数是不同的。但在一般传热计算中，只需计算通过整个圆管的平均对流传热系数。

（1）流体垂直流过管束：流体垂直流过管束时的对流传热系数与管子的排列方式有关。管子的常见排列方式有直列和错列两种，其中错列又有正方形错列和等边三角形错列两种，如图 7-12 所示。

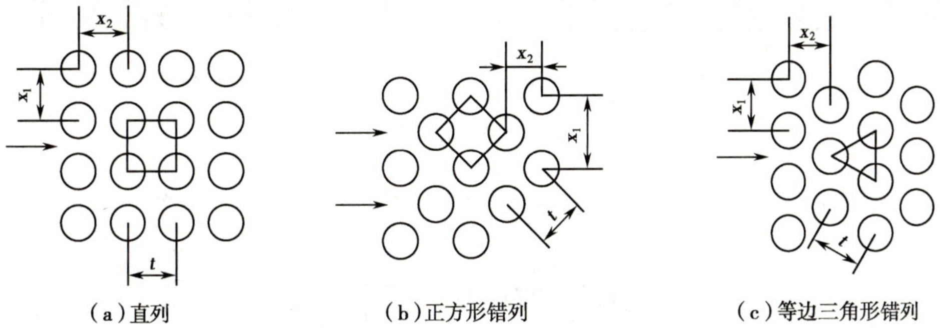

图 7-12 列管式换热器管束的排列方式

流体在管束外垂直流过时，各排的对流传热系数可用下列准数关联式计算

$$Nu = C\varepsilon Re^n Pr^{0.4} \quad \text{式(7-38)}$$

式中，C、ε 及 n 的值均由实验确定，其值列于表 7-2 中。

表 7-2 列管式换热器流体管外流动时的 C、ε、n

管排数	直列		错列		C
	n	ε	n	ε	
1	0.6	0.171	0.6	0.171	当$\frac{x_1}{d_o}$=1.2~3 时，$C=1+\frac{0.1x_1}{d_o}$
2	0.65	0.157	0.6	0.228	
3	0.65	0.157	0.6	0.290	当$\frac{x_1}{d_o}$>3 时，C=1.3
4	0.65	0.157	0.6	0.290	

定性温度：流体进、出口温度的算术平均值。

特征尺寸：管外径 d_o。

特征流速：流体在流动方向上最窄通道处的流速，错列取（x_1-d_o）和（$t-d_o$）中值小者。

适用范围：$5\times10^3 \leq Re \leq 7\times10^4$，$\frac{x_1}{d_o}$=1.2~5，$\frac{x_2}{d_o}$=1.2~5。

流体通过第 1 排管子时，不论管束是直列还是错列，两者的流动情况相同，故对流传热系数亦相同。但从第 2 排开始，流体从错列管束间通过时，其湍动程度因受到阻拦而加剧，所以错列时的对流传热系数要大于直列时的对流传热系数。而从第 3 排开始，对流传热系数基本不再发生改变。

由式(7-38)计算出各排管子的对流传热系数后，管束的平均对流传热系数可按下式计算

$$\alpha = \frac{\alpha_1 A_1 + \alpha_2 A_2 + \cdots + \alpha_n A_n}{A_1 + A_2 + \cdots + A_n} = \frac{\sum_{i=1}^{n} \alpha_i A_i}{\sum_{i=1}^{n} A_i} \quad \text{式(7-39)}$$

式中，α 为整个管束的平均对流传热系数，W/(m^2·℃)；α_i 为管束中第 i 排管子的对流传热系数，

W/(m^2 · ℃);A_i为管束中第 i 排管子的传热面积,m^2;n 为管束中的管排数。

(2) 流体在有折流板的换热器的管间流动:常用列管式换热器所使用的折流板主要有圆缺形和圆盘形两种,其结构如图 7-13 所示。

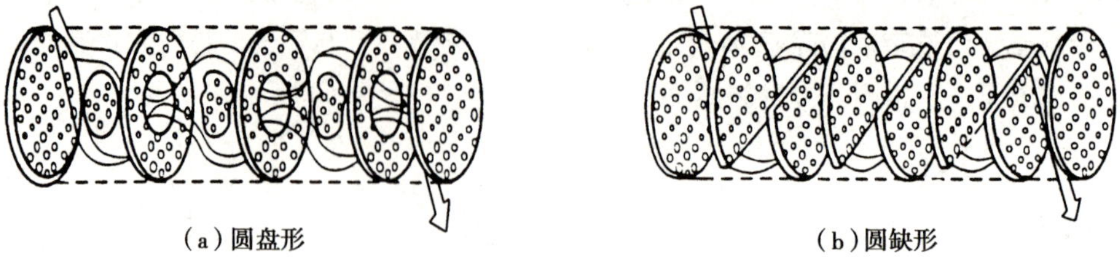

(a) 圆盘形　　(b) 圆缺形

图 7-13 折流板

列管式换热器的壳体为圆管,当流体在有折流板的管间流动时,其对流传热系数可用凯恩公式计算,即

$$Nu=0.36Re^{0.55}Pr^{1/3}\left(\frac{\mu}{\mu_w}\right)^{0.14} \quad 式(7\text{-}40)$$

定性温度:除黏度 μ_w 取壁温外,其余均取流体进、出口温度的算术平均值。

特征尺寸:传热当量直径 d'_e,m。

若管子采用图 7-14(a)所示的正方形排列,则传热当量直径 d'_e 可按下式计算

$$d'_e=\frac{4\left(t^2-\frac{\pi}{4}d_o^2\right)}{\pi d_o} \quad 式(7\text{-}41)$$

式中,t 为相邻两换热管的中心距,m;d_o 为管外径,m。

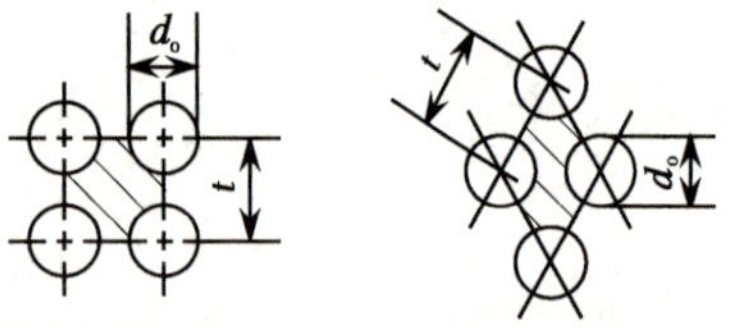

(a) 正方形排列　　(b) 等边三角形排列

图 7-14 管间当量直径的推导

若管子采用图 7-14(b)所示的等边三角形排列,则传热当量直径 d'_e 可按下式计算

$$d'_e=\frac{4\left(\frac{\sqrt{3}}{2}t^2-\frac{\pi}{4}d_o^2\right)}{\pi d_o} \quad 式(7\text{-}42)$$

特征流速:按流体流经管间的最大截面积 A 计算,即

$$A=hD\left(1-\frac{d_o}{t}\right) \quad 式(7\text{-}43)$$

式中,h 为相邻折流板之间的距离,m;D 为换热器壳体的内径,m。

适用范围:$2\times10^3 \leqslant Re \leqslant 1\times10^6$。

例 7-5 用预热器将压强为 101.33kPa 的空气从 10℃ 加热至 50℃。预热器由一束长为 2m、规格为 ϕ83mm×3.5mm 的错列垂直钢管组成,沿流动方向共有 20 排,每排有 20 列管子,排间与列间管子的中心距均为 120mm。空气在管外垂直流过,通过管间最狭窄通道处的流速为 10m/s,试计算管壁对空气的平均对流传热系数。

解:空气的定性温度 $t=\frac{t_1+t_2}{2}=\frac{10+50}{2}=30$℃。由附录 7 查得空气在 30℃ 时的物性参数为 $\mu=1.86\times10^{-5}$Pa · s;$\lambda=2.67\times10^{-2}$W/(m · ℃);$Pr=0.701$;$\rho=1.165$kg/m^3;$C_p=1.005$kJ/(kg · ℃)。则

$$Re=\frac{d_o u\rho}{\mu}=\frac{0.083\times10\times1.165}{1.86\times10^5}=51\ 987$$

又

$$\frac{x_1}{d_o}=\frac{x_2}{d_o}=\frac{0.12}{0.083}=1.45$$

显然，Re、$\frac{x_1}{d_o}$及$\frac{x_2}{d_o}$的值均符合式(7-38)的要求。查表7-2得

$$C=1+0.1\frac{x_1}{d_o}=1+0.1\times1.45=1.145$$

$$n_1=n_2=n_3=0.6,\quad \varepsilon_1=0.171,\quad \varepsilon_2=0.228,\quad \varepsilon_3=0.290$$

由式(7-38)得

$$\alpha_1=\frac{\lambda Nu_1}{d_o}=\frac{\lambda C\varepsilon_1 Re_1^n Pr^{0.4}}{d_o}$$

$$=\frac{2.67\times10^2\times1.145\times0.171\times51\,987^{0.6}\times0.701^{0.4}}{0.083}=36.90\text{W}/(\text{m}^2\cdot\text{℃})$$

$$\alpha_2=\alpha_1\frac{\varepsilon_2}{\varepsilon_1}=36.90\times\frac{0.228}{0.171}=49.20\text{W}/(\text{m}^2\cdot\text{℃})$$

$$\alpha_3=\alpha_1\frac{\varepsilon_3}{\varepsilon_1}=36.90\times\frac{0.290}{0.171}=62.58\text{W}/(\text{m}^2\cdot\text{℃})$$

从第三排开始，对流传热系数将不再发生变化，而且每根管子的外表面积均相等，所以由式(7-39)得管壁对空气的平均对流传热系数为

$$\alpha=\frac{\alpha_1A_1+\alpha_2A_2+\cdots+\alpha_nA_n}{A_1+A_2+\cdots+A_n}=\frac{(\alpha_1+\alpha_2+18\alpha_3)A}{20A}$$

$$=\frac{36.90+49.20+18\times62.58}{20}=60.63\text{W}/(\text{m}^2\cdot\text{℃})$$

（四）流体有相变时的对流传热系数

蒸气冷凝和液体沸腾均为典型的伴有相变的对流传热过程，其共同特点是相变流体要吸收或放出大量的潜热，但流体的温度不发生改变。发生相变的流体将产生气液两相流动，使流体质点间的碰撞加剧，此时湍流主体中不存在温度梯度，而仅在壁面附近的流体层中存在较大的温度梯度，从而使流体在发生相变时的对流传热系数要远大于无相变时的对流传热系数。如水沸腾或水蒸气冷凝时的对流传热系数要远大于单相水流的对流传热系数。

1. 蒸气冷凝

（1）蒸气冷凝方式：饱和水蒸气冷凝是制药生产中的常见过程之一。若饱和水蒸气与温度较低的壁面相接触，则水蒸气将发生冷凝并释放出潜热。当冷凝过程达到稳态时，压力可视为恒定，此时气相中不存在温度差，即不存在热阻。显然，饱和蒸气冷凝时，热阻更多地集中于壁面上的冷凝液层中。

蒸气在壁面上的冷凝方式有膜状冷凝和滴状冷凝两种。

1）膜状冷凝：若冷凝液能润湿壁面，则可在壁面上形成一层完整的液膜。在膜状冷凝过程中，壁面上一旦形成液膜，则蒸气的冷凝只能在液膜表面上进行。换言之，冷凝蒸气放出的潜热，必须经过液膜才能传递至壁面，从而增大了传热热阻。由于蒸气冷凝时伴有相变化，其热阻很小，因而冷凝液膜的热阻即成为膜状冷凝的主要热阻。若冷凝液膜借助于重力沿壁面向下流动，则自上而下液膜的厚度将逐渐增大，故壁面越高或水平管的直径越大，整个壁面的平均对流传热系数就越小。

2）滴状冷凝：若冷凝液不能很好地润湿壁面，则在表面张力的作用下，冷凝液将在壁面上形成许多液滴，此后逐渐长大或合并成较大的液滴并沿壁面脱落，这种冷凝方式称为滴状冷凝。滴状冷凝时部分壁面直接暴露于蒸气中，可供蒸气冷凝。与膜状冷凝相比，由于滴状冷凝不存在液膜所形成的附加热阻，故滴状冷凝时的对流传热系数要比膜状冷凝时的大几倍至十几倍。

冷凝液润湿壁面的能力取决于其表面张力和对壁面附着力的大小。若附着力比表面张力大，则

形成膜状冷凝。反之,即形成滴状冷凝。实际生产中所遇到的冷凝过程多为膜状冷凝过程,即使是滴状冷凝,也会因大部分表面在可凝性蒸气中暴露一段时间后会被蒸气所润湿,难以维持滴状冷凝,故工业冷凝器的设计均按膜状冷凝处理,其对流传热系数可由经验公式计算或通过实验测定。

(2) 影响冷凝传热的因素:单组分饱和蒸气冷凝时,气相中温度均匀,均为饱和温度,不存在温度差,所以热阻主要集中于冷凝液膜内。对特定组分而言,液膜厚度及其流动状况是影响冷凝传热的关键因素。凡有利于削弱液膜厚度及改善流动状况的因素,均能提高冷凝传热系数。

1) 蒸气中的不凝性气体:水在锅炉中形成蒸气时,水中溶解的空气也同时释放至蒸气中。当蒸气在冷凝器中冷凝时,蒸气中含有的空气及其他不凝性气体,将聚集于液膜外并形成一层气膜。由于气体的导热系数比液体的小,因而增加了一层附加热阻,使冷凝传热系数急剧下降。研究表明,若蒸气中含有1%的不凝性气体,则对流传热系数可下降60%。因此,用蒸气加热的换热器,在蒸气侧的上方应装设排气阀,以定时排放不凝性气体。

2) 冷凝水:未及时排放出去的冷凝水会占据一部分传热面,由于水的对流传热系数比蒸气冷凝时的冷凝传热系数要小,从而导致部分传热面的传热效率下降。因此,采用蒸气加热的换热器,在下部适当位置处应配置疏水阀,以及时排放冷凝水,同时避免逸出过量的蒸气。

3) 蒸气的流速和流向:蒸气以一定流速流动时,蒸气与液膜之间会产生一定的摩擦力。若蒸气与液膜间的相对速度小于10m/s,则影响可忽略不计。若蒸气与液膜间的相对速度大于10m/s,则会影响液膜的流动。此时若蒸气与液膜同向流动,则摩擦力将使液膜加速,液膜厚度减薄,使冷凝传热系数增大;反之,若两者逆向流动,则冷凝传热系数将减小。因此,采用蒸气加热的换热器,其蒸气进口一般宜设在换热器的上部,以避免逆向流动。

4) 流体的物性:由膜状冷凝传热系数的计算公式可知,液膜的密度、黏度、导热系数及蒸气的冷凝潜热等均会对冷凝传热系数产生影响。

5) 冷凝壁面的状况:冷凝壁面的形状和布置方式对膜状冷凝时的液膜厚度有一定的影响。若沿冷凝液流动方向积存的液体增多,则液膜增厚,从而使冷凝传热系数下降,故设计和安装冷凝器时,应正确选择冷凝壁面。例如,增大冷凝壁面的粗糙度,液膜的厚度将增大,冷凝传热系数将下降。又如,对于水平放置的管束,当冷凝液自上而下流过各层管子时,下层管子液膜厚度将逐渐增厚,从而使下层管子的冷凝传热系数比上层的冷凝传热系数要低。为减薄下层管子的液膜厚度,应设法减少垂直方向上的管排数,或将管束旋转一定的角度,使冷凝液沿下一根管子的切向流过,从而可减小液膜的平均厚度,使对流传热系数增大。

此外,冷凝壁面的表面情况对冷凝传热系数的影响也很大。若壁面因腐蚀而产生凹凸不平或有氧化层、垢层,则会增大膜层厚度,使膜层阻力增大,从而使冷凝传热系数减小。

2. 液体沸腾 在液体的对流传热过程中,伴有由液相变为气相,即在液相内部产生气泡或气膜的过程,称为沸腾或沸腾传热。工业上液体的沸腾有两种情况,一种是液体在管内流动的过程中因受热而沸腾,称为管内沸腾;另一种是将加热壁面浸没于大容器的液体中,液体在壁面受热而引起的无强制对流的沸腾现象,称为大容器内沸腾。管内沸腾的机理非常复杂,下面主要讨论液体在大容器内的沸腾。

(1) 沸腾过程:当液体在加热面上因受热而沸腾时,首先在加热面上某些凹凸不平的点上产生气泡,这些能够产生气泡的点称为汽化中心。当气泡形成后,由于壁面温度高于气泡温度,因此,热量将由壁面传递给气泡并使气泡周围的液体汽化,从而使气泡进一步长大。气泡长大至一定尺寸后,就会脱离壁面而自由上升。由于气泡在上升过程中所受的静压力逐渐下降,因而气泡将进一步膨胀,膨胀至一定程度后便发生破裂。当气泡与壁面脱离后,新的气泡又不断形成。由于气泡的不断产生、长大、脱离、上升、膨胀和破裂,从而使加热面附近的液体层受到强烈扰动。因此,沸腾传热时的对流传热系数比没有沸腾时的要大得多。

(2) 沸腾曲线：实验研究表明，大容器内饱和液体的沸腾情况随沸腾温度差 Δt（即 $t_w - t_s$）的变化而出现不同的状态。下面以常压下水在大容器内的沸腾传热为例，分析沸腾温度差 Δt 对沸腾传热系数 α 和热通量 q 的影响。图 7-15 是常压下水在大容器内沸腾时传热系数 α 与沸腾温度差 Δt 之间的关系曲线，称为沸腾曲线。根据 Δt 的大小，可将曲线分为三个区域。

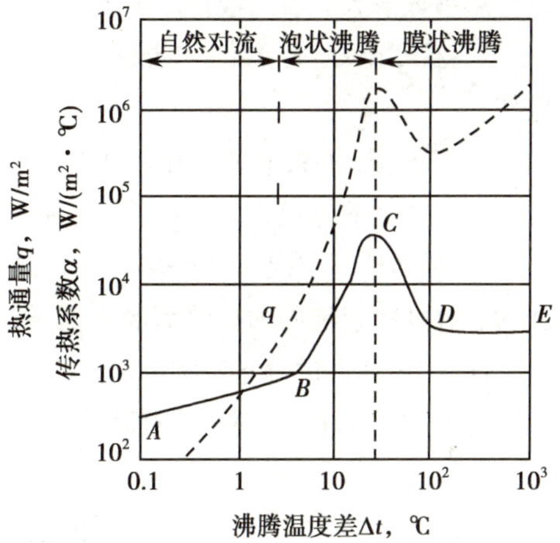

图 7-15 常压下水的沸腾曲线

1) 自然对流区：该区域内的沸腾温度差 Δt 较小（$\Delta t<5℃$），加热表面上的液体受热程度不高，气泡的生长速度很慢，故加热面附近的液体受到的扰动不大，热量传递方式主要是由液体密度差而引起的自然对流，并无气泡从液体表面逸出，仅在液体表面发生蒸发。在该区域内，α 和 q 均较低，且都随 Δt 的增加而略有增大，如图 7-15 中的 AB 段所示。

2) 核状沸腾区：该区域又称为泡状沸腾区。当 Δt 逐渐升高（$\Delta t=5\sim25℃$）时，气泡的生成速度随沸腾温度差的增加而迅速增大，并不断离开壁面上升至液面空间。由于气泡的生成、脱离和上升，使液体受到剧烈扰动，从而产生强烈的搅拌作用，使 α 和 q 均随 Δt 的增加而急剧增大，如图 7-15 中的 BC 段所示。

3) 膜状沸腾区：随着沸腾温度差 Δt 的进一步加大（$\Delta t>25℃$），加热面上产生的气泡也大大增多，即气泡的生成速度很快，导致气泡产生的速度远大于气泡脱离壁面的速度，此时气泡会在壁面区域形成一层不稳定的蒸气膜并覆盖于加热面上，使得液体与加热面不能直接接触。由于蒸气的导热系数很小，气膜的附加热阻将使 α 和 q 均随 Δt 的增大而急剧下降。气膜在开始形成阶段极不稳定，很可能形成较大的气泡而脱离表面，该阶段称为不稳定的膜状沸腾或部分泡状沸腾，如图 7-15 中的 CD 段所示。由核状沸腾区向膜状沸腾区过渡的转折点 C 称为临界点。临界点所对应的温度差、传热系数和热通量分别称为临界温度差 Δt_c、临界沸腾传热系数 α_c 和临界热通量 q_c。但达到 D 点以后，气膜几乎覆盖了整个传热面，并开始形成稳定的气膜。此后，随着 Δt 的进一步增大，传热系数 α 基本保持不变，而 q 增大，其原因是随着加热面温度的进一步提高，辐射传热的影响越来越显著，如图 7-15 中的 DE 段所示。

常压下其他液体的沸腾曲线与水的相类似，仅临界点的参数值不同而已。由于核状沸腾传热系数比膜状沸腾传热系数大，故实际生产中的沸腾传热总是设法维持在核状沸腾区，并控制 Δt 小于或等于 Δt_c。否则，一旦转变为膜状沸腾，不仅传热系数会急剧下降，而且会造成壁面温度过高，导致物料分解，并缩短传热管寿命，甚至烧毁传热管。因此，确定不同液体在临界点下的有关参数对沸腾传热的操作具有重要的实际意义。例如，水在常压下沸腾时的 $q_c \approx 1.25\times10^6 W/m^2$，$\Delta t_c$ 约为 25℃，一般可取 Δt_c 的 90% 即 22.5℃ 作为设计或操作的依据。

(3) 沸腾传热系数：计算沸腾传热系数的经验公式很多，但由于沸腾传热过程的机理极其复杂，因而这些公式均不够完善，且计算结果往往相差较大。在间壁式换热器中，沸腾侧的热阻一般不是间壁传热的控制热阻，因此其对流传热系数对总传热的影响不大。

沸腾传热系数一般可根据经验数据选取。例如，常压下水沸腾传热过程的对流传热系数为 1 500~45 000W/(m^2·℃)。

(4) 沸腾传热的影响因素

1) 液体的物性：一般情况下，沸腾传热系数随液体导热系数和密度的增加而增大，随黏度和表面张力的增加而减小。对于表面张力小，润湿能力大的液体，气泡的形成和脱离壁面均比较容易，故沸腾传热系数较大。若向液体中加入少量的添加剂，以降低体系的表面张力，则可增大沸腾传热系数。

2）温度差：温度差是控制沸腾传热的重要参数，适宜的温度差应使沸腾传热维持在核状沸腾区操作。

3）操作压力：提高操作压力相当于提高液体的饱和温度，从而使液体的表面张力和黏度均下降，这有利于气泡的生成和脱离。若温度差相同，沸腾传热系数将增大。

4）传热壁面状况：一般情况下，传热面越粗糙，提供的汽化中心就越多，对沸腾传热就越有利。新的、洁净的、粗糙的加热壁面的沸腾传热系数较大，当壁面被油脂沾污后，沸腾传热系数将急剧下降。此外，传热面的分布对沸腾传热也有明显的影响。例如，液体在水平管束外沸腾时，其上升气泡会覆盖上方管子的一部分加热面，从而导致平均沸腾传热系数下降。

第四节 传热计算

制药生产中所涉及的传热计算大致可分为设计型计算和校核型计算两大类。前者是根据生产任务所要求的热负荷确定换热器的传热面积，供设计或选用换热器之用；后者是校核给定换热器的某些参数，如传热量、流体的流量或温度等。

一、能量衡算

对于间壁式换热器，传热计算一般不考虑系统的动能和位能等机械能变化，因此间壁式换热器的能量衡算可简化为热量衡算。

若换热器绝热良好，热损失可以忽略，则单位时间内换热器中热流体所放出的热量必等于冷流体所吸收的热量，即

$$Q=W_h(H_{h1}-H_{h2})=W_c(H_{c2}-H_{c1}) \qquad \text{式(7-44)}$$

式中，Q 为换热器的热负荷，W 或 kW；W 为流体的质量流量，kg/s；H 为单位质量流体所具有的焓，kJ/kg；下标 h、c 分别表示热流体和冷流体，1、2 分别表示换热器的进口和出口。

式（7-44）即为间壁式换热器的热量衡算式，它是传热计算的基本方程。

若换热器中冷、热流体只有温度变化而无相变化，且流体的定压比热不随温度而变或取平均温度下的比热，则热量衡算式可改写为

$$Q=W_hC_{ph}(T_1-T_2)=W_cC_{pc}(t_2-t_1) \qquad \text{式(7-45)}$$

式中，C_{ph}为热的平均定压比热，kJ/(kg·℃)；C_{pc}为冷流体的平均定压比热，kJ/(kg·℃)；t 为冷流体的温度，℃；T 为热流体的温度，℃。

定压比热随温度而变。工程上常采用流体进出口温度的算术平均值作为定性温度，并以定性温度下的定压比热代替平均定压比热进行计算，由此而产生的误差甚微，可以满足一般工程计算的需要。

若冷、热流体进行热交换时仅发生相变化，则热流体因相变而放出的热量为

$$Q_h=W_hr_h \qquad \text{式(7-46)}$$

式中，W_h为饱和蒸气的质量流量，kg/s；r_h为饱和蒸气的冷凝潜热，kJ/kg。

冷流体因相变而吸收的热量为

$$Q_c=W_cr_c \qquad \text{式(7-47)}$$

式中，W_c为饱和液体的质量流量，kg/s；r_c为饱和液体的汽化潜热，kJ/kg。

若换热器中热流体仅发生相变化，而冷流体仅有温度变化，则式（7-45）可改写为

$$Q=W_hr_h=W_cC_{pc}(t_2-t_1) \qquad \text{式(7-48)}$$

使用式（7-48）时应注意冷凝液的温度为饱和温度。若冷凝液的温度低于饱和温度，则应按下式

计算

$$Q=W_h[r+C_{ph}(T_s-T_2)]=W_cC_{pc}(t_2-t_1) \quad 式(7\text{-}49)$$

式中，T_s为冷凝液的饱和温度，℃。

例 7-6 试计算将压力为200kPa、流量为200kg/h的饱和水蒸气冷凝至80℃的水时所放出的热量。

解：查附录6得饱和水蒸气在压力为200kPa时的温度为$T_s=120.2$℃，冷凝潜热为$r_h=2\ 205$kJ/kg。显然，该蒸气冷凝为80℃的水时，既要放出潜热，又要放出显热。

依题意知，冷凝水由120.2℃降低至80℃，则定性温度为

$$T=\frac{120.2+80}{2}=100.1℃$$

查附录2得水在100.1℃时的比热为$C_{ph}=4.220$kJ/(kg·℃)，所以

$$Q_h=W_h[r_h+C_{ph}(T_1-T_2)]=W_h[r_h+C_{ph}(T_s-T_2)]$$
$$=200\times[2\ 205+4.220\times(120.2-80)]=4.7\times10^5\text{kJ/h}=130.6\text{kW}$$

本题也可用水蒸气在冷凝前后的焓值进行计算。由附录6查得饱和水蒸气在压力为200kPa时的焓为2 709.2kJ/kg，由附录2查得水在80℃时的焓为355kJ/kg，所以

$$Q_h=W_h(H_{h1}-H_{h2})=200\times(2\ 709.2-355)=4.7\times10^5\text{kJ/h}=130.6\text{kW}$$

可见，用焓值计算冷、热流体吸收或放出的热量非常方便，但除水之外，其他流体的焓值数据较少，因而该法受到一定程度的限制。

二、总传热速率方程

对于间壁式换热器，若间壁两侧流体的平均传热温度差为Δt_m，则可仿照式(7-21)写出间壁两侧的传热速率为

$$Q=KS\Delta t_m \quad 式(7\text{-}50)$$

式中，K为平均总传热系数，简称为总传热系数，W/(m²·℃)；Δt_m为间壁两侧流体的平均传热温度差，℃。

式(7-50)称为总传热速率方程。若传热壁面为圆筒壁，则传热面积随筒壁的厚度而变，此时以不同传热面积为基准的总传热速率方程为

$$Q=K_iS_i\Delta t_m \quad 式(7\text{-}51)$$

$$Q=K_oS_o\Delta t_m \quad 式(7\text{-}52)$$

$$Q=K_mS_m\Delta t_m \quad 式(7\text{-}53)$$

对于稳态传热过程，由式(7-51)~式(7-53)得

$$Q=K_iS_i\Delta t_m=K_oS_o\Delta t_m=K_mS_m\Delta t_m$$

由于$S_o>S_m>S_i$，所以$K_o<K_m<K_i$。

在传热计算中，无论选择何种面积为基准，计算得到的结果都应是一致的。但习惯上常以外表面积为基准计算传热速率。在以后的讨论中，如无特殊说明，总传热系数均以外表面积为基准。

三、总传热系数

总传热系数是衡量换热设备换热性能的重要参数。在设计和选用换热器时，为计算流体被加热或冷却所需的传热面积，必须知道总传热系数K的具体数值。K主要取决于流体的特性、传热过程的操作条件及换热器的类型，因而K的变化范围很大。K可根据经验数据选取，或在现场对设备进行实际测定，或利用公式计算。

1. 根据经验数据选取 对于列管式换热器，某些情况下总传热系数K的经验值列于表7-3中。选取时应尽可能采用工艺条件相近、设备类型相似且较为成熟的经验值。

表 7-3 列管式换热器总传热系数 K 的经验值　　单位：W/(m^2·℃)

冷流体	热流体	K
水	水	850~1 700
水	气体	17~280
水	有机溶剂	280~850
水	轻油	340~910
水	重油	60~280
水	低沸点烃类冷凝	455~1 140
水	水蒸气冷凝	1 420~4 250
气体	水蒸气冷凝	30~300
气体	气体	10~40
有机溶剂	有机溶剂	115~340
水沸腾	水蒸气冷凝	2 000~4 250
轻油沸腾	水蒸气冷凝	455~1 020

2. 现场测定 对已有的换热器，若缺乏可靠的经验数据，则可通过实验测定有关数据。例如，在已知设备尺寸的情况下，按生产要求设定工作参数，测定各流体的流量和温度等数据，再采用传热速率方程即可计算得到 K。根据实测数据获得的 K，不仅可为换热器的设计提供依据，而且可了解设备的换热性能，以便提高传热效率。

3. 利用公式计算 冷、热流体通过间壁的对流传热过程是由间壁两侧的对流传热以及间壁的热传导三个过程串联而成。设间壁两侧流体的对流传热系数分别为 α_1 和 α_2，传热面积分别为 S_1 和 S_2，则可导出以 S_1 为基准的总传热系数为

$$\frac{1}{K_1}=\frac{1}{\alpha_1}+\frac{b}{\lambda}\frac{dS_1}{dS_m}+\frac{1}{\alpha_2}\frac{dS_1}{dS_2} \qquad 式(7\text{-}54)$$

式(7-54)即为计算总传热系数的通式，它表明传热过程的总热阻等于各串联的热阻之和。

对于平壁传热，式(7-54)可改写为

$$\frac{1}{K}=\frac{1}{\alpha_1}+\frac{b}{\lambda}+\frac{1}{\alpha_2} \qquad 式(7\text{-}55)$$

对于圆筒壁传热，若以管外传热面积 S_o 为基准，则式(7-54)可改写为

$$\frac{1}{K_o}=\frac{d_o}{\alpha_i d_i}+\frac{bd_o}{\lambda d_m}+\frac{1}{\alpha_o} \qquad 式(7\text{-}56)$$

工程上大多以外表面积 S_o 为传热计算的基准，故总传热系数习惯上也采用 K_o 计算。

实际生产中，换热器经一段时间使用后，其传热表面常会产生污垢，从而对传热产生附加热阻，该热阻称为污垢热阻。垢层虽然不厚，但极易导致总传热系数减小。污垢热阻因流体性质、操作温度、设备结构及运行时间而异，因此污垢层的厚度及其导热系数难以准确估计。

对于平壁传热，若壁面两侧的污垢热阻分别为 R_{s1} 和 R_{s2}，则式(7-55)应改写为

$$\frac{1}{K}=\frac{1}{\alpha_1}+R_{s1}+\frac{b}{\lambda}+R_{s2}+\frac{1}{\alpha_2} \qquad 式(7\text{-}57)$$

类似地，对于圆筒壁传热，式(7-56)可改写为

$$\frac{1}{K_o}=\frac{d_o}{\alpha_i d_i}+R_{si}\frac{d_o}{d_i}+\frac{bd_o}{\lambda d_m}+R_{so}+\frac{1}{\alpha_o} \qquad 式(7\text{-}58)$$

式中，R_{si}、R_{so}分别为圆筒壁内、外两侧表面的污垢热阻，$m^2 \cdot ℃/W$。常见流体在换热器中形成污垢时的热阻值列于表 7-4 中。

表 7-4 常见流体的污垢热阻 单位：$m^2 \cdot ℃/kW$

流体种类	污垢热阻	流体种类	污垢热阻
蒸馏水	~0.09	有机溶剂	~0.17
处理锅炉用水	~0.26	燃料油	~1.06
自来水	~0.58	中药水提液	0.6~1.50
水蒸气	0.09~0.05	空气	0.26~0.53

例 7-7 某列管式换热器的管束由 ϕ25mm×2.5mm 的钢管组成。已知热空气流经管程，冷却水在管间与热空气呈逆流流动，管内空气侧的对流传热系数 $\alpha_i=45W/(m^2 \cdot ℃)$，管外水侧的对流传热系数 $\alpha_o=1\ 600W/(m^2 \cdot ℃)$，钢的导热系数 $\lambda=45W/(m \cdot ℃)$，空气侧的污垢热阻 $R_{si}=4\times10^{-4}m^2 \cdot ℃/W$，水侧的污垢热阻 $R_{so}=1.5\times10^{-4}\ m^2 \cdot ℃/W$，试计算：(1) 以管外表面积为基准的总传热系数 K_o；(2) 按平壁计的总传热系数 K。

解：(1) 计算以管外表面积为基准的总传热系数 K_o：由式(7-58)得

$$\frac{1}{K_o}=\frac{d_o}{\alpha_i d_i}+R_{si}\frac{d_o}{d_i}+\frac{bd_o}{\lambda d_m}+R_{so}+\frac{1}{\alpha_o}$$

$$=\frac{0.025}{45\times0.02}+4\times10^{-4}\times\frac{0.025}{0.02}+\frac{0.002\ 5\times0.025}{45\times0.022\ 5}+1.5\times10^{-4}+\frac{1}{1\ 600}=0.029\ 1$$

解得

$$K_o=34.36W/(m^2 \cdot ℃)$$

(2) 计算按平壁计的总传热系数 K：由式(7-57)得

$$\frac{1}{K}=\frac{1}{\alpha_i}+R_{s1}+\frac{b}{\lambda}+R_{s2}+\frac{1}{\alpha_o}=\frac{1}{45}+4\times10^{-4}+\frac{0.002\ 5}{45}+1.5\times10^{-4}+\frac{1}{1\ 600}=0.023\ 5$$

解得

$$K=42.55W/(m^2 \cdot ℃)$$

计算结果表明，若换热器的管径较小，则按平壁计算总传热系数的误差可能较大，如本例

$$\frac{K-K_o}{K_o}\times100\%=\frac{42.55-34.36}{34.36}\times100\%=23.8\%$$

例 7-8 在例 7-7 中，若管壁热阻和污垢热阻均可忽略，在保持其他条件不变的情况下，分别提高不同流体的对流传热系数，以提高总传热系数，试计算：(1) 将 α_i提高 1 倍时的 K_o；(2) 将 α_o提高 1 倍时的 K_o。

解：(1) 计算将 α_i提高 1 倍时的 K_o：此时 $\alpha_i=45\times2=90W/(m^2 \cdot ℃)$，则

$$\frac{1}{K_o}=\frac{d_o}{\alpha_i d_i}+\frac{1}{\alpha_o}=\frac{0.025}{90\times0.02}+\frac{1}{1\ 600}=0.014\ 5$$

解得

$$K_o=68.9W/(m^2 \cdot ℃)$$

(2) 计算将 α_o提高 1 倍时的 K_o：此时，$\alpha_o=1\ 600\times2=3\ 200W/(m^2 \cdot ℃)$，则

$$\frac{1}{K_o}=\frac{d_o}{\alpha_i d_i}+\frac{1}{\alpha_o}=\frac{0.025}{45\times0.02}+\frac{1}{3\ 200}=0.028\ 1$$

解得

$$K_o = 35.6 \text{W}/(\text{m}^2 \cdot ℃)$$

以上两例表明，总传热系数小于任一侧流体的对流传热系数，但总接近于热阻值较大即对流传热系数较小的流体侧的对流传热系数。因此，欲提高 K，必须对影响 K 的各项进行分析，并提高对流传热系数较小的流体侧的对流传热系数。如在例 7-8 的条件下，应设法提高空气侧的 α，才能显著提高 K。

四、平均温度差

根据参与热交换的两流体沿传热面流动时各点的温度变化情况，传热可分为恒温传热和变温传热两大类。

1. 恒温传热 换热器中冷、热流体在间壁两侧均发生相变化时，其温度均不随管长而变，因而两者的传热温度差处处相等。例如，在蒸发器中，饱和蒸气在间壁的一侧进行恒温冷凝，液体则在另一侧进行恒温沸腾，此传热过程就属于典型的恒温传热。显然，恒温传热时，流体的流动方向对平均温度差没有影响，此时平均温度差 Δt_m 为

$$\Delta t_m = T - t \qquad \text{式(7-59)}$$

式中，T 为热流体的温度，℃；t 为冷流体的温度，℃。

2. 变温传热 传热过程中，若间壁一侧或两侧流体的温度随传热面的位置而变，但不随时间而变，此传热过程属于稳态变温传热过程。若间壁一侧或两侧流体的温度不仅随传热面的位置而变，而且随时间而变，则此传热过程属于非稳态变温传热过程。一般情况下，热交换器中进行的传热过程多为稳态变温传热过程。

变温传热时，间壁一侧或两侧流体的温度将沿管长而变，且传热平均温度差与冷、热流体的流动方向有关。

实际生产中，冷、热流体在换热器内的流动方向大致有并流、逆流、错流和折流四种情况，如图 7-16 所示。其中折流又分为简单折流和复杂折流。简单折流是指一种流体在传热面的一侧仅沿一个方向流动，而另一流体则在传热面的另一侧先沿一个方向流动，然后折回以相反的方向流动，如此反复地做折流流动。若参与热交换的冷、热流体在传热面的两侧均做折流或既有折流又有错流，则为复杂折流。

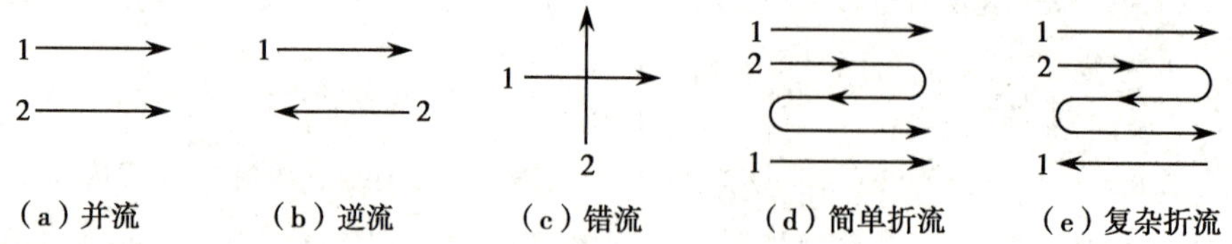

图 7-16 换热器中两流体的流向示意图

(1) 逆流和并流时的平均温度差：逆流和并流传热时温度差的变化情况，如图 7-17 所示。逆流流动的特点是冷流体的出口温度低于或接近于热流体的进口温度，但可能高于热流体的出口温度；并流流动的特点是冷流体的出口温度低于或接近于热流体的出口温度。

变温传热时，沿传热面的局部温度差 $(T-t)$ 是变化的。设换热器两端传热温度差中的较大者为 Δt_2，较小者为 Δt_1，则可导出逆流和并流时的平均温度差为换热器两端传热温度差的对数平均值，即

$$\Delta t_m = \frac{\Delta t_2 - \Delta t_1}{\ln \dfrac{\Delta t_2}{\Delta t_1}} \qquad \text{式(7-60)}$$

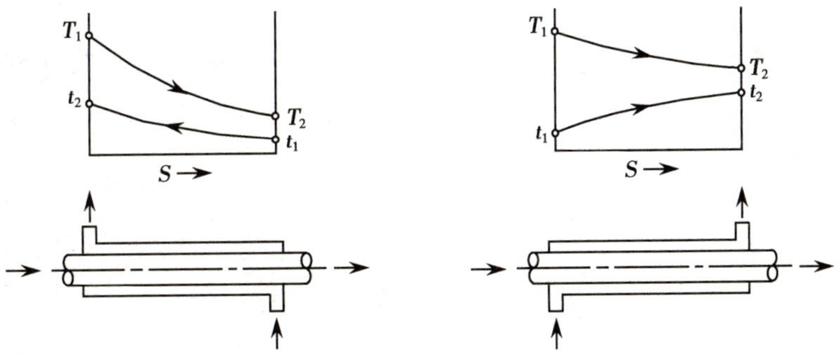

（a）逆流　　（b）并流

图 7-17　逆流和并流传热时的温度差变化

若$\dfrac{\Delta t_2}{\Delta t_1}\leqslant 2$，则可用算术平均温度差代替对数平均温度差进行计算，即 $\Delta t_m=\dfrac{\Delta t_1+\Delta t_2}{2}$，由此产生的误差不超过 4%。此外，若 Δt_1 或 Δt_2 等于零，则对数平均温度差也为零，即 $\Delta t_m=0$；若$\dfrac{\Delta t_2}{\Delta t_1}=1$，则用算术平均温度差进行计算。

式(7-60)也适用于间壁一侧流体恒温的传热。此时，逆流操作与并流操作的对数平均温度差相同。

例 7-9　并流和逆流操作时，热流体的温度均由 90℃冷却至 60℃，冷流体的温度均由 25℃加热到 50℃，试计算在上述温度下两流体做并流和逆流操作时的平均温度差。

解：(1) 并流操作时的平均温度差

$$\begin{array}{lll} T & 90℃\longrightarrow & 60℃ \\ t & 25℃\longrightarrow & 50℃ \\ \hline \Delta t & 65℃ & 10℃ \end{array}$$

$$\Delta t_m=\frac{\Delta t_2-\Delta t_1}{\ln\dfrac{\Delta t_2}{\Delta t_1}}=\frac{65-10}{\ln\dfrac{65}{10}}=29.4℃$$

(2) 逆流操作时的平均温度差

$$\begin{array}{lll} T & 90℃\longrightarrow & 60℃ \\ t & 50℃\longleftarrow & 25℃ \\ \hline \Delta t & 40℃ & 35℃ \end{array}$$

$$\Delta t_m=\frac{\Delta t_2-\Delta t_1}{\ln\dfrac{\Delta t_2}{\Delta t_1}}=\frac{40-35}{\ln\dfrac{40}{35}}=37.4℃$$

计算结果表明，若两流体的进、出口温度相同，则逆流操作时的 Δt_m 较并流时大。此外，由于逆流操作时$\dfrac{\Delta t_2}{\Delta t_1}=\dfrac{40}{35}=1.14<2$，故也可用算术平均温度差代替对数平均温度差进行计算，即

$$\Delta t_m=\frac{\Delta t_1+\Delta t_2}{2}=\frac{35+40}{2}=37.5℃$$

由此产生的误差为

$$\frac{37.5-37.4}{37.4}\times 100\%=0.27\%$$

(2) 错流或折流时的平均温度差：错流或折流时的平均温度差可按下式计算

$$\Delta t_m = \varphi_{\Delta t} \Delta t'_m \quad 式(7\text{-}61)$$

式中，Δt_m 为错流或折流时的平均温度差，℃；$\Delta t'_m$为按纯逆流计算的平均温度差，℃；$\varphi_{\Delta t}$为温度差校正系数，无因次。

温度差校正因数 $\varphi_{\Delta t}$与冷、热流体的温度变化有关，是 P 和 R 的函数，即

$$\varphi_{\Delta t} = f(P,R) \quad 式(7\text{-}62)$$

式中

$$P = \frac{t_2 - t_1}{T_1 - t_1} = \frac{冷流体的温升}{两流体的最初温度差} \quad 式(7\text{-}63)$$

$$R = \frac{T_1 - T_2}{t_2 - t_1} = \frac{热流体的温降}{冷流体的温升} \quad 式(7\text{-}64)$$

温度差校正因数 $\varphi_{\Delta t}$可根据 P 和 R 由附录 19 查取。由于 $\varphi_{\Delta t}$恒小于 1，故错流或折流时的 Δt_m要小于纯逆流时的 Δt_m。设计换热器时，应使 $\varphi_{\Delta t} \geqslant 0.8$，否则经济上不合理。若 $\varphi_{\Delta t} < 0.8$，则应考虑增加壳程数或将多台换热器串联使用，使传热过程更接近于逆流。若在 $\varphi_{\Delta t}$图上查不到某种 P、R 组合，则说明此种换热器达不到规定的传热要求，此时需改用其他流向的换热器。

由以上分析可知，当冷、热流体均为稳态的变温传热时，若两流体的进、出口温度及其他操作条件相同，则采用逆流操作时的平均温度差最大，并流操作的平均温度差最小，折流或错流的平均温度差则介于逆流和并流之间。

逆流操作的平均温度差较大，不仅可减少换热器的传热面积，而且可减少加热介质或冷却介质的消耗量，因此实际生产中所使用的换热器多采用逆流操作。但在某些特殊情况下也采用并流操作。例如，若工艺要求冷流体被加热时不得超过某一温度，或热流体被冷却时不得低于某一温度，则宜采用并流操作。又如，加热黏度较大的冷流体时宜采用并流操作，这样可充分利用并流操作初温差较大的特点，使冷流体迅速升温，以降低黏度，提高对流传热系数，缩短热交换时间。

例 7-10 某列管式换热器的管束由 ϕ25mm×2.5mm 的钢管组成。CO_2 在管内流动，流量为 5kg/s，温度由 60℃冷却至 30℃。冷却水走管间，与 CO_2 呈逆流流动，流量为 4kg/s，进口温度为 20℃。已知管内 CO_2 的定压比热 $C_{ph} = 0.653$kJ/(kg·℃)，对流传热系数 $\alpha_i = 260$W/(m²·℃)，管间水的定压比热 $C_{pc} = 4.2$kJ/(kg·℃)，对流传热系数 $\alpha_o = 1\,500$W/(m²·℃)。若热损失、管壁及污垢热阻均可忽略不计，试计算换热器的传热面积。

解：(1) 计算冷却水的出口温度：由式(7-45)得

$$W_h C_{ph}(T_1 - T_2) = W_c C_{pc}(t_2 - t_1)$$

则

$$t_2 = \frac{W_h C_{ph}}{W_c C_{pc}}(T_1 - T_2) + t_1 = \frac{5 \times 0.653}{4 \times 4.2} \times (60 - 30) + 20 = 25.8℃$$

(2) 计算平均温度差：依题意知，两流体在换热器内呈逆流流动，则

T	60℃	⟶	30℃
t	25.8℃	⟵	20℃
Δt	34.2℃		10℃

$$\Delta t_m = \frac{\Delta t_2 - \Delta t_1}{\ln \dfrac{\Delta t_2}{\Delta t_1}} = \frac{34.2 - 10}{\ln \dfrac{34.2}{10}} = 19.7℃$$

(3) 计算总传热系数：依题意知，热损失、管壁及污垢热阻均可忽略不计，则由式(7-58)得

$$\frac{1}{K_o} = \frac{1}{\alpha_i}\frac{d_o}{d_i} + \frac{1}{\alpha_o} = \frac{1}{260} \times \frac{0.025}{0.02} + \frac{1}{1\,500} = 0.005\,47$$

解得

$$K_o = 182.8\text{W}/(\text{m}^2 \cdot ℃)$$

(4) 计算传热面积：由式(7-45)得

$$Q = W_h C_{ph}(T_1 - T_2) = 5 \times 0.653 \times (60-30) = 97.95\text{kW}$$

由式(7-52)得换热器的传热面积为

$$S_o = \frac{Q}{K_o \Delta t_m} = \frac{97.95 \times 1\ 000}{182.8 \times 19.7} = 27.20\text{m}^2$$

五、设备热损失的计算

实际生产中，许多设备或管道的外壁温度往往高于周围环境的温度，热量将由壁面以对流和辐射两种方式散失于大气中，这部分散失的热量，称为设备的热损失。温度较高的反应器、换热器、蒸气管道等都需要进行隔热保温，以减少热损失。若热损失低于总热量的3%，则可忽略热损失的影响，否则在传热计算中，需考虑热损失的影响。为便于计算，常采用与对流传热速率方程相似的公式进行计算，即

$$Q_L = \alpha_T S_w (t_w - t) \qquad \text{式(7-65)}$$

式中，Q_L为设备的热损失速率，W；α_T为对流-辐射联合传热系数，W/(m^2·℃)；S_w为与周围环境直接接触的设备外壁的表面积，m^2；t_w为与周围环境直接接触的设备外表面温度，℃；t为周围环境的温度，℃。

对于有保温层的设备、管道等，其外壁向周围环境散热的联合传热系数可采用经验公式进行估算。

1. 空气自然对流，且 t_w<150℃ 在平壁保温层外，α_T可用下式估算。

$$\alpha_T = 9.8 + 0.07(t_w - t) \qquad \text{式(7-66)}$$

在圆筒壁保温层外，α_T可用下式估算

$$\alpha_T = 9.4 + 0.052(t_w - t) \qquad \text{式(7-67)}$$

2. 空气沿粗糙壁面做强制对流 若空气流速 $u \leq 5$m/s，则 α_T可按下式估算。

$$\alpha_T = 6.2 + 4.2u \qquad \text{式(7-68)}$$

式中，u为空气流速，m/s。

若空气流速 $u > 5$m/s，则 α_T可按下式估算

$$\alpha_T = 7.8u^{0.78} \qquad \text{式(7-69)}$$

此外，对于室内操作的釜式反应器，α_T可近似取值为10W/(m^2·℃)。

例7-11 平壁设备外表面上包有保温层，设备内流体的平均温度为140℃，保温层外表面温度为40℃，保温材料的导热系数λ=0.09W/(m·℃)，周围环境温度为20℃，试确定保温层的厚度。设传热总热阻全部集中于保温层内，其他热阻均可忽略不计。

解：由式(7-66)得平壁保温层外的α_T为

$$\alpha_T = 9.8 + 0.07 \times (40-20) = 11.2\text{W}/(\text{m}^2 \cdot ℃)$$

由式(7-65)得单位面积的热损失为

$$q = \alpha_T(t_w - t) = 11.2 \times (40-20) = 224\text{W/m}^2$$

因传热总热阻全部集中于保温层内，故

$$q = \frac{\lambda}{b}(t_m - t_w)$$

所以保温层的厚度为

$$b = \frac{\lambda}{q}(t_m - t_w) = \frac{0.09}{224} \times (140-40) = 0.040\text{m}$$

第五节 换 热 器

换热器的发展

换热器是制药、化工、食品、石油及其他许多工业部门的通用设备，在生产中占有重要地位。由于生产规模、物料性质、传热要求等各不相同，故换热器的种类多种多样。按用途的不同，换热器可分为加热器、冷却器、冷凝器、蒸发器和再沸器等；按冷、热流体的热交换原理及传热方式的不同，换热器可分为混合式、蓄热式和间壁式三大类。在制药生产中，以间壁式换热器的应用最为普遍。下面以间壁式换热器为例，介绍制药生产中的常用换热器。

一、间壁式换热器

1. 夹套式换热器 夹套式换热器主要由容器和夹套组成，其结构如图 7-18 所示。夹套安装于容器外部，在夹套与容器壁之间形成一个密闭空间，作为载热体（加热介质）或载冷体（冷却介质）的通道，另一个空间即为容器内部。夹套式换热器具有结构简单、造价低廉、加工方便、适应性强等特点，常用于传热量不大的场合，如用于釜式反应器、提取罐、发酵罐内物料的加热或冷却等。当采用水蒸气加热时，蒸气应从上部接管进入夹套，冷凝水则经下部的疏水阀排出。当采用冷却水或冷冻盐水冷却时，冷却介质应从下部接管进入夹套，以排尽夹套内的不凝性气体，然后由上部的接管排出。

夹套式换热器的进出口接管

尽管夹套式换热器的体积较大，但传热面仅为夹套所包围的容器器壁，故传热面积受到较大限制，因此在条件允许的情况下可在釜内装设蛇管，以增大传热面积。此外，由于容器内流体的对流传热系数较小，故常在釜内安装搅拌装置，使流体做强制对流，以进一步提高对流传热系数。由于夹套内难以清洗，因此只能通入不易结垢的清洁流体。当夹套内通入水蒸气等压力较高的流体时，其表压一般不能超过 0.5MPa，以免在外压的作用下使容器发生变形（失稳）。

2. 套管式换热器 套管式换热器由直径不同的直管同心套合而成，其结构如图 7-19 所示。内管以及内管与外管构成的环隙组成流体的两个通道，内管表面为传热面。每一段套管称为一程，总程数可根据换热要求确定。相邻程数的内管之间采用 U 形管连接，而外管之间则直接用管子连接。套管式换热器的优点是结构简单、加工方便、能耐高压、传热系数较大、能实现纯逆流操作，并可根据生产要求增减传热面积。缺点是结构不紧凑、材料消耗量大、接头较多易产生泄漏、环隙不易清洗、占地面积较大。

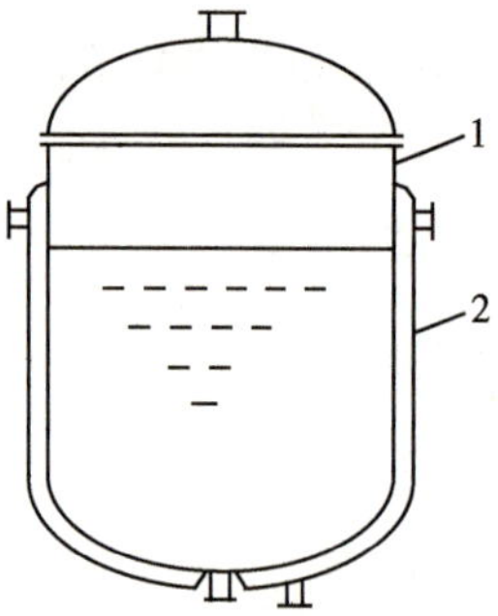

1. 容器；2. 夹套。

图 7-18 夹套式换热器

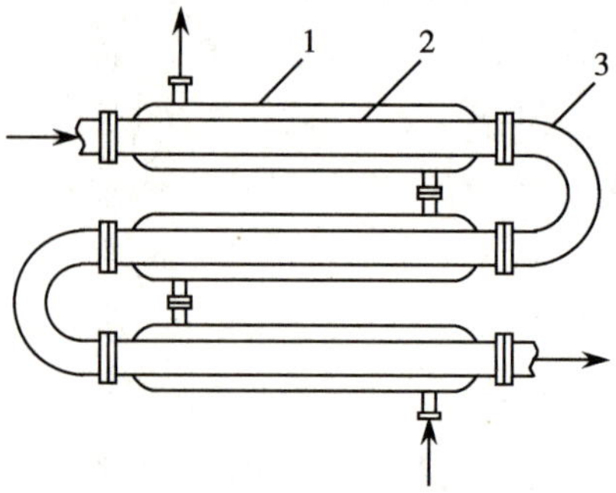

1. 外管；2. 内管；3. U 形管。

图 7-19 套管式换热器

套管式换热器广泛应用于高压且流量和传热面积不大的热交换场合。

3. 蛇管换热器 按换热方式的不同，蛇管换热器有沉浸式和喷淋式两种。

（1）沉浸式蛇管换热器：沉浸式蛇管换热器主要由容器和蛇管组成，其结构如图 7-20 所示。蛇管常由金属管绕制而成，制成与容器相适应的形状，并沉浸于液体中，从而构成管内及管外空间，传热面为蛇管表面。

沉浸式蛇管换热器具有结构简单、制造容易、管内能耐高压、管外易清洗等优点。缺点是单位体积内的传热面积较小，管内不易清洗；管外流体的对流传热系数较小，因而总传热系数较低。为提高对流传热系数，可缩小容器体积或在容器内增设搅拌装置。此类换热器常用于釜式反应器内物料的加热或冷却，以及高压或强腐蚀性介质的传热。

蛇管式换热器的操作特点与设计加工

（2）喷淋式蛇管换热器：喷淋式蛇管换热器主要由蛇管、循环泵和控制阀组成，其结构如图 7-21 所示。固定于支架上的蛇管排列在同一垂直面上，从而构成管内及管外空间，传热面为蛇管表面。此类换热器主要用于流体的冷却或冷凝，冷却介质一般为水。工作时，水由最上面的多孔管喷洒而下，其间被冷却的流体则由下部的管进口处流入，由上部的管出口处排出。

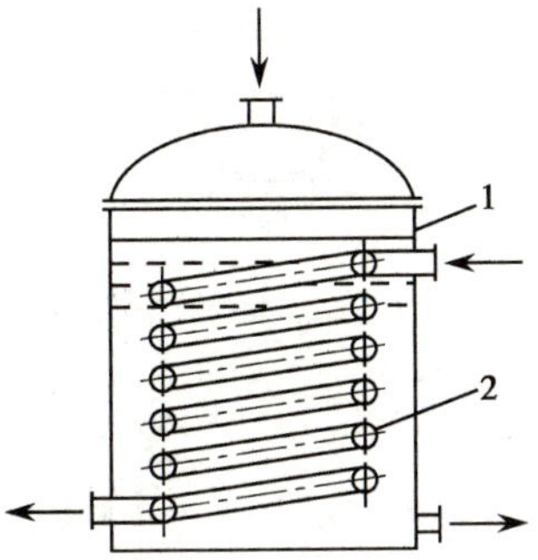

1. 容器；2. 蛇管。

图 7-20 沉浸式蛇管换热器

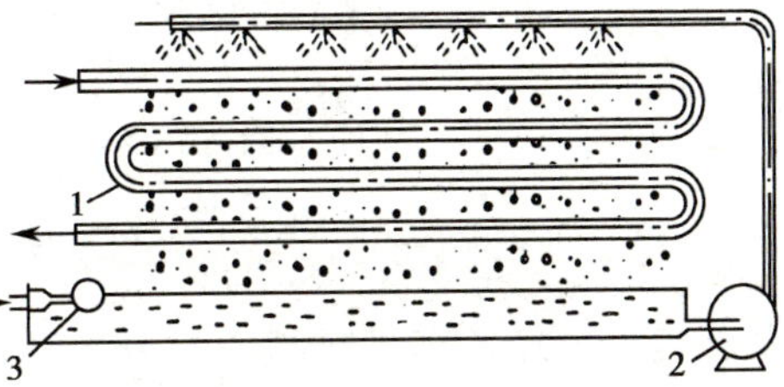

1. 蛇管；2. 循环泵；3. 控制阀。

图 7-21 喷淋式蛇管换热器

喷淋式蛇管换热器常安装于室外空气流通处，冷却水可在蛇管外表面上部分汽化，因而对流传热系数较大，传热效果较好。此外，与沉浸式的相比，还具有便于清洗和检修等优点。缺点是占地面积大，喷淋不易均匀，易造成部分干管。

4. 板式换热器 板式换热器的核心部件是长方形的金属薄板，又称为板片，其结构如图 7-22(a)所示。将一组长方形金属薄板平行排列，并在相邻两板的边缘之间衬以垫片，用框架夹紧，即成为板式换热器。压紧后的板片之间形成封闭的流体通道，调节垫片的厚度可调节通道的大小。为提高流体的端动程度，并增大传热面积，板片表面常被冲压成凹凸规则的波纹。在每块板片的四个角上，均开有一个角孔，其中一组（两个孔）角孔与板面上的流道相通，而另一组（两个孔）不相通。两组角孔的位置在相邻板上是错开的，当板片叠合时，板片角孔就形成了供冷、热流体进出的四个通道，如图 7-22(b)所示。

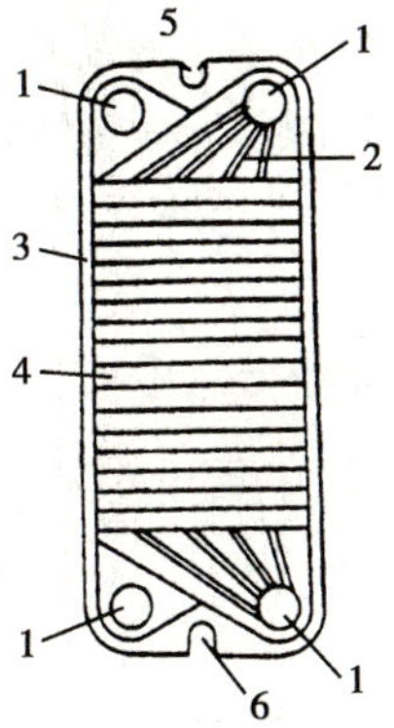

(a) 板片

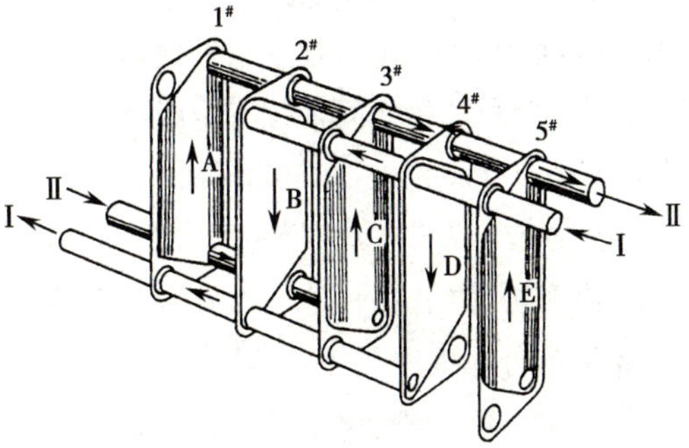

(b) 流体流向示意图

1. 角孔（流体进出口）；2. 导流槽；3. 密封槽；4. 水平波纹；5. 挂钩；6. 定位缺口。

图 7-22 板式换热器

板式换热器结构紧凑，单位体积所提供的传热面积较大，可根据需要调节传热面积；热损失小，总传热系数大；耗材少，一般可节省一半以上；易于清洗和检修。但板式换热器的处理量较小；封闭周边较长，耐温和耐压性能较差（温度不超过 250℃，压力不超过 2 000kPa）。此外，若垫片发生损坏，则容易发生泄漏。

板式换热器常用于需精密控制温度以及热敏性或高黏度物料的热交换过程，尤其适于所需传热面积不大及压力较低的操作场合，但不适于易结垢、堵塞的物料处理。

5. 翅片管式换热器 翅片管式换热器的结构如图 7-23 所示，其特征是在换热管的内表面或外表面上加装径向或轴向翅片。安装翅片不仅可增大传热面积，而且可加剧流体的湍流程度，从而显著提高对流传热系数和传热效果。但翅片与管的连接应紧密、无间隙。否则，会在连接处产生较大的附加热阻，导致传热效果下降。

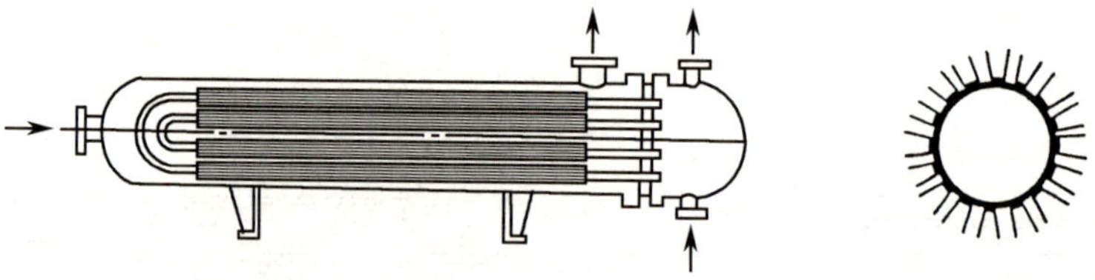

（a）翅片管式换热器　　（b）翅片管断面

图 7-23 翅片管式换热器

翅片的种类很多，常见翅片如图 7-24 所示。按高度的不同，翅片可分为低翅片和高翅片两种。低翅片通常为螺纹管，适用于冷、热流体的对流传热系数相差不太大的场合，如对黏度较大的液体进行加热或冷却等。高翅片适用于管内、外冷、热流体的对流传热系数相差较大的场合，广泛应用于空气冷却器、空气加热器等。

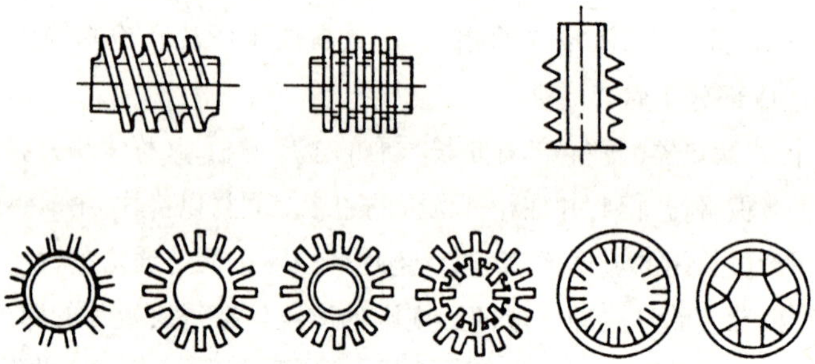

图 7-24 常见翅片

6. 螺旋板式换热器 将两张薄金属板分别焊接在一块分隔板的两端并卷成螺旋体，从而形成两个互相隔开的螺旋形通道，再在两侧焊上盖板或封头，并配上接管，即成为螺旋板式换热器，如图 7-25 所示。为保持通道的间距，两板之间常焊有定距柱。工作时，冷、热流体分别在两个螺旋形通道内流动，可以纯逆流方式通过螺旋板进行热量传递。

螺旋板式换热器的结构紧凑，单位体积内的传热面积较大；可实现纯逆流操作，总传热系数较高。由于流体的流速较高，故在离心力惯性的作用下，流体中悬浮的颗粒被抛向螺旋形通道的外缘而受到流体自身的冲刷，即螺旋板式换热器具有自冲刷功能，因而不易结垢和堵塞。此外，由于流体流动的通道较长、间壁较薄，且冷、热流体之间可实现纯逆流传热，因而可在温差较小的条件下进行操作，从而可使低温热源得到充分利用。此类换热器的缺点是流动阻力较大，操作压力和温度一般不能太高，一旦发生内漏则很难检修。

0709 螺旋板式换热器的结构优势

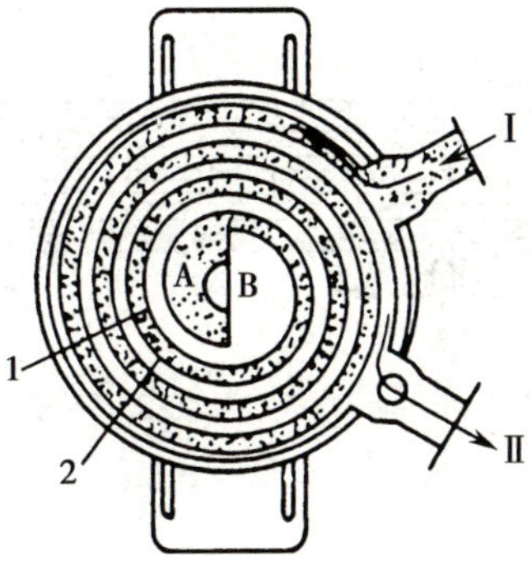

1,2. 金属板;Ⅰ. 冷流体进口;Ⅱ. 热流体出口;A. 冷流体出口;B. 热流体进口。

图 7-25 螺旋板式换热器

螺旋板式换热器可用于处理悬浮液及黏度较高的流体,尤其适用于热源温度较低或需精密控温的场合。

7. 列管式换热器 又称为管壳式换热器。与其他型式的换热器相比,列管式换热器具有结构紧凑坚固、选材范围广、单位体积所具有的传热面积大、传热效果好及操作弹性大等优点,因而在制药生产中有着广泛的应用。

(1) 列管式换热器的常见类型:列管式换热器中,冷、热流体的温度不同将使管束和壳体具有不同的温度,从而使管束和壳体的热膨胀程度产生差异。若冷、热流体的温差较大(50℃以上),则热应力可能会造成设备变形,甚至弯曲或破裂。此时,必须采取相应的热补偿措施,以消除或减少热应力的影响。根据热补偿方法的不同,列管式换热器大致可分为三种类型。

1) 固定管板式换热器:若列管式换热器两端的管板与壳体焊接成一体,则称为固定管板式换热器。若两流体的温差较大,则管束与壳体的热膨胀程度将产生显著差异,此时可在壳体的适当位置安装补偿圈,如图 7-26 所示。补偿圈又称为膨胀节,操作过程中补偿圈可通过自身的弹性变形(拉伸或压缩)来适应外壳和管束之间不同的热膨胀程度。但补偿圈的补偿能力有限,且不能完全消除热应力,因而仅适用于冷、热流体的温差小于 70℃,且壳程流体压强小于 600kPa 的场合。

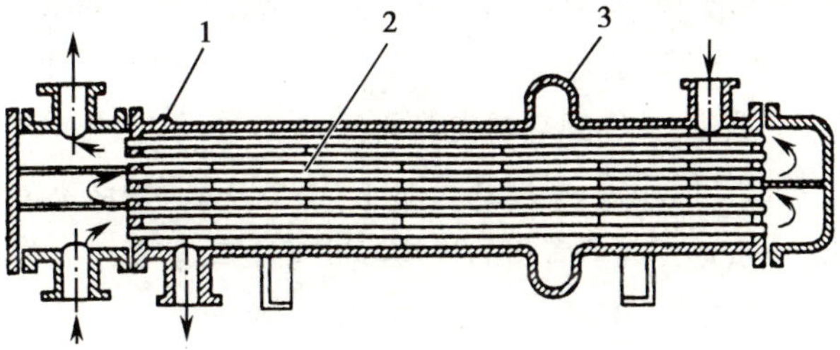

1. 放气嘴;2. 折流板;3. 补偿圈。

图 7-26 具有补偿圈的固定管板式换热器

固定管板式换热器具有结构简单、造价低廉、应用广泛等优点。缺点是壳程不易清洗和检修,故壳程流体应为洁净且不易结垢及腐蚀性较小的物料。

2) U 形管式换热器:若将换热器内的每根换热管均弯成 U 形,并将两端固定于同一管板上,即成为 U 形管式换热器,如图 7-27 所示。隔板将封头的内腔分成两室,U 形管进、出口分别安装于同一管板的两侧,U 形弯转端则悬空。由于每根 U 形管均与其他管子及外壳不相连,因而可自由伸缩,可完全消除热应力。

U 形管式换热器的结构较为简单,重量较轻,无热应力,清洗检修方便。但管程内的清洁比较

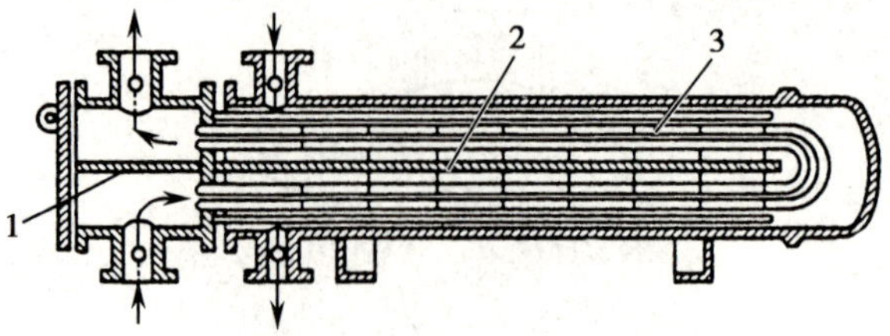

1. 管程隔板;2. 壳程隔板;3. U 形管。

图 7-27 U 形管式换热器

困难,且管子需一定的弯曲半径,故管板的利用率较低。此外,内层换热管一旦发生泄漏损坏,只能将其堵塞而不能更换。此类换热器适用于处理不结垢、不腐蚀的清洁流体以及用于高温或高压的场合。

3）浮头式换热器:浮头式换热器的两端管板之一不与外壳固定连接,而是在器内另外加装一个内封头,称为浮头,如图 7-28 所示。当管子受热或受冷时,管束连同浮头可以在壳体内沿轴向自由地伸缩,即不受外壳热膨胀的影响。

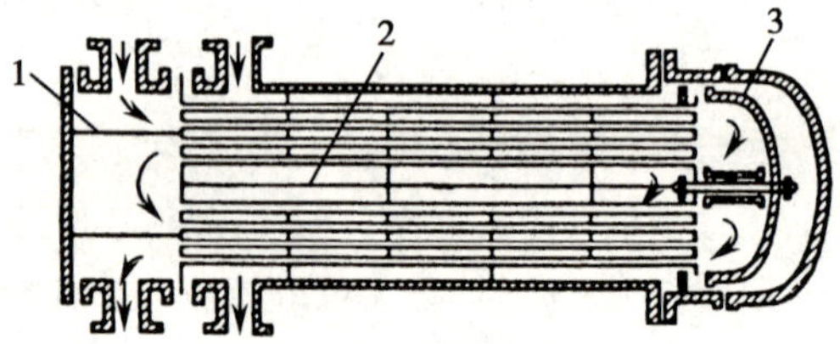

1. 管程隔板;2. 壳程隔板;3. 浮头。

图 7-28 浮头式换热器

浮头式换热器固定端的管板通过法兰与壳体相连,因而拆卸方便,可将整个管束从壳体中抽出,这对清洗和维修十分有利。虽然浮头式换热器的结构比较复杂,造价也较高,但由于能完全消除热应力,且清洗和维修方便,因而在制药生产中应用广泛。

（2）列管式换热器的选用步骤:常见的列管式换热器均已实现标准化,通常可按下列步骤进行选择。

1）根据传热任务和工艺要求,计算换热器的热负荷。

2）根据换热器中冷、热流体的压强、温度及腐蚀性等情况,选择换热器的材质。

3）计算平均温度差。先按单壳程多管程的换热器进行计算,若温度差校正因数 $\varphi_{\Delta t}<0.8$,则应增加壳程数。

4）依据经验选取总传热系数,估算出传热面积。

5）确定冷、热流体流经管程或壳程,并选定流体的流速。由流速和流量估算出单管程的管子根数,由管子根数和估算出的传热面积,计算出管子长度,再根据系列标准选取适宜型号的换热器。

6）核算总传热系数。分别计算管程和壳程流体的对流传热系数,确定污垢热阻,计算出总传热系数,同时与所选取的总传热系数进行比较。若两者相差较大,则应重新选取总传热系数,并按上述步骤重新计算。

7）计算传热面积。根据计算的总传热系数和平均温度差,计算传热面积,并与所选的换热器的传热面积进行比较,其传热面积应有 10%～25% 的裕量。

（3）选用列管式换热器应考虑的问题

1）流体流经的选择:对于列管式换热器,流体走壳程还是走管程,一般由经验确定。但总的原则是使得传热效果更好，结构更简单，清洗更方便。

例如，就固定管板式换热器而言，对于需提高流速以增大对流传热系数的流体，宜走管程；具有腐蚀性的流体宜走管程，以免管束和壳体同时受到腐蚀；压力高的流体宜走管程，以免壳体承受过大的压力；不清洁、易结垢或有毒的流体宜走管程，以便于清洗。相反，饱和蒸气比较清洁，因而宜走壳程，以便排除不凝性气体及冷凝液；黏度较大或流量较小的流体宜走壳程，以便在折流板的作用下于较低雷诺数（Re>100）时达到湍流；此外，需冷却的流体也宜走壳程，利于散热。

总之，在选择冷、热流体的流经时，应视具体情况，抓主要问题。一般情况下，应首先考虑流体在压力、防腐蚀以及清洗等方面的要求，然后再校核对流传热系数和压力降，以便做出更为合理的选择。

2）流体流速的选择：流体在管程或壳程中的流速，不仅直接影响管程或壳程流体的对流传热系数，而且会关系到污垢的形成，从而影响总传热系数的大小。流体的流速增大，不仅能提高对流传热系数，且可减少结垢，从而提高总传热系数，减少换热器的传热面积。但流速过大，又将使流体的流动阻力增大，致使动力的消耗增多。因此，选择适宜的流速至关重要。适宜的流速可通过经济衡算来确定，也可根据经验数据来选取，但所选流速应尽可能避免流体产生层流流动，因为对于含有泥沙等易沉降颗粒的流体，过低的流速可能会导致管路堵塞，甚至影响到设备的正常运行。列管式换热器常采用的流速范围列于表 7-5 和表 7-6 中。

表 7-5 列管式换热器常采用的流速范围 单位：m/s

流体种类		低黏度流体	易结垢液体	气体
流速	管程	0.5~3	>1	5~30
	壳程	0.2~1.5	>0.5	3~15

表 7-6 列管式换热器中易燃、易爆液体的安全允许流速 单位：m/s

液体名称	乙醚、二硫化碳、苯	甲醇、乙醇、汽油	丙酮
安全允许流速	<1	<2	<10

3）流动方式的选择：在列管式换热器中，冷、热流体除做并流和逆流流动外，还可做各种多管程多壳程的复杂流动。当流量一定时，增加管程数或壳程数，将有利于热量的充分交换。但管程或壳程数的增大必然也导致流体的流动阻力增大，从而增加流体的输送费用。因此，在确定换热器的程数时，应权衡传热和流体输送两方面的成本。当采用多管程或多壳程时，列管式换热器内冷、热流体的流动形式较为复杂，对数平均温度差需加以校正。若温度差校正因数 $\varphi_{\Delta t}<0.8$，则应适当增加壳程数。但由于多壳程换热器的分程隔板在制造、安装及维修方面均较为困难，故一般也并不极力推荐采用多壳程换热器，而是宜将多台换热器串联使用。

4）冷却介质终温的选择：通常，冷、热流体的进出口温度均由生产工艺条件所规定，故不存在流体温度的确定问题。若其中的一种流体仅已知其进口温度，而出口温度未知，则此时需由设计者自行确定。例如，用水冷却热流体时，水的进口温度可根据当地的气候条件确定，但其出口温度需通过经济衡算来确定。为节约用水，可提高水的出口温度，但传热面积将增大；反之，为减小传热面积，冷却水的用量势必增加。一般情况下，冷却水两端的温度差可取 5~10℃。水源充足的地区，可选较小的温差，以减小传热面积；水源不足的地区，可选较大的温差，以节约用水。

5）换热管的规格和排列方式：我国现行的列管式换热器系列标准中，管径有 ϕ25mm×2.5mm 和 ϕ19mm×2mm 两种规格，管长有 1.5m、2m、3m 和 6m 四种规格，其中以 3m 和 6m 最为常用。管子有直列和错列两种排列方式，其中错列又分为正方形和等边三角形两种，如图 7-12 所示。

6）管程和壳程数的确定：若流体的流量较小或因传热面积较大而导致换热器内的管数较多时，则管内流体的流速将很低，使得对流传热系数偏小。为提高管内流体的流速，可采用多管程。但程数也不宜过多，否则动力消耗将增大。在列管式换热器的系列标准中，管程数有 1、2、4、6 四种规格。

新型热管式换热器

7）折流挡板：安装折流挡板的目的是提高壳程流体的对流传热系数。为取得良好的换热效果，挡板的形状和间距必须设计适当。例如，对于圆缺形挡板，若弓形缺口过大或过小，都易产生“死角”，从而既不利于传热，又可能会增加流动阻力。同样，挡板的间距对壳程中的流体流动也有重要影响。过大的间距难以保证流体垂直通过管束，从而使管外流体的对流传热系数减小；相反，若间距过小，则流动阻力将增大，同时也不便于制造和维修。因此，一般情况下，挡板间距多选取壳体内径的 20%～100%。

二、传热过程的强化

传热过程的强化就是力求用较小的传热面积或较小体积的传热设备来完成给定的传热任务，以提高传热过程的经济性。由总传热速率方程(7-50)可知，增大总传热系数 K、传热面积 S 或平均温度差 Δt_m，均能提高传热速率 Q。

1. 提高总传热系数 K 前已述及，要提高总传热系数 K，必须设法降低传热热阻，尤其是控制热阻的值。一般情况下，金属壁的热阻和相变热阻不会成为传热的控制热阻，因此应着重考虑无相变流体侧的热阻和污垢热阻。

（1）提高流体流速：提高流速或对设备的结构进行改进（如安装折流板等），以提高流体的湍流程度，减薄层流内层的厚度，均可减小对流传热热阻，提高无相变流体的对流传热系数。例如，对于列管式换热器，适当增加管程数及壳程的挡板数，均可提高流体的流速，但设备的结构也变得复杂，给清洗及检修带来不便。此外，随着流速的增大，流体的流动阻力也迅速增大，从而导致动力消耗增大。可见，不能片面地要求提高对流传热系数，而应综合考虑，选择最经济的流速。

（2）防止结垢和及时清除垢层：换热器经一段时间使用后，传热面上可能会产生结垢或结晶。由于污垢的导热系数很小，因而污垢热阻很大，导致总传热系数下降。为此，可适当增大流速或选用具有自冲刷作用的螺旋板式换热器，以减小污垢热阻。此外，还可选用易清洗的换热器，以便定期清除污垢，减小垢层热阻，提高总传热系数。

2. 增大传热面积 S 增大传热面积 S，可提高传热速率。但增大传热面积不应靠加大设备的尺寸来实现，而应从改进设备的结构、提高其紧凑性入手，尽可能使单位体积设备能提供较大的传热面积。例如，采用波纹管、螺旋管或翅片管代替光滑管，以改进传热面结构，进而提高传热面积。又如，采用具有紧凑结构的新型换热器，如板式换热器及翅片式换热器等，也可适当提高单位体积设备所具有的传热面积。

3. 增大平均温度差 Δt_m 传热平均温度差的大小主要取决于冷、热流体的进、出口温度。多数情况下，流体的进、出口温度由生产工艺所规定，可变动的范围十分有限。通常，若两流体进行的是变温传热，则应尽可能采用逆流操作，以便获得较大的传热温度差 Δt_m，如套管式换热器和螺旋板式换热器均能实现冷、热流体的纯逆流流动。

目标测试

课后习题

一、计算题

1. 某平壁的厚度为400mm，内壁温度为800℃，外壁温度为100℃。已知平壁材料的导热系数为1.1W/(m·℃)，试计算通过单位面积平壁的导热速率。(1 925W/m^2)

2. 某厂的平壁燃烧炉由下列三种材料组成：最内层为耐火砖，其厚度为225mm，导热系数为1.05W/(m·℃)；中间层为绝热砖，厚度为100mm，导热系数为0.14W/(m·℃)；最外层为钢板，厚度为10mm，导热系数为45W/(m·℃)。待操作稳定后，测得耐火砖内表面温度为1 200℃，钢板外表面温度为30℃，试计算单位面积上的热损失。(1 259.7W/m^2)

3. 为减少热损失，在蒸气管道外包扎一层石棉泥作为保温材料。已知蒸气管道的外径为160mm，管道外壁温度为350℃，保温层外表面温度不得高于40℃，石棉泥的导热系数为0.14W/(m·℃)。若单位长度管道的热损失不超过400W/m，试计算保温层厚度。(78.1mm)

4. 在蒸气管道外包扎两层厚度相同而导热系数不同的绝热层。已知外层绝热层的平均直径为蒸气管道外径的2倍，外层绝热层的导热系数为内层绝热层的2倍。现将两绝热层的材料互换，而其他条件保持不变。试确定：(1) 每米管长的热损失是原来的多少倍？(2) 哪一种材料包扎在内层更为合适？(1.12倍，导热系数小的材料包扎在内层更合适)

5. 在列管式换热器中用水冷却油。已知换热管的规格为ϕ21mm×2mm，管壁的导热系数λ=45W/(m·℃)，水在管内流动，对流传热系数α_i=3 500W/(m^2·℃)；油在管间流动，对流传热系数α_o=240W/(m^2·℃)。水侧的污垢热阻R_{si}=2.54×10^{-4}m^2·℃/W，油侧的污垢热阻R_{so}=1.67×10^{-4} m^2·℃/W。试计算：(1) 以管外表面为基准的总传热系数；(2) 污垢产生后热阻增加的百分数及总传热系数下降的百分数。[197.67W/(m^2·℃)；10.5%，9.5%]

6. 已知在列管式换热器中，加热介质走壳程，其进、出口温度分别为100℃和70℃。冷流体走管程，其进、出口温度分别为20℃和60℃。试计算下列各种情况下的平均温度差：(1) 壳程和管程均为单程的换热器，设两流体呈逆流流动；(2) 壳程和管程均为单程的换热器，设两流体呈并流流动。(44.8℃，33.7℃)

7. 在一传热外表面积为260m^{2}的单程列管式换热器中，用流量为2.6kg/s、温度为600℃的气体作为加热介质，使流量为3.0kg/s、温度为350℃的某气体流过壳程并被加热至450℃。已知两流体做逆流流动，平均比热均为1.024kJ/(kg·℃)，若换热器的热损失为壳方气体传热量的15%，试计算总传热系数。[10.22W/(m^2·℃)]

8. 某列管式换热器，管束由ϕ25mm×2.5mm的钢管组成。CO_2在管内流动，流量为5kg/s，温度由60℃冷却至25℃。冷却水走管间，与CO_2呈逆流流动，流量为3.8kg/s，进口温度为20℃。已知管内CO_2的定压比热C_{ph}=0.653kJ/(kg·℃)，对流传热系数α_i=260W/(m^2·℃)；管间水的定压比热C_{pc}=4.2kJ/(kg·℃)，对流传热系数α_o=1 500W(m^2·℃)；钢的导热系数λ=45W/(m·℃)。若热损失和污垢热阻均可忽略不计，试计算换热器的传热面积。(42.75m^2)

9. 苯在逆流换热器内流动，流量为2 000kg/h，温度由70℃下降至30℃。已知换热器的传热面积为6m^2，热损失可忽略不计；总传热系数为300W/(m^2·℃)；冷却介质为20℃的水，定压比热为4.18kJ/(kg·℃)；苯的定压比热为1.7kJ/(kg·℃)。试计算：(1) 冷却水的出口温度；(2) 冷却水的消耗量，以m^3/h表示。(32.1℃，2.7m^3/h)

二、简答题

1. 简述传热的三种基本方式及特点。

2. 对于多层平壁的稳态热传导,各层的热阻与温度差之间有什么关系?
3. 简述冷、热流体分别在固体壁面的两侧流动时,热量如何进行传递?
4. 简述影响蒸气冷凝传热的主要因素。
5. 简述导热系数、对流传热系数和总传热系数的物理意义。
6. 逆流传热有何优点? 何时宜采用并流传热?
7. 列举列管式换热器的几种常见的热补偿方式。
8. 简述传热过程的强化途径。

第八章

蒸　　发

学习要求

1. 掌握单效蒸发的计算，多效蒸发原理，蒸发操作的节能措施。
2. 熟悉单效蒸发流程，多效蒸发流程及特点，典型蒸发设备的结构与特点。
3. 了解蒸发过程的特点及分类，蒸发操作的生产能力、生产强度和效数的限制。

0801

第八章
教学课件

第一节　概　　述

一、蒸发过程及其特点

1. 蒸发过程　蒸发是利用加热的方法将含有非挥发性物质的溶液加热至沸腾，使部分溶剂汽化并被排除，以提高溶液中溶质浓度的过程，即蒸发过程是浓缩溶液的过程。通过蒸发可使溶剂与溶质分离开来，从而达到使溶液浓缩或回收溶剂的目的。因此，蒸发也是挥发性溶剂与不挥发性溶质分离的单元操作。完成蒸发操作的设备统称为蒸发器。

在制药生产中，蒸发是制剂与中药提取过程中的一个常用单元操作。例如，由中药提取罐流出的溶液，有效成分的浓度一般很低，可通过蒸发的方法来提高浓度。又如，在化学合成药物生产中，反应常在稀溶液中进行，其中间体及产品则溶解于溶液中，此时常采用蒸发的方法来提高其浓度，以便进一步通过结晶的方法使目标产物析出。

2. 蒸发过程的特点　蒸发操作的目的是使溶液浓缩，但过程进行的速度即溶剂汽化速率则取决于传热速率，故蒸发属于传热操作的范畴。由于溶液中含有不挥发性溶质，且操作过程中其浓度变化较大，加之沸腾传热的特殊性，使得蒸发过程具有许多不同于一般传热过程的特点。

(1) 蒸发过程中溶液浓度变化较大，甚至会产生结晶物，故在加热面上难免会产生固体沉积、形成污垢层，导致传热过程恶化。因此，如何减少污垢层的生成是蒸发设备设计时需考虑的一个重要问题。

(2) 制药生产中的药品溶液常具有热敏性、高黏度和强腐蚀性，因而蒸发过程中应尽可能降低操作温度和减少受热时间，但降低操作温度又会使溶液的黏度增大，对于传热是十分不利的。因此，溶液的热敏性、高黏度和强腐蚀性也是设计与选用蒸发装置时应考虑的重要因素。

(3) 由于蒸发过程中所产生的二次蒸汽通常会夹带一定量的雾滴，故为减少物料的损失，蒸发装置应装设相应的除雾措施。

(4) 蒸发操作中，溶剂汽化需吸收大量的热量，故加热蒸气的消耗量较大。因此，如何充分利用二次蒸汽，对降低操作能耗和提高操作经济性均是至关重要的。

蒸发操作所用的热源通常为饱和水蒸气，称为加热蒸气，习惯上也称为生蒸气。蒸发过程中因溶剂汽化而形成的水蒸气称为二次蒸汽，它与生蒸气的区别在于两者的温度不同。自蒸发器底部排出的浓缩液称为完成液。在蒸发过程中，必须不断地从容器中移出二次蒸汽，以破坏蒸气与溶液间的平衡，使得蒸发过程能够顺利进行。若移出的二次蒸汽直接被冷凝而不再被蒸发系统重新利用，称为单效蒸发；若二次蒸汽被重新用作另一蒸发器的热源，则称为多效蒸发。显然，多效蒸发实际上是两台以上蒸发器串联操作的蒸发过程。若将部分二次蒸汽用于其他场合，则这部分蒸气称为额外蒸气。

二、蒸发的分类

按加热方式的不同，蒸发可分为直接加热和间接加热两大类。间接加热的热量通过间壁式换热设备传给被蒸发溶液而使溶剂汽化，工业生产中的蒸发过程多属于此类。

按蒸发方式的不同，蒸发可分为自然蒸发和沸腾蒸发两大类。自然蒸发是溶液中的溶剂在低于其沸点下汽化，此种蒸发仅在溶液的表面进行，故速率缓慢，效率较低。沸腾蒸发是在溶液的沸点下蒸发，溶液中的任何部分都发生汽化，故效率较高。制药生产中多采用沸腾蒸发。

按操作方式的不同，蒸发可分为间歇蒸发和连续蒸发两大类。间歇蒸发采用分批进料或出料，随着过程的进行，蒸发器内提取液的浓度和沸点均随时间而变，是一种典型的非稳态过程，常用于小批量、多品种的场合。而连续蒸发时提取液随进随出，当操作达到稳定时则为稳态过程，常用于大规模工业生产。

按效数的不同，蒸发可分为单效蒸发和多效蒸发两种。多效蒸发是将几个蒸发器串联，使蒸气的热能得到多次利用，从而达到节能降耗的目的。

按操作压力的不同，蒸发可分为加压蒸发、常压蒸发和减压蒸发三种，其中减压蒸发又称为真空蒸发。真空蒸发是在减压或真空条件下进行的蒸发过程，具有许多突出优点：①在减压条件下操作，溶液的沸点降低，从而加大了传热温度差，使蒸发过程的传热推动力增大，蒸发速率加快。②减压蒸发的操作温度较低，因而蒸发过程中产品不易结焦，产品的质量较好，并可减少蒸发器的热损失。③减压蒸发的温度较低，特别适用于热敏性溶液的蒸发。例如，中药提取液在常压下的沸点为 100℃左右，当减压至 600~700mmHg 时，可将其沸点降至 40~60℃，从而可防止有效成分的分解。④减压蒸发为二次蒸汽的重新利用创造了条件。减压蒸发的缺点是溶液黏度随沸点的降低而增大，这对传热过程是不利的。此外，减压蒸发需装配真空系统，使得设备投资和能耗增大。

在制药生产中，被蒸发的溶液通常为水溶液，因此本章仅限于讨论水溶液的蒸发过程。

第二节 单效蒸发

一、单效蒸发流程

单效蒸发是最基本的蒸发流程。如图 8-1 所示，原料液在蒸发器内被加热汽化，二次蒸汽引出后被冷凝或排空，不再利用。蒸发器也是一个换热器，它由加热室和分离室组成。加热室应具有足够的加热面，加热蒸气在加热室的管外冷凝，蒸气冷凝所放出的热量通过管壁传给液体，使液体受热沸腾、循环，待浓缩至规定的浓度后，由蒸发器底部排出。加热蒸气被冷凝成水后，由加热室下部排出。带有液滴的二次蒸汽依次通过分离室和除沫器后进入冷凝器，与冷却水直接混合，由冷凝器底部排出；而不凝性气体则从冷凝器顶部排出。

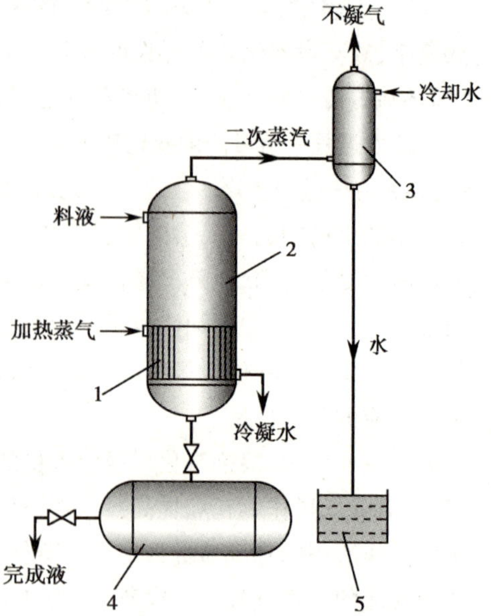

1. 加热室；2. 蒸发室；3. 冷凝器；4. 贮罐；5. 水槽。

图 8-1 单效蒸发流程

二、单效蒸发的计算

对于单效蒸发，当生产任务和操作条件确定后，即可通过物料衡算和热量衡算来确定水分蒸发量、加热蒸气消耗量以及蒸发器的传热面积等工艺参数。

（一）水分蒸发量

单位时间内从溶液中蒸发出来的水分量称为水分蒸发量，单位为 kg/s。

设料液处理量为 F，进料液中溶质的质量分率为 x_1，完成液中溶质的质量分率为 x_2，水分蒸发量为 W。显然，蒸发前后料液中的溶质量保持不变，即

$$Fw_1=(F-W)w_2 \qquad 式(8\text{-}1)$$

则水分蒸发量为

$$W=F\left(1-\frac{w_1}{w_2}\right) \qquad 式(8\text{-}2)$$

式中，F 为原料液处理量，kg/s；W 为水分蒸发量，kg/s；w_1、w_2 分别为原料液和完成液中溶质的质量分率，无因次。

若已知蒸发前后料液和完成液的体积流量及密度，则水分蒸发量也可采用下式计算

$$W=V_1\rho_1-V_2\rho_2 \qquad 式(8\text{-}3)$$

式中，V_1、V_2 分别为原料液和完成液的体积流量，m^3/s；ρ_1、ρ_2 分别为原料液和完成液的密度，kg/m^3。

（二）加热蒸气消耗量

在蒸发操作中，加热蒸气所放出的热量主要用于以下三个方面：①水分汽化所需的潜热；②溶液升温至沸点时所需的显热；③蒸发器的热损失。故

$$Dr_1=Wr_2+FC_{pm}(t_2-t_1)+Q_L \qquad 式(8\text{-}4)$$

式中，D 为加热蒸气消耗量，kg/s；r_1 为加热蒸气的汽化潜热，kJ/kg；r_2 为二次蒸汽的汽化潜热，kJ/kg；t_1 为原料液温度，℃；t_2 为蒸发器中溶液的沸点，缺乏数据时可取完成液的温度，℃；C_{pm} 为原料液的平均比热，kJ/(kg·℃)；Q_L 为蒸发器的热损失，kW。

原则上可根据传热原理来计算蒸发器的热损失，但在实际应用中常根据经验值确定，一般可按加热蒸气所放出热量的 1% 计算。

由式(8-4)得

$$D=\frac{Wr_2+FC_{pm}(t_2-t_1)+Q_L}{r_1} \qquad 式(8\text{-}5)$$

若原料液在沸点下进料，即 $t_1=t_2$，且蒸发器的热损失可忽略不计，则

$$D=\frac{Wr_2}{r_1} \qquad 式(8\text{-}6)$$

一般情况下，r_1 与 r_2 相差不大，因此 $D\approx W$。可见，对于沸点进料，每消耗 1kg 的加热蒸气约产生 1kg 的二次蒸汽。

在蒸发操作中，每蒸发 1kg 水分所消耗的蒸气量称为单位蒸气消耗量，其值是评价蒸发操作经济性的一个指标，即

$$e=\frac{D}{W} \qquad 式(8\text{-}7)$$

溶液的浓缩热

式中，e 为单位蒸气消耗量，无因次。对于沸点进料，$e\approx 1$。

（三）蒸发器的传热面积

由总传热速率方程 $Q=KS\Delta t_m$ 得

$$S=\frac{Q}{K\Delta t_m} \qquad 式(8\text{-}8)$$

式中，Q 为蒸发器的传热速率，即蒸发器的热负荷，W；K 为蒸发器的总传热系数，W/(m²·℃)；Δt_m 为

蒸发传热的平均温度差，℃。

由式(8-4)和式(8-8)得

$$S=\frac{Dr_1}{K\Delta t_m}=\frac{Wr_2+FC_{pm}(t_2-t_1)+Q_L}{K\Delta t_m} \qquad \text{式(8-9)}$$

蒸发器的总传热系数 K 可用传热学知识计算。若以传热管外表面积为基准，则蒸发器的总传热系数可表示为

$$K=\frac{1}{a_i\frac{d_o}{d_i}+R_{si}\frac{d_o}{d_i}+\frac{bd_o}{\lambda d_m}+R_{so}+\frac{1}{a_o}} \qquad \text{式(8-10)}$$

式中，a_i 为管内溶液沸腾的对流传热系数，kW/(m^2·℃)；a_o 为管间蒸气冷凝的对流传热系数，kW/(m^2·℃)；R_{si}为管内侧的污垢热阻，(m^2·℃)/kW；R_{so}为管外侧的污垢热阻，(m^2·℃)/kW；d_i 为管内径，m；d_m 为平均管径，m；d_o 为管外径，m；b 为管壁厚度，m；λ 为管壁导热系数，kW/(m·℃)。

此外，蒸发器的总传热系数 K 也可通过实验测定或根据经验值确定。常见蒸发器的总传热系数值见表 8-1。

表 8-1　常见蒸发器的总传热系数值

蒸发器型式		总传热系数 W/(m^2·℃)
标准式(自然循环)		600~3 000
标准式(强制循环)		1 200~6 000
悬筐式		600~3 000
外热式(自然循环)		1 200~6 000
外热式(强制循环)		1 200~7 000
升膜式		1 200~6 000
降膜式		1 200~3 500
刮板式	料液黏度:0.001~0.1Pa·s	1 500~5 000
	料液黏度:1~10Pa·s	600~1 000
离心式		3 000~4 000

在蒸发操作中，蒸发器加热室的一侧为蒸气冷凝，其温度为加热蒸气的冷凝温度；而另一侧为溶液沸腾，其温度为溶液的沸点。可见，蒸发传热过程为冷凝-沸腾传热过程，可近似按恒温传热处理。在实际操作中，加热蒸气的饱和温度一般是恒定的，但溶液的沸点随蒸发过程中溶液浓度的增大而逐渐升高，因而随着蒸发过程的进行，传热温度差逐渐减小。因此，在计算传热面积时，应按最小温度差计算，即由完成液的沸点按下式计算

0803

蒸发传热的温度差损失

$$\Delta t_m=T_s-t_2 \qquad \text{式(8-11)}$$

式中，T_s为加热蒸气的饱和温度，℃；t_2 为完成液的沸点，℃。

例 8-1　某药厂采用真空蒸发浓缩葡萄糖溶液，原料处理量为 9 000kg/h，进料液浓度为 20%(质量分率，下同)，出料液浓度为 50%，沸点进料，操作真空度下溶液的沸点为 70℃，加热蒸气的绝压为 400kPa，冷凝水在其冷凝温度时排出。已知蒸发器的总传热系数为 1 750W/(m^2·℃)，热损失可忽略不计。试计算：(1) 每小时的水分蒸发量；(2) 每小时的加热蒸气消耗量；(3) 每蒸发 1kg 水分所消耗的蒸气量；(4) 蒸发器的传热面积。

解:(1) 每小时的水分蒸发量:依题意知:$F=9\ 000\text{kg/h}$,$x_1=0.2$,$x_2=0.5$,则由式(8-2)得每小时的水分蒸发量为

$$W=F\left(1-\frac{w_1}{w_2}\right)=9\ 000\times\left(1-\frac{0.2}{0.5}\right)=5\ 400\text{kg/h}$$

(2) 每小时的加热蒸气消耗量:由附录6查得水蒸气在400kPa绝压时的饱和温度 $T_s=143.4℃$,汽化潜热 $r_1=2\ 138\text{kJ/kg}$。由附录5查得70℃时水蒸气的汽化潜热 $r_2=2\ 331\text{kJ/kg}$。又 $Q_L=0$,则由式(8-6)得每小时的加热蒸气消耗量为

$$D=\frac{Wr_2}{r_1}=\frac{5\ 400\times2\ 331}{2\ 138}=5\ 887\text{kg/h}$$

(3) 每蒸发1kg水分所消耗的蒸气量:由式(8-7)得

$$e=\frac{D}{W}=\frac{5\ 887}{5\ 400}=1.09$$

即每蒸发1kg水分需消耗1.09kg的水蒸气。

(4) 蒸发器的传热面积:依题意知,$K=1\ 750\text{W/(m}^2\cdot℃)$,$t_2=70℃$,则由式(8-8)和式(8-11)得

$$S=\frac{Q}{K\Delta t_m}=\frac{Q}{K(T_s-t_2)}=\frac{5\ 887\times2\ 138\times10^3}{3\ 600\times1\ 750\times(143.4-70)}=27.2\text{m}^2$$

第三节　多效蒸发与蒸发节能

在单效蒸发中,二次蒸汽的潜热未被利用即被浪费了。因此,为提高蒸发过程的经济性,宜采用多效蒸发,以充分利用二次蒸汽的潜热。

一、多效蒸发原理

将若干台蒸发器串联起来,并将前一台蒸发器所产生的二次蒸汽引至后一台蒸发器的加热室,作为后一台蒸发器的加热热源,即成为多效蒸发。

在多效蒸发中,每一台蒸发器均称为一效,第一个生成二次蒸汽的蒸发器称为第一效,利用第一效的二次蒸汽来加热的蒸发器称为第二效,依此类推,最后一台蒸发器常称为末效。在多效蒸发中,由于蒸发室的操作压力是逐效降低的,故蒸发器的末效通常需与真空装置相连。显然,多效蒸发中各效的加热蒸气温度和溶液沸点依效降低,而完成液浓度则逐效增加。在多效蒸发中,仅第一效需从外界引入加热蒸气即生蒸气,而此后的各效均是利用前一效的二次蒸汽,因而多效蒸发的热能利用率较高。由末效引出的二次蒸汽进入冷凝器冷凝后,变成液态水而排出。

二、多效蒸发流程

根据溶液与蒸气流向的不同,多效蒸发有并流、逆流和平流三种常用流程。

(一)并流流程

如图8-2所示,在并流流程中,料液的流向与蒸气的流向相同,即由第1效依次流至末效。对于并流流程,由于蒸发器中的压强逐效降低,因而料液可自动地由前一效流入后一效,无需输送泵。由于前一效中的料液温度高于后一效中的料液温度,因而溶液自前一效流入后一效时,将呈过热状态,从而引起自蒸发,因此可多产生一部分二次蒸汽。但在并流流程中,各效中的溶液浓度依次升高,而操作温度则依次降低,故易引起后几效中的溶液黏度偏高,导致传热状况的恶化。

并流流程在实际生产中有着广泛的应用,常用于低黏度溶液的蒸发,但不适于黏度随浓度提高而增大较快的溶液的处理。

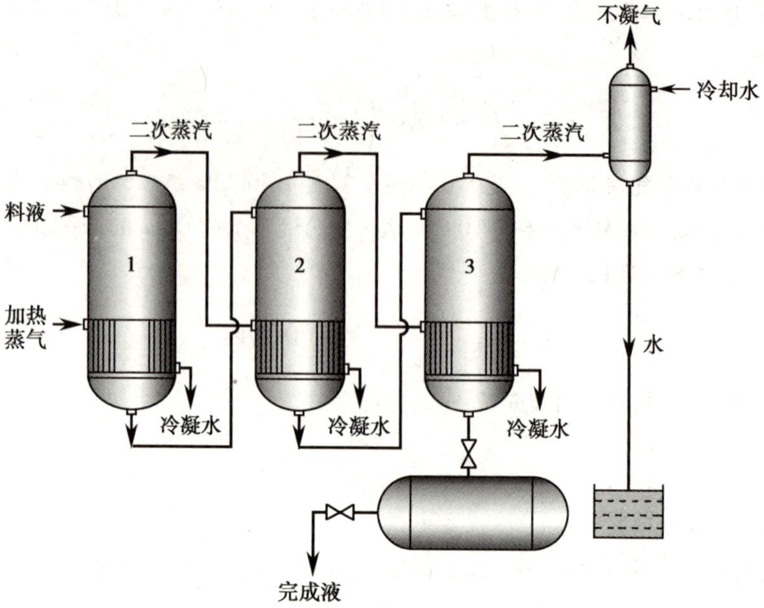

图 8-2 并流（顺流）三效流程

（二）逆流流程

如图 8-3 所示，在逆流流程中，加热蒸气的流向与并流流程相同，但料液的流向与蒸气的流向相反。操作时，原料液自末效（第三效）加入，然后依次用泵输送至前效，最终完成液由第一效的底部排出。

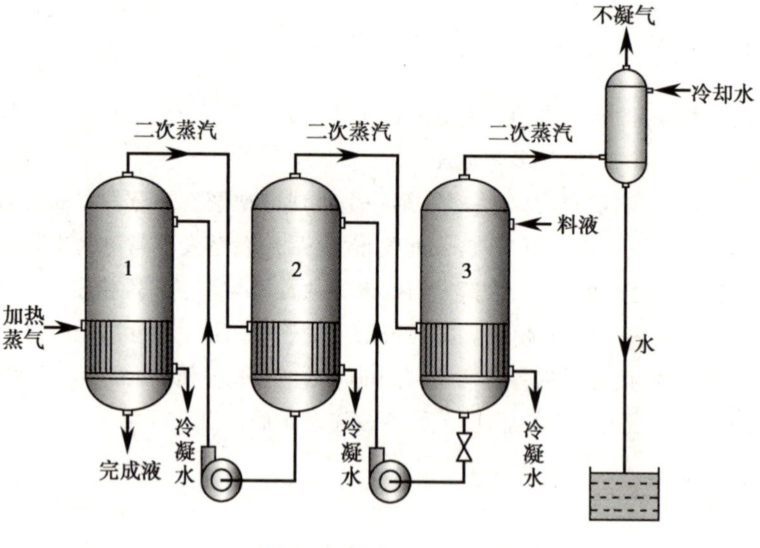

图 8-3 逆流三效流程

与并流流程不同，在逆流流程中，溶液浓度和操作温度均沿流动方向不断升高。其中，第一效的溶液浓度最高，同时温度也最高，于是因浓度增加而引起的黏度上升量与因温度升高而引起的黏度下降量可大致抵消，故溶液的黏度与其他各效仍较接近，传热系数的变化不大，此为逆流流程的最大优点。但与此同时，逆流流程也有自身的不足之处，由于溶液在效与效之间需借助于泵来输送，因而设备比较复杂，过程能耗和操作费用均较高。此外，由于各效的进料温度均低于沸点，故逆流流程产生的二次蒸汽量比并流流程的少。

逆流流程适用于黏度随温度和浓度变化较大的溶液的蒸发，但不宜用于热敏性溶液的蒸发。

（三）平流流程

如图 8-4 所示，在平流流程中，原料液由总输料管分别加至每一效，完成液由各效的底部单独排出，其间蒸气的流向是从第一效依次流至末效。

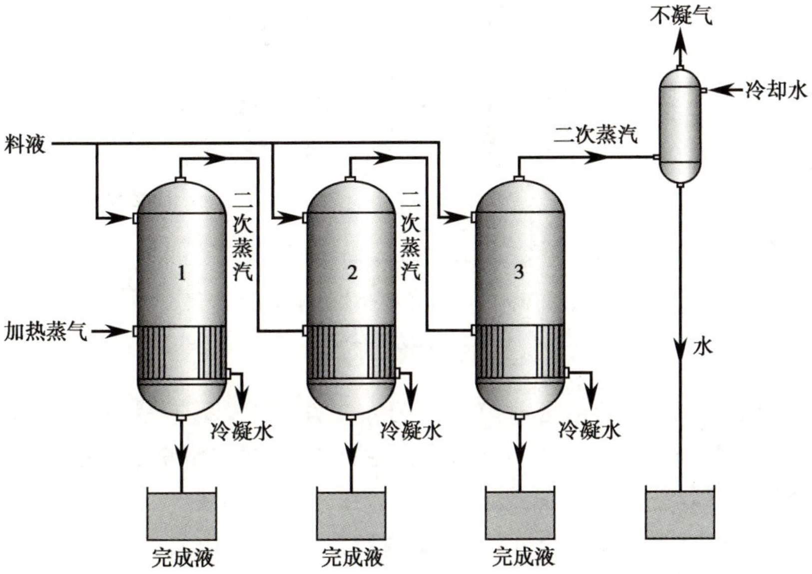

图 8-4 平流三效流程

平流流程适用于蒸发过程中有结晶析出的溶液处理。例如，对于某些盐溶液而言，在较低的浓度下也易析出晶体，故不便于在效间输送，此时则宜采用平流流程。

综上所述，多效蒸发的三种流程各有特点，故在实际生产中，可根据被蒸发溶液的具体物性及浓缩要求选择适宜的蒸发流程。例如，若原料液的温度较高或各效之间的输送泵难以维修，宜采用并流流程；若原料液的温度较低或黏度较大，或溶液的沸点随浓度的增加而明显升高，宜采用逆流流程；而对于需控制结晶过程或原料液需分别单独处理的蒸发过程，则宜采用平流流程。

除上述三种基本流程外，在实际生产中还可根据具体情况组合使用多效蒸发的流程，如采用并流和逆流相结合的变型流程等。

三、蒸发过程的节能措施

蒸发过程是一个大能耗的单元操作，其加热蒸气的消耗量通常是衡量操作费用高低的一个重要标志，尤其是对于大规模的工业化生产，蒸发大量水分所消耗的加热蒸气的费用可能占全厂蒸气动力费的很大比例。因此，应采取适当的节能措施以降低其操作能耗。

（一）多效蒸发

前已述及，将单效蒸发改为多效蒸发可使二次蒸汽得以充分利用，此乃最有效的蒸发节能措施。

（二）回收冷凝水的热量

由于蒸发装置中排出的冷凝水具有较高的温度，其热量应加以利用。温度较高的冷凝水可用于预热原料液或加热其他物料，也可采用图 8-5 所示的冷凝水自蒸发流程。冷凝水自蒸发是将排出的冷凝水通过自蒸发器，经减压后产生自蒸发，所得蒸气与前一效的二次蒸汽合并后作为后一效的加热蒸气。在实际操作中，难免会有少量的加热蒸气经疏水器而泄漏，故采用冷凝水自蒸发的实际效果比预计的还要大，从而提高加热蒸气的经济性。

（三）额外蒸气的引出

在蒸发操作中，无论是单效蒸发还是多效蒸发，都可将二次蒸汽引出作为其他加热设备的热源，

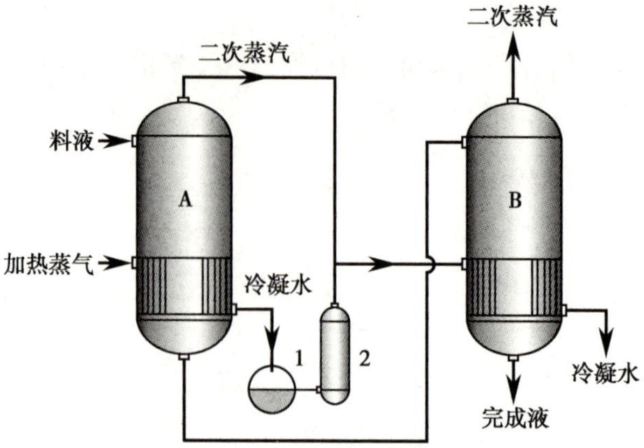

A、B. 蒸发器;1. 冷凝水排出器;2. 冷凝水自蒸发器。

图 8-5 冷凝水自蒸发流程

从而提高蒸气的利用率,降低过程的能耗。引出额外蒸气的典型蒸发流程如图 8-6 所示,该流程分别从第一效和第二效中引出部分二次蒸汽用于其他设备的热源。就经济角度而言,从最后一效引出二次蒸汽作为额外蒸气最为经济,这相当于废气的再利用。但由于各效产生的二次蒸汽所含汽化潜热并不相同,故额外蒸气的利用效果还与引出蒸气的效数有关。若末效的二次蒸汽因温度过低而无法利用,则应从蒸发器中的适当效数位置引出具有所需温度的额外蒸气,以满足其他加热设备的需要。从提高整个蒸发装置经济效益的角度考虑,应尽可能从效数较高的蒸发器位置中引出额外蒸气,这样可使加热蒸气在引出前得到比较充分的利用,从而提高加热蒸气的利用率。

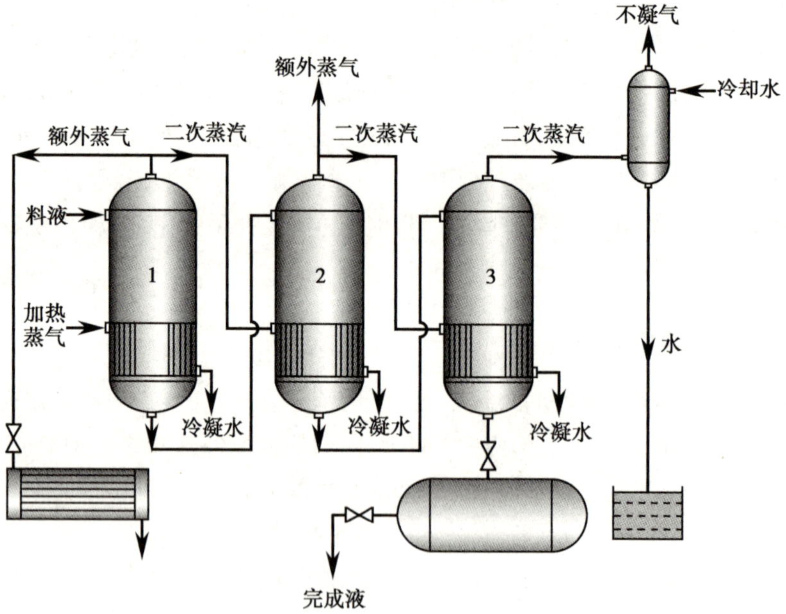

图 8-6 引出额外蒸气的蒸发流程

(四) 热泵蒸发

在单效蒸发中,将二次蒸汽绝热压缩,可提高蒸气压力,使得二次蒸汽的饱和温度升至溶液的沸点之上,并重新送回原蒸发器中作为加热蒸气使用,这种操作方式称为热泵蒸发。热泵蒸发过程中,仅需消耗一定量的压缩功即可循环利用二次蒸汽的大量潜热,故节能效果显著。

二次蒸汽的再压缩方式有机械压缩和蒸气动力压缩两种。图 8-7(a)为采用机械压缩的热泵蒸发流程,压缩机常采用轴流式或离心式压缩机。图 8-7(b)为采用蒸气动力压缩的热泵蒸发流程,该流程采用蒸气喷射泵以少量高压蒸气为动力，将部分二次蒸汽压缩并与之混合后，一起送入加热室使用。在热泵蒸发过程中，仅需在蒸发器的起动阶段提供适量的生蒸气，一旦操作达到稳态时，就无需再提供生蒸气，此时仅需提供可使二次蒸汽升压的少量外加的压缩功，即可回收利用二次蒸汽的大量汽化潜热。

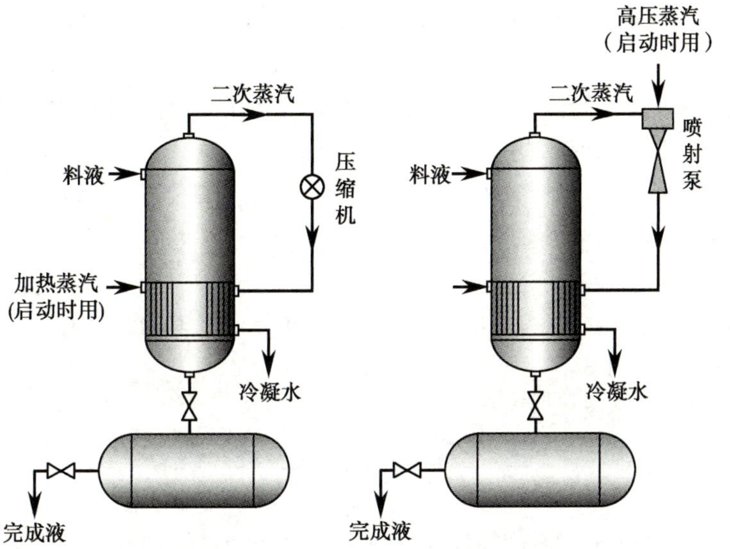

图 8-7 热泵蒸发流程

仅从节能的角度考虑，采用热泵蒸发是经济的，但实际上压缩机的投资费用较大，维修保养费用较高，且二次蒸汽经绝热压缩的温度升高也有限。因此，若要求的蒸气终温过高，则所需的压缩机的压缩比将很大，此时该流程的经济性可能欠佳，故热泵蒸发多用于所需传热温度差不大的溶液的蒸发过程。

热泵蒸发的适用性探讨

第四节 蒸发器的生产能力、生产强度及效数的限制

一、生产能力和生产强度

单位时间内的溶剂蒸发量称为蒸发器的生产能力。对于水溶液的蒸发过程，蒸发器的生产能力即为单位时间内的水分蒸发量。在蒸发过程中，水分蒸发量取决于蒸发器的传热速率，因此也可用传热速率来衡量蒸发器的生产能力。

研究表明，当总温度差相同时，多效蒸发的总有效传热温度差一般要小于单效蒸发的总有效传热温度差，故多效蒸发中的传热速率一般要小于单效蒸发中的传热速率，所以多效蒸发的生产能力一般要低于单效蒸发的生产能力，且蒸发器的效数越多，其生产能力将越低。

蒸发器的生产强度是衡量蒸发操作的又一个重要指标，其定义为单位时间内单位传热面积上被蒸发的溶剂质量。

在相同条件下，由于多效蒸发的生产能力比单效蒸发小，而传热面积又为单效蒸发的 n 倍，故多效蒸发的生产强度通常仅为单效蒸发的 $1/n$ 左右。因此，采用多效蒸发来提高生蒸气经济性的操作方法，其实是以降低生产能力和生产强度为代价的。研究表明，随着效数的增加，蒸发器的生产强度将急剧下降，从而使得设备的投资迅速增加。可见，多效蒸发虽节省了生蒸气的消耗量，即减少了操作费用，但设备的投资费用将增加。

二、多效蒸发效数的限制

在多效蒸发中，除末效外，各效的二次蒸汽均用作下一效蒸发器的加热蒸气，故与单效蒸发相比，同样的生蒸气量可蒸发出更多的水分，从而提高了生蒸气的经济性。显然，当生产能力一定时，采用多效蒸发的生蒸气消耗量要远低于单效的生蒸气消耗量，进而提高了装置的经济性，但同时多效蒸发也付出了一定的成本代价。

首先，多效蒸发需配置多台蒸发器。为便于制造和维修，所配蒸发器的传热面积通常均相同，故多效蒸发的设备费与其效数近似成正比。

其次，随着效数的增多，其总有效传热温度差将减小。在极限情况下，随着效数的无限增加，多效蒸发的总有效传热温度差可能趋近于零，从而导致蒸发操作无法进行。可见，多效蒸发的效数并非越高越好，需对其限制。

对于给定的蒸发任务，最佳蒸发效数可通过经济衡算来确定，其确定原则是使单位生产能力下的设备投资费和操作费之和为最小。

第五节 蒸发设备

蒸发装置主要包括蒸发器及其附属设备，其中蒸发器是装置的主体，它由加热室和蒸发室组成。依据料液在蒸发器内流动情况的不同，蒸发器可分为循环型与单程（非循环）型两大类。依据加热方式的不同，蒸发器又可分为直接热源加热和间接热源加热两大类，其中以后一种加热方式最为常用。

一、蒸发设备的结构

（一）循环型蒸发器

在蒸发操作中，若料液每流经加热管一次，水的相对蒸发量较小，即达不到规定的浓缩要求，则此时一般需采取多次循环，称为循环型蒸发操作，所用设备称为循环型蒸发器。在循环型蒸发器中，料液在器内作循环流动，直至达到规定的浓缩要求后方才排出，故器内的存液量较大，料液的停留时间也较长，浓度变化较小。

依据料液产生循环的原因不同，循环型蒸发器又可分为自然循环型和强制循环型两大类。

1. 中央循环管式蒸发器 此种蒸发器属于自然循环型，又称为标准式蒸发器，其结构如图 8-8 所示。蒸发器的加热室由诸多垂直管束组成，操作时，料液于管内流动，加热蒸气在管间流动。在加热室的管束中，有一根直径较大的，称为中央循环管，其余则称为沸腾管，前者的截面积与后者的总截面积之比约为 0.4~1.0。与单根沸腾管相比，由于中央循环管的直径较大，故其内单位体积溶液所占有的传热面积较小，受热程度和温度均较低，即气液混合物的密度要相应高于沸腾管，故在密度差的推动下，器内便形成了料液于中央循环管内下降而于沸腾管内上升的循环流动，属于自然循环流动。

中央循环管式蒸发器具有结构紧凑、制造方便、操作可靠等优点，适于处理黏度较大或在浓缩过程中易产生结晶的料液。当有晶体析出时，该类蒸发器的底部通常均会设计成锥形，以便于排出晶体。但另一方面，由于蒸发器自身结构的制约，料液在器内的循环速度通常均较低，一般仅为 0.4~0.5m/s，故传热系数偏小且结垢严重，不易清洗和维修。

2. 悬筐式蒸发器 此种蒸发器是标准式蒸发器的改进型，结构如图 8-9 所示。悬筐式蒸发器的加热室呈筐状，被悬挂于壳体内的下方，清洗时可由器内取出。当此种蒸发器操作时，引起溶液循环的原因与中央循环管式蒸发器相似，都属于由密度差引起的自然循环型，届时料液将沿着悬筐与壳体之间的环隙下降、而于沸腾管内上升。由于环隙的截面积约为沸腾管总截面积的 1.0~1.5 倍，故与中央循环管式蒸发器相比，该类蒸发器内的溶液循环速度通常较大，可达 1.0~1.5m/s，因而传热系数

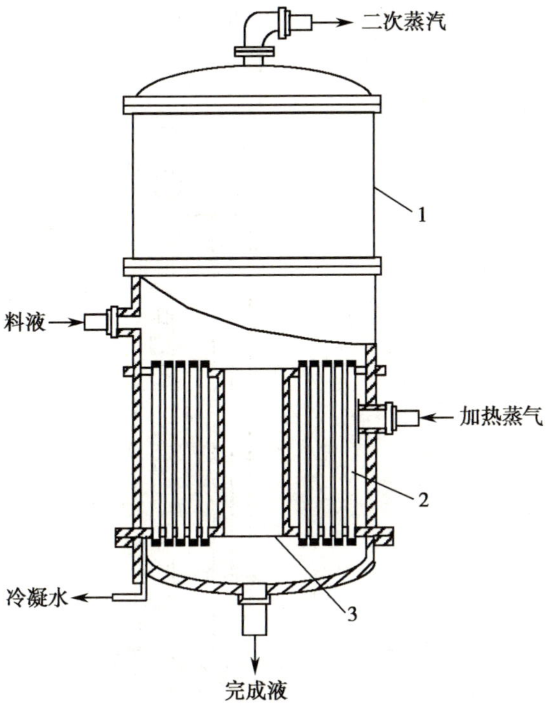

1. 蒸发室；2. 加热室；3. 中央循环管。

图 8-8 中央循环管式蒸发器

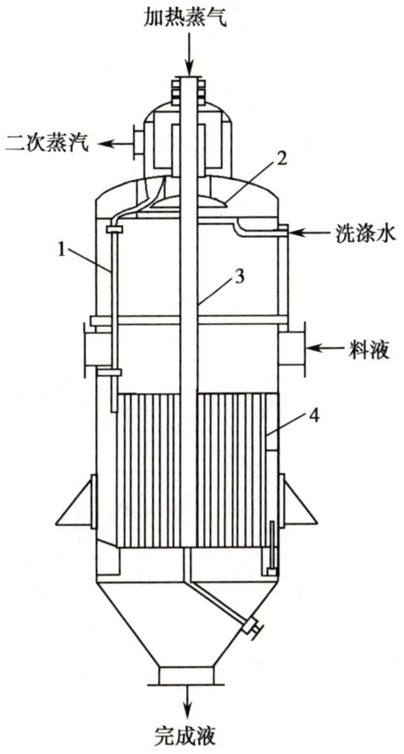

1. 液沫回流管；2. 除沫器；3. 加热蒸气管；4. 加热室。

图 8-9 悬筐式蒸发器

较高。此外，由于与壳壁接触的溶液温度较低，故蒸发器的热损失亦较小。由于悬筐式蒸发器的加热室可由蒸发器的顶部取出，故清洗、检修和更换均较方便，但同时该类蒸发器的结构较复杂，单位传热面的金属耗量较多，且加热管内的料液滞留量较大，此乃不足之处。悬筐式蒸发器常用于易结晶或结垢溶液的蒸发处理。

3. 外热式蒸发器 此种蒸发器的结构如图 8-10 所示，其特点是加热室与分离室相分离，使得设备的清洗和维修均较方便，同时也有效降低了设备的安装高度。外热式蒸发器的加热管通常细长，其管长与管径之比可达 50~100。操作时，由于循环管内的液体并未受热，其密度相对较高，故循环推动力较大，料液的循环速度较大，高达 1.5m/s，因此不易结垢，且传热系数较高，可达 1 200~3 500W/(m^2·℃)。外热式蒸发器的主要缺点为热损失较大。

4. 列文式蒸发器 为进一步提高料液在蒸发器内的自然循环速度，减少清洗和维修次数，可在普通蒸发器的加热室上方增设一段直管作为沸腾室，如图 8-11 所示，称为列文式蒸发器。操作时，由于加热管中的溶液要受到沸腾室中附加液柱的作用，故溶液的沸点升高，使得溶液不会在加热管中沸腾，而只有升至沸腾室后，才会因压强降低而开始沸腾。由于沸腾室内没有装设传热面，故有效减轻了加热管表面的结垢现象。此外，在列文式蒸发器中，由于循环管的截面积约为加热管总截面积的 2~3 倍，故溶液的流动阻力较小，循环速度较大，可达 2~3m/s，从而可保证较高的传热系数，传热效果较好。缺点是设备体积庞大，耗材较多，需建高大的厂房。另由于附加液柱的存在，导致总传热有效温度差相应较小，为此需适当提高加热蒸气的压力。

5. 强制循环型蒸发器 在上述所列的自然循环型蒸发器中，料液的循环流动均是由于沸腾液的密度差而产生热虹吸作用所引起，故循环速度相对较低，故一般不适于高黏度、易结垢及有大量结晶析出的溶液处理，此时宜采用强制循环型蒸发器。

强制循环型蒸发器是在外热式蒸发器的循环管路上另装设一台循环泵，进而使得溶液的流动具有一定方向性，可获得较自然循环型蒸发器更高的溶液循环速率，一般可达 1.5~3.5m/s。与自然循环

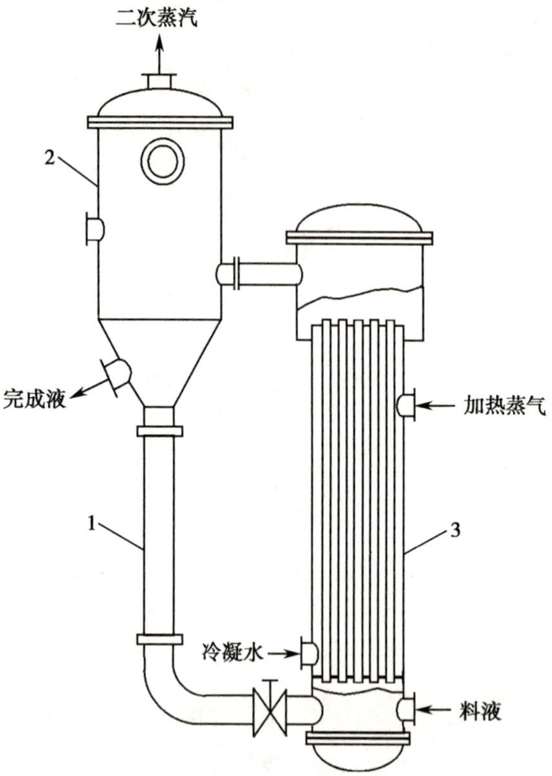

1. 循环管;2. 蒸发室;3. 加热室。

图 8-10 外热式蒸发器

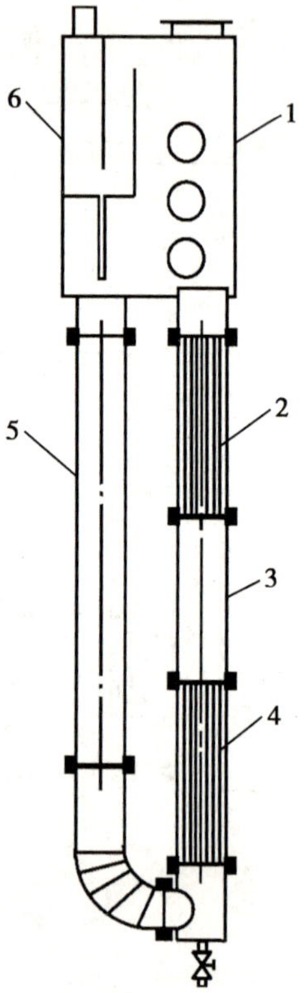

1. 蒸发室;2. 挡板;3. 沸腾室;
4. 加热室;5. 循环管;6. 除沫器。

图 8-11 列文式蒸发器

型蒸发器相比,强制循环型蒸发器的传热系数较大,传热效果较好,但动力消耗增大,宜用于高黏度、易结晶或结垢的料液蒸发。

(二)单程型蒸发器

循环型蒸发器的共同缺点是溶液在器内的滞留量较大,且在高温下的停留时间过长,故对热敏性溶液的处理十分不利,此时宜采用单程型蒸发器。

单程型蒸发器又称为非循环型蒸发器,其特点是溶液在蒸发器中仅流经加热室一次,即以完成液的形式排出。因此在设计单程型蒸发器过程中,应确保溶液通过蒸发器一次即可浓缩至预定浓度。由于液体在蒸发器加热管内呈膜状流动,故单程型蒸发器又称为液膜式蒸发器。此类蒸发器具有传热效率高、蒸发速度快、停留时间短、存液量少等优点,因此特别适用于热敏性料液的蒸发,如中药提取液的浓缩等。

对于单程型蒸发器,其操作关键是如何使得溶液在加热管的表面呈膜状流动,若不能顺利成膜,则传热速率显著降低,故蒸发器的设计和操作要求较高。

依据料液在蒸发器内的流向和成膜机制不同,单程型蒸发器又可分为下列几种型式。

1. 升膜式蒸发器 升膜式蒸发器的结构如图 8-12 所示,其加热室由垂直管束组成,管长为 3~10m,直径为 25~50mm,长径比为 100~150。操作时,预热至沸点附近的料液由蒸发器底部送入加热管。在加热管内,料液因继续受热而迅速沸腾汽化,生成的二次蒸汽在管内高速上升,并带动料液沿管内壁呈膜状向上流动,液膜在上升过程中被快速蒸发。在蒸发室内,二次蒸汽与完成液分离后由顶部排出,而完成液则由底部排出。此种蒸发器在操作过程中应确保加热管内形成有效的上升液膜,为此要求二次蒸汽在加热管中的流速不能过小。一般情况下,对于常压蒸发,二次蒸汽在加热管中的流速宜控制在 20~50m/s,而减压蒸发则宜控制在 100~160m/s 或更高。由于高浓度溶液中的水分含量较小,即在蒸发过程中难以形成上述要求的蒸气流速,故升膜式蒸发器难适于高浓度溶液的蒸发。此外,升膜式蒸发器一般也不适用于高黏度、有晶体析出或易结垢溶液的蒸发。

2. 降膜式蒸发器 降膜式蒸发器的结构如图 8-13 所示。工作时,料液由顶部加入,在重力作用下沿加热管内表面自上而下呈膜状流动,液膜在下降过程中被快速蒸发,形成的气液混合物由加热管底部进入蒸发室,经汽液分离后,完成液将由分离室底部排出,二次蒸汽则由顶部排出。与升膜式蒸发器不同,降膜式蒸发器的成膜关键在于液体流动的初始分布,为此需在每根加料管顶部安装性能良好的液体分布器,常用的液体分布器结构如图 8-14 所示。

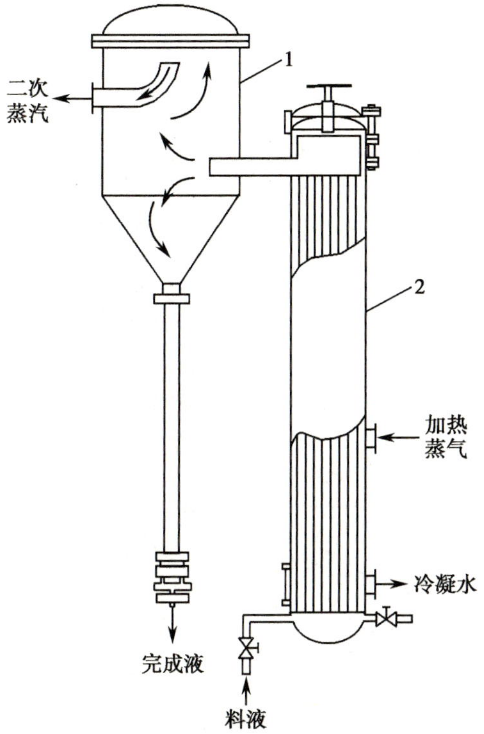

1. 蒸发室;2. 加热室。

图 8-12 升膜式蒸发器

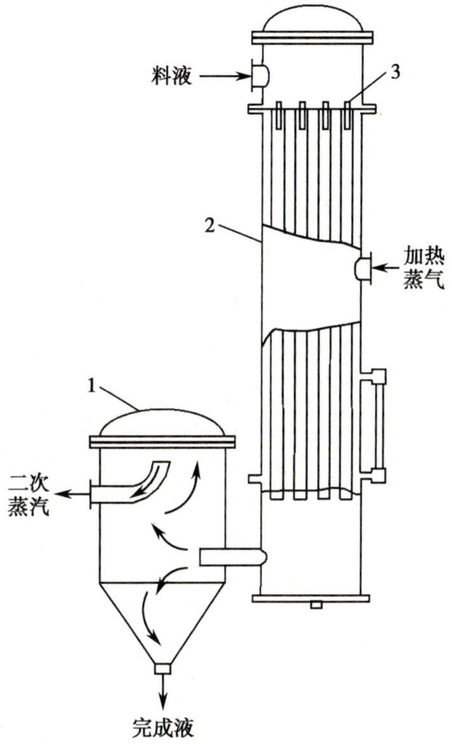

1. 蒸发室;2. 加热室;3. 液体分布器。

图 8-13 降膜式蒸发器

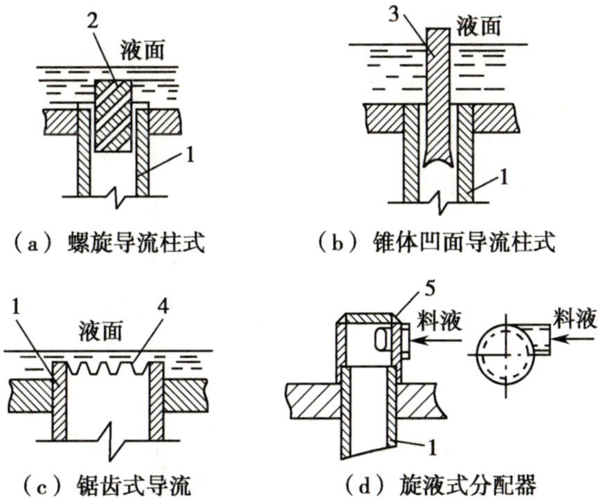

1. 加热管;2. 螺旋导流柱;3. 锥体凹面导流柱;4. 齿缝型分布器;5. 旋液分配头。

图 8-14 降模式蒸发器液体分布装置

在降膜式蒸发器内，二次蒸汽与料液以并流方式向下流动，两者流向一致，这对于液膜的维持十分有利，有助于推动较高黏度的液体向下流动，故降膜式蒸发器较适于浓度或黏度较高的料液的蒸发，但难适于易结晶、易结垢或黏度特大的料液处理。

3. 刮板式蒸发器 刮板式蒸发器是一种新型的利用外加动力成膜的单程型蒸发器，其原理是依靠旋转刮板将液体均匀地分布于加热壳体的内壁上。刮板式蒸发器主要由壳体、刮板和传动装置等部分组成，其中刮板又有固定式和转子式两种，前者与壳体内壁的间隙约为 0.5~1.5mm，后者的间隙常随转子的转速而变。图 8-15 示意了常见固定刮板式蒸发器的结构，其壳体外部设有夹套，夹套内可通入水蒸气加热。工作时，料液由蒸发器上部的进料口沿切线方向进入器内，在旋转刮板的作用下，料液于壳体内壁上形成旋转下降的液膜，从而使得溶液被快速蒸发和浓缩。浓缩后的完成液由底部排出，二次蒸汽则由顶部排出后进入冷凝器。

实验室常用小仪器——旋转蒸发仪

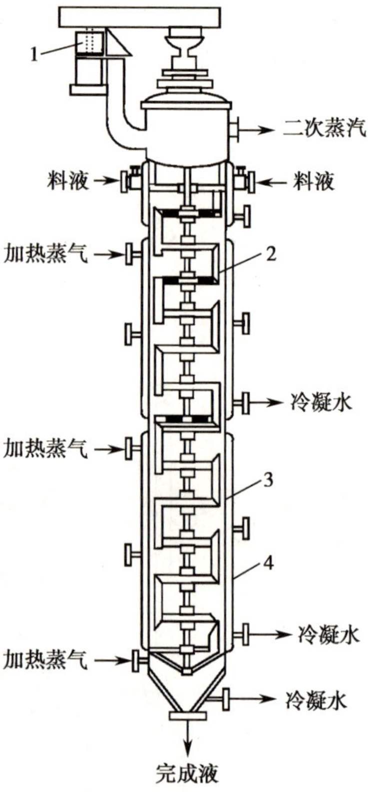

1. 电动机；2. 刮板；3. 壳体；4. 夹套。

图 8-15 刮板式蒸发器

刮板式蒸发器的突出优点是对料液具有较强的适应性，适于处理高黏度及易结晶或结垢的料液。缺点是结构复杂、制造及安装要求高、动力消耗大、处理量小。

（三）蒸发器的附属设备

蒸发器的附属设备主要有除沫器和冷凝器等。

1. 除沫器 在蒸发操作中，二次蒸汽与溶液主体在蒸发室中分离后，通常仍会夹带大量的液滴，为此需在蒸气出口附近设置除沫器，以收集二次蒸汽中所夹带的液滴，减少产品损失、避免冷凝液污染或管道堵塞。除沫器的结构型式虽有多种，但其原理大多相同，均是设法让二次蒸汽的流速和方向多次改变，使得液滴因运动惯性而撞击金属物或壁面，进而被捕集。图 8-16 示意了几种常见除沫器的结构，其中图 8-16(a)~图 8-16(e) 通常安装于蒸气出口的内侧，而图 8-16(f)~图 8-16(h) 安装于蒸气出口的外侧。

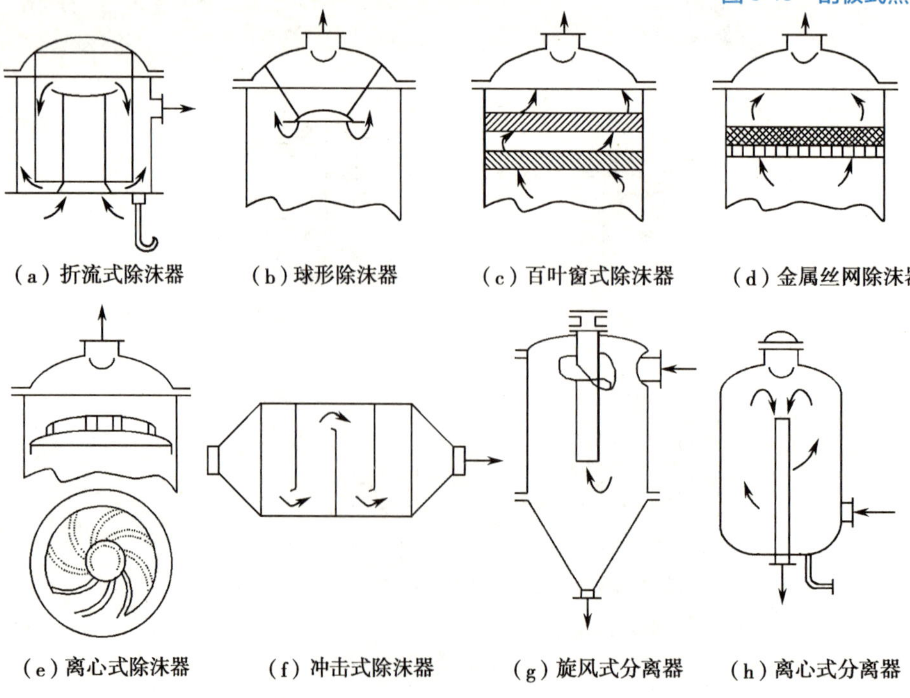

图 8-16 常见除沫器

2. 冷凝器 冷凝器是将蒸发器排出的二次蒸汽冷凝成水并排出的装置。在蒸发操作中，若二次蒸汽无需再利用，则可将其直接引入冷凝器中冷凝。冷凝器有间壁式和直接混合式两种类型。当二次蒸汽中不含需回收的有价值产品或有毒有害的污染物时，多数将采用直接混合式冷凝器。

图 8-17 示意了一种常见的直接混合式冷凝器，又称为干式逆流高位冷凝器，其内设有若干块带筛孔的淋水板。工作时，冷却水自上而下沿淋水板往下淋洒，与自下而上流动的二次蒸汽逆流接触，待蒸气冷凝成水后，一起沿气压管排出，而不凝性气体则由真空泵抽出。由于气液两相的排出路径不同，故称为干式冷凝器。为维持蒸发器所需的真空度，该种冷凝器通常均设置气压管，其高度一般大于 10m，故称为高位冷凝器。除干式逆流高位冷凝器外，生产中还有低位湿式冷凝器以及水力喷射式冷凝器等，但一般仅适于蒸发生产能力不大的蒸气冷凝场合。

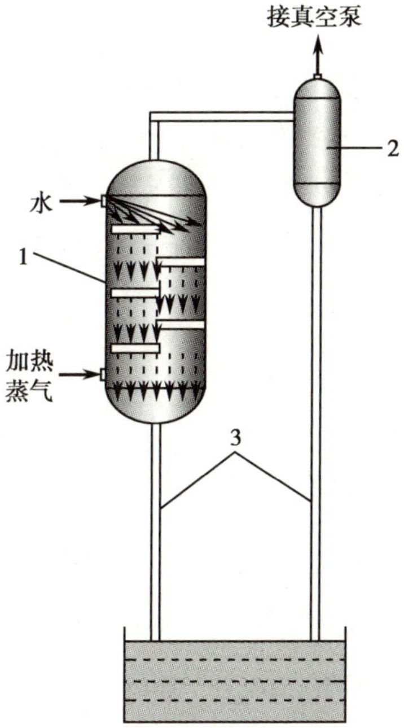

1. 干式逆流高位冷凝器；2. 气水分离器；3. 气压管。

图 8-17 干式逆流高位冷凝器

二、蒸发器的选型

蒸发器的型式很多，特点各异，选型时应遵守下列基本原则：①满足生产工艺要求，保证产品质量；②生产能力大；③结构简单，操作和维修方便；④加热蒸气消耗量小。

此外，物料的性质以及物料在增浓过程中的性质变化也是蒸发器选型应考虑的重要因素。

（1）物料的黏度：对于黏度较高及流动性较差的物料，应优先选用强制循环式、降膜式或刮板式蒸发器。

（2）物料的结晶或结垢性能：对有结晶析出或易生成污垢的物料，宜采用循环速度较高的蒸发器，如强制循环式蒸发器、列文式蒸发器等。对于结垢不严重的料液，可选用中央循环管式蒸发器、悬筐式蒸发器等，而不宜选用液膜式蒸发器。

（3）物料的热敏性：对于热敏性物料，应尽量缩短物料在蒸发器内的停留时间，并尽可能降低操作温度。此时可选用液膜式蒸发器，并采用真空蒸发，以降低料液的沸点。

（4）物料的处理量：物料处理量取决于蒸发器的生产能力，而蒸发器生产能力的大小又取决于传热速率。若要求的传热面积小于 $20m^2$，则宜采用单效膜式、刮板式等蒸发器；若要求的传热面积大于 $20m^2$，则宜采用多效膜式、强制循环式等蒸发器。

(5) 物料的腐蚀性：若被蒸发料液的腐蚀性较强，则选材时应考虑蒸发器尤其是加热管的耐腐蚀性能。此外还应考虑清洗的方便性，以确保药品生产过程中的卫生及安全性。

(6) 物料的发泡性：发泡性溶液在蒸发过程中会产生大量的泡沫以至充满整个分离室，使得二次蒸汽和溶液的流动阻力急剧增大，为此需选用管内流速较大、可对泡沫起抑制作用的蒸发器，如强制循环式或升膜式蒸发器等。此外，若中央循环管式蒸发器的汽液分离室较大，也可备用。

由于蒸发过程的能耗较大，因此节能也是蒸发器选型时应考虑的重要因素。从降低过程能耗的角度，宜选用热泵或多效蒸发的流程装置，提高操作经济性。

可见，不同类型的蒸发器对于不同溶液的适应性差别较大，表 8-2 综合比较了几种常见蒸发器的性能及对被处理料液的适应性，可供选型时参考。

表 8-2 常见蒸发器的性能及对被处理料液的适应性

蒸发器型式	加热管内溶液流速/(m/s)	传热系数	停留时间	完成液浓度控制	处理量	对溶液的适应性						造价
						稀溶液	高黏度	易起泡	易结垢	热敏性	有结晶析出	
标准式	0.1~0.5	一般	长	易	一般	适	难适	能适	尚适	不甚适	能适	最廉
悬筐式	~1.0	稍高	长	易	一般	适	难适	能适	尚适	不甚适	能适	廉
外热式	0.4~1.5	较高	较长	易	较大	适	尚适	尚适	尚适	不甚适	能适	廉
列文式	1.5~2.5	较高	较长	易	大	适	尚适	尚适	适	不甚适	能适	高
强制循环式	2.0~3.5	高	较长	易	大	适	适	适	适	不甚适	适	高
升膜式	0.4~1.0	高	短	难	大	适	难适	适	尚适	适	不适	廉
降膜式	0.4~1.0	高	短	较难	较大	能适	适	尚适	不适	适	不适	廉
旋转刮板式		高	短	较难	小	能适	适	尚适	适	适	能适	最高

目标测试

课 后 习 题

一、计算题

1. 在单效蒸发器中，将某种水溶液从 15%（质量分率，下同）浓缩至 25%。已知进料量为 1 000kg/h，进料温度为 75℃，溶液沸点为 87.5℃，蒸发操作的平均压强为 50kPa（绝压），加热蒸气的绝对压强为 200kPa，原料液的定压比热为 3.56kJ/(kg·℃)。若蒸发器的总传热系数为 1 500W/(m^2·℃)，热损失为总传热量的 5%，试计算：(1) 水分蒸发量；(2) 每小时的加热蒸气消耗量；(3) 蒸发器的传热面积。(400kg/h，461.2kg/h，20.7m^2)

2. 拟用一台单效蒸发器浓缩某水溶液。已知料液处理量为 1 000kg/h，初始浓度为 12%（质量分率，下同），要求完成液的浓度为 30%。已知料液的平均定压比热为 3.77kJ/(kg·℃)；蒸发操作的平均压强为 40kPa（绝压），相应的溶液沸点为 80℃；加热蒸气的绝对压强为 300kPa，蒸发器的热损失为

12 000W。若溶液的稀释热可忽略,试计算:(1) 水分蒸发量;(2) 原料液温度分别为 30℃和 80℃时的加热蒸气消耗量,并分别比较其经济性。(600kg/h,746.7kg/h,659.8kg/h)

二、简答题

1. 简述蒸发过程的特点。
2. 简述多效蒸发三种常用流程的特点。
3. 简述蒸发操作的节能措施。
4. 简述蒸发器选型时应考虑的因素。

第九章

结　　晶

0901

第九章
教学课件

学习要求

1. 掌握溶液溶解度与过饱和度。
2. 熟悉结晶过程的特点，结晶操作的性能指标、操作方式及控制方法。
3. 了解常见的工业结晶设备。

结晶是获取高纯固体物质的重要方法之一，它是指固体物质以晶体形态从蒸气、溶液或熔融混合物中分离析出的过程。在制药工业中，由于诸多的药物及其中间产品都是以晶体形态存在，故相应的结晶生产十分常见。

与其他的分离操作相比，结晶操作的主要优势在于：①过程选择性高，即能从杂质含量高的溶液或多组分熔融态混合物中直接分离获得高纯或超高纯的晶体制品；②与精馏过程相比，结晶过程的能耗较低，结晶热一般仅为前者能耗的 1/7~1/3；③结晶操作适于众多较难分离物系的提纯，如共沸物系、同分异构体物系和热敏性物系等；④操作温度通常较低，故对设备的材质要求也不高，一般亦很少有“三废”排放等。

结晶操作可分为溶液结晶、熔融结晶、升华结晶和沉淀结晶四大类，其中溶液结晶是制药工业中最为常见的结晶方法。本章针对溶液结晶操作，从结晶的基本概念入手，着重介绍结晶操作的控制以及典型的结晶设备。

第一节　基本概念

溶液结晶发生于固液两相之间，通过降温或浓缩的方法使溶液进入过饱和状态，从而析出固体溶质。因此，溶液结晶过程与溶质在液相中的溶解度及过饱和度均有着十分密切的联系。

一、溶解度

在一定温度下，溶质在 100g 溶剂中达到饱和状态时，溶解的溶质的质量称为该溶质在该溶剂中的溶解度。溶解度的大小可采用单位质量溶剂中所能溶解的无水溶质质量来表示，单位为 kg 溶质/kg 溶剂，简写为 kg/kg。

溶解度是一个相平衡参数。在同一温度下，不同溶质在同一溶剂中的溶解度差异较大；而当温度变化时，即使同一溶质在同一溶剂中的溶解度也并不相同。任何溶质与溶剂直接接触时，溶质分子既会由固相表面向液相的主体中扩散，发生溶质溶解，又会由液相主体向固相的表面不断析出并沉积。只有当溶解与析出的速率相等时，固液体系才会达到动态平衡，此时溶液的浓度达到饱和并维持恒定，其值为该温度下的饱和浓度。

0902

相律与自由度数

溶解度同时又是一个状态函数，其值随着温度的改变而变化。就固液相平衡体系而言，由相律可知，只需已知两个独立的参数即可确立体系的状态。压力通常作为一个独立参数，其值对于溶解度的影响一般可忽略；另一个独立参数既可以是温度，又可以是溶解度，两者只需确定其中的一个，另一个也将随之确定，两者之间存在着一一对应的函数关系，故可采用曲线的形式将两者关联起来，称为溶解度曲线。

溶解度曲线是指导相应结晶生产的重要依据，一般由实验直接测定，图 9-1 即为实验测得的几种溶质在水中的溶解度曲线。对于大部分固体物质，溶解度随着温度的升高而增大。对于氯化钠等少部分固体，随温度的升高其溶解度只有微小的增加。这些物质可称为具有正溶解度，当它们溶解在接近而尚未饱和的溶液中时要吸收热量（吸热溶解）。另有一类物质，如 $CaSO_4$、Na_2SO_4，其溶解度随温度的升高而降低，即具有逆溶解度。这些物质溶解在接近而尚未饱和的溶液中时要放出热量（放热溶解）。

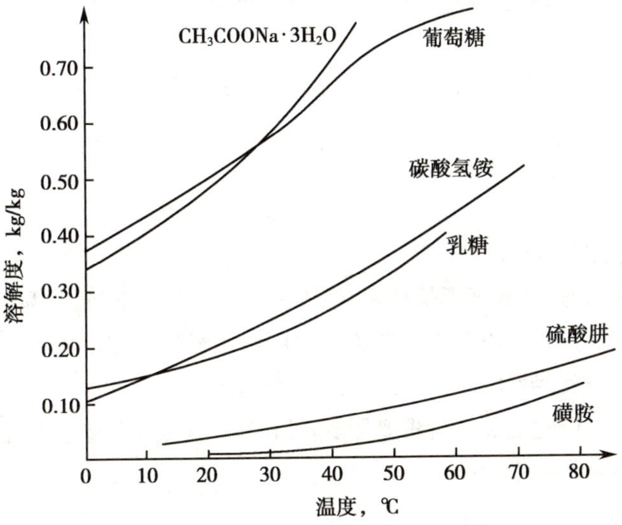

图 9-1　几种物质在水中的溶解度曲线

溶液的 pH 和离子强度等因素也会对溶质的溶解度产生一定影响。例如，在氨基酸和抗生素类产品的结晶分离中，就经常通过改变体系 pH 和离子强度的方法，对操作过程实施调控。

溶质的溶解度数据是结晶操作的重要基础数据。结合操作过程的具体控温区间，可计算得到晶体的大致产量。

例 9-1　已知 20℃ 和 100℃ 时 KNO_3 在水中的溶解度分别为 0.304kg/kg 和 2.470kg/kg。现将 1 000kg、100℃ 的 KNO_3 饱和水溶液，冷却降温至 20℃，试计算理论上可析出的晶体质量。

解：设 1 000kg、100℃ 的饱和水溶液中含 KNO_3 质量为 x_1，则

$$\frac{x_1}{1\,000-x_1}=2.470$$

故

$$x_1=\frac{1\,000\times2.470}{1+2.470}=711.8\text{kg}$$

设冷却至 20℃ 时，溶液中仍含有 x_2 的 KNO_3，则

$$\frac{x_2}{1\,000-x_1}=0.304$$

即

$$x_2=0.304\times(1\,000-x_1)=0.304\times(1\,000-711.8)=87.6\text{kg}$$

可见，理论上可析出的 KNO_3 晶体质量应为 711.8−87.6=624.2kg

二、过饱和度

在一定的温度 T_1 下，将溶质缓慢地加入溶剂，可得到最大浓度等于饱和浓度的饱和溶液。此后，

即使再添加溶质，溶液的浓度也不会增加。但是，若降低温度到 T_2，此时，溶液的浓度稍高于 T_2 下的饱和浓度，而溶液中并不会析出晶体。这表明了溶质仍完全溶解于溶剂中，从而出现了溶液浓度高于该温度下饱和浓度的现象，称为溶液的过饱和现象。

处于过饱和状态下的溶液，其溶解度与对应温度下的饱和溶解度之差，称为该溶液的过饱和度，即

$$\Delta C = C - C^* \qquad \text{式(9-1)}$$

式中，ΔC 为溶液的过饱和度，kg/kg；C 为溶液的超溶解度，kg/kg；C^* 为同温度下饱和溶液的溶解度，kg/kg。

除过饱和度外，也可采用相对过饱和度来表示溶液的过饱和程度，其值等于溶液的过饱和度与对应温度下的溶解度之比，即

$$S = \frac{\Delta C}{C^*} = \frac{C - C^*}{C^*} \qquad \text{式(9-2)}$$

式中，S 为相对过饱和度，无因次。

就过饱和溶液而言，若过饱和度不是很大，晶体一般并不会自动析出，只有当溶液的浓度超过一定限度后，溶质才会结晶析出，该浓度界限所连成的曲线习惯称为超溶解度曲线。如图 9-2 所示，虽然溶液的超溶解度曲线与其溶解度曲线大致平行，但两者有着本质的区别。通常，对于某一特定的物系，溶解度曲线是唯一的，但超溶解度曲线却是多变的，其位置可能受诸多外界因素的影响，如搅拌强度、蒸发或冷却速率，以及是否添加晶种等。

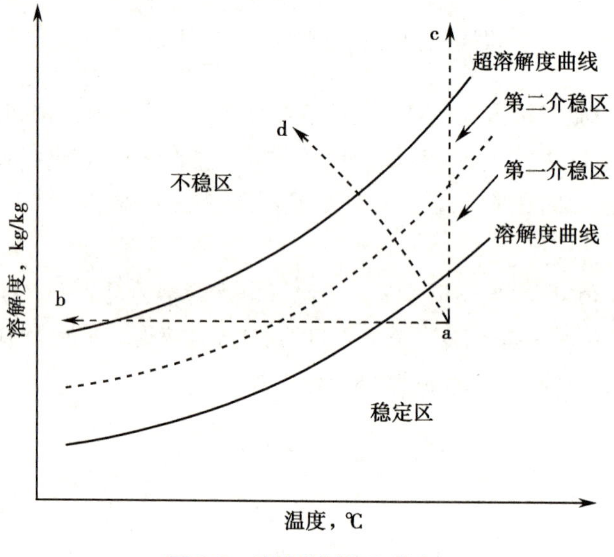

图 9-2　溶液的过饱和状态

由图 9-2 还可以看出，溶液的溶解度曲线与超溶解度曲线将整个浓度范围划分为了三个区域。在溶解度曲线的下方，溶液处于不饱和状态，不会发生结晶现象，故该区域称为稳定区；当溶液的浓度处于超溶解度曲线的上方时，溶液中将立即发生大规模的自发结晶现象，故该区域称为不稳定区；而介于溶解度曲线与超溶解度曲线之间的区域，习惯称为介稳区。在介稳区内，虽然溶液的浓度已大于溶解度，但由于过饱和度值不是很高，故溶液一般并不能轻易地形成结晶，需要外界因素的诱导。此外，在靠近溶解度曲线上方的介稳区中，通常还将存在一个极不易发生自发结晶的小区域，称为第一介稳区。在该小区域内，若向溶液中添加晶种，则溶质一般只会在晶种的表面生长，而并不会产生新的晶核。与此不同的是，在除去第一介稳区以外的介稳区域内，若向溶液中添加晶种，则此时溶质不仅会在晶种的表面生长，而且还将诱发产生新的晶核，只是新核的产生过程要稍滞后一段时间，该区

域习惯称为第二介稳区。可见，介稳区是影响结晶操作较为复杂的一个浓度区域，区域宽度的垂直距离代表最大过饱和度，其水平距离代表最大过冷却度。

溶液处于过饱和状态是结晶过程发生的重要前提。通常，为使得溶液进入过饱和状态，可采取降温冷却的方法，也可通过蒸发移除溶剂的方法，两者分别对应着图 9-2 中的 ab 线和 ac 线。对于溶解度及超溶解度两曲线曲率较大的物系结晶过程，由于溶质的溶解度随温度的变化较为敏感，故一般推荐采用降温冷却法；而对于溶解度及超溶解度两曲线曲率较小的物系结晶，则适宜采用蒸发浓缩法。此外，在实际生产中，也可将这两种方法结合起来一并使用，即采取绝热蒸发的操作方法，又称为真空结晶法，对应于图 9-2 中的 ad 线。采用真空结晶法，结晶器内维持较高的真空度，溶液闪急蒸发而绝热降温达到平衡温度，相当于同时起到降温和浓缩的效果。

第二节 结晶操作与控制

一、结晶操作的性能指标

工业生产中，不同的结晶操作有着不同的性能评价指标，如产品的粒度及其分布、颗粒的变异系数及超分子结构等。其中，晶体产品的纯度和结晶物产量是两个最为常见的生产考察指标。

晶体纯度的初步判定

1. 晶体产品的纯度 结晶操作一般均追求较高的产品纯度，通常纯度越高，产品的附加值越大。就工业结晶过程而言，影响晶体产品纯度的因素主要有母液、晶体粒度、晶簇、杂质等。

（1）母液：晶体从溶液中析出后，可采用沉降、过滤、离心分离等方法使其与溶液分离。结晶出来的晶体与溶液所构成的混合物称为晶浆，分离出晶体后剩余的溶液称为母液。母液中通常含有诸多的杂质，晶体中的母液若处理不净，易降低产品的纯度。故对于多数结晶操作，当操作结束后，除对晶浆进行离心分离外，一般还应运用少量的纯净溶剂对晶粒加以洗涤，以除去残留于空隙间的母液及杂质。

（2）晶体粒度：相比粒度小而参差不齐的晶粒，粒度大而均匀的晶粒之间的母液夹带量通常较少，且易于过滤和洗涤，故操作中应设法制得粒度大而均匀的晶体产品。

（3）晶簇：在结晶过程中，由于晶粒易凝聚于一起而形成晶簇，进而包藏母液和杂质。故为了减少晶簇的形成概率，操作时可适当对体系加以搅拌，以确保各处的操作温度尽可能一致。

（4）色素等杂质：为提高晶体的纯度，通常在结晶前需向体系中添加适量的活性炭，利用后者的吸附作用除去溶液中的色素等杂质。在此基础上，过滤除去活性炭，再次结晶一般可得高纯的晶体制品。

此外，在实际生产中，若一次结晶的产品纯度达不到指定要求，还可进行重结晶。

重结晶

2. 晶体的产量 晶体的产量取决于溶液的初始浓度和结晶后母液的浓度，而后者多由操作的终了温度所决定。

对于溶质溶解度随温度变化敏感的物系结晶，当操作温度降低时，通常溶质的溶解度将减小，母液浓度降低，产量可得以提高。但与此同时，当操作温度降低时，其他杂质的溶解度也将随之降低，即杂质的析出量相应增大，故易导致晶体纯度的下降。此外，较低的温度也将引起母液稠度的增加，从而影响晶核的活动，导致微细晶粒的大量涌现，易造成晶体粒度分布的不均。对于通过蒸发浓缩而析出溶质的结晶操作，同样需注意此类问题。因此，在实际生产中，不可一味地追求晶体产量，以免降低晶体的其他品质指标。

此外，为提高结晶操作的产量，通常还对结晶后的母液加以回收与再利用，即实现母液的循环套用，如对母液进行再次结晶，就可适当提高溶质的析出量。

二、结晶方式

同一种物质的晶体，采用不同的结晶方法生产，可以获得完全不同的晶形，并能影响晶体的其他品质。实际生产中，常用的结晶方式主要有三种，即自然结晶、搅拌结晶和外加晶种结晶。

1. 自然结晶 在没有搅拌和外加晶种的条件下，过饱和溶液自然生成晶体的方式称为自然结晶。自然结晶得到的晶体颗粒较大，表面积较小，且不容易潮解，一般适用于熔点低、有潮解性的晶体产品。例如，对于 $NiCl_2 \cdot 6H_2O$ 晶体，自然结晶可获得针状晶体，而搅拌结晶只能获得细粉末晶体。

2. 搅拌结晶 对于那些熔点较高、潮解性较低的产品，搅拌结晶可使晶体均匀、松散、不易潮解。若采用自然结晶，则可能产生晶体外观不整齐、硬度大、易结块的现象。例如，硫酸亚铁铵和硫酸高铁铵必须用搅拌结晶才能获得含量均匀的合格产品。此外，某些采用自然结晶的产品，也可通过改变结晶条件而采用搅拌结晶，以提高生产效率。

晶体的晶形

3. 外加晶种结晶 某些物料的溶液，特别是许多有机化合物溶液所形成的过饱和状态相当稳定，若不加晶种，则很长时间都不会产生结晶，或虽能产生结晶，但其晶体形状、含量等常达不到要求。例如，对于 $Na_2SiO_3 \cdot 5H_2O$ 晶体，有晶种的结晶为粗砂样白色松散晶体，而无晶种的结晶则为冰糖样的坚硬块状物。添加晶种时应注意选择合适的温度，温度高了会使添加的晶种溶解，而温度太低以至结晶体系已经自发产生晶种时，再添加晶种则作用不大。

三、结晶操作方式

1. 结晶操作方式 根据生产要求和特点的不同，结晶操作大致有连续、半连续和间歇式三种操作方式。

连续结晶操作的优点主要在于产量大、成本低、劳动强度低、母液的再利用率高等，缺点主要为换热面及与自由液面相接触的容器壁面处易结垢，且晶体产品的平均粒度小、操作的波动性大、控制要求高等。目前，连续结晶操作主要用于产量大、附加值相对较低的产品处理。

与连续结晶操作相比，间歇结晶操作的生产成本相对较高、生产重复性较差，但通常不需要苛刻的稳定操作周期，也不会产生类似于前者所固有的晶体粒度分布的周期性振荡问题。此外，间歇结晶也便于设备的批间清洗，可有效防止产品的批间污染，故尤为适合于制药行业的生产，符合 GMP 要求。近年来，随着小批量、高纯度、高附加值的精细药物中间体及高新技术产品的不断涌现，间歇结晶在制药、化工、材料等生产领域中的应用日益广泛。

除连续结晶和间歇结晶外，生产中也可采用半连续的结晶操作方式。半连续结晶实为连续结晶和间歇结晶的组合，同时具有两者的某些优点，故在工业中的应用也十分广泛。

2. 操作方式的选用 有关结晶操作方式的选用，需考虑的因素很多，如体系的特性、过饱和度、料液的处理量、产品的质量与产量等。其中，料液的处理量是最为重要的选择依据。一般情况下，对于料液的处理量较小的结晶过程，宜选用间歇操作方式；而当处理量较大时，则宜选用连续操作方式。此外，对于某些指定粒度分布或纯度要求甚高的结晶过程，则只能选用间歇操作方式。

四、结晶操作控制

1. 连续结晶的控制 由于粒度分布不均的晶体易结块或形成晶簇，其内包藏的母液不易清除，进而影响纯度，故晶体产品应具有适宜的粒度及较窄的粒度分布。为此，对于连续结晶的操作过程，一般需采取“过饱和度控制”和“细晶消除”等措施，以改善晶体的小粒度和宽分布等缺陷。过饱和度是结晶过程中应加以严格控制的一个重要参数，其值一般宜维持在介稳区范围内。除超细粒子制造等少数领域外，对于大多数工业结晶过程，为提高晶体产品的粒度及其分布指标，通常宜采取抑制初次成核、维持适量二次成核和促进晶体生长的操作策略。

由于连续结晶的操作稳定性较差，操作参数的波动十分频繁，故即便采取了过饱和度控制方案，体系的成核速率通常也不能得到有效控制，从而易造成体系中的细小晶粒数目过多，不利于晶体平均粒度的增大和粒度分布的均匀。因此，在实际的结晶生产中，常于结晶装置的内部设置澄清区，以便当晶浆缓慢地向上涌动时，粒度较大的晶体可沉降至容器的主体继续生长，而粒度较小的细晶将随着晶浆一起由澄清区的上部溢流而出，并进入消除装置重新溶解后，再循环至容器主体，以此减少体系中的细晶数目。其中，沉降和溢流的晶体粒度的界限习惯上称为细晶切割粒度，其值可根据实际情况加以调控。

结晶成核与生长

2. 间歇结晶的控制 间歇结晶虽可获得粒度相对均匀的高纯晶体产品，但实际操作时，通常也需对结晶的成核速率加以严格控制，生产中可通过添加晶种的办法实现。当溶液刚进入介稳区时，就立即添加适量的晶种，则不仅可消除爆发式的初级成核，同时体系的二次成核也可得到有效抑制，一般可获得粒度相对较大且分布均匀的晶体产品。

除添加晶种外，工业上还可通过再结晶的方法获取得到粒度大而均匀的晶体产品。该法是将粒度不一的晶体置于过饱和度相对较低的溶液中，此时粒度较小的晶体将被重新溶解，而粒度较大的晶体还可继续成长，故可得品质优异的晶体产品。晶体的再结晶过程又称为晶体的“熟化”过程，其在工业生产中的应用也相当普遍。

结晶水

第三节 结 晶 设 备

工业生产中，结晶设备的型式多种多样。依据操作方式的不同，结晶设备可分为连续式、半连续式和间歇式；依据流动方式的不同，可分为母液循环型和晶浆循环型；依据操作能否进行粒度分级，可分为粒析作用式和无粒析作用式；依据过饱和度产生方法的不同，又可分为冷却式、蒸发式和真空式。

一、冷却式结晶器

冷却式结晶器是通过降温而使得溶质的溶解度减小，进而析出晶体的结晶设备。工业上，最简单的冷却式结晶器仅为一敞口结晶槽，称为空气冷却式结晶器。操作时，溶液通过液面或器壁向空气中散热，降低自身温度，从而析出晶体。该类结晶器的主要优点为制品的质量好、粒度大，特别适于含多结晶水的物质的结晶处理；主要缺点为传热速率小，且因间歇操作，生产能力低。

目前，生产中应用最广泛的冷却式结晶器为釜式结晶器，又称结晶罐。按溶液循环方式的不同，该类结晶器又分为内循环式和外循环式两类，它们均采取间接换热方式。图 9-3 所示为常见的内循环式釜式结晶器，它是在空气冷却式结晶器的基础上，于釜的外部加装了传热夹套，以加速溶液的冷却。由于受传热面积的制约，内循环式结晶器的传热量一般较小，故为了提高其传热速率和传热量，可改用图 9-4 所示的外循环式釜式结晶器。与前者相比，后者为一种强制循环式结晶器，设有循环泵，故料液的循环速率较大，传热效果更好。此外，由于外循环式结晶器采用了外部换热器实施降温，因而传热面积也易于调节。

除空气冷却式结晶器和釜式结晶器外，工业上还有众多其他类型的冷却式结晶器，其中连续式搅拌结晶槽即为常见的一种，结构如图 9-5 所示。该结晶槽的外形为一长槽，槽底呈半圆形，槽内装有长螺距的螺带式搅拌器，槽外设有夹套。操作时，料液由槽的一端加入，在搅拌器的推动下流向另一端，形成的晶浆由出料口排出，其间冷却剂在夹套内与料液呈逆流流动。该结晶槽内的搅拌器除起到排料作用外，还可提高槽内传热与传质的均匀性，从而促进晶体的均匀生长，减少晶簇的形成和结块等

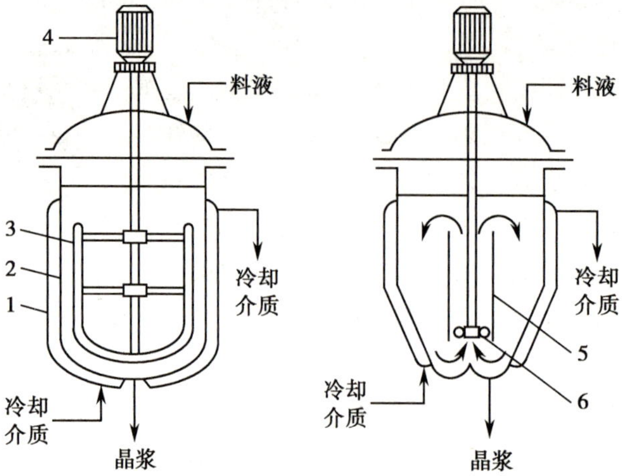

（a）无导流筒 （b）有导流筒

1. 夹套；2. 釜体；3. 框式搅拌器；4. 电动机；5. 导流筒；6. 推进式搅拌器。

图 9-3 内循环式釜式结晶器

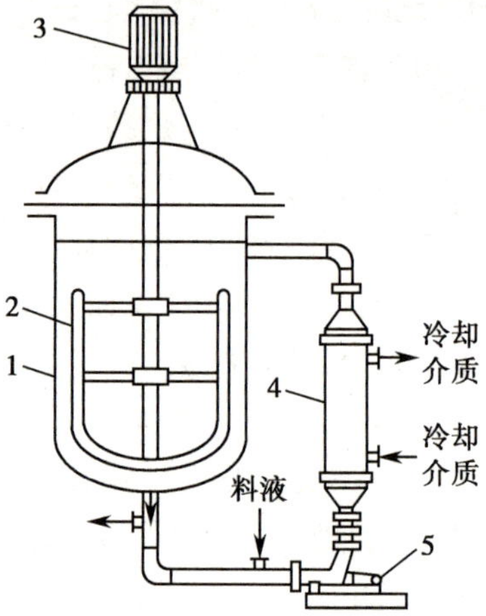

1. 釜体；2. 搅拌器；3. 电动机；4. 换热器；5. 循环泵。

图 9-4 外循环式釜式结晶器

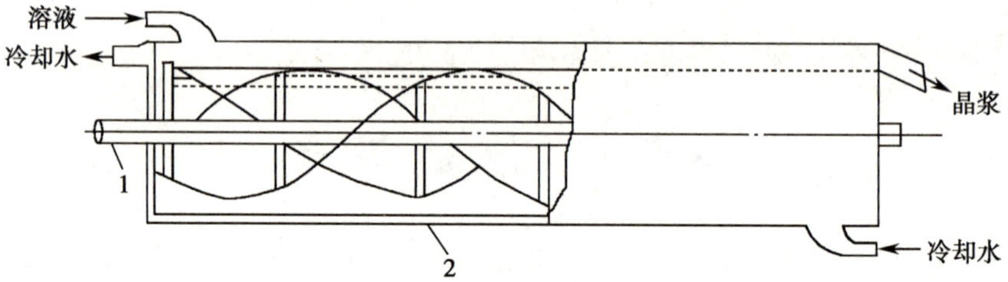

1. 搅拌器；2. 冷却夹套。

图 9-5 连续式搅拌结晶槽

现象。此外，为防止晶体在槽内堆积或结垢，可在搅拌器上安装钢丝刷，以便及时清除附着于传热表面的晶体。通常，连续式结晶槽的生产能力较大，故多用于处理量大的结晶操作，如葡萄糖的结晶等。

二、蒸发式结晶器

蒸发式结晶器是通过蒸发移除溶剂而使得溶液浓缩并析出晶体的结晶设备，又称为移除部分溶剂式结晶器。在设备的结构与操作上，该类结晶器与用于溶液浓缩的普通蒸发器基本相同。图 9-6 所示即为典型的蒸发式结晶器，称为奥斯陆式结晶器，它由结晶室、蒸发室和加热室三部分构成。操作时，原料液由进料口加入，经循环泵输送至加热室加热后，进入蒸发室，届时将有部分的溶剂被汽化蒸发，所形成的蒸气由顶部排出，而浓缩后的料液则经中央管下行至结晶室的底部，并转而向上流动，且析出晶体。由于结晶室呈锥形结构，即自下而上的横截面积逐渐增大，故当溶液与晶体在室内流动时，流速将逐渐减小。由沉降理论可知，粒度较大的晶体将富集于结晶室的底部，并与新鲜的过饱和溶液相接触，故粒度进一步增大。相反，粒度较小的晶体则处

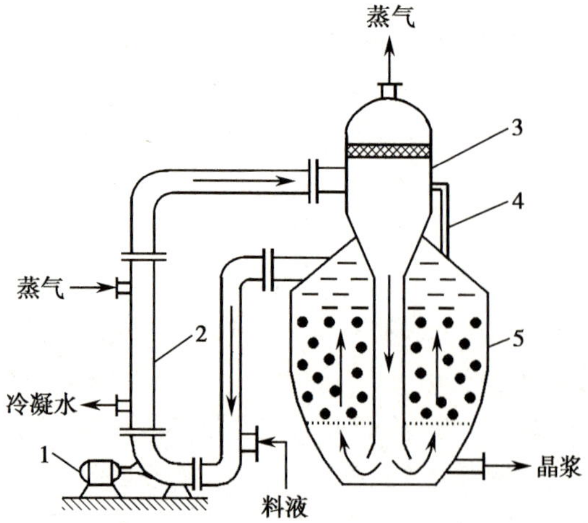

1. 循环泵；2. 加热室；3. 蒸发室；4. 通气管；5. 结晶室。

图 9-6 奥斯陆式结晶器

于结晶室的上部，只能与过饱和度较低的溶液接触，故粒度增长缓慢。可见，晶体的粒度在该类结晶器中被自动分级，故易于得到粒度大而均匀的晶体产品，此乃奥斯陆式结晶器的突出优点。虽然奥斯陆式结晶器的操作性能十分优异，但结构比较复杂，故投资与制造费用较高。

奥斯陆式结晶器属于母液循环式结晶器，通常当溶液到达结晶室的顶部时，其过饱和度已消耗完毕，不再含有颗粒状的晶体，故一般可作为澄清的母液参与管路循环。

三、真空式结晶器

真空结晶操作是将常压下未饱和的溶液，置入绝热、真空的结晶器中，经减压闪蒸过程使得部分溶剂汽化，从而使得溶液浓缩并冷却，得到晶体产品。真空结晶又称为蒸发冷却结晶，相应的工业设备习惯称为蒸发冷却真空式结晶器。

真空式结晶器虽是一种相对新型的结晶生产设备，但它与普通的蒸发式结晶器之间并没有严格的区分界限，只是操作温度更低和真空度更高而已。例如，将上述的奥斯陆式结晶器与真空系统相连，即成为真空式结晶器。

真空式结晶器既可进行间歇操作，又可进行连续操作。图 9-7 示意了一种间歇操作的真空式结晶器。其中，设备的真空状态由蒸气喷射泵或其他类型的真空泵产生并维持，操作时，料液因自身的闪蒸作用而剧烈沸腾，如同搅拌一样迫使自身均匀混合，从而为晶体的均匀生长提供良好条件。间歇真空式结晶器的结构简单，且由于器内进行的为绝热蒸发操作，即无需安装传热面，故不会引起传热面的结垢现象。

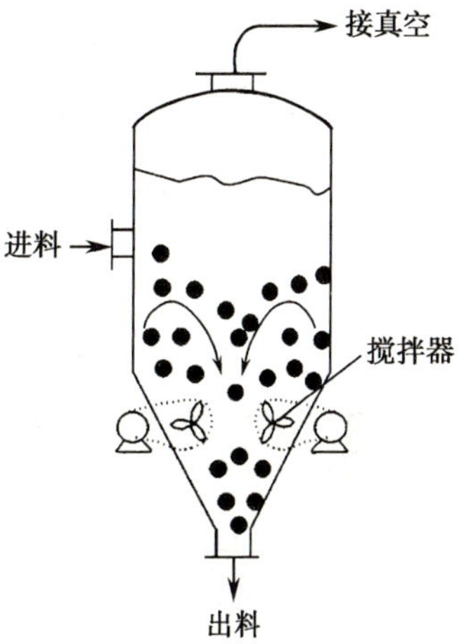

图 9-7 间歇真空式结晶器

图 9-8 示意了一种可连续操作的真空冷却式结晶器，其操作的高真空状态由双级蒸气喷射泵产生并维持。操作时，原料液经预热后，

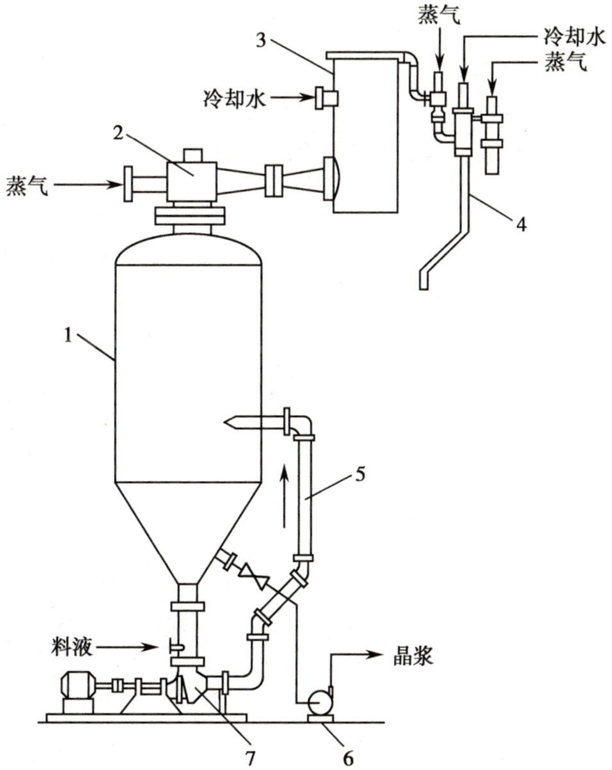

1. 结晶室；2. 蒸气喷射泵；3. 冷凝室；4. 双级蒸气喷射泵；5. 循环管；6. 出料泵；7. 循环泵。

图 9-8 连续真空式结晶器

等电点结晶

自底部的进料口被连续地送至结晶室，并在循环泵的外功作用下，进行强制循环流动，进而确保了溶液在结晶室内可充分、均匀地混合与结晶。其间，被汽化的溶剂将由室顶部的真空系统抽出，并送至高位冷凝器与水进行混合冷凝，与此同时，晶浆则由底部的出口泵连续排出。由于该类结晶器的操作温度一般较低，故产生的溶剂蒸气不易被冷却水直接冷凝，为此需在冷凝器的前方装设一个蒸气喷射泵，便于在冷凝前对蒸气进行压缩，以提高其冷凝温度。

目标测试

课后习题

一、计算题

1. 将 1 000kg 的 $NaNO_3$ 水溶液冷却至 40℃，以析出 $NaNO_3$ 晶体。已知结晶前每 100kg 的水中含有 120kg 的 $NaNO_3$，结晶过程中自蒸发的水分量约为 17kg，40℃时 $NaNO_3$ 在水中的溶解度为 1.04kg/kg，试计算晶体产品量和母液量。(90kg，893kg)

2. 将 2 400kg 的 Na_2CO_3 水溶液冷却至 20℃，以析出 $Na_2CO_3 \cdot 10H_2O$ 晶体。已知结晶前溶液中溶质的质量分率为 25%，结晶过程中自蒸发的水分质量约为原料液质量的 3%，20℃时 Na_2CO_3 在水溶液中的溶解度为 0.215kg/kg，试计算晶体产品量和母液量。(969kg，1 359kg)

二、简答题

1. 与传统的蒸馏等分离操作相比，结晶操作具有哪些优势？
2. 简述溶解度和过饱和度的概念。
3. 如何使溶液进入过饱和状态？
4. 简述结晶操作的主要性能指标以及结晶过程的控制方法。
5. 常见的结晶器有哪些？

第十章

蒸馏与吸收

学习要求：

1. 掌握相对挥发度的计算，精馏原理，精馏塔分离过程，双组分连续精馏塔的计算，回流比的影响与选择。
2. 熟悉间歇精馏，板式塔和填料塔的基本结构，液泛现象，水蒸气蒸馏的原理和特点。
3. 了解平衡蒸馏，简单蒸馏，恒沸精馏，萃取精馏，分子蒸馏，填料塔吸收过程，吸收的分类、工业应用以及吸收与解吸的概念。

第十章
教学课件

第一节　蒸　　馏

一、概述

蒸馏是利用液体混合物中各组分挥发能力的差异而进行分离的一种单元操作，是分离均相液体混合物最常用的单元操作，其目的是提纯和回收各种可用组分。如在中药生产中，常用蒸馏法回收提取液中的乙醇溶液，并将其重新用于中草药有效成分的提取。

（一）蒸馏过程的分离机理

如图 10-1 所示，均相液体混合物中含有易挥发组分 A，其初始浓度为 x_{A0}（摩尔分率，下同），若将液体混合物全部汽化，则汽化后的气相组成与汽化前的液相组成完全相同，即没有分离效果。但若将液体部分汽化，使其形成气液两相，则部分汽化后的气相组成 y_A 大于液相组成 x_A，而部分汽化后剩余液相的组成 x_A 小于汽化前的液相组成 x_{A0}。将部分汽化后的气相冷凝，所得液相中的易挥发组分 A 的浓度就比原溶液中的高，从而起到提纯组分 A 的效果。可见，蒸馏操作是利用均相液体混合物中各组分挥发能力的不同，将其部分汽化，使易挥发组分即轻组分（低沸点组分）在气相中增浓，难挥发组分即重组分（高沸点组分）在液相中得到浓缩，从而达到分离的目的，这就是蒸馏过程的分离机理。

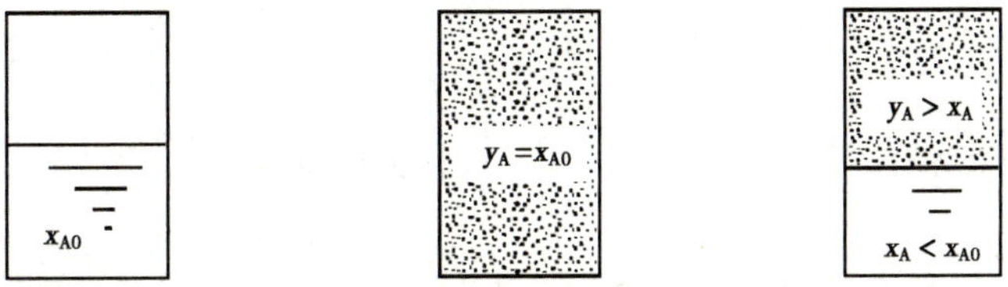

(a) 混合物（未汽化）　(b) 混合物（完全汽化）　(c) 混合物（部分汽化）

图 10-1　蒸馏过程的分离机理

（二）蒸馏过程的分类

蒸馏的种类很多，可按不同的方法进行分类：①根据操作过程是否连续，蒸馏过程可分为间歇蒸馏和连续蒸馏。间歇蒸馏操作灵活，适应能力强，但处理量较小，适用于小批量液体混合物的分离，在

蒸馏酒

制药工业中较为常用。连续蒸馏操作稳定，生产能力大，常用于大批量液体混合物的分离，在石油化工中较为常用。②根据操作压力的不同，蒸馏过程可分为常压、加压和减压蒸馏，其中以常压蒸馏最为常用。若组分常压下的沸点很高，容易分解，则可通过降低操作压力来降低其沸点以避免其分解，即采用减压蒸馏。减压蒸馏适用于高沸点以及热敏性和易氧化液体混合物的分离。若混合物的沸点很低，如常压下为气态的均相混合物（如空气），则可通过提高操作压力使其成为液态，再用蒸馏法分离，即采用加压蒸馏。③根据操作方式的不同，蒸馏过程可分为简单蒸馏、平衡蒸馏、精馏和特殊精馏。简单蒸馏和平衡蒸馏仅能实现初步分离，适用于易分离物系以及分离要求不高的场合。精馏能实现均相混合物的高纯度分离，适用于较难分离的物系以及分离要求较高的场合。特殊精馏的种类很多，如恒沸精馏、萃取精馏、反应精馏、水蒸气蒸馏和分子蒸馏等，常用于普通精馏不能分离的场合。④根据液体混合物中所含组分数的不同，蒸馏过程可分为双组分蒸馏和多组分蒸馏，其中双组分蒸馏是最简单、最基础的蒸馏操作，也是本章讨论的重点。

二、双组分溶液的气液平衡

气液平衡是指溶液在一定条件下与其上方的蒸气达到平衡时气相组成与液相组成之间的关系。气液两相达到平衡时，溶液中任一组分的汽化速率与气相中该组分返回液相中的速率相等，因此气液平衡是一种动态平衡，其组成保持不变。

（一）溶液的蒸气压及拉乌尔定律

1. 饱和蒸气压 如图 10-2(a)所示，密闭容器中盛有纯组分 A 的液体，若在一定温度下气液两相达到平衡，则单位时间内组分 A 由液相进入气相中的分子数等于由气相返回至液相中的分子数，此时液面上方的蒸气压强即为该温度下组分 A 的饱和蒸气压，以 p_A^o 表示。同理，图 10-2(b)中组分 B 的饱和蒸气压为 p_B^o。

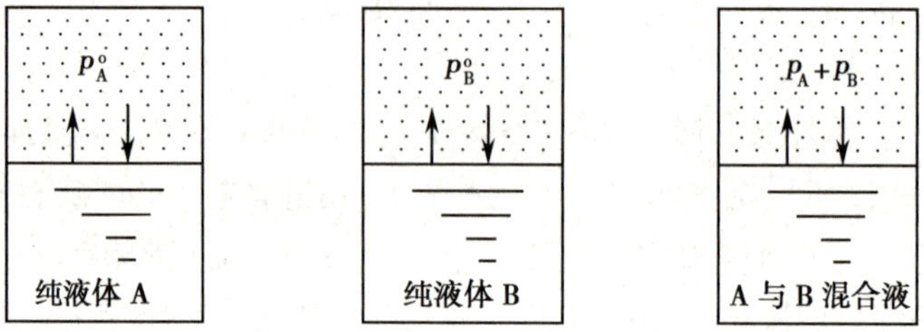

(a) (b) (c)

图 10-2 溶液的蒸气压

纯组分 A 的液体，其饱和蒸气压随温度的升高而增大。当缺乏数据时，可用安托因公式估算

$$\lg p^o = A - \frac{B}{t+C} \qquad \text{式(10-1)}$$

式中，p^o 为纯组分 A 的液体在 t℃时的饱和蒸气压，kPa；t 为温度，℃；A、B、C 为安托因常数，可由相关的手册查到。

物质的挥发性

如图 10-2(c)所示，将互溶组分 A 和 B 组成混合液，并置于密闭容器中，则组分 A 和 B 的分子将同时逸出液面并形成蒸气，同时气相中的 A、B 分子又会部分返回至液相中。当气液两相达到平衡时，液面上方组分 A 的分压 p_A 或组分 B 的分压 p_B 与其单独存在时的蒸气压不同。由于组分 B 的存在，使单位体积液相中的组分 A 的分子数减少，从而使组分 A 的汽化速率下降，即单位时间内进入气相中的 A 分子数减少，因此溶液上方组分 A 的分压要低于同温度下组分 A 的饱和蒸气压，即 $p_A<p_A^o$。同理，$p_B<p_B^o$。

2. 理想溶液与非理想溶液　根据溶液中组分 A 和 B 对蒸气压影响的不同，溶液可分为理想溶液和非理想溶液两大类。

设 F_{AA}、F_{AB}和 F_{BB}分别为 A-A 分子、A-B 分子和 B-B 分子间的吸引力，则当 $F_{AA}=F_{AB}=F_{BB}$时，由组分 A 与 B 混合而成的溶液既无热效应，又无体积效应，这种溶液称为理想溶液。如苯-甲苯、甲醇-乙醇以及烃类同系物所组成的溶液，均为常见的理想溶液。若 $F_{AA}\neq F_{BB}\neq F_{AB}$，则由组分 A 与 B 混合而成的溶液存在热效应和体积效应，这种溶液称为非理想溶液。如乙醇-水、硝酸-水所组成的溶液均为常见的非理想溶液。

非理想溶液的混合效应

3. 拉乌尔定律　理想溶液的气液平衡关系符合拉乌尔定律。对于双组分理想溶液，拉乌尔定律可表示为

$$p_A=p_A^{\circ}x_A=p_A^{\circ}x \qquad 式(10\text{-}2)$$

$$p_B=p_B^{\circ}x_B=p_B^{\circ}(1-x_A)=p_B^{\circ}(1-x) \qquad 式(10\text{-}3)$$

式中，p_A°、p_B° 分别为纯组分液体 A、B 的饱和蒸气压，Pa；x_A、x_B 分别为液相中组分 A、B 的摩尔分率，无因次；x 为双组分溶液中易挥发组分 A 的摩尔分率，无因次。

4. 道尔顿分压定律　理想溶液的蒸气为理想气体，符合道尔顿分压定律，即

$$p_A=Py_A=Py \qquad 式(10\text{-}4)$$

$$p_B=Py_B=P(1-y) \qquad 式(10\text{-}5)$$

$$P=p_A+p_B \qquad 式(10\text{-}6)$$

式中，P 为体系的总压，Pa；y 为双组分气相中易挥发组分 A 的摩尔分率，无因次；y_A、y_B 分别为气相中组分 A、B 的摩尔分率，无因次。

将式(10-2)和式(10-3)代入式(10-6)得

$$P=p_A^{\circ}x+p_B^{\circ}(1-x) \qquad 式(10\text{-}7)$$

则

$$x=\frac{P-p_B^{\circ}}{p_A^{\circ}-p_B^{\circ}} \qquad 式(10\text{-}8)$$

由式(10-2)和式(10-4)得

$$y=\frac{p_A}{P}=\frac{p_A^{\circ}x}{P} \qquad 式(10\text{-}9)$$

式(10-8)和式(10-9)即为双组分理想溶液的气液平衡关系式。对于双组分理想体系，当总压一定时，利用气液平衡关系式即可确定平衡时的气液相组成。

（二）温度组成图（t-y-x 图）

当总压一定时，气液两相的组成均随温度而变化。恒压下，双组分溶液在平衡时的气液相组成常用温度组成图（t-y-x）来表示。

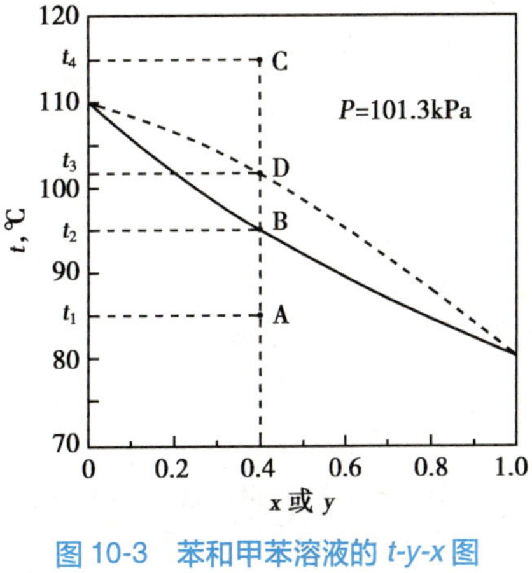

图 10-3　苯和甲苯溶液的 t-y-x 图

图 10-3 为常压（101.3kPa）下苯和甲苯溶液的温度组成图。图中位于上方的曲线为 t-y 线，它表示平衡时的气相组成 y 与温度 t 之间的关系；位于下方的曲线为 t-x 线，它表示平衡时的液相组成 x 与温度 t 之间的关系。由于 t-y 线上各点所对应的气相均为饱和蒸气，因此 t-y 线又称为饱和蒸气线。类似地，t-x 线上各点所对应的液体均为饱和液体，因此 t-x 线又称为饱和液体线。饱和蒸气线和饱和液体线将 t-y-x 图分成三个区域，其中饱和液体线以下的区域，其温度低于饱和液体温度，该区

域内的液体尚未沸腾，故称为液相区。饱和蒸气线以上的区域，其温度高于饱和蒸气温度，该区域内的蒸气处于过热状态，故称为过热蒸气区。而在两线之间，气液两相同时存在，故称为气液共存区。

如图 10-3 所示，液相区内 A 点所对应的液体为过冷液体，其温度为 t_1、组成为 x。若将过冷液体的温度由 t_1 升至高至饱和温度 t_2(B 点)，则液体开始沸腾，产生第一个气泡，对应的温度 t_2 称为溶液 B 的泡点，因饱和液体线表示液相组成与泡点的关系，故又称为泡点线。类似地，气相区内 C 点所对应的蒸气为过热蒸气，其温度为 t_4、组成为 y。若将过热蒸气的温度由 t_4 冷却至饱和温度(D 点)t_3，则气体开始冷凝，产生第一滴液体，对应的温度 t_3 称为蒸气 D 的露点，因饱和蒸气线表示气相组成与露点的关系，故又称为露点线。此外，由 B 点或 D 点可知，当气液两相达到平衡时，气液两相的温度相同，但气相组成大于液相组成。

（三）挥发度及相对挥发度

1. 挥发度　挥发度是用于表示物质挥发能力大小的物理量。纯液体的挥发度即为该液体在一定温度下的饱和蒸气压，即

$$\upsilon_A = p_A^{\circ} \qquad 式(10\text{-}10)$$

$$\upsilon_B = p_B^{\circ} \qquad 式(10\text{-}11)$$

式中，υ_A、υ_B分别为纯液体组分 A 和 B 的挥发度，Pa。

显然，溶液中各组分的挥发度均随温度而变化。

由于组分之间存在相互影响，因此溶液中各组分的蒸气要比纯态时的低。溶液中某组分的挥发度可用该组分在蒸气中的平衡分压和与之平衡的液相中的摩尔分率之比来表示，即

$$\upsilon_A = \frac{p_A}{x_A} \qquad 式(10\text{-}12)$$

$$\upsilon_B = \frac{p_B}{x_B} \qquad 式(10\text{-}13)$$

式中，υ_A、υ_B分别为溶液中组分 A 和 B 的挥发度，Pa。

2. 相对挥发度　溶液中易挥发组分与难挥发组分的挥发度之比，称为相对挥发度，以 α 表示，即

$$\alpha = \frac{\upsilon_A}{\upsilon_B} = \frac{\dfrac{p_A}{x_A}}{\dfrac{p_B}{x_B}} = \frac{\dfrac{Py_A}{x_A}}{\dfrac{Py_B}{x_B}} = \frac{y_A x_B}{y_B x_A} \qquad 式(10\text{-}14)$$

对于理想溶液，式(10-14)可简化为

$$\alpha = \frac{\upsilon_A}{\upsilon_B} = \frac{p_A^{\circ}}{p_B^{\circ}} \qquad 式(10\text{-}15)$$

式中，p_A°、p_B° 均是温度的单值函数，且随温度的变化方向一致，故其比值随温度变化不大，从而可在一定温度范围内将 α 视为常数。

式(10-14)亦可改写为

$$\frac{y_A}{y_B} = \alpha \frac{x_A}{x_B}, \quad 或 \frac{y_A}{1-y_A} = \alpha \frac{x_A}{1-x_A}$$

由上式解出 y_A，并略去下标得

$$y = \frac{\alpha x}{1+(\alpha-1)x} \qquad 式(10\text{-}16)$$

式(10-16)称为理想溶液的气液平衡方程或相平衡方程，它是相平衡关系的数学表达式。显然 α 的大小可以用来判断某混合溶液分离的难易程度。α 愈大，表示溶液愈容易分离；若 $\alpha=1$，则 $y=x$，说

明溶液不能用普通的蒸馏法分离。可见，对于双组分理想溶液，可用蒸馏法进行分离的条件是 $\alpha>1$，且 α 越大，分离过程就越容易进行。

（四）气液平衡图（y-x 图）

总压一定时，将气相组成 y 与平衡液相组成 x 之间的关系标绘于直角坐标系中，即得气液平衡图（y-x 图）。图 10-4 是常压（101.3kPa）下苯和甲苯溶液的气液平衡图，图中弧线为相平衡线即气液平衡线，斜线为辅助对角线。

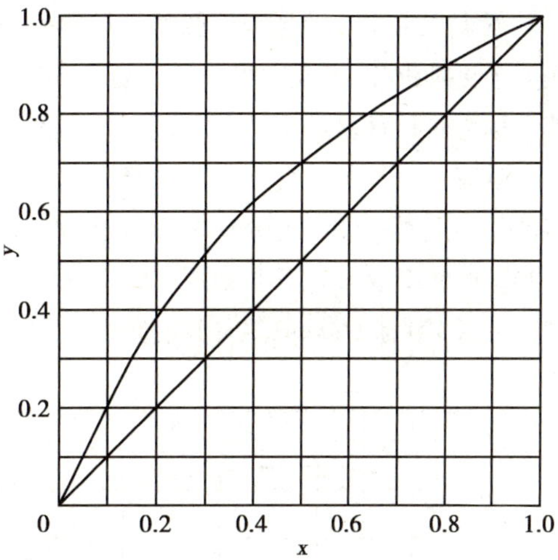

图 10-4　苯和甲苯溶液 y-x 图

气液平衡线上的任一点均表示平衡时的气液相组成，但不同点的温度是不同的。

利用气液平衡图可判断物系能否用精馏方法加以分离，以及分离的难易程度。对于理想体系，两相达到平衡时，y 总是大于 x，故平衡线位于对角线上方，平衡线偏离对角线越远，y 比 x 大得越多，溶液就越容易分离。若平衡线与对角线相交或相切，则在交点或切点处溶液达到平衡时的组成完全相同，表明该溶液不能用普通精馏法来同时获得两个较纯净的组分。

（五）双组分非理想溶液

根据蒸气压偏离拉乌尔定律的方向，双组分非理想溶液大致可分为正偏差溶液和负偏差溶液两大类。

1. 正偏差溶液　此类溶液的特点是异种分子间的吸引力小于同种分子间的吸引力，因而混合后溶液分子更容易汽化，溶液中组分的平衡分压高于拉乌尔定律的计算值，即 $p_A>p_A^o x_A$、$p_B>p_B^o x_B$，所以此类溶液又称为对拉乌尔定律具有正偏差的溶液，如甲醇-水、乙醇-水、正丙醇-水、苯-乙醇等均为正偏差溶液。

对具有正偏差的双组分非理想溶液，在某一组成下组分的蒸气压之和可能出现最大值，且该组成下溶液的沸点低于任一组分的沸点，此时溶液出现最低恒沸点，对应的液体称为恒沸液，其组成称为恒沸组成。如乙醇-水溶液的恒沸点为 78.15℃，恒沸组成为 0.894，如图 10-5 所示。由于乙醇-水溶液的恒沸点较纯乙醇的沸点（78.3℃）及水的沸点（100℃）都要低，故这种具有正偏差的非理想溶液又称为具有最低恒沸点的恒沸液。

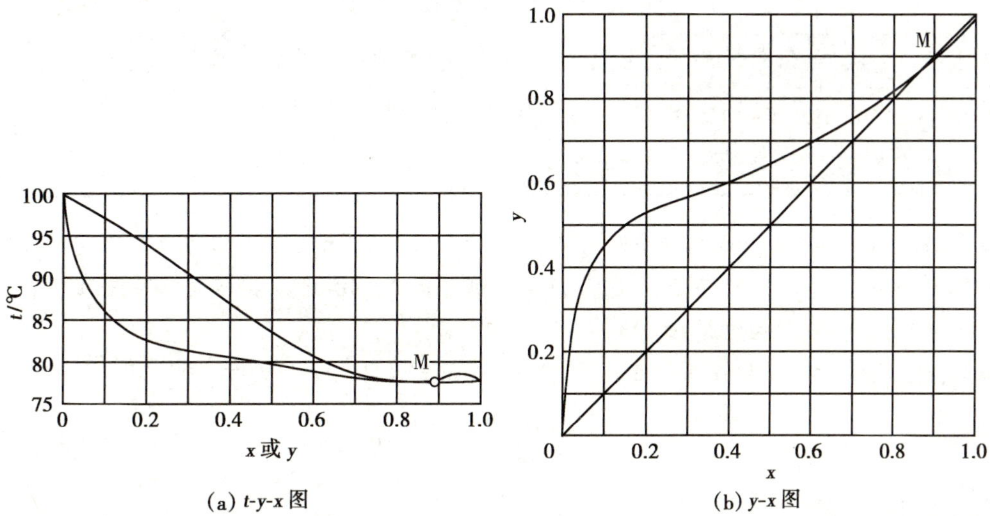

图 10-5　常压下乙醇-水溶液的相平衡图

2. 负偏差溶液 此类溶液的特点是异种分子间的吸引力大于同种分子间的吸引力，因而混合后溶液分子更难汽化，溶液中组分的平衡分压低于拉乌尔定律的计算值，即 $p_A<p_A^o x_A$、$p_B<p_B^o x_B$，所以此类溶液又称为对拉乌尔定律具有负偏差的溶液，如硝酸-水、三氯甲烷-丙酮等均为负偏差溶液。

对具有负偏差的双组分非理想溶液，在某一组成下组分的蒸气压之和可能出现最小值，且该组成下溶液的沸点高于任一组分的沸点，此时溶液出现最高恒沸点。如常压下硝酸-水溶液的恒沸点为 121.9℃，恒沸组成为 0.383，如图 10-6 所示。由于硝酸-水溶液的恒沸点较纯硝酸的沸点（86℃）及水的沸点（100℃）都要高，故这种具有负偏差的非理想溶液又称为具有最高恒沸点的恒沸液。

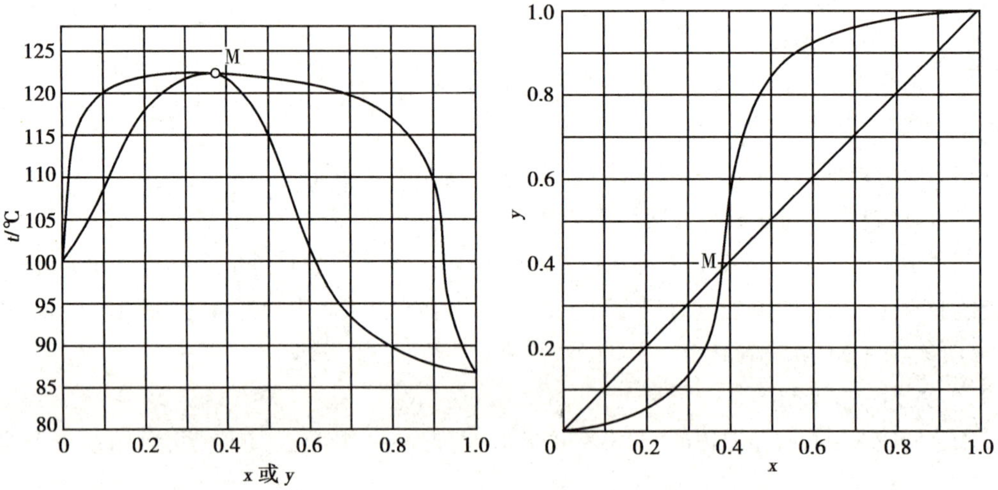

（a）t-y-x 图 （b）y-x 图

图 10-6 常压下硝酸-水溶液的相平衡图

在恒沸点处，气液两相的组成完全相同，因而对于具有恒沸点的溶液，用常规蒸馏法不能同时得到两个几乎纯的组分。若溶液组成小于恒沸组成，则可得到较纯的难挥发组分及恒沸液；若溶液组成大于恒沸组成，则可得到较纯的易挥发组分及恒沸液。

如何获得气液平衡关系

例 10-1 苯（A）与甲苯（B）混合液可视为理想溶液。已知总压为 101.325kPa 时苯（A）与甲苯（B）的饱和蒸气压与温度的关系数据如表 10-1 所示，试分别用拉乌尔定律和相对挥发度计算苯与甲苯混合液的气液平衡数据，并绘出温度组成图和气液平衡图。

表 10-1 不同温度下苯（A）与甲苯（B）的饱和蒸气压

温度/℃	80.1	85	90	95	100	105	110.6
p_A^o/kPa	101.325	116.9	135.5	155.7	179.2	204.2	240.0
p_B^o/kPa	40.0	46.0	54.0	63.3	74.3	86.0	101.325

解：(1) 用拉乌尔定律计算气液平衡数据：对于特定的温度，由表 10-1 可查得该温度下苯与甲苯的饱和蒸气压 p_A^o 与 p_B^o，又总压 $P=101.325$kPa，则可由式（10-8）求得苯的液相组成 x，再利用式（10-9）即可求得平衡气相组成 y。

例如，当 $t=90$℃ 时，由表 10-1 查得 $p_A^o=135.5$kPa，$p_B^o=54.0$ kPa，代入式（10-8）得

$$x=\frac{P-p_B^o}{p_A^o-p_B^o}=\frac{101.325-54.0}{135.5-54.0}=0.581$$

代入式（10-9）得

$$y=\frac{p_A^o x}{P}=\frac{135.5\times0.581}{101.325}=0.777$$

类似地，可求得其他温度下苯与甲苯的平衡组成，结果一并列于表 10-2 中。

表 10-2　不同温度下苯（A）的气液相组成

温度/℃	80.1	85	90	95	100	105	110.6
x	1.000	0.780	0.581	0.412	0.258	0.130	0
y	1.000	0.900	0.777	0.633	0.456	0.261	0

由表 10-2 中的数据，即可绘出苯与甲苯溶液的温度组成图，结果如图 10-3 所示。

（2）利用相对挥发度计算气液平衡数据：依题意可知，苯与甲苯混合液可视为理想溶液，故其相对挥发度可用式（10-15）计算。

例如，当 $t=90℃$ 时，由表 10-1 查得 $p_A^o=135.5\text{kPa}$，$p_B^o=54.0\text{kPa}$，代入式（10-15）得

$$\alpha=\frac{p_A^o}{p_B^o}=\frac{135.5}{54.0}=2.51$$

类似地，可求得其他温度下的相对挥发度，结果一并列于表 10-3 中。

表 10-3　不同温度下苯（A）的相对挥发度

温度/℃	80.1	85	90	95	100	105	110.6
α		2.54	2.51	2.46	2.41	2.37	
x	1.000	0.780	0.581	0.412	0.258	0.130	0
y	1.000	0.900	0.777	0.633	0.456	0.261	0

利用相对挥发度计算气液平衡组成时，常取所涉及温度范围内的平均相对挥发度。如在本例中，可取表 10-3 中相对挥发度的算术平均值（由于两端温度分别对应 y-x 曲线上的两个端点，均为纯组分，故计算时不包括两端温度下的 α），即

$$\alpha_m=\frac{2.54+2.51+2.46+2.41+2.37}{5}=2.46$$

代入式（10-16）得

$$y=\frac{\alpha x}{1+(\alpha-1)x}=\frac{2.46x}{1+1.46x}$$

按表 10-2 中的各 x，由上式即可求得平衡气相组成 y，所得结果一并列于表 10-3 中。由表 10-2 和表 10-3 可知，两种计算方法所得结果基本上是一致的，但利用平均相对挥发度计算气液平衡数据较为简便。

由表 10-3 中的数据，即可绘出苯与甲苯溶液的气液平衡图，结果如图 10-4 所示。

三、蒸馏与精馏原理

（一）平衡蒸馏与简单蒸馏

1. 平衡蒸馏　平衡蒸馏又称为闪蒸，其流程如图 10-7 所示。操作时，原料液连续进入预热器，在预热器中被加热至一定温度后，经节流阀减压至预定压强。由于压强突然降低，液体沸点亦随之下降，此时液体呈过热状态，并发生自蒸发，高于沸点的显热随即转化为潜热，从而使液体部分汽化，形成的气液两相在分离器中分离，气相为顶部产物，其中易挥发组分的含量较高；液相为底部产物，其中

难挥发组分的含量较高。

平衡蒸馏是一种连续稳态蒸馏过程，其生产能力较大。但平衡蒸馏是一种单级分离过程，不能得到高纯组分，因而仅适用于处理量较大且只需粗略分离的场合，例如原油的初步分离。

2. 简单蒸馏 简单蒸馏又称为微分蒸馏，其流程如图 10-8 所示。操作时，将原料液加入蒸馏釜，在恒压下加热至沸腾，使液体不断汽化，产生的蒸气经冷凝后作为塔顶产品。随着蒸馏过程的进行，釜内液体中易挥发组分的浓度不断下降，而与之平衡的蒸气中的易挥发组分的浓度亦随之降低。因此，塔顶产品常按不同的组成范围分别收集，其最高浓度相当于初始原料液在泡点下的平衡组成，但仅有一点。经过一段时间的蒸馏后，釜内残液的浓度下降至规定值，即可将残液一次排出。显然，简单蒸馏是一个非稳态的间歇操作过程。

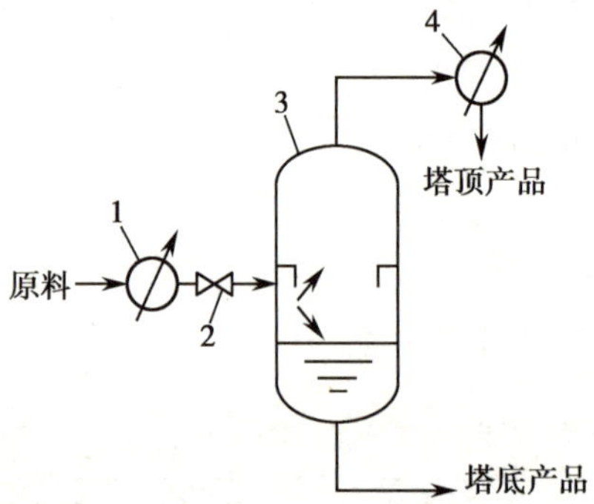

1. 加热器；2. 减压阀；3. 分离器；4. 冷凝器。

图 10-7 平衡蒸馏的工艺流程

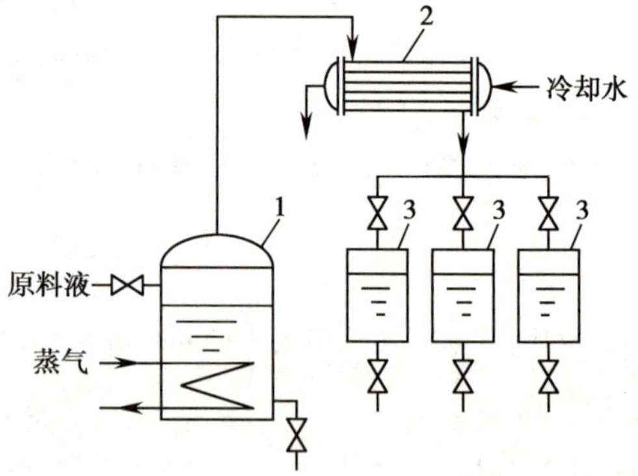

1. 蒸馏釜；2. 冷凝器；3. 接收罐。

图 10-8 简单蒸馏的工艺流程

在简单蒸馏过程中，液体混合物仅进行一次部分汽化，因此也属于单级分离过程。由于不能实现组分之间的完全分离，因而仅适用于沸点相差较大的易分离物系以及分离要求不高的场合，如用于多组分混合液的初步分离等，例如小批量原油的初步分离。

简单蒸馏和平衡蒸馏的共同特点为都只进行了一次部分汽化和一次部分冷凝，故只能初步分离液体混合物。因此要实现液体混合物高纯度的分离必须采用精馏。

（二）精馏原理

精馏是利用均相液体混合物中各组分挥发度的不同，通过气液两相的多次部分汽化和多次部分冷凝以实现混合物中各组分高纯度分离的多级蒸馏操作过程。工业生产中用精馏塔并采用回流这种工程手段来完成这一分离过程。

1. 多次部分汽化与多次部分冷凝 在平衡蒸馏和简单蒸馏过程中，混合液仅进行一次部分汽化和一次部分冷凝，因而仅能使轻、重组分实现有限程度的分离，一般不能获得高纯度产品。在制药生产中，常需得到高纯度产品，此时可采用多次部分汽化和多次部分冷凝的方式来实现轻、重组分之间的高纯度分离。如图 10-9 所示，组成为 x_F 的原料液在第 1 级蒸馏釜中部分汽化，所得气、液相的组成分别为 y_1 和 x_1，且 $y_1>x_F>x_1$。再将组成为 y_1 的气相冷凝成液体后送入第 2 级蒸馏釜中部分汽化，所得气、液相的组成分别为 y_2 和 x_2，且 $y_2>y_1>x_2$。依此类推，将每一级产生的气相冷凝成液体后再部分汽化，所得气相中易挥发组分的含量将逐渐提高，最终可获得近乎纯态的易挥发组分。同理，将组成为 x_1 的液相继续部分汽化，所得残液中难挥发组分的含量将逐步提高，最终可获得近乎纯态的难挥发组分。可见，同时多次地进行部分汽化和部分冷凝是使混合液实现较完全分离的必要条件。多次部分汽化与多次部分冷凝过程中的气液相组成变化情况如图 10-10 所示。

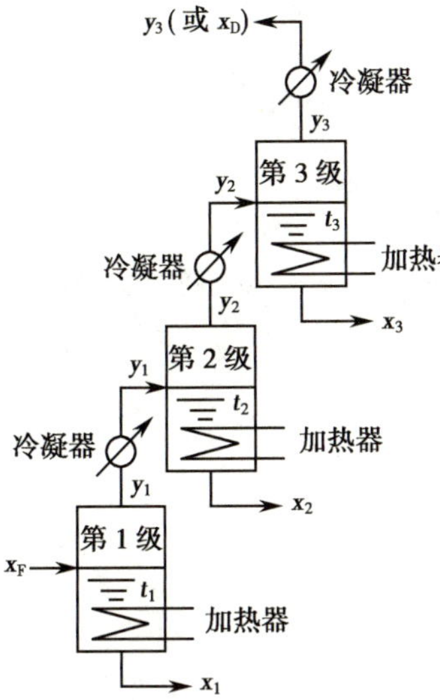

图 10-9　多次部分汽化流程

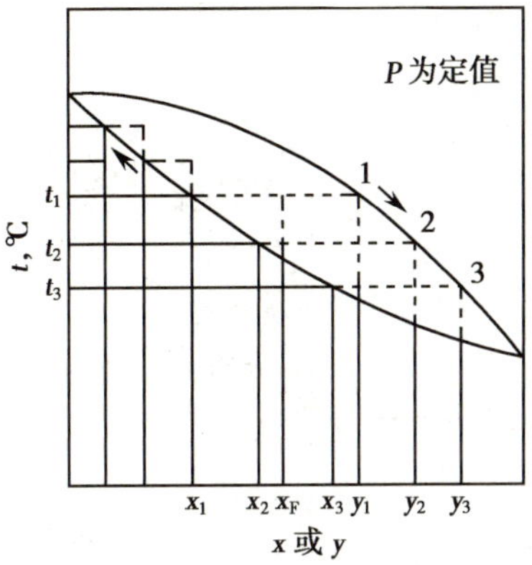

图 10-10　多次部分汽化与冷凝的气液相组成变化

2. 精馏原理　图 10-9 所示的多次部分汽化流程存在两个明显缺陷。其一是分离过程中会产生许多中间产品，如组成为 x_1、x_2 和 x_3 的液相，这将使最终产品的收率很低。其二是设备繁多，流程复杂，并需消耗大量的加热剂和冷却剂，从而使整个操作过程的能耗很大。

如图 10-10 所示，第 2 级液相产品的组成 x_2 小于第 1 级的原料液组成 x_F，但两者较为接近，因而可将 x_2 返回与 x_F 混合。类似地，第 3 级液相产品的组成 x_3 小于第 2 级的料液组成 y_1，但两者较为接近，因而可将 x_3 返回与第 2 级的料液 y_1 混合，……，从而可消除中间产品，并提高了最终产品的收率。此外，由于第 1 级的气相温度 t_1 高于第 3 级的液相温度 t_3。因而当组成为 y_1 的高温蒸汽与组成为 x_3 的低温液体直接混合时，液体将被部分汽化，而蒸气则被部分冷凝，这样第 2 级的加热器和冷凝器即可省去。类似地，可省去其他的中间加热器和冷凝器，从而将图 10-9 所示的流程演变为图 10-11 所示的流程。

综上所述，将上一级的液相回流并与下一级的气相接触，是精馏过程进行的必要条件。图 10-11 中分别保留了最上一级的冷凝器和最下一级的加热器。最上一级的上升蒸气经冷凝器冷凝后并非全部作为产品，而是将其中的一部分与组成为 y_2 的料液混合，这部分返回设备的产品称为回流，它是保证精馏过程能够连续稳定操作的必要条件。最下一级的加热器又称为再沸器，其内的液体部分汽化产生所需的上升蒸气，如同设备上部的回流一样，也是保证精馏过程能够连续稳定操作的必要条件。

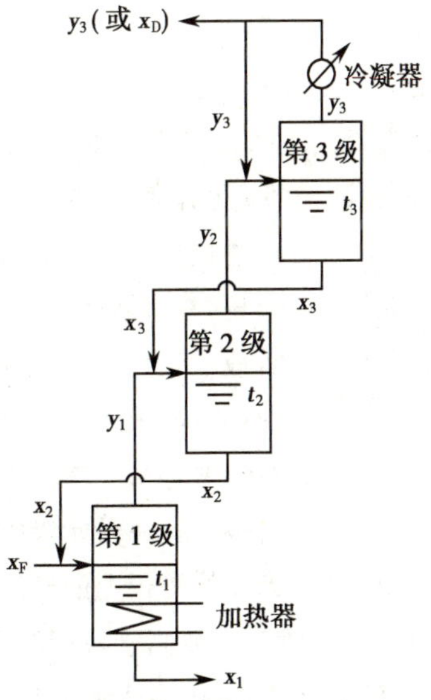

图 10-11　无中间产品及中间加热器和冷凝器的多次部分汽化流程

3. 精馏塔分离过程　实际精馏装置主要由精馏塔、冷凝器和再沸器等部分组成。精馏塔为圆筒形容器，其内安装若干块塔板或充填一定高度的填料（参见本章第六节），以代替中间的分离级。装有塔板的精馏塔称为板式塔，其流程如图 10-12 所示。操作时，原料液连续进入精馏塔的加料板，上升气相中易挥发组分的含量逐板增加，而下降液相中易挥发组分的含量逐板降低。加料板上的液体组成应

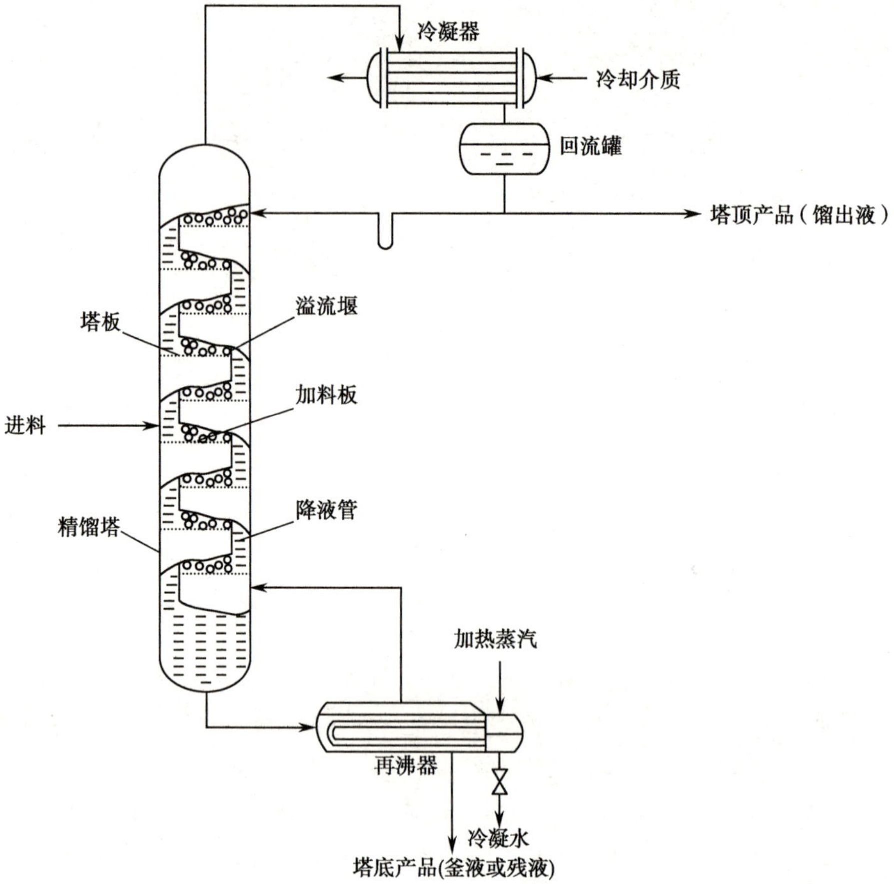

图 10-12　板式精馏塔连续精馏过程

与原料液的组成相等或相近，该板将精馏塔分为两段，其上的部分称为精馏段，加料板及以下的部分称为提馏段。精馏段可使原料中的易挥发组分逐渐增浓，而提馏段则可回收原料中的易挥发组分。若板数足够，则从塔顶引出的蒸气几乎为纯净的易挥发组分，其冷凝液一部分作为塔顶产品（馏出液）引出，另一部分则作为回流而重新返回顶部塔板。类似地，再沸器中部分汽化后的剩余液体几乎为纯净的难挥发组分，可作为塔底产品（釜液或残液）引出，而部分汽化所得的蒸气则作为上升气相引至最底层塔板的下部。

精馏是气液两相间的传质过程，对任一块塔板而言，若缺少气相或液相，精馏过程都将无法进行。因此，塔顶液相回流和塔底再沸器产生的上升蒸气是保证精馏过程能够连续稳定进行的必要条件。

蒸馏釜的加热方式

塔板是板式精馏塔的核心部件，它为气液两相间的传热和传质提供了场所。为方便起见，常将精馏塔内的塔板按自上而下的顺序进行编号，即将最上一块塔板编为第 1 块塔板，然后依次向下编号。图 10-13 是塔内第 n 块塔板上的操作情况。图中的塔板是一种典型塔板，其上开有许多小孔，就像筛孔一样。操作过程中，自第 n+1 块塔板上升的蒸气通过第 n 块塔板上的小孔上升，而第 n−1 块塔板上的液体通过降液管下降至第 n 块塔板上。在第 n 块塔板上，气液两相进行充分的传热和传质。

图 10-14 为第 n 块塔板上的气液组成变化情况。由于组成为 y_{n+1} 的气相与组成为 x_{n-1} 的液相不平衡，且气相温度 t_{n+1} 要高于液相的温度 t_{n-1}，故两相在第 n 块塔板上接触时，气相将部分冷凝，其中的部分难挥发组分将转移至液相中；而液相将部分汽化，其中的部分易挥发组分将转移至气相中，从而使离开第 n 块塔板的气相中易挥发组分的含量较进入时的要高，而离开液相中的易挥发组分的含量较进入时的要低，即 $x_n<x_{n-1}$，$y_n>y_{n+1}$。

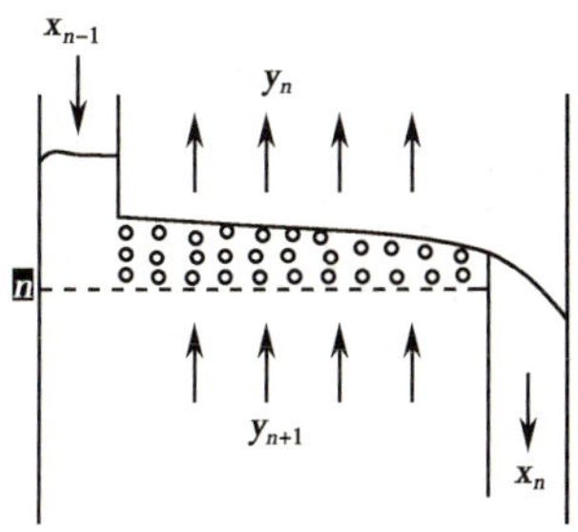

图 10-13　第 n 块塔板上的操作情况

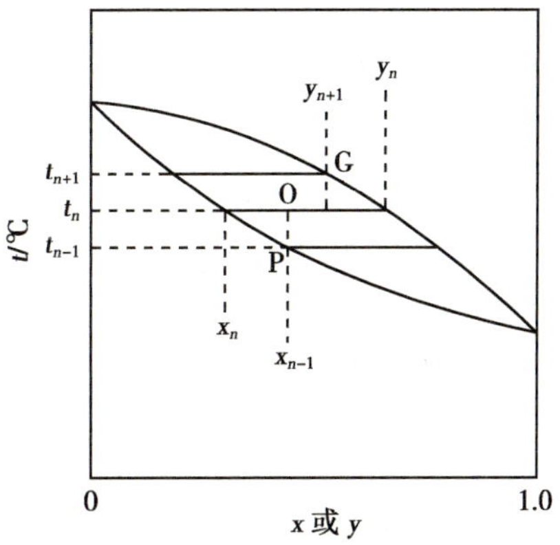

图 10-14　第 n 块塔板上气液组成的变化

四、双组分连续精馏塔的计算

实际生产中，蒸馏多以精馏方式进行。若处理量较大，则宜采用连续精馏。本节着重探讨双组分理想溶液连续精馏塔的工艺计算，包括物料衡算与能量衡算、回流与原料热状况等因素对塔板数的影响等。

（一）理论板及恒摩尔流动假设

1. 理论板　若离开塔板的气相组成 y_n 与液相组成 x_n 之间达到平衡，则称这种塔板为理论板。实际塔板上气液两相间的接触时间和接触表面积都是有限的，加之板上液层厚度和浓度的不均匀等，气液两相难以达到平衡状态，所以理论板仅是一种理想板，实际上并不存在，但它可作为评判实际板分离效率高低的依据和标准。

引入理论板后，则可直接使用气液平衡关系确定气相组成 y_n 与液相组成 x_n 之间的关系。通过物料衡算，可确定第 n 块塔板下降的液相组成 x_n 与第 n+1 块塔板上升的蒸气组成 y_{n+1} 之间的关系，这种关系称为操作关系。根据气液平衡关系和操作关系可逐板计算出塔内各板的气液相组成，从而可确定完成给定分离任务所需的理论板数，经校正后即可求得实际塔板数。

2. 恒摩尔流动假设　精馏过程中，传热和传质过程同时进行，其影响因素很多。为简化计算，常提出三点假设：①易挥发组分与难挥发组分的摩尔汽化潜热相等或相近；②气液接触时因温度不同而交换的显热可以忽略；③精馏塔保温良好，热损失可以忽略不计。基于上述假设，液体气化和气体冷凝所需的热量刚好相互补偿，从而使流经每一块塔板的气液两相的摩尔流量保持不变，即为恒摩尔流动。

（1）恒摩尔气流：精馏过程中，精馏段和提馏段内各板的上升蒸气均为恒摩尔流动。但由于进料的影响，两段上升蒸气的摩尔流量不一定相等，即

$$V_1 = V_2 = \cdots\cdots = V_n = V \qquad \text{式(10-17)}$$

$$V'_1 = V'_2 = \cdots\cdots = V'_n = V' \qquad \text{式(10-18)}$$

式中，V 为精馏段内上升蒸气的流量，kmol/h；V' 为提馏段内上升蒸气的流量，kmol/h；下标为塔板序号。

（2）恒摩尔液流：精馏过程中，精馏段和提馏段内各板的下降液体均为恒摩尔流动。但由于进料的影响，两段下降液体的摩尔流量不一定相等，即

$$L_1 = L_2 = \cdots\cdots = L_n = L \qquad \text{式(10-19)}$$

$$L'_1 = L'_2 = \cdots\cdots = L'_n = L' \qquad \text{式(10-20)}$$

式中，L 为精馏段内下降液体的流量，kmol/h；L' 为提馏段内下降液体的流量，kmol/h。

（二）全塔物料衡算

通过物料衡算可确定原料与产品之间流量与组成之间的关系。如图 10-15 所示，对全塔进行总物料衡算得

$$F=D+W \qquad \text{式(10-21)}$$

式中，F 为原料流量，kmol/h；D 为塔顶产品（馏出液）流量，kmol/h；W 为塔底产品（釜液）流量，kmol/h。

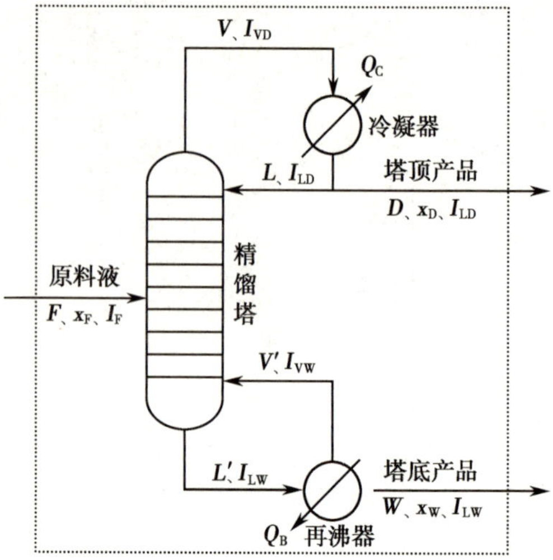

图 10-15　精馏全塔物料衡算

对全塔易挥发组分进行物料衡算得

$$Fx_F=Dx_D+Wx_W \qquad \text{式(10-22)}$$

式中，x_F 为原料中易挥发组分的摩尔分率，无因次；x_D 为塔顶产品（馏出液）中易挥发组分的摩尔分率，无因次；x_W 为塔底产品（釜液）中易挥发组分的摩尔分率，无因次。

在精馏计算中，分离要求还常用回收率来表示。对于易挥发组分，回收率是指塔顶产品回收原料中易挥发组分的百分数，即

$$\eta=\frac{Dx_D}{Fx_F}\times100\% \qquad \text{式(10-23)}$$

对于难挥发组分，回收率是指塔底产品回收原料中难挥发组分的百分数，即

$$\eta=\frac{W(1-x_W)}{F(1-x_F)}\times100\% \qquad \text{式(10-24)}$$

例 10-2　用连续精馏塔分离正庚烷和正辛烷溶液，已知原料中正庚烷的含量为 30%（质量分率，下同），正辛烷的含量为 70%，原料液流量为 5 000kg/h。要求釜残液中正庚烷的含量不高于 5%，塔顶馏出液中正庚烷的回收率不低于 88%，试计算塔底釜残液的流量和塔顶馏出液的流量及组成。

解：正庚烷（C_7H_{16}）的摩尔质量为 100kg/kmol，正辛烷（C_8H_{18}）的摩尔质量为 114kg/kmol，故原料中正庚烷的摩尔分率为 $x_F=\dfrac{\frac{30}{100}}{\frac{30}{100}+\frac{70}{114}}=0.328$

釜残液中正庚烷的摩尔分率为

$$x_W=\frac{\frac{5}{100}}{\frac{5}{100}+\frac{95}{114}}=0.0566$$

故原料液的平均摩尔质量为

$$M_F=0.328\times100+(1-0.328)\times114=109.4\text{kg/kmol}$$

原料液的摩尔流量为

$$F=\frac{5\,000}{109.4}=45.7\text{kmol/h}$$

依题意知，塔顶馏出液中正庚烷的回收率为 88%，代入式（10-23）得

$$\frac{Dx_D}{Fx_F}=0.88 \qquad \text{(a)}$$

由式（10-21）得

$$45.7=D+W \qquad \text{(b)}$$

由式(10-22)得

$$45.7\times0.328=Dx_D+0.0566W \tag{c}$$

联解式(a)、(b)和(c)得

$$D=13.9\text{kmol/h},\quad W=31.8\text{kmol/h},\quad x_D=0.948$$

(三) 精馏段操作线方程

如图 10-16 所示,设离开第一块塔板的气相流量为 V,经塔顶冷凝器全部冷凝成饱和液体,塔顶产品采出量为 D,回流液体量为 L,若精馏段内气液两相均为恒摩尔流动,则精馏段内各板上升蒸气的流量均为 V,下降液体的流量均为 L。习惯上将回流液体量与塔顶产品采出量之比称为回流比,即

$$R=\frac{L}{D} \qquad \text{式(10-25)}$$

式中,R 为回流比,无因次。

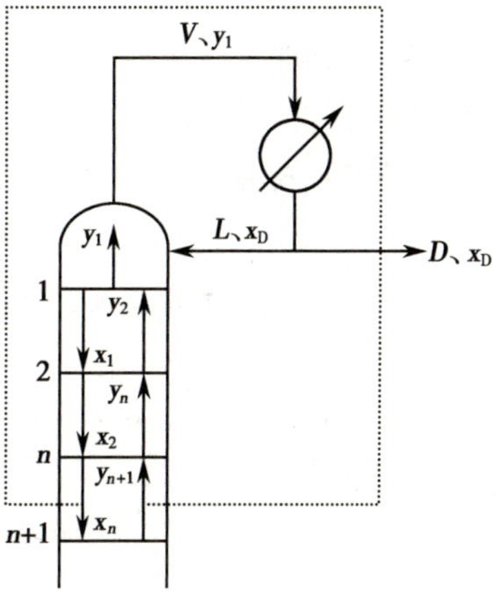

图 10-16　精馏段物料衡算

在图 10-16 中,对精馏段第 $n+1$ 块塔板以上的塔段及冷凝器在内的虚线范围进行总物料衡算得

$$V=L+D \qquad \text{式(10-26)}$$

在虚线范围内对易挥发组分进行物料衡算得

$$Vy_{n+1}=Lx_n+Dx_D \qquad \text{式(10-27)}$$

式中,y_{n+1} 为精馏段内第 $n+1$ 块塔板上升蒸气中易挥发组分的摩尔分率,无因次;x_n 为精馏段内第 n 块塔板下降液体中易挥发组分的摩尔分率,无因次。

由式(10-25)和式(10-26)得

$$V=L+D=(R+1)D \qquad \text{式(10-28)}$$

由式(10-27)得

$$y_{n+1}=\frac{L}{V}x_n+\frac{D}{V}x_D \qquad \text{式(10-29)}$$

将 $L=RD$ 及式(10-28)代入式(10-29)得

$$y_{n+1}=\frac{R}{R+1}x_n+\frac{x_D}{R+1} \qquad \text{式(10-30)}$$

式(10-29)与式(10-30)均称为精馏段操作线方程或 R 线方程,它表明在一定操作条件下,从精馏段内任意块板(第 n 块板)下降的液体组成 x_n 和与其相邻的下一层塔板(第 $n+1$ 块板)上升的蒸气组成 y_{n+1} 之间的关系。

若精馏段内气液两相均为恒摩尔流动,则 L 及 V 均为常数。对于连续稳态操作,D 也为定值,故 R 为定值。因此,将 R 线方程标绘于直角坐标系中,可得一条直线,该直线经过对角线上的点 (x_D,x_D),斜率为 $\frac{R}{R+1}$,截距为 $\frac{x_D}{R+1}$。

若塔顶冷凝器将上升蒸气全部冷凝成饱和液体,则称这种冷凝器为全凝器。冷凝后的部分冷凝液在泡点下回流入塔,这种回流方式称为泡点回流。若塔顶冷凝器仅将上升蒸气的一部分冷凝成液体,则称这种冷凝器为分凝器。全凝器不具有分离作用,而分凝器相当于一块理论板。

例 10-3　已知三氯甲烷和四氯化碳混合液可视为理想溶液。现用连续精馏塔分离三氯甲烷和四氯化碳的混合液,要求馏出液中三氯甲烷的摩尔分率为 0.95,馏出液流量为 50kg/h。若塔顶为全凝器,相对挥发度为 1.6,回流比为 2,试计算:(1) 第一块塔板下降液体的组成;(2) 精馏段上升蒸气流量及回流液体流量。

解:(1) 计算第一块塔板下降液体的组成:依题意知,塔顶冷凝器为全凝器,故

$$y_1 = x_D = 0.95$$

又 $\alpha=1.6$,则由式(10-16)得

$$0.95 = \frac{1.6x_1}{1+(1.6-1)x_1}$$

解得第一块塔板下降液体的组成为

$$x_1 = 0.92$$

(2) 计算精馏段上升蒸气流量及回流液体流量:由式(10-28)得

$$V=(R+1)D=(2+1)\times 50=150\text{kg/h}$$

由于恒摩尔气流是指各板上升的蒸气摩尔流量相等,并非质量流量相等,因此,需将此质量流量转化为摩尔流量。

三氯甲烷的摩尔质量为 119.35kg/kmol,四氯化碳的摩尔质量为 153.8kg/kmol,故塔顶蒸气的平均摩尔质量为

$$M=0.95\times 119.35+0.05\times 153.8=121.1\text{kg/kmol}$$

故精馏段内上升蒸气的流量为

$$V=\frac{150}{121.1}=1.24\text{kmol/h}$$

由式(10-28)得回流液体的流量为

$$L=V-D=1.24-\frac{50}{121.1}=0.83\text{kmol/h}$$

(四) 提馏段操作线方程

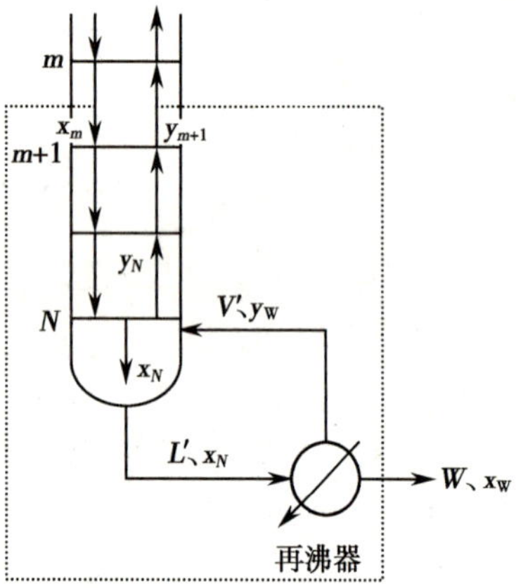

图 10-17　提馏段物料衡算

如图 10-17 所示,由最底层塔板即第 n 块塔板下降的液相流量为 L',进入再沸器后部分汽化,所产生的蒸气流量为 V',剩余液体作为塔底产品连续排出,其流量为 W。若提馏段内气液两相均为恒摩尔流动,则提馏段内各板上升蒸气的流量均为 V',下降液体的流量均为 L'。

在图 10-17 中,对包括提馏段第 m 块塔板以下的塔段及再沸器在内的虚线范围进行总物料衡算得

$$L'=V'+W \qquad \text{式(10-31)}$$

在虚线范围内对易挥发组分进行物料衡算得

$$L'x_m=V'y_{m+1}+Wx_W \qquad \text{式(10-32)}$$

式中,x_m 为提馏段内第 m 块塔板下降液体中易挥发组分的摩尔分率,无因次;y_{m+1} 为提馏段内第 $m+1$ 块塔板上升蒸气中易挥发组分的摩尔分率,无因次。

由式(10-32)得

$$y_{m+1}=\frac{L'}{V'}x_m-\frac{Wx_W}{V'} \qquad \text{式(10-33)}$$

由式(10-31)得

$$V'=L'-W \qquad \text{式(10-34)}$$

将式(10-34)代入式(10-33)得

$$y_{m+1}=\frac{L'}{L'-W}x_m-\frac{Wx_W}{L'-W} \qquad \text{式(10-35)}$$

式(10-33)和式(10-35)均称为提馏段操作线方程或 S 线方程,它表明在一定操作条件下,从提馏段内任意块板(第 m 块板)下降的液体组成 x_m 和与其相邻的下一层塔板(第 $m+1$ 块板)上升的蒸气组成 y_{m+1}之间的关系。

若提馏段内气液两相均为恒摩尔流动,则 L'及 V'均为常数。对于连续稳态操作,W 也为定值,故 R 为定值。因此,将 S 线方程标绘于直角坐标系中,可得一条直线,该直线经过点(x_W,x_W),斜率为 $\dfrac{L'}{L'-W}$,截距为$-\dfrac{Wx_W}{L'-W}$。

(五)进料热状况与进料方程

若进料量和组成一定,则进料温度将直接影响精馏段和提馏段内的气液相流量,从而对塔的分离效果产生影响。

1. 进料热状况的定性分析 根据进料温度的不同,精馏塔有五种不同的进料热状况。①冷液进料,其温度低于泡点温度;②饱和液体进料,其温度等于泡点温度;③气液混合物进料,其温度介于泡点温度和露点温度之间;④饱和蒸气进料,其温度等于露点温度;⑤过热蒸气进料,其温度高于露点温度。

进料热状况对进料板上升的蒸气量及下降的液体量将产生显著影响,其定性情况可用图 10-18 来说明。

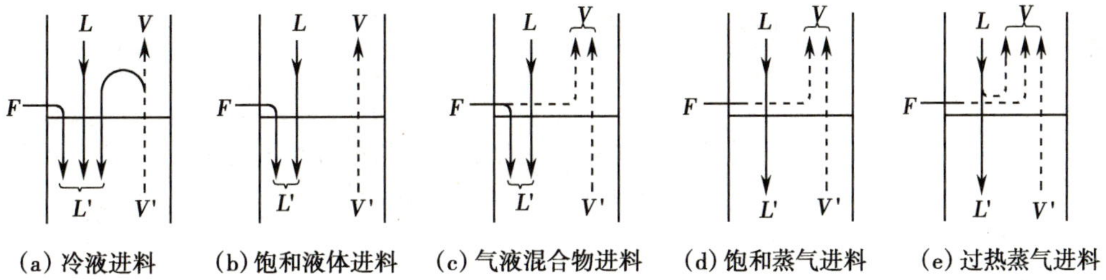

图 10-18 进料热状况对进料板的上升蒸气量及下降液体量的影响

(1) 冷液进料:如图 10-18(a)所示,由于进料温度小于泡点温度,故需吸收热量使之升温至饱和温度,这部分热量只能由上升蒸气来提供,从而使部分蒸气被冷凝下来,故上升至精馏段的蒸气量必然少于提馏段的上升蒸气量,即 $V<V'$;而提馏段内的下降液体量等于原料液量、精馏段的回流液体量及上升蒸气中被冷凝成液体的量被冷凝的蒸气量三者之和。显然,$L'>L+F$。

(2) 饱和液体进料:饱和液体进料又称为泡点进料。如图 10-18(b)所示,由于进料温度等于泡点温度,因而无需上升蒸气来提供热量,即上升蒸气不冷凝,故上升至精馏段的蒸气量必然等于提馏段的上升蒸气量,即 $V=V'$。而提馏段内的下降液体量则等于原料液量与精馏段的回流液体量之和,即 $L'=L+F$。

(3) 气液混合物进料:如图 10-18(c)所示,对于气液混合物进料,进料中的饱和液体与精馏段下降的饱和液体一起回流进入提馏段,故 $L'>L$;而进料中的饱和气体则与提馏段上升的饱和蒸气一起进入精馏段,故 $V>V'$。

(4) 饱和蒸气进料:饱和蒸气进料又称为露点进料。如图 10-18(d)所示,由于进料温度等于露点温度,因而全部进料将与提馏段上升的饱和蒸气一起进入精馏段,即 $V=V'+F$。而提馏段内的下降液体量则与精馏段的回流液体量相等,即 $L'=L$。

(5) 过热蒸气进料:如图 10-18(e)所示,由于进料温度高于露点温度,故需放出热量使之降温至露点温度,从而使精馏段下降的液体部分汽化,故提馏段内的下降液体量必然小于精馏段内的回流液体量,即 $L'<L$;而精馏段内的上升蒸气量等于原料液量、提馏段的上升蒸气量及部分液体被汽化的蒸气量三者之和。显然,$V>V'+F$。

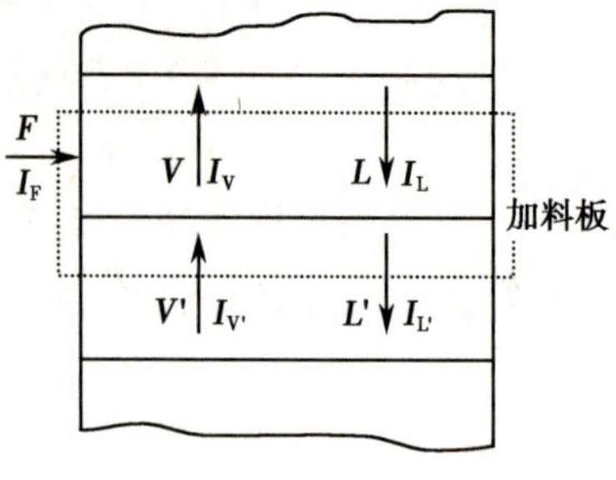

图 10-19　加料板与相邻塔板间的物流关系

2. 进料热状况的定量分析　加料板与相邻塔板之间的物流关系如图 10-19 所示。对加料板进行总物料衡算得

$$F+V'+L=V+L' \qquad 式(10\text{-}36)$$

对加料板进行热量衡算得

$$FI_F+V'I_{V'}+LI_L=VI_V+L'I_{L'} \qquad 式(10\text{-}37)$$

式中，I_F 为原料液的焓，kJ/kmol；I_V、$I_{V'}$ 分别为加料板上、下处饱和蒸气的焓，kJ/kmol；I_L、$I_{L'}$ 分别为加料板上、下处饱和液体的焓，kJ/kmol。

精馏过程中，塔内液体和蒸气均处于饱和状态。又加料板上、下处的温度及气、液相组成各自均较为接近，故

$$I_V \approx I_{V'},\ I_L \approx I_{L'}$$

因此式(10-37)可改写为

$$FI_F+V'I_V+LI_L=VI_V+L'I_L$$

或

$$(V-V')I_V=FI_F-(L'-L)I_L \qquad 式(10\text{-}38)$$

由式(10-36)和式(10-38)得

$$\frac{I_V-I_F}{I_V-I_L}=\frac{L'-L}{F} \qquad 式(10\text{-}39)$$

令

$$q=\frac{I_V-I_F}{I_V-I_L}\approx\frac{\text{将 1kmol 进料液变为饱和蒸气所需的热量}}{\text{进料液的千摩尔气化潜热}} \qquad 式(10\text{-}40)$$

式中，q 为进料热状况参数，无因次。

由式(10-39)和式(10-40)得

$$L'=L+qF \qquad 式(10\text{-}41)$$

代入式(10-36)得

$$V'=V-(1-q)F \qquad 式(10\text{-}42)$$

引入进料热状况参数后，进料、精馏段的气液相流量以及提馏段的气液相流量可通过式(10-41)和式(10-42)进行关联。

(1) 冷液进料：设进料温度为 t_F，进料组成下的泡点温度为 t_b。由于 $t_F<t_b$，故 $I_F<I_L$。由式(10-40)可知 $q>1$。此时 q 值可按下式计算

$$q=\frac{I_V-I_F}{I_V-I_L}=\frac{(I_V-I_L)+(I_L-I_F)}{I_V-I_L}=1+\frac{C_{pm}(t_b-t_F)}{r_m} \qquad 式(10\text{-}43)$$

式中，C_{pm} 为进料液的平均定压比热，kJ/(kmol·℃)；r_m 为进料液的汽化潜热，kJ/kmol。

(2) 饱和液体进料：由于 $t_F=t_b$，故 $I_F=I_L$。由式(10-40)可知，$q=1$。

(3) 气液混合物进料：设进料组成下的露点温度为 t_d。由于 $t_b<t_F<t_d$，故 $I_L<I_F<I_V$。由式(10-40)可知，$0<q<1$。

(4) 饱和蒸气进料：由于 $t_F=t_d$，故 $I_F=I_V$。由式(10-40)可知，$q=0$。

(5) 过热蒸气进料：由于 $t_F>t_d$，故 $I_F>I_V$。由式(10-40)可知。$q<0$。此时 q 可按下式计算

$$q=\frac{I_V-I_F}{I_V-I_L}=\frac{I_V-I_V-(I_F-I_V)}{I_V-I_L}=-\frac{I_F-I_V}{I_V-I_L}=-\frac{C_{pm}(t_F-t_d)}{r_m} \qquad 式(10\text{-}44)$$

式中，C_{pm} 为进料蒸气的平均定压比热，kJ/(kmol·℃)。

此外，将式(10-41)代入式(10-35)即可将提馏段操作线改写成下列形式

$$y_{m+1}=\frac{L+qF}{L+qF-W}x_m-\frac{W}{L+qF-W}x_W \qquad 式(10\text{-}45)$$

3. 进料方程 进料方程又称为 q 线方程，它是描述精馏段与提馏段操作线交点轨迹的方程。在交点处，式(10-27)和式(10-32)中的变量相同，故其上、下标可略去，即

$$Vy=Lx+Dx_D \qquad 式(10\text{-}46)$$

$$L'x=V'y+Wx_W \qquad 式(10\text{-}47)$$

将式(10-46)减去式(10-47)并整理得

$$(V'-V)y=(L'-L)x-(Dx_D+Wx_W) \qquad 式(10\text{-}48)$$

由式(10-22)、式(10-41)、式(10-42)和式(10-48)得

$$y=\frac{q}{q-1}x-\frac{x_F}{q-1} \qquad 式(10\text{-}49)$$

式(10-49)即为进料方程或 q 线方程，在直角坐标系中，它是一条过对角线上的点(x_F，x_F)、斜率为$\frac{q}{q-1}$的直线。显然，q 线的斜率随进料热状况的不同而不同。若进料组成一定，则进料热状况对 q 线的影响如图 10-20 和表 10-4 所示。

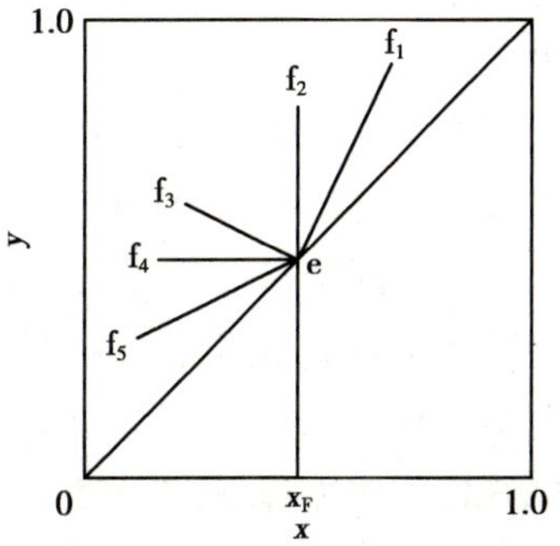

图 10-20 进料热状况对 q 线的影响

表 10-4 进料热状况对 q 线的影响

进料热状况	进料的焓 I_F	q	q 线的斜率	q 线在 y-x 图上的位置
冷液体	$I_F<I_L$	>1	+	ef_1(↗)
饱和液体	$I_F=I_L$	1	∞	ef_2(↑)
气液混合物	$I_L<I_F<I_V$	$0<q<1$	−	ef_3(↖)
饱和蒸气	$I_F=I_V$	0	0	ef_4(←)
过热蒸气	$I_F>I_V$	<0	+	ef_5(↙)

例 10-4 分离例 10-2 中的溶液时，若进料为饱和液体，选用的回流比 $R=2.0$，试确定精馏段和提馏段的操作线方程。

解：由例 10-2 可知，$F=45.7$kmol/h，$D=13.9$kmol/h，$W=31.8$kmol/h，$x_D=0.948$，$x_W=0.0566$。

依题意知，$R=2$。由式(10-30)得精馏段操作线方程为

$$y_{n+1}=\frac{R}{R+1}x_n+\frac{x_D}{R+1}$$

$$y_{n+1}=\frac{2}{2+1}x_n+\frac{0.948}{2+1}$$

$$=0.6667x_n+0.316$$

另由式(10-25)得

$$L=RD=2\times13.9=27.8\text{kmol/h}$$

由于进料为饱和液体，即为泡点进料，故 $q=1$。由式(10-45)得提馏段操作线方程为

$$y_{m+1}=\frac{L+qF}{L+qF-W}x_m-\frac{W}{L+qF-W}x_W$$

$$=\frac{27.8+1\times45.7}{27.8+1\times45.7-31.8}x_m-\frac{31.8}{27.8+1\times45.7-31.8}\times0.0566$$

$$=1.7626x_m-0.0432$$

（六）理论塔板数的确定

对于双组分连续精馏塔，当分离任务一定时，利用气液平衡关系和操作关系（操作线方程），通过逐板计算法或图解法可确定所需的理论板数。

1. 逐板计算法　如图 10-21 所示，设塔顶为全凝器，泡点进料，泡点回流。由于塔顶第一块塔板的上升蒸气进入全凝器后被全部冷凝为饱和液体，故塔顶馏出液组成及回流液组成均与第一块塔板的上升蒸气组成相同，即 $y_1=x_D$。显然，全凝器无分离作用。

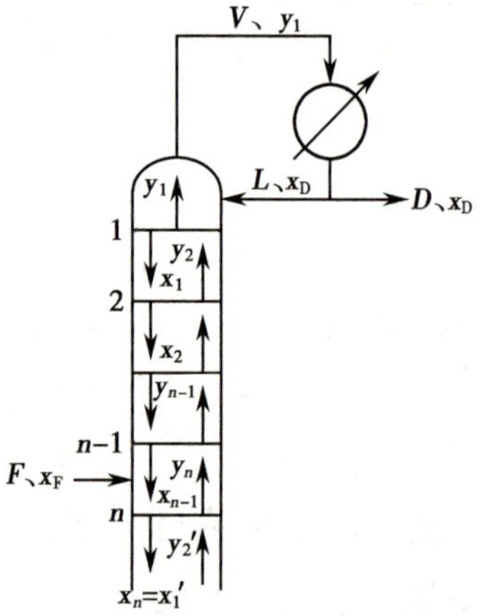

图 10-21　逐板计算法确定理论塔板数

由塔顶第一块塔板开始，自上而下交替使用相平衡方程和操作线方程，即可求出各板上的气液相组成。计算时操作线方程首先采用精馏段操作线方程，当计算到 $x_n \leqslant x_F$（仅指泡点进料的情况）时，说明第 n 块理论板已是加料板，该板是提馏段的第一块板，故精馏段所需的理论板数为 $(n-1)$。此后改用提馏段操作线方程，直至计算到 $x_N \leqslant x_W$ 为止。对于间接加热的再沸器，其内的气液两相可视为平衡，此时再沸器亦相当于一块理论板，故塔内所需的总理论板数为 $(N-1)$。上述计算过程如图 10-22 所示。

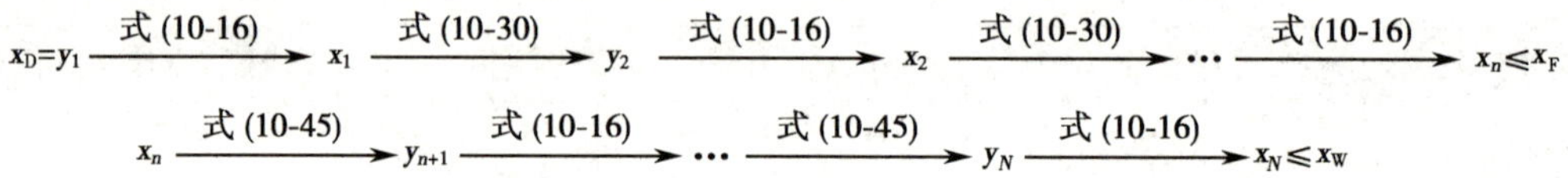

图 10-22　逐板计算过程

逐板计算法的计算过程较为烦琐，但结果较为准确，且能同时获得各板上气液两相的组成数据。当塔板数很多时可采用计算机来求解。

2. 图解法　图解法与逐板计算法的原理是完全相同的，只是将逐板计算过程在相平衡图上直观地表示出来。与逐板计算法相比，图解法的准确性较差，但过程简便，故在双组分精馏计算中仍被广泛采用。

图解法求理论板数可按下列步骤进行。

（1）绘制平衡曲线和对角线：根据物系的气液平衡数据和操作压力在直角坐标纸上绘出待分离双组分物系的 y-x 图，并做出辅助线即对角线，如图 10-23 所示。

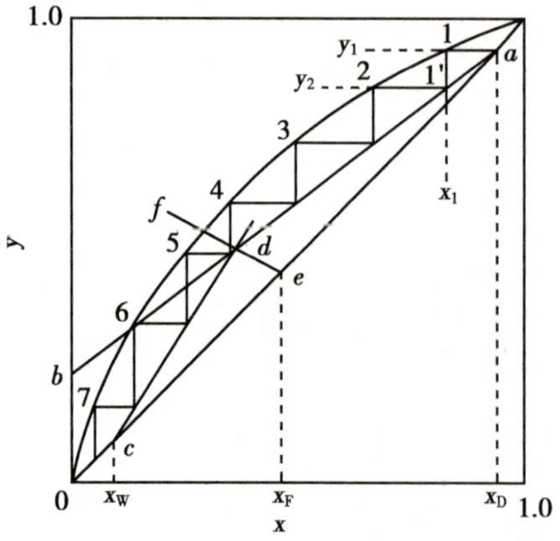

图 10-23　图解法求理论板数

（2）绘制精馏段操作线：作垂直线 $x=x_D$，与对角线交于 a 点。过 a 点做截距为 $\dfrac{x_D}{R+1}$ 的直线，得精馏段操作线 ab。

（3）绘制进料线：作垂直线 $x=x_F$，与对角线交于 e 点。过 e 点做截距为 $-\dfrac{x_F}{q-1}$ 或斜率为 $\dfrac{q}{q-1}$ 的直线，得进料线 ef，该线与精馏段操作线相交于 d 点。

（4）绘制提馏段操作线：作垂直线 $x=x_W$，交对角线于 c 点。连接 c、d 两点即得提馏段操作线 cd。

（5）绘制直角梯级，确定理论板数：由 a 点开始做水平线，与平衡线交于点 1，则点 1 表示离开第一块板的平衡气液相组成(y_1,x_1),该过程相当于使用了一次平衡关系,即由 y_1 计算 x_1。再由点 1 引铅垂线与精馏段操作线交于点 1′,则点 1′表示第一块板下降的液相组成 x_1 与第二块板上升的气相组成 y_2 之间互成操作关系,该过程相当于使用了一次操作关系,即由 x_1 确定出 y_2。如此绘制由水平线和铅垂线构成的直角梯级,可依次得到 x_2、y_3、x_3、y_4……,若梯级跨过两操作线的交点 d,则 $x_n \leqslant x_F$,说明第 n 块板为加料板,故精馏段的理论板数为 $n-1$。此后改在提馏段操作线与平衡线之间绘制直角梯级,直至梯级的铅垂线达到或跨过 c 点为止,此时 $x_N \leqslant x_W$。由于再沸器相当于一块理论板,故塔内所需的总理论板数为($N-1$)。

图 10-23 所示的精馏过程共需 6 块理论板(不包括再沸器),其中第 4 块板为加料板,精馏段和提馏段的理论板数均为 3。

此外,由图 10-20 和图 10-23 可知,若其他条件不变,则 q 越小,两操作线的交点就越接近于平衡线,绘制的梯级数也就越多,即所需的理论板数越多。

例 10-5　常压下苯-甲苯溶液的 y-x 图如图 10-4 所示。现在常压下用连续精馏塔分离苯-甲苯混合液,已知进料中苯的摩尔分率为 44%,塔顶馏出液中苯的摩尔分率不低于 97%,釜液中苯的摩尔分率不高于 2%。若进料为泡点进料,塔顶回流为泡点回流,回流比为 3,试确定:(1) 全塔所需的理论板数及加料板位置;(2) 第二块板下降液体的组成。

解:(1) 确定全塔所需的理论板数及加料板位置

1) 绘制精馏段操作线:将 $R=3$,$x_D=0.97$ 代入精馏段操作线方程(10-30)得

$$y_{n+1}=\frac{R}{R+1}x_n+\frac{x_D}{R+1}=\frac{3}{3+1}x_n+\frac{0.97}{3+1}=0.75x_n+0.243$$

在图 10-24 所示的 y-x 图上作垂直线 $x=0.97$,该线与对角线交于 a 点。过 a 点作截距为 0.243 的直线,得精馏段操作线 ab。

2) 绘制进料线:由于是泡点进料,故 $q=1$。结合图 10-20 和表 10-4 可知,进料方程为 $x=x_F=0.44$。

在 y-x 图上作垂直线 $x=0.44$,该线与对角线交于 e 点,与精馏段操作线交于 d 点,连接 ed 并延长得进料线 ef。

3) 绘制提馏段操作线:在 y-x 图上作垂直线 $x=0.02$,交对角线于 c 点。连接 c、d 两点得提馏段操作线 cd。

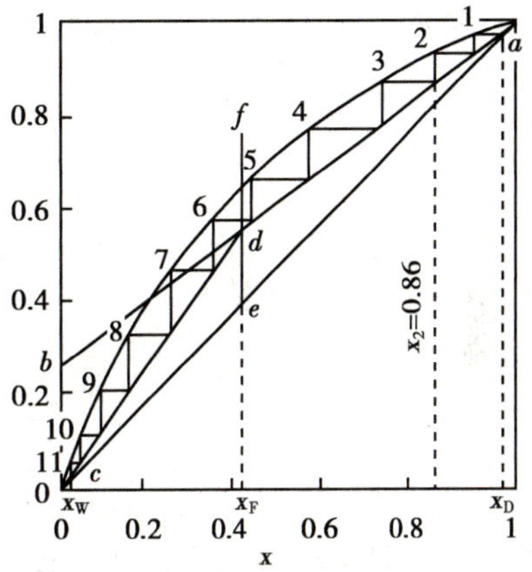

图 10-24　例 10-5 附图

4) 确定全塔所需的理论板数及加料板位置:由 a 点开始在精馏段操作线与平衡线之间绘制直角梯级,至第 6 个梯级的水平线跨过 d 点后,改在提馏段操作线与平衡线之间继续绘制直角梯级,直至第 11 个梯级的水平线跨过 c 点为止。可见,完成该分离任务共需 11 块理论板(含再沸器),其中精馏段需 5 块理论板,提馏段亦需 5 块理论板(不含再沸器),第 6 块板为加料板,第 11 块板为再沸器。

(2) 确定第 2 块板下降液体的组成:如图 10-24 所示,第 2 块板下降液体的组成 x_2 可由第 2 个直角梯级的铅垂线与横轴的交点位置直接读出,图中 $x_2=0.86$。此外还可用逐板计算法计算。

由例 10-1 可知,常压下苯-甲苯溶液的相平衡关系为

$$y=\frac{\alpha x}{1+(\alpha-1)x}=\frac{2.46x}{1+1.46x}$$

或

$$x=\frac{y}{2.46-1.46y}$$

由于塔顶回流为泡点回流，故 $y_1=x_D=0.97$，代入相平衡方程得第一块板下降液体的组成为

$$x_1=\frac{y_1}{2.46-1.46y_1}=\frac{0.97}{2.46-1.46\times 0.97}=0.929$$

将 $x_1=0.929$ 代入精馏段操作线方程得第二块板上升气相的组成为

$$y_2=0.75x_1+0.243=0.75\times 0.929+0.243=0.940$$

再将 $y_2=0.940$ 代入相平衡方程即得第二块板下降液体的组成为

$$x_2=\frac{y_2}{2.46-1.46y_2}=\frac{0.940}{2.46-1.46\times 0.940}=0.864$$

（七）回流比的影响与选择

精馏与简单蒸馏的区别就在于精馏有回流，且回流比对精馏塔的设计与操作有着重要影响。若回流比增大，精馏段操作线的截距将减小，两操作线的交点 d 将向下移动，提馏段操作线亦随之向下移动，即两操作线均向偏离平衡线或靠近对角线的方向移动，从而使达到规定分离任务所需的理论板数将减少。但增大回流比将导致塔顶上升蒸气量的增大，这不仅会增加冷却剂和加热剂的消耗，而且会使精馏塔的塔径、再沸器及冷凝器的传热面积相应增加。因此，回流比是影响精馏塔投资费用和操作费用的重要因素。

1. 全回流和最小理论塔板数　全回流操作时，由塔顶上升的蒸气经冷凝后全部回流入塔，全部物料均在塔内循环，既无进料，也无出料，即 $F=0, W=0$。

全回流时不采出馏出液，即 $D=0$。由式（10-25）可知，此时的回流比 $R=\dfrac{L}{D}=\infty$，为最大回流比。

全回流时无进料，故全塔均为精馏段而无提馏段。由精馏段操作线方程即式（10-30）得全塔操作线方程为

$$y_{n+1}=\frac{R}{R+1}x_n+\frac{x_D}{R+1}=x_n \qquad \text{式(10-50)}$$

显然，全回流操作时，全塔操作线与对角线重合。此时，在平衡线与对角线之间绘制直角梯级，其跨度最大，即全塔所需的理论板数最少，如图 10-25 所示。

全回流操作时的最少理论板数可用逐板计算法或图解法求得。对于双组分理想溶液，全回流操作时的最少理论板数还可用芬斯克方程计算，即

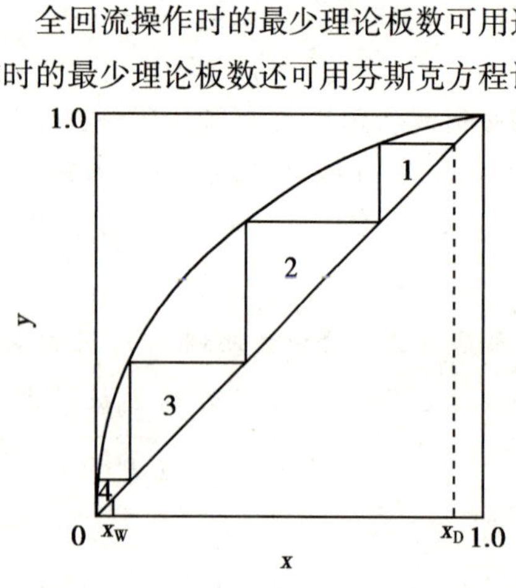

图 10-25　全回流时的理论板数

$$N_{min}+1=\frac{\lg\left[\left(\frac{x_D}{1-x_D}\right)\left(\frac{1-x_W}{x_W}\right)\right]}{\lg\alpha_m} \qquad \text{式(10-51)}$$

式中，N_{min} 为全回流操作时所需的最少理论板数（不包括再沸器）；α_m 为全塔平均相对挥发度。

若 α 变化不大，则可用塔顶和塔底 α 的几何平均值，即

$$\alpha_m=\sqrt{\alpha_1\alpha_W} \qquad \text{式(10-52)}$$

若将芬斯克方程中的 x_W 换成进料组成 x_F，α_m 取塔顶

和进料的几何平均值，则芬斯克方程也可用于计算精馏段的理论板数及确定加料板的位置。

由于全回流操作无物料排出，因而不能获得产品。但全回流操作有利于过程的稳定与控制，因而常用于精馏塔的开工、调试和实验研究。

2. 最小回流比　若回流比减小，则精馏段操作线的截距将增大，两操作线的交点 d 将向上移动，提馏段操作线亦随之向上移动，即两操作线均向偏离对角线或靠近平衡线的方向移动，因而达到规定分离任务所需的理论板数将增大。当回流比减少至某一数值，使点 d 正好落于平衡线上时，若自点 a 开始在平衡线与操作线之间绘制直角梯级，则永远也越不过点 d，这说明所需的理论板数为无穷多，所对应的回流比称为最小回流比，以 R_{min} 表示。在最小回流比下操作时，加料板附近的塔板（d 点前后各板）不再具有分离作用，即无论有多少块塔板，这里的浓度都是一样的，故将该区域称为恒浓区或挟紧区，而 d 点则称为挟紧点，如图 10-26 所示。

一般情况下，最小回流比可根据平衡曲线的具体形状用作图法或解析法求得。

（1）作图法：对于图 10-26 所示的正常平衡曲线，由精馏段操作线斜率可知

$$\frac{R_{min}}{R_{min}+1}=\frac{x_D-y_q}{x_D-x_q}$$

则

$$R_{min}=\frac{x_D-y_q}{y_q-x_q} \qquad 式(10\text{-}53)$$

式中，x_q、y_q 为 q 线与平衡线的交点坐标，可由图中直接读出。

对于图 10-27 所示的具有下凹部分的非正常平衡曲线，当交点 d 到达平衡线之前，操作线即与平衡线相切于 g 点，说明在 g 点处已出现恒浓区，此时的回流比即为最小回流比。若过 a 点作平衡线的切线，则最小回流比 R_{min} 可由切线的斜率或截距求得。

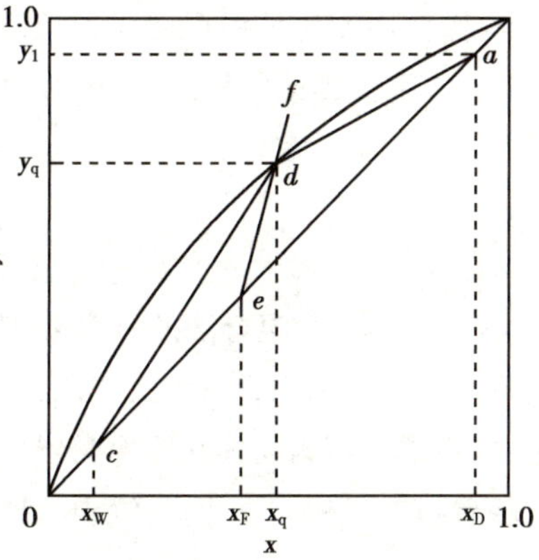

图 10-26　最小回流比

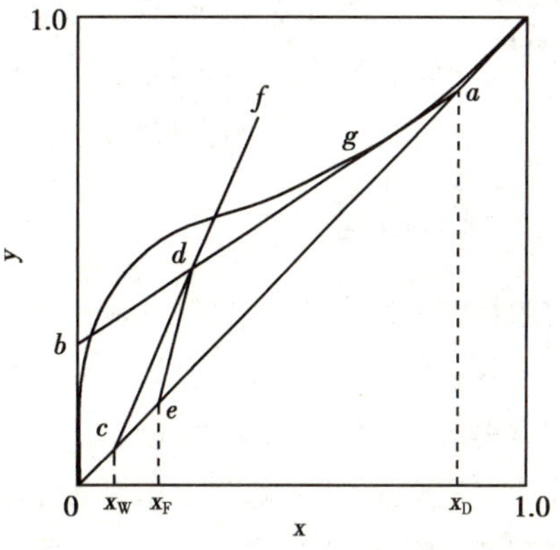

图 10-27　非正常平衡曲线时 R_{min} 的确定

（2）解析法：对于理想体系，在最小回流比下，两操作线的交点 d 刚好位于平衡线上，若此时的交点坐标为（x_q，y_q），则由相平衡方程（10-16）得

$$y_q=\frac{\alpha x_q}{1+(\alpha-1)x_q}$$

代入式（10-53）并整理得

$$R_{min}=\frac{1}{\alpha-1}\left[\frac{x_D}{x_q}-\frac{\alpha(1-x_D)}{1-x_q}\right] \qquad 式(10\text{-}54)$$

对于泡点进料，$x_q=x_F$，代入式（10-54）得

$$R_{min}=\frac{1}{\alpha-1}\left[\frac{x_D}{x_F}-\frac{\alpha(1-x_D)}{1-x_F}\right] \qquad 式(10\text{-}55)$$

对于饱和蒸气进料，$y_q = y_F$，代入相平衡方程(10-16)得

$$y_F = \frac{\alpha x_q}{1+(\alpha-1)x_q} \qquad 式(10\text{-}56)$$

式中，y_F 为进料饱和蒸气中易挥发组分的摩尔分率，无因次。

由式(10-54)和式(10-56)联立求解得

$$R_{min} = \frac{1}{\alpha-1}\left[\frac{\alpha x_D}{y_F} - \frac{1-x_D}{1-y_F}\right] - 1 \qquad 式(10\text{-}57)$$

3. 适宜回流比的选择 全回流操作时，回流比最大，所需的理论板数最小，但不能获得产品；最小回流比下操作时，所需的理论板数为无穷多。因此，实际选用的回流比总是介于两者之间。

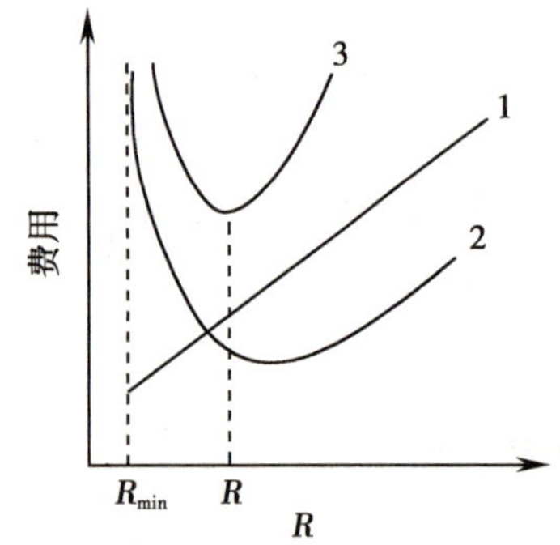

1. 操作费；2. 设备费；3. 总费用。

图 10-28 精馏过程的费用与回流比之间的关系

适宜回流比又称为操作回流比或实际回流比，其选择应考虑精馏过程的经济核算。精馏过程的费用由设备费用和操作费用两部分组成，其中设备费用包括设备的投资费、折旧费、维修费等，而操作费用主要取决于冷凝器消耗的冷凝水用量、再沸器消耗的加热蒸气用量以及原料输送所需的动力消耗等。精馏过程的设备费用、操作费用及总费用与回流比之间的关系如图 10-28 所示，图中总费用最低时的回流比即为适宜回流比。

回流比是影响精馏过程经济性的一个重要指标。但在精馏设计中，一般并不进行详细的经济衡算，而是根据经验来选取。一般情况下，操作回流比可取最小回流比的 1.1~2 倍，即

$$R = (1.1\sim2)R_{min} \qquad 式(10\text{-}58)$$

回流液量的控制

精馏装置一经建成，其理论板数即已确定，但操作回流比可根据需要进行调节。一般情况下，增大回流比可提高产品纯度，反之，则会下降。因此，操作过程中常通过调节回流比来保持产品纯度。

五、间歇精馏

间歇精馏又称为分批精馏，它是制药生产中的重要单元操作之一。若混合液的分离要求较高而料液品种或组成经常发生改变，则宜采用间歇精馏。间歇精馏与连续精馏的设备大致相同，但操作方式存在显著差异。间歇精馏时，全部物料一次性加入蒸馏釜中，由塔顶蒸出的蒸气经冷凝器冷凝后一部分作为塔顶产品，另一部分则作为回流液重新返回塔顶。随着精馏过程的进行，釜液中易挥发组分的浓度逐渐下降，而塔顶馏出液的组成既可保持恒定，亦可随过程的进行而逐渐下降。当釜液组成或馏出液组成达到规定值时，精馏过程即可停止，放出釜内残液并重新加料后，即可开始下一循环的精馏过程。

与连续精馏过程相比，间歇精馏过程具有下列特点。

（1）间歇精馏过程为典型的非稳态过程：在精馏过程中，釜中液相组成不断下降，因此塔内的操作参数（气液相组成、温度）随时间而变化。若操作回流比保持恒定，则馏出液组成将逐渐下降；反之，若馏出液组成保持恒定，则回流比需逐渐增大。为达到规定的分离要求，操作过程可灵活多样。由于过程的非稳态特征，塔身积存的液体量（持液量）的多少对精馏过程及产品的数量有重要影响。为减少持液量，间歇精馏通常采用填料塔。

（2）间歇精馏时全塔均为精馏段，没有提馏段：间歇精馏的优点是装置简单，操作容易，使用单塔即可分离多组分混合物；具有较大的操作弹性，可在宽广的范围内适应进料组成或分离要求的变化；由于是间歇操作，因而能适应不同液体混合物的分离。此外，间歇精馏比较适合于高沸点、高凝固点

和热敏性等物料的分离。

实际生产中,间歇精馏有两种典型的操作方式。一种是恒回流比操作,即回流比保持恒定,而馏出液组成逐渐下降的操作;另一种是恒馏出液组成操作,即维持馏出液组成恒定,而回流比逐渐增大的操作。

(一)恒回流比的间歇精馏

在间歇精馏过程中,若回流比保持恒定,则操作线的斜率保持不变,即各操作线彼此平行,而釜液组成 x_W 与馏出液组成 x_D 均逐渐下降,其变化情况如图 10-29 所示。当馏出液组成为 x_{D1} 时,相应的釜液组成为 x_{W1};当馏出液组成为 x_{D2} 时,相应的釜液组成为 x_{W2},依次变化,直至 x_W 达到规定要求,即可停止操作。显然,最初馏出液组成 x_{D1} 是恒回流比间歇精馏过程中可能达到的最高馏出液组成。

1. 回流比的确定 一般情况下可根据釜液的初始组成 x_F 及初始馏出液的组成 x_{D1} 用式(10-53)确定最小回流比,即

$$R_{min}=\frac{x_{D1}-y_F}{y_F-x_F} \tag{式(10-59)}$$

式中,y_F 为与 x_F 成平衡的气相中易挥发组分的摩尔分率,无因次。

实际回流比可取最小回流比的 1.1~2 倍。对于难分离或分离要求较高的物系,回流比还可取得更大些。

2. 理论板数的确定 理论板数可用图解法确定。如图 10-30 所示,在 y-x 图上作垂直线 $x=x_{D1}$,与对角线交于 a 点。过 a 点作截距为 $\frac{x_{D1}}{R+1}$ 的直线,得精馏段操作线 ab。然后由 a 点开始在平衡线和操作线之间绘制直角梯级,直至 $x_n \leq x_F$ 为止。图 10-30 中的间歇精馏过程共需 3 块理论板(包括再沸器)。

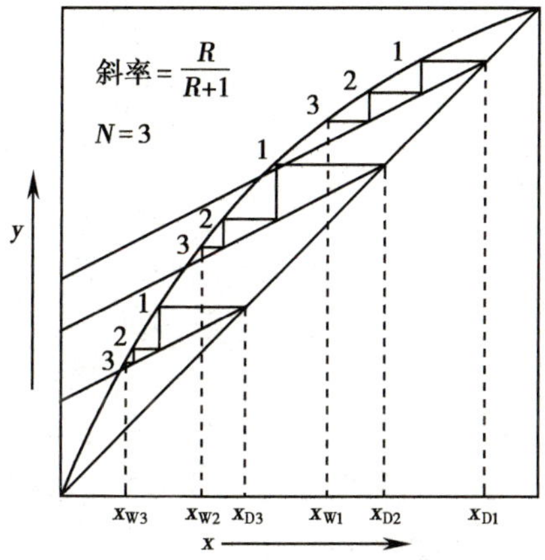

图 10-29 恒回流比间歇精馏过程中 x_W 与 x_D 的变化情况

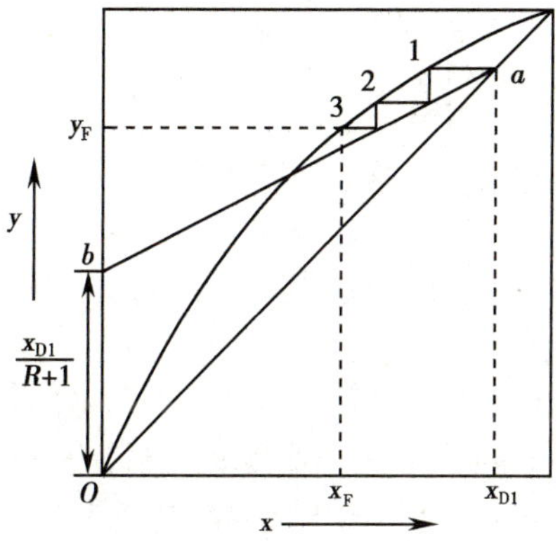

图 10-30 恒回流比间歇精馏过程理论板数的确定

(二)恒馏出液组成的间歇精馏

随着间歇精馏过程的进行,釜液组成将不断下降。对于特定的精馏塔,理论板数保持恒定,若保持馏出液组成恒定,则必然要相应加大回流比。

对于恒馏出液组成的间歇精馏过程,x_D 保持不变而 x_W 不断下降,即分离要求逐渐提高。因此,为满足最高分离要求,应以操作终了时的釜液组成 x_W 确定所需的理论板数。

1. 回流比的确定 根据馏出液组成 x_D 和最终釜液组成 x_W 可用式(10-53)确定最小回流比,即

$$R_{\min}=\frac{x_D-y_W}{y_W-x_W} \qquad 式(10\text{-}60)$$

式中，y_W 为与 x_W 成平衡的气相中易挥发组分的摩尔分率，无因次。

精馏最后阶段的实际回流比可取最小回流比的 1.1~2 倍。对于难分离或分离要求较高的物系，回流比还可取得更大些。

2. 理论板数的确定 理论板数可用图解法确定。如图 10-31 所示，在 y-x 图上作垂直线 $x=x_D$，与对角线交于 a 点。过 a 点作截距为$\frac{x_D}{R+1}$的直线，得精馏段操作线 ab。然后由 a 点开始在平衡线和操作线之间绘制直角梯级，直至 $x_n \leqslant x_W$ 为止。图 10-31 中的间歇精馏过程共需 4 块理论板（包括再沸器）。

3. x_W 与 R 之间的关系 理论板数确定之后，釜液组成 x_W 与回流比 R 之间存在一定的对应关系。若已知精馏过程中某一时刻的回流比 R_1，则与之对应的 x_{W1} 可用图解法确定。如图 10-32 所示，在 y-x 图上作垂直线 $x=x_D$，与对角线交于 a 点。过 a 点作截距为$\frac{x_D}{R_1+1}$的直线，得回流比为 R_1 时的操作线 ab_1。然后由点 a 开始在平衡线和操作线之间绘制直角梯级，并使梯级数等于给定的理论板数，则最后一个梯级所达到的液相组成即为釜液组成 x_{W1}。类似地，可用图解法确定任意回流比 R_i 所对应的釜液组成 x_{Wi}。实际操作中，初期可采用较小的回流比，随着精馏过程的进行，回流比需逐渐增大。

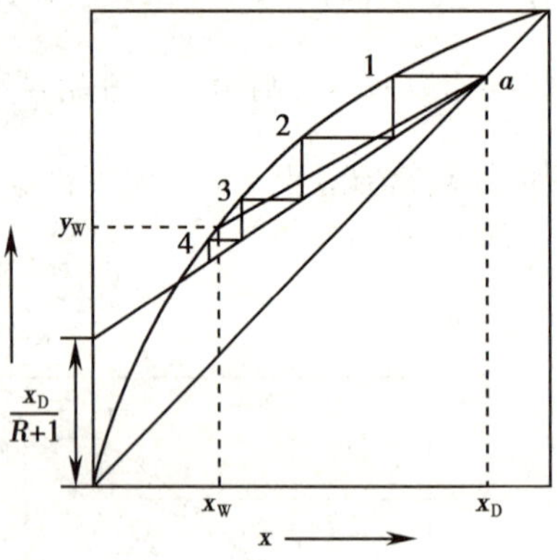

图 10-31 恒馏出液组成间歇精馏过程理论板数的确定

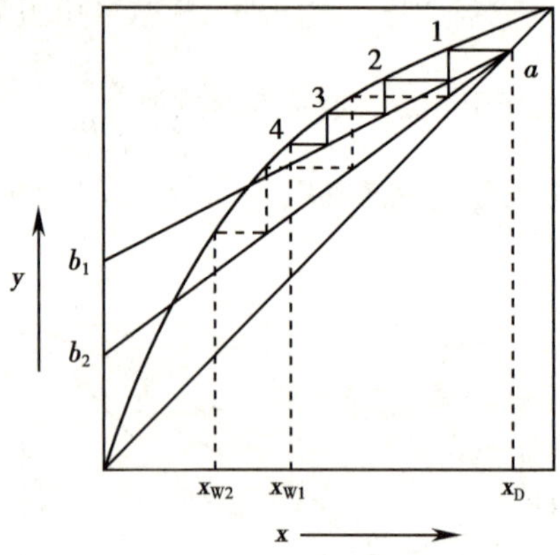

图 10-32 恒馏出液组成间歇精馏过程中 x_W 与 R 之间的关系

若已知精馏过程中某一时刻的釜液组成 x_{W1}，同样可用图解法确定所对应的回流比 R_1，但需采用试差法，即先假设一回流比 R，然后在 y-x 图上确定理论板数，若所确定的理论板数与给定的相等，则 R 即为所求。否则需重新假设 R，直至所确定的理论板数与给定的相等为止。

六、特殊蒸馏

常规蒸馏是根据液体混合物中各组分挥发度的不同而实现组分之间的分离。若体系为恒沸液，或组分间的挥发性相差很小，或被分离物系具有热敏性，则无法用常规精馏法来分离，此时可采用恒沸精馏、萃取精馏等特殊精馏方式来实现组分的分离。

（一）恒沸精馏

对于具有恒沸点的非理想溶液，若用常规蒸馏则不能同时得到两个几乎纯的组分。例如，常压下，乙醇水溶液在 78.15℃ 时具有最低恒沸点，恒沸物中乙醇的摩尔分率为 0.894，质量百分率为 95.6%。若用普通精馏法分离乙醇水溶液（其中乙醇的摩尔分率小于 0.894），则仅能获得接近恒沸组成的乙醇(95% *wt*)。

对于双组分恒沸液,若加入第三组分,且该组分可与原料液中的一个或两个组分形成沸点更低的恒沸液,从而使组分间的相对挥发度增大,并可用蒸馏法进行分离,这种分离方法称为恒沸精馏,加入的第三组分称为恒沸剂或挟带剂。例如,向乙醇-水体系中加入苯作为挟带剂,则在溶液中可形成苯-水-乙醇的三元非均相恒沸液,其恒沸点为 64.9℃,摩尔组成为苯 0.539、乙醇 0.228、水 0.233。若苯的加入量适当,则原料液中的水分可全部转移至三元恒沸液中,从而可获得无水乙醇。将苯-水-乙醇的三元恒沸液冷却,由于苯与乙醇、水不互溶而分层,故可将苯分离出来。

图 10-33 是乙醇-水体系的恒沸精馏流程。塔 1 为恒沸精馏塔,由塔中部的适当位置加入接近恒沸组成的乙醇-水溶液,苯由顶部加入。精馏过程中,苯与进料中的乙醇、水形成三元恒沸物由塔顶蒸出,无水乙醇由塔底排出。塔顶三元恒沸物及其他组分所组成的混合蒸气被冷却至较低温度后在分层器中分层。20℃时,上层苯相的摩尔组成为苯 0.745、乙醇 0.217,其余为水;下层水相的摩尔组成为苯 0.0428、乙醇 0.35,其余为水。上层苯相返回塔 1 的顶部作为回流,下层水相则进入塔 2 以回收残余的苯。塔 2 顶部所得的恒沸物并入分层器中,塔底则为稀乙醇-水溶液,可用普通精馏塔 3 回收其中的乙醇,废水由塔 3 的底部排出。除苯外,乙醇-水体系的恒沸精馏还可采用戊烷、三氯乙烯等作为挟带剂。

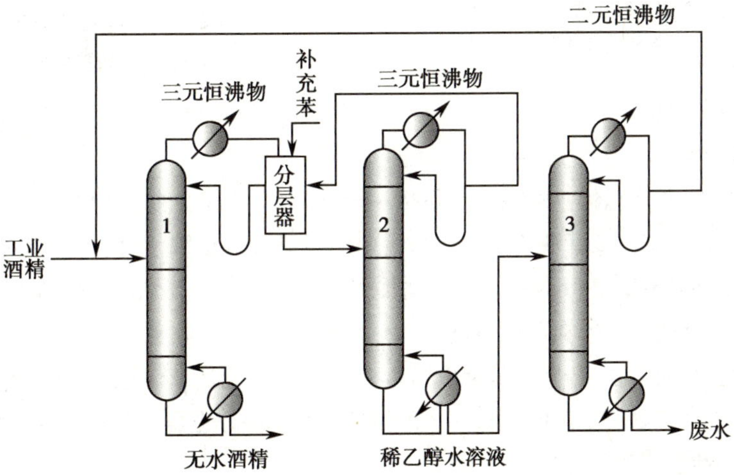

图 10-33 乙醇-水体系的恒沸精馏流程

在恒沸精馏中,选择适宜的挟带剂是恒沸精馏成败的关键。选择挟带剂时应着重考虑下列因素。

(1) 挟带剂应能与被分离组分形成新的恒沸液,其恒沸点要比纯组分以及前恒沸液的沸点低,一般两者的沸点差应不小于 10℃。

(2) 新恒沸液所含挟带剂的量越少越好,这样可减少挟带剂的用量及汽化、回收挟带剂所需的能耗。

(3) 新恒沸液最好为非均相混合物,以便用分层法来分离。

(4) 挟带剂应无毒、无腐蚀性,热稳定性要好,且来源容易、价格低廉。

(二) 萃取精馏

对于相对挥发度接近于 1 或可形成恒沸物的双组分体系,可加入挥发性很小的第三组分,以增大组分间的相对挥发度,从而可用蒸馏法进行分离,这种分离方法称为萃取精馏,加入的第三组分称为萃取剂或溶剂。例如,常压下苯的沸点为 80.1℃,环己烷的沸点为 80.73℃,两者的沸点相差很小,相对挥发度接近于 1,难以用常规蒸馏法进行分离。若向苯-环己烷体系中加入沸点为 161.7℃糠醛作为萃取剂,由于糠醛分子与苯分子间的作用力较强,从而可使苯与环己烷的相对挥发度发生变化,如表 10-5 所示。显然,苯与环己烷的相对挥发度随糠醛加入量的增加而增大。

表 10-5 苯与环己烷的相对挥发度与糠醛加入量之间的关系

溶液中糠醛的摩尔分数	0	0.2	0.4	0.5	0.6	0.7
环己烷对苯的相对挥发度	0.98	1.38	1.86	2.07	2.36	2.7

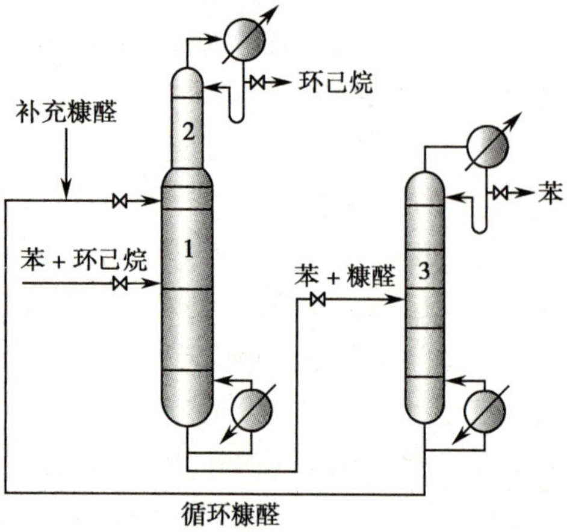

1. 萃取精馏塔；2. 萃取剂回收段；3. 苯回收塔。

图 10-34 苯-环己烷体系的萃取精馏流程

图 10-34 是苯-环己烷体系的萃取精馏流程。塔为萃取精馏塔，原料液由塔中部的适当位置加入，由于糠醛的加入，使环己烷成为易挥发组分，因此塔顶蒸气中主要为高浓度的环己烷以及微量的糠醛。为回收塔顶蒸气中的微量糠醛，可在塔上部设置回收段。若萃取剂的沸点很高，也可不设回收段。苯-糠醛混合液由塔底部流出，并进入苯回收塔中。由于常压下苯与糠醛的沸点相差较大，因而两者很容易分离。回收塔底部排出的是糠醛，可循环使用。

在萃取精馏中，选择适宜的萃取剂是至关重要的。适宜的萃取剂应满足：①萃取剂应能显著改变原组分间的相对挥发度；②萃取剂的挥发性要低，即其沸点应高于原组分的沸点，且不与原组分形成恒沸液；③萃取剂应无毒、无腐蚀性，热稳定性要好，且来源容易、价格低廉。

与恒沸精馏相比，萃取精馏具有的特点包括：①可作为萃取剂的物质较多，因而萃取剂的选择比挟带剂的选择要容易一些。②萃取剂不与原料液中的组分形成恒沸液，而挟带剂可与原料液中的一个或多个组分形成沸点更低的恒沸液。③在精馏过程中，萃取剂基本上不被汽化，而挟带剂要被汽化，故萃取精馏的能耗较低。④在萃取精馏中，萃取剂的加入量可在较大的范围内改变；而在恒沸精馏中，挟带剂的适宜量通常是一定的，故萃取精馏的操作较为灵活，且易于控制。⑤萃取精馏不宜采用间歇操作，而恒沸精馏则可采用间歇操作。⑥恒沸精馏的操作温度通常比萃取精馏的低，故恒沸精馏比较适合于热敏性溶液的分离。

七、其他蒸馏技术

目前，水蒸气蒸馏和分子蒸馏技术已广泛应用于药品、食品、香料等工业生产中，下面简要介绍这两种蒸馏技术的原理及其应用。

（一）水蒸气蒸馏

水蒸气蒸馏是中药生产中提取和纯化挥发油的主要方法，其原理是基于不互溶液体的独立蒸气压原理。若将水蒸气直接通入被分离物系，则当物系中各组分的蒸气分压与水蒸气的分压之和等于体系的总压时，体系便开始沸腾。此时，被分离组分的蒸气将与水蒸气一起蒸出。蒸出的气体混合物经冷凝后去掉水层即得产品。图 10-35 是实验室中使用的水蒸气蒸馏装置。操作时，首先将水蒸馏发生器内的水加热至沸腾，所产生的水蒸气被引入水蒸气蒸馏瓶内。瓶内盛有一定量的待分离液体混合物，在水蒸气的作用下，液体混合物翻腾不息，不久即产生水与有机物所组成的混合蒸气，经冷凝后收集于锥形瓶中。

水蒸气蒸馏时，体系的沸腾温度低于各组分的沸点温度，这是水蒸气蒸馏的突出优点。例如，由水相和有机相所组成的体系，其沸腾温度低于水的沸点即 100℃，从而可将沸点较高的组分从体系中分离出来。

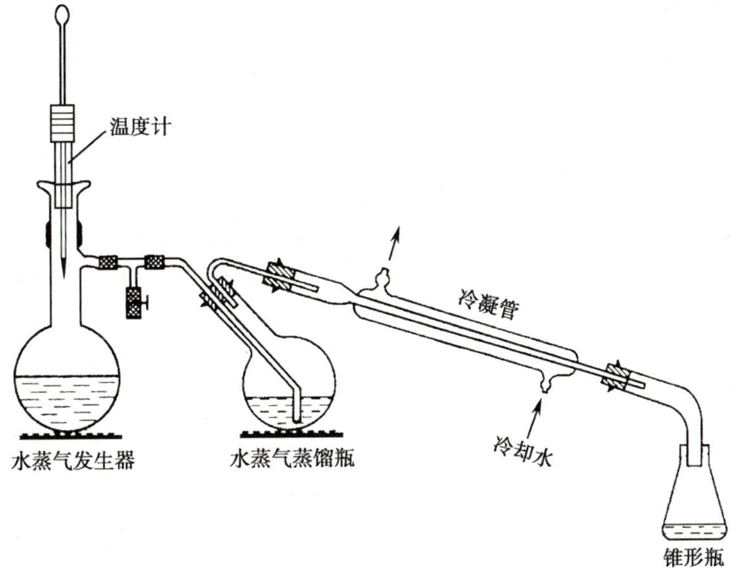

图 10-35　实验室常用的水蒸气蒸馏装置

（二）分子蒸馏

1. 分子蒸馏的原理　分子在两次连续碰撞之间所走路程的平均值称为分子平均自由程。分子蒸馏正是利用分子平均自由程的差异来分离液体混合物的，其基本原理如图 10-36 所示。待分离物料在加热板上形成均匀液膜，经加热，料液分子由液膜表面自由逸出。在与加热板平行处设一冷凝板，冷凝板的温度低于加热板，且与加热板之间的距离小于轻组分分子的平均自由程而大于重组分分子的平均自由程。这样由液膜表面逸出的大部分轻组分分子能够到达冷凝面并被冷凝成液体，而重组分分子则不能到达冷凝面，故又重新返回至液膜中，从而可实现轻、重组分的分离。

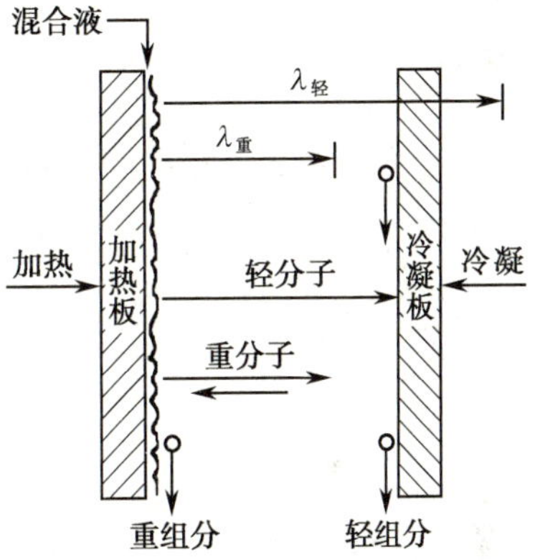

图 10-36　分子蒸馏原理

2. 分子蒸馏设备的组成　一套完整的分子蒸馏设备主要由进料系统、分子蒸馏器、馏分收集系统、加热系统、冷却系统、真空系统和控制系统等部分组成，其工艺流程如图 10-37 所示。为保证所需的真空度，一般需采用二级或以上的泵联用，并设液氮冷阱以保护真空泵。分子蒸馏器是整套设备的核心，分子蒸馏设备的发展主要体现在对分子蒸馏器的结构改进上。

3. 分子蒸馏过程及其特点

（1）分子蒸馏过程：如图 10-38 所示，分子由液相主体至冷凝面上冷凝的过程需经历以下四个步骤。

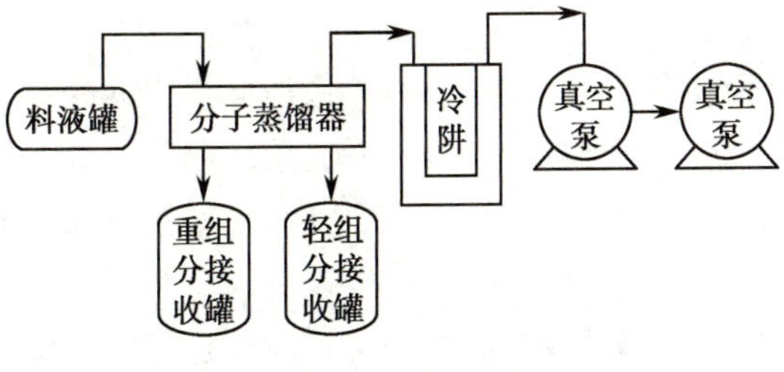

图 10-37　分子蒸馏流程

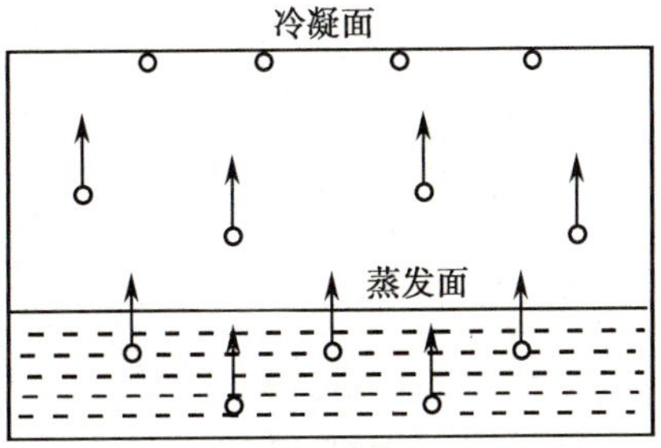

图 10-38　分子蒸馏过程

1）分子由液相主体扩散至蒸发面：该步骤的速率即分子在液相中的扩散速率是控制分子蒸馏速度的主要因素，因此在设备设计中，应尽可能减薄液层的厚度并强化液层的流动。

2）分子在液层表面上的自由蒸发：蒸发速率随温度的升高而增大，但分离因子有时却随温度的升高而下降。因此，应根据组分的热稳定性、分离要求等具体情况，选择适宜的操作温度。

3）分子由蒸发面向冷凝面飞射：蒸气分子由蒸发面向冷凝面飞射的过程中，既可能互相碰撞，又可能与残存的空气分子碰撞。由于蒸发分子均具有相同的运动方向，因此它们之间的相互碰撞对飞射方向和蒸发速率影响不大。但残存的空气分子呈杂乱无章的热运动状态，其数量的多少对蒸发分子的飞射方向及蒸发速率均有重要的影响。因此，分子蒸馏过程必须在足够高的真空度下进行。当然，一旦系统的真空度可以确保飞射过程快速进行时，再提高真空度就没有意义了。

4）分子在冷凝面上冷凝：为使该步骤能够快速完成，应采用光滑且形状合理的冷凝面，并保证蒸发面与冷凝面之间有足够的温度差（一般应大于60℃）。

（2）分子蒸馏过程的特点：与普通蒸馏相比，分子蒸馏具有如下特点。

1）分子蒸馏在极高的真空度下进行，且蒸发面与冷凝面之间的距离很小，因此在蒸发分子由蒸发面飞射至冷凝面的过程中，彼此发生碰撞的概率很小。而普通蒸馏包括减压蒸馏，系统的真空度均远低于分子蒸馏，且蒸气分子需经过很长的距离才能冷凝为液体，期间将不断地与液体或其他蒸气分子发生碰撞，整个操作系统存在一定的压差。

2）减压精馏是蒸发与冷凝的可逆过程，气液两相可形成相平衡状态；而在分子蒸馏过程中，蒸气分子由蒸发面逸出后直接飞射至冷凝面上，理论上没有返回蒸发面的可能性，故分子蒸馏过程为不可逆过程。

3）普通蒸馏的分离能力仅取决于组分间的相对挥发度，而分子蒸馏的分离能力不仅与组分间的相对挥发度有关，而且与各组分的分子量有关。

4）只要蒸发面与冷凝面之间存在足够的温度差，分子蒸馏即可在任何温度下进行；而普通蒸馏只能在泡点温度下进行。

5）普通蒸馏存在鼓泡和沸腾现象，而分子蒸馏是在液膜表面上进行的自由蒸发过程，不存在鼓泡和沸腾现象。

4. 分子蒸馏设备

（1）降膜式分子蒸馏器：降膜式分子蒸馏器是较早出现的一种结构简单的分子蒸馏设备，其典型结构如图10-39所示。工作时，料液由进料管进入，经分布器分布后在重力的作用下沿蒸发表面形成连续更新的液膜，并在几秒钟内被加热。轻组分由液态表面逸出并飞向冷凝面，在冷凝面冷凝成液体后由轻组分出口流出，残余的液体由重组分出口流出。此类分子蒸馏器的分离效率远高于静止式分子蒸馏器，缺点是蒸发面上的物料易受流量和黏度的影响而难以形成均匀的液膜，且液体在下降过程中易产生沟流，甚至会发生翻滚现象，所产生的雾沫夹带有时会溅到冷凝面上，导致分离效果下降。此外，依靠重力向下流动的液膜一般处于层流状态，传质和传热效率均不高，导致蒸馏效率下降。

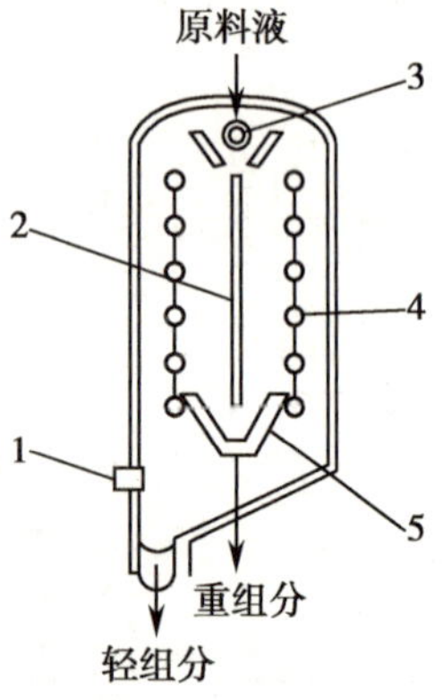

1. 真空接口；2. 蒸发面；3. 分布器；4. 冷凝面；5. 重组分收集器。

图10-39 降膜式分子蒸馏器

降膜式分子蒸馏器适用于中、低黏度液体混合物的分离。但由于液体是依靠重力的作用而向下流动的，故此类蒸馏器一般不适用于高黏度液体混合物的分离，否则会加大物料在蒸发温度下的停留时间。

（2）刮膜式分子蒸馏器：刮膜式分子蒸馏器是目前应用最广的一种分子蒸馏设备，它是对降膜式分子蒸馏器的有效改进，与降膜式的最大区别在于引入了刮膜器。刮膜器可将料液在蒸发面上刮成厚度均匀、连续更新的涡流液膜，从而大大提高了传热和传质效率，并能有效地控制液膜厚度（0.25~0.76mm）、均匀性和物料停留时间，使蒸馏效率明显提高，热分解程度显著降低。

刮膜式分子蒸馏器的蒸馏室内设有一个可以旋转的刮膜器，其结构如图 10-40（a）所示。刮膜器的转子环常用聚四氟乙烯材料制成。当刮膜器在电机的驱动下高速旋转时，其转子环可贴着蒸馏室的内壁滚动，从而可将流至内壁的液体迅速滚刷成厚度 10~100μm 的液膜，如图 10-40（b）所示。

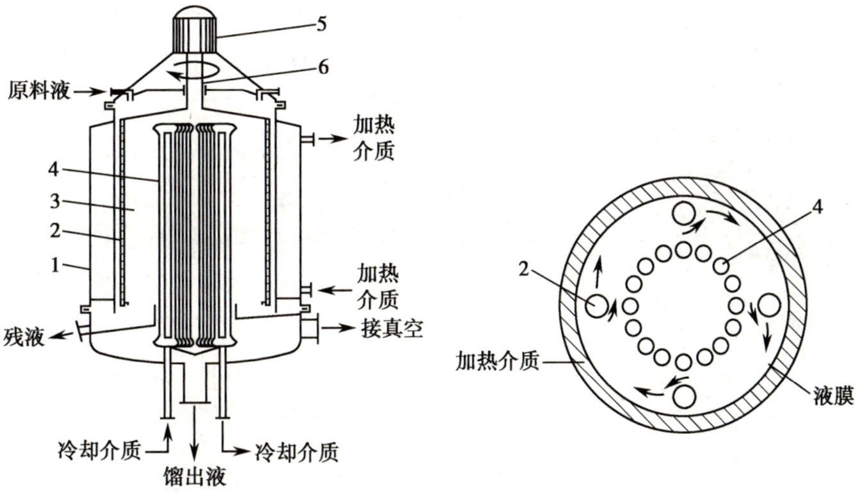

（a）结构　　（b）成膜原理

1. 夹套；2. 刮膜器；3. 蒸馏室；4. 冷凝器；5. 电机；6. 进料分布器。

图 10-40　刮膜式分子蒸馏器

与降膜式相比，刮膜式分子蒸馏器的液膜厚度比较均匀，一般不会发生沟流现象，且转子环的滚动可加剧液膜向下流动时的湍动程度，因而传热和传质效果较好。

（3）离心式分子蒸馏器：离心式分子蒸馏器内有一个旋转的蒸发面，其典型结构如图 10-41 所示。工作时，将料液加至旋转盘中心，在离心力的作用下，料液被均匀分布于蒸发面上。此类蒸馏器的优点是液膜分布均匀、厚度较薄，且具有较好的流动性，因而分离效果较好。由于料液在蒸馏温度下的停留时间很短，故可用于热稳定性较差的料液的分离。缺点是结构复杂、密封困难、造价较高。

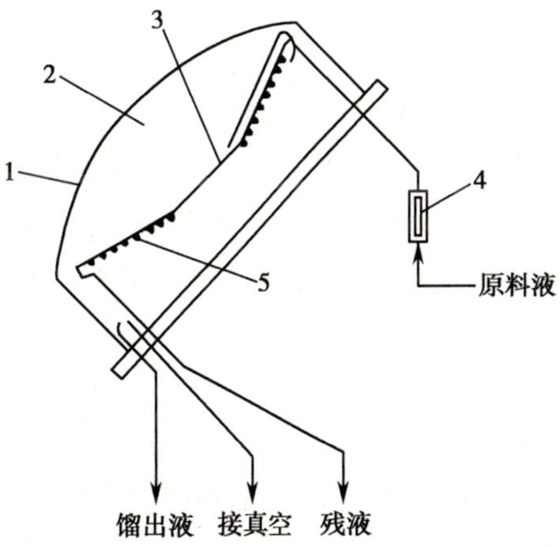

1. 冷凝器；2. 蒸馏室；3. 转盘；4. 流量计；
5. 加热器。

图 10-41　离心式分子蒸馏器

5. 分子蒸馏技术在制药工业中的应用　分子蒸馏具有操作温度低、受热时间短、分离速度快、物料不会氧化等优点。目前该技术已成功地应用于制药、食品、香料等领域，其中的典型应用是从鱼油中提取 DHA 和 EPA、天然及合成维生素 E 的提取等。此外，分子蒸馏技术还用于提取天然辣椒红色素和 α-亚麻酸、精制羊毛脂以及卵磷脂、酶、维生素、蛋白质等的浓缩。可以预见，随着研究的不断深入，分子蒸馏技术的应用范围将不断扩大。

第二节 吸 收

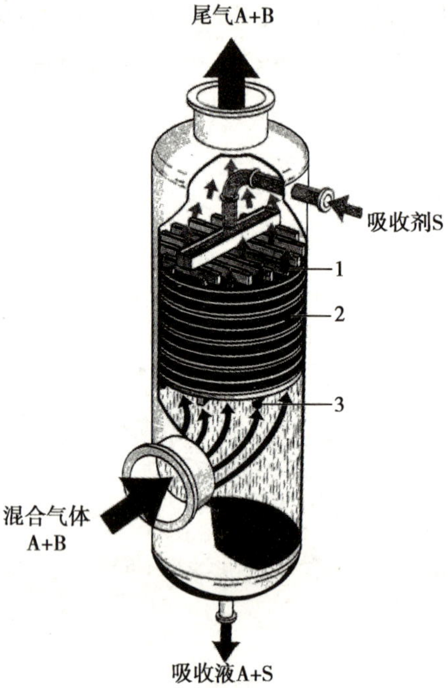

1. 液体分布器;2. 填料;3. 填料支承。

图 10-42 填料塔吸收过程

一、吸收过程的基本概念

吸收是一种利用气体混合物中不同组分在液体中的溶解度差异来实现分离的单元操作。当气体混合物与某种液体接触时,其中的一个或几个组分将会被液体所溶解,而不被溶解的组分仍保留于气相中,从而将气体混合物中的组分分离开来。在吸收操作中,能被溶解的气体称为溶质或吸收质,以 A 表示;不能被溶解或相对于溶质而言溶解度较小的气体称为惰性组分或载体,以 B 表示;所用的液体称为吸收剂或溶剂,以 S 表示;吸收后得到的溶液和排出的气体分别称为吸收液和尾气。图 10-42 是常见的填料塔吸收过程的示意图,图中吸收液主要含有溶质和吸收剂,尾气中除含有惰性组分外,一般还含有少量残留的溶质。

二、吸收的工业应用

吸收操作在工业上主要应用在两个方面:①回收有价值的组分或制备液体产品。如用硫酸回收焦炉煤气中的氨,用液态烃回收裂解气中的乙烯和丙烯,用水分别吸收氯化氢、二氧化氮、甲醛气体可制备盐酸、硝酸和福尔马林溶液,用液碱吸收氯化反应中放出的氯气可制备次氯酸钠溶液等;②除去有害组分以净化气体或环境。如用水或液碱脱除合成氨原料气中的二氧化碳,用铜氨液脱除合成氨原料气中的一氧化碳,用氨水吸收磺化反应中排出的二氧化硫等。另外通过除去放空尾气中的硫化氢和二氧化硫,可以避免大气污染。

三、吸收的分类

按溶质与吸收剂之间是否发生显著的化学反应,吸收可分为物理吸收和化学吸收两大类。若溶质与吸收剂之间不发生显著的化学反应,则该吸收过程称为物理吸收。若溶质与吸收剂之间发生显著的化学反应,则称为化学吸收。如用水吸收 CO_2、用洗油吸收芳烃等都属于物理吸收,用硫酸吸收 NH_3、用液碱吸收 CO_2、SO_2或 NO_2 等都属于化学吸收。一般情况下,化学吸收可显著增强吸收效果。

按溶质组分数的多少,吸收可分为单组分吸收和多组分吸收。若混合气体中只有一种组分可溶解于吸收剂,则称为单组分吸收。如用水处理合成氨原料气中的 H_2、N_2、CO 和 CO_2 等气体时,仅 CO_2 在水中具有较大的溶解度,故可视为单组分吸收。若混合气体中有两种或两种以上的组分能够同时溶解于吸收剂,则称为多组分吸收。如用洗油处理焦炉煤气时,苯、甲苯、二甲苯等组分均能溶解于洗油,故可视为多组分吸收。

按吸收剂温度是否发生显著变化,吸收可分为等温吸收和非等温吸收。若吸收过程中吸收剂的温度近似不变,则称为等温吸收。如在吸收剂用量较大、溶质浓度较低或设备散热良好的情况下,吸收剂温度不会发生较大的变化,此时吸收过程可视为等温吸收。若溶质溶解时放出的溶解热或反应热较大,使得吸收剂的温度明显升高,则此吸收过程可视为非等温吸收。如用水吸收 SO_3 气体制备硫酸或用水吸收 HCl 气体制备盐酸等吸收过程均属于非等温吸收。

四、吸收与解吸

解吸是指已溶解的溶质从吸收液中释放出来的过程，又称为脱吸。解吸是吸收的逆过程。溶质在气液两相之间的转移方向和限度均由相平衡关系决定。当气相中溶质的实际浓度高于与液相成平衡的溶质浓度时，溶质将由气相转移至液相即为吸收过程；反之，当气相中溶质的实际浓度低于与液相成平衡的溶质浓度时，溶质则由液相转移至气相即为解吸过程。

由于吸收和解吸都存在物质的相转移，即溶质在气相和液相之间转移，因此吸收和解吸均属于传质操作的范畴，且两者的基本原理相同，处理方法也相近。

五、吸收剂的选择

在吸收操作中，合理地选择吸收剂很重要。在选择吸收剂时，主要考虑下列基本要求：

（1）对溶质具有较大的溶解度：目的是提高吸收速率，减少吸收剂用量，从而降低输送和再生的能耗。有时为便于吸收剂的回收和再利用，工业上通常在吸收操作之后还需进行解吸操作，因此对于物理吸收，选择溶解度随着操作条件改变而有显著变化的吸收剂较为合适；对于化学吸收，宜选择与溶质之间能够发生可逆化学反应的吸收剂。

（2）对溶质具有较高的选择性：吸收剂不仅要对溶质具有较大的溶解度，而且要求对惰性组分不具有或具有较小的溶解度。这一方面是为了保证较好的吸收分离效果，另一方面是为了减少惰性组分的溶解损失，以提高解吸操作所得溶质的纯度。吸收剂选择性的高低可用选择性系数来表示，即溶质的溶解度与惰性组分的溶解度之比。吸收剂的选择性系数越大，则吸收分离的效果就越好。

（3）低挥发性：在一定温度下，低挥发性吸收剂的蒸气压较小，吸收尾气带走的吸收剂组分也较少，从而可减少吸收剂的损失量。同理，吸收剂的挥发性越低，则解吸操作中的溶质气体的纯度就越高。

（4）低黏度：低黏度流体有利于输送，并可改善操作时的流体流动状况，从而可提高传热和传质速率。此外，低黏度流体一般不易发泡，因而有利于操作的稳定。

（5）高稳定性：吸收剂应具有良好的化学稳定性和热稳定性，以避免吸收剂的降解和变质，这对化学吸收过程尤为重要。

（6）安全性：无毒、无腐蚀性，不易燃易爆且价廉易得。

第三节　塔　设　备

虽然蒸馏和吸收是基于不同分离原理的单元操作，但两者均可在塔设备中进行。按结构形式的不同，塔设备大致可分为填料塔和板式塔两大类。板式塔常用于精馏操作，填料塔既可用于吸收操作，又可用于精馏操作。

一、板式塔

板式塔的核心部件为塔板，其功能是使气液两相保持密切而又充分的接触。

1. 塔板结构　图 10-43 所示为最为典型的塔板——筛板，其结构通常由气体通道、溢流堰和降液管三部分组成。

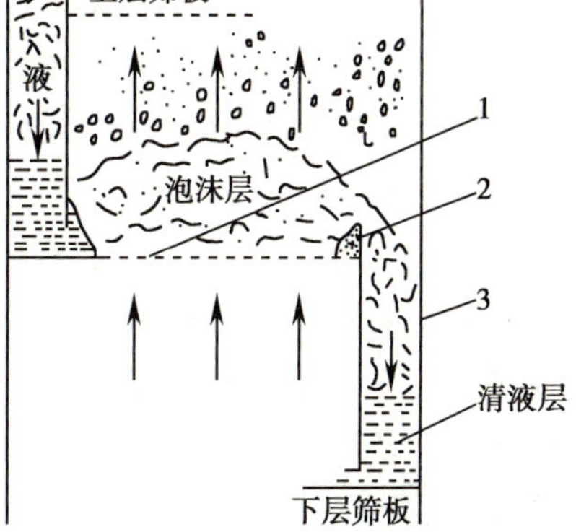

1. 筛板；2. 溢流堰；3. 降液管。

图 10-43　筛板的结构

（1）气体通道：塔板上均匀开设一定数量供气体自下而上流动的筛孔，其孔径一般为 3~8mm。

(2) 溢流堰:每块塔板的出口处常设有溢流堰,以使板上的液层具有一定的厚度。

(3) 降液管:液体在相邻塔板之间自上而下流动的通道称为降液管。

工作时,液体自第 $n-1$ 块塔板的降液管流下,横向流过第 n 块塔板,并翻越其溢流堰,进入降液管,流至第 $n+1$ 块塔板。

2. 塔板的流体力学性能

(1) 气液接触状态:气体通过筛孔的速度称为孔速,不同的孔速可使气液两相在塔板上呈现不同的接触状态,如图 10-44 所示。

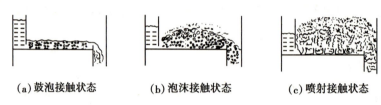

(a) 鼓泡接触状态　　(b) 泡沫接触状态　　(c) 喷射接触状态

图 10-44 气液两相在塔板上的接触状态

1) 鼓泡接触状态:若孔速很低,则气体通过筛孔后,将以鼓泡的形式通过板上的液层,使气液两相呈鼓泡接触状态。此时,两相接触的传质面积仅为气泡表面,且气泡的数量较少,液层的湍动程度不高,故传质阻力较大。

2) 泡沫接触状态:当孔速增大至某一数值时,气泡表面因气泡数量的大量增加而连成一片,并不断发生合并与破裂,使气液两相呈泡沫接触状态。此时,仅在靠近塔板表面处才有少量清液,而板上大部分液体均以高度活动的泡沫形式存在于气泡之中,但液体仍为连续相,而气相仍为分散相。这种高度湍动的泡沫层为气液两相的传热和传质提供了良好的流体力学条件。

3) 喷射接触状态:若孔速继续增大,则气体将从孔口高速喷出,从而将板上液体破碎成大小不等的液滴而抛至塔板的上部空间。当液滴落至板上并汇成很薄的液层时将再次被破碎成液滴而抛出,从而使气液两相呈喷射接触状态。在喷射接触状态下,两相的传质面为液滴的外表面,液滴的多次形成和合并使传质表面不断更新,从而为气液两相的传热和传质创造了良好的流体力学条件。

实际生产中使用的筛板,气液两相的接触状态通常为泡沫接触状态或喷射接触状态。

(2) 漏液:若孔速过低,则板上液体会从筛孔直接落下,这种现象称为漏液。由于板上液体尚未与气体充分传质就落至浓度较低的下一块塔板上,因而使传质效果下降。当漏液量较大而使板上不能积液时,操作将无法进行。

按整个塔截面计算的气相流速称为空塔气速,漏液量达到 10% 时的空塔气速称为漏液气速。正常操作时,漏液量不应大于液体流量的 10%,即空塔气速不应低于漏液气速。

(3) 液沫夹带:当气体穿过板上的液层继续上升时,会将一部分小液滴挟带至上一块塔板,这种现象称为液沫夹带。下一块塔板上浓度较低的液体被气流挟带至上一块塔板上浓度较高的液体中,其结果必然导致塔板传质效果的下降。

液沫夹带量主要与气速和板间距有关,其值随气速的增大而增大,随板间距的增大而减少。为保证塔板具有良好的传质效果,应控制液沫夹带量不超过 0.1kg 液体/kg 气体。

(4) 液泛:当气相或液相的流量过大以至降液管内的液体不能顺利流下时,液体便开始在管内积累。当管内液位增高至溢流堰顶部时,两板间的液体将连为一体,该塔板便产生积液,并依次上升,这种现象称为液泛或淹塔。

发生液泛时,气体通过塔板的压降将急剧增大,且气体大量带液,导致塔无法正常操作,故正常操作时应避免产生液泛现象。

液泛时的空塔气速称为液泛气速,是塔正常操作的上限气速。液泛气速不仅取决于气液两相的流量和液体物性，而且与塔板结构尤其是板间距密切相关。为提高液泛气速，可采用较大的板间距。

二、填料塔

填料塔是一种非常重要的气液传质设备，在制药化工生产中有着广泛的应用。填料塔也有一个圆筒形的塔体，其内分段安装一定高度的填料，如图 10-45 所示。操作时，来自冷凝器的回流液经液体分布器均匀喷洒于塔截面上。在填料层内液体沿填料表面呈膜状自上而下流动，各段填料之间设有液体收集器和液体再分布器，其作用是将上段填料中的液体收集后重新均匀分布于塔截面上，再进入下段填料。

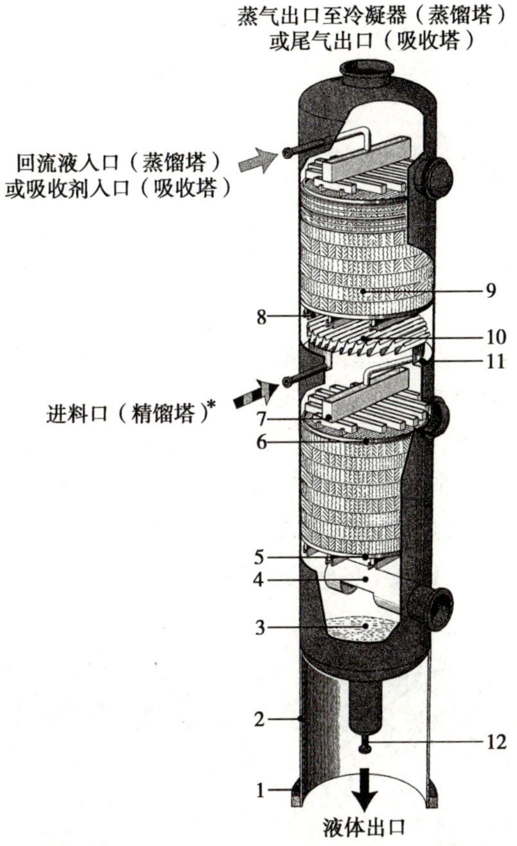

1. 底座圈；2. 裙座；3. 塔底；4. 蒸气进口管（蒸馏塔）或气体进口管（吸收塔）；5. 支承栅；6. 填料压栅；7. 液体分布器；8. 支承架；9. 填料；10. 液体收集器；11. 排放孔；12. 液体出口管接再沸器（蒸馏塔）或吸收液出口管（吸收塔）；* 吸收塔无此接管。

图 10-45　填料塔的结构示意图

1. 填料　按堆积方式的不同，填料可分为散堆填料和规整填料两大类。散堆填料以无规则堆积方式填充于塔筒内，装卸比较方便，但压降较大、效率较低。规整填料是用波纹板片或波纹网片捆扎焊接而成的圆柱形填料，具有压降小、效率高等优点，常用于直径大于 50mm 的填料塔。常见的散堆填料和规整填料如图 10-46 所示。

2. 填料塔的液泛　单位时间单位面积的填料层上所喷淋的液体体积，称为液体喷淋密度，单位为 $m^3/(m^2 \cdot h)$。而单位体积的填料层中所滞流的液体体积，称为持液量。

若液体喷淋密度一定，则上升气体的流速越大，持液量就越大，气体通过填料层的压降也越大。当气速超过某一数值后，液体便不能顺利下流，从而使填料层内的持液量

典型的人造填料——拉西环、鲍尔环和阶梯环

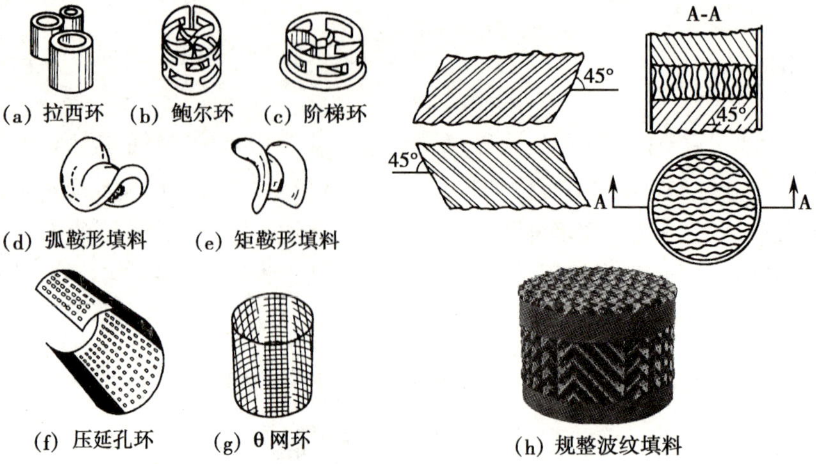

图 10-46 常见填料

不断增多，以致液体几乎充满填料层的空隙，并在填料层上部形成积液层，而压降则急剧上升，全塔的操作被破坏，这种现象称为填料塔的液泛。显然，正常操作时应避免产生液泛现象。

3. 填料塔附件

（1）填料支承装置：对于填料塔，无论是使用散堆填料还是规整填料，都要设置填料支承装置，以承受填料层及其所持有的液体的重量。填料支承装置不仅要有足够的强度，而且通道面积不能小于填料层的自由截面积，否则会增大气体的流动阻力、降低塔的处理能力。

栅板式支承装置是最常用的支承装置，其结构如图 10-47(a)所示。此外，具有圆形或条形升气管的支承装置具有较高的机械强度和较大的通道面积，其典型结构如图 10-47(b)所示。气体由升气管的管壁小孔或齿缝中流出，而液体则由板上的筛孔流下。

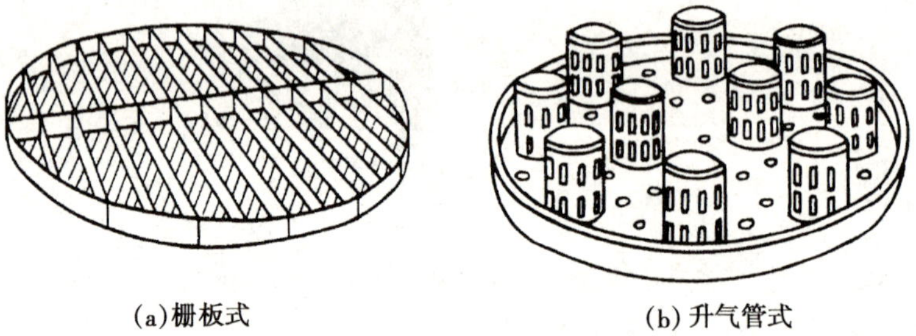

图 10-47 填料支承装置

（2）液体分布器：液体在塔截面上的均匀分布是保证气液两相充分接触传质的先决条件。为了给填料层提供一个良好的初始液体分布，液体分布器须有足够的喷淋点。研究表明，对于直径小于 0.75m 的填料塔，每平方米截面上的液体喷淋点不应少于 160 个；而对于直径大于 0.75m 的填料塔，每平方米截面上应有 40~50 个液体喷淋点。

液体分布器的种类很多，常见型式如图 10-48 所示。

（3）液体再分布器：液体在塔内自上而下流动时存在向壁面径向流动的趋势，其结果是使壁流增加而填料主体的液流减少。即使液体在填料层上部的初始分布非常均匀，但随着液体自上而下流动，这种均匀分布也不能保持，这种现象称为壁效应。为克服或减弱壁效应的影响，必须每隔一定高度的填料层，对液体进行再分布。

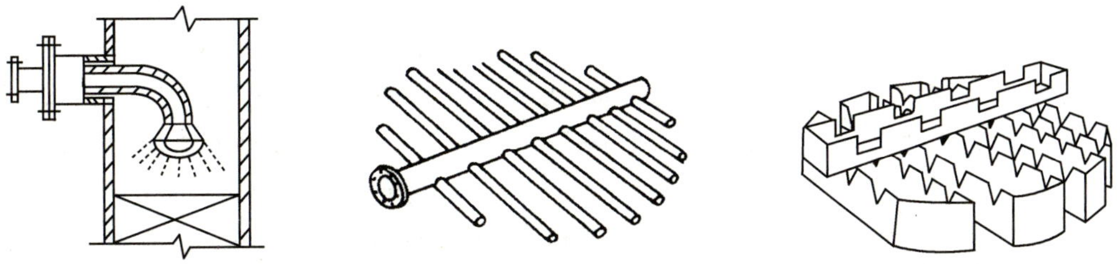

（a）莲蓬式　　（b）多孔管式　　（c）溢流槽式

图 10-48　液体分布器

图 10-49 所示的锥形液体再分布器是一种最简单的液体再分布器，一般用于大部分液体沿塔壁流下而引起塔效下降的填料塔中。由于这种情况在小直径填料塔中更为严重，因此这种分布器常用于直径小于 0.6m 的小直径填料塔中。

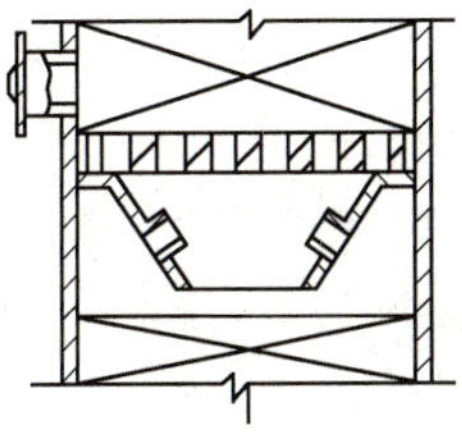

图 10-49　锥形液体再分布器

图 10-45 中所示的液体再分布器由液体收集器和液体分布器组合而成，其中液体收集器的分布器倾斜集液板的水平投影互相重叠，并遮盖住整个塔截面，这样由上段填料流下的液体将被全部收集于环形槽中，并被导入液体分布器重新均匀分布于下一段填料表面。此种组合式液体再分布器具有结构简单、分布效果好等优点，在填料塔中的应用非常普遍。

此外，图 10-47（b）所示的升气管式填料支承实际上也是一种液体再分布器，可用于直径较大的填料塔中。

目标测试

课 后 习 题

一、计算题

1. 在总压 101.325kPa 下，正庚烷-正辛烷的气液平衡数据如下。

温度/℃	98.4	105	110	115	120	125.6
液相中正庚烷的摩尔分数（x）	1.0	0.656	0.487	0.311	0.157	0
气相中正庚烷的摩尔分数（y）	1.0	0.81	0.673	0.491	0.280	0

试求：（1）在总压 101.325kPa 下，溶液中正庚烷为 0.35（摩尔分数）时的泡点及平衡汽相的瞬间组成；（2）在总压 101.325kPa 下，组成 $x=0.35$ 的溶液，加热到 117℃，处于什么状态？溶液加热到什么温度，全部汽化为饱和蒸气？（$y=0.53$；气液混合物；118℃）

2. 苯（A）与甲苯（B）混合液可视为理想溶液。已知苯与甲苯在 1atm 和 95℃ 时的饱和蒸气压分别为 1 168mmHg 与 475mmHg，试计算平衡时苯的气相组成、液相组成及相对挥发度。（$x=0.411$，$y=0.632$，$\alpha=2.46$）

3. 在密闭容器中将某双组分理想溶液升温至 87℃，测得此时溶液上方气相中 A 组分的摩尔分率为 0.80，试计算此时的液相组成及溶液上方的压强。已知 87℃ 时 p_A^o 为 110kPa，p_B^o 为 50kPa。（x=0.65，P=89kPa）

4. 用连续精馏塔分离苯和甲苯溶液，已知原料中苯的含量为 40%（质量分数，下同），甲苯的含量为 60%，处理量为 10 000kg/h。要求釜残液中苯的含量不高于 2%，塔顶馏出液中苯的回收率不低于 97%，试计算塔顶馏出液和塔底残液的流量及组成。（D=53.3kmol/h，W=63.3kmol/h，x_D=0.937）

5. 上题中，若进料为饱和液体，选用的回流比 R=2.0，试确定提馏段的操作线方程，并指出操作线的斜率和截距。（$y_{m+1}=1.4x_m-0.0093$，斜率为 1.4，截距为 −0.009 3）

6. 用连续精馏塔分离某双组分混合液。已知进料为饱和液体，精馏段操作线方程为 $y=0.75x+0.235$，提馏段操作线方程为 $y=1.40x-0.04$，试计算：(1) 操作回流比；(2) 塔顶馏出液的组成；(3) 釜液组成。（R=3，x_D=0.94，x_W=0.1）

7. 在连续精馏操作中，已知 q 线方程为 $y=-0.45x+0.6$，试求：(1) 进料热状况参数 q；(2) 进料热状况。（q=0.3，气液混合物）

8. 用板式精馏塔分离某双组分理想溶液。已知进料为泡点进料，塔顶馏出液的组成为 0.9（易挥发组分的摩尔分率，下同），釜残液的组成为 0.1，进料组成为 0.5。若再沸器中的上升蒸气量为 90kmol/h，塔顶的回流液体量为 60kmol/h，试计算原料液的流量。（60kmol/h）

9. 用连续精馏塔分离某双组分理想溶液。已知某塔板上的气、液相组成分别为 0.83 和 0.70，与其相邻的上一块塔板的液相组成为 0.77（摩尔分率，下同），与其相邻的下一块塔板的气相组成为 0.78；进料为饱和液体，组成为 0.46；泡点回流，塔顶与塔釜的产量比为 2∶3。试确定：(1) 精馏段操作线方程；(2) 提馏段操作线方程。（$y=0.71x+0.28$；$y=1.43x-0.047$）

10. 在一双组分连续精馏塔中，进入精馏塔中第 n 层理论板的气相组成为 0.75，从该板流出的液相组成为 0.65（均为摩尔分数），塔内气液比 $V/L=2$，物系的相对挥发度为 $\alpha=2.5$。试确定：(1) 从该板上升的蒸气组成；(2) 流入该板的液相组成；(3) 回流比 R。（$y_n=0.823$，$x_{n-1}=0.796$，R=1）

11. 常压下用连续精馏塔分离甲醇-水混合液。已知进料流量为 100kmol/h，进料组成为 0.4（甲醇的摩尔分率，下同），饱和液体进料，塔顶馏出液组成为 0.9，甲醇的回收率为 90%，操作回流比为 3，甲醇-水体系的气液平衡数据如表 10-6 所示，试用图解法确定所需的理论板数。（5）

表 10-6　甲醇-水体系的气液平衡数据

甲醇的液相组成	甲醇的气相组成	甲醇的液相组成	甲醇的气相组成
0.00	0.000	0.40	0.729
0.02	0.134	0.50	0.779
0.04	0.234	0.60	0.825
0.06	0.304	0.70	0.870
0.08	0.365	0.80	0.915
0.10	0.418	0.90	0.958
0.15	0.517	0.95	0.979
0.20	0.579	1.00	1.000
0.30	0.665		

12. 常压下用连续精馏塔分离某双组分理想溶液。已知进料液中易挥发组分的摩尔分率为 0.5，进料的气液比为 4∶6，塔顶馏出液中易挥发组分的摩尔分率为 0.95，相对挥发度为 2.46，试计算最小回流比。（R_{min}=1.35）

二、简答题

1. 何谓蒸馏？蒸馏操作的依据是什么？

2. 简述拉乌尔定律和道尔顿分压定律。

3. 简单蒸馏与平衡蒸馏有何异同？

4. 简述何谓挥发度和相对挥发度？并指出相对挥发度的大小对精馏操作的影响。

5. 简述精馏的原理并指出回流和再沸器在精馏操作中作用。

6. 什么是恒摩尔流假设？

7. 如何在 y-x 相图上绘制精馏段操作线及提馏操作线？

8. 实际生产中，进料有哪几种热状况？指出不同进料热状态下 q 的范围，并大致画出不同热状况下 q 线在 y-x 图上的位置。

9. 如何用图解法计算理论板数，如何确定进料板的位置？

10. 什么是回流比？回流比的大小对精馏塔的操作有何影响？如何确定适宜的回流比？

11. 分别简述恒沸精馏和萃取精馏的基本原理并比较它们的特点。

12. 简述水蒸气蒸馏的基本原理和特点。

13. 简述分子蒸馏的基本原理和特点。

14. 何谓吸收？吸收操作的依据是什么？

15. 合理选择吸收剂应该从哪几个方面考虑？

第十一章

干　燥

第十一章
教学课件

学习要求：

1. 掌握去湿、干燥、湿空气参数、物料中水分、干燥速率等基本概念、方法及分类；对流干燥基本原理；干燥过程物料衡算；常用干燥器工作原理及选型。
2. 熟悉湿空气参数计算、焓湿图及其应用；干燥过程热量衡算；干燥过程与物料水量性质；干燥曲线，干燥速率计算。
3. 了解其他干燥方法、恒定干燥条件下的干燥时间计算、其他干燥设备的结构和特点。

第一节　概　　述

一、去湿方法

制药生产中的原材料、中间体、半成品和成品常含有一定量的湿分，主要是水或其他有机溶剂，需要依据加工、储存、运输和使用等工艺质量要求除去其中部分湿分，以达到生产工艺和《中华人民共和国药典》规定的湿分含量。干燥泛指从湿物料中除去超过工艺和质量规定部分湿分的各种单元操作。

生产中将除去物料中部分湿分的操作称为去湿，常用的去湿方法有机械去湿法、物理化学去湿法和传热去湿法三种。

1. 机械去湿法　利用物质流动性、密度等物理性质的差异，借助不同物理力场或机械力，运用过滤、压榨、抽吸和离心分离等设备除去物料中湿分的方法统称为机械去湿法。该法的特点是设备简单、能耗较低，但去湿后物料的湿含量往往达不到规定的标准。因此，该法常用于物料去湿的预处理。

2. 物理化学去湿法　利用湿分在物料和吸湿材料中的化学势差异，将物料中的湿分吸附或吸收的去湿方法统称为物理化学去湿法。吸湿材料常称为干燥剂，如分子筛、硅胶、浓硫酸、生石灰、无水氯化钙等。该法耗时长，处理量小，费用高，故该法常用于实验中小批量物料的去湿，而在生产中则很少采用。

3. 传热去湿法　该法是通过不同的传热方式向湿物料提供热能，使物料中的湿分汽化逸出，从而获得规定湿分含量的方法。该法处理量大，去湿程度高，已广泛应用于工业生产。习惯上，将传热去湿法称为干燥。

实际生产中，常将机械去湿与传热去湿组合使用，即先用机械去湿法除去物料中的大部分湿分，然后再用干燥继续去湿，最终得到合格的产品。

干燥是一种传热传质单元操作，是制药生产中的一个极其重要的单元操作。干燥的目的主要表现在以下几个方面：

日常生活中的去湿操作

1. 便于药材的加工处理　物料含水量减少，往往硬度增大，脆性增加，重聚性降低，流动性增强，堆积密度均匀，从而有利于粉碎、筛分、混合、充填、压片和成型等加工操作。

2. 提高药物的稳定性 常温下，水是化学反应的良好介质，也是微生物繁殖的重要条件。原料药和成品药经干燥后含水量下降，从而可减缓有效成分的降解和分解，防止药品发生霉变，并延长药品的保质期。

3. 保证产品的内在和外观质量 有些剂型的成品药对湿分的含量有严格要求，尤其是对有机溶剂的残留量有严格的限制，必须用干燥法除去超标的湿分才能达到质量要求。

4. 易于贮藏和运输 药品干燥后，体积小，重量轻，便于包装、贮藏和运输，从而可大大降低包装、贮藏和运输方面的费用。

二、干燥的分类

干燥方法多种多样，可按不同的方法进行分类。

按操作压力范围的不同，干燥可分为常压干燥和真空干燥。常压干燥用于对干燥没有特殊要求的物料。真空干燥具有操作温度低、干燥速度快、热效率高等特点，适合于热敏性、易氧化及含水量要求较低的物料干燥。

按操作方式的不同，干燥可分为连续式干燥和间歇式干燥。连续式干燥的生产能力大，产品质量均匀，热效率高，劳动条件好；间歇式干燥的适应性强，设备投资少，但干燥时间长，生产效率和热效率低，劳动强度大，多用于小批量、多品种、更新快的物料干燥。

按供热方式的不同，干燥可分为对流干燥、传导干燥、辐射干燥和介电干燥。

1. 对流干燥 以空气为干燥介质，加热后使其流过物料表面，热空气将热量传递给物料，物料中的湿分汽化并被空气带走。空气既是载热体，又是载湿体。此种干燥方式最为常用，特点是干燥温度易于控制，物料不易过热变质，处理量大，但热能的利用程度较低，一般仅为30%～50%。常用的气流干燥、流化干燥、喷雾干燥等均属于对流干燥。

2. 传导干燥 将湿物料与设备的加热表面接触，直接将热能传导给湿物料，使物料中的湿分汽化，同时用空气将湿气带走。干燥时设备的加热面是载热体，空气是载湿体。传导干燥的特点是热能的利用程度较高，可达70%～80%，湿分蒸发量大，干燥速度快，但易使物料过热而变质。转鼓干燥、真空干燥等均属于传导干燥。

3. 辐射干燥 用波长为2.5～1 000μm的远红外电磁波作为辐射源，湿物料吸收电磁辐射能并转化为热能，使物料中的湿分汽化，同时用流动的空气为载湿体或用抽真空的方式带走湿分。辐射干燥的特点是安全、卫生、干燥速度快、易于控制，但耗电量较大，设备投入较高。

4. 介电干燥 利用在高频电场或微波场（为超高频电场）的作用下，使物料中的极性分子（如水分子）及离子产生偶极子转动和离子传导等能量转换效应，将辐射能转化为热能，使物料中的湿分汽化，并用空气带走汽化后的湿分，从而达到干燥的目的。

高频或超高频电场对非导体有强大的穿透能力，因而加热不是由外而内，而是内外同时加热，物料内部水分多的部位温度就高、汽化速度就快、水蒸气分压就大。此时，传热与传质方向一致，干燥速度较快。

5. 冷冻干燥 该法是先将物料冷冻至冰点之下，使物料中的水结成冰，然后抽真空并维持一定的真空度，再用热传导方式供热，使冰直接升华为水蒸气而除去。冷冻干燥属于低温操作，可以保存被干燥物料的原有结构和特性，但设备的投入和操作费用均较高。在药品生产中，冷冻干燥常用于生化制品的干燥。

1103

家庭生活中的干燥方法

在实际生产中，上述各种干燥方式以对流干燥应用最为广泛。

三、对流干燥流程

对流干燥普遍使用空气作为干燥介质，湿分通常为水或有机溶剂。

图11-1为对流干燥的工艺流程示意图。

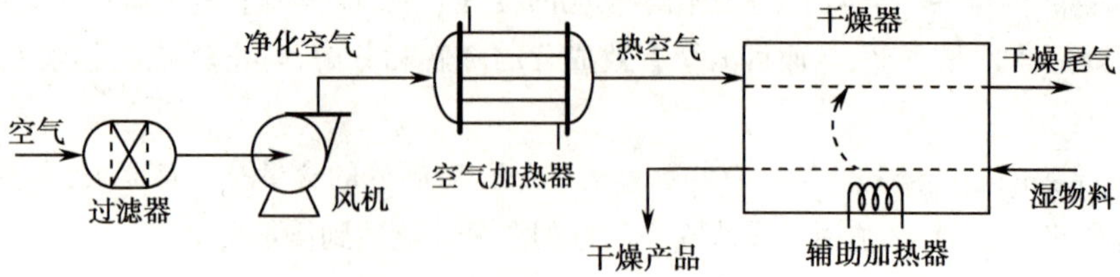

图 11-1　常压连续对流干燥流程

经净化加热的空气，在干燥器内流过湿物料表面，与湿物料之间进行充分的传热与传质，最终达到工艺所要求的湿含量。

对流干燥方法在生产中的工艺流程基本一致，不同方法的区别在于传热方式、途径及装卸物料的操作方式不同。

四、对流干燥的基本原理

对流干燥过程中，作为干燥介质的空气既是载热体，也是载湿体。

图 11-2 为对流干燥过程，其中 t 为流动热空气主体温度，p 为空气湿分蒸气压；t_w 为物料表面温度，p_w 为物料表面湿分蒸气压；Q 为热空气传递给湿物料的热量，W 为湿物料中汽化并传递至热空气主体的湿分。

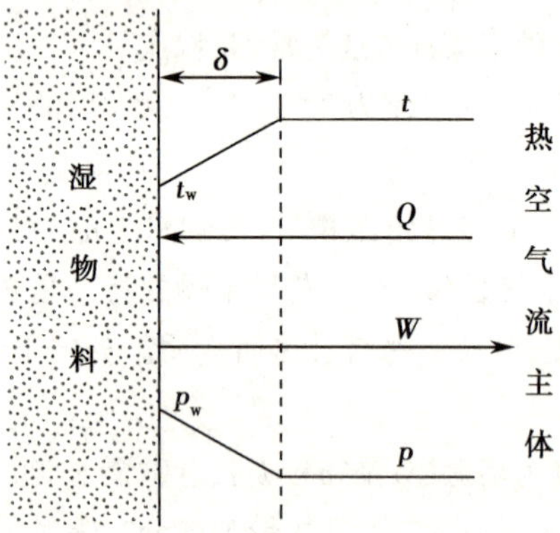

δ. 湿物料表面气膜的有效厚度

图 11-2　对流干燥过程

一定干燥温度 t 时，在温度差 $\Delta t=t-t_w$ 的推动下，流动的热空气将热量 Q 传给湿物料，物料表面湿分受热汽化，产生蒸气压力 p_w，当 p_w 大于干燥介质中湿分蒸气分压 p 时，湿分蒸气将在压力差 $\Delta p=p_w-p$ 的作用下向干燥介质扩散，物料表面湿含量将下降。与此同时，物料内部的湿分在不同物理因素（如浓度差、压力差、表面能等）的联合作用下以液态或气态的形式向表面移动，并在表面持续受热而汽化，流动的热空气则将热量持续传递给湿物料，以提供湿分汽化所需的汽化潜热并维持一定的温度。上述过程连续进行，物料中的湿分不断被移出，最终使物料中的湿分下降至规定要求。

对流传热是传热与传质的双向过程，温度差 Δt 和压力差 Δp 是对流传热的两个重要工艺参数。传热的必要条件是存在温度差 Δt，传质的必要条件是存在压力差 Δp。理论上，两值相差越大，传热与传质速率越快，干燥过程越快，干燥过程进行也越彻底，产品中湿含量也越低。

若物料表面水分所产生的水蒸气分压低于干燥介质中的水蒸气分压，则物料将从介质中吸湿，即通常所说的"反潮"。

第二节　湿空气的性质和湿度图

一、湿空气的性质

对流干燥中普遍使用空气作为干燥介质，称为湿空气，它是由绝干空气和水蒸气所组成的混合物。干燥通常在常压下进行，此状态下的湿空气可视为理想气体，因此理想气体定律均适用于湿空气。

干燥过程一个典型的特征是湿空气质量不断发生改变，而其中绝干空气质量则保持不变。因此，湿空气许多物理性质参数，都是以单位质量绝干空气为基准。

（一）压力 *P*

即湿空气的总压力。根据道尔顿分压定律，P 等于湿空气中绝干空气的分压 p_g 与水蒸气的分压 p 之和，单位为 Pa。

$$P=p_g+p \qquad \text{式(11-1)}$$

实际生产的干燥过程多在大气中进行，此时总压 P 基本恒定。显然，湿空气中水蒸气分压 p 越大，含水量就越高。

（二）干球温度 *t*

干球温度是将普通温度计置于湿空气中所测取的温度值为湿空气的温度，即空气温度。干球温度是湿空气的真实温度，工程计算中常以℃为单位；SI 制中采用绝对温度，以 T 表示，单位为开尔文（K）。两种温度之间的换算关系为

$$t=T-273 \qquad \text{式(11-2)}$$

（三）湿度 *H*

湿度又称为湿含量或绝对湿度，定义为湿空气中所含水蒸气的质量与绝干空气的质量之比，单位为 kg/kg，即

$$H=\frac{\text{湿空气中的水蒸气质量}}{\text{湿空气中的绝干空气质量}}=\frac{M_v n_v}{M_g n_g}=\frac{18n_v}{29n_g} \qquad \text{式(11-3)}$$

式中，M_v 为水蒸气的千摩尔质量，kg/kmol；M_g 为绝干空气的平均千摩尔质量，kg/kmol；n_v 为水蒸气的千摩尔数，kmol；n_g 为绝干空气的千摩尔数，kmol。

常压下湿空气可视为理想混合气体，理想气体摩尔数之比等于气体分压之比，故

$$H=\frac{18p}{29(P-p)}=0.622\frac{p}{P-p} \qquad \text{式(11-4)}$$

可见，湿空气的湿度是总压 P 及水蒸气分压 p 的函数，当总压一定时，湿度取决于水蒸气的分压。

若湿空气中水蒸气处于饱和状态，其湿度称为饱和湿度，即

$$H_s=0.622\frac{p_s}{P-p_s} \qquad \text{式(11-5)}$$

式中，H_s 为湿空气的饱和湿度，kg/kg；p_s 为给定温度下水的饱和蒸气压，Pa。

水的饱和蒸气压仅与温度有关，因此，湿空气的饱和湿度是湿空气的总压和温度的函数。饱和湿度是湿空气湿含量的极限值，一定温度下，湿空气的实际湿度与饱和湿度相差越大，则湿空气的干燥能力就越强。

（四）相对湿度 *φ*

总压 P 一定时，湿空气中的水蒸气分压 p 与同温度下水的饱和蒸气压 p_s 比值的百分数称为相对湿度，即

$$\varphi=\frac{p}{p_s}\times 100\% \qquad \text{式(11-6)}$$

空气湿度表示空气中水分的绝对含量，不能表示湿空气的吸湿能力。相对湿度是一定温度和总压下，湿空气中水蒸气分压偏离饱和的程度，可用于湿空气作为干燥介质时吸湿能力的评判值。显然，φ 越小，湿空气吸湿能力越大；反之则越小；若 $\varphi=100\%$，表明湿空气中水蒸气已达饱和，不具有吸湿能力，不能作为干燥介质使用。

将式(11-6)代入式(11-4)得

$$H=0.622\frac{\varphi p_s}{P-\varphi p_s}$$ 式(11-7)

或

$$\varphi=\frac{PH}{p_s(0.622+H)}$$ 式(11-8)

1104

空气的湿度与人体的感觉

当总压 P 和湿度 H 一定时，温度 t 越高，p_s 越大，相对湿度 φ 越小，空气干燥能力越强。通过预热空气，可以升高空气温度，增加湿空气的载湿能力，这是提高传热干燥效率的理论依据。

当温度一定时，饱和蒸气压 p_s 为定值，若湿度 H 也为定值，则相对湿度 φ 随总压 P 的增大而增大。可见，降低操作压力可提高湿空气的载湿能力，这是工业生产中采用常压或减压干燥，却不能采用加压干燥的原因。

（五）湿空气比容 v_H

当温度和压力一定时，湿空气的体积与其中所含绝干空气的质量之比称为湿空气的比容，即单位质量绝干空气及其含有的水蒸气所占的总体积，又称为湿容积，以单位 m^3/kg，即

$$v_H=\frac{\text{湿空气的体积}}{\text{湿空气中绝干空气的质量}}$$ 式(11-9)

根据理想气体状态方程，总压为 P、温度为 t 的湿空气的比容为

$$v_H=v_g+v_vH=(0.772+1.244H)\times\frac{t+273}{273}\times\frac{1.013\times10^5}{P}$$ 式(11-10)

其中绝干空气的比容为

$$v_g=\frac{22.4}{29}\times\frac{t+273}{273}\times\frac{1.013\times10^5}{P}=0.772\times\frac{t+273}{273}\times\frac{1.013\times10^5}{P}$$ 式(11-11)

水蒸气的比容为

$$v_v=\frac{22.4}{18}\times\frac{t+273}{273}\times\frac{1.013\times10^5}{P}=1.244\times\frac{t+273}{273}\times\frac{1.013\times10^5}{P}$$ 式(11-12)

物质密度 ρ 一般与比容 v 为倒数关系，而 v_H 以单位质量的绝干空气为基准定义，其密度 ρ_H 与比容与空气本身的湿度 H 有关，应为 $\rho_H=(1+H)/v_H$。

（六）湿空气的比热 C_H

常压下，将 1kg 绝干空气及其所含的 H kg 水蒸气，升高 1℃所需热量称为湿空气的比热，单位 kJ/(kg·℃)，即

$$C_H=C_g+C_vH$$ 式(11-13)

式中，C_g 为绝干空气的比热，kJ/(kg·℃)；C_v 为水蒸气的比热，kJ/(kg·℃)。

在 0~200℃范围内，一般取 $C_g\approx1.01$kJ/(kg·℃)，$C_v\approx1.88$kJ/(kg·℃)，代入式(11-13)得

$$C_H=1.01+1.88H$$ 式(11-14)

（七）湿空气的比焓 I_H

常压下，1kg 绝干空气及其所含的 H kg 水蒸气所具有的焓称为湿空气的比焓，简称湿空气的焓，单位 kJ/kg，即

$$I_H=I_g+I_vH$$ 式(11-15)

式中，I_g 为绝干空气的比焓，kJ/kg；I_v 为水蒸气的比焓，kJ/kg。

由于体系的绝对焓无法确定，故工程上常采用焓的相对值进行计算。在干燥计算中，常规定绝干空气及液态水在 0℃时的焓为零，因此，绝干空气的比焓 I_g 是 1kg 绝干空气在 0℃以上所吸收的显热；而水蒸气的比焓 I_v 则包含了 1kg 水在 0℃所吸收的汽化潜热以及水蒸气在 0℃以上所吸收的显热，所以

$$I_H = C_H t + r_o H \qquad 式(11\text{-}16)$$

式中，r_o 为 0℃时水的汽化潜热，其值为 2 491kJ/kg。

将式(11-14)和 r_o 代入上式得

$$I_H = (1.01 + 1.88H)t + 2\,491H \qquad 式(11\text{-}17)$$

式(11-17)表明，湿空气的比焓 I_H 是湿空气的温度 t 及湿度 H 的函数。

（八）湿球温度 t_w

将普通温度计的感温球用湿纱布包裹，并将湿纱布的下部浸于纯水中，借助于毛细吸水作用使湿纱布始终保持润湿，是为湿球温度计，如图 11-3 所示。将湿球温度计置于流动稳定、温度为 t 的湿空气中，达到稳定时的温度值即为湿空气的湿球温度，单位为℃。

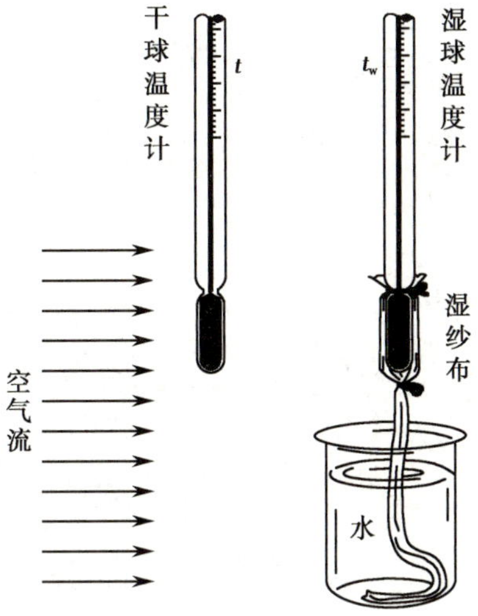

图 11-3　干、湿球温度计

当不饱和湿空气（φ <100%）以一定速度（一般大于 5m/s）流过湿球温度计时，湿纱布表面水分汽化，产生的水蒸气接近于饱和状态，相对湿度接近于 100%，湿纱布表面水蒸气分压大于空气中水蒸气分压，水蒸气向空气中扩散；而湿纱布中的水则因表面水蒸气分压的下降而随之汽化，汽化所需潜热只能取自于水，于是水温下降；水温下降，与空气间产生温差，空气向水传递热量。若空气传给水分的传热速率小于水分汽化所需的传热速率，水温将继续下降，温差进一步增大，直至空气传给水分的显热等于水分汽化所需的潜热，此时水温将维持恒定，该水温即为湿空气的湿球温度。

可见，湿球温度实质上是湿纱布中水的温度，而不是空气的真实温度，两者差值由空气湿度决定，差值越大，表明空气湿度越小，越有利于干燥过程进行。对于饱和湿空气而言，湿球温度与干球温度相等。

（九）露点 t_d

对于不饱和湿空气，维持总压 P 和湿度 H 不变，将其冷却至水蒸气达到饱和状态时的温度称为露点。若到达露点后继续冷却，则空气进入过饱和状态，水蒸气会以露珠的形式逐渐凝结出来。测定露点时，可将镜子置于湿空气中，温度降至镜面刚刚发"毛"时的温度即为湿空气的露点。

1105 日常生活中的结露现象

将不饱和湿空气等湿冷却至饱和状态时，空气的湿度变为饱和湿度，数值上仍等于原湿空气的湿度，水蒸气分压等于露点温度下水的饱和蒸气压。由式(11-8)得

$$p_{std} = \frac{PH}{\varphi(0.622 + H)} = \frac{PH}{0.622 + H} \qquad 式(11\text{-}18)$$

式中，p_{std} 为露点温度下水的饱和蒸气压，Pa。

将湿空气的总压和湿度代入式(11-18)可求出 p_{std}，再从饱和水蒸气表中查出与 p_{std} 相对应的温度，即为该湿空气的露点 t_d。

空气干球温度 t 与露点 t_d 相差越大，说明空气的相对湿度越小，空气干燥能力就越强。当空气温度下降至露点 t_d 时，相对湿度 φ =100%，水蒸气达到饱和，此时的空气已不具备干燥的能力。

（十）绝热饱和温度 t_{as}

在绝热条件下，体系与外界没有热能交换，使湿空气湿度增加至饱和状态时的温度称为绝热饱和温度。

绝热增湿过程中，水分汽化所需潜热来自于湿空气降温所释放的显热，当空气湿度达到饱和，温

度恒定至 t_{as}，对应湿度称为绝热饱和湿度 H_{as}，整个过程体系的总焓保持不变，为等焓过程。

绝热饱和温度取决于空气的干、湿球温度，是湿空气的性质和状态参数。对于空气-水蒸气系统，湿空气的 t_{as} 与 t_w 相近，工程计算中常取 t_w 值作为 t_{as} 值进行计算。

由各温度的定义与性质可知，对于空气-水蒸气系统，表示湿空气性质的温度 t、t_w 和 t_d 之间存在下列关系：

$$\text{不饱和湿空气}: t>t_w=t_{as}>t_d$$

$$\text{饱和湿空气}: t=t_w=t_{as}=t_d$$

例 11-1 常压(101.3kPa)下，空气的温度 $t=50$℃，湿度 $H=0.0125$kg 水蒸气/kg 绝干空气。试计算：(1) 空气的相对湿度 φ；(2) 空气的比容 υ_H；(3) 空气的比热 C_H；(4) 空气的焓 I_H；(5) 空气的露点 t_d。

解：(1) 空气的相对湿度 φ：查附录 5 得水在 50℃时的饱和蒸气压 $p_s=12.34$kPa。由式(11-8)得

$$\varphi=\frac{PH}{p_s(0.622+H)}=\frac{101.3\times0.0125}{12.34\times(0.622+0.0125)}=0.162=16.2\%$$

(2) 空气的比容 υ_H：由式(11-10)得

$$\begin{aligned}\upsilon_H&=(0.772+1.244H)\times\frac{t+273}{273}\times\frac{1.013\times10^5}{P}\\&=(0.772+1.244\times0.0125)\times\frac{50+273}{273}\times\frac{1.013\times10^5}{1.013\times10^5}\\&=0.932\text{m}^3/\text{kg}\end{aligned}$$

(3) 空气的比热 C_H：由式(11-14)得

$$C_H=1.01+1.88H=1.01+1.88\times0.0125=1.034\text{kJ}/(\text{kg}\cdot℃)$$

(4) 空气的焓 I_H：由式(11-17)得

$$\begin{aligned}I_H&=(1.01+1.88H)t+2491H\\&=(1.01+1.88\times0.0125)\times50+2491\times0.0125\\&=82.8\text{kJ/kg}\end{aligned}$$

(5) 空气的露点 t_d：由式(11-18)得

$$p_{std}=\frac{PH}{0.622+H}=\frac{101.3\times0.0125}{0.622+0.0125}=1.996\text{kPa}$$

由附录 6 查得空气的露点 $t_d=17.0$℃。

二、湿空气的湿度图

根据湿空气的已知参数，运用计算法可以比较准确地求取湿空气的其他参数，但计算过程较为烦琐。工程上为方便起见，常将湿空气的部分参数及变化关系用几何曲线表示出来，称为湿度图。根据湿空气的已知参数在湿度图上确定出相应状态点，然后由状态点的位置直接读取相应的未知参数。常用的湿度图有焓湿图和温湿图等，在干燥计算中，以焓湿图最为常用。

焓湿图又称为 *I-H* 图，是一种应用较为广泛的湿空气参数关系图。图 11-4 是湿空气在总压为 101.3kPa 时的 *I-H* 图，该图给出了湿空气多种参数之间的关系。由于采用传统的 90° 直角坐标系会使低温时的相对湿度线较为密集，以致难以准确读取待求参数，因此常采用 135° 的斜角坐标系，即横轴与纵轴间的夹角采用 135°的大钝角，从而放大了相对湿度线的间距。此外，为便于读取湿度数据，图中将横轴上的湿度数值投影于与纵轴正交的水平辅助轴上，而真正的横轴仅画出一小段，以表示斜角坐标系。

I-H 图上共有四组线和一条水蒸气分压线。

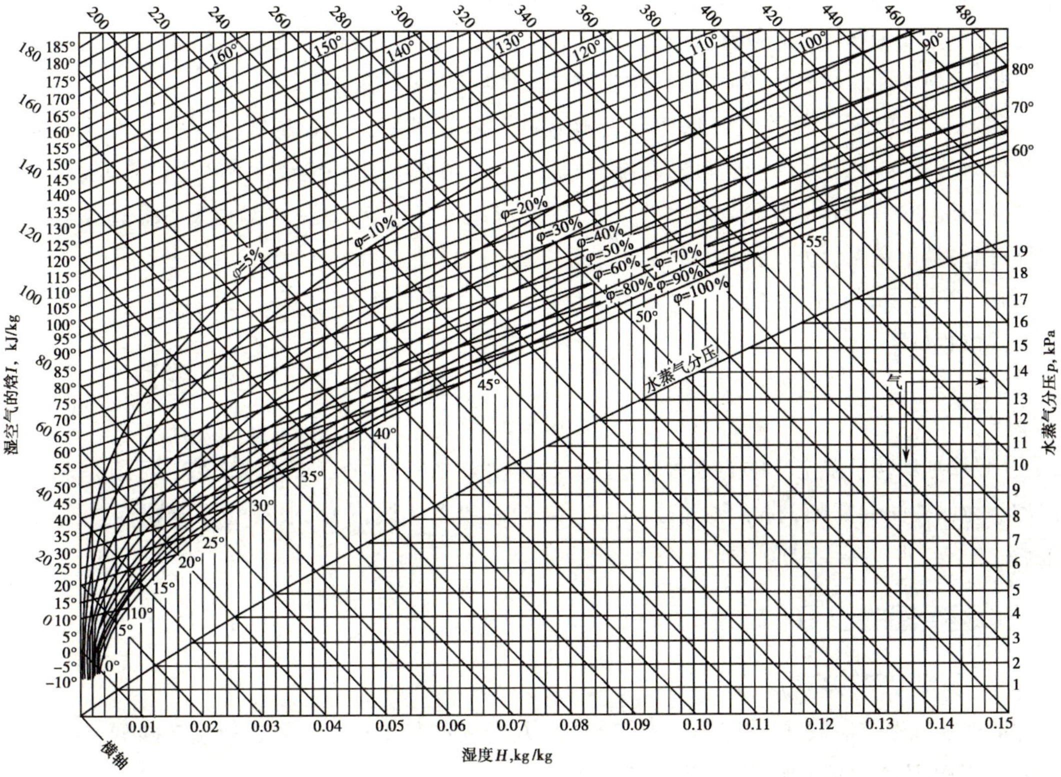

图 11-4 湿空气的焓湿图（*I-H* 图）

（一）等湿度线（等 *H* 线）

这是一组与纵轴平行的直线，处于同一直线上的任一点，对应空气的湿度 H 都相等，其值可沿等湿线向下在辅助水平轴上读取。当总压 P 保持不变时，空气的露点 t_d 和水蒸气分压 p 仅与湿度有关。因此，处于等湿线上各点，空气的露点 t_d 和水蒸气分压 p 均相等，由式（11-14）可知，等湿度线上的比热 C_H 亦相等。

（二）等焓线（等 *I* 线）

所有与斜轴平行的直线均为等焓线。处于同一等焓线上的点，代表着湿空气的不同状态，但焓都相等，其值由图左边纵轴上读出。

测定湿球温度时，空气将热量传递给湿球，湿球中的水分汽化，将所获得的热量以汽化潜热的形式重新返回至空气中，该传热传质交换可近似按等焓过程处理。因此，同一等焓线上的点，其湿球温度 t_w 均相等。

（三）等温线（等 *t* 线）

由式（11-17）得

$$I=(1.88t+2\,491)H+1.01t \qquad \text{式(11-19)}$$

可见，若温度 t 一定，I 与 H 呈线性关系，直线的斜率为（$1.88t+2\,491$），截距为 $1.01t$，且温度越高斜率就越大。因此，等温线互不平行。

（四）等相对湿度线（等 *φ* 线）

由式（11-8）可知，若总压 P 保持不变，则相对湿度 φ 是湿度 H 与水的饱和蒸气压 p_s 的函数。由于 p_s 仅与温度 t 有关，因此 φ 是湿度 H 与温度 t 的函数。在 *I-H* 图上确定不同 H 与 t 所对应的点，计算出 φ，连接 φ 相等的点即为等相对湿度线。

等 φ 线群是一组自坐标原点散发出来的曲线，图中绘出了从 $\varphi=5\%$ 至 $\varphi=100\%$ 的 11 条等 φ 线，

其中 $\varphi=100\%$ 的等 φ 线称为饱和空气线，此时空气为水气所饱和。饱和空气线将焓湿图分成两个区域，线上区域为不饱和区，该区域内的空气可作为干燥介质使用；线下区域为过饱和区，此区域内的空气呈雾状，会使物料增湿，故实际干燥操作应避开此区域，以免反潮。

由图 11-4 可知，若空气湿度 H 保持不变，则温度 t 越高，相对湿度 φ 越低，作为干燥介质时吸收水蒸气的能力就越强。实际干燥过程中，将湿空气在预热器中预热至一定温度后再送入干燥器，一方面是为了提高湿空气的焓，使其载入较多的热量，以便汽化较多湿分；另一方面是为了降低湿空气的相对湿度，以便带出更多湿分。

（五）水蒸气分压线（p 线）

由式(11-4)得

$$p=\frac{HP}{0.622+H} \qquad \text{式(11-20)}$$

式(11-20)反映了湿空气中的水蒸气分压 p 与湿度 H 之间的关系，图中水蒸气分压线是根据该式绘出的。为保持图面清晰，将水蒸气分压线标绘于饱和空气线下方，水蒸气分压则标注在右边纵轴上。

三、湿度图的应用

（一）确定湿空气状态点

读取湿空气性质参数，必须先确定湿空气在 I-H 图上的状态点。通常选择能准确测定的部分参数，测取后在 I-H 图上确定所对应的状态点。

1. 已知湿空气的干球温度 t 和湿球温度 t_w 首先在 I-H 图上找出与湿球温度 t_w 对应的等温线 1，沿等温线向右延长至与 $\varphi=100\%$ 饱和空气线的交点 A，确定过 A 点的等焓线 2 和干球温度 t 对应的等温线 3，两直线的交点 M 即为湿空气所对应的状态点，如图 11-5(a)所示。干球温度 t 和湿球温度 t_w 是湿空气最容易测取的两个参数，因此该法是确定湿空气状态点的最常用方法。

2. 已知湿空气的干球温度 t 和露点 t_d 找出与露点 t_d 相对应等温线 1 与 $\varphi=100\%$ 饱和空气线的交点 A，确定过 A 点的等湿线 2 和干球温度 t 所对应的等温线 3，两直线的交点 M 即为湿空气所对应的状态点，如图 11-5(b)所示。

3. 已知湿空气的干球温度 t 和相对湿度 φ 根据湿空气的干球温度 t 和相对湿度 φ，找出与 t 相对应的等温线 1 及与 φ 相对应的等相对湿度线 2，两线的交点 M 即为湿空气所对应的状态点，如图 11-5(c)所示。

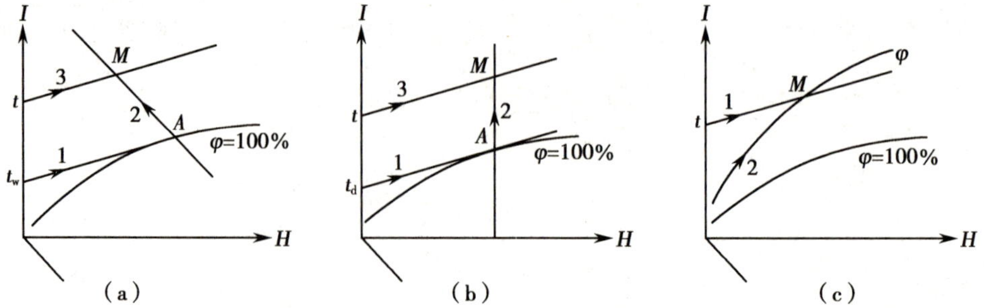

图 11-5 湿空气状态点的确定

（二）查取湿空气的状态参数

湿空气状态点一旦确定，可方便地查取湿空气各项状态参数。如图 11-6 所示，湿空气对应状态点为 M，温度为 t，相对湿度为 φ，则湿空气湿度 H、焓 I、水蒸气分压 p、露点 t_d 以及湿球温度 t_w 等可按下述方法确定。

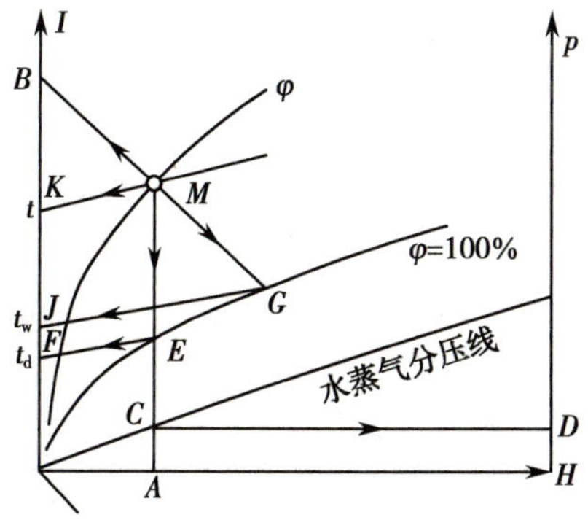

图 11-6 *I-H* 图的用法

1. 湿度 *H* 由状态点 *M* 沿等湿线垂直向下，交辅助水平轴于点 *A*，由 *A* 点读取湿空气的湿度值。

2. 焓 *I* 过 *M* 点做等焓线交左纵轴于点 *B*，由 *B* 点读取湿空气的焓。

3. 水蒸气分压 *p* 先由状态点 *M* 沿等湿线垂直向下，至与水蒸气分压线的交点 *C*，再由 *C* 点做水平线交右纵轴于 *D* 点，由 *D* 点读取湿空气中的水蒸气分压值。

4. 露点 t_d 由状态点 *M* 沿等湿线垂直向下，至与饱和空气线的交点 *E*，再过 *E* 点做等温线交左纵轴于点 *F*，由 *F* 点读取湿空气的露点值。

5. 湿球温度 t_w 过 *M* 点做等焓线交饱和空气线于点 *G*，过 *G* 点做等温线交左纵轴于 *J* 点，由 *J* 点读取湿空气的湿球温度值。

6. 干球温度 *t* 过 *M* 点做等温线交左纵轴于点 *K*，由 *K* 点读取湿空气的干球温度值。

7. 相对湿度 *φ* 过 *M* 点做等相对湿度线，向右推移至数值标识端，读取或估算相对湿度值。

例 11-2 常压（101.3kPa）下，测得湿空气的干球温度为 30℃，相对湿度为 60%。试用 *I-H* 图确定：(1) 湿空气的湿度 *H*；(2) 湿空气中的水蒸气分压 *p*；(3) 湿空气的焓 *I*；(4) 湿空气的湿球温度 t_w；(5) 湿空气的露点 t_d；(6) 将流量为 $W_h=120$kg/h 的绝干空气连同所含的湿分送入预热器预热至 180℃时所需的热量 Q_h。

解：根据 $P=101.3$kPa，$t=30$℃，$\varphi=60\%$，即可在 *I-H* 图上确定出湿空气的状态点 *M*，如图 11-7 所示。

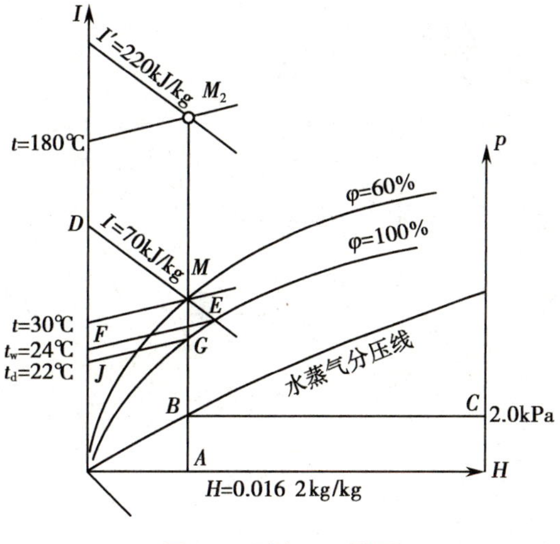

图 11-7 例 11-2 附图

(1) 确定湿空气的湿度 *H*：由状态点 *M* 沿等湿线向下与 *H* 横轴交于 *A* 点，由 *A* 点读出 $H=0.016\ 2$kg/kg。

(2) 确定湿空气中的水蒸气分压 *p*：由状态点 *M* 沿等湿线向下与水蒸气分压线交于 *B* 点，过 *B* 点向右做水平线交右纵轴于 *C* 点，由 *C* 点读出 $p=2.0\times10^3$Pa。

(3) 确定湿空气的焓 *I*：过状态点 *M* 做等焓线交左纵轴于 *D* 点，由 *D* 点读出 $I=70$kJ/kg。

(4) 确定湿空气的湿球温度 t_w：过状态点 *M* 做等焓线交饱和空气线于 *E* 点，过 *E* 点做等温线交左纵轴于 *F* 点，由 *F* 点读出 $t_w=24$℃。

(5) 确定湿空气的露点 t_d：由状态点 *M* 沿等湿线向下交饱和空气线于 *G* 点，过 *G* 点做等温线交左纵轴于 *J* 点，由 *J* 点读出 $t_d=22$℃。

(6) 计算所需的热量 *Q*：预热前后湿空气的湿度保持不变，预热后的焓可由原状态点 *M* 沿等湿线向上推移至与 180℃的等温线的交点 M_2（预热后湿空气的状态点），由交点 M_2 读出预热后湿空气的焓为 $I'=220$kJ/kg，故 1kg 绝干空气所对应的湿空气经预热后所获得的热量为

$$Q=I'-I=220-70=150\text{kJ/kg}$$

所以，流量为 120kg/h 的绝干空气所对应的湿空气经预热器后所获得的热量为

$$Q_h=W_hQ=120\times150=18\ 000\text{kJ/h}=5.0\text{kW}$$

由例 11-2 可知，与理论计算法相比，运用 *I-H* 图求取湿空气的有关参数要简单得多，但查图的误差要大一些，故查图法的结果与计算结果可能存在一定偏差。

（三）干燥过程的 *I-H* 变化图

在干燥过程中，随着传热传质过程的进行，空气参数不断发生改变。以连续对流干燥为例，设净化空气进入预热器的温度为 t_0，焓为 I_0，湿度为 H_0，相对湿度为 φ_0；废气出干燥器的温度为 t_2，焓为 I_2，湿度为 H_2，相对湿度为 φ_2。从理论上说，干燥过程中空气的状态变化可分为两个阶段，如图 11-8 所示。

第一阶段是净化空气在预热器中预热，湿空气的温度由 t_0 升高至 t_1，焓由 I_0 升至 I_1，但湿度保持不变，即 $H_0=H_1$，其状态变化如图 11-8 中的直线 M_0M_1 所示。

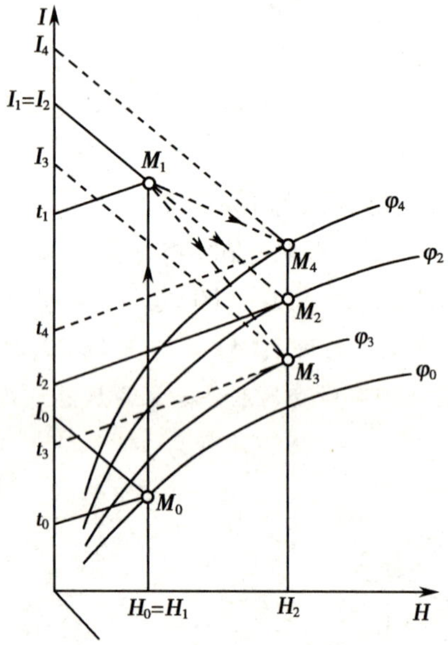

图 11-8　湿空气的状态变化过程

第二阶段为热空气与湿物料在干燥室中进行传热和传质过程，即干燥过程。在干燥过程中，热空气将热量传递给湿物料，湿物料中的水分汽化并扩散至空气中，空气湿度由 H_1 升高至 H_2，相对湿度变为 φ_2，温度冷却至出口温度 t_2，该过程为降温增湿过程，理论上是一个等焓过程，空气焓保持不变，即 $I_1=I_2$，其状态变化过程如图 11-8 中直线 M_1M_2 所示。

实际干燥过程中，物料在干燥过程中也被加热，加上干燥过程中存在热损失，因此空气离开干燥器时的温度 t_3 及焓 I_3 要分别低于理论上的温度 t_2 及焓 I_2，实际相对湿度 φ_3 要大于理论上的相对湿度 φ_2，此时空气的状态变化过程如图 11-8 中的虚线 M_1M_3 所示。

若在干燥室内增设辅助加热器，使空气离开干燥器时的温度 t_4 高于理论上的温度 t_2，相应的焓升高至 I_4，相对湿度下降至 φ_4，则空气的状态变化过程如图 11-8 中的虚线 M_1M_4 所示。

第三节　湿物料的性质

一、物料含水量的表示方法

干燥过程中湿物料的基本参数是含水量，其大小常用湿基含水量或干基含水量来表示。

（一）湿基含水量

湿物料中水分的质量分数或质量百分数称为湿基含水量，以 w 表示，单位为 kg/kg，即

$$w=\frac{\text{湿物料中水分的质量}}{\text{湿物料的总质量}}\times 100\% \qquad \text{式(11-21)}$$

（二）干基含水量

不含水分的物料称为绝干物料。湿物料中水分的质量与绝干物料的质量之比称为干基含水量，以 X 表示，单位为 kg/kg，即

$$X=\frac{\text{湿物料中水分的质量}}{\text{湿物料中绝干物料的质量}} \qquad \text{式(11-22)}$$

湿基含水量在对物料进行介绍或说明时采用较多，但由于湿物料的质量在干燥过程中因失去水分而逐渐减少，因而用湿基含水量进行计算往往不太方便。在干燥过程中，绝干物料的质量始终保持不变，因而工程上常采用干基含水量进行计算。两种含水量之间的换算关系为

$$w=\frac{X}{1+X} \qquad \text{式(11-23)}$$

$$X=\frac{w}{1-w}$$ 式(11-24)

二、湿物料中水分的性质

(一) 水在湿物料中的存在形式

湿物料中所含有的水分,以多种形式存在于物料中,并在干燥过程中表现出不同的工艺性质。归纳起来,水在湿物料中的存在形式主要有以下几种:

1. 结晶水分 物料中某些成分的分子与水分子以配价键等形式结合,形成含结晶水的混合物,结合能一般比水分子间结合能高出 5kJ/mol 以上。如生石膏($CaSO_4 \cdot 2H_2O$)、胆矾($CuSO_4 \cdot 5H_2O$)、芒硝($Na_2SO_4 \cdot 10H_2O$)等。

2. 氢键水分 当物料中某些成分的分子含有—NH_2、—OH 等基团时,这些基团会与水分子以氢键形式结合而将水留存在物料中,结合能一般在 4kJ/mol 以上。如含氨基酸、糖或淀粉等碳水化合物类物料。

3. 吸附水分 水分子与物料表面的分子以范德华力形式结合,成为吸附水分,作用力大小与物料分子的极性大小成正比,结合能一般比水分子间结合能高出 3kJ/mol 以上。

4. 细胞水分 生物体类物料多为细胞结构,细胞内水分被细胞膜所阻,多以溶液或胶体形式留在细胞内,与物料的结合能比水分子间结合能高出 2kJ/mol 以上。细胞破壁后,其中的水分比没有破壁时干燥容易许多。

5. 毛细管水分 药品生产中干燥的物料大多是无定形物料,或为疏松颗粒料,或为多孔性或纤维结构状料,内部分布有不同尺寸的孔隙,分为大毛细管隙和微毛细管隙,一般以 10^{-7}m 为划分界线。大毛细管隙中的水分与物料表面水的汽化性质一样,微毛细管隙的水分受表面张力作用而留存在毛细管隙中,汽化所需能量比物料表面水分的汽化所需能量要高出 0.1kJ/mol 左右。大毛细管在恒速干燥阶段可起到将物料内部的水分运送到物料表面的作用,但微小毛细孔在降速干燥阶段却有留存水分的作用。

6. 溶剂水分 物料中含有难挥发可溶物时,水分作为溶剂以溶液形式存在于物料的孔隙和毛细管孔中,结合能的大小取决于溶液的浓度,一般比水分子间结合能要高出 0.1kJ/mol 以上。

(二) 结合水分与非结合水分

物料中存在不同形式、不同状态的水分,产生的蒸气压也不同。产生的蒸气压低于同温度下纯水的饱和蒸气压的,称结合水分;产生的蒸气压与纯水的饱和蒸气压相等的,称非结合水分。

1. 结合水分 指物料中以化学力、物理化学力相互结合或被生物膜阻隔的水分。汽化结合水分时不仅要克服水分子间的作用力,而且需克服水分子与其他分子间的作用力,因而这部分水分产生的蒸气压力要低于同温度下纯水的饱和蒸气压。结合水分物料中的结晶水、氢键结合水、吸附水分、生物细胞结构中的水分、微毛细管孔隙中的水分和浓度较大的溶液水分等。

干燥结合水分比干燥非结合水分更困难,需多消耗一部分能量。生产干燥单元操作不能去除物料中全部的结合水分。

2. 非结合水分 指物料中机械地附着于物料表面、存积于大毛细管孔隙中或颗粒堆积层中的水分。非结合水分与物料之间的结合力较弱,所产生的蒸气压与同温度下纯水的饱和蒸气压相差不大,用机械法结合干燥法基本能全部去除这部分水分。

(三) 自由水分与平衡水分

根据水分在特定干燥条件下能否除去,可将物料中水分分为自由水分和平衡水分。

1. 自由水分 在给定干燥条件下,物料中能够除去的水分称为自由水分。自由水分包括物料中的全部非结合水分和部分结合水分。

2. 平衡水分 在给定干燥条件下，物料中不能除去的水分称为平衡水分，以 X^* 表示，单位为 kg/kg。

平衡水分是物料在特定干燥条件下的干燥极限，其数值与干燥介质的状态及物料的种类有关。图 11-9 普通物料在一定温度下，含水量与空气相对湿度之间关系的常规模式。理论上，当空气的相对湿度为零时，各种物料的平衡水分均为零。可见，湿物料只有与绝干空气相接触才能获得绝干物料。若干燥气流的相对湿度接近于 100%，则物料平衡水分的测定比较困难，此时可根据平衡水分曲线的变化趋势，将曲线外推至相对湿度为 100% 处，从而间接获得物料的平衡含水分，如图 11-9 中的虚线部分所示。

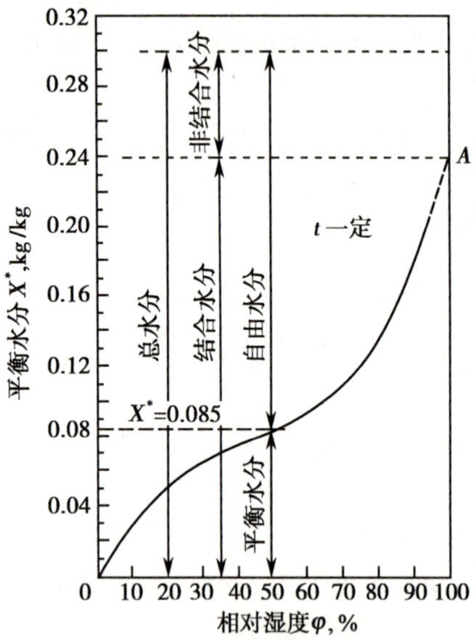

图 11-9 物料干燥条件与水分的关系

实际干燥过程中，由于干燥时间的关系，干燥后物料的最终含水量一般都会高于或趋近于干燥条件下的平衡水分值，即平衡水分是特定干燥条件下物料中剩余的最小水分量的极限值。

图 11-9 还给出了物料中各种水分之间的关系。显然，湿物料中所含的总水分为平衡水分与自由水分之和，其中自由水分包括非结合水分以及可以除去的结合水分，而平衡水分则是不能除去的结合水分。

第四节 干燥过程的计算

干燥过程的计算包括物料衡算和热量衡算。

根据干燥物料要求、任务和实验测试数据，确定干燥过程中的水分蒸发量、绝干空气消耗量和传热量等，从而为合理且经济地设计干燥工艺及选择空气输送设备、加热设备、干燥器及其他辅助设备提供可靠的依据。

不同干燥方法的计算过程不尽相同，这里以对流传热连续干燥过程为例，介绍干燥过程的计算。

一、干燥过程的物料衡算

制药生产中，物料处理量、初始含水量和最终含水量、新鲜空气状态等均为已知，通过物料衡算可确定干燥后的产品量、水分蒸发量以及绝干空气消耗量等工艺参数。

（一）干燥后的产品量

设 G_c 为湿物料中绝干物料的量，kg/s；G_1、G_2 分别为干燥前、后的物料量，kg/s；w_1、w_2 分别为干燥前、后物料的湿基含水量，kg/kg。若干燥过程中无物料损失，则进、出干燥器的绝干物料量保持不变，即

$$G_c = G_1(1-w_1) = G_2(1-w_2) \qquad \text{式(11-25)}$$

故

$$G_2 = \frac{G_1(1-w_1)}{1-w_2} \qquad \text{式(11-26)}$$

（二）水分蒸发量

图 11-10 是对流传热连续干燥过程物料衡算示意图，图中 L 为绝干空气质量流量，kg/s；H_1、H_2 分别为空气进、出干燥器时的湿度，kg/kg；X_1、X_2 分别为物料进、出干燥器时的干基含水量，kg/kg；W 为干燥过程中的水分蒸发量，kg/s。

对虚线范围内物料和水分进行物料衡算有

$$G_1=G_2+W$$

即

$$W=G_1-G_2 \quad \text{式(11-27)}$$

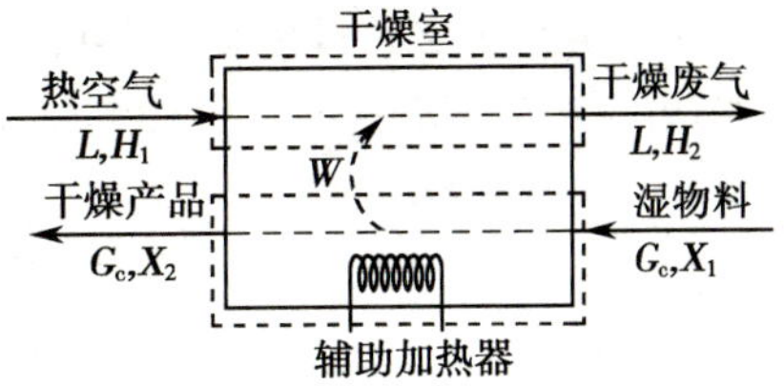

图 11-10 对流传热连续干燥器的物料衡算

将式(11-26)代入式(11-27)得

$$W=\frac{G_1(w_1-w_2)}{1-w_2}=\frac{G_2(w_1-w_2)}{1-w_1} \quad \text{式(11-28)}$$

若物料含水量以干基含水量表示，则总物料衡算式可改写为

$$G_cX_1=G_cX_2+W$$

故

$$W=G_c(X_1-X_2) \quad \text{式(11-29)}$$

可见，用干基含水量表示物料的含水量，可方便地求出干燥过程中的水分蒸发量。

（三）绝干空气消耗量

空气在进、出干燥器前后，绝干空气质量保持不变，湿物料中蒸发水分被空气带走，干燥废气中水蒸气增加量应等于湿物料中水分减少量。

如图 11-10 所示，在虚线范围内对水蒸气进行物料衡算有

$$LH_1+W=LH_2 \quad \text{式(11-30)}$$

则

$$L=\frac{W}{H_2-H_1} \quad \text{式(11-31)}$$

空气在预热器前后湿度保持不变，即 $H_1=H_0$，代入式(11-31)得

$$L=\frac{W}{H_2-H_0} \quad \text{式(11-32)}$$

每蒸发 1kg 水分所需绝干空气量，称为单位空气消耗量，以 l 表示，单位为 kg/kg。结合式(11-31)和式(11-32)得

$$l=\frac{L}{W}=\frac{1}{H_2-H_1}=\frac{1}{H_2-H_0} \quad \text{式(11-33)}$$

单位空气消耗量可作为各干燥器空气消耗量的比较指标。由式(11-33)可知，单位空气消耗量仅与湿空气的初、终含水量有关，而与路径无关。当 H_2 一定时，单位空气消耗量 l 随湿空气初始湿度 H_0 的增加而增大。由于夏季空气的平均湿度比冬季的高，因此，应以全年的最大空气消耗量即夏季的空气消耗量来选择风机。此外，选择风机时应将绝干空气消耗量 L 换算成原空气的体积流量 V_0。若原空气的总压为 1.013×10^5Pa，则由式(11-10)得

$$V_0=Lv_{H0}=L(0.772+1.244H_0)\frac{t_0+273}{273} \quad \text{式(11-34)}$$

例题 11-3 常压下用对流传热连续干燥器干燥某药物，干燥前药物的含水量为 14%（湿基含水量，下同），经干燥后的最终含水量为 2%。空气进入预热器的温度为 25℃，湿球温度为 20℃；经预热的空气进入干燥室，离开干燥室的温度为 50℃，湿球温度为 40℃。若干燥器的处理量为 800kg/h，试计算：(1) 水分蒸发量 W；(2) 绝干空气消耗量 L 及单位空气消耗量 l；(3) 干燥后的产品量 G_2；(4) 鼓风机的风量 V_0。

解：依题意知：$w_1=14\%$，$w_2=2\%$，$t_0=25℃$，$t_{w0}=20℃$，$t_2=50℃$，$t_{w2}=40℃$，$G_1=800\text{kg/h}$。

(1) 计算蒸发量 W：由式(11-28)得

$$W=G_1\frac{w_1-w_2}{1-w_2}=800\times\frac{0.14-0.02}{1-0.02}=98\text{kg/h}$$

(2) 计算绝干空气消耗量 L 及单位空气消耗量 l：由常压下空气的 I-H 图查得当 $t_0=25℃$、$t_{w0}=20℃$ 时，$H_0=0.012\text{kg/kg}$；当 $t_2=50℃$、$t_{w2}=40℃$ 时，$H_2=0.045\text{kg/kg}$。由式(11-32)得

$$L=\frac{W}{H_2-H_0}=\frac{98}{0.045-0.012}=2\ 969.7\text{kg/h}$$

由式(11-33)得

$$l=\frac{L}{W}=\frac{2\ 969.7}{98}=30.3\text{kg/(kg}\cdot\text{h)}$$

(3) 计算干燥后的产品量 G_2：由式(11-26)得

$$G_2=G_1\frac{1-w_1}{1-w_2}=800\times\frac{1-0.14}{1-0.02}=702\text{kg/h}$$

或由式(11-27)得

$$G_2=G_1-W=800-98=702\text{kg/h}$$

(4) 计算鼓风机的风量 V_0：由式(11-34)得

$$V_0=L(0.772+1.244H_0)\frac{t_0+273}{273}$$

$$=2\ 969.7\times(0.772+1.244\times0.012)\times\frac{25+273}{273}=255\text{m}^3\text{/h}$$

二、干燥过程的热量衡算

通过对干燥过程进行热量衡算可确定干燥过程所消耗的热量以及空气的进、出口状态，从而为选择空气预热器、干燥室及热效率的计算提供依据或数据。

图 11-11 为对流传热连续干燥系统热量衡算示意图，图中 Q_p 为预热器加热量，kW；Q_{L1} 为预热器热损失，kW；T_1、T_2 分别为物料进、出干燥器时温度，℃；Q_a 为干燥室中补充加热量，kW；Q_{L2} 为干燥室热损失，kW。

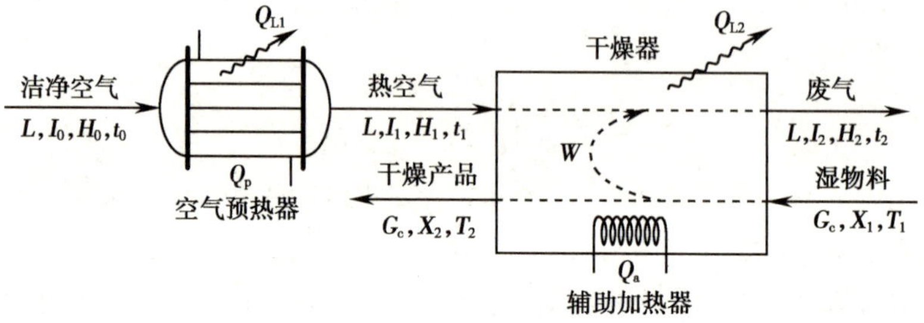

图 11-11 对流传热连续干燥器的热量衡算

(一) 预热器热量衡算

如图 11-11 所示，输入预热器热量应等于输出预热器热量，即

$$LI_0+Q_p=LI_1+Q_{L1}$$

若预热器热损失可忽略不计，即 $Q_{L1}=0$，则上式可简化为

$$LI_0+Q_p=LI_1$$

结合式(11-17)及 $H_1=H_0$，上式可改写为

$$Q_p=L(I_1-I_0)=L(C_g+C_vH_0)(t_1-t_0)=L(1.01+1.88H_0)(t_1-t_0) \qquad 式(11\text{-}35)$$

式中，Q_p 为预热器的加热量，kW。

(二) 干燥器的热量衡算

输入干燥器热量有两部分，即预热后热空气在干燥室中所放出热量 Q_e 及干燥器内辅助加热器提

供的补充加热量 Q_a,其中

$$Q_e=L(1.01+1.88H_1)(t_1-t_2) \tag{式(11-36)}$$

输出干燥室热量有三部分:蒸发水分所消耗的热量 Q_w、加热物料所消耗的热量 Q_m及干燥器的热损失 Q_{L2}。

蒸发水分所消耗的热量 Q_w可按下式计算

$$Q_w=W(r_0+C_v t_2-C_w T_1) \tag{式(11-37)}$$

式中,r_0为 0℃时水的汽化潜热,其值为 2 491kJ/kg;C_v为水蒸气比热,一般取 1.88kJ/(kg·℃);C_w为水定压比热,常温常压下可取 4.19kJ/(kg·℃)。

因此,式(11-37)可改写为

$$Q_w=W(2\,491+1.88t_2-4.19T_1) \tag{式(11-38)}$$

加热物料所消耗热量 Q_m可按下式计算

$$Q_m=G_c C_{m2}(T_2-T_1) \tag{式(11-39)}$$

式中,C_{m2}为干燥产品的比热,以单位质量绝干物料及其所带残余水分的比热之和计算,kJ/(kg 绝干物料·℃)。

若绝干物料的比热为 C_s,则

$$C_{m2}=C_s+C_w X_2 \tag{式(11-40)}$$

对干燥器进行热量衡算得

$$Q_e+Q_a=Q_w+Q_m+Q_{L2} \tag{式(11-41)}$$

将式(11-36)、式(11-38)、式(11-39)及式(11-40)代入式(11-41)得

$$L(1.01+1.88H_1)(t_1-t_2)+Q_a=W(2\,491+1.88t_2-4.19T_1)+G_c(C_s+C_w X_2)(T_2-T_1)+Q_{L2}$$

若干燥器内不补充加热,即 $Q_a=0$,则上式可简化为

$$L(1.01+1.88H_1)(t_1-t_2)=W(2\,491+1.88t_2-4.19T_1)+G_c(C_s+C_w X_2)(T_2-T_1)+Q_{L2} \tag{式(11-42)}$$

式(11-41)和式(11-42)均为干燥器热量衡算式。由式(11-42)可知,热空气在干燥器内所放出的显热主要用于水分汽化、物料升温及热损失三部分热量,这就是热量衡算式的物理意义。

三、干燥系统的热效率

干燥系统的热效率常以水分汽化所需热量与加入干燥系统总热量之比的百分数来表示,即

$$\eta=\frac{Q_w}{Q_p+Q_a}\times 100\% \tag{式(11-43)}$$

式中,η 为干燥系统热效率,%。

若干燥器中不增设补充加热器,即 $Q_a=0$,则式(11-43)可简化为

$$\eta=\frac{Q_w}{Q_p}\times 100\% \tag{式(11-44)}$$

干燥系统的热效率是表征干燥操作性能的一个重要指标,其值越大,热利用愈充分,操作费用愈低。干燥器的热效率与多种因素相关,一般来说,使用空气作为干燥介质的干燥器,热效率多为 30%~70%。

由式(11-38)及式(11-43)可知,适当降低干燥室出口尾气的温度 t_2,干燥系统的热效率会有所提高。但实际生产中,干燥尾气温度一般并不宜设定太低,因为尾气本身通常具有较高湿度,温度若设定太低,则尾气进入后需工序与相对较冷的管道或器壁接触时易发生水蒸气凝结现象,造成尾气中粉尘受潮,引起管道腐蚀或堵塞等问题。通常,干燥尾气的温度控制在高于其湿球温度 20~50℃范围。

提高空气的预热温度,可减少空气用量,废气带走热量亦相应减少,从而可提高热效率。为减少

空气用量，提高热效率，常在干燥器内设置一个或多个中间加热器，但该法对热敏性物料不适用。

此外，加强干燥系统的保温措施、回收利用余热等，也能提高干燥系统的热效率。

例 11-4 常压下用连续气流干燥器干燥某固体物料，预热器内加热蒸气的绝对压强为 250kPa，传热为恒温冷凝传热。空气进入预热器的温度 $t_0=15℃$，湿球温度 $t_{w0}=11℃$，在预热器内预热至 $t_1=180℃$ 后进入干燥室，离开干燥室的温度 $t_2=75℃$。干燥物料产量 $G_2=120\text{kg/h}$，湿基含水量 $w_1=13\%$、$w_2=1.5\%$，物料进、出干燥器的温度分别为 $T_1=13℃$、$T_2=60℃$，绝干物料的比热 $C_s=1.6\text{kJ/(kg}\cdot℃)$，干燥过程中总的热损失 Q_L 为空气在预热器内获得热量的 4%。若干燥器内不补充加热，试计算：(1) 水分蒸发量 W；(2) 绝干空气消耗量 L；(3) 预热器中加热蒸气的用量 W_h；(4) 干燥系统的热效率 η。

解：(1) 计算水分蒸发量 W：由式(11-28)得

$$W=G_2\frac{w_1-w_2}{1-w_1}=120\times\frac{0.13-0.015}{1-0.13}=15.86\text{kg/h}$$

(2) 计算绝干空气消耗量 L：由于 H_2 为未知，故不能直接求取 L，但可利用热量衡算式间接求取。

由式(11-24)得

$$X_1=\frac{w_1}{1-w_1}=\frac{0.13}{1-0.13}=0.15\text{kg/kg}$$

$$X_2=\frac{w_2}{1-w_2}=\frac{0.015}{1-0.015}=0.015\text{kg/kg}$$

由式(11-25)得

$$G_c=G_2(1-w_2)=120\times(1-0.015)=118.2\text{kg/h}$$

将式(11-40)代入式(11-39)得产品物料带走的热量为

$$Q_m=G_c(C_s+C_wX_2)(T_2-T_1)=118.2\times(1.6+4.19\times0.015)\times(60-13)=9\,237.8\text{kJ/h}$$

由式(11-38)得蒸发水分所消耗的热量 Q_w 为

$$Q_w=W(2\,491+1.88t_2-4.19T_1)=15.86\times(2\,491+1.88\times75-4.19\times13)=40\,879.6\text{kJ/h}$$

由常压下空气的 $I\text{-}H$ 图查得当 $t_0=15℃$，$t_{w0}=11℃$ 时，$H_0=0.006\text{kg/kg}$。由于空气在预热过程中的湿度保持不变，故 $H_1=H_0=0.006\text{kg/kg}$。由式(11-36)得空气在干燥器中所放出的热量为

$$Q_e=L(1.01+1.88H_1)(t_1-t_2)=L(1.01+1.88\times0.006)\times(180-75)=107.2L\text{kJ/h}$$

依题意知，干燥过程中总热损失 Q_L 为空气在预热器内获得热量的 4%。结合式(11-35)得

$$Q_L=0.04Q_p=0.04L(1.01+1.88H_0)(t_1-t_0)$$
$$=0.04L(1.01+1.88\times0.006)\times(180-15)=6.74L\text{kJ/h}$$

依题意知，干燥器内不补充加热，则 $Q_a=0$。所以，由热量衡算式(11-41)得

$$107.23L=9\,237.8+40\,879.6+6.74L$$

解得

$$L=498.7\text{kg/h}$$

(3) 计算预热器中加热蒸气用量 W_h：由式(11-35)得预热器的加热量为

$$Q_p=L(1.01+1.88H_0)(t_1-t_0)=498.7\times(1.01+1.88\times0.006)\times(180-15)=84\,036.5\text{kJ/h}$$

加热过程为恒温冷凝传热，故空气在预热器中所获得热量 Q_p 全部来自于加热蒸气所放出的冷凝潜热。由附录 6 查得，当加热蒸气的压力为 250kPa 时，蒸气的冷凝潜热 $r=2\,185\text{kJ/kg}$，故

$$W_h=\frac{Q_p}{r}=\frac{84\,036.5}{2\,185}=38.46\text{kg/h}$$

(4) 计算干燥系统的热效率 η：由式(11-44)得

$$\eta=\frac{Q_w}{Q_p}\times100\%=\frac{40\,879.6}{84\,036.5}\times100\%=48.6\%$$

第五节　干燥速率与干燥时间

干燥速率属于干燥动力学内容，与生产效率密切相关，干燥速率不仅取决于空气性质及干燥工艺操作参数，还取决于物料性质，包括湿含量及湿分与物料结合形式、物料状态、湿分由物料内部向外表面传递方式等。

一、干燥速率

单位时间单位干燥面积上汽化水分量称为干燥速率，即

$$U=\frac{\mathrm{d}W}{S\mathrm{d}\tau} \qquad 式(11\text{-}45)$$

式中，U 为干燥速率，kg/(m^2·s)；W 为干燥过程中所汽化水分量，kg；S 为干燥面积，即空气与物料接触总面积，m^2；τ 为干燥时间，s。

由 $W=G_c(X_1-X)$ 微分得

$$\mathrm{d}W=-G_c\mathrm{d}X$$

代入式(11-45)得

$$U=-\frac{G_c\mathrm{d}X}{S\mathrm{d}\tau} \qquad 式(11\text{-}46)$$

式中，负号表示 X 随干燥时间增加而减小。

式(11-45)和式(11-46)中干燥速度 U 实际上是面积干燥速率。由于干燥物料实际表面积 S 难以确定，故常用物料干燥时的堆积表面积来代替。此外，还可用绝干物料的质量 G_c 代替 S 进行计算，所得干燥速率称为干基干燥速率，以 U_x 表示，单位 kg/(kg·s)，即

$$U_x=-\frac{G_c\mathrm{d}X}{G_c\mathrm{d}\tau}=-\frac{\mathrm{d}X}{\mathrm{d}\tau} \qquad 式(11\text{-}47)$$

二、恒定干燥条件下的干燥曲线与干燥速率曲线

恒定干燥条件是指在干燥过程中，表示干燥条件各工艺参数均不随时间而变化。

（一）干燥曲线与干燥速率曲线

1. 干燥曲线　在恒定干燥条件下，以干燥时间 τ 为横坐标，物料含水量 X 及物料表面温度 T 为纵坐标，根据实验所测得的 X-τ 及 T-τ 关系曲线，统称为干燥曲线，如图 11-12 所示。

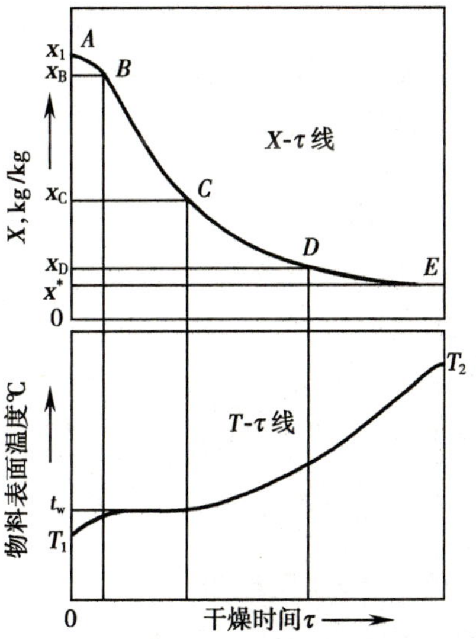

图 11-12　恒定干燥条件下的干燥曲线

2. 干燥速率曲线　在恒定干燥条件下，以物料干基含水量 X 为横坐标，干燥速率 U 为纵坐标，根据实验所测得的 U-X 关系曲线称为干燥速率曲线，如图 11-13 所示。干燥速率曲线的形式与物料种类及性质有关，但都有恒速段和降速段两个主要阶段。图 11-13 中的 AB 段表示预热阶段，BC 段表示恒速干燥阶段，CDE 段表示降速干燥阶段。

（二）干燥过程

设热空气温度为 t、湿度为 H；物料进入干燥器含水量为 X_1、温度为 T_1。

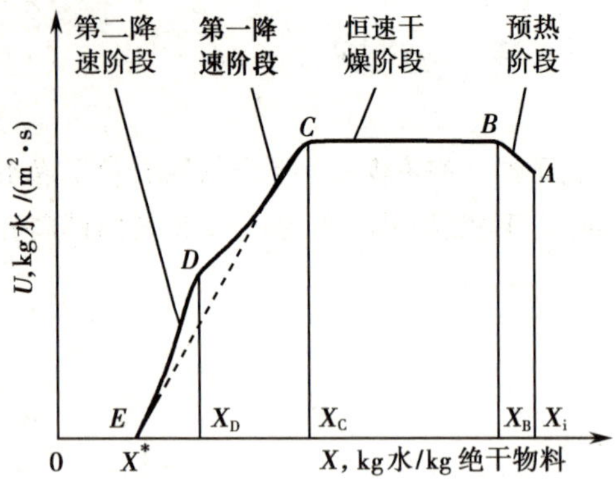

图 11-13 恒定干燥条件下的干燥速率曲线

1. 预热阶段 该阶段对应于图 11-12 和图 11-13 中 *AB* 段。在该阶段，物料由 *A* 点开始加热，水分开始汽化，气、固两相间进行传热和传质，到达 *B* 点前，物料表面温度随时间延续而升高，干燥速率随时间延续而增大。

实际干燥过程的预热阶段时间一般很短，干燥计算中常将其归入恒速干燥阶段。

2. 恒速干燥阶段 该阶段对应于图 11-12 和图 11-13 中的 *BC* 段。到达 *B* 点时，物料含水量降至 X_B，物料表面温度达到空气湿球温度 t_w，空气传递给物料的热量全部用于汽化物料中水分，传热速率与干燥速率保持恒定，直至到达 *C* 点，物料含水量降至 X_c，称为临界含水量。处于恒速干燥阶段，物料温度较低，但干燥速率最大。一般情况下，恒速段汽化的水分为非结合水分，且湿物料内部水分向表面传递的速率始终与水分从物料表面汽化速率相适应，以维持物料表面的恒定状态，状况与湿球温度计湿纱布表面状况相类似。因此，当空气状态一定时，物料表面温度保持恒定，并等于空气湿球温度。

在恒速干燥阶段，物料表面水分的汽化是控制步骤，所以恒速干燥阶段又称为表面汽化控制阶段，该阶段干燥速率主要取决于干燥介质状态，而与湿物料性质关系不大。因此，要提高恒速干燥阶段干燥速率应从改善干燥介质状态入手，如提高干燥介质温度、降低干燥介质湿度等。

3. 降速干燥阶段 该阶段对应于图 11-12 和图 11-13 中 *CDE* 段。*C* 点之后，物料内部的非结合水已经不多，因而物料内部水分不能及时扩散至物料表面，以致物料表面不能继续维持全部湿润，水分汽化量减少，干燥速率逐渐减小，物料表面温度逐渐上升，到达 *D* 点时，全部物料表面已不含非结合水。*CD* 段称为第一降速段。

干燥过程进行到 *D* 点后，物料中的部分结合水分及内部剩余的非结合水分继续汽化，但物料表面变干，汽化面逐渐向物料内部移动，传热和传质阻力逐渐增大，水分由内部向表面传递速率越来越小，空气传递的热量必须达到物料内部才能使水分汽化，物料表面温度持续升高，干燥速率比 *CD* 段下降得更快，到达 *E* 点时速率降为零，物料的含水量降至空气状态下的平衡含水量 X^*，温度 T_2 与热空气温度 t 相等。*DE* 段称为第二降速段。

在降速干燥阶段，干燥速率主要由内扩散控制，所以降速干燥阶段又称为内扩散控制阶段，该阶段的干燥速率主要取决于物料本身的结构、形状和尺寸，而与干燥介质的状态关系不大。因此，要提高降速干燥阶段的速率应从改善物料内部扩散因素入手，如提高物料温度、降低物料层厚度等。

临界含水量 X_c 是划分干燥过程中恒速干燥阶段和降速干燥阶段的转折点，其大小对干燥操作具有重要的意义。X_c 越大，干燥过程就越早转入降速干燥阶段，对于特定的干燥任务，干燥时间就越长，这无论是从经济的角度还是从生产能力的角度来看，都是不利的。在干燥过程中，采取降低物料层的厚度或对物料加强搅拌等措施，既能降低临界含水量，又能增加干燥面积。气流干燥器和沸腾干燥器等流化干燥设备中的物料具有较低的临界含水量，正是这个原因。

三、恒定干燥条件下的干燥时间

物料进出干燥器的时间段称为干燥时间，以 τ 表示。干燥时间与生产效率密切相关，其值可由干燥曲线查取，或通过计算求得。

由于干燥过程可分为恒速干燥和降速干燥两个阶段，因此干燥时间可分为恒速干燥时间和降速干燥时间。

（一）恒速干燥时间 τ_1 的计算

由于恒速干燥阶段的干燥速率等于临界干燥速率 U_c，因此由式(11-46)得

$$d\tau=-\frac{G_c}{SU_c}dX$$

式中，U_c为临界点所对应的干燥速率，kg/(m^2·s)。

设恒速干燥时间为 τ_1，则上式积分条件为

当 $\tau=0$ 时， $X=X_1$

当 $\tau=\tau_1$时， $X=X_c$

所以

$$\tau_1=\int_0^{\tau_1}d\tau=-\frac{G_c}{SU_c}\int_{X_1}^{X_c}dX=\frac{G_c(X_1-X_c)}{SU_c} \quad 式(11\text{-}48)$$

式(11-48)即为恒速干燥时间计算公式，式中 X_c和 U_c可从干燥速率曲线中查得。

（二）降速干燥时间 τ_2 的计算

在降速干燥阶段，物料干燥速率 U 随物料含水量 X 而变。由式(11-46)得

$$d\tau=-\frac{G_c}{SU}dX$$

设降速干燥时间为 τ_2，则上式积分条件为

当 $\tau=0$ 时， $X=X_c$

当 $\tau=\tau_2$时， $X=X_2$

所以

$$\tau_2=\int_0^{\tau_2}d\tau=-\frac{G_c}{S}\int_{X_c}^{X_2}\frac{dX}{U}=\frac{G_c}{S}\int_{X_2}^{X_c}\frac{dX}{U} \quad 式(11\text{-}49)$$

式(11-49)的积分计算可采用图解法或解析法。

1\. 图解积分法　由干燥速率曲线查出不同 X 下 U 值，然后以 X 为横坐标，$\frac{1}{U}$为纵坐标，标绘出$\frac{1}{U}$-X关系曲线，如图 11-14 所示。图中由 $X=X_c$、$X=X_2$及$\frac{1}{U}$与 X 关系曲线所包围的面积即为积分 $\int_{X_2}^{X_c}\frac{dX}{U}$，代入式(11-49)即可求出降速干燥时间 τ_2。

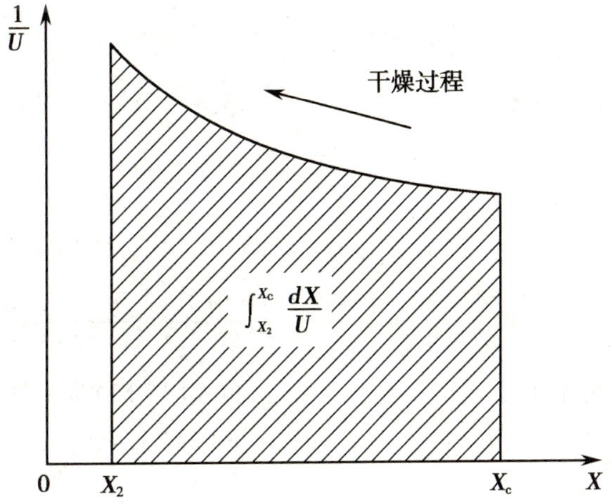

图 11-14　图解积分法

2. 解析法 若缺乏物料在降速干燥阶段干燥速率曲线，则可用图 11-13 中直线 CE 近似代替降速干燥阶段干燥速率曲线。由直线的斜率可得

$$\frac{U-0}{X-X^*}=\frac{U_c-0}{X_c-X^*}$$

即

$$U=\frac{U_c}{X_c-X^*}(X-X^*)$$

代入式(11-49)得

$$\tau_2=\frac{G_c}{S}\int_{X_2}^{X_c}\frac{dX}{U}=\frac{G_c(X_c-X^*)}{SU_c}\int_{X_2}^{X_c}\frac{dX}{X-X^*}=\frac{G_c(X_c-X^*)}{SU_c}\ln\frac{X_c-X^*}{X_2-X^*} \quad \text{式(11-50)}$$

若缺乏平衡水分实验数据，可设 $X^*=0$，代入式(11-50)计算 τ_2。

（三）总干燥时间

对于连续干燥过程，若物料在干燥器内总停留时间为 τ，则

$$\tau=\tau_1+\tau_2 \quad \text{式(11-51)}$$

对于间歇干燥过程，还需考虑物料装卸等辅助操作时间，则每批干燥总时间为

$$\tau=\tau_1+\tau_2+\tau_3 \quad \text{式(11-52)}$$

式中，τ_3 为每批操作的辅助操作时间，s。

例 11-5 用对流传热间歇干燥器干燥某物料，要求将物料的含水量由 16%（湿基含水量，下同）干燥至 2%。已知每批干燥的湿物料量为 200kg，测得恒速干燥阶段物料的干燥速率 U_c 为 1.8kg/(m^2·h)，干燥表面积为 0.06m^2/kg 湿物料，物料的临界含水量 X_c 为 0.08kg/kg，物料的平衡含水量 X^* 为 0.01kg/kg。若每批干燥的辅助操作时间 τ_3 为 0.5 小时，试计算每批物料所需的干燥时间。

解： 每批干燥的绝干物料量为

$$G_c=G_1(1-w_1)=200\times(1-0.16)=168\text{kg}$$

干燥的总表面积为

$$S=200\times0.06=12\text{m}^2$$

依题意知，$w_1=0.16$，$w_2=0.02$，则

$$X_1=\frac{w_1}{1-w_1}=\frac{0.16}{1-0.16}=0.19\text{kg/kg}$$

$$X_2=\frac{w_2}{1-w_2}=\frac{0.02}{1-0.02}=0.02\text{kg/kg}$$

(1) 计算恒速干燥时间 τ_1：将 $U_c=1.8$kg/(m^2·h)、$X_c=0.08$kg/kg 等数据代入式(11-48)得

$$\tau_1=\frac{G_c}{SU_c}(X_1-X_c)=\frac{168}{12\times1.8}\times(0.19-0.08)=0.86\text{h}$$

(2) 计算降速干燥时间 τ_2：将 $X^*=0.01$kg/kg 等数据代入式(11-50)得

$$\tau_2=\frac{G_c(X_c-X^*)}{SU_c}\ln\frac{X_c-X^*}{X_2-X^*}=\frac{168\times(0.08-0.01)}{12\times1.8}\ln\frac{0.08-0.01}{0.02-0.01}=1.06\text{h}$$

(3) 计算每批物料所需干燥时间 τ：已知 $\tau_3=0.5$h，由式(11-52)得每批物料所需干燥时间为

$$\tau=\tau_1+\tau_2+\tau_3=0.86+1.06+0.5=2.42\text{h}$$

第六节 干燥设备

药物种类繁多,物理和化学性质复杂多样,质量标准和工艺对干燥的要求各不相同,相应的干燥方式和设备也是多种多样的。按供热方式的不同,干燥设备可分为对流干燥器、传导干燥器、辐射干燥器和介电干燥器四大类。

一、常用干燥器

(一)厢式干燥器

厢式干燥器属于对流干燥器,是一种间歇式干燥器,小型的通常称为烘箱,大型的称为烘房。典型厢式干燥器的结构如图 11-15 所示。

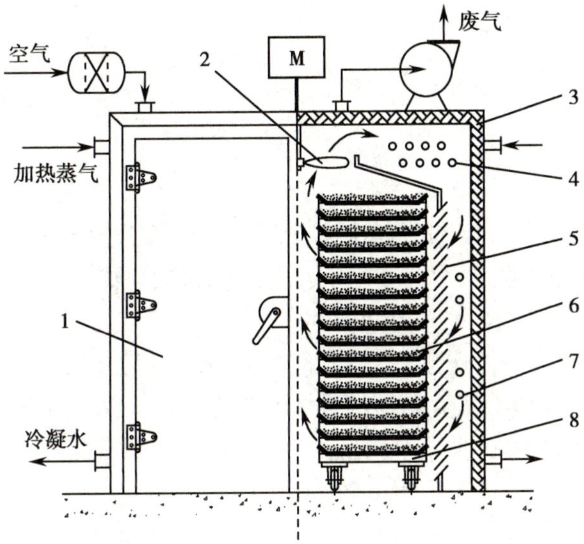

1. 干燥器厢门;2. 循环风扇;3. 隔热器壁;4. 上部加热管;
5. 气流导向板;6. 干燥物料;7. 下部加热管;8. 载料小车。

图 11-15 水平气流厢式干燥器

热源既可用蒸气加热管道,也可用电加热器。干燥介质为净化的自然空气及部分循环热空气,烘盘装载于小车上,被干燥的物料保持静止状态,料层厚度一般为 10~100mm。热风在气流导向板的作用下沿物料表面和烘盘底面水平流过,与湿物料之间进行传热和传质交换。在循环风机的作用下,汽化的部分湿分随干燥废气一起由废气排出口排出。为节约能源,常将部分废气循环使用,即对部分废气重新加热,并与进风口补充进来的部分湿度较低的新鲜空气一起进入干燥室。当物料湿含量达到工艺要求时即可停机出料。

厢式干燥器具有结构简单、投资少、适应性强、应用范围广等优点。缺点是物料不能很好地分散,热风只在物料表面流过,热空气与物料的接触面积小,干燥不均匀,产品质量不稳定,热能利用率低,干燥时间长,劳动强度大,在装卸和翻动物料时易产生扬尘。

若被干燥药物不耐高温或易于氧化或有其他特殊要求,则可用真空厢式干燥器对其进行干燥。此类干燥器的干燥室为钢制外壳,横截面为长方形或圆形,内部安装有多层空心隔板,分别与进气多支管及冷凝液多支管相接,其结构如图 11-16 所示。

干燥时通入空心隔板内的蒸气冷凝放出潜热,以热传导方式加热盘内物料,并汽化水分,水蒸气在真空状态下被抽走。

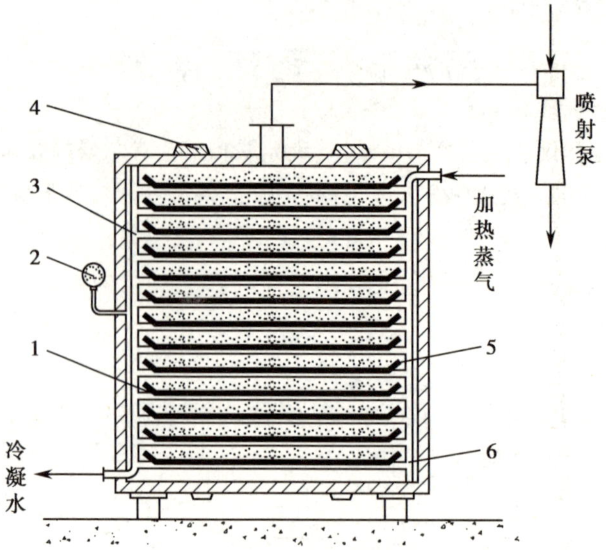

1. 空心隔板；2. 真空表；3. 冷凝液多支管；4. 加强筋；5. 物料盘；6. 进气多支管。

图 11-16 真空厢式干燥器

真空厢式干燥器热源为低压蒸气或热水，属于低温干燥，因而可保护药物有效成分，并减少对药物的污染。但设备结构和生产操作要比常压厢式干燥器复杂，设备投入和操作费用也较高。此外，对于导热性较差的物料，盘内物料上下往往存在较大的温差，以致干燥不均匀，干燥时间较长。

（二）带式干燥器

带式干燥器又称带干机，是制药生产中常用的连续对流干燥设备，其工艺流程是将湿物料置于连续传动的运送带上，用流动的热空气加热物料，使物料温度升高，物料中的水分汽化而被干燥。

典型的带式干燥器如图 11-17 所示，它由加料装置、加热器、热空气循环电机和传送网带等组成。

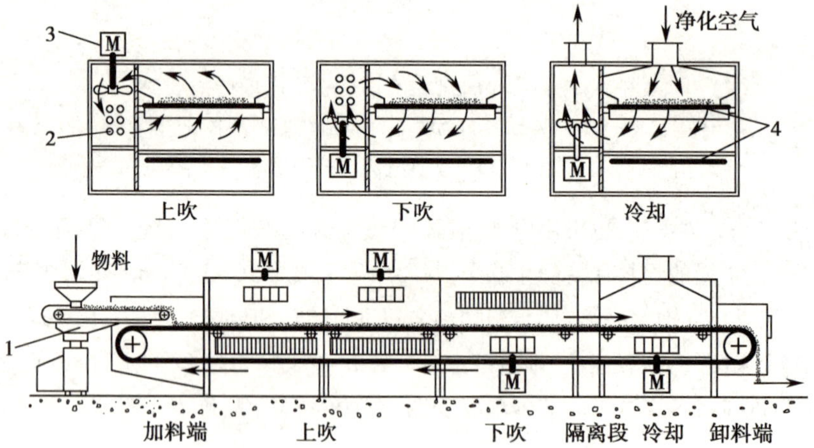

1. 摆动加料装置；2. 加热器；3. 热空气循环电机；4. 传送网带。

图 11-17 带式干燥器的结构

传送带常用不锈钢丝网或穿孔不锈钢薄板制成。工作时，一定粒度的湿物料被连续均匀地分布到具有网目结构的传送带上，传送带以一定速度传送，空气经过滤、加热后，使之垂直穿过物料和传送带，完成传热和传质过程，被干燥后的物料传送至卸料端自动卸出，整个干燥操作连续进行。

物料处理时间比较长时，可以使用多层带式干燥器，上下传送带反向运行，每层物料由上而下自然下落转移，同时翻动物料。

为使干燥过程能均衡有效地进行，并合理利用能源，节约设备运行费用，可针对干燥过程的不同阶段，将干燥室分隔成几个区间分段控制。每个区间可独立控制温度、风速等工艺参数，热风既可自上而下穿流，也可自下而上穿流。进料口附近为湿含量较高的区间，可选用温度、气流速度都较高的操作参数；中间段可适当降低温度和气流速度；末端气流用于物料的冷却，因而不需加热。

带式干燥器仅适用于具有一定粒度且没有黏性的固态物料干燥。此外，带式干燥器的生产效率和热效率较低，占地面积较大，环境噪声也较大。

（三）流化床干燥器

流化床干燥器是一种典型对流干燥器，是流态化技术在干燥生产中的具体应用。流化床干燥系统主要由鼓风机、加热器、分布板、流化床干燥器、旋风分离器和袋滤器等组成，如图 11-18 所示。

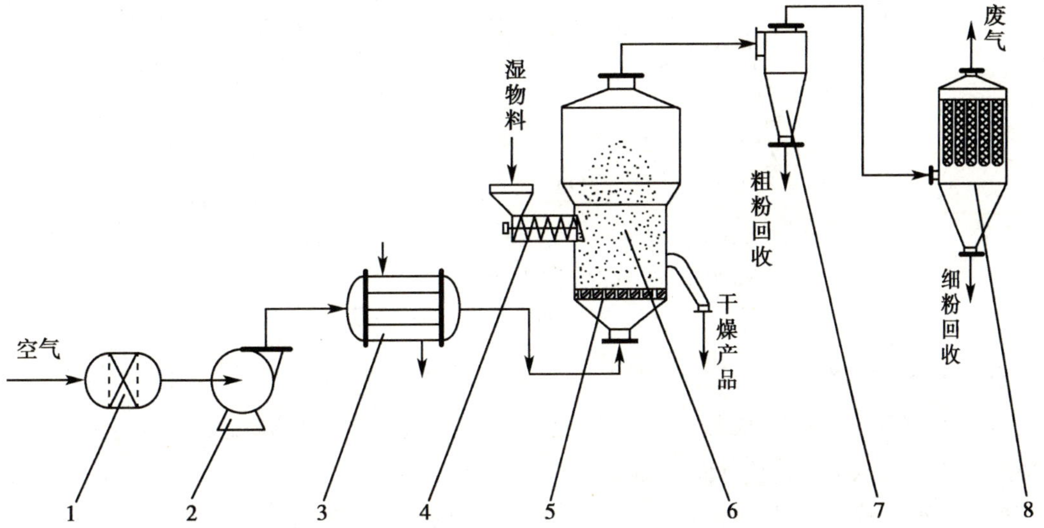

1. 空气过滤器；2. 鼓风机；3. 加热器；4. 螺旋加料器；5. 气体分布板；
6. 流化干燥室；7. 旋风分离器；8. 袋式除尘器。

图 11-18 流化床干燥系统

干燥器工作时，经过滤加热的空气以一定流速穿过分布板，板上加载一定粒度湿物料，湿物料被穿流而过的热空气吹起，但不会吹走，处于类似沸腾的悬浮跳动状态，即流化状态，称之为流化床。热空气在处于流化状态的湿颗粒间流过，于动态下与湿物料之间进行快速传热和传质，从而使湿物料被迅速干燥。

气流吹动物料颗粒所需速度区间的下限值称为临界流化速度，上限值称为带出速度。低于临界流化速度时，物料不能被吹起；高于带出速度时，物料被气流带走。两种情况均为流化干燥操作的不正常工作状态。

流化床干燥器结构简单、紧凑，造价较低。由于物料与气流之间可充分接触，因而接触面积较大，干燥速率较快。此外，物料在床内停留时间可根据需要进行调节，因而特别适用于难干燥或含水量要求较低的颗粒状物料干燥。若向流化床内喷入黏结剂和包衣液，则可将造粒、包衣、干燥三种过程一次完成，称为一步流化造粒机。缺点是物料在床内停留时间分布不均，因而容易引起物料的短路与返混，也不适用易结块及黏性物料干燥。

（四）振动流化床干燥器

流化床干燥必须将物料吹动呈流化状态才能正常工作，热空气消耗量较大，且有死床等不正常现象。将机械振动施加于流化床上，可形成振动流化床干燥器，其结构见图 11-19。振动能使物料处于振动流化态，减小流化床层的压降，降低临界流化气速，减少热空气消耗量。振动流化床干燥器的缺点是噪音大、设备磨损较大，不适合湿含量大、团聚性较大的物料。

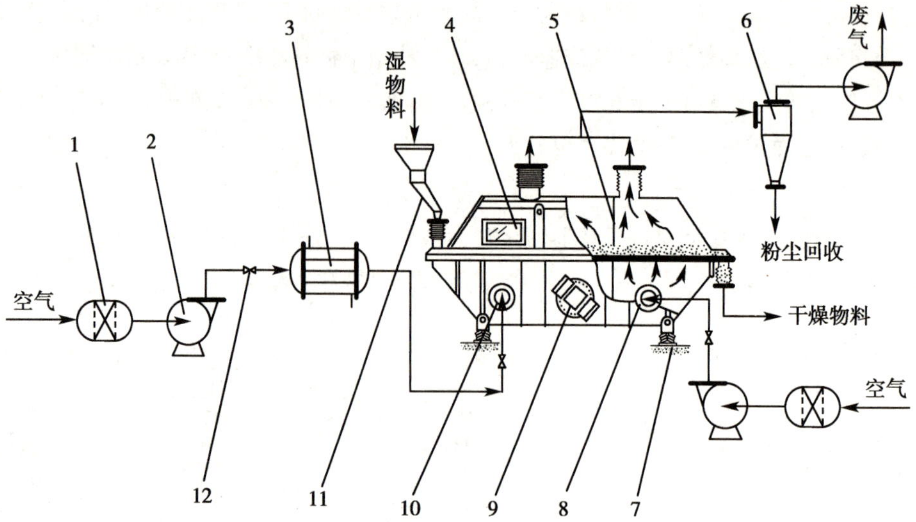

1. 过滤器;2. 风机;3. 加热器;4. 观察窗;5. 挡板;6. 旋风分离器;7. 隔振簧;
8、10. 冷、热空气进口;9. 振动电机;11. 加料斗;12. 风门。

图 11-19 振动流化床干燥器结构

(五)气流干燥器

气流干燥又称为"瞬间干燥",它是利用高速向上的热气流,使粒状物料悬浮于气流中,随气流并流移动的同时完成传热和传质过程,从而达到干燥物料的目的。

如图 11-20 所示,气流干燥器的主体是一根 10~20m 的直立圆筒,称为干燥管。工作时,物料由螺旋加料器输送至干燥管下部。空气由风机输送,经加热器加热至一定温度后,以 20~40m/s 的高速进入干燥管。在干燥管内,湿物料被热气流吹起,并随热气流一起流动。在流动过程中,湿物料与热气流之间进行充分的传质与传热,使物料得以干燥,经旋风分离器分离后,干燥产品由底部收集包装,废气经袋滤器回收细粉后排入大气。

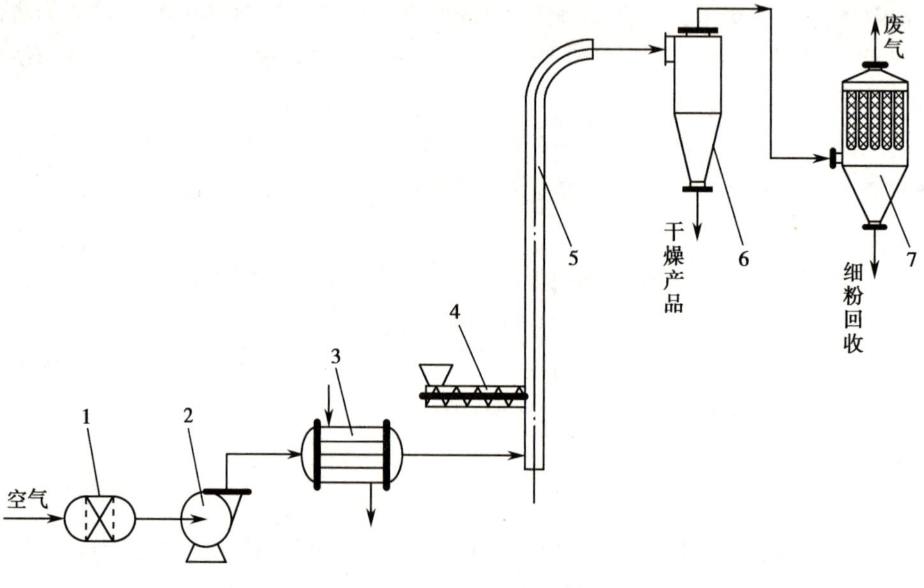

1. 过滤器;2. 鼓风机;3. 加热器;4. 螺旋加料器;
5. 干燥管;6. 旋风分离器;7. 袋式除尘器。

图 11-20 直管式气流干燥器结构

气流干燥器结构简单，占地面积小，热效率较高，可达 60% 左右。由于物料高度分散于气流中，因而气固两相间的接触面积较大，从而使传热和传质速率较大，所以干燥速率快，干燥时间短，一般仅需 0.5~2 秒。由于物料的粒径较小，故临界含水量较低，从而使干燥过程主要处于恒速干燥阶段。因此，即使热空气的温度高达 300~600℃，物料表面的温度也仅为湿空气的湿球温度(62~67℃)，因而不会使物料过热。在降速干燥阶段，物料的温度虽有所提高，但空气的温度因供给水分汽化所需的大量潜热通常已降至 77~127℃。因此，气流干燥器特别适用于热敏性物料的干燥。

气流干燥器因使用高速气流，故系统的流动阻力较大、能耗较高，且物料之间的磨损较为严重，对粉尘的回收要求较高。

气流干燥器适用于以非结合水为主的颗粒状物料的干燥，但不适用于对晶体形状有一定要求的物料的干燥。

（六）转鼓干燥器

转鼓干燥器是一种内加热式传导型干燥设备。按转鼓数量的不同，转鼓干燥器可分为单鼓、双鼓和多鼓干燥器。常见的单鼓和双鼓干燥器如图 11-21 所示。

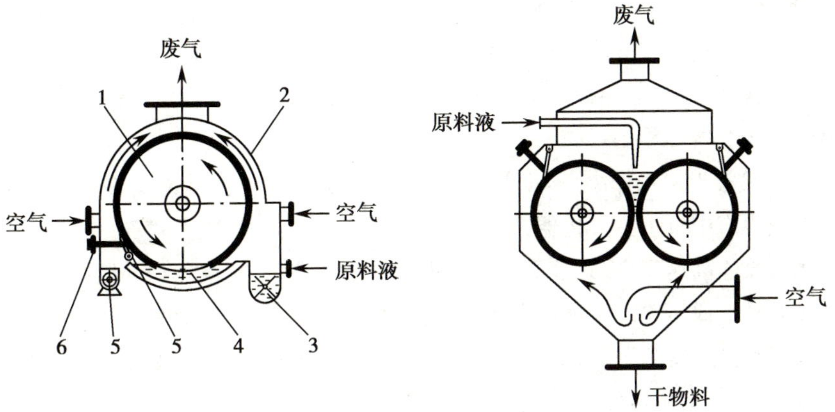

(a) 单鼓　　(b) 双鼓

1. 转鼓；2. 机壳；3. 贮液槽；4. 原料液；5. 刮刀；6. 刮刀调节杆。

图 11-21 转鼓干燥器结构

工作时流态物料以膜的形式附着于金属转鼓上，或以压辊均匀碾压成膜于转鼓上。鼓内通入热空气或水蒸气加热，热量由鼓壁直接传导给湿物料，物料中的湿分因受热而汽化，并被空气带走，随后用刮刀将干燥后的物料铲下。

转鼓干燥器适合于浆状、饱和溶液、悬浮液等物料的干燥，可由流态物料直接得到固体干物料，从而省去了传统加工过程中的浓缩、结晶、过滤等多种单元操作。转鼓传导的热效率高，可达 80%~90%；干燥时间短，仅为 10~15 秒，因而特别适合于热敏性物料的干燥；干燥速率大，汽化强度可达 30~70kg 水/($m^2 \cdot h$)。此外，转鼓干燥器还具有适应能力强、操作弹性大、易于改变干燥条件、生产效率高、劳动强度低、易于实现自动化等特点。因此，在制药生产中正越来越多地使用转鼓干燥器。

（七）喷雾干燥器

喷雾干燥是利用雾化器将原料液分散成细小雾滴后，通过与热气流相接触，使雾滴中水分被迅速汽化而直接获得粉状、粒状或球状等固体产品的干燥过程。原料液可以是溶液、悬浮液或乳浊液，也可以是膏糊液或熔融液。喷雾干燥具有许多独特的技术优势，因而在制药生产中有着十分广泛的应用。

微小液滴的饱和蒸气压

1. 喷雾干燥流程 虽然喷雾干燥所处理的原料液千差万别，最终获得的产品形态也不尽相同，但其装置流程基本相似。一般情况下，喷雾干燥流程由气流加热、原料液供给、干燥、气固分离和操作控制五个子系统组成。喷雾干燥所用的干燥介质通常为热空气，典型的喷雾干燥流程如图 11-22 所示。

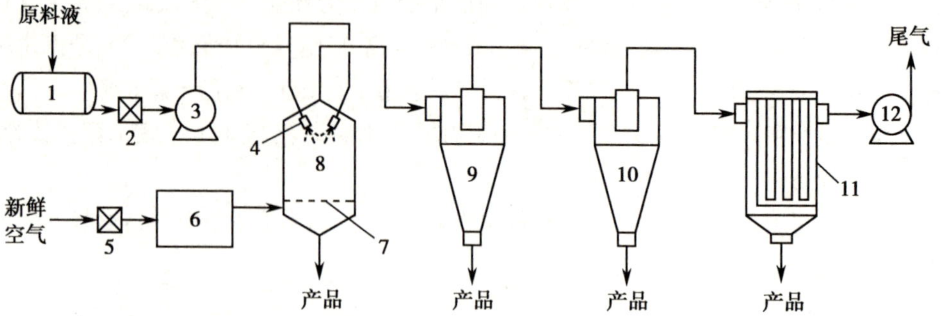

1. 料液贮罐；2. 料液过滤器；3. 输料泵；4. 雾化器；5. 空气过滤器；6. 空气加热器；7. 空气分布器；8. 喷雾干燥器；9. 一次旋风分离器；10. 二次旋风分离器；11. 袋滤器；12. 引风机。

图 11-22 喷雾干燥流程

干燥器运行时，新鲜空气经过滤、加热和分布器分布后，直接进入干燥室，原料液由泵输送至雾化器，喷雾形成雾滴与热气流接触并被干燥，干燥后大部分产品由底部直接排出，随尾气带走的部分产品由旋风分离器或袋滤器回收。

2. 雾化器 在喷雾干燥操作中，雾化器是影响产品质量和生产能耗的关键配置，不同雾化器的雾化形式不同。工业生产中有多种雾化器，常见的有气流式、离心式和压力式等。气流式雾化器采用压缩空气或水蒸气从喷嘴高速喷出，气液两相间速度差产生摩擦力，料液撕裂分散成雾滴。离心式雾化器采用高速旋转的转盘或转轮产生离心力，料液由盘或轮的边缘处快速甩出而形成雾滴。压力式雾化器采用高压泵使料液获得高压，料液通过喷嘴时，静压能转变为动能，料液被高速喷出被空气撕裂形成雾滴。气流式、离心式和压力式雾化器结构如图 11-23 所示。

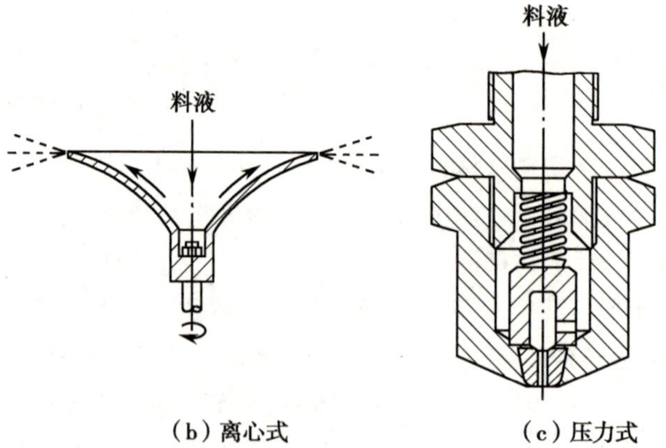

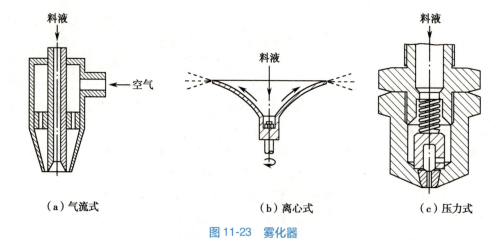

(a) 气流式　(b) 离心式　(c) 压力式

图 11-23 雾化器

气流式、离心式和压力式雾化器都可形成相对均匀的雾滴，满足干燥雾化的要求。气流式雾化器的结构相对简单，适用范围较广，可处理任何黏度或稍带固体的料液，但动力消耗较大，一般约为离心式或压力式雾化器的 5~8 倍。离心式雾化器操作较为简便，对料液适应性强，操作弹性较大，不易堵塞，适用于处理高黏度或固体浓度较大的料液，但结构相对复杂，对制造和加工技术要求较高，且不适用于逆流操作。压力式雾化器制造成本相对较低，维修方便，生产能力较大，能耗不高，但难以适用高黏度料液的雾化，受喷嘴孔径所限，喷雾前需对料液进行严格过滤。三种雾化器的比较如表 11-1 所示。

表 11-1 气流式、离心式和压力式雾化器的比较

项目		气流式	离心式	压力式
料液条件	溶液	适合	适合	适合
	悬浮液	适合	适合	适合
	膏糊状	适合	不适合	不适合
	进料量	调节范围较大	调节范围大	调节范围小
雾化器磨蚀情况		中等	小	大
雾化器堵塞情况		中等	小	大
喷雾过程控制		中等	易	难
动力消耗		很大	较小	小
进料压力/MPa		0.1~0.5	0	2~40
原料颗粒粒径/mm		0.2~0.4	0.05~1	0.1~0.2
干燥产品	最终含水量	最低	较低	较高
	颗粒粒度	较细	微细	粗大
	粒度均匀性	不均匀	均匀	均匀

3. 喷雾干燥的特点 与其他干燥操作相比，喷雾干燥的主要优势如下：

(1) 雾滴比表面积大，能与热气流充分接触，料液干燥速度较快，干燥时间较短，设备生产能力大，每小时喷雾量可达百吨。

(2) 由于干燥时间较短，液滴实际感受温度较低，故干燥产品质量较好，尤其适用于热敏性料液的处理。

(3) 可干燥其他干燥方法难以处理的低浓度溶液，能直接得到小颗粒产品，可省去蒸发、结晶、分离及粉碎等操作，简化产品生产工艺流程。

(4) 生产调节相对方便，具有较大的操作灵活性，可在大范围内改变操作条件以适应对产品质量控制的要求。

(5) 干燥产品通常具有良好的分散性、流动性、溶解性和粒度均匀性。

(6) 喷雾干燥器是密闭式生产装置，可保证无菌生产，符合《药品生产质量管理规范》(Good Manufacturing Practice，GMP) 要求。

(7) 可连续操作且操作相对稳定，因而易于实现自动化生产。

当然，喷雾干燥也存在一些不足之处：①热空气流温度低于 150℃时，干燥器体积传热系数较低，所以设备体积庞大，投资费用较高；②热效率不高，一般并流式和逆流式喷雾干燥的热效率分别在 30%~50% 和 50%~75%；③对细粉产品的干燥生产，常需采用高效分离设备，以避免产品的损耗和对环境的污染，因而附属设备较多。

4. 喷雾干燥的常见问题 喷雾干燥技术是制药工业中较为常用的现代生产技术之一，在实际应用中，常会出现以下问题：

(1) 喷雾器容易阻塞。生产中要去除料液中不溶性杂质，尽可能将料液配制成均匀液态，且料液不可太稠，以能用泵输送为度。喷雾过程中，可不断搅拌使料液保持均匀。此外，可向料液中加入适量有助悬效果的辅料，防止产生沉淀，尽量缩短输液泵至喷雾器的距离，避免药液在管道中产生沉淀，阻塞喷头。

(2) 干燥效果不好，出现药粉黏壁或结块现象。其原因主要是喷嘴雾化不好、喷嘴口径选择不当

而导致喷量过大，或热空气进风温度太低。解决方法是更换喷嘴或加大电加热器的功率，提高空气温度。实践表明，除机械原因外，料液的相对密度和成分能直接影响喷雾效果，料液的相对密度在 1.10~1.15 时具有较好的流动性和雾化效果。此外，料液含糖量过高、黏度过大也不易雾化和干燥，可加入一定数量的糊精或其他辅料（根据后期工艺所需辅料而定）来解决。

（3）产品颜色变深甚至出现焦糊现象。其主要原因是热空气温度过高所致，可通过调节加热器来调节风温。一般来说，风温控制在 150~180℃时基本能达到比较好的喷雾效果。中药中的一些成分在 160℃左右时可能发生熔融，使干燥药粉黏着结块，应将风温控制在 130~140℃。

（4）对某些含有易燃、易爆溶剂的料液，不能按常规方法进行操作，否则会产生安全问题。若药物有效成分在水中是稳定的，则可在回收易燃、易爆溶剂后加水制成混悬液再进行喷雾干燥；或用氮气等惰性气体对整个设备内的空气进行彻底交换，代替空气循环使用，进行喷雾干燥。

（八）冷冻干燥器

冷冻干燥是将湿物料冷冻至冰点以下，然后置于高真空环境中加热，使水分由固态冰直接升华为气态水蒸气而除去，最终达到干燥目的。冷冻干燥也称为真空冷冻干燥，简称冻干。

1. 冷冻干燥器的组成 冷冻干燥对设备要求较高，整个干燥装置也比较复杂，一般由冷冻干燥厢、真空机组、制冷系统、加热系统、冷凝系统、控制及其他辅助系统组成。图 11-24 为冷冻干燥机组的结构示意图。

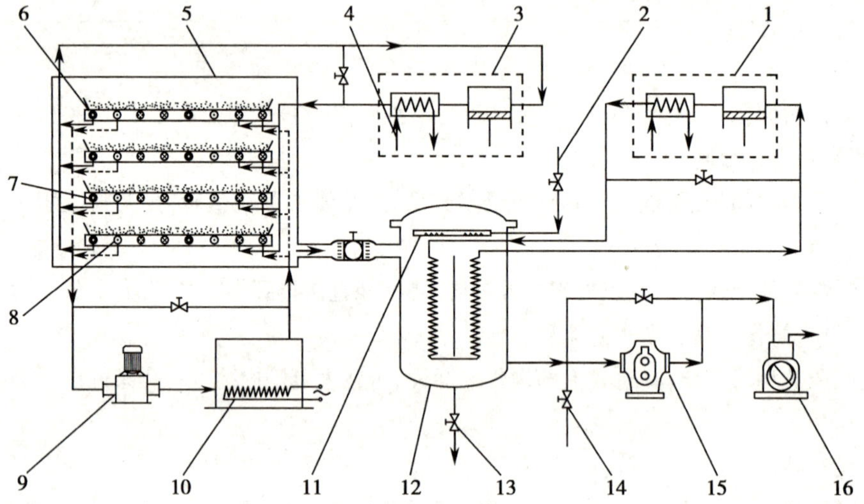

1、3. 制冷机组；2. 化霜进水管；4. 冷却水进、出管；5. 冷冻干燥厢；6. 隔板及物料盘；7. 制冷管道；8. 加热管道；9. 循环油泵；10. 加热油浴；11. 化霜喷水管；12. 水蒸气凝华器；13. 排水阀；14. 放空阀；15. 罗茨泵；16. 旋转真空泵。

图 11-24 冷冻干燥机组示意图

（1）冷冻干燥厢：是冷冻干燥器的核心部分，为可开启的密封容器。干燥时先降温冷冻，结冰后抽成真空。厢内安装有承载物料的隔板，制冷管道和加热管道与隔板为一体化结构。为方便观察物料干燥情况，在厢体或厢门上安装有视镜。

（2）真空系统：真空条件下冰升华后水蒸气体积比常压下要大得多，故冷冻干燥对真空系统要求较高，一般可采取两种抽真空的方法。

一是使用两级真空泵抽真空，前级泵先将大量的气体抽走，达到一定真空度后，再使用二级主泵。常用的前级泵有水喷射泵、水蒸气喷射泵、液环真空泵等；主泵使用罗茨真空泵、旋片泵和油扩散泵等。

二是在干燥厢和真空泵之间加设水蒸气凝华器，使抽出的水蒸气冷凝，以降低气体量。水蒸气凝华器又称捕水器，属于传热设备。常用的有盘管式和列管式两种，前者用于小型冻干机，后者用于大型冻干机。

（3）制冷系统：制冷系统有两组，一组用于冷冻干燥厢的制冷，另一组用于水蒸气凝华器的制冷。

（4）加热系统：用于向物料提供水分升华、解吸所需的热量。供热方式分为传导供热和辐射供热，传导供热又分为直热式和间热式。直热式以电加热直接给隔板供热为主，间热式利用热媒通过管道为隔板供热。辐射供热主要采用红外线加热。

按冻干面积不同，冷冻干燥器一般分为大型、中型和小型三大类，医药生产用大型冻干机隔板面积一般在 $6m^2$ 以上，中型生产或中试用冻干机的隔板面积一般为 $1\sim5m^2$，小型或实验用冻干机的隔板面积一般在 $1m^2$ 以下。

2. 冷冻干燥的主要优缺点　冷冻干燥是一种较为先进的制药干燥技术，具有许多优点。

（1）物料在低压缺氧环境中干燥，物料中易氧化的成分不易发生氧化变质，缺氧也有利于灭菌和抑制细菌活力。

（2）操作温度低，特别适用于处理热敏性物料，避免物料因干燥受热而分解变质，几乎不会发生因色素分解造成的产品褪色，或由于酶和氨基酸所引起的产品褐变等现象，能较好地保留物料的色泽、味道和成分等。

（3）物料在脱水前被冻结，形成相对稳定的固体骨架，干燥后产品可基本保持原有物料形状，常为质地疏松的多孔结构，具有良好速溶性和快速复水性。

（4）经过快速预冻处理，物料中水分以冰晶形态存在，溶解于水中的无机盐等物质也被均匀地分配其中，升华时就近析出，避免了一般干燥方法因无机盐在表面析出而产生的产品表面硬化等问题。

（5）冷冻干燥脱水较彻底，产品重量轻，采用真空包装后产品保质期较长。

冷冻干燥的主要缺点是能耗大、干燥时间长、设备的投资与操作费用较高等。此外，由于产品一般呈多孔疏松状结构，故不宜直接暴露于空气中，以免吸湿和氧化，因此对产品的包装和贮藏均有较高要求。

（九）红外干燥

红外干燥属于辐射干燥，其原理是利用红外辐射器发出的红外线被湿物料所吸收，引起分子激烈共振并迅速转变为热能，从而使物料中的水分汽化而达到干燥的目的。红外线波长范围较宽，一般波长在 0.76~4.0μm 称为近红外，4.0~25.0μm 称为远红外。由于物料对红外辐射的吸收波段大部分位于远红外区域，如水、有机物等在远红外区域内均具有很宽的吸收带，因此在实际应用中以远红外干燥技术最为常用。

1. 红外线辐射器的结构　红外辐射加热器的品种较多，按能量转换情况的不同，红外辐射加热器可分为直热式和间热式两大类。直热式的基体为电热元件，通电后直接将电能转变为热能，热能再通过涂层转变成红外辐射能；间热式中作为热源的发热体不是将热能直接传给涂层，而是先传给基体，基体再传给辐射涂层。就结构而言，红外辐射加热器主要由涂层、热源和基体三部分组成。

（1）涂层：涂层加热器的功能部分，其作用是在一定温度下能发射具有所需波长和较大功率的红外辐射线。涂层多用烧结的方式涂布于基体上，常用的涂层材料有副族元素、稀土元素等金属盐类的烧结物以及碳化硅等非金属化合物。

（2）热源：热源的作用是向涂层提供足够的能量，使辐射涂层正常发射红外线。热源必须具有足够的工作温度。常用的热源有电阻发热体、燃烧气体、蒸气和烟道气等。

（3）基体：用于安装和固定热源或涂层，多用耐温、绝缘、导热性能良好、具有一定强度的材料制成，如碳化硅陶瓷烧结体等。

2. 红外干燥器　就结构而言，红外辐射干燥设备与对流传热干燥设备有一定的相似之处，若将前面所介绍的对流干燥器的热源换成红外辐射器，则大多可改装成红外干燥器。图 11-25 为常见带式红外线干燥器。

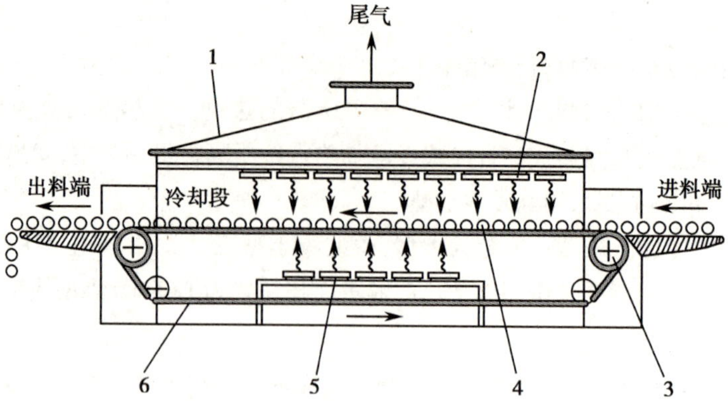

1. 排风罩;2、5. 红外辐射板;3. 驱动链轮;4. 物料;6. 传送网带。

图 11-25 带式红外线干燥器

3. 红外干燥的特点

（1）与普通干燥法相比，红外干燥的速度要快 2~5 倍，因而干燥时间较短。

（2）红外干燥不需要干燥介质，蒸发水分的热能是物料吸收红外线辐射能后直接转变而来，因此能量利用率较高。

（3）红外干燥可适合多种形态物料的干燥。

（4）与其他干燥器相比，红外干燥器的结构简单，调控操作灵活，易于自动化，设备投资也较少，维修方便。

（5）制药生产中的红外线辐射加热器多使用电能，因而电能费用较高。

（6）红外线辐射穿透深度有限，穿透深度一般为 2~8mm，且与辐射距离密切相关，物料表里温度不均，干燥物料的厚度受到限制，仅限于薄层物料的干燥。

（十）微波干燥

微波是指频率为 300MHz~300GHz 的高频电磁波。微波干燥技术是在微波理论和技术及微电子管成就的基础上发展起来的一种介电干燥技术。在微波作用下，被干燥物质中的水等极性小分子可快速转向振动并定向排列，由此而产生的撕裂和相互摩擦可产生很强的热效应，从而将水分从物料中驱出达到干燥目的。

1. 微波干燥系统 微波干燥系统主要由直流电源、微波发生器、波导装置、微波干燥器（干燥室）、传动系统、安全保护系统及控制系统等组成，如图 11-26 所示。

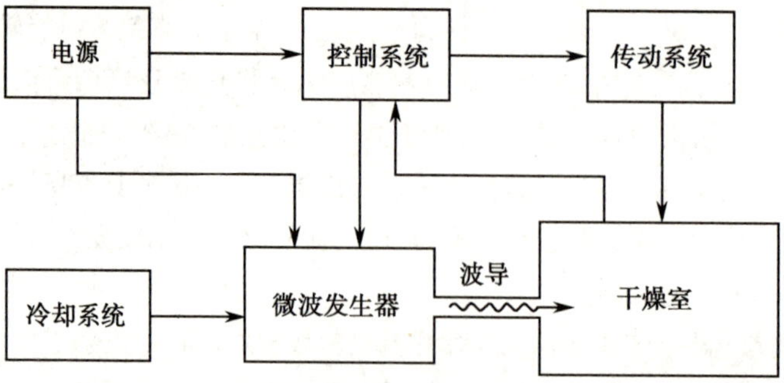

图 11-26 微波干燥系统的组成

（1）直流电源：将普通交流电源经变压、整流成直流高压电。微波发生器不同，对电源要求也不同，小功率微波管常采用单相全波整流或单相半波倍压整流电源。大功率微波干燥器采用三相全波桥式整流电路。

（2）微波发生器：由微波管和微波管电源两部分组成，其中微波管电源的作用是将交流电能转变为直流电能，为微波管的工作创造条件。微波管是微波发生器的核心，其作用是将直流电能转换成微波能量。干燥中常使用的微波频率为 2 450MHz。

（3）波导装置：由中空的光亮金属短管组成，可弯转扭曲，其作用是将微波能量传输至微波干燥器（干燥室）以对湿物料进行加热干燥。

（4）微波干燥室：对物料进行加热干燥的腔体。

（5）冷却系统：用于对微波管的腔体等部分进行冷却，冷却方式可以采用风冷或水冷。一般情况下，水冷可以有效地提高微波管使用寿命。

（6）微波泄漏保护装置：由于生命体对微波能量的吸收可达 20%～100%，因而会对生命体产生强烈的生理影响和伤害作用，所以必须严格控制微波的泄漏。目前，预防微波泄漏的常用方法主要有三种：①以导体金属制作干燥室内壁，室门闭合处运用扼流门结构；②使用电抗性微波漏能抑制器；③在出口处加装损耗介质。

2. 微波干燥器　图 11-27 是一种应用较多的厢式结构微波干燥器，其工作原理和结构与家用微波炉类似。为使干燥均匀，干燥室内常安装有搅拌装置和料盘转动装置。

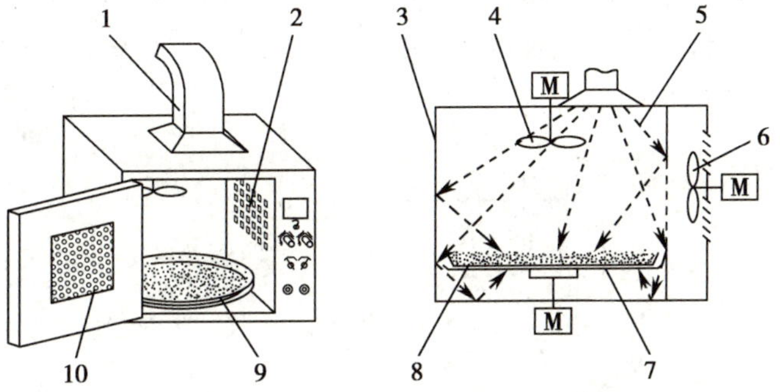

（a）结构　　（b）工作原理

1. 波导；2. 排湿孔；3. 金属反射腔体；4. 金属模式搅拌器；5. 微波输入；
6. 排湿风扇；7. 旋转台；8. 物料；9. 绝缘体料盘；10. 观察窗。

图 11-27　厢式微波干燥器

图 11-28 是一种连续式多谐振腔隧道微波干燥器，此种干燥器可获得较大的微波功率。为防止微波泄漏，在进出口处设置有泄漏抑制器以及吸收微波的损耗介质。

3. 微波干燥的特点　微波干燥器是一种介电加热干燥器，水分汽化所需热能并不依靠物料本身的热传导，而是依靠微波深入到物料内部，并在物料内部转化为热能，因此微波干燥速度很快。微波

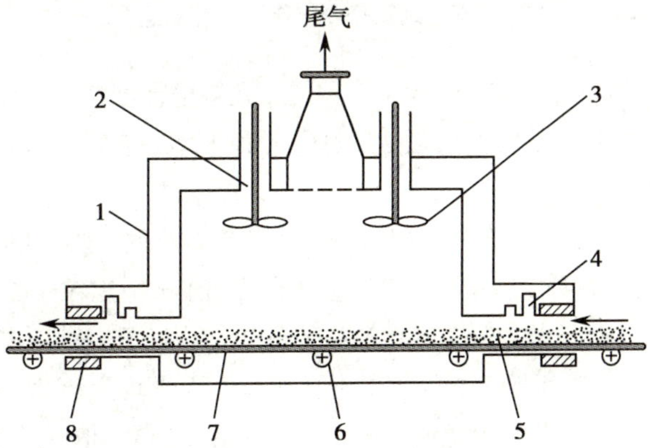

1. 微波干燥室；2. 微波输入；3. 模式搅拌器；4. 抑制器；
5. 物料；6. 皮带轮；7. 传送带；8. 损耗介质。

图 11-28　连续式隧道微波干燥器

加热是一种内部加热方式，且含水量较多的部位，吸收能量也较多，即具有自动平衡性能，可避免常规干燥过程中表面硬化和内外干燥不均匀的现象。微波干燥热效率较高，无环境污染，且可避免操作高温环境，劳动条件较好。微波干燥易于实现自动化和自动控制，可满足 GMP 要求。缺点是设备投资大，能耗高，若安全防护措施欠妥，泄漏微波会对人体造成伤害。

（十一）组合干燥

组合干燥是综合运用干燥技术、实验技术、制药工程与设备，并结合物料特性而进行干燥方法的可行性选择与优化组合。组合干燥方案很多，下面仅举几例以供学习和参考。

1. 真空组合干燥 真空干燥的一大缺点是热量传递慢，干燥速度慢，干燥时间长，生产效率低。若将其他方法与真空干燥组合，则可取长补短，使物料的干燥过程更加合理和经济。

真空的缺氧环境，特别适合于对氧敏感物料的干燥。辅以低温冷冻则可保证物料中的有效成分不分解、生物活性成分不失活。再配以新型热源，则可推出多种新型干燥设备。

制药生产中将真空干燥与其他干燥方法相结合对物料进行干燥的例子很多，如真空冷冻干燥器、真空转鼓干燥器、真空耙式干燥器、红外真空干燥器、微波真空干燥器和真空喷雾冻干器等。

2. 喷雾组合干燥 喷雾干燥是制药生产中的常用干燥方法，但对一些难以干燥的物料以及含水过多或喷雾颗粒过大的物料，则可能出现产品干燥不完全的情况。一种有效的解决方法是将喷雾干燥与带式干燥相组合，如图 11-29 所示。

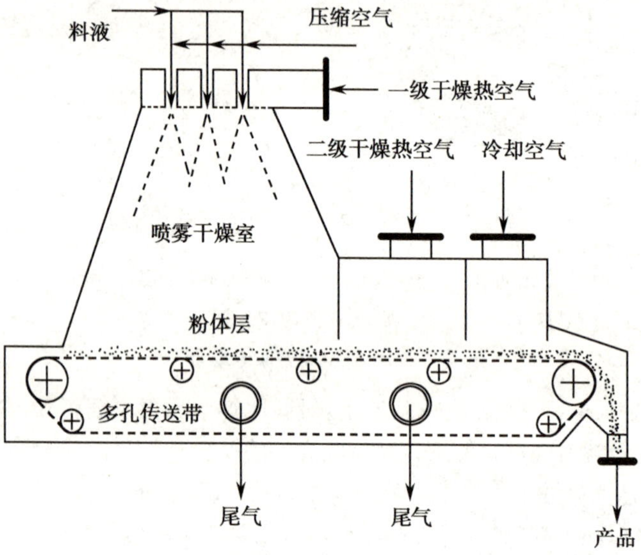

图 11-29 喷雾干燥与带式干燥的组合

将喷雾干燥的初级粉体直接降落于干燥室下部的多孔输送带上，以穿流气流进行二级干燥，在带上做短时间干燥停留后，进入三级干燥区，最后冷却。此种干燥工艺产生的废气温度低，热效率高，处理量大，产品颗粒大，速溶性好。

喷雾干燥与流化床干燥相组合是干燥技术综合运用的创新范例。图 11-30 是将喷雾、流化床、制粒相组合的新型干燥装置，运用这种组合技术可将液态料直接加工成一定粒径的干燥颗粒料，整个过程集浓缩、结晶、过滤、干燥、粉碎、制粒等单元操作于一体，是一种极有发展潜力的新技术。

新兴的太阳能干燥器

3. 辐射、介电组合干燥 辐射干燥和介电干燥均为快速、高效、节能、低噪音、清洁卫生的干燥方法。将辐射源或介电场作为热源，可与其他多种干燥方法相组合，如红外带式干燥器和微波带式干燥器等。

组合干燥是一个综合性课题，其目的是在满足产品质量要求的前提下，尽可能做到省时、节能，并提高经济效益，其发展潜力巨大，应用前景广阔。

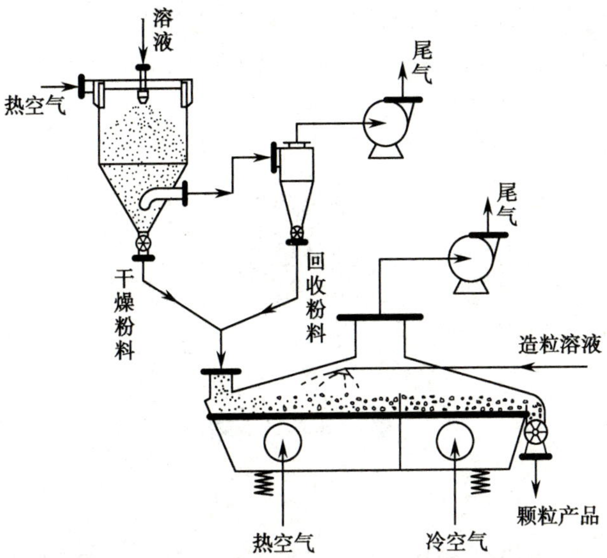

图 11-30 喷雾干燥与振动流化床干燥的组合

二、干燥器的选型

干燥器的种类、型号、规格多种多样，特点各异。实际生产中应根据物料特性、工艺要求和生产任务选择适宜的干燥设备。

（一）干燥器的基本要求

1. 质量要求 选择干燥器必须满足干燥产品的质量要求，经干燥后产品有效成分损失不能超标，湿含量应低于规定值，产品的外观、色泽、强度等物理指标应合格，并能确保在贮藏期内不变质、不霉变。

2. 生产能力 生产能力取决于生产任务，设备的生产能力必须满足生产任务的要求。

3. 工艺要求 干燥器必须与药品的生产工艺相适应，选型时既要考虑生产工艺对物料状态、结构和成分的影响，又要考虑物料对干燥速度、时间、温度及干燥介质等要素的要求。

4. 经济性要求 从经济效益的角度考虑，要求干燥设备的投资要少、生产效率要高、能耗要低。此外，设备应具有较长的使用寿命且维修和保养方便。

5. 环境和安全要求 环境要求包括对操作环境的要求及对环境污染的要求。通常要求设备操作方便，运行噪声小，使用清洁能源，操作环境和废气中的粉尘含量少；安全则是对包括废气中的有毒及易燃、易爆气体的处理与排放，真空容器的强度，有害辐射的泄漏等方面的要求。

（二）干燥器的选择

干燥器的种类很多，特点各异，实际生产中应根据被干燥物料的性质、干燥要求和生产能力等具体情况选择适宜的干燥器。

在制药化工生产中，许多产品要求无菌、避免高温分解及污染，故制药化工生产中所用的干燥器常以不锈钢材料制造，以保证产品的质量。

对于特定的干燥任务，常可选出几种适用的干燥器，此时应通过经济衡算来确定。干燥过程的操作费用往往较高，因此即使设备费用在某种程度上高一些，也宁可选择操作费用较低的设备。

物料的多样性

从操作方式的角度来看，间歇操作的干燥器适用于小批量、多品种、干燥条件变化大、干燥时间长的物料干燥，而连续操作的干燥器可缩短干燥时间、提高产品质量，适用于品种单一、大批量的物料干燥。从物料的角度来看，对于热敏性、易氧化及含水量要求较低的物料，宜选用真空干燥器；对于生物制品等冻结物料，宜选用冷冻干燥器；对于液状或悬浮液状物料，宜选用喷雾干燥器；对于形状有要求的物料，宜选用厢式、隧道式或微波干燥器；对于糊状物料，宜选用厢式干燥器、气流干燥器和沸腾床干燥器；对于颗粒状或块状物料，宜选用气流干燥器、沸腾床干燥器等。

目标测试

课后习题

一、计算题

1. 常压下，空气的温度 $t=40℃$，相对湿度 $\varphi=30\%$。试计算：(1) 空气的湿度 H；(2) 空气的比容 υ_H；(3) 空气的密度 ρ_H；(4) 空气的比热 C_H；(5) 空气的焓 I_H；(6) 空气的露点 t_d。[0.013 9kg/kg；0.9m^3/kg；1.127kg/m^3；1.036kg/(kg·℃)；76.07kJ/kg；20℃]

2. 运用空气的 I-H 图填充下表。

干球温度/℃	湿球温度/℃	湿度/(kg/kg)	相对湿度/%	焓/(kJ/kg)	水蒸气分压/kPa	露点/℃
20	16					
25		0.012				
30			50			
50				100		
80					9.5	
100						35

3. 常压下，空气的温度 $t=85℃$，湿度 $H=0.02$kg/kg，试利用空气的焓湿图以图解法确定：(1) 空气中的水蒸气分压 p；(2) 空气的相对湿度 φ；(3) 空气的露点 t_d；(4) 空气的焓 I_H；(5) 空气的湿球温度 t_w。(3.156kPa；5.45%；23.5℃；138.866kJ/kg；37℃)

4. 常压下用对流传热连续干燥器干燥某药物，处理量为 500kg/h。干燥前药物含水量为 20%(湿基含水量，下同)，干燥后的最终含水量为 5%。空气进入预热器的湿度 H_0 为 0.015kg/kg，经预热的空气进入干燥室，离开干燥室的湿度 H_1 为 0.045kg/kg，试计算：(1) 干燥过程中水分蒸发量；(2) 干燥后的产品量；(3) 绝干空气消耗量。(78.95kg/h；421.05kg/h；2631.67kg/h)

5. 常压下，以温度为 20℃、湿度为 0.01kg/kg 的新鲜空气为介质干燥某种湿物料。空气经预热器预热至 100℃ 后送入干燥器，若空气在干燥器内经历等焓干燥过程，离开干燥器时的湿度为 0.02kg/kg，试计算：(1) 离开预热器时空气的相对湿度；(2) 100m^3 的原空气经给热后所增加的热量；(3) 100m^3 的原空气在干燥器内等焓冷却时所蒸发的水分量；(4) 空气离开干燥器时的温度。(1.6%；9 794.2kJ；1.19kg；74.43℃)

6. 用气流干燥器干燥某药物，进入干燥器时药物含水量 $w_1=20\%$、离开时的含水量 $w_2=1.5\%$，干物料的比热 $C_s=2.0$kJ/(kg·℃)，物料进入干燥器时的温度为 25℃，离开干燥器的温度为 58℃。拟将相对湿度为 70% 的空气经预热器由 20℃ 预热至 120℃ 后送入干燥器，离开干燥器的温度为 60℃，干燥器的产品干燥能力为 300kg/h，且不设辅助加热器。若干燥过程的热损失可忽略不计，试计算：

(1) 绝干物料的产量 G_c;(2) 水分蒸发量 W;(3) 绝干空气消耗量 L。(295.57kg/h;73.88kg/h;3 024.7kg/h)

7. 常压下保持干燥条件不变,将某药物由0.44kg/kg干燥至0.16kg/kg,历时5小时。若继续干燥至0.06kg/kg,试确定该药物的干燥周期。已知该药物的临界含水量为0.12kg/kg,平衡含水量为0.04kg/kg,装卸物料的辅助操作时间为0.3小时。(7.99h)

二、简答题

1. 去湿的方法有哪些? 各有什么特点?

2. 按传热方式的不同,干燥可分为哪几种?

3. 简述对流干燥流程以及对流干燥过程进行的条件。

4. 衣物漂洗干净后到晾晒干,运用了哪些干燥方法? 请解析相应干燥原理。

5. 什么是相对湿度? 它与湿空气的吸湿能力有什么关系?

6. 如何用露点和干球温度来判断湿空气所处的状态?

7. 湿球温度有何工程意义?

8. 对于空气和水系统,在数值上湿球温度与绝热饱和温度几乎相等,但两者的物理意义截然不同,为什么?

9. 物料含水量有哪两种表示方法? 它们之间有什么关系?

10. 简述平衡水分与自由水分。

11. 简述结合水分与非结合水分。

12. 恒速干燥阶段和降速干燥阶段各有何特点?

13. 如何提高恒速干燥阶段和降速干燥阶段的干燥速率?

14. 什么是临界含水量? 如何降低临界含水量?

15. 简述沸腾干燥的优点和缺点及其在制药生产中的应用。

16. 请从物料的角度简述干燥器的选择方法。

第十二章

药物粉体生产设备

第十二章
教学课件

学习要求：

1. 掌握干法粉碎、湿法粉碎、低温粉碎和超微粉碎，球磨机的结构、最佳转速和工作过程，"目"的概念，电磁振动筛的结构和工作原理，典型混合设备。
2. 熟悉粉碎在药品生产中的意义，粉碎比，药筛标准，粉末等级，混合机理。
3. 了解典型粉碎设备，典型筛分设备。

粉体普遍存在于自然界、工业生产、医药和日常生活中。某些制剂，如散剂本身就是粉体，压片、填充胶囊所用的药粉也都属于粉体。在药品生产中，粉碎是获得药物粉体的常用方法。粉碎后的药粉粗细不等，可用药筛将其按规定的粒度要求分离，以获得粒度较为均匀的药粉。然后再按一定的配料比混合均匀，即可制成加工各种剂型所需的原料。可见，粉碎、筛分和混合均是制备药物粉体的常用单元操作。

第一节　粉　　碎

粉碎是借助于外力将大块固体物料制成适宜粒度粉体的操作过程，它是固体药物生产中的基本单元操作之一。

粉碎在药品生产中具有重要的意义。例如，将中药材粉碎至适宜粒度，有利于药材在浸提过程中有效成分的浸出或溶出；制备散剂、颗粒剂、丸剂、片剂等剂型所需的固体原料药均需粉碎成细粉，以利于制备成型；将固体药物粉碎成较小粒径的颗粒，可增大药物的比表面积，促进药物的溶解与吸收，从而提高生物利用度。但固体药物应粉碎成的粒径粗细，应与药物性质、剂型及使用要求等具体情况有关，过细粉碎药物并非总是有利的，如有刺激性、不良气味以及易分解、易氧化的药物均不宜粉碎过细；易溶性药物也无须研成细粉。

此外，粉碎操作也可能对药物产生不良影响。例如，多晶型药物的晶型在粉碎过程中可能会遭到破坏，从而导致药效下降或出现不稳定晶型；粉碎操作产生的热效应可能引起热敏性药物的分解；易氧化药物粉碎后会因比表面积增大而加速氧化。

一、粉碎方法与粉碎比

（一）粉碎方法

1. 自由粉碎与缓冲粉碎　自由粉碎是指在粉碎过程中将已达到规定粒度的细粉及时移出的方法。反之，若细粉始终保持在粉碎系统中，则称之为缓冲粉碎。自由粉碎过程中，细粉能及时移出可使粗粒有充分的机会接受机械能，因而粉碎设备所提供的机械能可有效地作用于粉碎过程，故粉碎效率较高。而缓冲粉碎过程中，由于细粉始终保持在系统中，在粗粒间起到缓冲作用，因而需消耗大量的机械能，导致粉碎效率下降，同时产生大量的过细粉末。

2. 开路粉碎与循环粉碎　在粉碎过程中，药物仅通过粉碎设备一次即获得所需的粉体产品，该种粉碎称为开路粉碎，如图 12-1(a)所示。开路粉碎适用于粗碎或用作细碎的预粉碎。若粉体产品中含有尚未达到规定粒度的粗颗粒，则可通过筛分设备将粗颗粒分离出来，再将其重新送回粉碎设备中继续粉碎，该种粉碎称为循环粉碎或闭路粉碎，如图 12-1(b)所示。循环粉碎适用于细碎或对粒度范围要求较严的粉碎。

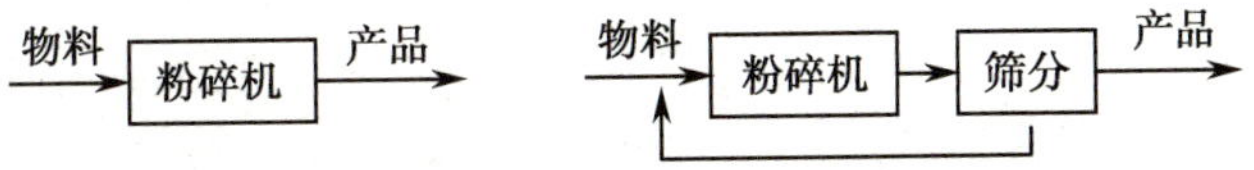

(a) 开路粉碎　　(b) 循环粉碎

图 12-1　开路粉碎与循环粉碎

3. 干法粉碎与湿法粉碎　干法粉碎是药物经干燥处理后，使其含水量降至一定限度再进行粉碎的方法。粉碎固体药物时，应根据药物的性质选用适宜的干燥方法，干燥温度一般不宜超过 80℃。药物的适宜含水量与粉碎机械的性能有关。例如，采用万能粉碎机时药物的含水量应降至 10% 左右，而采用球磨机时药物的含水量则应降至 5% 以下。

湿法粉碎是向固体药物中加入适量液体进行研磨粉碎的方法。选用的液体以不影响药效，不引起药物溶解或膨胀，不发生化学变化为原则。湿法粉碎可避免粉尘飞扬，适用于刺激性较强或毒性药物以及对产品细度要求较高药物的粉碎，如冰片、樟脑、朱砂等。

4. 单独粉碎与混合粉碎　将处方中的一种药物单独进行粉碎的方法称为单独粉碎。单独粉碎可根据药物的性质选取较为适宜的粉碎设备，同时可避免粉碎过程中因各药物损耗程度的不同而引起含量不准。单独粉碎过程中已粉碎的粉末有重新聚结的趋向，因而可减少损耗且有利于劳动保护，故特别适用于刺激性以及细料药的粉碎。若药物的氧化性或还原性较强，则必须采用单独粉碎，避免引起反应甚至爆炸。此外，毒性药物以及需进行特殊处理的药料也应单独粉碎。

将两种或两种以上的药物同时进行粉碎的方法称为混合粉碎。混合粉碎可减少粉末的重新聚结趋向，并可使粉碎与混合过程同时进行，提高生产效率。目前中药复方制剂中的多数药材均可采用混合粉碎。此外，对于黏性或油性药料，采用混合粉碎可适当降低这些药物单独粉碎时的难度。

5. 低温粉碎　低温粉碎是利用药物在低温下脆性较大的特点进行粉碎的方法。其产品粒度较细，并能较好地保持药物有效成分的原有特性。对于常温下粉碎有困难的药物，如软化点和熔点较低、热塑性以及某些热敏性药物等，均可采用低温粉碎的方法。

低温粉碎过程中，空气中的水分会在粉碎设备及物料表面冷凝或结霜，从而增大物料的含水量，因此低温粉碎不宜在潮湿环境中进行。粉碎后的产品也应及时置于防潮容器内，以免因长时间暴露于空气中而使其含水量增大。

低温粉碎一般有四种方法：①物料先行冷却或在低温条件下，迅速通过高速撞击或粉碎机粉碎；②粉碎机壳通入低温冷却水，在循环冷却下进行粉碎；③将物料与干冰或液氮混合后再进行粉碎；④组合应用上述冷却方法进行粉碎。

6. 超微粉碎　超微粉碎又称超细粉碎，是指将物料磨碎至粒径为微米级以下的操作。通常分为微米级粉碎(1~100μm)、亚微米级粉碎(0.1~1μm)、纳米级粉碎(1~100nm)。药物经超微粉碎后，可增加药物吸收率，提高药物生物利用度，有利于提高药效，并为剂型设计创造条件。

中药材的超微粉碎又称为细胞级微粉碎，它是以动植物类药材细胞破壁为目的的粉碎作业。运用现代超微粉碎技术，可将中药材粉碎至 5μm 以下，此时细胞的破壁率可达 95% 以上，所得中药微粉称为细胞级中药微粉，以细胞级中药微粉为基础制成的中药称为细胞级微粉中药。

1202

中药超微粉碎

（二）粉碎比

固体药物在粉碎前后的粒度之比称为粉碎比，即

$$n=\frac{d_1}{d_2} \qquad 式（12-1）$$

式中，n 为粉碎比；d_1 为粉碎前固体药物的粒径，mm 或 μm；d_2 为粉碎后固体药物的粒径，mm 或 μm。

由式（12-1）可知，粉碎比越大，所得固体药物的粒径就越细。可见，粉碎比是衡量粉碎效果的一个重要指标，也是选择粉碎设备的重要依据。一般情况下，粗碎的粉碎比为 3~7，中碎的粉碎比为 20~60，细碎的粉碎比在 100 以上，超细碎的粉碎比则高达 200~1 000。

二、粉碎设备

粉碎机的种类众多，可按不同的方法进行分类。按粉碎比的不同，粉碎设备可分为常规粉碎设备和超细粉碎设备。按所施加作用力的不同，粉碎设备可分为剪切式、撞击式、研磨式、挤压式和锉削式等类型。按作用部件运动方式的不同，粉碎设备可分为旋转式、振动式、滚动式以及流体式等类型。按操作方式的不同，粉碎设备可分为干磨、湿磨、间歇式和连续式等类型。下面介绍几种制剂生产中常用的粉碎设备。

1. 常规粉碎设备

（1）切药机：切药机主要由切刀、曲柄连杆机构、输送带、给料辊和出料槽组成，其结构如图 12-2 所示。

工作时，将药材均匀加到输送带上，输送带将药材输送至两对给料辊之间。给料辊挤压药材，并将其推出适宜长度，切刀在曲柄连杆机构带动下作上下往复运动，切断药材。切断后的药材经出料槽落入容器中。切药机可用于根、茎、叶、全草等植物药材的切制，可将植物药材的药用部位切制成片、段、细条或碎块，但不适用于颗粒状或块茎等药材的切制。

（2）万能粉碎机：万能粉碎机主要由定子、转子及环形筛板等组成，其结构如图 12-3 所示。

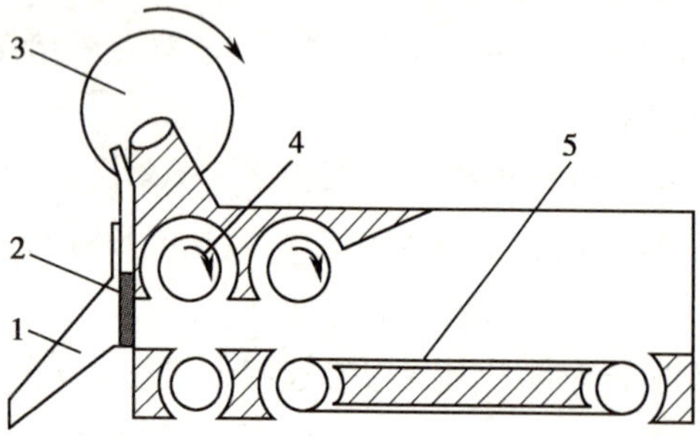

1. 出料槽；2. 切刀；3. 曲柄连杆机构；4. 给料辊；5. 输送带。

图 12-2　切药机

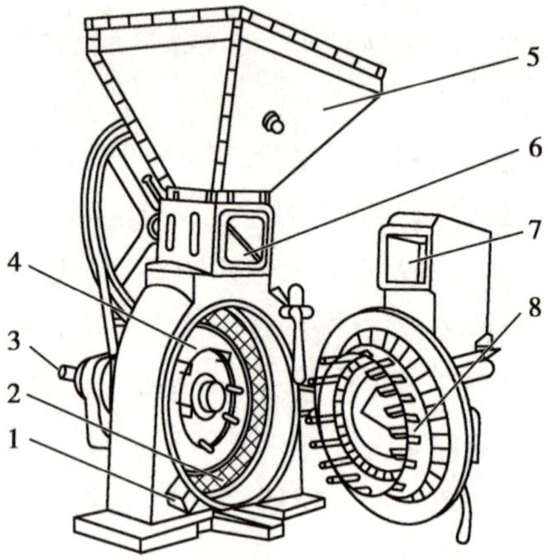

1. 出粉口；2. 环形筛板；3. 水平轴；4. 转子；5. 加料斗；6. 抖动装置；7. 加料口；8. 定子。

图 12-3　万能粉碎机

定子和转子均为带钢齿的圆盘，钢齿在圆盘上相互交错排列。工作时，转子高速旋转，药物在钢齿间被粉碎。操作时，应先打开机器空转，待高速转动后再加入待粉碎的药物，以免药物阻塞钢齿而增加电机启动时的负荷而烧毁电机。

万能粉碎机的优点是适用范围广泛，适宜粉碎各种干燥的非组织性药物，如中药材的根、茎、皮及干浸膏等。不宜粉碎腐蚀性、毒剧及细料药材。由于粉碎过程产生热量，因而也不宜粉碎含有大量挥

发性成分或软化点低且黏性较大的药物。

(3) 锤式粉碎机：锤式粉碎机是一种撞击式粉碎机，主要由加料器、转子、锤头、衬板、筛板(网)等部件组成，如图12-4所示。

转子为一转盘，其上装有可自由摆动的锤头。衬板可以更换，其工作面呈锯齿状。工作时，固体药物由加料斗加入，并被螺旋加料器输送至粉碎室。在粉碎室内，高速旋转的转子带动其上的T形锤对药物进行强烈锤击，使药物被锤碎或与衬板相撞而破碎。粉碎后的微细料通过筛板由出口排出，不能通过筛板的粗料则继续在室内粉碎。选用不同规格的筛板(网)，可获得粒径为4~325目的药料。

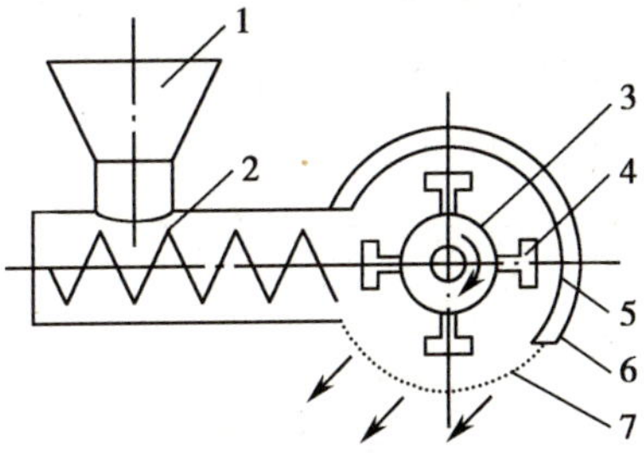

1. 加料斗；2. 螺旋加料器；3. 转子；4. 锤头；5. 衬板；6. 外壳；7. 筛板。

图12-4　锤式粉碎机

锤式粉碎机的优点是结构紧凑，操作安全，维修方便，粉碎能耗小，生产能力大，且产品粒度比较均匀。其缺点是锤头易磨损，筛板易堵塞，过度粉碎的粉尘较多。锤式粉碎机常用于脆性药物的粉碎，不适用于黏性药物的粉碎。

(4) 球磨机：球磨机主要由圆筒体、端盖、轴承和传动机构等组成，其结构如图12-5所示。

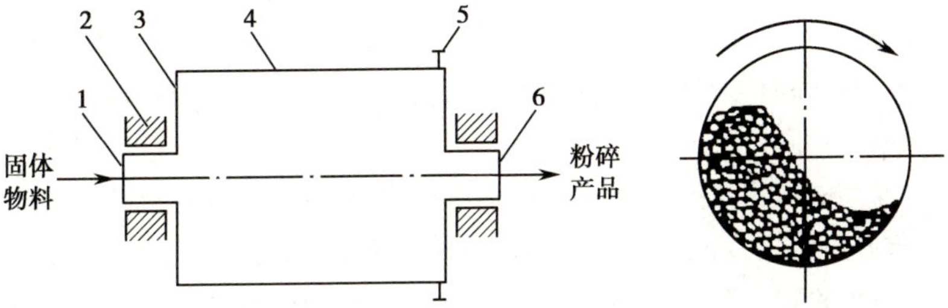

1. 进料口；2. 轴承；3. 端盖；4. 圆筒体；5. 大齿圈；6. 出料口。

图12-5　球磨机结构与工作原理示意图

圆筒体一般由不锈钢或陶瓷制成，其内装有直径为25~150mm的钢球、瓷球或其他研磨介质，装入量约为筒体有效容积的25%~45%。

工作时，筒体缓慢转动，研磨介质随筒体上升至一定高度后向下滚落或滑动。固体物料由进料口进入筒体，并逐渐向出料口运动。在运动过程中，物料在研磨介质的连续撞击、研磨和滚压作用下逐渐被粉碎成细粉，并由出料口排出。

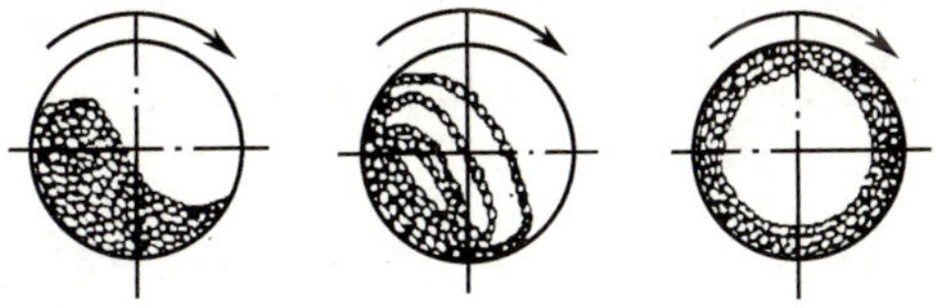

(a) 滑落或滚落　(b) 抛落　(c) 离心运动

图12-6　研磨介质在筒体内的运动方式

球磨机的粉碎效果与筒体转速密切相关。若转速过低，由于球磨机内壁与研磨介质间的摩擦作用，将研磨介质依旋转方向带上，然后沿筒壁向下滑动，如图12-6(a)所示，此时粉碎主要依靠研磨作用，粉碎效果较差。当转速加大到适宜时，则研磨介质随筒壁上升至一定高度，并在重力和惯性力作用下沿抛物线抛落，此时物料的粉碎主要借助冲击和研磨的联合作用，如图12-6(b)所示，粉碎效果最好。当转速过大时，研磨介质与物料靠离心力作用随筒壁旋转，失去物料与研磨介质的相对运动，如图12-6(c)所示，物料的研磨作用将停止。

研磨介质在筒体内开始发生离心运动时的筒体转速称为临界转速，它取决于筒体的直径，可用下式计算

$$N_c = \frac{42.2}{\sqrt{D}} \qquad 式(12-2)$$

式中，N_c为球磨机筒体临界转速，r/min；D 为球磨机筒体内径，m。

球磨机粉碎效率最高时的筒体转速称为最佳转速。最佳转速通常为临界转速的 60%～85%。除转速外，影响球磨机粉碎效果的因素还包括研磨介质的大小、重量、数量以及待粉碎药物的性质等。

图 12-7 是一种集粗磨、筛分、细磨全过程于一体的新型高细球磨机。

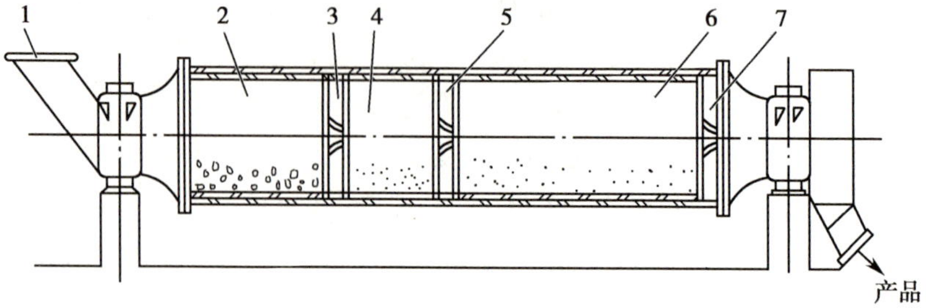

1. 加料口；2. 粗磨仓；3. 粗粉分级仓；4. 过渡仓；
5. 双层隔仓板；6. 细磨仓；7. 出料筛板。

图 12-7　新型高细球磨机

工作时，由加料口加入的物料首先进入粗磨仓，在粗磨仓内研磨介质的作用下被磨成粗粉后，进入粗粉分级仓，其内设有若干块特殊的物料筛板。在筛板扬料过程中，粗粉中的较细颗粒可从中通过并进入细磨仓，而不能通过的较粗颗粒则重新返回粗料仓进行再研磨。进入细磨仓的较细颗粒在研磨介质的连续撞击、研磨和滚压下被逐渐粉碎成细粉，合格产品经出料筛板排出。实际生产中，采用不同尺寸的筛板可获得不同粒度的产品。

球磨机是一种常用的细碎设备，其优点是结构简单，运行可靠，无需特别管理，且可密闭操作，因而粉尘少，劳动条件好，易达到无菌要求。球磨机适用于结晶性或脆性药物以及非组织性中药材，如儿茶、五倍子、珍珠等的粉碎。密闭操作时常用于毒性药、细料药、易氧化、吸湿性和刺激性药物的粉碎。球磨机的缺点是体积庞大，笨重；运行时有强烈的振动和噪声，因而需要牢固的基础；工作效率低，能耗大；研磨介质与筒体衬板的损耗较大。

2. 超细粉碎设备

（1）振动磨：振动磨是利用研磨介质（球形、柱形或棒形）在有一定振幅的筒体内对固体物料产生冲击、摩擦、剪切等作用而达到粉碎物料的目的。

振动磨主要由筒体、偏心配重、弹簧、连轴器和电动机等组成，其结构如图 12-8 所示。

筒体支撑于弹簧上，轴承装在筒体上，主轴通过轴承穿过筒体，主轴两端设有偏心配重，并通过挠性连轴器与电动机相连。工作时，电动机带动主轴快速旋转，偏心配重的离心力可使筒体产生近似于椭圆轨迹的运动，从而使筒体中的研磨介质及物料呈悬浮状态，研磨介质的抛射、撞击、研磨等对物料均能起到粉碎作用。

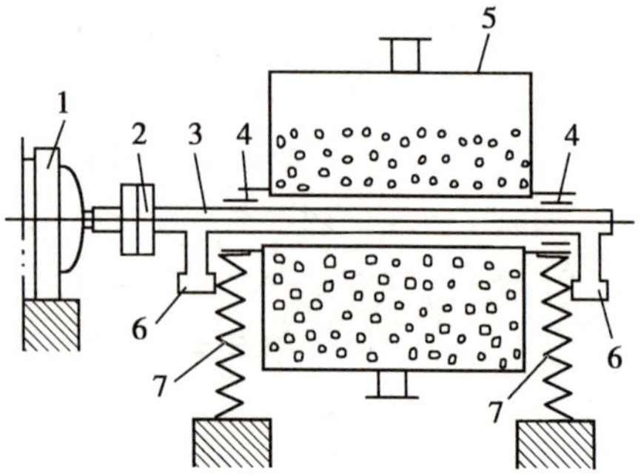

1. 电动机；2. 挠性连轴器；3. 主轴；4. 轴承；
5. 筒体；6. 偏心配重；7. 弹簧。

图 12-8　振动磨

与球磨机相比，振动磨采用的研磨介质直径较小，相应的研磨表面积大。此外，振动磨的研磨介质填充率可达 60%～70%，因此研磨介质对物料的冲击频率比球磨机高出数万倍。由于振动磨筒体内的研磨介质会产生强烈的高频振动，因而可在较短的时间内将物料研磨成细小物料，并能进行超细粉碎。其缺点是机械部件的强度和加工要求较高，运行时振动和噪声较大，需采取隔音和消音等措施。

（2）搅拌磨：主要由一个内填小直径研磨介质的研磨筒和一个搅拌器组成。研磨介质一般为球形钢球，研磨筒通常为圆柱体，也可以是圆锥体、棱形筒体等。按操作方式的不同，搅拌磨可分为间歇式和连续式两大类。间歇式搅拌磨一般由带夹套的研磨筒、搅拌和循环卸料装置等组成。夹套内可通入冷却介质，以控制研磨时的温度。研磨筒内壁及搅拌的外壁可根据不同的用途镶衬不同的材料。循环卸料装置既可保证研磨过程中物料的循环，又可保证最终产品能及时卸出。对于连续式搅拌磨，其研磨筒的直径比较大。工作时，物料连续输入，产品连续卸出，产品的粒度可通过调节进料流量以控制物料在研磨筒内的停留时间来保证。

图 12-9 是一种间歇式搅拌磨的结构示意图。

工作时，首先将待粉碎的物料（中药材）置于容器内，然后向夹套内通入冷却水，以控制研磨过程的温度。启动电源后，搅拌器在研磨筒内回转。在搅拌器的搅动下，研磨介质与物料做多维循环运动和自转运动，从而在研磨筒内不断上下左右互换位置，产生剧烈运动。在研磨介质的重力及螺旋回转所产生的挤压力作用下，物料之间以及物料与器壁和搅拌器之间产生摩擦、冲击和剪切作用，将物料粉碎成细粉。当物料被研磨至规定粒度时，即可停止研磨。然后旋转提升手轮将搅拌器提升至适宜高度，再旋转倾倒手轮使容器倾斜，将产品卸出。此种搅拌磨综合了动量和冲量的作用，可有效地进行超微粉碎，物料粒度可达亚微米级，而且其能耗大部分直接用于搅动研磨介质，而非虚耗于转动或振动笨重的筒体，因此与球磨机或振动磨相比，能耗较低。由其工作原理可知，搅拌磨不仅具有研磨作用，而且还具有搅拌和分散作用。

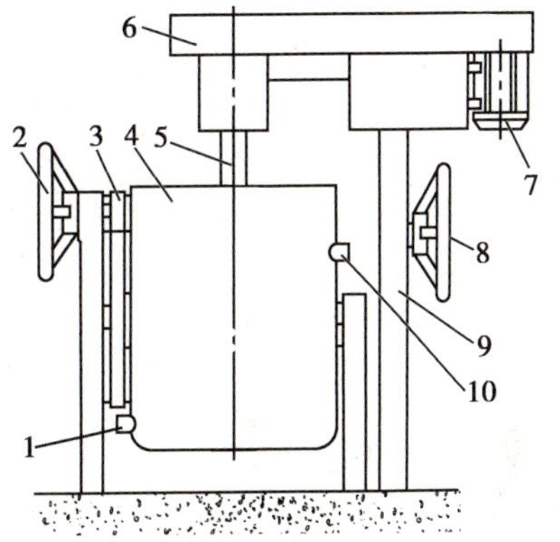

1. 冷却水进口；2. 倾倒手轮；3. 齿轮；4. 容器；5. 搅拌器；6. 传动系统；7. 电动机；8. 提升手轮；9. 立柱；10. 冷却水出口。

图 12-9　间歇式搅拌磨

图 12-10 是一种卧式连续搅拌磨的结构示意图，其工作原理与间歇式搅拌磨相似，但物料由进料口连续输入，产品由出料口连续排出。

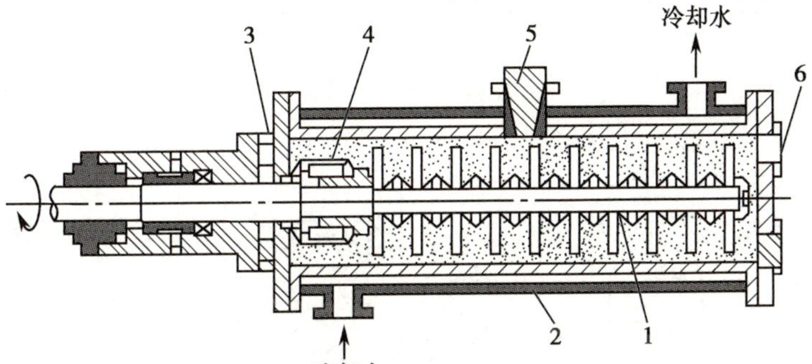

1. 搅拌器；2. 夹套；3. 产品出口；4. 旋转动力介质分离器；5. 研磨介质加入孔；6. 进料口。

图 12-10　卧式连续搅拌磨

（3）气流粉碎机：气流粉碎机又称为流能磨，是利用高速气流使颗粒之间以及颗粒与器壁之间产生强烈的冲击、碰撞和摩擦，从而达到超细粉碎的目的。目前应用的气流粉碎机主要有以下几种类型：

图 12-11 是一种扁平圆盘式气流粉碎机，主要由加料斗、喷嘴、粉碎室、分级涡、出料管等部分组成。

在空气室的内壁上装有若干个喷嘴，高压（7～10atm）气体由喷嘴以超音速喷入粉碎室，物料（中药材）则由加料口经高压气体引射进入粉碎室。在粉碎室内，高速气流夹带着固体药物颗粒，并使其加速到 50～300m/s。在强烈的碰撞、冲击及高速气流的剪切作用下，固体颗粒被粉碎。粗细颗粒均随气流高速旋转，但所受离心力的大小不同，细粉因所受的离心力较小，被气流夹带至分级涡并随气流一起由出料管排出，而粗粉因所受离心力较大在分级涡外继续被粉碎。

图 12-12 是一种循环管式气流粉碎机，又称为 O 型环气流粉碎机，主要由进料系统、循环系统、粉碎区、喷嘴及出料系统等部分组成。

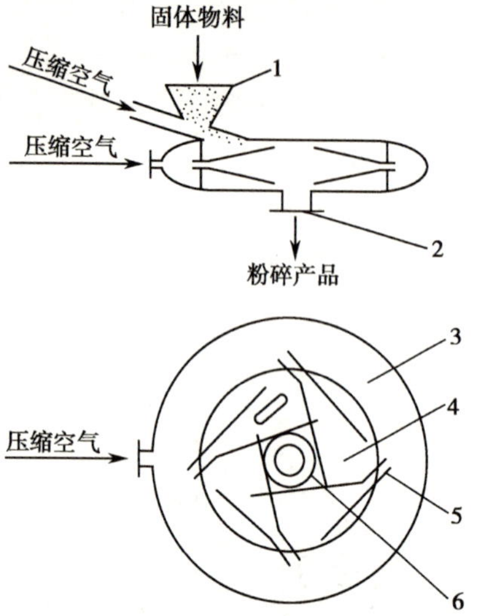

1. 加料斗；2. 出料管；3. 空气室；4. 粉碎室；5. 喷嘴；6. 分级涡。

图 12-11　扁平圆盘式气流粉碎机

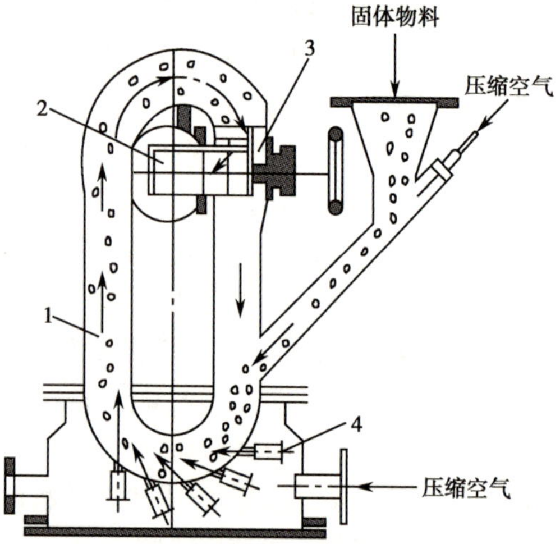

1. 粉碎区；2. 出料口；3. 分级区；4. 喷嘴。

图 12-12　循环管式气流粉碎机

工作时，高压气体经一组研磨喷嘴以极高的速度射入循环管式粉碎区，而物料（中药材）由加料口经高压气体引射进入粉碎区。在粉碎区内，高速气流夹带着固体颗粒沿循环管运动。在强烈的碰撞、冲击及高速气流的剪切作用下，固体颗粒被粉碎。在离心力的作用下，粒径较大的颗粒靠近循环管的外层运动，而细粉则靠近内层运动。当粉碎的粒度达到一定细度后，即被气流夹带至分级区并随气流一起由出料管排出，而粗粉仍沿外层做循环运动，即继续在粉碎区内被粉碎。在同一气耗条件下，处理能力较扁平圆盘式气流粉碎机大。

图 12-13 是一种流化床对撞式气流粉碎机，主要由加料系统、喷嘴、粉碎室、流化床、分级区和出料系统等部分组成。

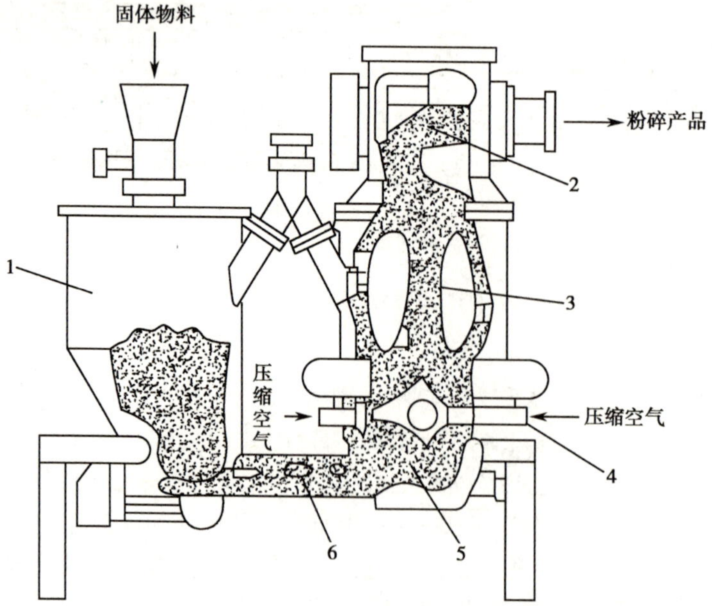

1. 料仓；2. 分级区；3. 流化床；4. 喷嘴；5. 粉碎室；6. 螺旋送料器。

图 12-13　流化床对撞式气流粉碎机

工作时，高压气体由二维或三维设置的数个喷嘴以超音速喷入粉碎室，固体物料则由螺旋送料器输送至粉碎室。在高速气流所产生的冲击能以及气流膨胀的作用下，物料颗粒在气流中悬浮翻腾呈流化状态，颗粒互相碰撞、摩擦、剪切而被粉碎成细粉，其中的细粉随气流经分级区后由出口排出，而粗粉则受重力沉降而返回粉碎区继续粉碎。

气流粉碎机的优点是结构简单、紧凑；高速气流的速度可达声速，强度大，粉碎成品粒度较细，可获得平均粒径达 5μm 以下的超微粉；经无菌处理后，能实现无菌粉碎，符合 GMP 要求；可实现联合作业，与分级、干燥、混合、包覆等操作一起实现连续生产；由于压缩气体膨胀时的冷却作用，粉碎过程不会产生大量的热，故特别适用于热敏性和低熔点物料的粉碎。缺点是能耗高，噪声大，运行时会产生振动。

（4）胶体磨：胶体磨是使流体或半流体物料通过高速相对连动的定齿与动齿之间，在剪切力、摩擦力和高频振动的联合作用下，物料被粉碎、分散、乳化、均质，从而达到超细粉碎的目的。

胶体磨的主要构造是带斜槽的锥形转子与定子所组成的磨碎面，其结构如图 12-14 所示。

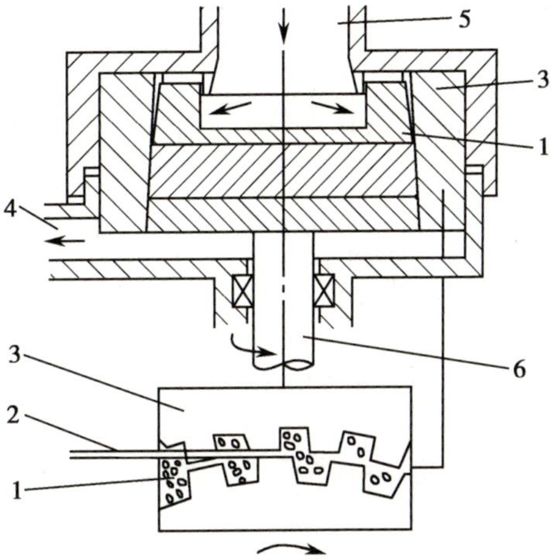

1. 转子；2. 狭缝；3. 定子；
4. 出口；5. 进口；6. 驱动轴。

图 12-14　胶体磨

转子和定子的表面均加工成沟槽型，两者之间的狭小缝隙可根据标尺调节，且间隙在液体进口处较大，而在出口处较小。液体进入狭缝后，在沟槽及狭缝间隙的共同作用下，流动方向将发生急剧变化，使物料受到较大的剪切力、摩擦力和离心力，并产生高频振动等，从而达到将物料粒子磨细的目的。调节狭缝的大小，可改变通过磨面后的粒子尺寸。狭缝越小，通过磨面后的粒子越细。工作时，电动机通过驱动轴带动胶体磨的转子高速旋转，转速可达 10 000r/min。物料自贮料筒流入磨碎面，经磨碎后由出口管流出。若一次磨碎后粒子的胶体化程度不够，则可将胶体液重新引回贮液筒，经反复研磨可得 1～100nm 直径的微粒。

胶体磨具有操作方便、外形新颖、造型美观、密封良好、性能稳定、装修简单、环保节能、整洁卫生、体积小、效率高等优点。在制剂生产中，常用于制备混悬液、乳浊液、胶体溶液、糖浆剂、软膏剂及注射剂等。

中药粉碎原则

第二节　筛　　分

固体药物经粉碎后，粉末中的颗粒粗细不匀。筛分即是用筛将粉末按规定的粒度要求分离开来的操作过程，是药品生产中的基本单元操作之一，其目的是获得粒度比较均匀的物料，以满足后续制剂工艺对物料的粒度要求。

一、药筛标准

药筛是指按药典规定用于药物筛粉的筛，又称标准筛。按制作方法的不同，药筛可分为编织筛和冲制筛。

编织筛的筛网常用金属丝（如不锈钢丝、铜丝、铁丝等）、化学纤维（如尼龙丝）、绢丝等编织而成。采用金属丝的编织筛，其交叉处应固定，以免因金属丝移位而使筛孔变形，此类筛常用于粗、细粉的筛分。尼龙丝对一般药物较为稳定，在制剂生产中应用较多，缺点是筛孔容易变形。

冲制筛是在金属板上冲出一定形状的筛孔而制成的筛，其筛孔坚固，孔径不易变动，但孔径不能太细，常用作粉碎机的筛板及药丸的分档筛选。

目前，我国药品生产所用筛的标准是美国泰勒标准和《中国药典》标准。

泰勒标准筛以每英寸（1 英寸 = 25.4mm）筛网长度上的孔数即"目"为单位，如每英寸有 100 个孔的标准筛称为 100 目筛。能通过 100 目筛的粉末称为 100 目粉。筛的号数越大，粉末越细。

《中国药典》（2020 年版）按筛孔内径规定了九种筛号，其规格如表 12-1 所示。显然，药筛的号数越大，筛孔的内径就越小。

表 12-1 《中国药典》（2020 年版）规定的药筛标准

筛号	筛孔内径（平均值）	目号
一号筛	2 000μm±70μm	10 目
二号筛	850μm±29μm	24 目
三号筛	355μm±13μm	50 目
四号筛	250μm±9.9μm	65 目
五号筛	180μm±7.6μm	80 目
六号筛	150μm±6.6μm	100 目
七号筛	125μm±5.8μm	120 目
八号筛	90μm±4.6μm	150 目
九号筛	75μm±4.1μm	200 目

二、粉末等级

各种药物制剂对药粉粒度有不同的要求，因此要对药粉分级，并控制粉末的均匀度。粉末的等级可用不同规格的药筛经两次筛选确定。《中国药典》（2020 年版）将粉末划分为六级，其标准如表 12-2 所示。

表 12-2 《中国药典》（2020 年版）规定的粉末等级标准

等级	标准
最粗粉	能全部通过一号筛，但混有能通过三号筛不超过 20% 的粉末
粗粉	能全部通过二号筛，但混有能通过四号筛不超过 40% 的粉末
中粉	能全部通过四号筛，但混有能通过五号筛不超过 60% 的粉末
细粉	能全部通过五号筛，但混有能通过六号筛不少于 95% 的粉末
最细粉	能全部通过六号筛，但混有能通过七号筛不少于 95% 的粉末
极细粉	能全部通过八号筛，但混有能通过九号筛不少于 95% 的粉末

三、筛分设备

筛分设备的种类众多，可以根据粉末的性质、数量以及制剂对粉末细度要求来选用。

1. 手摇筛 手摇筛又称为套筛，筛网常用不锈钢丝、铜丝、尼龙丝等编织而成，边框为圆形或长方形的金属框。通常按筛号大小依次套叠，自上而下筛号依次增大，底层的最细筛套于接受器上。使用时将适宜号数的药筛套于接受器上，加入药粉，盖好上盖，用手摇动过筛即可。手摇筛适用于小批量粉末的筛分，用于毒性、刺激性或质轻药粉的筛分时可避免粉尘飞扬。

2. 双曲柄摇动筛　双曲柄摇动筛主要由筛框、筛网、偏心轮、连杆、摇杆等组成，其结构如图 12-15 所示。

筛框通常为长方形，水平或略有倾斜地支承于摇杆或悬挂于支架上。工作时，筛网在曲柄连杆机构的作用下做往复运动，物料由一端加入，其中的细粉通过筛网落于网下，而粗粉则在筛网上运动至另一端排出。

双曲柄摇动筛具有结构简单、能耗小、可连续操作等优点，缺点是生产能力较低，一般用于小批量物料的筛分。

3. 悬挂式偏重筛　悬挂式偏重筛主要由电动机、偏重轮、筛网和接受器等组成，其结构如图 12-16 所示。

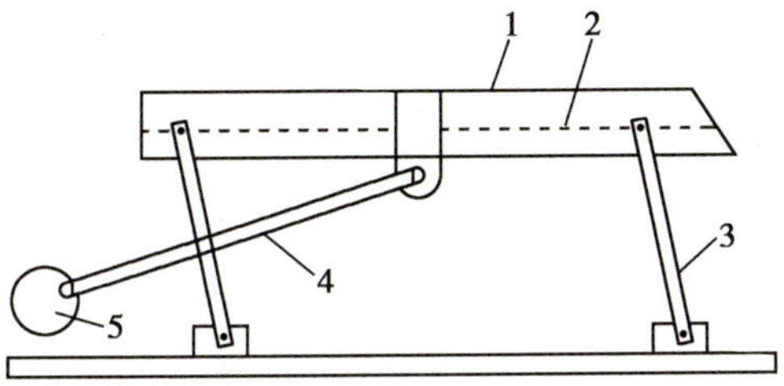

1. 筛框；2. 筛网；3. 摇杆；4. 连杆；5. 偏心轮。

图 12-15　双曲柄摇动筛

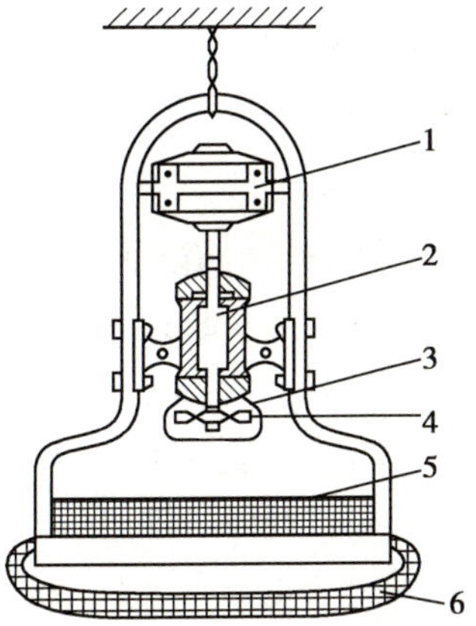

1. 电动机；2. 主轴；3. 保护罩；4. 偏重轮；5. 筛网；6. 接受器。

图 12-16　悬挂式偏重筛

偏重轮安装于主轴下部，其一侧设有偏心配重，外部设有保护罩。工作时，电动机带动主轴和偏心轮高速旋转，由于偏心轮两侧重量的不平衡而产生振动，从而使物料中的细粉快速通过筛网而落于接受器内，而粗粉则留在筛网上。

悬挂式偏重筛可密闭操作，因而可有效防止粉尘飞扬。采用不同规格的筛网可适应不同的筛分要求。此外，悬挂式偏重筛还具有结构简单、体积小、造价低、效率高等优点。适用于化学药品、矿物药和无显著黏性的药料。缺点是间歇操作，生产能力较小。

4. 旋转筛　旋转筛主要由筛筒、筛板、打板等组成，其结构如图 12-17 所示。

圆形筛筒固定于筛箱内，其表面覆盖有筛网。主轴上设有打板和刷板，打板与筛筒的间距为 25～50mm，并与主轴有 3°的夹角。打板的作用是分散和推进物料，刷板的作用是清理筛网并促进筛分。工作时，物料由筛筒的一端加入，同时电动机通过主轴使筛筒以 400r/min 的速度旋转，从而使物料中的细粉通过筛网并汇集至下部出料口排出，而粗粉则留于筒内并逐渐汇集于粗粉出料口排出。

旋转筛具有操作方便、适应性广、筛网更换容易、筛分效果好等优点，常用于中药材粉末的筛分。

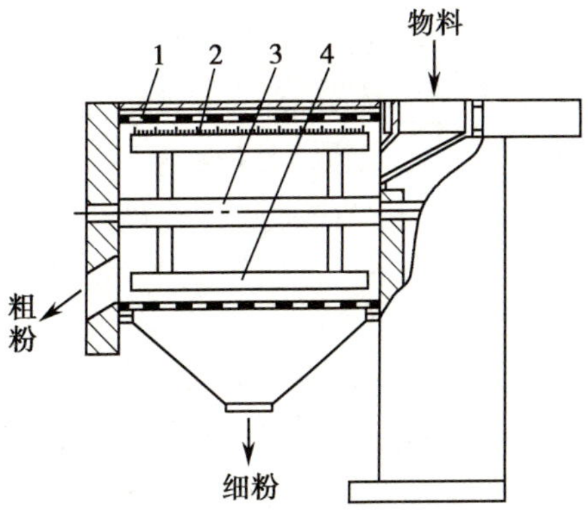

1. 筛筒；2. 刷板；3. 主轴；4. 打板。

图 12-17　旋转筛

5. 旋转式振动筛　旋转式振动筛主要由筛网、电动机、重锤、弹簧等组成，其结构如图 12-18 所示。

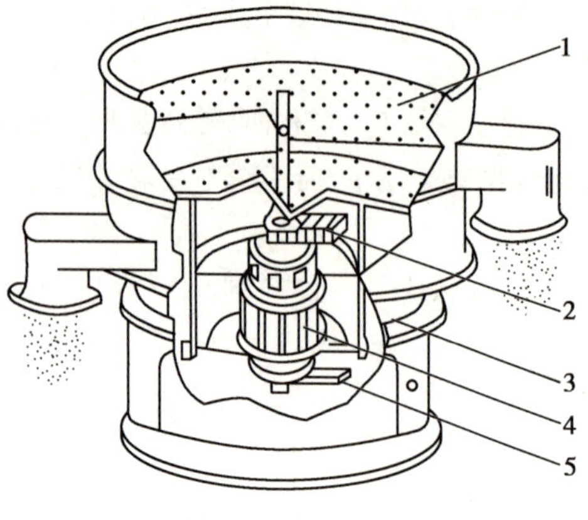

1. 筛网；2. 上部重锤；3. 弹簧；4. 电动机；5. 下部重锤。

图 12-18 旋转式振动筛

电动机通轴的上下分别设有不平衡重锤（上部重锤和下部重锤），上轴穿过筛网并与其相连，筛框以弹簧支承于底座上。工作时，上部重锤使筛网产生水平圆周运动，下部重锤则使筛网产生垂直运动，由此形成筛网的三维振动。当物料加至筛网中心部位后，将以一定的曲线轨迹向器壁运动，其中的细粉通过筛网由下部出料口排出，而粗粉则由上部出料口排出。

旋转式振动筛具有占地面积小、重量轻、维修费用低、分离效率高、可连续操作、生产能力大等优点，适合于大批量物料的筛分。

6. 电磁振动筛 电磁振动筛主要由接触器、电磁铁、衔铁、筛网和弹簧等部件组成，其工作原理和设备外形如图 12-19 所示。

1204

新型超声波振动筛

筛网一般采用倾斜放置，也可水平放置。筛框的一边装有弹簧，另一边装有衔铁。当弹簧将筛拉紧时，接触器相互接触使电路接通，此时电磁铁产生磁性并吸引衔铁，使筛向磁铁方向移动。当接触器被拉脱时，电路断开，此时电磁铁失去磁性，筛又重新被弹簧拉回。此后，接触器又重新接触而引起第二次的电磁吸引，如此往复，使筛网产生振动。工作时，物料由加料口加入，其中的细粉通过筛网由下部排出，而粗粉则留于网上并逐渐汇集于粗粉出料口排出。

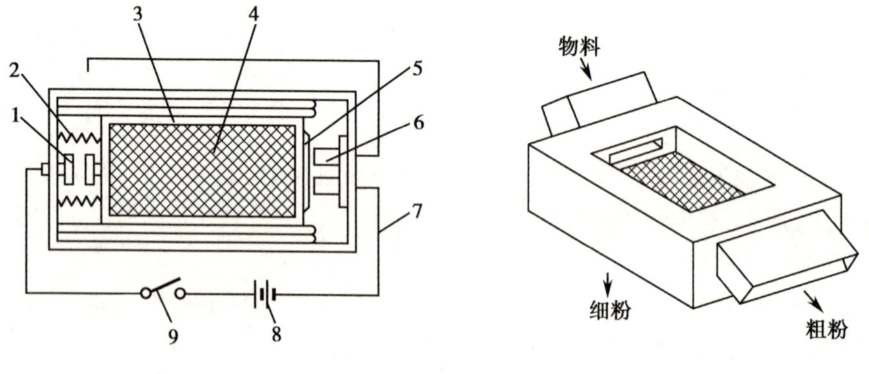

（a）工作原理　　（b）外形

1. 接触器；2. 弹簧；3. 筛框；4. 筛网；5. 衔铁；6. 电磁铁；7. 电路；8. 电源；9. 开关。

图 12-19 电磁振动筛

电磁振动筛的特点是振动频率较高，可达 200 次/s 以上；振幅较小，一般小于 3mm。因此，电磁振动筛适用于黏性较强的药物如含油或树脂药粉的筛分，且筛分效率较高。

7. 气流筛 气流筛是在密闭状态下利用高速气流作载体，使充分扩散的粉料微粒以足够大的动能向筛网喷射，达到快速筛分的目的。气流筛分为卧式气流筛和立式气流筛。

卧式气流筛主要由螺旋输送系统、网架、风轮叶片、风轮、主轴和驱动电机等组成，其结构如图 12-20 所示。

卧式气流筛的筛网为圆筒状，置于气流筛的筛体内。工作时，物料通过螺旋输送系统与气流混合、雾化后进入筛网围成的网筒内，通过网筒内的风轮叶片使物料同时受到旋风推进和离心力的作用，从而使物料喷射过筛网，细料从排出口排出，不能过网的物料沿网筒壁从粗料排出口排出。

气流筛具有筛分精度高、效率高、产量大、细度精确，无超径混级现象，使用寿命长，全封闭结构，无粉尘逸散，噪音小，可连续作业，维修维护简单等优点。

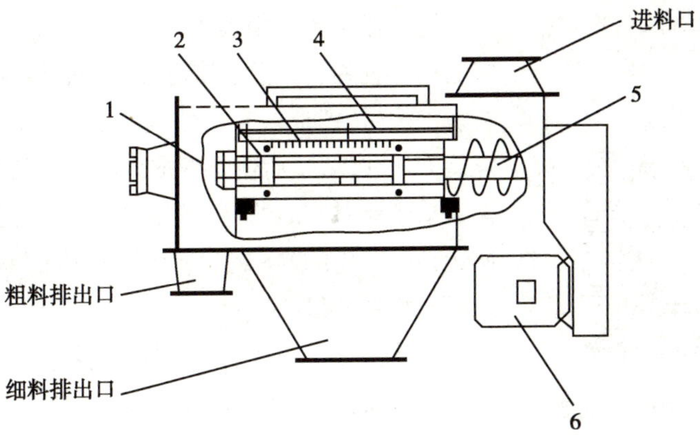

1. 主轴；2. 风轮；3. 风轮叶片；4. 网架；5. 螺旋输送系统；6. 驱动电机。

图 12-20 卧式气流筛

第三节　混　　合

混合是将两种或两种以上的物质相互分散而达到均匀状态的操作过程，包括液-液、固-液和固-固等混合过程。习惯上将固体与固体之间的混合过程简称为混合，它是片剂、颗粒剂、散剂、胶囊剂、丸剂等固体制剂生产中的一个基本单元操作。而大量固体与少量液体之间的混合称为捏合，大量液体与少量不溶性固体或液体之间的混合（如混悬剂、乳剂、软膏剂等混合过程）称为匀化。下面主要讨论固-固混合过程及设备。

一、混合机理

实际生产中，常采用搅拌、研磨、过筛等方法对固体物料进行混合。将固体药粉置于混合器内混合时，会发生对流、剪切和扩散三种不同的运动形式，形成三种不同的混合方式。

1. 对流混合　若混合设备翻转或在搅拌器的搅动下，药粉之间将产生相对运动，而使药粉之间混合，这种混合方式称为对流混合。对流混合的效率与混合设备的类型及操作方法有关。

2. 剪切混合　固体药粉在混合器内运动时会产生一些滑动平面，从而在不同成分的界面间产生剪切作用，由此而产生的剪切力作用于药粉粒子交界面，可使药粉之间混合，这种混合方式称为剪切混合。剪切混合时的剪切力还具有粉碎药物的作用。

3. 扩散混合　当固体药粉在混合器内混合时，粒子的紊乱运动会使相邻药粉粒子相互交换位置，而使局部产生混合，这种混合方式称为扩散混合。当药粉粒子形状、充填状态或流动速度不同时，即可发生扩散混合。

在实际混合过程中，一般不以单一的混合方式进行，通常是上述三种方式结合进行。但对于特定的混合设备和混合方法，可能以某种混合方式为主。此外，对于不同粒径的自由流动粉体，剪切和扩散混合过程中常伴随着分离，从而使混合效果下降。

二、混合设备

混合设备通常由容器及提供能量的装置组成。根据固体物料的形状、尺寸、密度等差异以及对混合要求的不同，提供能量的装置有多种形式。运行时容器可采用固定或转动等形式。

1. 固定型混合机　固定型混合机在混合过程中容器保持不动，是借助于搅拌装置所产生的剪切力使物料混合均匀。容器内安装有螺旋桨、叶片等机械搅拌装置。

（1）槽式混合机：槽式混合机主要由混合槽、搅拌器、机架和驱动装置等组成，其结构如图 12-21 所示。

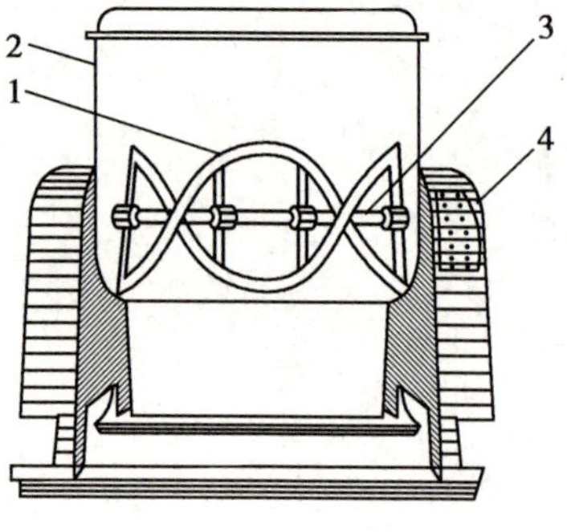

1. 螺带；2. 混合槽；3. 搅拌轴；4. 机架。

图 12-21 槽式混合机

搅拌器通常采用螺带式，并水平安装于混合槽内，搅拌轴与驱动装置相连。混合槽可绕水平轴转动，以便自槽内卸出物料。工作时，螺带以一定的速度旋转，推动螺带表面的物料沿螺旋方向移动，从而使螺带推力面一侧的物料产生螺旋状的轴向运动。此时四周的物料将向螺带中心运动，以填补因物料轴向运动而产生的“空缺”，使混合槽内的物料上下翻滚，从而达到混合物料的目的。

槽式混合机的优点是结构简单，价格低廉，操作维修方便，混合时间可控，因而在制药工业中应用广泛。缺点是混合强度小，混合效率低，混合时间长，两端密封件易漏粉，从而影响产品质量和成品率。此外，若药粉的密度差较大，密度大的药粉易沉积于底部，故仅适用于密度相近的物料混合。

（2）锥形混合机：锥形混合机的特征是壳体内装有一至两个与锥体壁平行的螺旋杆（螺旋式推进器）。

常见的双螺旋锥形混合机主要由锥形筒体、螺旋杆和传动装置等组成，其结构如图 12-22（a）所示。工作时，螺旋杆在容器内既有公转又有自转，自传速度为 60r/min，公转速度为 2r/min，容器的圆锥角约为 35°。两螺旋杆的自转可将物料自下而上提升，形成两股对称的沿锥体壁上升的螺柱形物料流，并在锥体中心汇合后向下流动，从而在筒体内形成物料的总体循环流动。同时，螺旋杆在传动装置的带动下在筒体内做公转，使螺柱体外的物料不断混入螺柱体内，从而使物料在整个锥体内不断混掺错位。

双螺旋锥形混合机可使物料在短时间内混合均匀，多数情况下仅需 7~8 分钟即可使物料达到最大程度的混合，但在混合某些物料时可能产生分离作用，为此可采用如图 12-22（b）所示的非对称双螺旋锥形混合机。

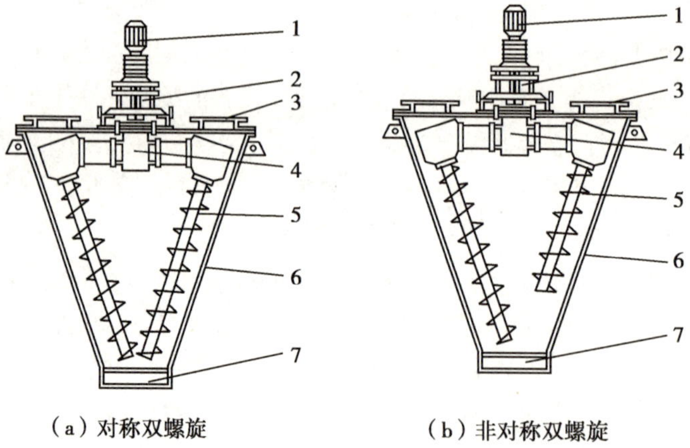

1. 电动机；2. 减速器；3. 进料口；4. 传动装置；5. 螺旋杆；6. 锥形筒体；7. 出料口。

图 12-22 双螺旋锥形混合机

锥形混合机可密闭操作，并具有动力消耗小、混合效率高、清理方便、无粉尘等优点，对大多数粉粒状物料均能满足其混合要求，对密度相差悬殊、混配比较大的物料混合尤为适宜。因此，锥形混合机在制药工业中有着广泛的应用。

2. 回转型混合机 回转型混合机的特征是运行时容器可以转动。其形状可以是 V 形、圆筒形或双圆锥形等。工作时，混合筒能绕轴旋转，使筒内物料反复分离与汇合，从而达到使物料混合均匀的目的。

回转型混合机的混合效果主要取决于旋转速度。研究表明，筒内物料分离与汇合的趋势随转速的减小而减弱，从而使混合时间随转速的减小而延长。反之，转速过快，不同药物或粒径的细粉容易发生分离，导致混合效果下降，甚至会使物料附着于筒壁上而出现不混合的状况。因此，适宜转速是回转型混合机的一个重要参数。若物料粒径均一，则适宜转速可用下式估算

$$N_o = \frac{K}{D^{0.47}\varphi^{0.14}} \qquad 式(12\text{-}3)$$

式中，N_o为回转型混合机的适宜转速，r/min；D为混合筒内径，m；φ为混合筒内物料装填率，%；K为与物料性质有关的常数，可取54~74。

（1）V形混合机：V形混合机主要由V形容器、旋转轴和传动装置等组成，其结构如图12-23所示。

V形容器通常由两个一长一短或相等长度的圆筒呈V形交叉结合而成，端口均用盖封闭。圆筒的直径与长度之比一般为0.8~0.9，两圆筒的交角为80°~81°。工作时，设备绕旋转轴旋转，使筒内物料反复分离与汇合，从而达到混合的目的。

V形混合机以对流混合为主，具有结构简单、操作方便、运行和维修费用低等优点，是一种较为经济的混合机械。缺点是间歇操作，生产能力较小，且加料和出料时易产生粉尘。由于仅依靠混合筒的运动来实现物料之间的混合，因而仅适用于密度相近且粒径分布较窄的物料混合。

（2）二维运动混合机：二维运动混合机主要由混合筒、传动系统、机座和控制系统等组成。混合筒可同时进行转动和摆动，其内常设有螺旋叶片，其结构如图12-24所示。

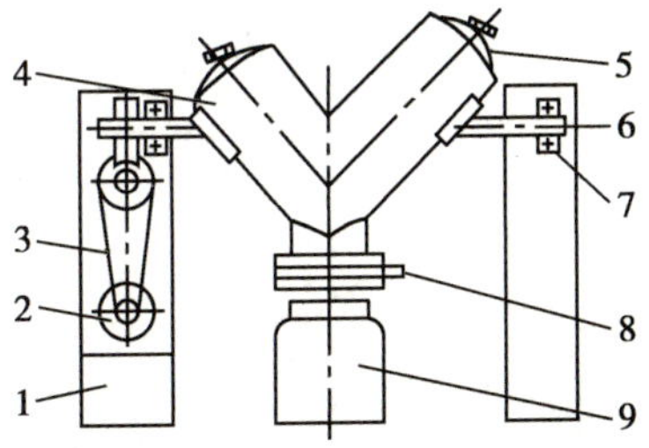

1. 机座；2. 电动机；3. 传动带；4. 容器；5. 端盖；6. 旋转轴；7. 轴承；8. 出料口；9. 盛料器。

图12-23　V形混合机

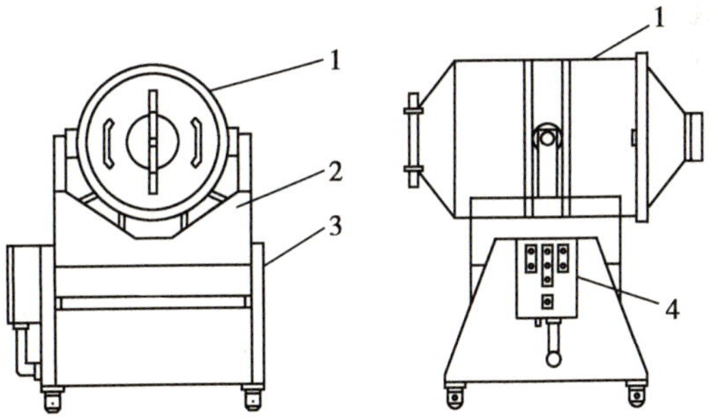

1. 混合筒；2. 传动系统；3. 机座；4. 控制面板。

图12-24　二维运动混合机

工作时，物料在随筒转动、翻转和混合的同时，又随筒的摆动而发生左右来回的掺混运动，两种运动的联合作用可使物料在短时间内得到充分混合。

二维运动混合机具有混合迅速、混合量大、出料便捷等优点，批处理量可达250~2 500kg，常用于大批量粉状、粒状物料的混合。缺点是间歇操作，劳动强度较大。

（3）三维运动混合机：三维运动混合机主要由混合筒、传动系统、控制系统、多向运行机构和机座等组成，其结构如图12-25所示。

混合筒为两端锥形的圆筒，筒身与两个带有万向节的轴相连，其中一个为主动轴，另一个为从动轴。三维运动混合机充分利用了三维摆动、平移转动和摇滚原理，使混合筒在工作中形成复杂的空间运动，并产生强力的交替脉动，从而加速物料的流动与扩散，使物料在短时间内混合均匀。

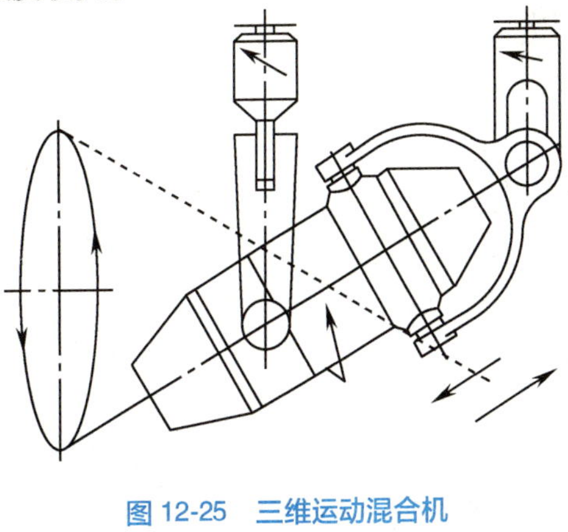

图12-25　三维运动混合机

三维运动混合机可避免一般混合机因离心力作

用而产生的物料比重偏析和积聚现象，可对不同粒度和不同密度的几种物料进行混合，并具有装料系数大（最大填充率可达90%）、混合均匀度高（99.9%以上）、混合速度快、混合过程无升温现象等优点。缺点是间歇操作，批处理量小于二维运动混合机。

1205

目标测试

课后习题

1. 粉碎是固体药物生产中的基本单元操作之一，如何根据药物的性质、剂型以及使用需求选择适合的粉碎方法？

2. 球磨机的粉碎效果与筒体转速密切相关，结合球磨机的工作过程如何提高球磨机的粉碎效果？

3. 超微粉碎是粉体物理改性的技术之一，如何在生产过程中创新性地应用粉碎新技术？

4. 简述并比较说明振动筛和旋转振动筛的结构和工作原理。

5. 混合效果直接关系到药品的外观、内在质量以及安全性，试举例说明固定型和回转型混合机的典型特征。

第十三章

典型剂型生产设备

学习要求：

1. 掌握沸腾造粒原理，旋转式多冲压片机的工作原理，旋转式自动轧囊机的工作原理，软胶囊滴丸机的工作原理，间歇回转式全自动胶囊填充机的工作过程，安瓿灌封机灌注和封口部分的工作原理。
2. 熟悉高效混合造粒机的工作过程，单冲压片机的结构和压片过程，列管式多效蒸馏水机的工作原理，连续回转式超声安瓿洗涤机的工作原理，安瓿高温灭菌箱的工作过程。
3. 了解丸剂的塑制设备、泛制设备、滴制设备，摇摆式颗粒机、干法造粒机的结构和工作过程，包衣设备，安瓿澄明度检查设备，安瓿印包生产线，口服液生产设备。

1301

第十三章

教学课件

第一节　丸剂生产设备

用药材细粉或药材提取物加适宜的黏合剂或其他辅料制成的球形或类球形制剂称为丸剂。根据其特点、辅料的性质和临床应用要求的不同，丸剂可采用塑制法、泛制法或滴制法制备。

1302

丸剂的种类

一、丸剂的塑制设备

塑制法是指将原辅料混合均匀后，经挤压、切割、滚圆等工序制备丸剂的操作。丸剂的塑制设备主要有丸条机、滚筒式制丸机以及自动制丸机等。

1. 丸条机　采用塑制法制备丸剂时，应先将原辅料混合均匀，制成可塑性丸块，然后将丸块制成粗细均匀的条状以便于分粒制丸。大生产时常用丸条机制备丸条，丸条机有螺旋式和挤压式两种，其中以螺旋式最为常用。

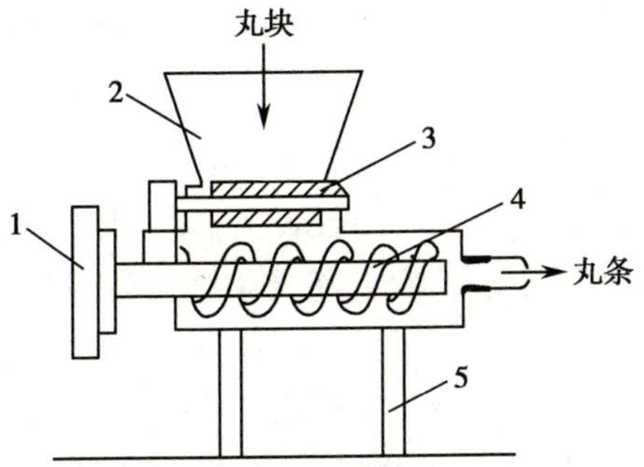

1. 皮带轮；2. 加料斗；3. 轴上叶片；4. 螺旋输送器；5. 机架。

图 13-1　螺旋式丸条机的结构

（1）螺旋式丸条机：螺旋式丸条机主要由皮带轮、加料斗、螺旋输送器、轴上叶片和机架等组成，其结构如图 13-1 所示。工作时，丸块自加料斗加入，由于轴上叶片的旋转而被挤入螺旋输送器中，丸条即由出口处挤出。根据需要，丸条出口管的粗细及截面形状均可更换。

（2）挤压式出条机：挤压式出条机主要由加料筒、活塞、螺旋杆、端盖和机架等组成，其结构如图 13-2 所示。操作时将丸块置于加料筒内，转动螺旋杆，使挤压活塞在加料筒中不断向前推进，筒内丸块因受活塞的挤压而由出口处挤出，从而获得粗细均匀的丸条。根据需要，可采用不同直径的出条管，以调节丸粒的重量。

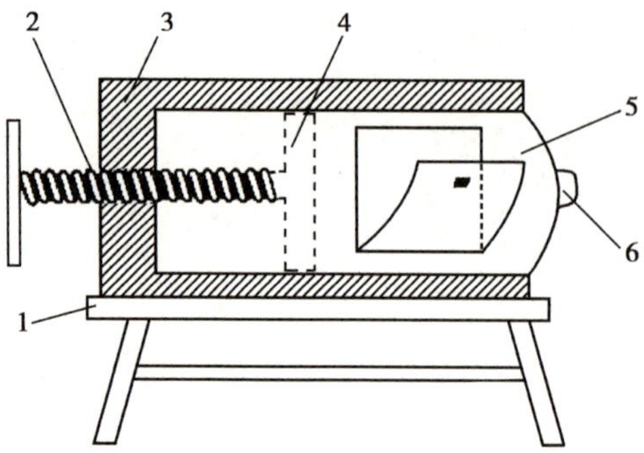

1. 机架；2. 螺旋杆；3. 端盖；4. 活塞；
5. 加料筒；6. 丸条出口。

图 13-2 挤压式出条机结构示意图

2. 滚筒式制丸机 滚筒式制丸机是通过滚筒上凸起的刃口和凹槽将丸条切割滚压成丸粒，是常用的丸剂生产设备。目前，滚筒式制丸机主要有双滚筒式和三滚筒式两种，其中以三滚筒式最为常用。

（1）双滚筒式制丸机：双滚筒式制丸机主要由滚筒、手摇柄、齿轮、导向槽和机架组成，其结构如图 13-3 所示。滚筒由金属材料制成，其一端有齿轮，表面有半圆形切丸槽，且两滚筒切丸槽的刃口互相吻合。当齿轮转动时，两滚筒按相对方向转动，其转速分别为 90r/min 和 70r/min。工作时，将丸条置于两滚筒切丸槽的刃口之上，随着滚筒的转动，丸条被切断并被搓圆成丸。

（2）三滚筒式制丸机：三滚筒式制丸机主要由有槽滚筒、导向槽、电动机和机架等组成，其结构如图 13-4 所示。3 个有槽金属滚筒的式样相同，呈三角形排列，但滚筒 3 的直径较小，且滚筒 1 和滚筒 3 只能做定轴转动，转速分别为 150r/min 和 200r/min。滚筒 2 绕其自身轴以 250r/min 的转速转动，同时在离合器的控制下定时前后移动。

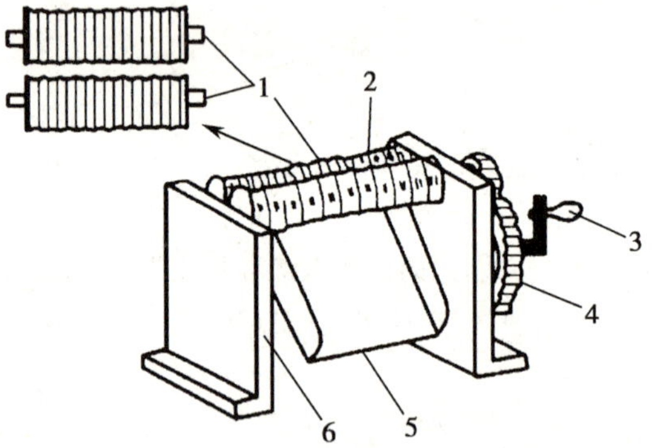

1. 滚筒；2. 刃口；3. 手摇柄；4. 齿轮；5. 导向槽；6. 机架。

图 13-3 双滚筒式制丸机结构示意图

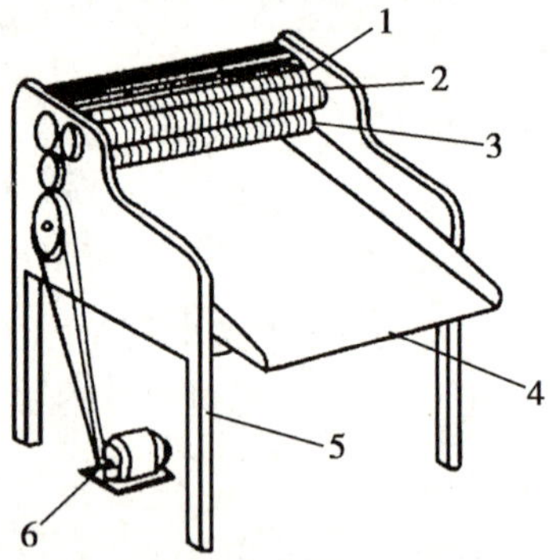

1、2、3. 有槽滚筒；4. 导向槽；5. 机架；6. 电动机。

图 13-4 三滚筒式制丸机结构示意图

工作时，将丸条置于滚筒 1 和 2 之间，此时 3 个滚筒均做相对运动，同时滚筒 2 还向滚筒 1 移动。当滚筒 1 与 2 的刃口接触时，丸条被切割成若干小段。在 3 个滚筒的联合作用下，小段被滚成圆整的药丸。随后滚筒 2 移离滚筒 1，药丸落入导向槽。采用不同直径的滚筒，可制得不同重量和大小的丸粒。

3. 光电自控制丸机 光电自控制丸机采用光电讯号系统来控制出条、切丸等工序，其结构如图 13-5 所示。

工作时，将已混合均匀的蜜丸药坨间断地投入进料口，在螺旋推进器的连续推进下挤出丸条，通过跟随切药刀的滚轮，经过渡传送带送至翻转传送带。当丸条遇到第一个光电讯号时，切刀立即切断丸条。被切断的丸条继续向前，当遇到第二个光电讯号时，翻转传送带翻转，将丸条送入碾辊滚压而输出成品。

4. 中药自动制丸机 中药自动制丸机主要由加料斗、推进器、出条嘴、导轮及一对刀具组成，其结构如图 13-6 所示。中药自动制丸机可用于蜜丸、水蜜丸、浓缩丸、水丸等的制备，从而实现一机多用。工作时，药料在加料斗内经推进器的挤压作用后再通过出条嘴制成丸条，丸条经导轮被直接传送至刀具，经切、搓而制成丸粒。

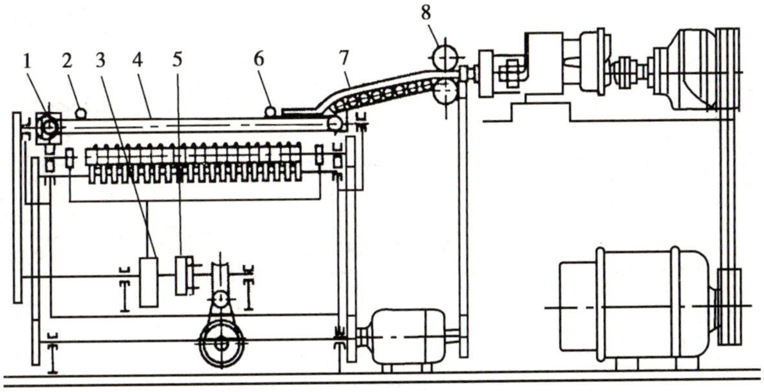

1. 间歇控制器；2. 翻转光电讯号发生器；3. 辊子张开凸轮；4. 翻转传送带；
5. 摩擦离合器；6. 切断光电讯号发生器；7. 过渡传送带；8. 跟随切刀。

图 13-5　光电自控制丸机结构示意图

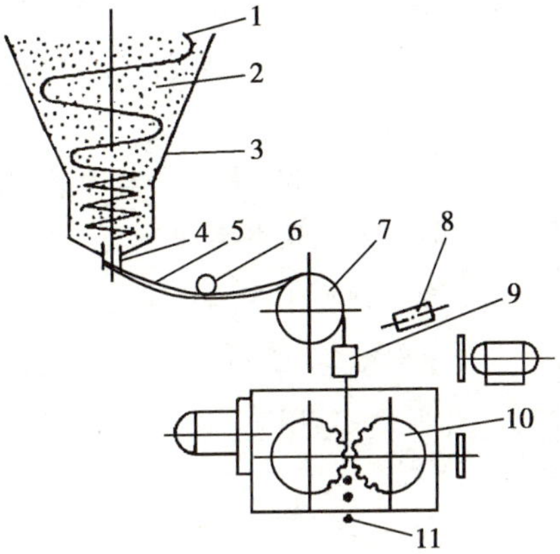

1. 推进器；2. 药坨；3. 料斗；4. 出条嘴；5. 药条；6. 自控轮；
7. 导轮；8. 喷头；9. 导向架；10. 制药刀；11. 药丸。

图 13-6　中药自动制丸机与工作原理示意图

二、丸剂的泛制设备

泛制法是将药材细粉与赋形剂在转动的适宜容器或机械中，经交替润湿、撒布而逐渐成丸的一种制丸操作。小量制丸多用药匾手工操作，大量生产则用糖衣锅或连续成丸机械。图 13-7 是常用的小丸连续成丸机组，该机组主要由进料、成丸、筛选等部件组成。

工作时，首先用脉冲输送带将药粉输送至加料斗。然后开动成丸机和加料斗，将料斗中的药粉均匀地振入成丸锅，待药粉盖满成丸锅底面时开始喷液，药粉遇液后相互黏结形成小颗粒，依次加粉和药液，使药丸逐渐增大，直至达到规定规格。

小丸连续成丸机组可实现生产过程的连续化、自动化，并具有原料损耗少、丸粒圆整光洁、产量高、易操作等优点。

三、丸剂的滴制设备

滴制法是将药物与适宜的基质加热熔融混合均匀后，再利用分散装置将其滴入与之不相混溶的液体冷却剂中，使其冷凝成球形颗粒的制丸操作。

丸剂的滴制原理如图 13-8 所示。物料贮槽和分散装置的周围均设有可控制温度的电热器及保温层，使物料在贮槽内始终保持熔融状态。熔融物料经分散装置形成液滴后进入冷却柱中冷却固化，

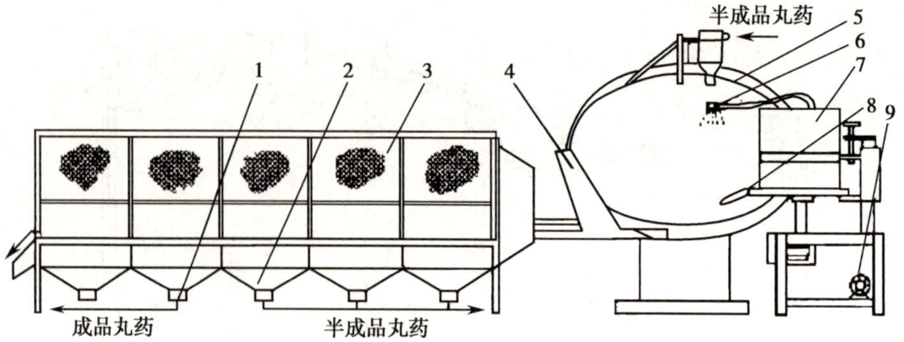

1. 吸射器;2. 料斗;3. 圆筒筛;4. 滑板;5. 成丸锅;
6. 喷头;7. 加料斗;8. 粉斗;9. 喷液泵。

图 13-7　小丸连续成丸机生产线

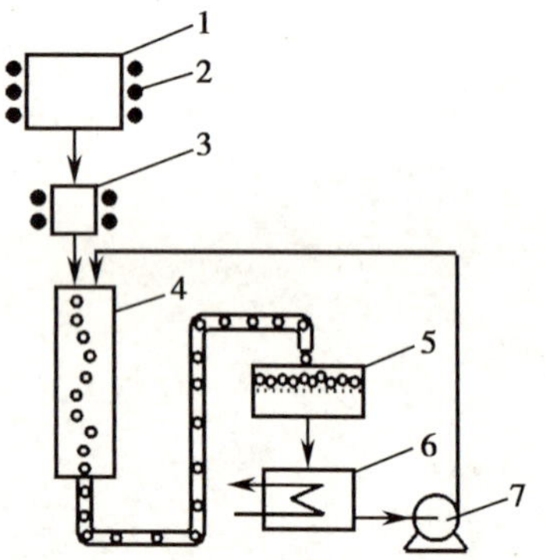

1. 物料贮槽;2. 电热器;3. 分散装置;4. 冷却柱;
5. 过滤器;6. 冷却液槽;7. 循环泵。

图 13-8　丸剂的滴制原理

所得固体颗粒随冷却液一起进入过滤器,过滤出的固体颗粒经清洗、风干等工序后即得成品滴丸剂。滤除固体颗粒后的冷却液进入冷却液贮槽,经冷却后再由循环泵输送至冷却柱中循环使用。

图 13-9 是一种全自动的滴丸生产线,该生产线主要由滴制系统、定型系统、制冷系统、冷却液循环系统、液位控制系统、计算机控制系统、丸油分离系统等组成。工作时,配制好的混合液被自动输送至料桶内,在液位控制系统和定量泵的作用下,由滴头滴入盛有冷却液的定型桶内,料滴在冷却液表面张力的作用下迅速形成球形度很高的实心丸。此后,实心丸在制冷系统的冷却液内被冷却定型,并在循环系统推动下被输送至丸、油分离处进行分离。分离后的实心丸经洗涤后,被带式输出机输送至流化床干燥机内干燥。

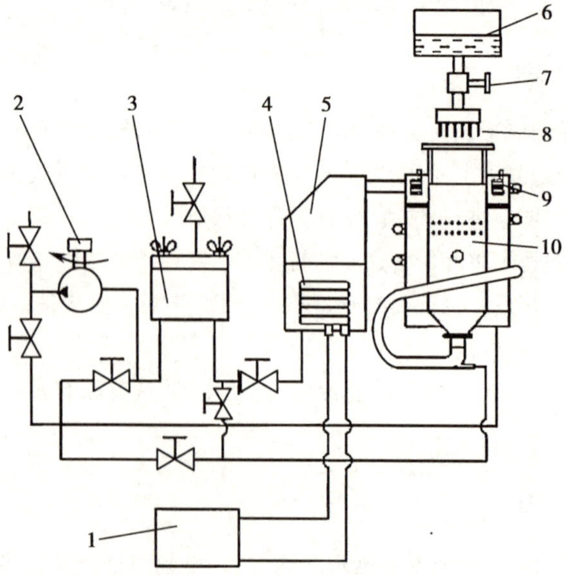

1. 制冷系统;2. 磁力泵;3. 硅胶过滤桶;4. 蒸发器;5. 冷却液箱;
6. 料桶;7. 节流阀;8. 滴头组;9. 加热器;10. 定型桶。

图 13-9　全自动实心滴丸生产线流程图

全自动实心滴丸生产线采用48个滴头，生产能力可达340 000粒/h，生产效率高，废品率低；自动化程度高，劳动强度小。

滴丸制备

第二节　片剂生产设备

药物与适宜的辅料混匀压制而成的圆片状或异形片状的固体制剂称为片剂，其主要生产工艺过程包括造粒、压片、包衣和包装等。

一、造粒设备

原辅料经粉碎、筛分、混合后制成软材，再进一步制成一定粒度的颗粒，以供压片之用，该操作过程即为造粒。

1. 摇摆式颗粒机　摇摆式颗粒机主要由加料斗、滚筒、筛网和传动装置构成，如图13-10所示。加料斗下部装有一个可正反方向旋转的滚筒，滚筒上装有7根截面形状为梯形的“刮刀”。滚筒下面紧贴着筛网，筛网可用带手轮的管夹进行固定。工作时，电动机带动胶带轮转动，通过曲柄摇杆机构使滚筒做正反方向转动。在滚筒上刮刀的挤压与剪切作用下，湿物料挤过筛网形成颗粒，并落于接收盘中。

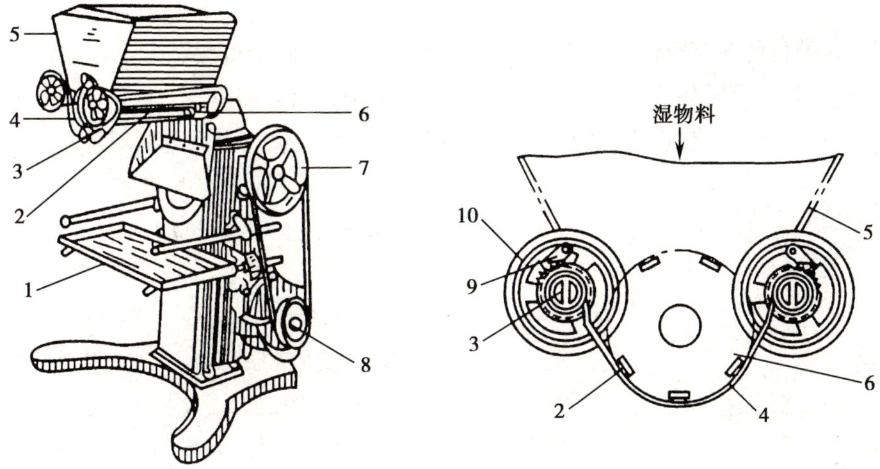

（a）结构　（b）工作原理

1. 接收盘；2. 刮刀；3. 管夹；4. 筛网；5. 加料斗；6. 滚筒；7. 胶带轮；8. 电动机；9. 棘爪；10. 手柄。

图13-10　摇摆式颗粒机结构及工作原理示意图

摇摆式颗粒机的优点是结构简单、生产能力大、安装与拆卸方便、所得颗粒的粒径分布较为均匀等。

2. 高效混合造粒机　高效混合造粒机是通过搅拌器混合以及高速造粒刀的切割作用而将湿物料制成颗粒的装置，是一种集混合与造粒功能于一体的设备，在制药工业中有着广泛应用。

高效混合造粒机主要由盛料筒、搅拌器、造粒刀、电动机、出料机构和控制器等组成，其结构如图13-11所示。工作时，先将原辅料按处方比加入盛料筒，启动搅拌电机将干粉混合1~2分钟，待混合均匀后，加入黏合剂，再将湿物料搅拌4~5分钟即成为软材。然后，启动造粒电机，利用高速旋转的造粒刀将湿物料切割成颗粒。因物料在筒内快速翻动和旋转，使每一部分的物料在短时间内均能经过造粒刀部位而被切割成大小均匀的颗粒。通过控制造粒电机的电流或电压，可调节造粒速度，并能精确控制造粒终点。

高效混合造粒机的出料机构是一个气动活塞门，它通过气源的控制来实现活塞门的开启或关闭，其工作原理如图13-12所示。

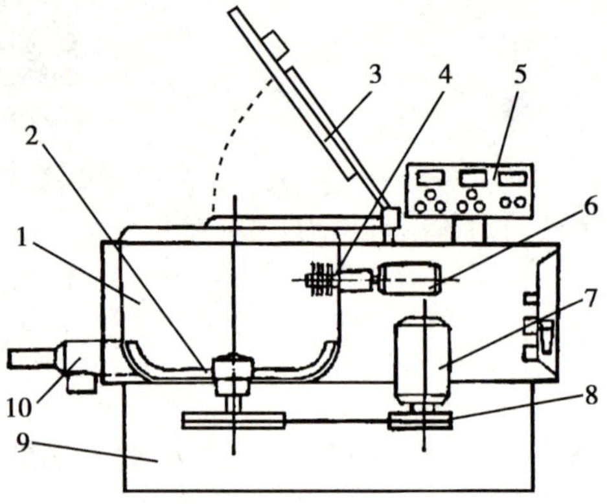

1. 盛料筒；2. 搅拌器；3. 桶盖；4. 造粒刀；5. 控制器；6. 造粒电机；
7. 搅拌电机；8. 传动皮带；9. 机座；10. 出料口。

图 13-11 高效混合造粒机结构示意图

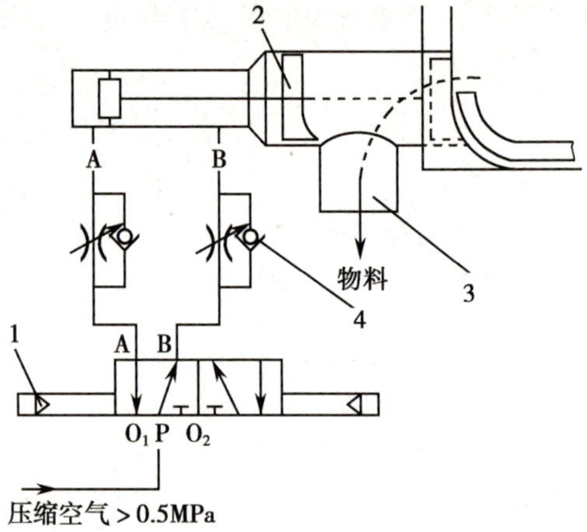

1. 电磁阀；2. 活塞；3. 出料口；4. 节流阀。

图 13-12 出料机构工作原理示意图

若按下“关”按键，则在电磁阀的联合作用下压缩空气由 A 口进入，推动活塞将门关闭；若按下“开”按键，则压缩空气由 B 口进入，推动活塞向左运动而将容器的门打开，使物料从圆门处排出容器之外。

高效混合造粒机的混合造粒时间很短，一般仅为 8~10 分钟，所得颗粒大小均匀而结实，烘干后可直接用于压片，且压片时的流动性通常较好。此外，由于是全封闭操作，因而不会产生粉尘，符合 GMP 要求。与传统造粒工艺相比，高效混合造粒机可节约 15%~25% 的黏合剂用量。

3. 沸腾造粒机 沸腾造粒机一般由输送泵、压缩机、袋滤器、流化室、鼓风机、空气预热器和气体分布器等组成，如图 13-13 所示。流化室多采用倒锥形，以消除流动“死区”。流化室上部设有袋滤器以及反冲装置或振动装置，以防袋滤器堵塞。

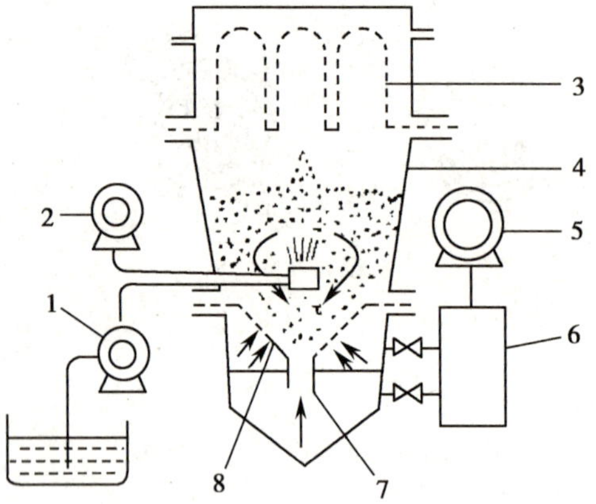

1. 黏合剂输送泵；2. 压缩机；3. 袋滤器；4. 流化室；
5. 鼓风机；6. 空气预热器；7. 二次喷射气流入口；
8. 气体分布器。

图 13-13 沸腾造粒机的结构

工作时，经过滤净化后的空气由鼓风机送至空气预热器，加热至规定温度（60℃左右）后，由下部经气体分布器和二次喷射气流入口进入流化室，使物料流化。随后，将黏合剂喷入流化室，继续流化、混合数分钟后，即可出料。湿热空气经袋滤器除去粉末后排出。

沸腾造粒机制得的颗粒粒度多为 30~80 目（2~5 号），颗粒外形比较圆整，压片时的流动性也较好，这些优点对提高片剂的质量非常有利。由于沸腾造粒机可完成多种操作，简化了工序和设备，因而生产效率高，生产能力大，并容易实现自动化，适用于含湿或热敏性物料的造粒，并适用于中药全浸膏片浓缩液直接制粒。缺点是动力消耗较大。此外，物料密度不能相差太大，否则难以流化造粒。

4. 干法造粒机 若药物对湿、热不稳定或采用直接压片法流动性较差，则宜采用干法造粒压片。干法造粒常采用滚压法，其设备主要由加料斗、螺旋推进器、滚筒、筛网和箱体等组成，如图 13-14 所示。工作时，转速相同的两个滚筒先将混合均匀的药物和辅料粉末滚压成一定形状的薄片，随后薄片被七棱滚筒粉碎，过筛后制成颗粒，添加润滑剂后即可进行压片。

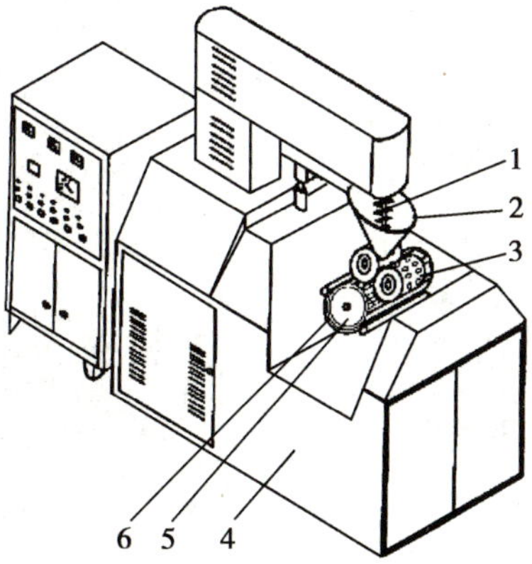

1. 螺旋推进器;2. 加料斗;3. 滚筒;4. 箱体;5. 七棱滚筒;6. 筛网。

图 13-14　干法造粒机

二、压片设备

干燥的颗粒经整粒、加入所需药物及赋形剂后即可利用压片设备制成片剂。

1. 单冲压片机　单冲压片机主要由加料斗、饲料靴(器)、上冲、下冲、模圈等组成,其结构和压片过程如图 13-15 所示。当饲料靴水平运动并扫过模圈上部时,上一工作循环中已压好的片剂被推至出料槽,而模圈内的下冲下移一定距离,从而将饲料靴内的颗粒充填入模圈。当饲料靴回移时,下冲杆不动而上冲杆下落,进入模圈后将颗粒压成片状。随后,上、下冲杆带着压好的片剂同时上移,上冲杆移动较大距离为饲料靴再次扫过模圈留出空间,而下冲杆的上平面刚好与模圈上表面相平,接着片剂被推至出料槽。此后是重复上述循环过程,主轴旋转一圈即为一个工作循环。图中的片重调节器可调节下冲下降的深度,借以调节模孔的容积,以达到调节片重的目的。出片调节器可调节下冲上升的高度,使其刚好与模圈的上部相平。

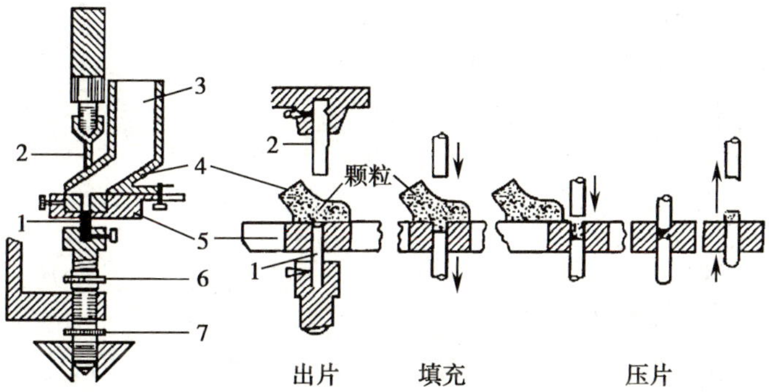

1. 下冲;2. 上冲;3. 加料斗;4. 饲料靴;5. 模圈;6. 出片调节器;7. 片重调节器。

图 13-15　单冲压片机的结构和压片过程

2. 旋转式多冲压片机　旋转式多冲压片机是片剂生产中最常用的压片设备,其核心部件是一个可绕轴旋转的圆盘。圆盘分为上、中、下 3 层,上层装有上冲,中层装有模圈,下层装有下冲。此外,还有绕自身轴线旋转的上、下压轮以及片重调节器、出片调节器、刮料器、加料器等装置。图 13-16 是常见的旋转式多冲压片机的工作原理示意图,为更好地展示压片过程中各冲头所处的位置,图中将圆柱形机器的一个压片全过程展开为平面形式。图 13-17 为常见的月形栅式加料器的工作原理。

工作时,圆盘绕轴旋转,带动上冲和下冲分别沿上冲圆形凸轮轨道和下冲圆形凸轮轨道运动,同时模圈做同步转动。按冲模所处工作状态的不同,可将工作区沿圆周方向分别划分为填充区、压片区和出片区。

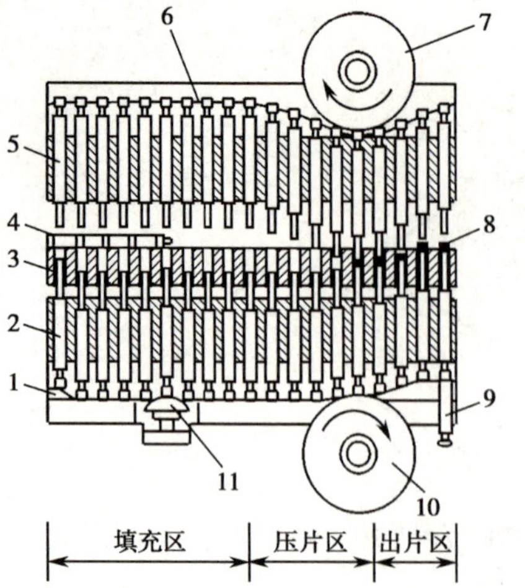

1. 下冲圆形凸轮轨道；2. 下冲；3. 中模圆盘；4. 加料器；5. 上冲；6. 上冲圆形凸轮轨道；7. 上压轮；8. 药片；9. 出片调节器；10. 下压轮；11. 片重调节器。

图 13-16 旋转式多冲压片机的工作原理

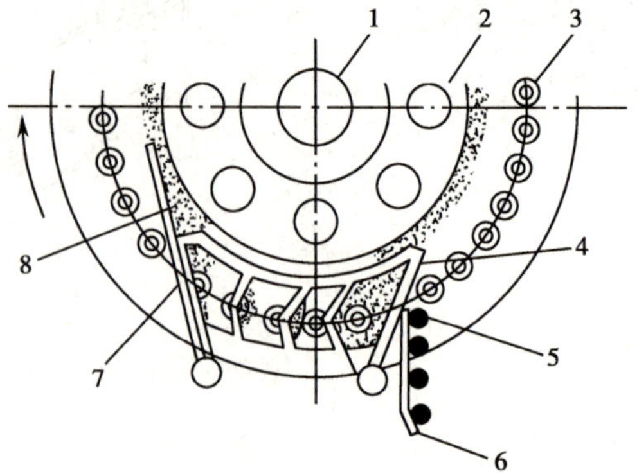

1. 中心轴；2. 转盘；3. 中模；4. 加料器；5. 药片；6. 刮片板；7. 刮料板；8. 颗粒。

图 13-17 月形栅式加料器的工作原理

在填充区，由加料器向模孔填入过量的颗粒。当下冲运行至片重调节器上方时，调节器的上部凸轮使下冲上升至适当位置而将过量的颗粒推出。推出的颗粒则被刮料板刮离模孔，并在下一填充区被利用。通过片重调节器调节下冲的高度，可调节模孔容积，从而达到调节片重的目的。

在压片区，上冲在上压轮的作用下下降并进入模孔，下冲在下压轮的作用下上升。借助于上、下冲的相向运动，模孔内的颗粒被挤压成片剂。

在出片区，上、下冲同时上升，压成的片子由下冲顶出模孔，随后被刮片板刮离圆盘并滑入接收器。此后下冲下降，冲模在转盘的带动下，进入下一填充区，开始下一次工作循环。下冲的最大上升高度由出片调节器来控制，使其上部与模圈上部表面相平。

旋转式多冲压片机的冲模数量通常为 19、25、33、51 和 75 等，由于是连续操作，故单机生产能力较大。如 19 冲压片机每小时的生产量约为 2 万～5 万片，33 冲的约为 5 万～10 万片，51 冲的约为 22 万片，75 冲的可达 66 万片。

1304

压片机的生产能力

由于旋转式多冲压片机是逐渐施压，颗粒间容存的空气有充分的时间逸出，故裂片率较低。此外，由于加料器固定，故运行时的振动较小，粉末不易分层，且加料器的加料面积较大，加料时间较长，故片重较为准确均一。

3. 多层压片机 多层压片是将不同种类的物料颗粒依次充填于模孔，每种物料压制一层，一层压制在另一层之上，一片由数层组成，层数一般不超过三层。层数越多对

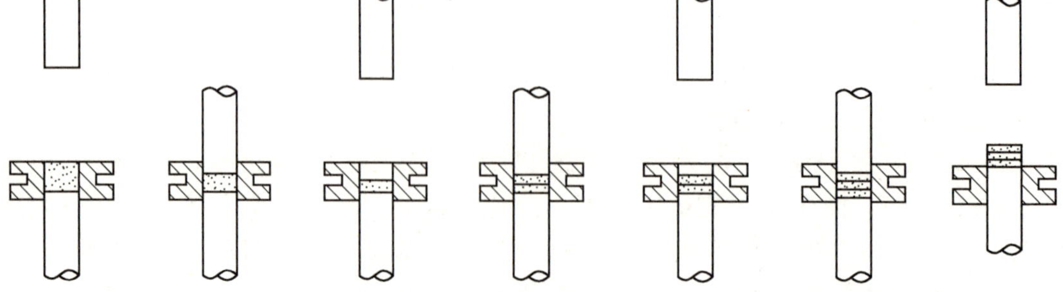

图 13-18 三层片的压制过程

机器的性能要求就越高。如图 13-18 所示，三层片的压制过程由七个步骤组成：①向模孔中充填第一层物料；②上冲下降，以较小压力进行预压；③上冲升起，充填第二层物料；④上冲下降，再次轻轻预压；⑤上冲升起，充填第三层物料；⑥上冲下降，将三层物料压制成型；⑦将成型后的三层片从模孔中推出。

三、包衣设备

包衣是制剂生产中的重要单元操作之一。片剂的包衣即是在压制片的表面涂包适宜的包衣材料，制成的片剂俗称包衣片。包衣是压片之后的常用后续操作，其目的是改善片剂的外观、遮盖某些不良性气味、提高药物的稳定性等。

1. 普通包衣机　普通包衣机主要由包衣锅、动力系统及加热、鼓风、除尘等部件组成，其结构如图 13-19 所示。

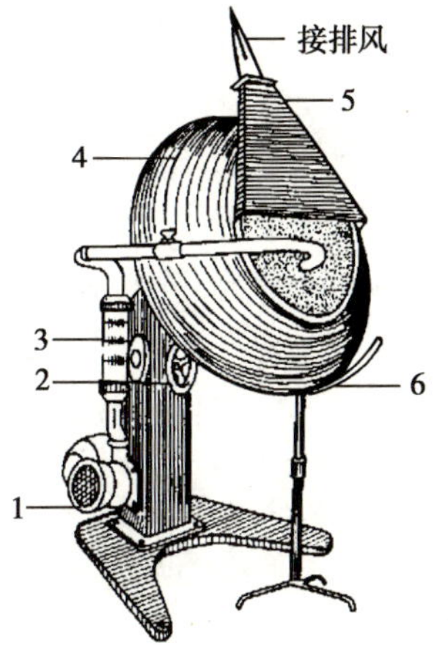

1. 鼓风机；2. 角度调节器；3. 电加热器；4. 包衣锅；5. 吸尘罩；6. 煤气辅助加热器。

图 13-19　普通包衣机的结构

包衣锅一般为荸荠形，多由不锈钢或紫铜制成。片剂在荸荠形包衣锅中滚动速度快，相互摩擦机会多；散热及水分散发效果好，易搅拌；加蜡后片剂容易打光。

包衣过程中，可根据需要用电热丝、煤气辅助加热器等直接加热锅体，或通入干热空气，或将两法联用，以加快包衣溶剂的挥发速度。

鼓风机可向锅内吹入热风或冷风，以调节包衣温度，并吹去多余的细粉。

除尘设备由除尘罩及排风管组成，其作用是及时排除包衣时的粉尘和湿热空气。

普通包衣机是最基本、最常用的滚转式包衣设备，目前在制药企业中有着广泛的应用。缺点是间歇操作，劳动强度大，生产周期长，且包衣厚薄不均，片剂质量也难以均一。针对普通包衣机的缺点，近年来，对普通包衣机进行了一系列改造。图 13-20 是具有喷雾装置的改良包衣锅，工作时可通过喷嘴以喷雾方式将包衣材料溶液加入包衣锅，从而降低了劳动强度，提高了生产效率，并大大提高了产品质量。

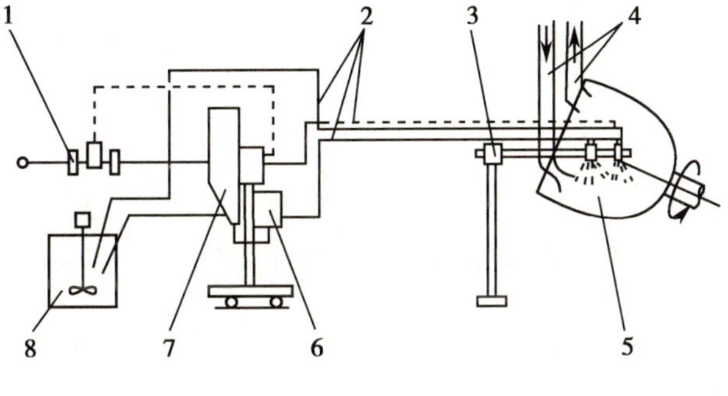

1. 气动原件；2. 气管；3. 支架液管；4. 进出风管；5. 包衣锅；6. 稳压器；7. 无气泵；8. 液罐。

图 13-20　具有喷雾装置的改良包衣锅

2. 流化包衣机　流化包衣机是一种利用喷嘴将包衣液喷到悬浮于空气中的片剂表面，以达到包衣目的的装置，其工作原理如图 13-21 所示。工作时，经预热的空气以一定的速度经气体分布器进入包衣室，从而使药片悬浮于空气中，并上下翻动。随后，气动雾化喷嘴将包衣液喷入包衣室。药片表面被喷上包衣液后，周围的热空气使包衣液中的溶剂挥发，并在药片表面形成一层薄膜。控制预热空气及排气的温度和湿度可对操作过程进行控制。

流化包衣机具有包衣速度快，不受药片形状限制等优点，是一种常用的薄膜包衣设备，除用于片剂的包衣外，还可用于微丸剂、颗粒剂等的包衣。缺点是包衣层太薄，且药片做悬浮运动时碰撞较强烈，外衣易碎，颜色也不佳。

3. 高效包衣机 高效包衣机的结构和工作原理与传统的敞口式包衣机不同。

流化床包衣机的现状

对于敞口式包衣机，干燥热风仅能吹在片芯层表面，并被返回吸出。热交换仅限于表面层，且部分热量由吸风口直接吸出而浪费了部分热源。而对于高效包衣机，干燥热风能穿过片芯间隙，并与表面水分或有机溶剂进行热交换，从而使片芯表面的湿液得以充分挥发，因而干燥效率很高。

图 13-22 是常用的网孔式高效包衣机的结构和工作原理，在其包衣锅的整个圆周上都开有 ϕ1.8~2.5mm 的圆孔。工作时，经过滤并被加热的净化空气从锅的右上部通过网孔进入锅内，热空气穿过运动状态的片芯间隙后，由锅底下部的网孔穿出，再经排风管排出。由于整个锅体被封闭于一个金属外壳内，故热气流不能从其他孔中排出。

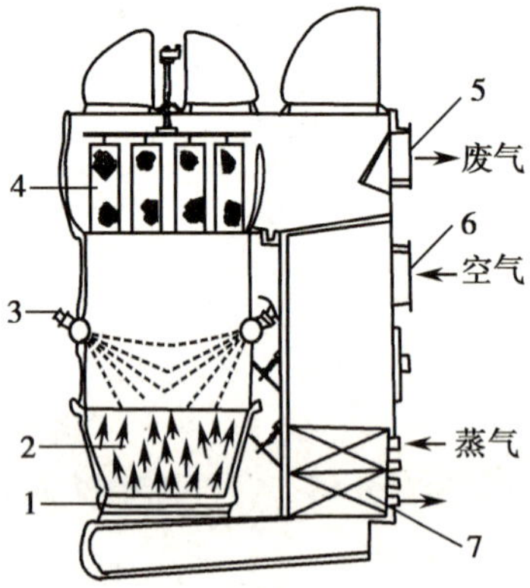

1. 气体分布器；2. 流化室；3. 喷嘴；4. 袋滤器；5. 排气口；6. 进气口；7. 换热器。

图 13-21 流化包衣机的工作原理

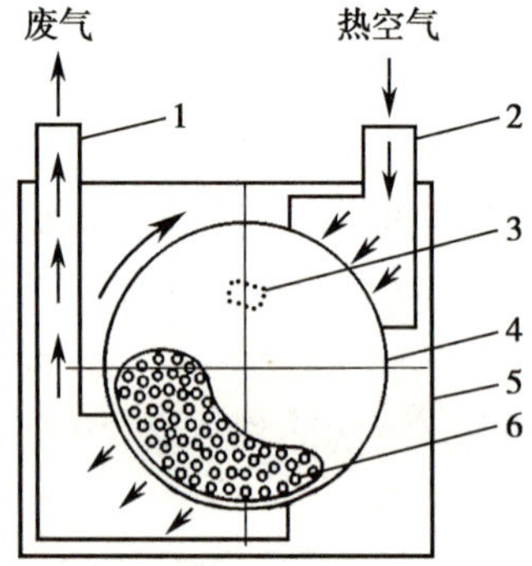

1. 排气管；2. 进气管；3. 喷嘴；4. 网孔包衣锅；5. 外壳；6. 药片。

图 13-22 网孔式高效包衣机的结构和工作原理

包糖衣的工序及目的

热空气流动的途径可以是逆向的，也可以从锅底左下部网孔穿入，再经右上方风管排出。前一种称为直流式，后一种称为反流式，两种方式可分别使片芯处于“紧密”和“疏松”状态，可根据品种的不同进行选择。

第三节 胶囊剂生产设备

将药物或药物与辅料充填于空心胶囊或密封于软质囊材中的固体制剂称为胶囊剂。常见的胶囊剂有软胶囊（胶丸）、硬胶囊、缓释胶囊、控释胶囊和肠溶胶囊等，主要供内服，是临床应用较广泛的一类固体剂型。

一、软胶囊剂生产设备

将一定量的液体药物直接包封，或将固体药物溶解或分散在适宜的辅料中制备成溶液、混悬液、乳状液或半固体，并密封于球形或椭圆形等形状的软质囊材中而制得的胶囊剂称为软胶囊。软胶囊的生产方法主要有模压法和滴制法。

1. 旋转式自动轧囊机 旋转式自动轧囊机是采用模压法生产软胶囊剂的专用设备，其结构与工作原理如图 13-23 所示。

将配制好的明胶液置于明胶桶（图中未画出）中吊挂于机器的上部，下部连有两根输胶管（右侧输胶管未画出），分别通向两侧的涂胶机箱（图中右侧的涂胶机箱未画出）。明胶桶由不锈钢制成，桶外设有夹套，夹套内充满软化水，并有可控温的电加热装置，一般控制明胶桶内的温度在 60℃左右。

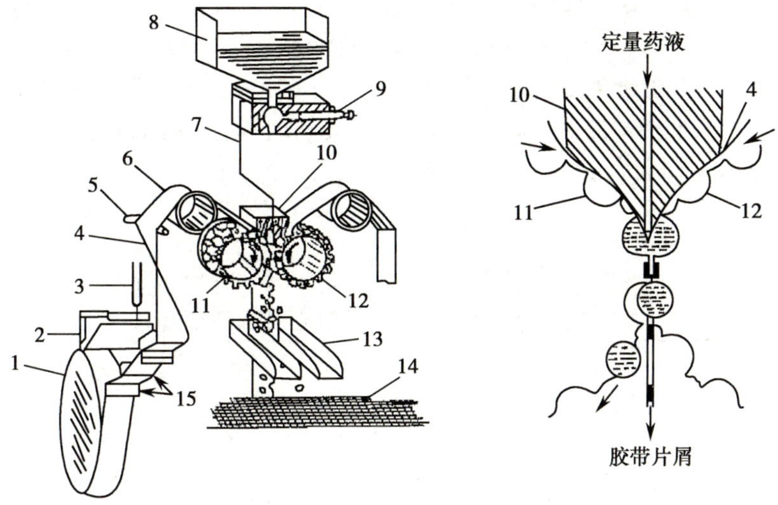

（a）结构与旋转压囊原理　　（b）药液注入胶囊及封合原理

1. 鼓轮；2. 涂胶机箱；3. 输胶管；4. 胶带；5. 胶带导杆；6. 送料轴；7. 导管；8. 药液贮槽；9. 计量泵；10. 楔形注入器；11、12. 滚模；13. 导向斜槽；14. 胶囊输送机；15. 油轴。

图 13-23　旋转式自动轧囊机的结构和工作原理

模具由左右两个滚模组成，并分别安装于滚模轴上。滚模的模孔形状、尺寸和数量可根据胶囊的具体型号进行选择。两根滚模轴做相对运动，其中右滚模轴只能转动，而左滚模轴既能转动，又能做横向水平移动。

工作时，明胶桶中的明胶液经两根输胶管分别通过两侧预热的涂胶机箱将明胶液涂布于温度约16~20℃的鼓轮（右侧鼓轮未画出）上。随着鼓轮的转动，并在冷风的冷却作用下，明胶液在鼓轮上定型为具有一定厚度的均匀的明胶带。由于明胶带中含有一定量的甘油，因而其塑性和弹性较大。两边所形成的明胶带分别由胶带导杆和送料轴送入两个滚模之间。同时，药液经导管进入温度为37~40℃的楔形注入器中，并被注入旋转滚模的明胶带内，注入的药液体积由计量泵的活塞控制。当明胶带经过楔形注入器时，其内表面被加热至37~40℃而软化，已接近于熔融状态，因此，在药液压力的作用下，胶带在两滚模的凹槽（模孔）中即形成两个含有药液的半囊。此后，滚模继续旋转所产生的机械压力将两个半囊压制成一个整体软胶囊，并在37~40℃发生闭合而将药液封闭于软胶囊中。随着滚模的继续旋转或移动，软胶囊被切离胶带，依次落入导向斜槽和胶囊输送机，并由输送机送出。

旋转式自动轧囊机的自动化程度高，生产能力大，是软胶囊剂的常用生产设备。

2. 滴制式软胶囊机　滴制式软胶囊机是滴制法生产软胶囊剂的专用设备，其结构和工作原理如图 13-24 所示。

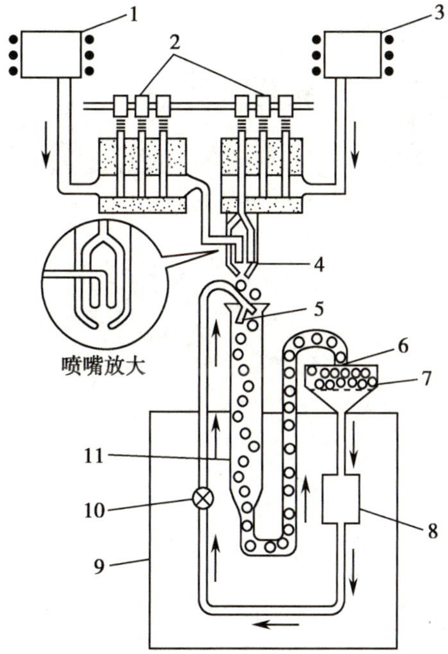

1. 药液贮槽；2. 定量装置；3. 明胶液贮槽；4. 喷嘴；5. 冷却液出口；6. 胶丸出口；7. 过滤器；8. 冷却液贮箱；9. 冷却箱；10. 循环泵；11. 冷却柱。

图 13-24　滴制式软胶囊机的结构和工作原理

明胶液由明胶、增塑剂和蒸馏水配制而成，其组成为明胶：增塑剂：水=1：（0.4~0.6）：1。明胶液贮槽外设有可控温电加热装置，以使明胶液保持熔融状态。药液贮槽外也设有可控温电加热装置，其目的是控制适宜的药液温度。工作时，一般将明胶液的温度控制在 75~80℃，药液的温度宜控制在 60℃左右。

药液和明胶液由活塞式计量泵完成定量。图 13-25 是常用的三活塞计量泵的计量原理。泵体内有 3 个活塞，做往复运动，中间的活塞起吸液和排液作用，两边的活塞起到吸入阀和排出阀的作用。调节推动活塞运动的凸轮方位，可控制 3 个活塞的运动次序，进而可使泵的出口喷出一定量的液滴。

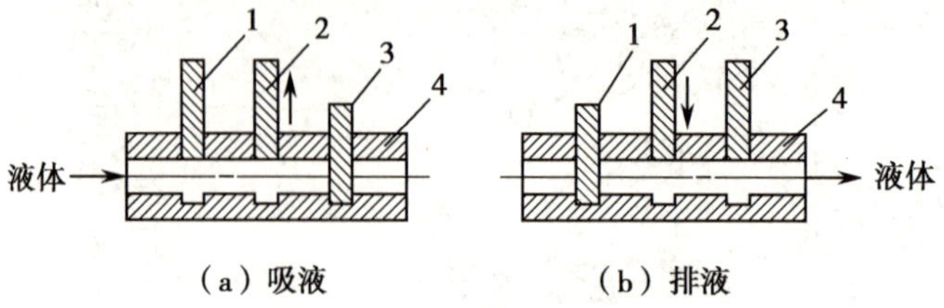

1、2、3. 活塞；4. 泵体。

图 13-25 三活塞泵的计量原理

明胶液和药液的喷出顺序和时间对软胶囊的质量有着决定性影响。药液和明胶液分别进入喷嘴的内层和套管环隙后，应当在严格同心的条件下先后有序地喷出。为使药液包裹到明胶液膜中并形成合格的软胶囊，明胶的喷出时间应略长，而药液喷出过程应处于明胶喷出过程的中间时段，通过明胶的表面张力作用而将药滴完整地包裹起来。

冷却柱中的冷却液通常为液体石蜡，其温度一般控制在 13~17℃。在冷却箱内通入冷冻盐水可对液体石蜡进行降温。由于液体石蜡由循环泵输送至冷却柱，其出口方向偏离柱心，故液状石蜡进入冷却柱后即向下做旋转运动。

工作时，油状药液和明胶液分别由计量泵的活塞压入喷嘴的内层和外层，并以不同的速度喷出。当一定量的油状药液被定量的明胶液包裹后，滴入冷却柱。在冷却柱中，外层明胶液被冷却液冷却，并在表面张力的作用下形成球形，逐渐凝固成胶丸。胶丸随液体石蜡流入过滤器，并被收集于滤网上。所得胶丸经清洗、烘干等工序后即得成品软胶囊制剂。

二、硬胶囊剂生产设备

采用适宜的制剂技术，将药物或药物加适宜辅料制成粉末、颗粒、小片或小丸后，再充填于空心胶囊中，所得的胶囊剂称为硬胶囊剂。

胶囊填充机是硬胶囊剂生产的关键设备，常用的有半自动和全自动胶囊填充机。按工作台运动形式的不同，全自动胶囊填充机又可分为间歇回转式和连续回转式两大类。药物的充填方式很多，如插管定量法、模板定量法、真空定量法等。

现以间歇回转式全自动胶囊填充机为例，介绍硬胶囊填充机的结构和工作原理。

间歇回转式全自动胶囊填充机主要由机架、回转台、传动系统、胶囊送进机构、粉剂充填组件、颗粒充填机构、胶囊分离机构、废胶囊剔除机构、胶囊封合机构、成品胶囊排出机构等组成。回转工作台设有可绕轴旋转的主工作盘，主工作盘可带动胶囊板做周向旋转。围绕主工作盘设有空胶囊排序与定向装置、剔除废囊装置、拔囊装置、闭合胶囊装置、出囊装置和清洁装置等，如图 13-26 所示。

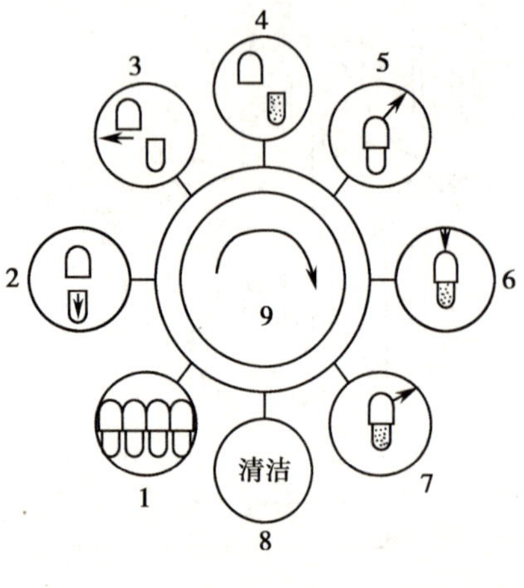

1. 排序与定向区；2. 拔囊区；3. 体、帽错位区；4. 药物填充区；5. 废囊剔除区；6. 胶囊闭合区；7. 出囊区；8. 清洁区；9. 主工作盘。

图 13-26 主工作盘及各区域功能示意图

工作时，自贮囊斗落下的空胶囊经排序与定向装置后，均被排列成胶囊帽在上的状态，并逐个落入主工作盘上的囊板孔中。在拔囊区，拔囊装置利用真空吸力使胶囊帽留在上囊板孔中，而胶囊体则落入下囊板孔中。在体、帽错位区，上囊板连同胶囊帽一起被移开，胶囊体的上口则置于定量填充装置的下方。在填充区，药物被定量填充装置填充进胶囊体。在废囊剔除区，未拔开的空胶囊被剔除装置从上囊板孔中剔除出去。在胶囊闭合区，上、下囊板孔的轴线对正，并通过外加压力使胶囊帽与胶囊体闭合。在出囊区，出囊装置将闭合胶囊顶出囊板孔，并经出囊滑道进入包装工序。在清洁区，清洁装置将上、下囊板孔中的胶囊皮屑、药粉等清除。随后，进入下一个操作循环。由于每一工作区域的操作工序均要占用一定的时间，因此主工作盘是间歇转动的。

（1）空胶囊的排序与定向：为防止空心胶囊变形，出厂的机用空胶囊均为体、帽合一的套合胶囊。使用前，先要对杂乱胶囊进行排序。

空胶囊的排序装置如图 13-27 所示。落料器的上部与贮囊斗相通，内部有多个圆形孔道，每一孔道的下部均有卡囊簧片。工作时，落料器通过上下往复滑动使空胶囊进入落料器的孔中，并在重力作用下下落。当落料器上行时，卡囊簧片将其中的一个胶囊卡住。当落料器下行时，簧片架产生旋转，卡囊簧片松开胶囊，使胶囊在重力作用下由下部出口排出。当落料器再次上行并使簧片架复位时，卡囊簧片又将下一个胶囊卡住。因而，落料器上下往复滑动一次，每一孔道均输出一粒胶囊。

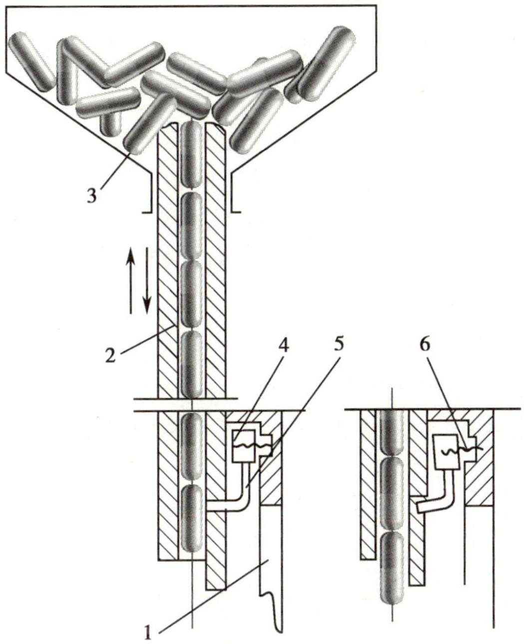

1. 贮囊斗；2. 落料器；3. 簧片架；4. 卡囊簧片；5. 弹簧；6. 压囊爪。

图 13-27　排序装置的结构与工作原理

由排序装置排出的空胶囊有的帽在上，有的则在下。为便于空胶囊的体、帽分离，还需进一步将空胶囊按照帽在上、体在下的方式进行排列。空胶囊的定向排列由定向装置完成，该装置设有定向滑槽和顺向推爪，推爪可在槽内做水平往复运动，如图 13-28 所示。

工作时，胶囊依靠自重落入定向滑槽。由于定向滑槽的宽度（与纸面垂直的方向上）略大于胶囊体的直径，但又略小于胶囊帽的直径，所以滑槽对胶囊帽有一个夹紧力，但又并不接触胶囊体。由于结构上的特殊设计，顺向推爪只能作用于直径较小的胶囊体中部，当顺向推爪推动胶囊体运动时，胶囊体将围绕滑槽与胶囊帽的夹紧点转动，从而使胶囊体朝前，并被推向定向器座的边缘。此时，垂直运动的压囊爪使胶囊体翻转 90°，并将其垂直推至囊板孔中。

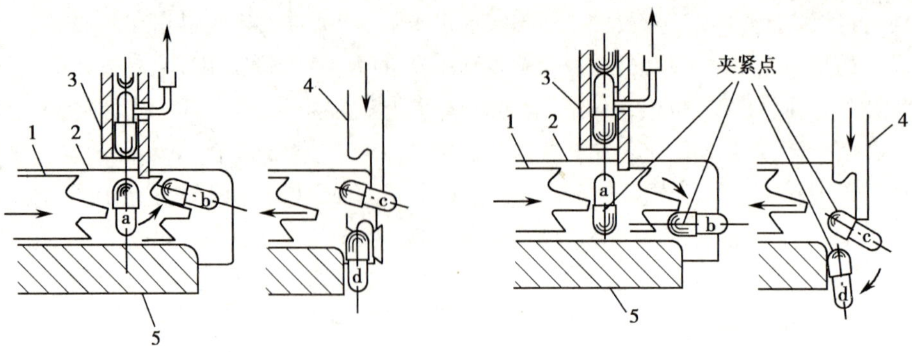

(a) 帽在上　　　　(b) 帽在下

1. 顺向推爪；2. 定向滑槽；3. 落料器；4. 定向器座；5. 压囊爪；

a、b、c、d 分别表示定向过程中胶囊所处的空间状态。

图 13-28　定向装置结构与工作原理

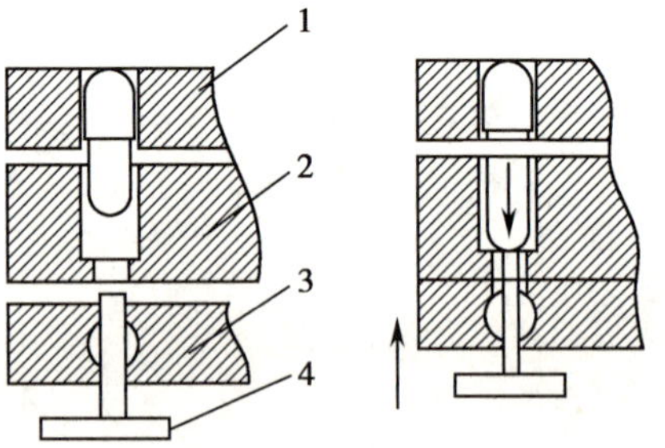

（a）接通真空前　　（b）接通真空后

1. 上囊板；2. 下囊板；3. 真空气体分配板；4. 顶杆。

图 13-29　拔囊装置结构与工作原理

（2）空胶囊的体、帽分离：经定向排序后的空胶囊还需将囊体与囊帽分离开来，以便填入药物。空胶囊的体、帽分离操作由拔囊装置完成，该装置由上、下囊板及真空系统组成，如图 13-29 所示。

当空胶囊被压囊爪推入囊板孔后，气体分配板上升，其上表面与下囊板的下表面紧贴。此时，真空接通，顶杆随气体分配板上升并伸入到下囊板的孔中，使顶杆与气孔之间形成环隙以减少真空空间。上、下囊板孔的直径相同，且均为台阶孔，上、下囊板台阶小孔的直径分别小于囊帽和囊体的直径。当囊体被吸至下囊板孔中时，上囊板孔中的台阶可阻挡囊帽下行，下囊板孔中的台阶使囊体下行至一定位置时停止，以免囊体被顶杆顶破，从而达到体、帽分离的目的。

（3）填充药物：当空胶囊体、帽分离后，上、下囊板孔的轴线随即错开，药物定量填充装置即将定量药物填充于下方的胶囊体中，完成药物填充过程。

药物定量填充装置的类型很多，常见的有插管定量装置、模板定量装置、活塞-滑块定量装置和真空定量装置等。

1）插管定量装置：插管定量装置有间歇式和连续式两种，如图 13-30 所示。

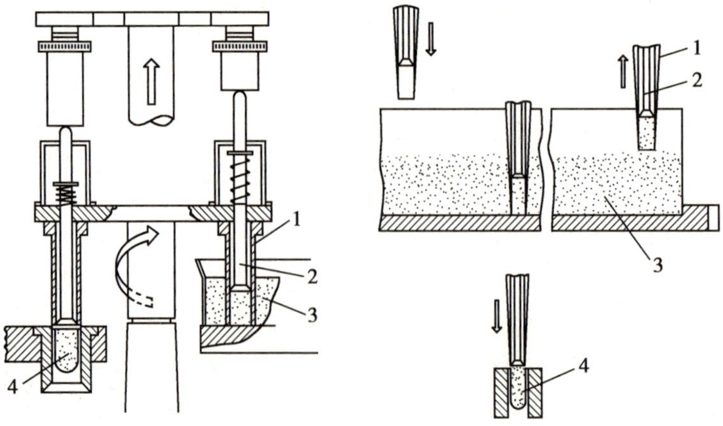

（a）间歇式　　　　（b）连续式

1. 定量管；2. 活塞；3. 药粉斗；4. 胶囊体。

图 13-30　插管定量装置的结构和工作原理

间歇式插管定量装置是空心定量管先插入药粉斗中，利用定量管内的活塞将药粉压紧，然后定量管升离粉面，并旋转180°至胶囊体上方。随后，活塞下降，将药粉柱压入胶囊体中而完成填充过程。由于机械动作是间歇式的，故称为间歇式插管定量装置。调节药粉斗中的药粉高度或定量管内活塞的冲程，可以调节药粉的填充量。为减少填充误差，药粉在药粉斗中应保持一定的高度并应具有良好的流动性。

连续式插管定量装置同样是采用定量管来定量的，但其插管、压紧、填充的操作是随机器的回转过程而连续完成。由于填充速度较快，因此插管在药粉中的停留时间较短，故对药粉的要求更高，如要求药粉不仅要有良好的流动性和可压缩性，而且各组分的密度应相近，且不易分层。为避免定量管从药粉中抽出后留下的空洞影响填充精度，药粉斗中常设有耙料器、刮板等装置，用以控制药粉的高度，并使药粉保持均匀和流动。

2）模板定量装置：模板定量装置的结构与工作原理如图13-31所示，其中左图是将圆柱形的定量装置及其工作过程展成了平面形式。药粉盒由定量盘和粉盒圈组成，工作时带着药粉做间歇回转运动。定量盘沿周向有若干组模孔（图中每一单孔表示一组模孔），剂量冲头组数和数量与模孔组数和数量相对应。工作时，凸轮机构带动各组冲杆做上下往复运动。当冲杆上升后，药粉盒间歇旋转一个角度，同时药粉将模孔中的空间填满。随后冲杆下降，便将模孔中的药粉压实一次。此后，冲杆又上升，药粉盒又旋转一个角度，药粉再次将模孔中的空间填满，冲杆将模孔中的药粉再压实一次。如此旋转、填充、压实，直至第f次时，定量盘下方的底盘在此处有一半圆形缺口，其空间被下囊板占据，剂量冲杆将模孔中的药粉柱推入胶囊体，至此完成一次填充操作。

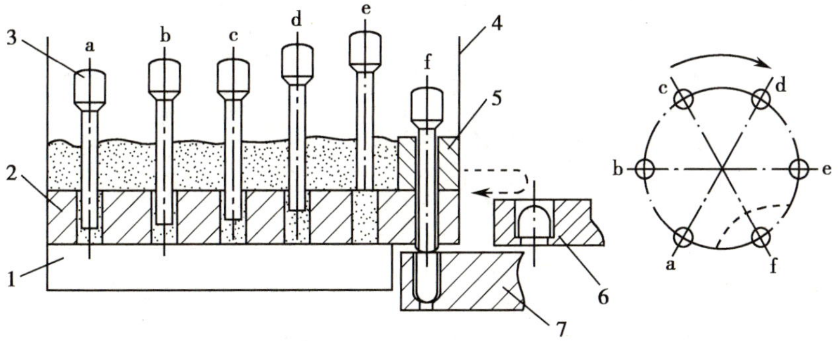

1. 底盘；2. 定量盘；3. 剂量冲头；4. 粉盒圈；5. 刮粉器；6. 上囊板；7. 下囊板。

图13-31　模板定量装置的结构和工作原理

模板定量装置中各冲杆的高低位置可以调节，其中e组冲杆的位置最高，f组冲杆的位置最低。在f组冲杆位置处还有一个不运动的刮粉器，利用刮粉器与定量盘之间的相对运动，即可将定量盘表面的多余药粉刮除。

3）活塞-滑块定量装置：活塞-滑块定量装置的结构与工作原理如图13-32所示。在料斗的下方设有多个平行的定量管，每个定量管内均有一个可上下移动的定量活塞。料斗与定量管之间有可移动的滑块，滑块上开有圆孔。当滑块移动并使圆孔位于料斗与定量管之间时，料斗中的药物微粒或微丸即经圆孔流入定量管。随后滑块移动，将料斗与定量管隔开。此时，定量活塞向下移动至适当位置，使药物经支管和专用通道填入胶囊体。调节定量活塞的上升位置即可控制药物的填充量。

图13-33是一种连续式活塞-滑块定量装置，其核心构件为一转盘，转盘上有若干定量圆筒，每一圆筒内均装有一个可上下移动的定量活塞。工作时，定量圆筒随转盘一起转动。当定量圆筒转动至第一料斗下方时，定量活塞就下行一定距离，使第一料斗中的药物进入定量圆筒。当定量圆筒转动至第二料斗下方时，定量活塞又下行一定距离，使第二料斗中的药物进入定量圆筒。当定量圆筒转动至下囊板的上方时，定量活塞下行至适当位置使药物经支管填充进胶囊体。随着转盘的转动，药物填充

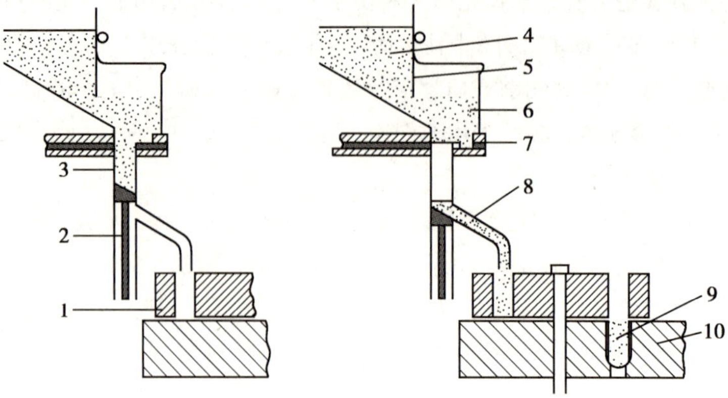

（a）药物定量　　（b）药物填充

1. 填料器；2. 定量活塞；3. 定量管；4. 料斗；5. 物料高度调节板；
6. 药物颗粒或微丸；7. 滑块；8. 支管；9. 胶囊体；10. 下囊板。

图 13-32 活塞-滑块定量装置的结构与工作原理

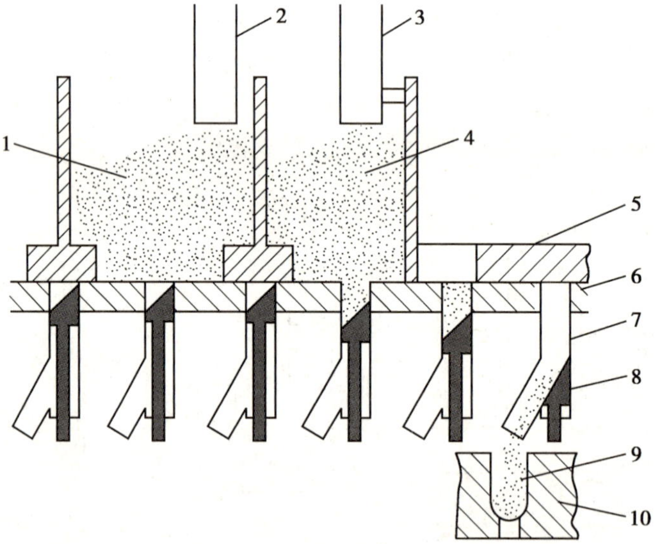

1. 第一料斗；2、3. 加料器；4. 第二料斗；5. 滑块底盘；6. 转盘；
7. 定量圆筒；8. 定量活塞；9. 胶囊体；10. 下囊板。

图 13-33 连续式活塞-滑块定量装置的结构与工作原理

过程可连续进行。由于该装置设有两个料斗，因而可将两种不同药物的颗粒或微丸，如速释微丸和控释微丸装入同一胶囊体，从而使药物在体内能迅速达到有效治疗浓度并维持较长的作用时间。

4）真空定量装置：真空定量装置是一种连续式药物填充装置，其结构与工作原理如图 13-34 所示。定量管内设有定量活塞，活塞的下部装有尼龙过滤器。在取料或充填过程中，定量管分别与真空系统或压缩空气系统相连。取料时，定量管插入料槽，在真空的作用下，药物被吸入管内。填充时，定量管位于胶囊体上部，在压缩空气的作用下，将管中的药物吹入胶囊体。调节定量活塞的位置可以控制药物的填充量。

（4）剔除装置：工作过程中个别空胶囊可能会因某些原因使得体、帽未能分开，这些空胶囊会滞留于上囊板孔中，但并未填充药物。为防止这些空胶囊混入成品，应在胶囊闭合前将其剔除。

剔除装置的结构与工作原理如图 13-35 所示，其核心构件是一个可上下往复运动的顶杆架，上面设有与囊板孔相对应的顶杆。上、下囊板转动时，顶杆架停留于下限位置。上、下囊板转动至剔除装置并停止时，顶杆架上升，顶杆伸入到上囊板孔中。若囊板孔中仅有胶囊帽，则上行的顶杆对囊帽不

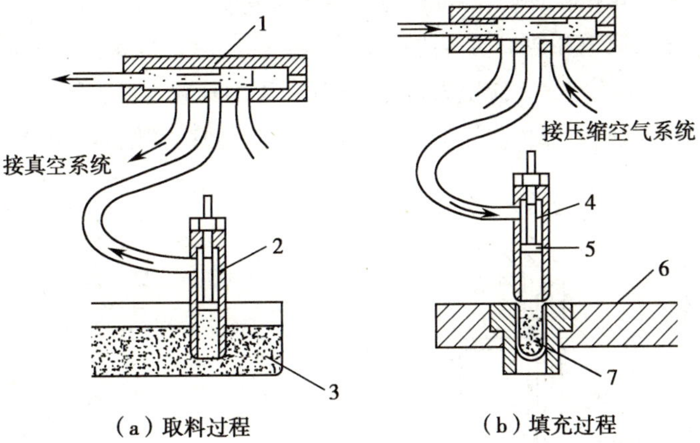

1. 切换装置；2. 定量管；3. 料槽；4. 定量活塞；5. 尼龙过滤器；6. 下囊板；7. 胶囊体。

图 13-34　真空定量装置的结构与工作原理

会产生影响。若囊板孔中存有未拔开的空胶囊，则上行的顶杆将其顶出囊板孔，并被压缩空气吹入集囊袋中，从而将其剔除。

（5）闭合胶囊装置：闭合胶囊装置主要由弹性压板和顶杆组成，其结构与工作原理如图 13-36 所示。当上、下囊板的轴线对中后，弹性压板下行而将胶囊帽压住。同时，顶杆上行伸入下囊板孔中顶住胶囊体下部。随着顶杆的上升，胶囊体、帽闭合并锁紧。调节弹性压板和顶杆的运动幅度，可适应不同型号胶囊的闭合操作。

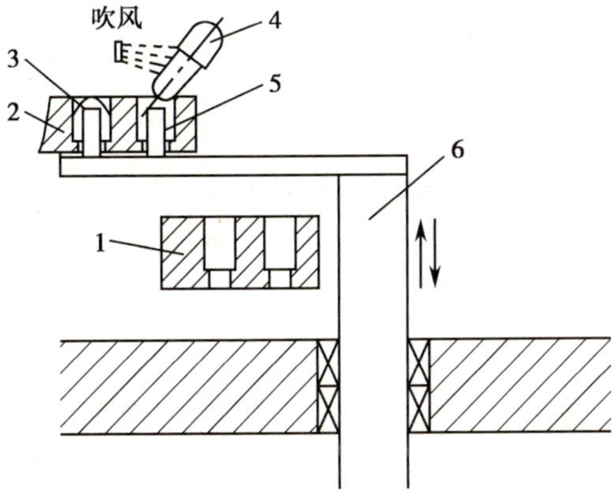

1. 下囊板；2. 上囊板；3. 胶囊帽；4. 未拔开空胶囊；5. 顶杆；6. 顶杆架。

图 13-35　剔除装置的结构与工作原理

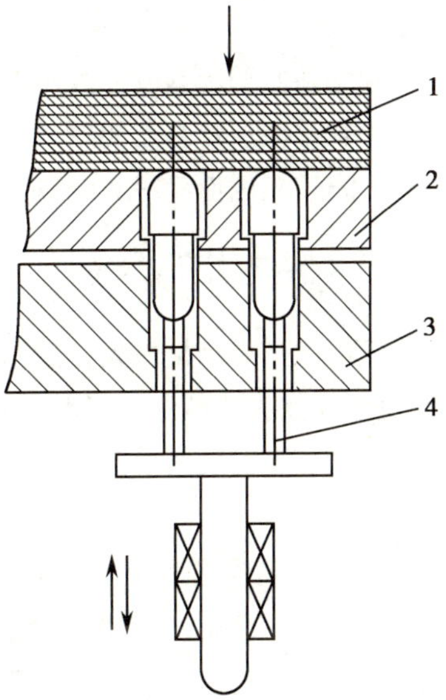

1. 弹性压板；2. 上囊板；3. 下囊板；4. 顶杆。

图 13-36　闭合装置的结构与工作原理

（6）出囊装置：出囊装置的主要部件是一个可上下往复运动的出料顶杆，其结构与工作原理如图 13-37 所示。当囊板孔轴线对中的上、下囊板携闭合胶囊旋转时，出料顶杆处于较低的位置，即位于下囊板的下方。当携带闭合胶囊的上、下囊板旋转至出囊装置上方并停止后，出料顶杆上升，其顶端伸入上、下囊板的囊板孔中，并将闭合胶囊顶出囊板孔。随后，压缩空气将顶出的闭合胶囊吹入出囊滑道中，并被输送至下一工序。

（7）清洁装置：上、下囊板经拔囊、充填药物、出囊等工序后，囊板孔可能会受到污染。因此，上、下囊板在进入下一周期的操作循环前，应通过清洁装置对其囊板孔进行清洁。

清洁装置是一个设有风道和缺口的清洁室，如图 13-38 所示。当囊孔轴线对中的上、下囊板旋转至清洁装置的缺口处时，压缩空气系统随即接通，囊板孔中的药粉、囊皮屑等被压缩空气自下而上吹出囊孔，并被吸尘系统吸入吸尘器。然后，上、下囊板离开清洁室，开始下一周期的循环操作。

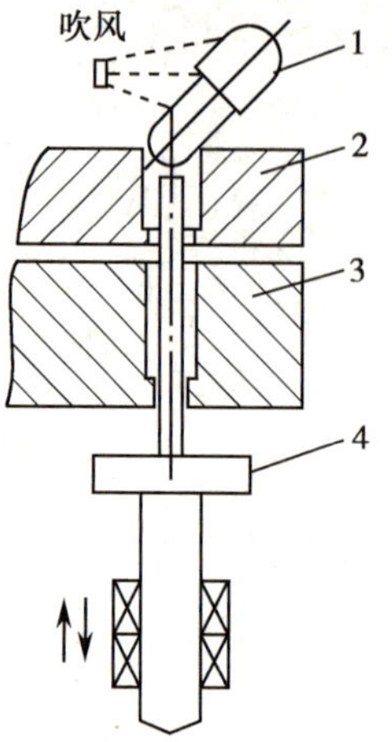

1. 闭合胶囊；2. 上囊板；3. 下囊板；4. 出料顶杆。

图 13-37 出囊装置的结构与工作原理

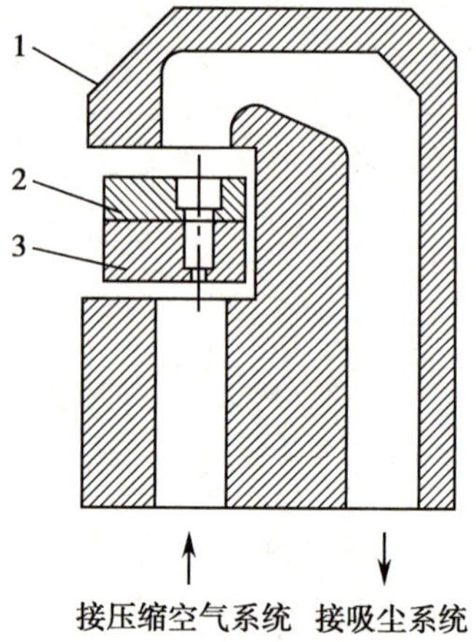

1. 清洁装置；2. 上囊板；3. 下囊板。

图 13-38 清洁装置的结构与工作原理

消化道定点药物释放胶囊

第四节 注射剂生产设备

将药物与适宜的溶剂或分散介质制成的可供注入人体内的溶液、乳状液或混悬液以及供临用前配制或稀释成溶液或混悬液的粉末或浓溶液的无菌制剂称为注射剂。该类制剂由于其给药途径特殊，质量要求很高，因而我国 GMP 对其生产设备及生产环境均有严格规定。

一、注射用水生产设备

水是药物生产中用量最大、使用最广的一种辅料。按使用范围的不同，制药用水可分为饮用水、纯化水、注射用水及灭菌注射用水四大类。其中纯化水为饮用水经蒸馏法、离子交换法、反渗透法或其他适宜方法制备而成的制药用水。而注射用水则为纯化水经蒸馏后的水，其水质应符合细菌内毒素试验要求。

1. 蒸馏法 列管式多效蒸馏水机是蒸馏法制水的常用设备，此类蒸馏水机采用列管式多效蒸发器以制取蒸馏水。理论上，效数越多，能量的利用率就越高，但随着效数的增加，设备投资和操作费用亦随之增大，且超过五效后，节能效果的提高并不明显。实际生产中，多效蒸馏水机一般采用 3~5 效，图 13-39 是四效蒸馏水机的工艺流程，其中最后一效即第四效也称为末效。工作时，进料水经冷凝器，依次经各蒸发器内的发夹形换热器被加热至 142℃进入蒸发器 1，加热蒸气（165℃）进入管间将进料水蒸发，蒸气被冷凝后排出。进料水在蒸发器内约有 30% 被蒸发，生成的纯蒸气（141℃）作为热源进入蒸发器 2，其余的进料水亦进入蒸发器 2（130℃）内。

在蒸发器 2 内，进料水被再次蒸发，而纯蒸气则全部冷凝为蒸馏水，所产生的纯蒸气（130℃）作为热源进入蒸发器 3。蒸发器 3 和 4 的工作原理与蒸发器 2 的相同。最后从蒸发器 4 排出的蒸馏水及二次蒸气全部引入冷凝器，被进料水和冷却水冷凝。进料水经蒸发后所剩余的含有杂质的浓缩水由末效蒸发器的底部排出，而不凝性气体由冷凝器 5 的顶部排出。通常情况下，蒸馏水的出口温度约为 97~99℃。

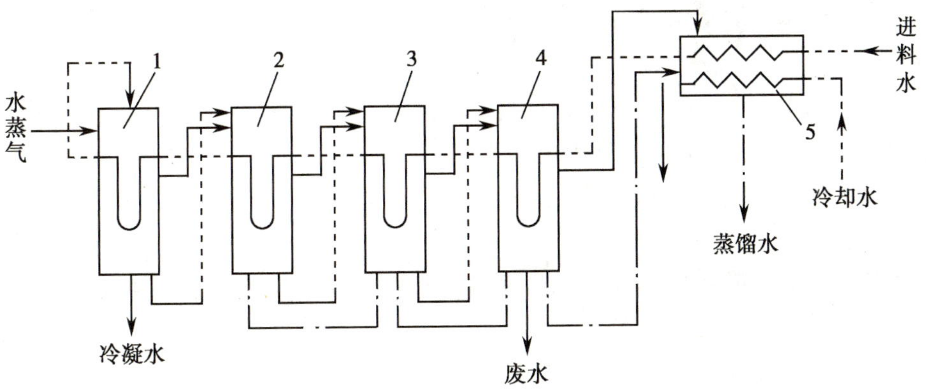

1、2、3、4. 蒸发器；5. 冷凝器。

图 13-39　列管式四效蒸馏水机的工艺流程

2. 离子交换法　该法是利用离子交换树脂将水中的盐类、矿物质及溶解性气体等杂质去除。由于水中杂质的种类繁多，因此该法常需同时使用阳离子交换树脂和阴离子交换树脂，或在装有混合树脂的离子交换器中进行。图 13-40 是离子交换法制备纯水的成套设备，它主要由酸液罐、碱液罐、阳离子交换柱、阴离子交换柱、混合交换柱、再生柱和过滤器等组成。离子交换柱的上、下端均设有布水板，其作用是使来水分布均匀，并能阻止树脂颗粒和水或再生液一起流失。阳离子和阴离子交换柱内的树脂填充量一般为柱高的 2/3。混合离子交换柱中阴、阳离子树脂常按 2∶1 的比例混合放置，填充量一般为柱高的 3/5。根据水源情况，过滤器可选择丙纶线绕管、陶瓷砂芯、各种折叠式滤芯等作为过滤滤芯。再生柱的作用是配合混合柱对混合树脂进行再生。

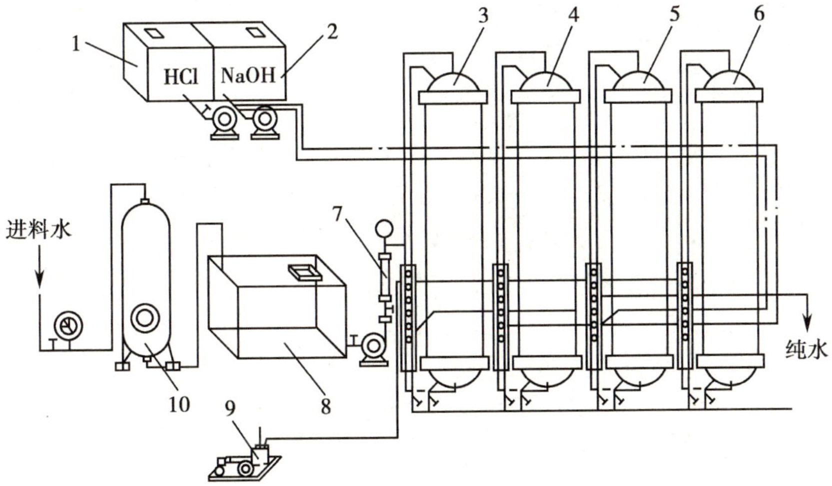

1. 酸液罐；2. 碱液罐；3. 阳离子交换柱；4. 阴离子交换柱；5. 混合交换柱；6. 再生柱；7. 转子流量计；8. 贮水箱；9. 真空泵；10. 过滤器。

图 13-40　离子交换装置示意图

工作时，原水先经过滤器除去有机物、固体颗粒、细菌及其他杂质，再进入阳离子交换柱，使水中的阳离子与树脂上的氢离子进行交换，并结合成无机酸。然后原水进入阴离子交换柱，以去除水中的阴离子，同时生成水。经阳离子和阴离子交换柱后，原水已得到初步净化。此后，原水进入混合离子交换柱使水质得到再一次净化，即得产品纯水。

树脂经一段时间使用后，会逐步失去交换能力，因此需定期对树脂进行活化再生。阳离子树脂可用 5% 的 HCl 溶液再生，阴离子树脂则用 5% 的 NaOH 溶液再生。由于阴阳离子树脂所用的再生试剂不同,因此混合柱再生前须于柱底逆流注水,利用阴、阳离子树脂的密度差而使其分层,将上层的阳离子树脂引入再生柱,两种树脂分别于两个容器中再生,再生后将阳离子树脂抽入混合柱中混合,使其恢复交换能力。

用离子交换法制得的纯水在25℃时的电阻率可达 $10\times10^6\Omega\cdot cm$ 以上。但由于树脂床层可能存有微生物,以致水中可能含有热原。此外,树脂本身可能释放出一些低分子量的胺类物质以及大分子有机物等,均可能被树脂吸附或截留,从而使树脂毒化,这是用离子交换法进行水处理时可能引起水质下降的主要原因。

3. 电渗析法 电渗析技术净化处理原水的基本原理如图 5-22 所示,它是一种制备初级纯水的技术。电渗析法对原水的净化处理较离子交换法经济,节约酸碱,特别是当原水中含盐量较高(≥300mg/L)时,离子交换法已不适用,而电渗析法仍然有效。但本法制得的水比电阻较低,一般在5万~10万 $\Omega\cdot cm$,因此常与离子交换法联用,以提高净化处理原水的效率。

电渗析法净化处理原水,主要是除去原水中带电荷的某些离子或杂质,对于不带电荷的物质除去能力极差。实际应用中常将电渗析与离子交换组合成电渗析-离子交换系统,即先通过电渗析法将水中75%~80%的盐除去,从而可大大减轻离子交换器的负荷,使离子交换器的运行费用大大低于单独采用离子交换系统时的运行费用。

4. 反渗透法 制药生产中的反渗透装置多采用卷绕式和中空纤维式膜组件,但需使用较高的压力(一般为2.5~7MPa),所以对膜组件的结构强度要求较高。此外,由于水的透过率较低,故单位体积的膜面积较大。

反渗透膜不仅可以阻挡截留住病毒、细菌、热原和高分子有机物,而且可阻挡盐类及糖类等小分子物质。反渗透法制备纯水过程中没有相变,因而过程能耗较低。

二、安瓿洗涤设备

图 13-41 曲颈易折安瓿的外形

安瓿是盛放注射药品的容器,常用规格有1ml、2ml、5ml、10ml和20ml五种。目前,我国所使用的都是曲颈易折安瓿(GB/T 2637—2016),其外形如图13-41所示。

安瓿在制造及运输过程中常常会被微生物及尘埃粒子所污染,因此在灌装药液之前需对安瓿进行洗涤,且最后一次清洗必须用经微孔滤膜精滤过的注射用水加压冲洗,然后再经干燥灭菌才能用于药液的灌注。

制药生产中常使用连续操作的机器来适应大规模处理安瓿的需要。图13-42是常用的回转式超声安瓿洗涤机,它是运用针头单支清洗技术和超声技术相结合的原理进行工作的大型连续式安瓿洗涤设备。利用超声技术清洗安瓿既能保证外壁清洁,又能保证内部无尘、无菌,这是其他洗涤方法无法比拟的。

在水平卧装的针鼓转盘上设有18排针管,每排针管又有18支针头,共计324支针头。在与转盘相对的固定盘的不同工位上设有管路接口,其内通入水或空气。当针鼓转盘间歇转动时,各排针头座依次与循环水、压缩空气、新鲜蒸馏水等接口相通。

安瓿斗呈45°倾斜,下部出口与清洗机的主轴平行,并设有18个通道。借助于推瓶器的作用,每次可将18支安瓿推入针鼓转盘的第1个工位。

洗涤槽内设有超声振荡装置和溢流装置,能保持所需的液面高度。50℃的新鲜蒸馏水经泵输送至0.45μm微孔膜滤器B,除菌后送入洗涤槽。除菌后的新鲜蒸馏水还被引至工位14的接口以冲净安瓿内壁。

洗涤槽下部的出水口与循环泵相连,利用循环泵将水依次送入10μm滤芯粗滤器D和1μm滤芯细滤器C,以除去超声清洗下来的脏物及污垢。过滤后的水以0.18MPa的压力分别进入工位2、10、11和12的接口。

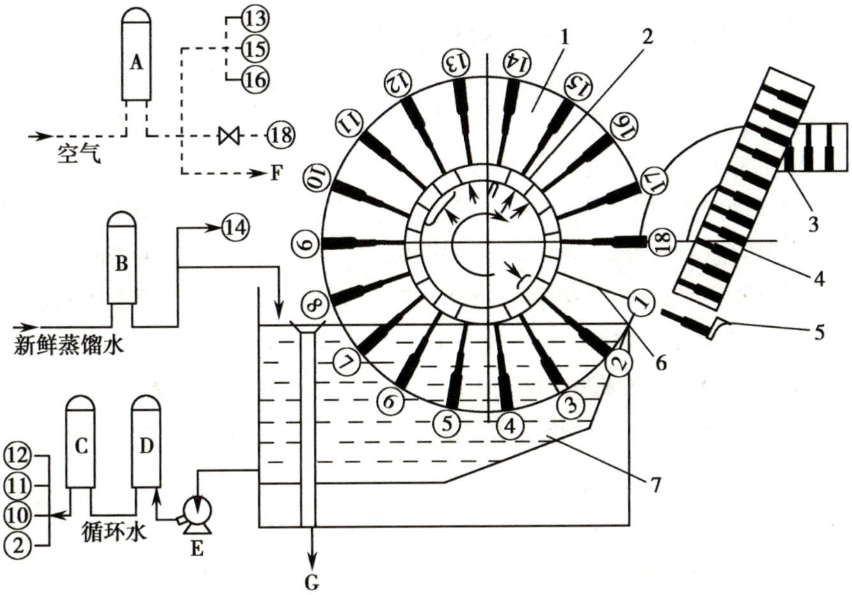

1. 针鼓转盘；2. 固定盘；3. 出瓶装置；4. 安瓿斗；5. 推瓶器；6. 针管；7. 超声波洗涤槽；
A、B、C、D. 过滤器；E. 循环泵；F. 吹除玻璃屑；G. 溢流回收。

图 13-42 18 工位连续回转式超声安瓿洗涤机的工作原理

空气由无油压缩机输送至 0.45μm 微孔膜滤器 A 除菌后，以 0.15MPa 的压力分别进入工位 13、15、16 和 18 的接口，用于吹净瓶内残水并推送安瓿。

工作时，针鼓转盘绕固定盘间歇转动，在每一个停顿时间段内，各工位分别完成相应的操作。在第 1 工位，推瓶器将 18 支安瓿推入针鼓转盘。第 2 至第 7 工位，安瓿先被注满循环水，然后在洗涤槽内接受超声清洗。第 8、第 9 工位为空位。在第 10 至第 12 工位，由针管喷出的循环水对倒置的安瓿内壁进行冲洗。在第 13 工位，针管喷出净化的压缩空气将安瓿吹干。在第 14 工位，针管喷出新鲜蒸馏水对倒置的安瓿内壁进行冲洗。在第 15 和 16 工位，针管喷出净化压缩空气将安瓿吹干。第 17 工位为空位。在第 18 工位，推瓶器将洗净后的安瓿推出清洗机。因此，安瓿进入清洗机后，在针鼓转盘的带动下，将顺次通过 18 个工位，逐步完成清洗安瓿的各项操作。

超声波清洗原理

回转式超声安瓿洗涤机可连续自动操作，生产能力大，尤其适用于大批量安瓿的洗涤。缺点是附属设备较多，设备投资较大。

三、安瓿灌封设备

注射液灌封是注射剂装入容器的最后工序，亦是注射剂生产中最重要的工序，灌封区域环境及灌封设备对注射剂质量有直接的影响。因此，灌封区域是整个注射剂生产车间的关键区域，要保持较高的洁净度。同时，灌封设备的合理设计及正确使用对注射剂质量也有直接的影响。

拉丝灌封机是目前安瓿灌封的主要设备。根据安瓿规格的不同，拉丝灌封机有 1～2ml、5～10ml 和 20ml 三种机型，其机械结构形式基本相同。

安瓿灌封的工艺过程主要包括安瓿的排整、灌注、充氮和封口等工序，因此，安瓿灌封机一般由传送、灌注和封口等部分组成，以完成安瓿灌封的各个工序操作。

1. 传送部分 传送部分的作用是在一定的时间间隔（灌封机动作周期）内，将定量的安瓿按一定的距离间隔排放于灌封机的传送装置上，并由传送装置输送至灌封机的各个工位，完成相应的工序操作，最后将安瓿送出灌封机。

传送部分的结构与工作原理如图 13-43 所示。安瓿斗与水平呈 45°倾角，底部设有梅花盘，梅花盘上开有轴向直槽，槽的横截面与安瓿外径相当。梅花盘由链条带动，每旋转 1/3 周可将 2 支安瓿推至固定齿板上。固定齿板由上、下两条齿板组成，每条齿板的上端均设有三角形槽，安瓿上、下端可分别置于三角形槽中，此时，安瓿与水平仍成 45°倾角。移瓶齿板由上、下两条与固定齿间距相等的齿形板构成，其齿形为椭圆形。移瓶齿板通过连杆与偏心轴相连。当偏心轴带动移瓶齿板向上运动时，移瓶齿板随即将安瓿从固定齿板上托起，并越过固定齿板三角形槽的齿顶，然后前移两格将安瓿重新放入固定齿板中，随后移瓶齿板空程返回。可见，偏心轴每转动一周，固定齿板上的安瓿会向前移动两格。随着偏心轴的转动，安瓿不断前移，并依次通过灌注区和封口区而完成灌封过程。在偏心轴的一个转动周期内，前 1/3 个周期使移瓶齿板完成托瓶、移瓶和放瓶动作；在后 2/3 个周期内，安瓿在固定齿板上滞留不动，以完成灌注、充氮和封口等工序操作。出瓶斗前设有一块舌板，该板呈一定角度倾斜。完成灌封的安瓿在进入出瓶斗前仍与水平呈 45°倾角，但在舌板的作用下，安瓿将转动 40°并呈竖立状态进入出瓶斗。

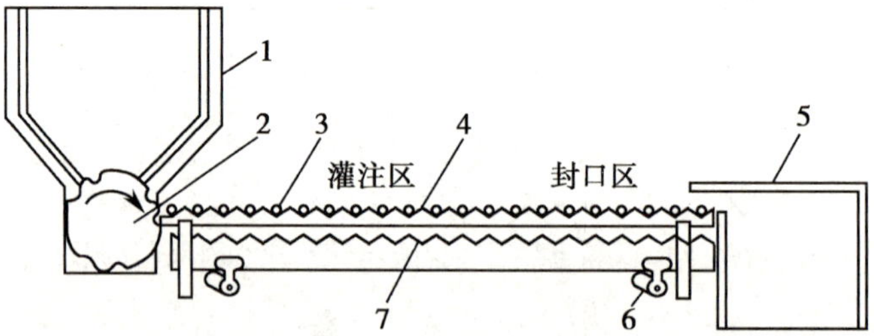

1. 安瓿斗；2. 梅花盘；3. 安瓿；4. 固定齿板；5. 出瓶斗；6. 偏心轴；7. 移瓶齿板。

图 13-43 安瓿灌封机传送部分的结构与工作原理

2. 灌注部分 灌注部分的作用是将规定体积的药液注入安瓿中，并根据需要向瓶内充入惰性气体，以提高药液的稳定性。

灌注部分主要由凸轮杠杆装置、吸液灌液装置和缺瓶止灌装置三部分组成，其结构与工作原理如图 13-44 所示。

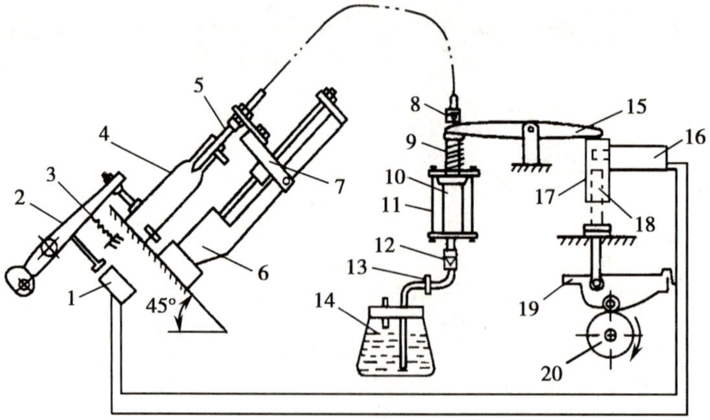

1. 行程开关；2. 摆杆；3. 拉簧；4. 安瓿；5. 针头；6. 针头托架座；7. 针头托架；8、12. 单向玻璃阀；9. 压簧；10. 针筒芯；11. 针筒；13. 螺丝夹；14. 贮液罐；15. 压杆；16. 电磁阀；17. 顶杆座；18. 顶杆；19. 扇形轮；20. 凸轮。

图 13-44 安瓿灌封机灌注部分的结构与工作原理

凸轮杠杆装置主要由压杆、顶杆座、顶杆、扇形板和凸轮等组成。扇形板的功能是将凸轮的连续转动转换为顶杆的上下往复运动。若灌装工位有安瓿，则上升顶杆将顶在电磁阀伸入顶杆座的部位（电磁铁）。此时，电磁铁产生磁性，并吸引压杆的一端下降，而另一端则上升。随后，顶杆下降，并与电磁铁断开，压杆在压簧的作用下复位。可见，在有安瓿的情况下，凸轮的连续转动最终被转换为压杆的摆动。

吸液灌液装置主要由针头、针头托架座、针头托架、单向玻璃阀 8 和 12、压簧、针筒芯及针筒等组成。针头固定于托架上，托架可沿托架座的导轨上下滑动，使针头伸入或离开安瓿。若压杆顺时针摆动，则针筒芯向上运动，针筒的下部将产生真空，此时单向玻璃阀 8 关闭而 12 开启，药液罐中的药液被吸入针筒。若压杆逆时针摆动，则针筒芯向下运动，单向玻璃阀 8 开启而 12 关闭，药液经管道及伸入安瓿内的针头注入安瓿，完成药液灌装动作。此外，为提高制剂的稳定性，常向灌装前的空安瓿或灌装药液后的安瓿内充入氮气或其他惰性气体。充气针头（图中未示出）与灌液针头并列安装于同一针头托架上。

缺瓶止灌装置主要由行程开关、摆杆、拉簧和电磁阀组成。当灌液工位因某种原因而缺瓶时，拉簧将摆杆下拉，并使摆杆触头与行程开关触头接触。此时，行程开关闭合，电磁阀开始动作，将已伸入顶杆座的部分拉出，这样顶杆就不能使压杆动作，从而达到止灌的目的。

3. 封口部分　封口部分的作用是用火焰加热已灌装药液的安瓿颈部，并使其熔融，然后采用拉丝封口工艺使安瓿密封。

封口部分主要由压瓶装置、加热装置和拉丝装置三部分组成，其结构与工作原理如图 13-45 所示。

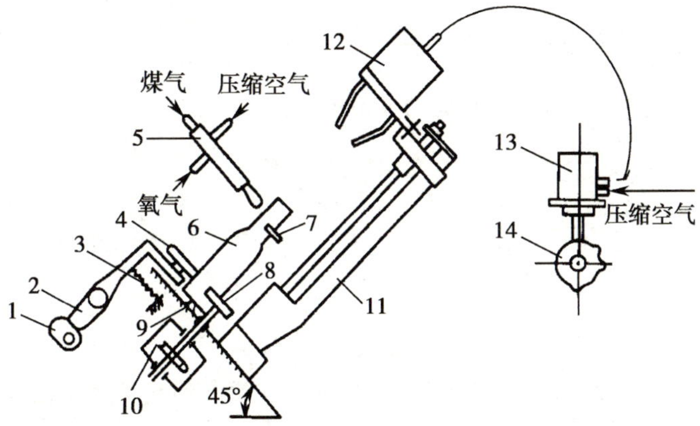

1. 压瓶凸轮；2. 摆杆；3. 拉簧；4. 压瓶滚轮；5. 燃气喷嘴；6. 安瓿；7. 固定齿板；8. 滚轮；9. 半球形支头；10. 蜗轮蜗杆箱；11. 钳座；12. 拉丝钳；13. 气阀；14. 凸轮。

图 13-45　安瓿灌封机封口部分的结构与工作原理

压瓶装置主要由压瓶凸轮、摆杆、拉簧、压瓶滚轮和蜗轮蜗杆箱等组成。压瓶滚轮的功能是防止拉丝钳拉安瓿颈丝时安瓿随拉丝钳移动。

加热装置的主要部件是燃气喷嘴，常采用由煤气、氧气和压缩空气所组成的混合气为燃气，燃烧火焰的温度可达 1 400℃左右。

拉丝装置主要由钳座、拉丝钳、气阀和凸轮等组成。钳座上设有导轨，拉丝钳可沿导轨上下滑动。

当安瓿被移瓶齿板送至封口工位时，安瓿的颈部靠在固定齿板的齿槽上，下部放在蜗轮蜗杆箱的滚轮上，底部则落在呈半球形的支头上，上部则由压瓶滚轮压住。此时，蜗轮转动带动压瓶滚轮旋转，使安瓿围绕自身轴线缓慢旋转，同时喷嘴喷出的高温火焰对瓶颈加热。当瓶颈加热部位呈熔融状态时，拉丝钳张口向下，到达最低位置收口，将安瓿颈部钳住，随后拉丝钳向上运动将安瓿熔化丝头抽断并使安瓿闭合。当拉丝钳运动至最高位置时，钳口启闭两次，将夹住的玻璃丝头甩掉。安瓿封口后，压瓶凸轮和摆杆使压瓶滚轮松开，随后移瓶齿板将安瓿送出。

图 13-46 是目前较为先进的安瓿洗灌封联动生产线，它主要由超声波清洗、干燥灭菌和安瓿灌封

三个单元组成，其中干燥灭菌和灌封都在 A 级的洁净区域中进行。在超声波清洗单元，分别采用超声波、水和空气对安瓿进行清洗；在干燥灭菌单元，采用远红外线对安瓿进行高温干燥灭菌；在安瓿灌封单元，由灌封机完成安瓿的充氮灌液和拉丝封口。

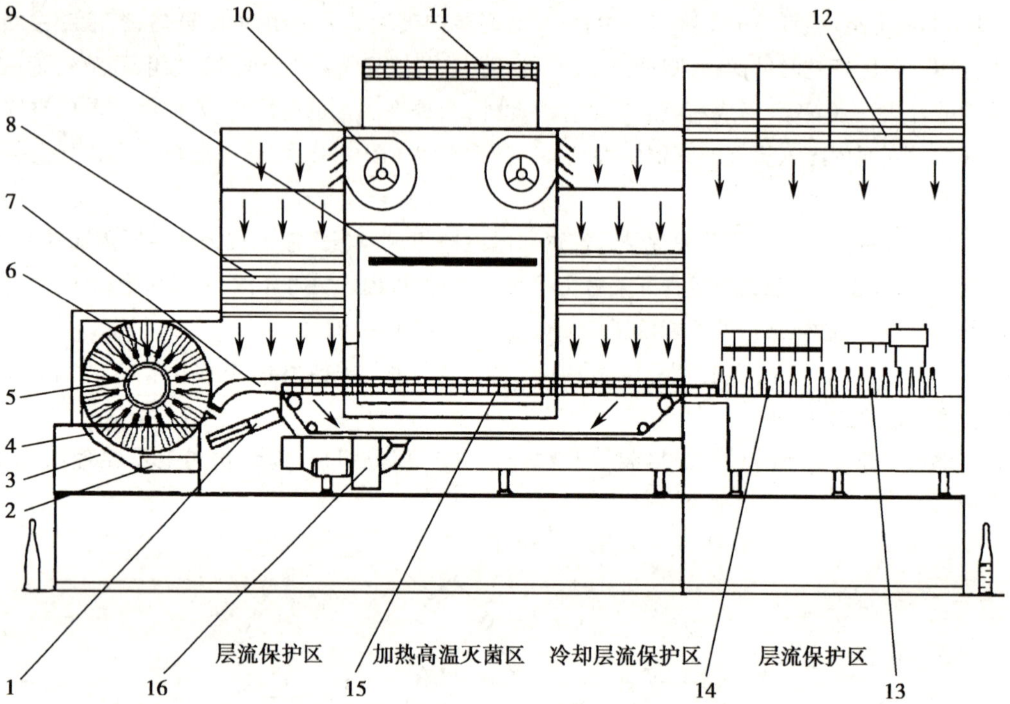

1. 进瓶斗；2. 超声波发生器；3. 电热装置；4. 超声波清洗槽；5. 转鼓；6. 水气喷头；7. 出瓶器；8. 高效过滤器；9. 加热元件；10. 风机；11. 中效过滤器；12. 高效过滤器；13. 拉丝封口；14. 充气灌封；15. 输送网带；16. 排风机。

图 13-46　安瓿洗灌封联动生产线

安瓿洗灌封联动生产线结构紧凑，自动化程度高，占地面积小，可实现水针剂从洗瓶、烘干、灌液至封口等多道工序的联动，既缩短了工艺流程，又减少了安瓿间的交叉污染，提高了水针剂的生产质量和生产效率。

1309

安瓿的封口方式

四、安瓿灭菌设备

无菌并符合药典要求是针剂生产的重要标准之一。因此，除采用无菌工艺生产的针剂外，其他针剂在灌封后均要进行灭菌处理，以杀死可能混入药液或附着于安瓿内壁上的微生物，从而保证针剂的质量和用药安全。

安瓿的灭菌方法主要有湿热灭菌法、微波灭菌法和高速热风灭菌法，其中以湿热灭菌法最为常用。一般情况下，1～2ml 针剂多采用 100℃ 流通水蒸气灭菌 30 分钟，10～20ml 针剂则采用 100℃ 流通水蒸气灭菌 40 分钟。对于某些特殊的针剂，应根据药品的性质确定适宜的灭菌温度和时间。

图 13-47 所示的高温灭菌箱是一种单扉柜式灭菌箱，是目前针剂生产中常用的湿热灭菌设备。箱体有内、外两层，其中外层由覆有保温材料的保温层及箱体构成；内层装有淋水排管、导轨、蒸气排管及与外界接通的蒸气进管、排冷凝水管、排水管、进水管、真空管、有色水管等配件。由于灭菌箱属于内压容器，故箱体上还装有安全阀和压力表等附件。箱门可由人工启闭。大型灭菌箱内还设有格车和轨道，格车上设有活动的铁丝网格架，可放置安瓿盘。箱外还附有可推动的搬运车，以供装卸格车和安瓿之用。

1310

热原

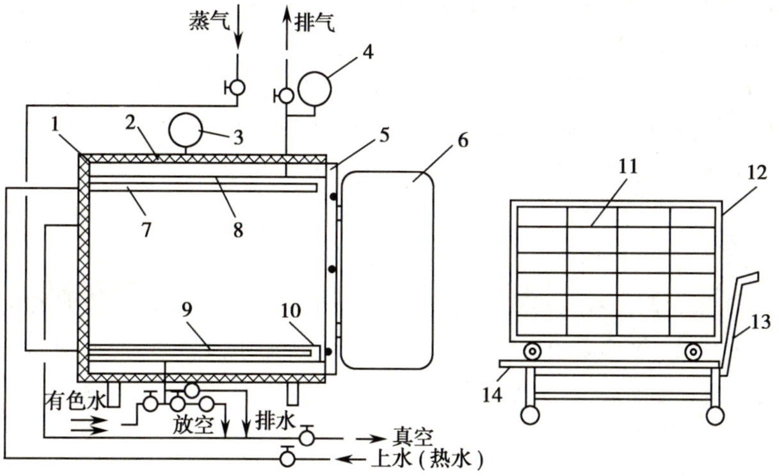

1. 保温层;2. 淋水排管;3. 箱体;4. 安全阀;5. 内壁;6. 压力表;7. 高温密封圈;
8. 箱门;9. 导轨;10. 蒸气排管;11. 安瓿盘;12. 格车;13. 搬运车;14. 格车轨道。

图 13-47　高温灭菌箱的结构

高温灭菌箱的工作过程包括灭菌、检漏和冲洗三个阶段。

(1) 高温灭菌:用搬运车将装满安瓿针剂的消毒格车推至灭菌箱前,并使格车轨道与灭菌箱导轨对齐,然后将消毒格车推入箱体内,移走搬运车,关上箱门。打开蒸气排管的阀门,调节加热蒸气的压力,使箱内温度保持在所需的灭菌温度。当达到规定的灭菌时间时,关闭蒸气阀,打开排气阀将箱内蒸气排除,至此完成对箱内安瓿的高温灭菌。

(2) 灌注有色水检漏:在完成蒸气灭菌后随即打开进水管阀门,向箱内灌注有色水检漏。经高温灭菌后的安瓿是热的,当与有色冷水接触时,内部空气收缩并产生负压。此时封口不好的安瓿会吸入有色水,而封口好的安瓿则不会吸入有色水,这样就将封口不严、冷爆或有毛细孔等缺陷的不合格安瓿检查出来。至此,检漏阶段结束。

(3) 冲洗色迹:安瓿经有色水检漏后其表面不可避免地留有色迹,因此,检漏阶段结束后应打开淋水排管的进水阀门,将安瓿表面的色迹冲洗干净。至此,冲洗阶段结束。

冲洗结束后,用搬运车将格车从箱内移出,并剔除不合格安瓿。

13-11

远红外线灭菌

五、澄明度检查设备

对安瓿进行澄明度检查是确保针剂质量的又一个关键工序。在针剂生产过程中,可能会带入一些异物,如未滤除的不溶物、容器或滤器的剥落物以及空气中的尘埃等,这些异物一旦随药液进入人体,即会对人体产生不同程度的伤害,因此必须对安瓿进行澄明度检查,从而将含有异物的不合格安瓿剔除。

经灭菌检漏后的安瓿用适度的光线照射,以人工或光电设备可进一步判别是否存在破裂、漏气、装量过多或不足等问题。同时还可检出空瓶、焦头、泡头或有色点、浑浊、结晶、沉淀以及其他异物等不合格安瓿。

1. 人工灯检　人工灯检主要是依靠目测检查待测安瓿被振摇后药液中微粒的运动,从而将不合格安瓿检测出来。按照我国 GMP 的规定,一个灯检室只能检查一个品种的安瓿。检查所用的光源为 40W 的日光灯,并用挡板遮挡以避免光线直射入眼内;工作台及背景为不反光的黑色(检查有色异物时用白色),以提高对比度和检测效率。检测时,将待检安瓿置于检查灯下距光源约 200mm 处轻轻转动,轻轻摇动安瓿,目测药液内有无异物微粒。

人工目测法设备简单，但劳动强度大，眼睛极易疲劳，检出效果差异较大。

2. 安瓿异物光电自动检查仪 该检查仪是利用旋转的安瓿带动药液旋转，当安瓿突然停止转动时，药液会在惯性的作用下继续旋转。在安瓿停止旋转的瞬间，用光束照射安瓿，此时在背后的荧光屏上会同时出现安瓿及药液的图像。再利用光电系统采集运动图像中微粒的大小和数量的信号，并排除静止的干扰物，从而检查出含有异物的不合格安瓿，并将其剔除。

六、包装设备

包装工序是注射剂生产的最后一道工序，通常要完成安瓿印字、装盒、加说明书、贴标签等多项操作。目前，我国的注射剂生产多采用半机械化安瓿印包生产线，该生产线通常由开盒机、印字机、装盒关盖机、贴签机等单机联动而成，其流程如图 13-48 所示。

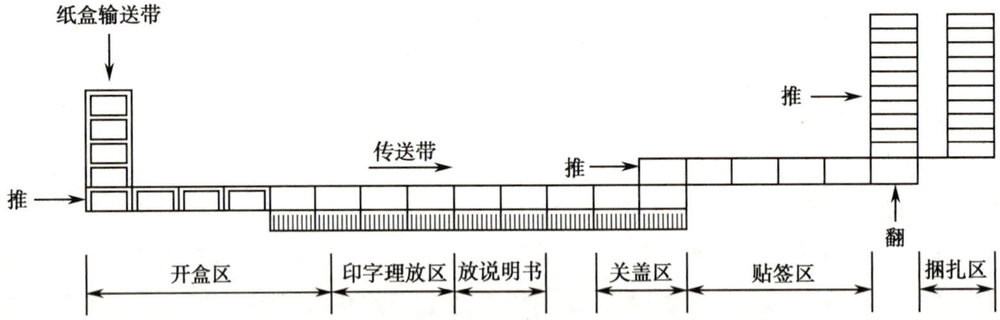

图 13-48 印包生产线流程示意图

通常 1~2ml 安瓿印包生产线与 10~20ml 安瓿印包生产线所用单机的结构不完全相同，但其工作原理是一致的。现以 1~2ml 安瓿印包生产线为例，简要介绍主要单机的结构与工作原理。

1. 开盒机 开盒机主要由输送带、光电管、推盒板、翻盒爪、弹簧片、翻盒杆等部件构成，其结构如图 13-49 所示。开盒机的功能是将堆放整齐的空标准纸盒的盒盖逐一翻开，以供贮放印好字的安瓿之用。

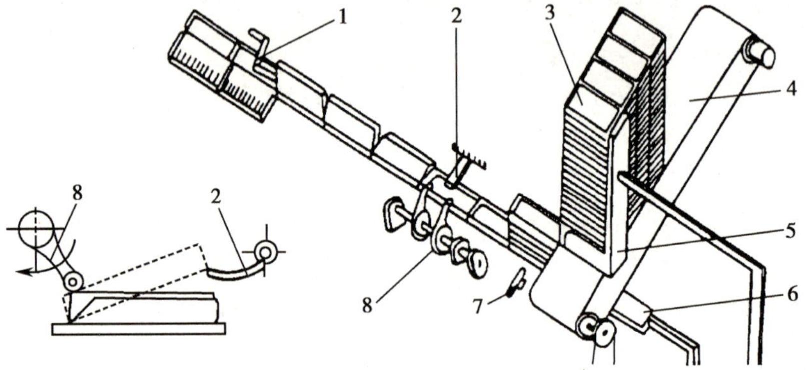

1. 翻盒杆；2. 弹簧片；3. 空纸盒；4. 输送带；5. 推盒板；6. 往复推盒板；7. 光电管；8. 翻盒爪。

图 13-49 开盒机的结构与工作原理

工作时，由人工将 20 盒一叠的空纸盒以底朝上、盖朝下的方式堆放于输送带上。输送带做间歇直线运动，带动纸盒向前移动。当纸盒被推送至图 13-50 所示的位置时，只要推盒板尚未动作，纸盒就只能在输送带上原地打滑。光电管的作用是检查纸盒的数量并指挥输送带和推盒板的动作。若光电管前无纸盒，则光电管发出信号，指挥推盒板将输送带上的一叠纸盒推送至往复推盒板前的盒轨中。往复推盒板做往复运动，而翻盒爪则绕自身轴线不停地旋转。往复推盒板与翻盒爪的动作是协调同步的，翻盒爪每旋转一周，往复推盒板即将盒轨中最下面的一只纸盒向前推移一只纸盒长度的距离。当纸盒被推送至翻盒爪位置时，旋转的翻盒爪与其底部接触即对盒底下部施加一定的压力，使盒底打开。当盒底上部越过弹簧片高度时，翻盒爪已转过盒底并与盒底脱离，盒底随即下落，但盒盖已被弹簧片卡住。随后，往复推盒板将此状态的纸盒推送至翻盒杆区域。翻盒杆为曲线形结构，能与纸盒底的边接触并使已张开的盒口张大直至盒盖完全翻开。翻开的纸盒由另一条输送带输送至安瓿印字机区域。

2. 印字机　经检验合格后的注射剂在装入纸盒前均需在瓶体上印上规定的药品名称、规格、批号及有效期等内容，以确保使用上的安全。

安瓿印字机是在安瓿上印字的专用设备，该设备还能将印好字的安瓿摆放于已翻开盒盖的纸盒中。常见的安瓿印字机主要由输送带、安瓿斗、托瓶板、推瓶板和印字轮等组成，其结构如图 13-50 所示。

安瓿斗与机架呈 25° 角，底部出口外侧装有一对转向相反的拨瓶轮，其目的是防止安瓿在出口窄颈处被卡住，以使安瓿能顺利进入出瓶轨道。印字轮系统由五只不同功用的轮子组成。匀墨轮上的油墨，经转动的钢质轮、上墨轮，均匀地加到字模轮上，转动的字模轮又将其上的正字模印翻印到印字轮上。

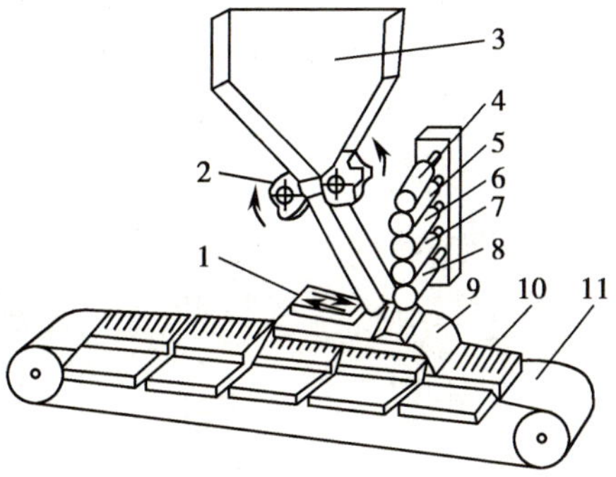

1. 推瓶板；2. 拨瓶轮；3. 安瓿斗；4. 匀墨轮；5. 钢质轮；6. 橡胶上墨轮；7. 字模轮；8. 橡皮印字轮；9. 托瓶板；10. 纸盒；11. 输送带。

图 13-50　印字机结构与工作原理示意图

工作时，印字轮、推瓶板、输送带等的动作均保持协调同步。在拨瓶轮的协助下，安瓿由安瓿斗进入出瓶轨道，落于镶有海绵垫的托瓶板上。此时，往复运动的推瓶板将安瓿推送至印字轮下，转动的印字轮在压住安瓿的同时也使安瓿滚动，从而完成安瓿印字的动作。此后，推瓶板反向移动，将另一支待印字的安瓿推送至托瓶板上，推瓶板再将它推送至印字轮下印字，印好字的安瓿从托瓶板的末端落入输送带上已翻盖的纸盒内。此时一般再由人工将盒中未放整齐的安瓿摆放整齐，并按要求放上一张说明书，最后盖好盒盖，并由输送带输送至贴签机区域。

3. 贴签机　贴签机主要由推板、挡盒板、胶水槽、上浆滚筒、真空吸头和标签架等组成，其结构如图 13-51 所示。贴签机的功能是在每只装有安瓿的纸盒盖上粘贴一张已印好的产品标签。

工作时，由印字机传送过来的纸盒被悬空的挡盒板挡住。当往复推板向右运动时，将空出一个盒长使纸盒落于工作台面上。工作台面上的纸盒首尾相连排列。因此，当往复推板向左运动时会使工

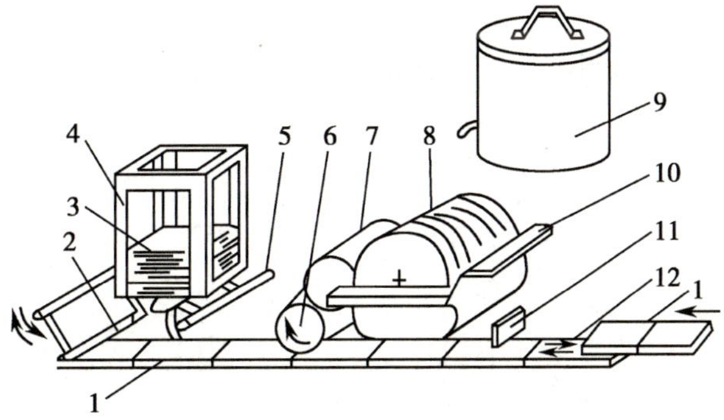

1. 纸盒；2. 压辊；3. 标签；4. 标签架；5. 真空吸头；6. 上浆滚筒；7. 中间滚筒；8. 大滚筒；9. 胶水贮槽；10. 胶水槽；11. 挡盒板；12. 推板。

图 13-51　贴签机结构与工作原理示意图

作台上的一排纸盒同时向左移动一个盒长。当大滚筒在胶水槽内回转时，即可将胶水带起，并经中间滚筒将胶水均匀涂布于上浆滚筒的表面。上浆滚筒与其下的纸盒盒盖紧密接触，而将胶水滚涂于盒盖表面。涂胶后的纸盒继续向左移动至压辊下方进行贴签。贴签时，真空吸头和压辊的动作保持协调同步。当真空吸头摆至上部时可将标签架上最下面的一张标签吸住，随后真空吸头向下摆动将吸住的标签顺势拉下。同时，另一个做摆动的压辊恰从一端将标签压贴在盒盖上，此时真空系统切断，而推板推动纸盒继续向左运动，压辊的压力将标签从标签架中拉出并将其滚压平贴于盒盖之上。至此，一次贴签操作完成，随后开始下一个贴签循环。

传统工艺是用胶水将标签粘贴于盒盖之上，目前已大多采用不干胶代替胶水，并将标签直接印制在反面有胶的胶带纸上。印制时预先在标签边缘处划上剪切线，因胶带纸的背面贴有连续的背纸（即衬纸），故剪切线不会导致标签与整个胶带纸分离。采用不干胶标签时，贴签机的工作原理如图13-52所示。印有标签的整盘不干胶装于胶带纸轮上，并经多个张紧轮引至剥离刃前。背纸的柔韧性较好，并已被预先引至背轮上。当背纸在剥离刃上突然转向时，刚度大的标签纸仍保持前伸状态，并被压签滚轮压贴到输送带上不断前移的纸盒盒盖上。背纸轮的缠绕速度与输送带的前进速度保持协调同步。随着背纸轮直径的增大，其转速应逐渐下降。

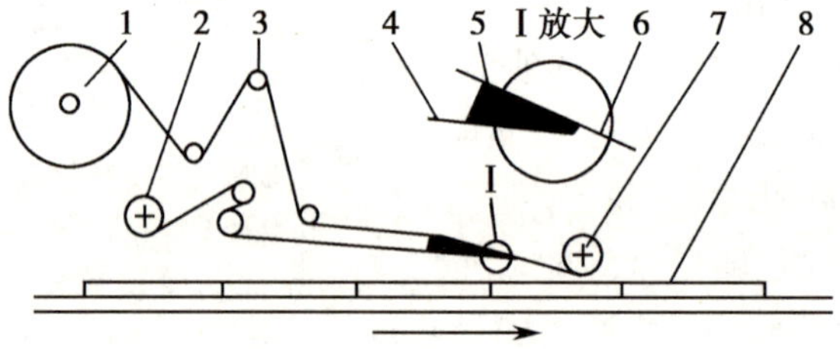

1. 胶带纸轮；2. 背纸轮；3. 张紧轮；4. 背纸；5. 剥离刃；6. 标签纸；7. 压签滚轮；8. 纸盒。

图 13-52　不干胶贴签机的工作原理

此外，整条安瓿印包生产线的单机设备还应包括纸盒捆扎机或大纸箱的封装设备等，在此不再一一叙述。

第五节　口服液生产设备

将中药饮片用水或其他溶剂经适当方法提取而制成的单剂量包装的口服液体制剂称为口服液。虽然口服液的品种很多，但生产设备大同小异。下面以易插瓶的旋转式口服液瓶轧盖机及联动线为例，介绍口服液生产设备。

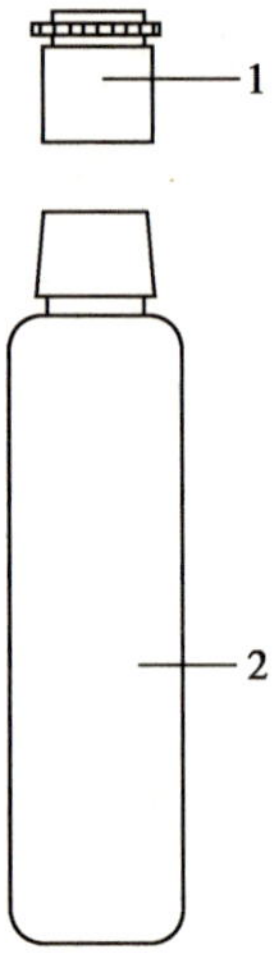

1. 易插瓶盖；
2. 易插瓶体。

图 13-53　易插瓶

一、旋转式口服液瓶轧盖机

易插瓶是贮存口服液的常用容器，其结构主要由易插瓶铝盖（含有密封胶垫）和易插瓶体两部分组成，如图13-53所示。

易插瓶可先在安瓿灌封机上灌装，然后再由单独的轧盖机将易插瓶铝盖压紧。常见的旋转式口服液瓶轧盖机的结构如图13-54所示。工作时，下顶杆推动易插瓶和中心顶杆向上移动。同时，中心顶杆带动装有轧封轮的圆轮上移。当易插瓶上升且轧封轮接近铝盖的封口处时，在轴向固定的圆台轮的作用下，轧封轮渐渐向中心收缩。工作过程中，胶带轮始终带动轴转动，轴上的圆轮和圆台轮与轴同步转动，铝盖在轧封轮转动和向中心收缩的联合作用下被轧紧在易插瓶口上。

二、口服液联动线

口服液联动线是将用于口服液包装生产的各台生产设备有机地组合成生产线，包括灌装、加盖和封口等机构组成，如图 13-55 所示。

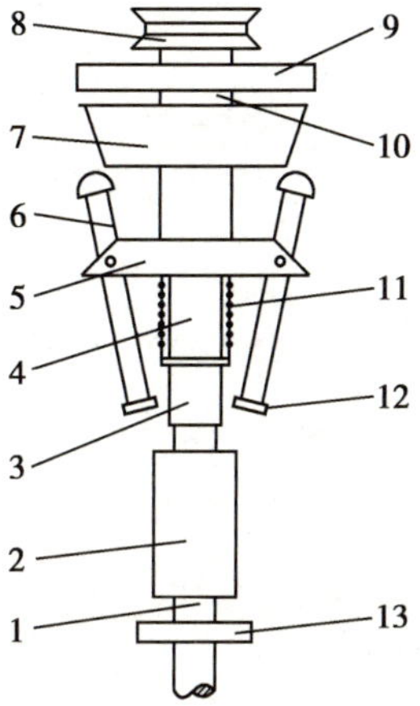

1. 下顶杆；2. 易插瓶；3. 铝盖；4. 中心顶杆；5. 圆轮；6. 轧封轮杆；7. 圆台轮；8. 胶带轮；9. 轴架；10. 轴；11. 复位弹簧；12. 轧封轮；13. 下顶杆架。

图 13-54　旋转式口服液瓶压盖机的结构

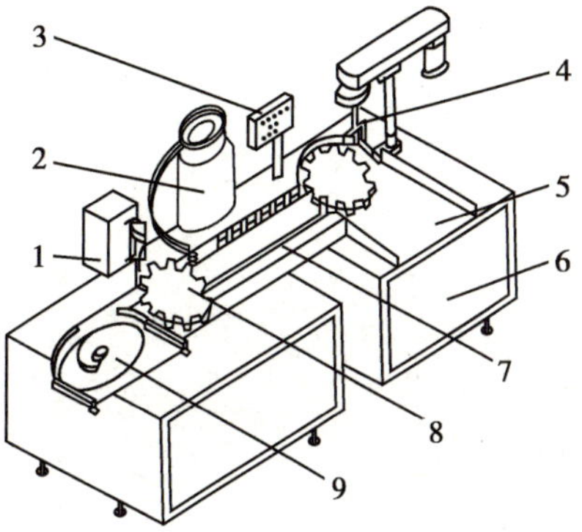

1. 灌装针架；2. 加盖器；3. 控制面板；4. 轧盖器；5. 出瓶斗；6. 箱体；7. 传送带；8. 转盘；9. 瓶斗。

图 13-55　口服液联动线

工作时，口服液瓶被放入瓶斗中，经传送带将瓶垂直送入转盘。转盘将瓶带至灌装针架处灌装，灌装完成后转盘带动瓶经加盖器时将铝盖罩上瓶口，随后传送带将瓶送至轧盖器处将铝盖轧紧。灌封好的瓶装口服液由出瓶斗送出。

目标测试

课 后 习 题

1. 简述塑制法制备丸剂的主要设备。
2. 简述丸剂的滴制原理。
3. 简述高效混合造粒机的结构和特点。
4. 简述沸腾造粒机的工作原理、结构和特点。
5. 简述单冲压片机的主要部件及工作过程。
6. 简述旋转式多冲压片机的主要部件及工作过程。
7. 简述网孔式高效包衣机的结构和特点。
8. 简述旋转式自动轧囊机的主要结构和工作过程。
9. 简述软胶囊滴丸机的主要结构和工作过程。
10. 简述间歇回转式全自动胶囊填充机的主要工作过程。
11. 简述常见的药粉定量填充装置。

12. 简述列管式多效蒸馏水机的工作原理。
13. 简述 18 工位连续回转式超声安瓿洗涤机的结构和工作过程。
14. 简述安瓿灌封机灌注部分的结构和工作原理。
15. 简述安瓿灌封机封口部分的结构和工作原理。
16. 简述安瓿高温灭菌箱的结构和工作过程。
17. 简述安瓿人工灯检的规定及灯检方法。
18. 简述安瓿印包生产线的主要单机组成。

第十四章

制药工程设计

学习要求

1. 掌握制药工程设计程序，车间组成及布置形式，制药洁净车间内的净化通道和设施。
2. 熟悉药厂厂址选择的基本原则，洁净厂房总平面设计原则，工艺流程设计的内容，物料衡算和能量衡算的意义。
3. 了解洁净厂房内管道布置的原则，制药洁净车间布置的一般要求，车间布置设计的程序。

1401

第十四章
教学课件

第一节　制药工程设计程序

制药工程设计是将制药工程项目(如一个制药厂、一个制药车间或车间的 GMP 改造等)按照其技术要求，由工程技术人员用图纸、表格及文字的形式表达出来，是一项涉及面很广的综合性技术工作。制药工程项目设计基本工作程序如图 14-1 所示。

如图 14-1 所示，制药工程项目设计基本工作程序大致可分为设计前期、设计中期和设计后期三个阶段。设计前期主要包括项目建议书、可行性研究和设计任务书，设计中期包括初步设计和施工图设计两个阶段，而施工、试车、竣工验收和交付生产等则统称为设计后期。

根据制药工程项目的生产规模、所处地区、建设资金、技术成熟程度和设计水平等因素的差异，设计工作程序可能有所变化。例如，对于一些技术成熟又较为简单的小型工程项目(如小型制药厂、个别生产车间或设备的技术改造等)，工程技术人员可按设计工作的基本程序进行合理简化，以缩短设计时间。

一、项目建议书

项目建议书是法人单位根据国民经济和社会发展的长远规划、行业规划、地区规划，并结合自然资源、市场需求和现有的生产力分布等情况，在初步调研的基础上，向国家、省、市有关主管部门推荐项目时提出的报告书，主要说明项目建设的必要性，同时初步分析项目建设的可能性。

项目建议书是投资决策前对工程项目的轮廓设想，是为工程项目取得立项资格而提出的。项目建议书经主管部门批准后，即可进行可行性研究。

二、可行性研究

可行性研究是根据国民经济发展的长远规划、地区发展规划和行业发展规划的要求，结合自然条件和资源条件，对工程项目的技术性、经济性和可实施性进行系统的调查、分析和论证，并作出是否可行的科学评价。若项目可行，则按最佳方案编制可行性研究报告。

可行性研究由上级主管部门组织或委托设计、咨询单位完成，是设计前期工作的核心，其研究报告是国家主管部门对工程项目进行评估和决策的依据。

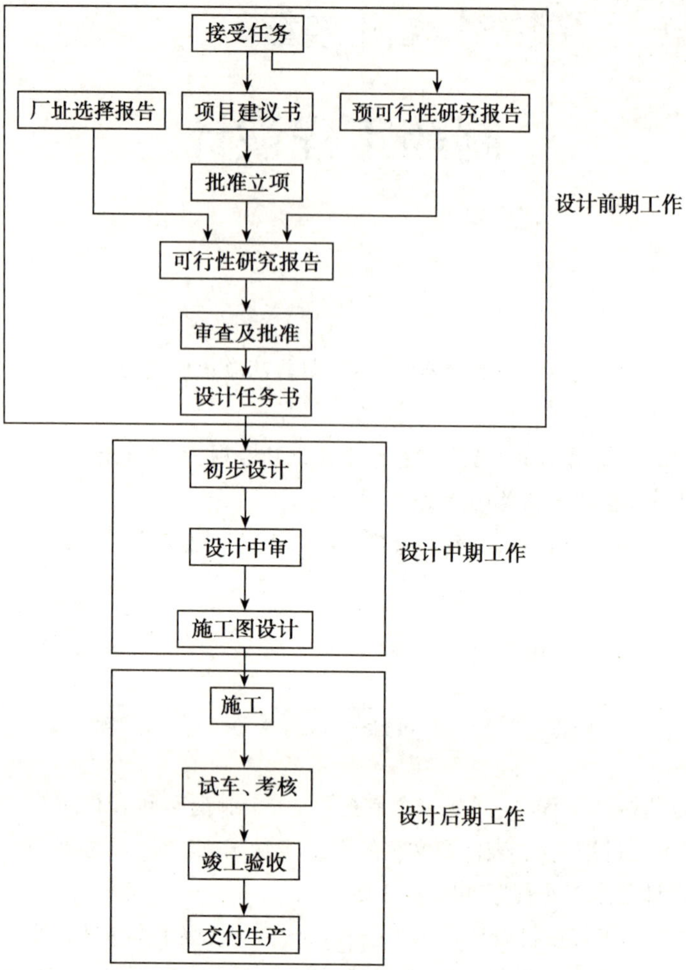

图 14-1　制药工程项目设计基本程序

三、设计任务书

设计任务书是在可行性研究报告的基础上，从技术、经济效益和投资风险等方面对工程项目进行进一步分析，若确认项目可以建设并能落实建设投资，则编制出设计任务书，报国家主管部门批准后下达给设计单位，作为设计的依据。

设计任务书通常由建设单位的主管部门组织有关单位编制，也可委托设计、咨询单位或生产企业（改、扩建项目）编制。设计任务书是确定工程项目和建设方案的基本文件，是设计工作的指令性文件，也是编制设计文件的主要依据。

四、初步设计

初步设计是根据设计任务书、可行性研究报告及设计基础资料，对工程项目进行全面、细致的分析和研究，确定工程项目的设计原则、设计方案和主要技术问题，在此基础上对工程项目进行初步设计。

初步设计是以大量的图、表和必要的文字说明完成的，其内容一般包括总论、总平面布置及运输、制药工艺设计、土建工程设计、给排水及污水处理工程设计、采暖通风及空调系统工程设计、动力工程设计、电气与照明工程设计、仪表及自动控制工程设计、安全卫生和环境保护工程设计、工程概算以及有关附件等。

在初步设计阶段，工艺设计是整个设计的关键。因此，工艺专业是设计的主导专业，其他各专业

（如土建、运输、设备、电气、自控仪表、采暖通风、给排水等）都要围绕工艺设计解决相关的设计原则和技术问题。

初步设计阶段的成果主要有初步设计说明书和总概算书。

五、施工图设计

施工图设计是根据初步设计及其审批意见，完成各类施工图纸、施工说明和工程概算书，作为施工的依据。

施工图设计阶段的主要工作是使初步设计的内容更完善、更具体、更详尽，达到施工指导的要求。施工图设计阶段的主要设计文件有图纸和说明书。

施工图设计阶段的主要设计图纸包括：①施工阶段带控制点的工艺流程图；②非标设备制造及安装图；③施工阶段设备布置图及安装图；④施工阶段管道布置图及安装图；⑤仪器设备一览表；⑥材料汇总表；⑦其他非工艺工程设计项目的施工图纸。

施工图设计阶段的说明书除初步设计的内容外，还应包括：①设备和管道的安装依据、验收标准及注意事项；②对安装、试压、保温、油漆、吹扫、运转安全等要求；③如果对初步设计的某些内容进行了修改，应详细说明修改的理由和原因。

在施工图设计中，通常将施工说明、验收标准等直接标注在图纸的空白处，而无需写在说明书中。

施工图设计阶段的主要成果是施工阶段带控制点的工艺流程图。

六、施工、试车、验收和交付生产

工程项目建设单位（甲方）应根据批准的基建计划和设计文件，努力创造良好的施工条件，并做好施工前的各项准备工作。例如，提出物资和设备申请计划、落实建筑材料来源、办理征地拆迁手续、落实水电及道路等外部施工条件和施工力量。具备施工条件后，一般应根据设计概算或施工图预算制定标底，通过公开招标的方式选择施工单位。

施工单位（丙方）应根据设计单位（乙方）提供的施工图，编制好施工预算和施工组织计划。施工前要认真做好施工图的会审工作。会审一般由建设单位、设计单位和施工单位三方共同参加，其目的是澄清图纸中的不清之处或存在的问题，并明确工程质量要求。施工单位应严格按照设计要求和施工验收规范进行施工，确保工程质量。

工程项目在完成施工后，应及时组织设备调试和试车工作。根据实际情况，制药装置的调试有多种不同的方法，但总的原则是：①从单机到联机到整条生产线；②从空车到以水代料到实际物料。当以实际物料试车，并生产出合格产品（药品），且达到装置的设计要求时，工程项目即告竣工。此时，应及时组织竣工验收。验收合格后，即可交付使用方，形成产品的生产能力。

第二节　厂址选择和总平面设计

一、厂址选择

厂址选择是根据拟建工程项目所必须具备的条件，结合制药工业的特点，在拟建地区范围内，进行详尽的调查和勘测，并通过多方案比较，提出推荐方案，编制厂址选择报告，经上级主管部门批准后，即可确定厂址的具体位置。

厂址选择是基本建设前期工作的重要环节，是工程项目进行设计的前提。厂址选择涉及许多部门，往往矛盾较多，是一项政策性和科学性很强的综合性工作。厂址选择是否合理，不仅关系到工程项目的建设速度、建设投资和建设质量，而且关系到项目建成后的经济效益、社会效益和环境效益，并对国家和地区的工业布局和城市规划有着深远的影响。制药厂因厂址选择不当、三废不能治理而被迫关停或限期停产治理或限期搬移的例子很多，其结果是造成人力、物力和财力的严重损失。因此，在厂址选择时，必须采取科学、慎重的态度，认真调查研究，确定适宜的厂址。

药厂厂址选择不仅要遵守一般工业厂房的厂址选择原则，而且要充分考虑药品生产对环境的特殊要求。一般情况下，药厂厂址选择应遵守下列基本原则。

1. 贯彻执行国家的方针政策　选择厂址时，必须贯彻执行国家的方针、政策，遵守国家的法律、法规。厂址选择要符合国家的长远规划及工业布局、国土开发整治规划和城镇发展规划。

2. 正确处理各种关系　选择厂址时，要从全局出发，统筹兼顾，正确处理好城市与乡村、生产与生态、工业与农业、生产与生活、需要与可能、近期与远期等关系。

3. 注意制药工业对厂址选择的特殊要求　药品是一种防治人类疾病、增强人体体质的特殊产品，其质量好坏直接关系到人体健康、药效和安全。为保证药品质量，药品生产必须符合 GMP 的规定，在严格控制的洁净环境中生产。由于厂址对药厂环境的影响具有先天性，因此，选择厂址时必须充分考虑药厂对环境因素的特殊要求。工业区应设在城镇常年主导风向的下风向，但考虑到药品生产对环境的特殊要求，药厂厂址应设在工业区的上风位置，厂址周围应有良好的卫生环境，无有害气体、粉尘等污染源，也要远离车站、码头等人流、物流比较密集的区域。中国医药工程设计协会主编的《医药工业洁净厂房设计标准》中规定，医药工业洁净厂房通风口与市政交通主干道近基地侧道路红线之间的距离宜大于 50m。

4. 充分考虑环境保护和综合利用　保护生态环境是我国的一项基本国策，企业必须对所产生的污染物进行综合治理，不得造成环境污染。制药生产中的废弃物很多，从排放的废弃物中回收有价值的资源，开展综合利用，是保护环境的一个积极措施。

5. 节约用地　我国是一个山地多、平原少、人口多的国家，人均可耕地面积远远低于世界平均水平。因此，选择厂址时要尽量利用荒地、坡地及低产地，少占或不占良田、林地。厂区的面积、形状和其他条件既要满足生产工艺合理布局的要求，又要留有一定的发展余地。

1402 地耐力

6. 具备基本的生产条件　厂址的交通运输应方便、畅通、快捷，水、电、汽、原材料和燃料的供应要方便。厂址的地下水位不能过高，地质条件应符合建筑施工的要求，地耐力宜在 150kN·m^{-2}以上。厂址的自然地形应整齐、平坦，这样既有利于工厂的总平面布置，又有利于场地排水和厂内的交通运输。此外，厂址不能选在风景名胜区、自然保护区、文物古迹区等特殊区域。

以上是药厂厂址选择的一些基本原则。实际上，要选择一个理想的厂址是非常困难的。因此，选择厂址时，应根据厂址的具体特点和要求，抓主要矛盾，首先满足对药厂的生存和发展有重要影响的要求，然后再尽可能满足其他要求，选择适宜的厂址。

二、总平面设计

总平面设计是在主管部门批准的厂址上，按照生产工艺流程及安全、运输等要求，经济合理地确定各建（构）筑物、运输路线、工程管网等设施的平面及立面关系。对于设有洁净厂房的药厂，其总平面设计不仅要确定药厂与周围环境之间的位置关系，而且要确定药厂内洁净厂房与各建（构）筑物之间的位置关系。

1. 一般工业厂房的总平面设计原则

（1）总平面设计应与城镇或区域的总体发展规划相适应：每个城镇或区域一般都有一个总体发展规划，对该城镇或区域的工业、农业、交通运输、服务业等进行合理布局和安排。城镇或区域的总体发展规划，尤其是工业区规划和交通运输规划，是所建企业的重要外部条件。因此，在进行总平面设计时，设计人员一定要了解项目所在城镇或区域的总体发展规划，使总平面设计与该城镇或区域的总体规划相适应。

在进行总平面设计时，应面向城镇交通干道方向作工厂的正面布置，正面的建（构）筑物应与城镇的建筑群保持协调。厂区内占地面积较大的主厂房一般应布置在中心地带，其他建（构）筑物可合理配置在其周围。工厂大门至少应设两个以上，如正门、侧门和后门等。工厂大门及生活区应与主厂房相适应，以便职工上下班。

（2）总平面设计应符合生产工艺流程的要求：车间、仓库等建（构）筑物应尽可能按照生产工艺流程的顺序进行布置，以缩短物料的传送路线，并避免原料、半成品和成品的交叉、往返。

总平面设计应将人流和物流通道分开，并尽量缩短物料的传送路线，避免与人流路线的交叉。同时，应合理设计厂内的运输系统，努力创造优良的运输条件和效益。

建筑物和构筑物

（3）总平面设计应充分利用厂址的自然条件：总平面设计应充分利用厂址的地形、地势、地质等自然条件，因地制宜，紧凑布置，提高土地的利用率。若厂址位置的地形坡度较大，可采用阶梯式布置，这样既能减少平整场地的土石方量，又能缩短车间之间的距离。当地形地质受到限制时，应采取相应的施工措施予以解决，既不能降低总平面设计的质量，也不能留下隐患，长期影响生产经营。

（4）总平面设计应充分考虑地区的主导风向：总平面设计应充分考虑地区的主导风向对药厂环境质量的影响，合理布置厂区及各建（构）筑物的位置。厂址地区的主导风向是指风吹向厂址最多的方向，可从当地气象部门查得。

原料药生产区应布置在全年主导风向的下风侧，而洁净区、办公区、生活区应布置在常年主导风向的上风侧，以减少有害气体和粉尘的影响。

（5）总平面设计应符合国家的有关规范和规定。

（6）总平面设计应留有发展余地：总平面设计要考虑企业的发展要求，留有一定的发展余地。分期建设的工程，总平面设计应一次完成，且要考虑前期工程与后续工程的衔接，然后分期建设。

风向玫瑰图与主导风向

2. 洁净厂房的总平面设计原则　根据 GMP 的要求，药品生产企业必须具有整洁的生产环境；厂区的地面、路面及运输等不应对药品的生产造成污染；生产、辅助生产及行政生活区的总体布局应合理，不得互相妨碍；厂房应按生产工艺流程及所要求的空气洁净度进行合理布局；同一厂房内以及相邻厂房内的生产操作不得相互妨碍；洁净厂房应与那些散发污染物的车间、辅助车间或烟囱等保持一定的距离，并居于它们的上风向。可见，对有洁净厂房的药厂进行总平面设计时，污染问题是首要考虑的问题。

洁净厂房

洁净厂房的总平面设计不仅要遵守一般工业厂房的总平面设计原则，而且要按照 GMP 的要求，遵守下列设计原则。

（1）洁净厂房应远离污染源，并布置在全年主导风向的上风处：有洁净厂房的工厂，厂址不宜选在多风沙地区，周围的环境应清洁，并远离灰尘、烟气、有毒和腐蚀性气体等污染源。如实在不能远离时，洁净厂房必须布置在全年主导风向的上风处。例如，烟囱是典型的灰尘污染源，因此在进行总平面设计时，不仅要处理好洁净厂房与烟囱之间的风向位置关系，而且要与烟囱保持足够的距离。又如，道路既是振动源和噪声源，又是主要的污染源，因此在进行总平面设计时，洁净厂房不宜布置在主干道两侧，且要合理设计洁净厂房周围道路的宽度和转弯半径，限制重型车辆驶入，路面要采用沥青、混凝土等不易起尘的材料构筑，露土地面要用耐寒草皮覆盖或种植不产生花絮的树木。

（2）洁净厂房的布置应有利于生产和管理：将建（构）筑物按照生产工艺流程的顺序和洁净度要求的不同进行合理组合，可给生产、管理、质检、送风等带来很大的方便。如目前国内许多中小型药厂采用的大块式或组合式布置，既有利于生产和管理，又可以充分利用场地，缩短人流和物流路线，减少污染，降低能耗。同时，医药工业洁净厂房周围宜设置环形消防车道，如有困难，可沿厂房的两个长边设置消防车道。

（3）合理布置人流和物流通道，并避免交叉往返：对有洁净厂房的药厂进行总平面设计时，设计人员应对全厂的人流和物流分布情况进行全面的分析和预测，合理规划和布置人流和物流通道，并尽可能避免不同物流之间以及物流与人流之间的交叉往返。厂区与外部环境之间以及厂内不同区域之间，可以设置若干个大门。为人流设置的大门，主要用于生产和管理人员出入厂区或厂内的不同区域；为物流设置的大门，主要用于厂区与外部环境之间以及厂内不同区域之间的物流输送。无关人员或物料不得穿越洁净区，以免影响洁净区的洁净环境。

1406

交叉污染

（4）洁净厂房区域应布置成独立小区，区内应无露土地面：药品污染的最大危险来自环境。按照 GMP 的要求，在总平面设计时，应尽可能将洁净厂房所在的区域布置成独立小区，区内应无露土地面。因此，洁净厂房周围的绿化设计具有非常重要的意义。通常是以厂房建筑为中心，露土地面铺种耐寒草皮，四周种植不产生花絮的树木，或设置水池和围墙等，形成独立小区。由于小区内的空气质量要优于外部环境的空气质量，故对厂房内的洁净环境起到明显的保护作用。

第三节　制药车间设计

一、车间组成及布置形式

1. 车间组成　车间一般包括生产区、辅助生产区和行政生活区三部分，各部分的组成与产品种类、生产工艺流程、洁净等级要求等情况有关。制药洁净车间的组成如图 14-2 所示。

制药洁净车间
- 生产区：如洁净区或洁净室。
- 辅助生产区：如物料净化室、包装材料清洁室、灭菌室、称量室、配料室、分析室、真空泵室、空调机室、变电配电室等。
- 行政生活区：如换鞋室、更衣室、存衣室、空气吹淋室、办公室、休息室、浴室、厕所等。

图 14-2　制药洁净车间的组成

2. 车间布置形式　根据生产规模、生产特点以及厂区面积、地形、地质等条件的不同，车间布置形式可采用集中式或单体式。若将组成车间的生产区、辅助生产区和行政生活区集中布置在一栋厂房内，即为集中式布置形式；反之，若将组成车间的一部分或几部分分散布置在几栋独立的单体厂房中，即为单体式布置形式。

一般地，对于生产规模较小且生产特点（主要指防火防爆等级和毒害程度）无显著差异的车间，常采用集中式布置形式，如小批量的医药、农药和精细化工产品，其车间布置大多采用集中式。在药品生产中，采用集中式布置的车间很多，如磺胺脒、磺胺二甲嘧啶、氟轻松、吡诺克辛、甲硝唑、利血平等原料药车间以及针剂、片剂等制剂车间一般都采用集中式布置形式。而对于生产规模较大或各工段的生产特点有显著差异的车间，则多采用单体式布置形式。药品生产中因生产规模大而采用单体式布置的车间也很多，例如，对于青霉素和链霉素的生产，可将发酵和过滤工段布置在一栋厂房内，而将提取和精制工段布置在另一栋厂房内；又如，维生素 C 的生产，千吨级以上规模的车间都采用单体式布置形式。

二、工艺流程设计

工艺流程设计是在确定的原料路线和技术路线的基础上，通过图解和必要的文字说明将原料变成产品（包括污染物治理）的全部过程表示出来，一般包括下列具体内容。

1. 确定工艺流程的组成　确定工艺流程中各生产过程的具体内容、顺序和组合方式，是工艺流程设计的基本任务。生产过程是由一系列的单元反应和单元操作组成的，在工艺流程图中可用设备简图和过程名称来表示；各单元反应和单元操作的排列顺序和组合方式，可用设备之间的位置关系和物料流向来表示。

2. 确定载能介质的技术规格和流向　制药生产中常用的载能介质有水、水蒸气、冷冻盐水、空气（真空或压缩）等，其技术规格和流向可用文字和箭头直接表示在图纸中。

3. 确定操作条件和控制方法　保持生产方法所规定的工艺条件和参数，是保证生产过程按给定方法进行的必要条件。制药生产中的主要工艺参数有温度、压力、浓度、流量、流速和 pH 等。在工艺流程设计中，对需要控制的工艺参数应确定其检测点、显示仪表和控制方法。

4. 确定安全技术措施　对生产过程中可能存在的各种安全问题，应确定相应的预防和应急措施，如设置报警装置、爆破片、安全阀、安全水封、放空管、溢流管、泄水装置、防静电装置和事故贮槽等。在确定安全技术措施时，应特别注意开车、停车、停水、停电等非正常运转情况下可能存在的各种安全问题。

5. 绘制不同深度的工艺流程图　工艺流程设计通常采用两阶段设计，即初步设计和施工图设计。在初步设计阶段，需绘制工艺流程框图、工艺流程示意图、物料流程图和带控制点的工艺流程图；在施工图设计阶段，需绘制施工阶段带控制点的工艺流程图。

工艺流程框图是一种定性图纸，是最简单的工艺流程图，其作用是定性表示出由原料变成产品的工艺路线和顺序，包括全部单元操作和单元反应。图 14-3 是阿司匹林的生产工艺流程框图。图中以方框表示单元操作，以圆框表示单元反应，以箭头表示物料和载能介质的流向，以文字表示物料及单元操作和单元反应的名称。

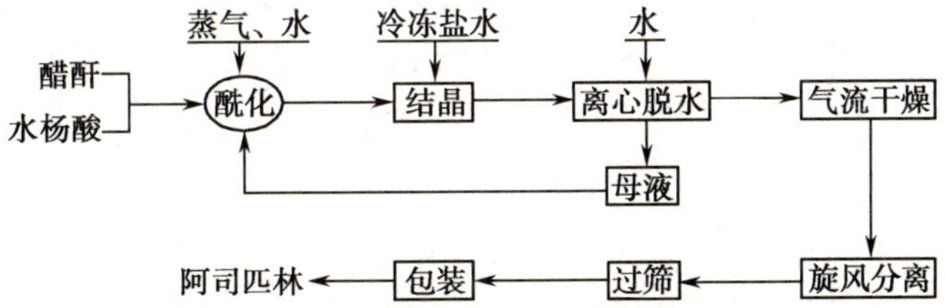

图 14-3　阿司匹林的生产工艺流程框图

在工艺流程框图的基础上，分析各过程的主要工艺设备，在此基础上，以图例、箭头和必要的文字说明定性表示出由原料变成产品的路线和顺序，绘制出工艺流程示意图。图 14-4 是阿司匹林的生产工艺流程示意图。图中各单元操作和单元反应过程的主要工艺设备均以图例（即设备的几何图形）来表示，物料和载能介质的流向以箭头来表示，物料、载能介质和工艺设备的名称以文字来表示。

工艺流程设计是工程设计中最重要、最基础的设计步骤，对后续的物料衡算、工艺设备设计、车间布置设计和管道布置设计等单项设计起着决定性的作用，并与车间布置设计一起决定着车间或装置的基本面貌。因此，设计人员在设计工艺流程时，要做到认真仔细、反复推敲，努力设计出技术上先进可靠、经济上合理可行的工艺流程。

三、物料衡算

在制药工程设计中，当工艺流程示意图确定之后，即可进行物料衡算。虽然工艺流程示意图只是定性地给出了物料的来龙去脉，但它决定了应对哪些过程或设备进行物料衡算以及这些过程或设备所涉及的物料，使之既不遗漏，也不重复。可见，工艺流程示意图对物料衡算起着重要的指导作用。

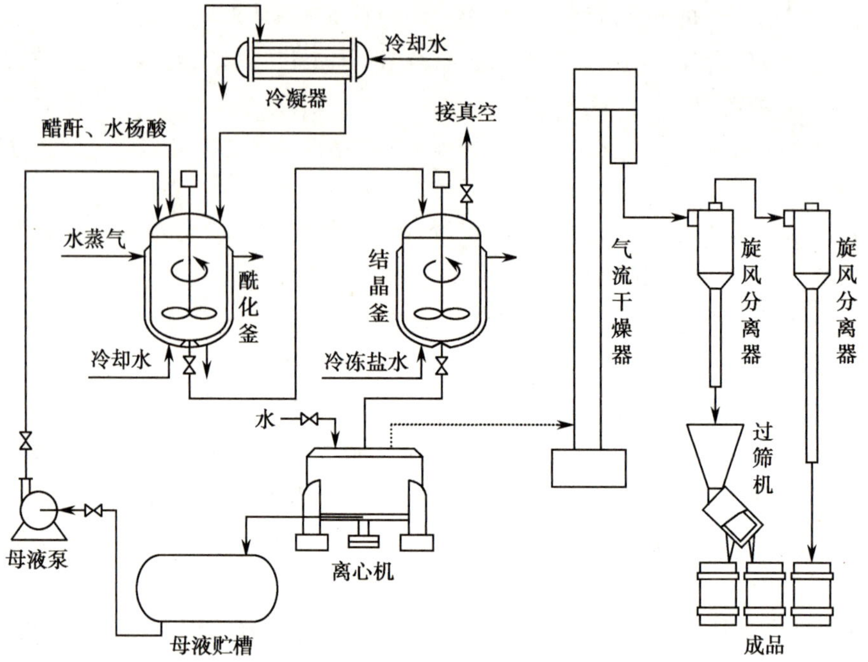

图 14-4　阿司匹林的生产工艺流程示意图

通过物料衡算，可以深入地分析和研究生产过程，得出生产过程中所涉及的各种物料的数量和组成，从而使设计由定性转入定量。在整个工艺设计中，物料衡算是最先进行的一个计算项目，其结果是后续的能量衡算、设备选型或工艺设计、车间布置设计、管道设计等各单项设计的依据，因此，物料衡算结果的正确与否直接关系到整个工艺设计的可靠程度。

在实际应用中，根据需要，也可对已经投产的一台设备、一套装置、一个车间或整个工厂进行物料衡算，以寻找生产中的薄弱环节，为改进生产、完善管理提供可靠的依据，并可作为判断工程项目是否达到设计要求以及检查原料利用率和三废处理完善程度的一种手段。

四、能量衡算

当物料衡算完成后，对于没有热效应的过程，可直接根据物料衡算结果以及物料的性质、处理量和工艺要求进行设备的工艺设计，以确定设备的型式、数量和主要工艺尺寸。而对于伴有热效应的过程，则还必须进行能量衡算，才能确定设备的主要工艺尺寸。在药品生产中，无论是进行物理过程的设备，还是进行化学过程的设备，大多存在一定的热效应，因此，通常要进行能量衡算。

对于新设计的设备或装置，能量衡算的目的主要是为了确定设备或装置的热负荷。根据热负荷的大小以及物料的性质和工艺要求，可进一步确定传热设备的型式、数量和主要工艺尺寸。此外，热负荷也是确定加热剂或冷却剂用量的依据。

在实际生产中，根据需要，也可对已经投产的一台设备、一套装置、一个车间或整个工厂进行能量衡算，以寻找能量利用的薄弱环节，为完善能源管理、制定节能措施、降低单位能耗提供可靠的依据。

能量衡算的理论基础是热力学第一定律，即能量守恒定律。能量有不同的表现形式，如内能、动能、势能、热能和功等。在药品生产中，热能是最常见的能量表现形式，多数情况下，能量衡算可简化为热量衡算。

五、设备选型与非标设备的设计

药厂所用的设备可分为机械设备、化工设备和制药专用设备。一般来说，原料药生产以机械设备和化工设备为主，药物制剂生产以制药专用设备为主。

1. 制药设备的分类　根据 GB/T15692—2008 的规定，制药设备可分为下列八大类。

（1）原料药机械及设备：包括实现生物或化学物质转化以及利用动、植物与矿物制取原料药的工艺设备及机械。

（2）制剂机械：将药物制成各种剂型的机械和设备。

（3）药用粉碎设备：用于药物粉碎或研磨并符合药品生产要求的设备。

（4）饮片机械：对天然药用动物、植物、矿物进行选、洗、润、切、烘、炒、煅等处理以制取中药饮片的机械。

（5）制药用水设备：包括采用各种方法制备制药用水的设备。

（6）药品包装机械：完成药品包装过程以及与包装过程相关的机械与设备。

（7）药物检测设备：检测各种药物质量的仪器与设备。

（8）其他制药机械与设备：执行非主要制药工序的有关机械与设备。

2. 设备选型的基本原则　许多制药设备，如泵、列管式换热器、釜式反应器以及多数制药专用设备等均已实现标准化，可根据药品的具体生产工艺要求进行选型。设备的选型应遵循合理性、先进性、安全性和经济性的原则。此外，根据 GMP 要求，制药设备的选型还应遵循下列基本原则。

（1）设备应与药品的具体生产工艺相适应。

（2）设备的生产能力应与批量相适应，并能经济、合理、安全地运行。

（3）设备的材料及所用的润滑剂、冷却剂等不得对药品或容器产生污染，应注意选用卫生型设备及管道、管件、阀门和仪表。

（4）设备应便于安装、操作、维修和保养。

（5）设备的运行能耗低，价格便宜。

3. 非标设备的设计　对于没有实现标准化的制药设备，应根据药品的具体生产工艺要求进行设计，此项工作的技术要求很高，一般可按下列步骤进行：

（1）确定设备的类型和结构型式。

（2）确定设备材质。

（3）收集设计条件。

（4）工艺计算及强度计算。

（5）绘制设备的零部件图及总装配图。

六、车间布置设计

车间布置设计是制药工程设计中的一个重要环节。车间布置是否合理，不仅与施工、安装、建设投资密切相关，而且与车间建成后的生产、管理、安全和经济效益密切相关。因此，车间布置设计应按照设计程序，进行细致而周密的考虑。

1. 车间布置设计应考虑的因素　在进行车间布置设计时，一般应考虑下列因素：

（1）车间与其他车间及生活设施在总平面图上的位置，力求联系方便、短捷。

（2）满足生产工艺及建筑、安装和检修要求。

（3）合理利用车间的建筑面积和土地。

（4）车间内应采取的劳动保护、安全卫生及防腐蚀措施。

（5）人流、物流通道应分别独立设置，尽可能避免交叉往返。

（6）对原料药车间的精制、烘干、包装工序以及制剂车间的设计，应符合《药品生产质量管理规范》的要求。

（7）要考虑车间发展的可能性，留有发展空间。

（8）厂址所在区域的气象、水文、地质等情况。

2. 车间布置设计的程序 车间布置设计一般可按下列程序进行:

(1) 收集有关的基础设计资料。

(2) 确定车间的防火等级:设计人员根据生产过程中使用、产生和贮存物质的火灾危险性,按《建筑设计防火规范》和《石油化工企业设计防火规定》,确定车间的火灾危险性类别。

(3) 确定车间的洁净等级:对于有洁净等级要求的车间,设计人员应根据 GMP 的要求,确定相应的洁净等级。

(4) 初步设计:根据带控制点的工艺流程图、设备一览表等基础设计资料以及物料贮存运输、辅助生产和行政生活等要求,结合有关的设计规范和规定进行初步设计。

初步设计的任务是确定生产、辅助生产及行政生活等区域的布局;确定车间场地及建(构)筑物的平面尺寸和立面尺寸;确定工艺设备的平面布置图和立面布置图;确定人流及物流通道;安排管道及电气仪表管线等;编制初步设计说明书。

(5) 施工图设计:初步设计经审查通过后,即可进行施工图设计。施工图设计是根据初步设计的审查意见,对初步设计进行修改、完善和深化,其任务是确定设备管口、操作台、支架及仪表等的空间位置;确定设备的安装方案;确定与设备安装有关的建筑和结构尺寸;确定管道及电气仪表管线的走向等。

在施工图设计中,一般先由工艺专业人员绘出施工阶段车间设备的平面及立面布置图,然后提交安装专业人员完成设备安装图的设计。

七、管道设计

在药品生产中,水、蒸气以及各种流体物料通常采用管道来输送。管道布置是否合理,不仅影响装置的基建投资,而且与装置建成后的生产、管理、安全和操作费用密切相关。因此,管道设计在制药工程设计中占有重要的地位。

1. 管道设计的内容 管道设计一般包括以下内容:

(1) 选择管材:可根据被输送物料的性质和操作条件来选取管材。适宜的管材应具有良好的耐腐蚀性能且价格低廉。

(2) 管路计算:根据物料衡算结果以及物料在管内的流动要求,通过计算,合理、经济地确定管径是管道设计的一个重要内容。对于给定的生产任务,流体流量是已知的,选择适宜的流速后即可计算出管径。

在管道设计中,选择适宜的流速是十分重要的。流速选得越大,管径就越小,购买管子所需的费用就越小,但输送流体所需的动力消耗和操作费用将增大。因此,适宜的流速应通过经济衡算来确定。一般情况下,液体的流速可取 0.5~3m/s,气体的流速可取 10~30m/s。

管子的壁厚对管路投资有较大的影响。一般情况下,低压管道的壁厚可根据经验选取,压力较高的管道壁厚应通过强度计算来确定。

(3) 管道布置设计:根据施工阶段带控制点的工艺流程图以及车间设备布置图,对管道进行合理布置,并绘出相应的管道布置图是管道设计的又一重要内容。

(4) 管道绝热设计:多数情况下,常温以上的管道需要保温,常温以下的管道需要保冷。保温和保冷的热流传递方向不同,但习惯上均称为保温。

管道绝热设计就是为了确定保温层或保冷层的结构、材料和厚度,以减少装置运行时的热量或冷量损失。

(5) 管道支架设计:为保证工艺装置的安全运行,应根据管道的自重、承重等情况确定适宜的管架位置和类型,并编制出管架数据表、材料表和设计说明书。

(6) 编写设计说明书:在设计说明书中应列出各种管子、管件及阀门的材料、规格和数量,并说明各种管道的安装要求和注意事项。

2. 洁净厂房内的管道布置　洁净厂房内的管道布置除应遵守一般化工车间管道布置的有关规定外，还应遵守如下布置原则：

（1）洁净厂房的管道应布置整齐，引入非无菌室的支管可明敷，引入无菌室的支管不能明敷。应尽量缩短洁净室内的管道长度，并减少阀门、管件及支架数量。需要拆洗和消毒的管道宜明敷。易燃、易爆、有毒物料管道应明敷，当需穿越技术夹层时，应采取安全密封措施。

（2）洁净室内公用系统主管应敷设在技术夹层、技术夹道或技术竖井中，但主管上的阀门、法兰和螺纹接头不宜设在技术夹层、技术夹道或技术竖井内，而吹扫口、放净口和取样口则应设置在技术夹层、技术夹道或技术竖井外。

（3）从洁净室的墙、楼板或硬吊顶穿过的管道，应敷设在预埋的金属套管中，套管内的管道不得有焊缝、螺纹或法兰。管道与套管之间的密封应可靠。

（4）穿过软吊顶的管道，不应穿过龙骨，以免影响吊顶的强度。

（5）排水立管不应穿过A级和B级医药洁净室（区）。排水立管穿过其他医药洁净室（区）时，不得设置检查孔。洁净区的排水总管顶部应设排气罩，设备排水口应设水封装置，以防室外窨井污气倒灌至洁净区。

（6）空气洁净度A级的医药洁净室（区）不应设置地漏。空气洁净度B级、C级、D级的医药洁净室（区）应少设置地漏。必须设置时，要求地漏材质不易腐蚀，内表面光洁，易于清洗，有密封盖，并应耐消毒灭菌。同外部排水系统的连接方式应当能够防止微生物的侵入。空气洁净度A级、B级的医药洁净室（区）不宜设置排水沟。

（7）管道、阀门及管件的材质既要满足生产工艺要求，又要便于施工和检修。管道的连接方式常采用安装、检修和拆卸均较为方便的卡箍连接。

（8）法兰或螺纹连接所用密封垫片或垫圈的材料以聚四氟乙烯为宜，也可采用聚四氟乙烯包覆垫或食品橡胶密封圈。

（9）纯水、注射用水及各种药液的输送常采用不锈钢管或无毒聚乙烯管。引入洁净室的各支管宜用不锈钢管。输送低压液体物料常用无毒聚乙烯管，这样既可观察内部料液的情况，又有利于拆装和灭菌。

（10）输送无菌介质的管道应有可靠的灭菌措施，且不能出现无法灭菌的“盲区”。输送纯水、注射用水的主管宜布置成环形，以避免出现“盲管”等死角。

（11）洁净室内的管道应根据其表面温度及环境状态（温度、湿度）确定适宜的保温形式。热管道保温后的外壁温度不应超过40℃，冷管道保冷后的外壁温度不能低于环境的露点。此外，洁净室内管道的保温层应加金属保护外壳。

（12）洁净室内的管道外壁，均应采取防锈措施。洁净室内各类管道，均应设置指明内容物及流向的标志。

1407 技术夹层

1408 技术夹道与技术竖井

八、制药非工艺设计

一个制药工程项目的设计可以分解为若干个单项工程，如各个车间、公用工程和仓库等。每个单项工程除工艺设计外，还有大量的非工艺设计项目和公用工程等。制药非工艺设计项目很多，如土建设计、给排水设计、采暖通风设计、净化空调系统设计、管路设计、电气设计、自控和仪表设计、防腐与保温设计、环境与安全卫生设计、技术经济设计等。在进行非工艺设计时,首先由工艺设计人员向非工艺设计人员提出设计要求和设计条件,然后非工艺设计人员再根据这些条件和要求进行非工艺设计。

第四节 洁净厂房

一、GMP 对厂房洁净等级的要求

洁净厂房是指采用空气净化系统以控制室内空气的含尘量或含菌浓度的厂房。洁净厂房一般技术要求:①生产工艺对温度和湿度无特殊要求时,空气洁净度 A 级、B 级、C 级的医药洁净室(区)温度应为 20~24℃,相对湿度应为 45%~60%;②空气洁净度 D 级的医药洁净室(区)温度应为 18~26℃,相对湿度应为 45%~65%。人员净化及生活用室的温度,冬季应为 16~20℃,夏季为 26~30℃。

洁净区与非洁净区之间、不同洁净区之间的压差应不低于 10Pa。必要时,相同洁净区内不同功能房间之间应保持适当的压差梯度。医药洁净室(区)应根据生产要求提供足够的照度。主要工作室一般照明的照度值不宜低于 300lx;辅助工作室、走廊、气闸室、人员净化和物料净化用室(区)不宜低于 150lx。对照度有特殊要求的生产部位可设置局部照明。非单向流的医药洁净室(区)噪声级(空态)应不大于 60dB(A)。单向流和混合流的医药洁净室(区)噪声级(空态)应不大于 65dB(A)。

根据单位体积空气中所含尘埃及活微生物的情况,我国 GMP 采用了 WHO 和欧盟最新的 A、B、C、D 四级分级标准,如表 14-1 所示。

表 14-1 洁净厂房内空气的洁净等级

洁净度等级/级	悬浮粒子浓度限值,粒/m^3				微生物监测的动态标准			
	静态		动态		浮游菌,cfu/m^3	沉降菌(φ90mm),cfu/(4h)	表面微生物	
	≥0.5μm	≥5.0μm	≥0.5μm	≥5.0μm			接触(φ55mm),cfu/碟	5 指手套,cfu/手套
A	3 520	20	3 520	20	<1	<1	<1	<1
B	3 520	29	352 000	2 900	10	5	5	5
C	352 000	2 900	3 520 000	29 000	100	50	25	—
D	3 520 000	29 000	不作规定	不作规定	200	100	50	—

注:1. 表中各数值均为平均值。

2. 单个沉降碟的暴露时间可以少于 4 小时,同一位置可使用多个沉降碟连续进行监测并累积计数。

洁净厂房内采用何种等级的洁净空气主要取决于药品的类型和生产工艺要求。GMP 对不同等级洁净厂房的适用范围有明确的规定。

A 级:高风险操作区,如灌装区、放置胶塞桶和与无菌制剂直接接触的敞口包装容器的区域及无菌装配或连接操作的区域,应当用单向流操作台(罩)维持该区的环境状态。单向流系统在其工作区域必须均匀送风,风速为 0.36~0.54m/s(指导值)。应当有数据证明单向流的状态并经过验证。在密闭的隔离操作器或手套箱内,可使用较低的风速。

B 级:指无菌配制和灌装等高风险操作 A 级洁净区所处的背景区域。

C 级和 D 级:指无菌药品生产过程中重要程度较低操作步骤的洁净区。

无菌药品的生产操作环境可参照表 14-2 和表 14-3 中的示例进行选择。

表 14-2　最终灭菌产品生产操作环境示例

洁净度级别	最终灭菌产品生产操作示例
C 级背景下的局部 A 级	高污染风险①的产品灌装或灌封
C 级	产品灌装或灌封；高污染风险②产品的配制和过滤；眼用制剂、无菌软膏剂、无菌混悬剂等的配制、灌装或灌封；直接接触药品的包装材料和器具最终清洗后的处理
D 级	轧盖；灌装前物料的准备；产品配制③（指浓配或采用密闭系统的配制）和过滤直接接触药品的包装材料和器具的最终清洗

注：①此处的高污染风险是指产品容易长菌、灌装速度慢、灌装用容器为广口瓶、容器须暴露数秒后方可密封等状况。

②此处的高污染风险是指产品容易长菌、配制后需等待较长时间方可灭菌或不在密闭系统中配制等状况。

③指浓配或采用密闭系统的配制。

表 14-3　非最终灭菌产品的无菌生产操作环境示例

洁净度级别	非最终灭菌产品的无菌生产操作示例
B 级背景下的 A 级	处于未完全密封①状态下产品的操作和转运，如产品灌装（或灌封）、分装、压塞、轧盖②等；灌装前无法除菌过滤的药液或产品的配制；直接接触药品的包装材料、器具灭菌后的装配以及处于未完全密封状态下的转运和存放；无菌原料药的粉碎、过筛、混合、分装
B 级	处于未完全密封①状态下的产品置于完全密封容器内的转运；直接接触药品的包装材料、器具灭菌后处于密闭容器内的转运和存放
C 级	灌装前可除菌过滤的药液或产品的配制；产品的过滤
D 级	直接接触药品的包装材料、器具的最终清洗、装配或包装、灭菌

注：①轧盖前产品视为处于未完全密封状态。

②根据已压塞产品的密封性、轧盖设备的设计、铝盖的特性等因素，轧盖操作可选择在 C 级或 D 级背景下的 A 级送风环境中进行。A 级送风环境应当至少符合 A 级区的静态要求。

二、制药洁净车间布置的一般要求

洁净厂房宜布置在厂区内环境清洁、人流物流不穿越或少穿越的地段。洁净厂房与市政交通主干道近基地侧道路红线的距离宜大于 50 米。车间的布置应符合以下原则：按工艺流程合理平面布置；严格划分洁净区域；防止污染和交叉污染；方便生产操作。生产区应有足够的区域合理安放设备和物料，防止污染和混淆，还应考虑原辅料、半成品储存面积；设备清洗的面积；清洁工器具的面积等。原辅料、直接接触药品的包装材料的取样是产品防护的重点之一，取样应在单独的取样区内进行，取样区的空气洁净级别应和生产级别要求一致。如取样必须在生产区进行，应在生产区内设置单独的取样间，该房间应为直排风，回风不得再循环使用。

洁净室

1. 尽量减少建筑面积　有洁净等级要求的车间，不仅投资较大，而且水、电、汽等经常性费用也较高。一般情况下，厂房的洁净等级越高，投资、能耗和成本就越大。因此，在满足工艺要求的前提下，应尽量减少洁净厂房的建筑面积。例如，可布置在一般生产区（无洁净等级要求）进行的操作不要布置在洁净区内进行，可布置在低等级洁净区内进行的操作不要布置到高等级洁净区内进行，以最大限度地减少洁净厂房尤其是高等级洁净厂房的建筑面积。

2. 防止污染或交叉污染

（1）在满足生产工艺要求的前提下，要合理布置人员和物料的进出通道，其出入口应分别独立设置，并避免交叉、往返。

（2）应尽量减少洁净车间的人员和物料出入口，以利于全车间洁净度的控制。

（3）进入洁净室（区）的人员和物料应有各自的净化用室和设施，其设置要求应与洁净室（区）的洁净等级相适应。

（4）洁净等级不同的洁净室之间的人员和物料进出，应设置防止交叉污染的设施。

（5）若物料或产品会产生气体、蒸气或喷雾物，则应设置防止交叉污染的设施。

（6）进入洁净厂房的空气、压缩空气和惰性气体等均应按工艺要求进行净化。

（7）输送人员和物料的电梯应分开设置，且电梯不宜设在洁净区内，必须设置时，电梯前应设气闸室或其他防污染设施。

（8）根据生产规模的大小，洁净区内应分别设置原料存放区、半成品区、待验品区、合格品区和不合格品区，以最大限度地减少差错和交叉污染。

（9）不同药品、规格的生产操作不能布置在同一生产操作间内。当有多条包装线同时进行包装时，相互之间应分隔开来或设置有效的防止混淆及交叉污染的设施。

（10）更衣室、浴室和厕所的设置不能对洁净室产生不良影响。

（11）无菌生产的A级洁净区内禁止设置水池和地漏。在其他洁净区内，水池或地漏应当有适当的设计、布局和维护，并安装易于清洁且带有空气阻断功能的装置以防倒灌。同外部排水系统的连接方式应当能够防止微生物的侵入。空气洁净度A级、B级的医药洁净室（区）不宜设置排水沟。

3. 合理布置有洁净等级要求的房间

（1）洁净等级要求相同的房间应尽可能集中布置在一起，以利于通风和空调的布置。

（2）洁净等级要求不同的房间之间的联系要设置防污染设施，如气闸、风淋室、缓冲间及传递窗等。

（3）在有窗的洁净厂房中，一般应将洁净等级要求较高的房间布置在内侧或中心部位。若窗户的密闭性较差，且将无菌洁净室布置在外侧时，应设一个封闭式的外走廊作为缓冲区。

（4）洁净等级要求较高的房间宜靠近空调室，并布置在上风向。

4. 管道尽可能暗敷 洁净室内的管道很多，如通风管道、上下水管道、蒸气管道、压缩空气管道、物料输送管道以及电气仪表管线等。为满足洁净室内的洁净等级要求，各种管道应尽可能采用暗敷。明敷管道的外表面应光滑，水平管线宜设置技术夹层或技术夹道，穿越楼层的竖向管线宜设置技术竖井。此外，管道的布置应与通风夹墙、技术走廊等结合起来考虑。

5. 室内装修应有利于清洁 洁净室内的地面可采用水磨石、塑料、耐酸磁板等不易起尘的材料，内墙常采用彩钢板装饰。彩钢板是一种夹芯复合板材，其芯板为聚苯乙烯或聚氨酯发泡板，表层为彩色热镀锌涂层钢板。洁净室内的墙壁与地面、墙壁与墙壁、墙壁与顶棚等的交界连接处宜做成弧形（弧度≥50mm）或采取其他措施，以减少灰尘的积聚，并有利于清洁工作。

洁净室的门窗造型应简单，并具有密封严密、不易积尘和清扫方便等特点。门窗不设门槛或窗台，与内墙面的连接应平整。门应由洁净等级高的方向向洁净等级低的方向开启。门窗材料宜采用金属或金属涂塑料板材，如窗可采用铝合金窗或塑钢窗，门可采用铝合金门或钢板门。

此外，洁净室（区）内各种管道、灯具、风口以及其他公用设施的设计和安装，均应避免出现不易清洁的部位。

6. 洁净室内的电气设计 洁净室内的照明光源宜采用荧光灯，灯具宜采用吸顶式，灯具与顶棚之间的接缝应用密封胶密封。

洁净室内的照度应根据生产要求确定。对照度有特殊要求的生产部位可设置局部照明。此外，室内还应设有应急照明设施。

有灭菌要求的洁净室，若无防爆要求，可安装紫外灯，但应避免紫外线直接照射在人的眼睛和皮肤上。

仪表、配电板、接线盒、控制器、导线及其他原器件应尽量避免布置在洁净室内，无法避免时应将其隐藏布置于墙壁或天花板内。

7. 设置安全出入口　工作人员需要经过曲折的卫生通道才能进入洁净室内部，因此，必须考虑发生火灾或其他事故时工作人员的疏散通道。

洁净厂房的耐火等级不能低于二级，洁净区（室）的安全出入口不能少于两个。无窗的厂房应在适当位置设置门或窗，以备消防人员出入和车间工作人员疏散。应注意安全出入口仅作应急使用，平时不能作为人员或物料的通道，以免产生交叉污染。

1410

建筑物的耐火等级

三、制药洁净车间的布置设计

（一）设备的布置及安装

洁净室内的设备布置及安装与一般化工车间内的设备布置及安装有许多共同点，但洁净室内的设备布置及安装还有其特殊性。

1. 洁净室内仅布置必要的工艺设备，以尽可能减少建筑面积。

2. 洁净车间的净高一般可控制在 2.6m 以下，但精制、调配等工段的设备常带有搅拌器，厂房的净高应考虑搅拌轴的安装和检修高度。

3. 对于多层洁净厂房，若电梯能满足所有设备的运送，则不设吊装孔。必须设置时，最大尺寸不应超过 2.7m，其位置可布置在电梯井道旁侧，且各层吊装孔应在同一垂线上。

4. 当设备不能从门窗的留孔进入时，可考虑将间隔墙设置成可拆卸的轻质墙。对外形尺寸特大的设备可采用安装墙或安装门，并布置在车间内走廊的终端。

5. 洁净室内的设备一般不采用基础。必须采用时，宜采用可移动的砌块水磨石光洁基础块。

6. 设备的安装位置不宜跨越洁净等级不同的房间或墙面。必须跨越时，应设置密封隔断装置，以防不同洁净等级房间之间的交叉污染。

7. 易污染或散热大的设备应尽可能布置在洁净室（区）外，必须布置在室内时，应布置在排风口附近。

8. 片剂生产过程中，粉碎、过筛、造粒、总混、压片等工序的粉尘和噪声较大，因此，车间应按工艺流程的顺序分成若干独立的小室，分别布置各工序设备，并采用消声隔音装置，以改善操作环境。

9. 有特殊要求的仪器、仪表，应布置在专门的仪器室内，并有防止静电、震动、潮湿或其他外界因素影响的设施。

10. 物料烘箱、干燥灭菌烘箱、灭菌隧道烘箱等设备宜采用跨墙布置，即将主要设备布置在非洁净区或控制区，待烘物料或器皿由此区加入，以墙为分隔线，墙的另一面为洁净区，烘干后的物料或器皿由该区取出。显然，设备的门应能双面开启，但不允许同时开启；设备既具有烘干功能，又具有传递窗功能。

（二）人员净化室、生活室及卫生通道的布置

1. 人身净化　药品生产中，人是主要的污染源之一。因此，工作人员在进入洁净控制区之前，必须按照一定的程序进行净化，该过程称为"人身净化"或"人净"。

药品按使用要求分为非无菌产品和无菌产品两类；按生产工艺，无菌产品又可分为可灭菌产品和不可灭菌产品，其中不可灭菌产品的环境洁净度要求为最高，为此，《药品生产质量管理规范（2010 年修订）实施指南》推荐了两个人员净化基本程序，"非无菌产品、可灭菌产品生产区人员净化程序"和"不可灭菌产品生产区人员净化程序"。如图 14-5 和图 14-6 所示。

2. 净化通道和设施

（1）门厅和换鞋处：门厅是工作人员进入车间的第一场所。门厅前一般设有刮泥格栅，以除去鞋

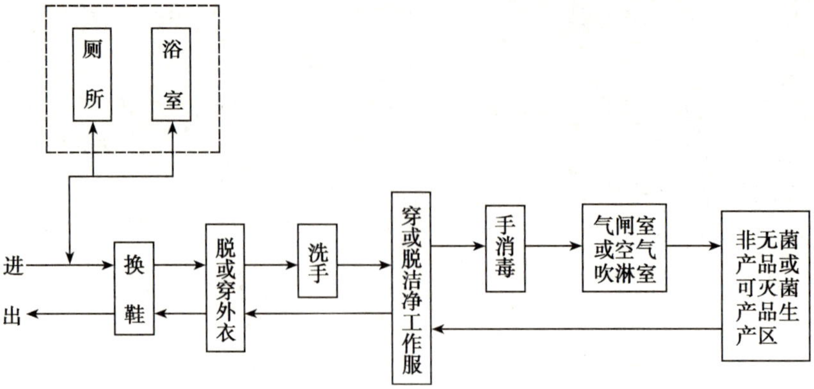

图 14-5 非无菌产品或可灭菌产品生产区人员净化程序

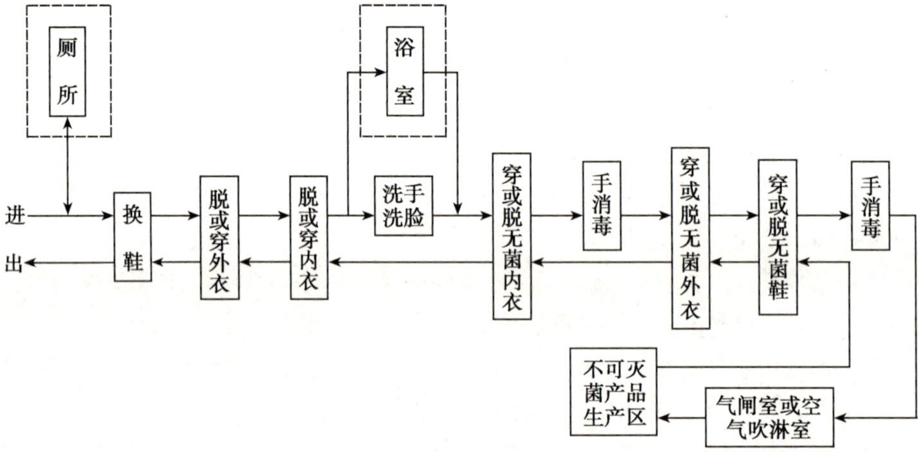

图 14-6 不可灭菌产品生产区人员净化程序

底黏附的大部分泥沙。门厅内设有换鞋处，其内常设有鞋柜。进入车间的工作人员应在换鞋处将外用鞋换成车间提供的拖鞋或套上鞋套。

(2) 外衣存放室：外衣存放室是工作人员存放外衣及生活用品的场所。在外衣存放室内，工作人员先存外衣，然后换上工作服。进入控制区或洁净区的工作人员还需再更换洁净服。存外衣和更换洁净工作服的设施应分别设置；外衣存衣柜应按设计人数每人一柜设置。

(3) 气闸室：医药洁净区域的入口处应设置气闸室，气闸室是设置于两个或两个以上房间之间的具有两扇或两扇以上门的密封空间，其特点是在同一时间内几扇门仅能打开一扇。因此，气闸室实际上是一个门可联锁但不能同时打开的房间。

气闸室内一般没有送风和洁净等级要求，因此气闸室并不能有效防止外界污染的进入。当工作人员进入气闸室时，外界受污染的空气已随人一起进入。当工作人员再进入洁净室时，部分受污染的空气又随人一起进入了洁净室，因此气闸室的出入门应采取防止同时被开启的措施。

(4) 传递窗：传递窗是洁净室内的一种辅助设备，主要用于洁净区与洁净区、非洁净区与洁净区之间的小件物品的传递，以减少洁净室的开门次数，从而最大限度地降低洁净区的污染。

传递窗两边的传递门应有防止同时被打开的措施，密封性要好，并易于清洁。传送至非无菌洁净室的传递窗可采用图 14-7(a) 所示的机械式传递窗，传送至无菌洁净室的传递窗宜设置净化措施或其他防污染设施。图 14-7(b) 是适用于无菌洁净室的气闸式传递窗。

(5) 缓冲室：缓冲室是按相邻高等级洁净室的等级设计、体积不小于 $6m^3$ 的小室。缓冲室内设有洁净空气输送设备，因此，缓冲室的作用要优于没有送风和洁净等级要求的气闸室。

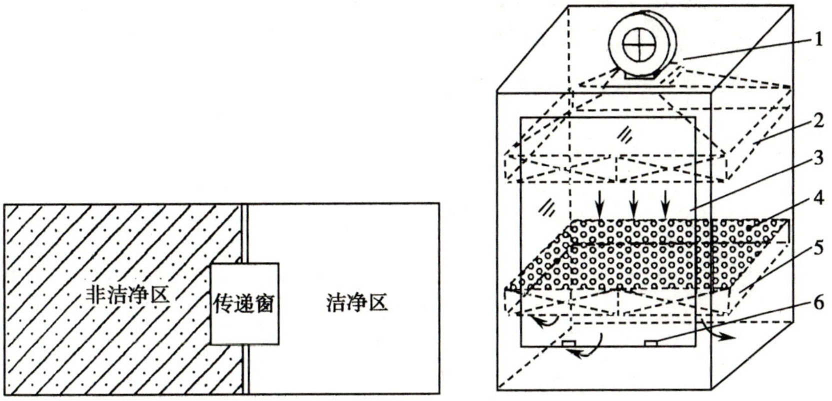

（a）机械式传递窗　　（b）气闸式传递窗

1. 风机；2. 高效过滤器；3. 玻璃门；4. 多孔板；5. 中效过滤器；6. 拉手。

图 14-7　传递窗

（6）空气吹淋室：空气吹淋室又称为空气风淋室，是一种设于洁净室入口处的小室设备，用于吹除附着于工作人员衣服上的尘粒。

3. 人员净化室和生活室的布置　人员净化用室宜包括雨具存放室、换鞋室、存外衣室、盥洗室、更换洁净工作服室、气闸室或空气吹淋室等。人员净化用室入口处，应设置净鞋设施。存外衣和更换洁净工作服的设施应分别设置，外衣存衣柜应按设计人数每人一柜设置。盥洗室应设置洗手、烘干和消毒设施。医药洁净区域的入口处应设置气闸室；气闸室的出入门应采取防止同时被开启的措施。生活用室中的厕所、淋浴室、休息室等，可根据需要设置，但不得对洁净区产生影响。青霉素等高致敏性药品、某些甾体药品、高活性药品及有毒害药品的人员净化用室，应采取防止有毒有害物质被人体带出人员净化用室的措施。

4. 卫生通道的布置　卫生通道的洁净等级由外向内应逐步提高，故应采用正压送风，即愈往内送风量愈大，以防止污染空气倒流，带入灰尘和细菌。

进入洁净室的入口位置很重要，应尽可能将入口布置在洁净区中心附近。

对于单层洁净厂房或面积较小的洁净室以及要求严格分隔的洁净室，卫生通道与洁净室一般布置于同一层。而对于多层洁净厂房，则可采用分层布置。一般可将换鞋处、外衣存放室、淋浴室、换内衣室布置于底层，然后通过洁净楼梯至有关各层，依次经过各层的二次更衣室（即穿无菌衣、鞋和手消毒室）、风淋室后，再进入控制区或洁净区。

（三）物料净化通道和净化室的布置

1. 物料净化　物料（包括成品、包装材料、容器和工具等）首先要刷除外表面的灰尘污染，并经消毒水和紫外线消毒后，才能进入控制区或洁净区，该过程称为“物料净化”或“物净”。

2. 物料净化通道和净化室的布置　防止人流、物流之间的交叉污染的发生是 GMP 的核心之一。物料净化通道和净化室的布置应遵循以下原则：

（1）应分别设置人员和物料进出生产区域的出入口，对在生产过程中易造成污染的物料应设置专用的出入口。并尽可能缩短物料的传递路线，且要避免与人流路线的交叉或往返。

（2）原辅料、包装材料和其他物品进入医药洁净室（区）的入口处应设置物料净化用室和设施，其作用与人净程序中的净鞋、换鞋相类似。

进入无菌洁净室（区）的原辅料、包装材料和其他物品还应在出入口设置物料、物品灭菌用的灭菌室和灭菌设施。

（3）控制区前应设缓冲室，物料进入控制区前应先在缓冲室内刷除外表面的灰尘污染或剥除有污染的外皮，然后才能传入控制区。

紫外线消毒原理

(4) 洁净区前应设缓冲室,洁净区与缓冲室之间应设气闸室或传递窗,气闸室或传递窗内可用紫外灯照射消毒。物料进入洁净区前应先在缓冲室内刷除外表面的灰尘污染,并用消毒水擦洗消毒,然后在设有紫外灯的气闸室或传递窗口内消毒,才能传入洁净区。

(5) 生产过程中的废弃物应设置专用传递设施,其出口不宜与物料进口共用一个气闸室或传递窗。

目标测试

课后习题

1. 简述工程项目从计划建设到交付生产所经历的基本工作程序。
2. 简述项目建议书的功能和作用。
3. 简述厂址选择的基本原则。
4. 简述洁净厂房的总平面设计原则。
5. 简述车间的组成及布置形式。
6. 简述工艺流程设计的内容。
7. 简述物料衡算和能量衡算的意义。
8. 简述车间布置设计的程序。
9. 简述洁净厂房内空气的洁净等级。
10. 简述管道设计的内容。
11. 简述制药洁净车间内的净化通道和设施。

参考文献

[1] 王志祥. 制药工程原理与设备. 3 版. 北京:人民卫生出版社,2016.
[2] 王志祥,黄德春. 制药化工原理. 2 版. 北京:化学工业出版社,2014.
[3] 姚玉英. 化工原理. 2 版. 天津:天津科学技术出版社,2005.
[4] 柴诚敬. 化工原理. 2 版. 北京:高等教育出版社,2010.
[5] 刘落宪. 中药制药工程原理与设备. 2 版. 北京:中国中医药出版社,2007.
[6] 王志魁. 化工原理. 北京:化学工业出版社,2018.
[7] 管国锋,赵汝溥. 化工原理. 3 版. 北京:化学工业出版社,2008.
[8] 王志祥. 制药工程学. 3 版. 北京:化学工业出版社,2015.
[9] 张绪峤. 药物制剂设备与车间工艺设计. 北京:中国医药科技出版社,2000.
[10] 张洪斌. 药物制剂工程技术与设备. 3 版. 北京:化学工业出版社,2019.
[11] 陈敏恒. 化工原理. 3 版. 北京:化学工业出版社,2012.
[12] 崔建云. 食品加工机械与设备. 北京:中国轻工业出版社,2004.
[13] 毛广卿. 粮食输送机械与应用. 北京:科学出版社,2003.
[14] 张振坤,王锡玉. 化工基础. 3 版. 北京:化学工业出版社,2008.
[15] 刘汉清,倪健. 中药药剂学. 北京:科学出版社,2005.
[16] 杨桂明,胡志方. 中药药剂学. 2 版. 北京:人民卫生出版社,2010.
[17] 顾觉奋.离子交换与吸附树脂在制药工业上的应用.北京:中国医药科技出版社,2008.
[18] 顾觉奋.分离纯化工艺原理.北京:中国医药科技出版社,2002.
[19] 袁惠新. 分离工程. 北京:中国石化出版社,2002.
[20] 李淑芬,姜忠义. 高等制药分离工程. 北京:化学工业出版社,2004.
[21] 邓修,吴俊生. 化工分离工程. 2 版. 北京:科学出版社,2013.
[22] 何潮洪,冯宵. 化工原理. 北京:科学出版社,2007.
[23] 李永绣,刘艳珠,周雪珍,等. 分离化学与技术. 北京:化学工业出版社,2017.
[24] 丁玉明. 现代分离方法与技术. 3 版. 北京:化学工业出版社,2020.

附 录

附录 1 单位换算因数

单位名称及符号	换算系数
1. 长度	
英寸 in	2.54×10^{-2}m
英尺 ft(=12in)	0.304 8m
英里 mile	1.609 344km
埃 Å	10^{-10}m
码 yd(=3ft)	0.914 4m
2. 体积	
英加仑 UK gal	4.546 09dm^3
美加仑 US gal	3.785 41dm^3
3. 质量	
磅 lb	0.453 592 37kg
短吨(=2 000lb)	907.185kg
长吨(=2 240lb)	1 016.05kg
4. 力	
达因 dyn(g·cm/s^2)	10^{-5}N
千克力 kgf	9.806 65N
磅力 lbf	4.448 22N
5. 压力(压强)	
巴 bar(10^6dyn/cm^2)	10^5Pa
千克力每平方厘米 kgf/cm^2 (又称工程大气压 at)	980 665Pa
磅力每平方英寸 lbf/in^2(psi)	6.894 76kPa
标准大气压 atm (760mmHg)	101.325kPa
毫米汞柱 mmHg	133.322Pa
毫米水柱 mmH_2O	9.806 65Pa
托 Torr	133.322Pa
6. 表面张力	
达因每厘米 dyn/cm	10^{-3}N/m
7. 动力黏度(通称黏度)	
泊 P 或 g/(cm·s)	10^{-1}Pa·s
厘泊 cP	10^{-3}Pa·s
8. 运动黏度	
斯托克斯 St(=1cm^2/s)	$10^{-4}$$m^2$/s
厘斯 cSt	$10^{-6}$$m^2$/s
9. 功、能、热	
尔格 erg(=1dyn·cm)	10^{-7}J
千克力米 kgf·m	9.806 65J
国际蒸汽表卡 cal	4.186 8J
英热单位 Btu	1.055 06kJ
10. 功率	
尔格每秒 erg/s	10^{-7}W
千克力米每秒 kgf·m/s	9.806 65W
英马力 hp	745.7W
千卡每小时 kcal/h	1.163W
米制马力(=75kgf·m/s)	735.499W
11. 温度	
华氏度℉	$\frac{5}{9}(t_F-32)$℃

附录 2　饱和水的物理性质

温度 t,℃	饱和蒸气压 $p\times10^{-5}$, Pa	密度 ρ, kg/m^3	焓 I, kJ/kg	比热 $C_p\times10^{-3}$, J/(kg·K)	导热系数 $\lambda\times10^2$, W/(m·K)	黏度 $\mu\times10^6$, Pa·s	体积膨胀系数 $\beta\times10^4$,1/K	表面张力 $\sigma\times10^4$, N/m	普兰特准数 Pr
0	0.006 11	999.9	0	4.212	55.1	1 788	−0.81	756.4	13.67
10	0.012 27	999.7	42.04	4.191	57.4	1 306	+0.87	741.6	9.52
20	0.023 38	998.2	83.91	4.183	59.9	1 004	2.09	726.9	7.02
30	0.042 41	995.7	125.7	4.174	61.8	801.5	3.05	712.2	5.42
40	0.073 75	992.2	167.5	4.174	63.5	653.3	3.86	696.5	4.31
50	0.123 35	988.1	209.3	4.174	64.8	549.4	4.57	676.9	3.54
60	0.199 20	983.1	251.1	4.179	65.9	469.9	5.22	662.2	2.99
70	0.311 6	977.8	293.0	4.187	66.8	406.1	5.83	643.5	2.55
80	0.473 6	971.8	355.0	4.195	67.4	355.1	6.40	625.9	2.21
90	0.701 1	965.3	377.0	4.208	68.0	314.9	6.96	607.2	1.95
100	1.013	958.4	419.1	4.220	68.3	282.5	7.50	588.6	1.75
110	1.43	951.0	461.4	4.233	68.5	259.0	8.04	569.0	1.60
120	1.98	943.1	503.7	4.250	68.6	237.4	8.58	548.4	1.47
130	2.70	934.8	546.4	4.266	68.6	217.8	9.12	528.8	1.36
140	3.61	926.1	589.1	4.287	68.5	201.1	9.68	507.2	1.26
150	4.76	917.0	632.2	4.313	68.4	186.4	10.26	486.6	1.17
160	6.18	907.0	675.4	4.346	68.3	173.6	10.87	466.0	1.10
170	7.92	897.3	719.3	4.380	67.9	162.8	11.52	443.4	1.05
180	10.03	886.9	763.3	4.417	67.4	153.0	12.21	422.8	1.00
190	12.55	876.0	807.8	4.459	67.0	144.2	12.96	400.2	0.96
200	15.55	863.0	852.8	4.505	66.3	136.4	13.77	376.7	0.93
210	19.08	852.3	897.7	4.555	65.5	130.5	14.67	354.1	0.91
220	23.20	840.3	943.7	4.614	64.5	124.6	15.67	331.6	0.89
230	27.98	827.3	990.2	4.681	63.7	119.7	16.80	310.0	0.88
240	33.48	813.6	1 037.5	4.756	62.8	114.8	18.08	285.5	0.87
250	39.78	799.0	1 085.7	4.844	61.8	109.9	19.55	261.9	0.86
260	46.94	784.0	1 135.7	4.949	60.5	105.9	21.27	237.4	0.87
270	55.05	767.9	1 185.7	5.070	59.0	102.0	23.31	214.8	0.88
280	64.19	750.7	1 236.8	5.230	57.4	98.1	25.79	191.3	0.90
290	74.45	732.3	1 290.0	5.485	55.8	94.2	28.84	168.7	0.93
300	85.92	712.5	1 344.9	5.736	54.0	91.2	32.73	144.2	0.97
310	98.70	691.1	1 402.2	6.071	52.3	88.3	37.85	120.7	1.03
320	112.90	667.1	1 462.1	6.574	50.6	85.3	44.91	98.10	1.11
330	128.65	640.2	1 526.2	7.244	48.4	81.4	55.31	76.71	1.22
340	146.08	610.1	1 594.8	8.165	45.7	77.5	72.10	56.70	1.39
350	165.37	574.4	1 671.4	9.504	43.0	72.6	103.7	38.16	1.60
360	186.74	528.0	1 761.5	13.984	39.5	66.7	182.9	20.21	2.35
370	210.53	450.5	1 892.5	40.321	33.7	56.9	676.7	4.709	6.79

注：β 值选自 Steam Tables in SI Units, 2nd Ed, by GRIGULL U, et al, Springer Verlag, 1984.

附录3 某些有机液体的相对密度（液体密度与4℃时水的密度之比）

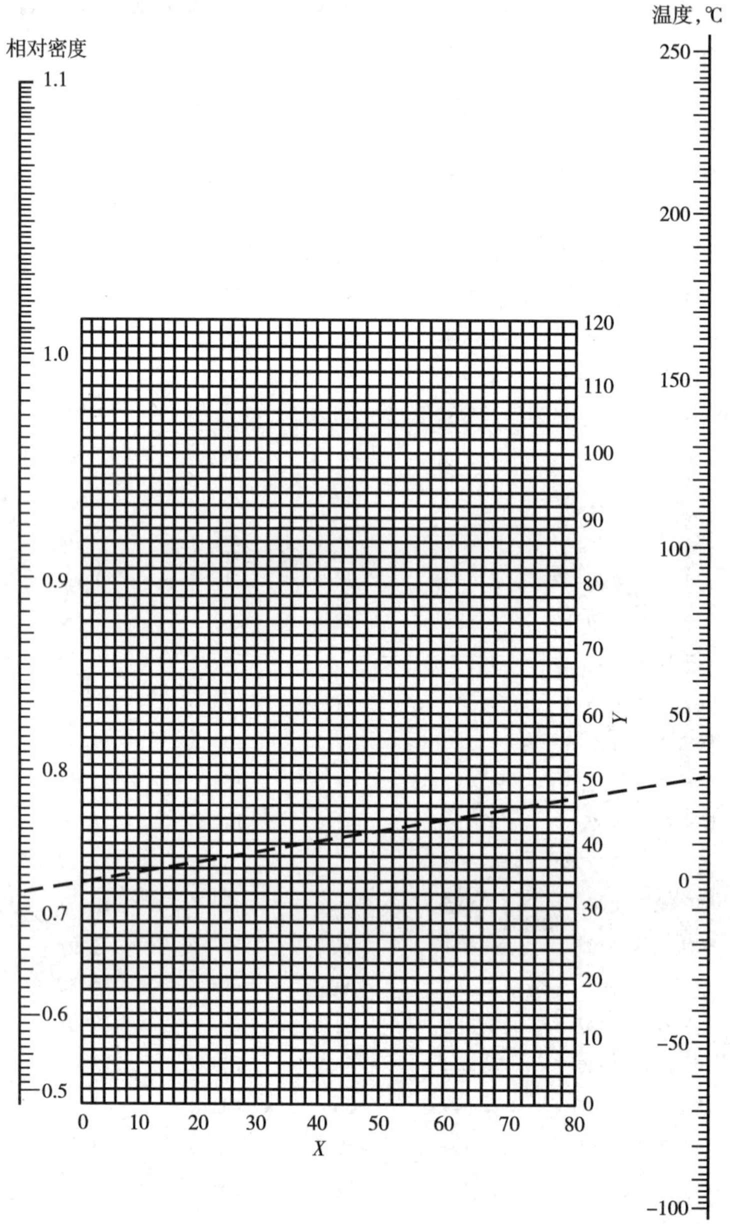

用法举例：求乙丙醚在30℃时的相对密度。首先由表中查得乙丙醚的坐标 $X=20.0$，$Y=37.0$。然后根据 X 和 Y 的值在共线图上标出相应的点，将该点与图中右方温度标尺上30℃的点连成一条直线，将该直线延长与左方相对密度标尺相交，由交点读出30℃乙丙醚的相对密度为0.718。

有机液体相对密度共线图的坐标值

有机液体	X	Y	有机液体	X	Y
乙炔	20.8	10.1	甲酸乙酯	37.6	68.4
乙烷	10.3	4.4	甲酸丙酯	33.8	66.7
乙烯	17.0	3.5	丙烷	14.2	12.2
乙醇	24.2	48.6	丙酮	26.1	47.8
乙醚	22.6	35.8	丙醇	23.8	50.8
乙丙醚	20.0	37.0	丙酸	35.0	83.5
乙硫醇	32.0	55.5	丙酸甲酯	36.5	68.3
乙硫醚	25.7	55.3	丙酸乙酯	32.1	63.9
二乙胺	17.8	33.5	戊烷	12.6	22.6
二硫化碳	18.6	45.4	异戊烷	13.5	22.5
异丁烷	13.7	16.5	辛烷	12.7	32.5
丁酸	31.3	78.7	庚烷	12.6	29.8
丁酸甲酯	31.5	65.5	苯	32.7	63.0
异丁酸	31.5	75.9	苯酚	35.7	103.8
丁酸(异)甲酯	33.0	64.1	苯胺	33.5	92.5
十一烷	14.4	39.2	氟苯	41.9	86.7
十二烷	14.3	41.4	癸烷	16.0	38.2
十三烷	15.3	42.4	氨	22.4	24.6
十四烷	15.8	43.3	氯乙烷	42.7	62.4
三乙胺	17.9	37.0	氯甲烷	52.3	62.9
三氢化磷	28.0	22.1	氯苯	41.7	105.0
己烷	13.5	27.0	氰丙烷	20.1	44.6
壬烷	16.2	36.5	氰甲烷	21.8	44.9
六氢吡啶	27.5	60.0	环己烷	19.6	44.0
甲乙醚	25.0	34.4	醋酸	40.6	93.5
甲醇	25.8	49.1	醋酸甲酯	40.1	70.3
甲硫醇	37.3	59.6	醋酸乙酯	35.0	65.0
甲硫醚	31.9	57.4	醋酸丙酯	33.0	65.5
甲醚	27.2	30.1	甲苯	27.0	61.0
甲酸甲酯	46.4	74.6	异戊醇	20.5	52.0

附录 4　某些液体的物理性质

名称	分子式	密度 ρ，kg/m³（20℃）	沸点 T_b，℃（101.3kPa）	汽化潜热 r，kJ/kg（101.3kPa）	比热 C_p，kJ/（kg·℃）（20℃）	黏度 $\mu\times10^{-3}$，Pa·s（20℃）	导热系数 λ，W/（m·℃）（20℃）	体积膨胀系数 $\beta\times10^4$，1/℃（20℃）	表面张力 $\sigma\times10^3$，N/m（20℃）
水	H_2O	998	100	2 258	4.183	1.005	0.599	1.82	72.8
氯化钠盐水（25%）	—	1 186 （25℃）	107	—	3.39	2.3	0.57 （30℃）	（4.4）	
氯化钙盐水（25%）	—	1 228	107	—	2.89	2.5	0.57	（3.4）	
二硫化碳	CS_2	1 262	46.3	352	1.005	0.38	0.16	12.1	32
戊烷	C_5H_{12}	626	36.07	357.4	2.24 （15.6℃）	0.229	0.113	15.9	16.2
己烷	C_6H_{14}	659	68.74	335.1	2.31 （15.6℃）	0.313	0.119		18.2
庚烷	C_7H_{16}	684	98.43	316.5	2.21 （15.6℃）	0.411	0.123		20.1
辛烷	C_8H_{18}	703	125.67	306.4	2.19 （15.6℃）	0.540	0.131		21.8
三氯甲烷	$CHCl_3$	1 489	61.2	253.7	0.992	0.58	0.138 （30℃）	12.6	28.5 （10℃）
四氯化碳	CCl_4	1 594	76.8	195	0.850	1.0	0.12		26.8
1,2-二氯乙烷	$C_2H_4Cl_2$	1 253	83.6	324	1.260	0.83	0.14 （50℃）		30.8
苯	C_6H_6	879	80.10	393.9	1.704	0.737	0.148	12.4	28.6
甲苯	C_7H_8	867	110.63	363	1.70	0.675	0.138	10.9	27.9
邻二甲苯	C_8H_{10}	880	144.42	347	1.74	0.811	0.142		30.2
间二甲苯	C_8H_{10}	864	139.10	343	1.70	0.611	0.167	0.1	29.0
对二甲苯	C_8H_{10}	861	138.35	340	1.704	0.643	0.129		28.0
硝基苯	$C_6H_5NO_2$	1 203	210.9	396	1.47	2.1	0.15		41
苯胺	$C_6H_5NH_2$	1 022	184.4	448	2.07	4.3	0.17	8.5	42.9
甲醇	CH_3OH	791	64.7	1 101	2.48	0.6	0.212	12.2	22.6
乙醇	C_2H_5OH	789	78.3	846	2.39	1.15	0.172	11.6	22.8
乙二醇	$C_2H_4(OH)_2$	1 113	197.6	780	2.35	23			47.7
甘油	$C_3H_5(OH)_3$	1 261	290 （分解）	—		1 499	0.59	5.3	63

续表

名称	分子式	密度 ρ，kg/m^3（20℃）	沸点 T_b，℃（101.3kPa）	汽化潜热 r，kJ/kg（101.3kPa）	比热 C_p，kJ/（kg·℃）（20℃）	黏度 $\mu\times10^{-3}$，Pa·s（20℃）	导热系数 λ，W/（m·℃）（20℃）	体积膨胀系数 $\beta\times10^4$，1/℃（20℃）	表面张力 $\sigma\times10^3$，N/m（20℃）
乙醚	$(C_2H_5)_2O$	714	34.6	360	2.34	0.24	0.140	16.3	18
乙醛	CH_3CHO	783（18℃）	20.2	574	1.9	1.3（18℃）			21.2
糠醛	$C_5H_4O_2$	1 168	161.7	452	1.6	1.15（50℃）			43.5
丙酮	CH_3COCH_3	792	56.2	523	2.35	0.32	0.17		23.7
甲酸	HCOOH	1 220	100.7	494	2.17	1.9	0.26		27.8
醋酸	CH_3COOH	1 049	118.1	406	1.99	1.3	0.17	10.7	23.9
醋酸乙酯	$CH_3COOC_2H_5$	901	77.1	368	1.92	0.48	0.14（10℃）		

附录 5　饱和水蒸气表（按温度排列）

温度,℃	绝对压力,kPa	蒸汽密度,kg/m³	焓,kJ/kg		汽化潜热,kJ/kg
			液体	蒸汽	
0	0.608 2	0.004 84	0	2 491	2 491
5	0.873 0	0.006 80	20.9	2 500.8	2 480
10	1.226	0.009 40	41.9	2 510.4	2 469
15	1.707	0.012 83	62.8	2 520.5	2 458
20	2.335	0.017 19	83.7	2 530.1	2 446
25	3.168	0.023 04	104.7	2 539.7	2 435
30	4.247	0.030 36	125.6	2 549.3	2 424
35	5.621	0.039 60	146.5	2 559.0	2 412
40	7.377	0.051 14	167.5	2 568.6	2 401
45	9.584	0.065 43	188.4	2 577.8	2 389
50	12.34	0.083 0	209.3	2 587.4	2 378
55	15.74	0.104 3	230.3	2 596.7	2 366
60	19.92	0.130 1	251.2	2 606.3	2 355
65	25.01	0.161 1	272.1	2 615.5	2 343
70	31.16	0.197 9	293.1	2 624.3	2 331
75	38.55	0.241 6	314.0	2 633.5	2 320
80	47.38	0.292 9	334.9	2 642.3	2 307
85	57.88	0.353 1	355.9	2 651.1	2 295
90	70.14	0.422 9	376.8	2 659.9	2 283
95	84.56	0.503 9	397.8	2 668.7	2 271
100	101.33	0.597 0	418.7	2 677.0	2 258
105	120.85	0.703 6	440.0	2 685.0	2 245
110	143.31	0.825 4	461.0	2 693.4	2 232
115	169.11	0.963 5	482.3	2 701.3	2 219
120	198.64	1.119 9	503.7	2 708.9	2 205
125	232.19	1.296	525.0	2 716.4	2 191
130	270.25	1.494	546.4	2 723.9	2 178
135	313.11	1.715	567.7	2 731.0	2 163
140	361.47	1.962	589.1	2 737.7	2 149
145	415.72	2.238	610.9	2 744.4	2 134
150	476.24	2.543	632.2	2 750.7	2 119
160	618.28	3.252	675.8	2 762.9	2 087
170	792.59	4.113	719.3	2 773.3	2 054
180	1 003.5	5.145	763.3	2 782.5	2 019
190	1 255.6	6.378	807.6	2 790.1	1 982
200	1 554.8	7.840	852.0	2 795.5	1 944
210	1 917.7	9.567	897.2	2 799.3	1 902
220	2 320.9	11.60	942.4	2 801.0	1 859
230	2 798.6	13.98	988.5	2 800.1	1 812
240	3 347.9	16.76	1 034.6	2 796.8	1 762
250	3 977.7	20.01	1 081.4	2 790.1	1 709
260	4 693.8	23.82	1 128.8	2 780.9	1 652
270	5 504.0	28.27	1 176.9	2 768.3	1 591
280	6 417.2	33.47	1 225.5	2 752.0	1 526
290	7 443.3	39.60	1 274.5	2 732.3	1 457
300	8 592.9	46.93	1 325.5	2 708.0	1 382

附录 6　饱和水蒸气表（按压力排列）

绝对压力,kPa	温度,℃	蒸汽密度,kg/m^3	焓,kJ/kg		汽化潜热,kJ/kg
			液体	蒸汽	
1.0	6.3	0.007 73	26.5	2 503.1	2 477
1.5	12.5	0.011 33	52.3	2 515.3	2 463
2.0	17.0	0.014 86	71.2	2 524.2	2 453
2.5	20.9	0.018 36	87.5	2 531.8	2 444
3.0	23.5	0.021 79	98.4	2 536.8	2 438
3.5	26.1	0.025 23	109.3	2 541.8	2 433
4.0	28.7	0.028 67	120.2	2 546.8	2 427
4.5	30.8	0.032 05	129.0	2 550.9	2 422
5.0	32.4	0.035 37	135.7	2 554.0	2 418
6.0	35.6	0.042 00	149.1	2 560.1	2 411
7.0	38.8	0.048 64	162.4	2 566.3	2 404
8.0	41.3	0.055 14	172.7	2 571.0	2 398
9.0	43.3	0.061 56	181.2	2 574.8	2 394
10.0	45.3	0.067 98	189.6	2 578.5	2 389
15.0	53.5	0.099 56	224.0	2 594.0	2 370
20.0	60.1	0.130 7	251.5	2 606.4	2 355
30.0	66.5	0.190 9	288.8	2 622.4	2 334
40.0	75.0	0.249 8	315.9	2 634.1	2 312
50.0	81.2	0.308 0	339.8	2 644.3	2 304
60.0	85.6	0.365 1	358.2	2 652.1	2 394
70.0	89.9	0.422 3	376.6	2 659.8	2 283
80.0	93.2	0.478 1	390.1	2 665.3	2 275
90.0	96.4	0.533 8	403.5	2 670.8	2 267
100.0	99.6	0.589 6	416.9	2 676.3	2 259
120.0	104.5	0.698 7	437.5	2 684.3	2 247
140.0	109.2	0.807 6	457.7	2 692.1	2 234
160.0	113.0	0.829 8	473.9	2 698.1	2 224
180.0	116.6	1.021	489.3	2 703.7	2 214
200.0	120.2	1.127	493.7	2 709.2	2 205

续表

绝对压力,kPa	温度,℃	蒸汽密度,kg/m³	焓,kJ/kg		汽化潜热,kJ/kg
			液体	蒸汽	
250.0	127.2	1.390	534.4	2 719.7	2 185
300.0	133.3	1.650	560.4	2 728.5	2 168
350.0	138.8	1.907	583.8	2 736.1	2 152
400.0	143.4	2.162	603.6	2 742.1	2 138
450.0	147.7	2.415	622.4	2 747.8	2 125
500.0	151.7	2.667	639.6	2 752.8	2 113
600.0	158.7	3.169	676.2	2 761.4	2 091
700.0	164.7	3.666	696.3	2 767.8	2 072
800.0	170.4	4.161	721.0	2 773.7	2 053
900.0	175.1	4.652	741.8	2 778.1	2 036
1.0×10^3	179.9	5.143	762.7	2 782.5	2 020
1.1×10^3	180.2	5.633	780.3	2 785.5	2 005
1.2×10^3	187.8	6.124	797.9	2 788.5	1 991
1.3×10^3	191.5	6.614	814.2	2 790.9	1 977
1.4×10^3	194.8	7.103	829.1	2 792.4	1 964
1.5×10^3	198.2	7.594	843.9	2 794.5	1 951
1.6×10^3	201.3	8.081	857.8	2 796.0	1 938
1.7×10^3	204.1	8.567	870.6	2 797.1	1 926
1.8×10^3	206.9	9.053	883.4	2 798.1	1 915
1.9×10^3	209.8	9.539	896.2	2 799.2	1 903
2.0×10^3	212.2	10.03	907.3	2 799.7	1 892
3.0×10^3	233.7	15.01	1 005.4	2 798.9	1 794
4.0×10^3	250.3	20.10	1 082.9	2 789.8	1 707
5.0×10^3	263.8	25.37	1 146.9	2 776.2	1 629
6.0×10^3	275.4	30.85	1 203.2	2 759.5	1 556
7.0×10^3	285.7	36.57	1 253.2	2 740.8	1 488
8.0×10^3	294.8	42.58	1 299.2	2 720.5	1 404
9.0×10^3	303.2	48.89	1 343.5	2 699.1	1 357

附录 7　干空气的热物理性质
(p =1.013×10^{5}Pa)

温度 t,℃	密度 ρ, kg/m^3	比热 C_p, kJ/(kg·℃)	导热系数 $\lambda\times10^2$, W/(m·℃)	黏度 $\mu\times10^6$, Pa·s	运动黏度 $\gamma\times10^6$, m^2/s	普兰特准数 Pr
-50	1.584	1.013	2.04	14.6	9.23	0.728
-40	1.515	1.013	2.12	15.2	10.04	0.728
-30	1.453	1.013	2.20	15.7	10.80	0.723
-20	1.395	1.009	2.28	16.2	11.61	0.716
-10	1.342	1.009	2.36	16.7	12.43	0.712
0	1.293	1.005	2.44	17.2	13.28	0.707
10	1.247	1.005	2.51	17.6	14.16	0.705
20	1.205	1.005	2.59	18.1	15.06	0.703
30	1.165	1.005	2.67	18.6	16.00	0.701
40	1.128	1.005	2.76	19.1	16.96	0.699
50	1.093	1.005	2.83	19.6	17.95	0.698
60	1.060	1.005	2.90	20.1	18.97	0.696
70	1.029	1.009	2.96	20.6	20.02	0.694
80	1.000	1.009	3.05	21.1	21.09	0.692
90	0.972	1.009	3.13	21.5	22.10	0.690
100	0.946	1.009	3.21	21.9	23.13	0.688
120	0.898	1.009	3.34	22.8	25.45	0.686
140	0.854	1.013	3.49	23.7	27.80	0.684
160	0.815	1.017	3.64	24.5	30.09	0.682
180	0.779	1.022	3.78	25.3	32.49	0.681
200	0.746	1.026	3.93	26.0	34.85	0.680
250	0.674	1.038	4.27	27.4	40.61	0.677
300	0.615	1.047	4.60	29.7	48.33	0.674
350	0.566	1.059	4.91	31.4	55.46	0.676
400	0.524	1.068	5.21	33.0	63.09	0.678
500	0.456	1.093	5.74	36.2	79.38	0.687
600	0.404	1.114	6.22	39.1	96.89	0.699
700	0.362	1.135	6.71	41.8	115.4	0.706
800	0.329	1.156	7.18	44.3	134.8	0.713
900	0.301	1.172	7.63	46.7	155.1	0.717
1 000	0.277	1.185	8.07	49.0	177.1	0.719
1 100	0.257	1.197	8.50	51.2	199.3	0.722
1 200	0.239	1.210	9.15	53.5	233.7	0.724

附录 8　液体的黏度

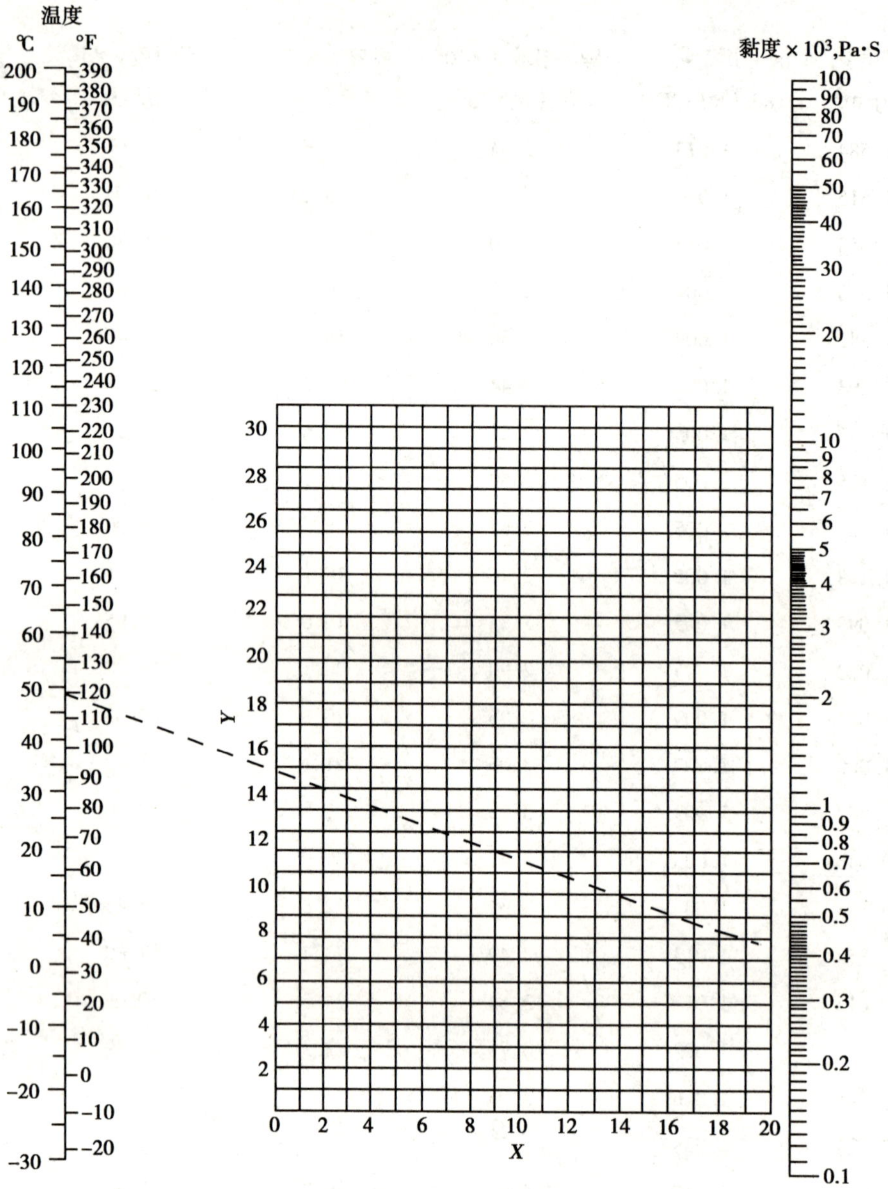

用法举例：求苯在 50℃时的黏度。首先由表中查得苯的序号为 15，其坐标 $X=12.5$，$Y=10.9$。然后根据 X 和 Y 的值在共线图上标出相应的点，再将该点与图中左边温度标尺上温度为 50℃的点连成一条直线，将该直线延长与右边的黏度标尺相交，由交点读出苯在 50℃时的黏度为 0.44×10^{-3} Pa · s。

液体黏度共线图的坐标值

序号	液体		X	Y	序号	液体		X	Y
1	乙醛		15.2	14.8	7	丙烯醇		10.2	14.3
2	醋酸	100%	12.1	14.2	8	氨	100%	12.6	2.0
3		70%	9.5	17.0	9		26%	10.1	13.9
4	醋酸酐		12.7	12.8	10	醋酸戊酯		11.8	12.5
5	丙酮	100%	14.5	7.2	11	戊醇		7.5	18.4
6		35%	7.9	15.0	12	苯胺		8.1	18.7

续表

序号	液体		X	Y	序号	液体		X	Y
13	苯甲醚		12.3	13.5	61	己烷		14.7	7.0
14	三氯化砷		13.9	14.5	62	盐酸	31.5%	13.0	16.6
15	苯		12.5	10.9	63	异丁醇(26℃)		7.1	18.0
16	氯化钙盐水	25%	6.6	15.9	64	异丁醇(20℃)		12.2	14.4
17	氯化钠盐水	25%	10.2	16.6	65	异丙醇		8.2	16.0
18	溴		14.2	13.2	66	煤油		10.2	16.9
19	溴甲苯		20	15.9	67	粗亚麻仁油		7.5	27.2
20	丁酸丁酯		12.3	11.0	68	水银		18.4	16.4
21	丁醇		8.6	17.2	69	甲醇	100%	12.4	10.5
22	丁酸		12.1	15.3	70		90%	12.3	11.8
23	二氧化碳		11.6	0.3	71		40%	7.8	15.5
24	二硫化碳		16.1	7.5	72	乙酸甲酯		14.2	8.2
25	四氯化碳		12.7	13.1	73	氯甲烷		15.0	3.8
26	氯苯		12.3	12.4	74	丁酮		13.9	8.6
27	三氯甲烷		14.4	10.2	75	萘		7.9	18.1
28	氯磺酸		11.2	18.1	76	硝酸	95%	12.8	13.8
29	氯甲苯(邻位)		13.0	13.3	77		60%	10.8	17.0
30	氯甲苯(间位)		13.3	12.5	78	硝基苯		10.6	16.2
31	氯甲苯(对位)		13.3	12.5	79	硝基甲苯		11.0	17.0
32	甲酚(间位)		2.5	20.8	80	辛烷		13.7	10.0
33	环已醇		2.9	24.3	81	辛醇		6.6	21.1
34	二溴乙烷		12.7	15.8	82	五氯乙烷		10.9	17.3
35	二氯乙烷		13.2	12.2	83	戊烷		14.9	5.2
36	二氯甲烷		14.6	8.9	84	酚		6.9	20.8
37	草酸乙酯		11.0	16.4	85	三溴化磷		13.8	16.7
38	草酸二甲酯		12.3	15.8	86	三氯化磷		16.2	10.9
39	联苯		12.0	18.3	87	丙酸		12.8	13.8
40	草酸二丙酯		10.3	17.7	88	丙醇		9.1	16.5
41	乙酸乙酯		13.7	9.1	89	溴丙烷		14.5	9.6
42	乙醇	100%	10.5	13.8	90	氯丙烷		14.4	7.5
43		95%	9.8	14.3	91	碘丙烷		14.1	11.6
44		40%	6.5	16.6	92	钠		16.4	13.9
45	乙苯		13.2	11.5	93	氢氧化钠	50%	3.2	25.8
46	溴乙烷		14.5	8.1	94	四氯化锡		13.5	12.8
47	氯乙烷		14.8	6.0	95	二氧化硫		15.2	7.1
48	乙醚		14.5	5.3	96	硫酸	110%	7.2	27.4
49	甲酸乙酯		14.2	8.4	97		98%	7.0	24.8
50	碘乙烷		14.7	10.3	98		60%	10.2	21.3
51	乙二醇		6.0	23.6	99	二氯二氧化硫		15.2	12.4
52	甲酸		10.7	15.8	100	四氯乙烷		11.9	15.7
53	氟里昂-11(CCl_3F)		14.4	9.0	101	四氯乙烯		14.2	12.7
54	氟里昂-12(CCl_2F_2)		16.8	5.6	102	四氯化钛		14.4	12.3
55	氟里昂-21($CHCl_2F$)		15.7	7.5	103	甲苯		13.7	10.4
56	氟里昂-22($CHClF_2$)		17.2	4.7	104	三氯乙烯		14.8	10.5
57	氟里昂-113($CCl_2F\text{-}CClF_2$)		12.5	11.4	105	松节油		11.5	14.9
58	甘油	100%	2.0	30.0	106	醋酸乙烯		14.0	8.8
59		50%	6.9	19.6	107	水		10.2	13.0
60	庚烷		14.1	8.4					

附录 9 气体的黏度（p =1.013×10^5Pa）

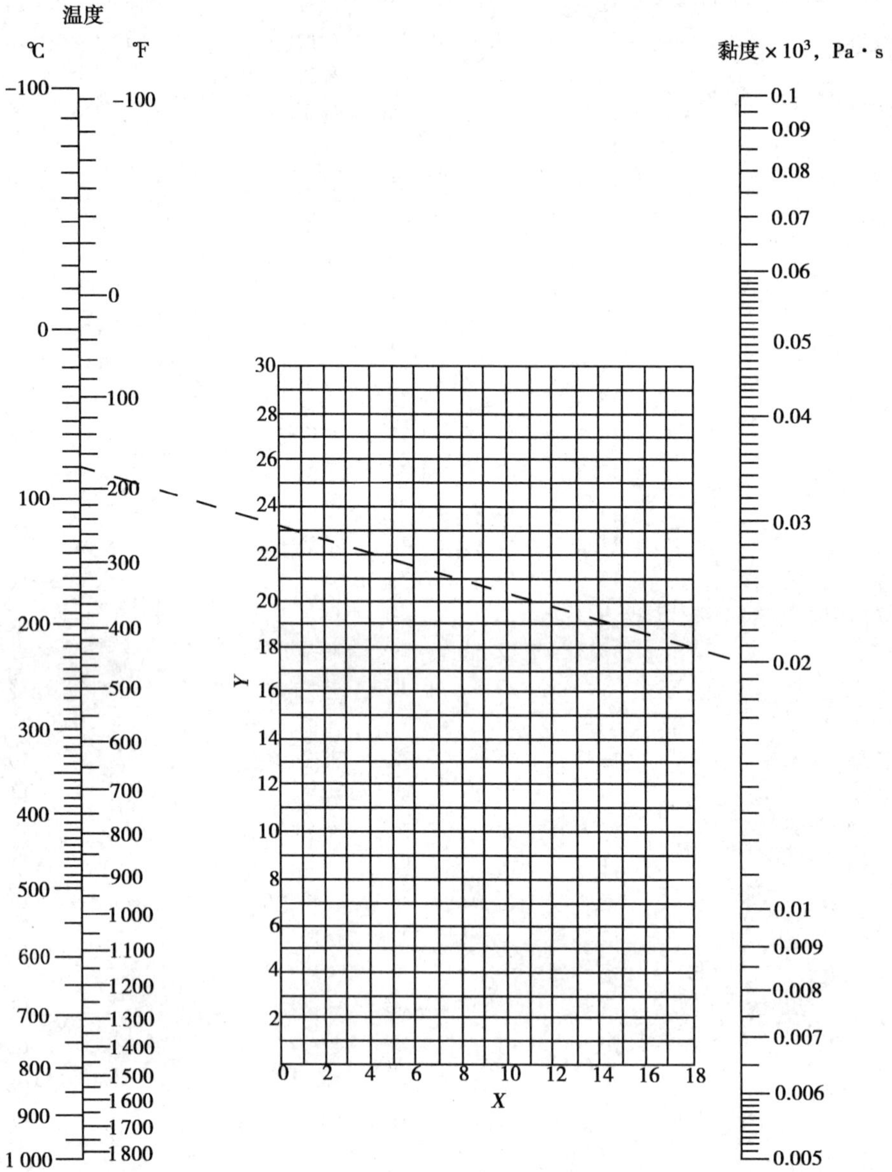

用法举例：求空气在 80℃时的黏度。首先由表中查得空气的序号为 4，其坐标 X=11.0，Y=20.0。然后根据 X 和 Y 的值在共线图上标出相应的点，将该点与图中左方温度标尺上 80℃的点连成一条直线，将该直线延长与右方黏度标尺相交，由交点读出 80℃空气的黏度为 0.022×10^{-3}Pa·s。

气体黏度共线图的坐标值

序号	气体	X	Y	序号	气体	X	Y
1	醋酸	7.7	14.3	29	氟里昂-113(CCl_2F-$CClF_2$)	11.3	14.0
2	丙酮	8.9	13.0	30	氦	10.9	20.5
3	乙炔	9.8	14.9	31	己烷	8.6	11.8
4	空气	11.0	20.0	32	氢	11.2	12.4
5	氨	8.4	16.0	33	$3H_2+1N_2$	11.2	17.2
6	氩	10.5	22.4	34	溴化氢	8.8	20.9
7	苯	8.5	13.2	35	氯化氢	8.8	18.7
8	溴	8.9	19.2	36	氰化氢	9.8	14.9
9	丁烯	9.2	13.7	37	碘化氢	9.0	21.3
10	丁炔	8.9	13.0	38	硫化氢	8.6	18.0
11	二氧化碳	9.5	18.7	39	碘	9.0	18.4
12	二硫化碳	8.0	16.0	40	水银	5.3	22.9
13	一氧化碳	11.0	20.0	41	甲烷	9.9	15.5
14	氯	9.0	18.4	42	甲醇	8.5	15.6
15	三氯甲烷	8.9	15.7	43	一氧化氮	10.9	20.5
16	氰	9.2	15.2	44	氮	10.6	20.0
17	环己烷	9.2	12.0	45	五硝酰氯	8.0	17.6
18	乙烷	9.1	14.5	46	一氧化二氮	8.8	19.0
19	乙酸乙酯	8.5	13.2	47	氧	11.0	21.3
20	乙醇	9.2	14.2	48	戊烷	7.0	12.8
21	氯乙烷	8.5	15.6	49	丙烷	9.7	12.9
22	乙醚	8.9	13.0	50	丙醇	8.4	13.4
23	乙烯	9.5	15.1	51	丙烯	9.0	13.8
24	氟	7.3	23.8	52	二氧化硫	9.6	17.0
25	氟里昂-11(CCl_3F)	10.6	15.1	53	甲苯	8.6	12.4
26	氟里昂-12(CCl_2F_2)	11.1	16.0	54	2,3,3-三甲(基)丁烷	9.5	10.5
27	氟里昂-21($CHCl_2F$)	10.8	15.3	55	水	8.0	16.0
28	氟里昂-22($CHClF_2$)	10.1	17.0	56	氙	9.3	23.0

附录 10 固体材料的导热系数

1. 常用金属材料的导热系数,W/(m·℃)

温度,℃	0	100	200	300	400
铝	228	228	228	228	228
铜	384	379	372	367	363
铁	73.3	67.5	61.6	54.7	48.9
铅	35.1	33.4	31.4	29.8	—
镍	93.0	82.6	73.3	63.97	59.3
银	414	409	373	362	359
碳钢	52.3	48.9	44.2	41.9	34.9
不锈钢	16.3	17.5	17.5	18.5	—

2. 常用非金属材料的导热系数,W/(m·℃)

名称	温度,℃	导热系数	名称	温度,℃	导热系数
石棉绳	—	0.10~0.21	云母	50	0.430
石棉板	30	0.10~0.14	泥土	20	0.698~0.930
软木	30	0.043 0	冰	0	2.33
玻璃棉	—	0.034 9~0.069 8	膨胀珍珠岩散料	25	0.021~0.062
保温灰	—	0.069 8	软橡胶	—	0.129~0.159
锯屑	20	0.046 5~0.058 2	硬橡胶	0	0.150
棉花	100	0.069 8	聚四氟乙烯	—	0.242
厚纸	20	0.14~0.349	泡沫塑料	—	0.046 5
玻璃	30	1.09	泡沫玻璃	-15	0.004 89
	-20	0.76		-80	0.003 49
搪瓷	—	0.87~1.16	木材(横向)	—	0.14~0.175
木材(纵向)	—	0.384	酚醛加玻璃纤维	—	0.259
耐火砖	230	0.872	酚醛加石棉纤维	—	0.294
	1 200	1.64	聚碳酸酯	—	0.191
混凝土	—	1.28	聚苯乙烯泡沫	25	0.041 9
绒毛毡	—	0.046 5		-150	0.001 74
85%氧化镁粉	0~100	0.069 8	聚乙烯	—	0.329
聚氯乙烯	—	0.116~0.174	石墨	—	139

附录 11　液体的导热系数

液体		温度 t,℃	导热系数 λ, W/(m·℃)
醋酸	100%	20	0. 171
	50%	20	0. 35
丙酮		30	0. 177
		75	0. 164
丙烯醇		25~30	0. 180
氨		25~30	0. 50
氨水溶液		20	0. 45
		60	0. 50
正戊醇		30	0. 163
		100	0. 154
异戊醇		30	0. 152
		75	0. 151
苯胺		0~20	0. 173
苯		30	0. 159
		60	0. 151
正丁醇		30	0. 168
		75	0. 164
异丁醇		10	0. 157
氯化钙盐水	30%	30	0. 55
	15%	30	0. 59
二硫化碳		30	0. 161
		75	0. 152
四氯化碳		0	0. 185
		68	0. 163
氯苯		10	0. 144
三氯甲烷		30	0. 138
乙酸乙酯		20	0. 175
乙醇	100%	20	0. 182
	80%	20	0. 237
	60%	20	0. 305
	40%	20	0. 388
	20%	20	0. 486
	100%	50	0. 151
硝基苯		30	0. 164
		100	0. 152
硝基甲苯		30	0. 216
		60	0. 208
正辛烷		60	0. 14
		0	0. 138~0. 156
石油		20	0. 180
蓖麻油		0	0. 173
		20	0. 168
橄榄油		100	0. 164
正戊烷		30	0. 135
		75	0. 128
氯化钾	15%	32	0. 58
	30%	32	0. 56
氢氧化钾	21%	32	0. 58
	42%	32	0. 55
硫酸钾	10%	32	0. 60
乙苯		30	0. 149
		60	0. 142
乙醚		30	0. 138
		75	0. 135
汽油		30	0. 135
三元醇	100%	20	0. 284
	80%	20	0. 327
	60%	20	0. 381
	40%	20	0. 448
	20%	20	0. 481
	100%	100	0. 284
正庚烷		30	0. 140
		60	0. 137
正己烷		30	0. 138
		60	0. 135
正庚醇		30	0. 163
		75	0. 157
正己醇		30	0. 164
		75	0. 156
煤油		20	0. 149
		75	0. 140
盐酸	12. 5%	32	0. 52
	25%	32	0. 48
	38%	32	0. 44
水银		28	0. 36
甲醇	100%	20	0. 215
	80%	20	0. 267
	60%	20	0. 329
	40%	20	0. 405
	20%	20	0. 492
	100%	50	0. 197
氯甲烷		-15	0. 192
		30	0. 154
正丙醇		30	0. 171
		75	0. 164
异丙醇		30	0. 157
		60	0. 155
氯化钠盐水	25%	30	0. 57

续表

液体		温度 t,℃	导热系数 λ, W/(m·℃)	液体		温度 t,℃	导热系数 λ, W/(m·℃)
	12.5%	30	0.59	甲苯		30	0.149
硫酸	90%	30	0.36			75	0.145
	60%	30	0.43	松节油		15	0.128
	30%	30	0.52	二甲苯	邻位	20	0.155
二氧化硫		15	0.22		对位	20	0.155
		30	0.192				

附录 12 气体的导热系数（p=1.013×10^5Pa）

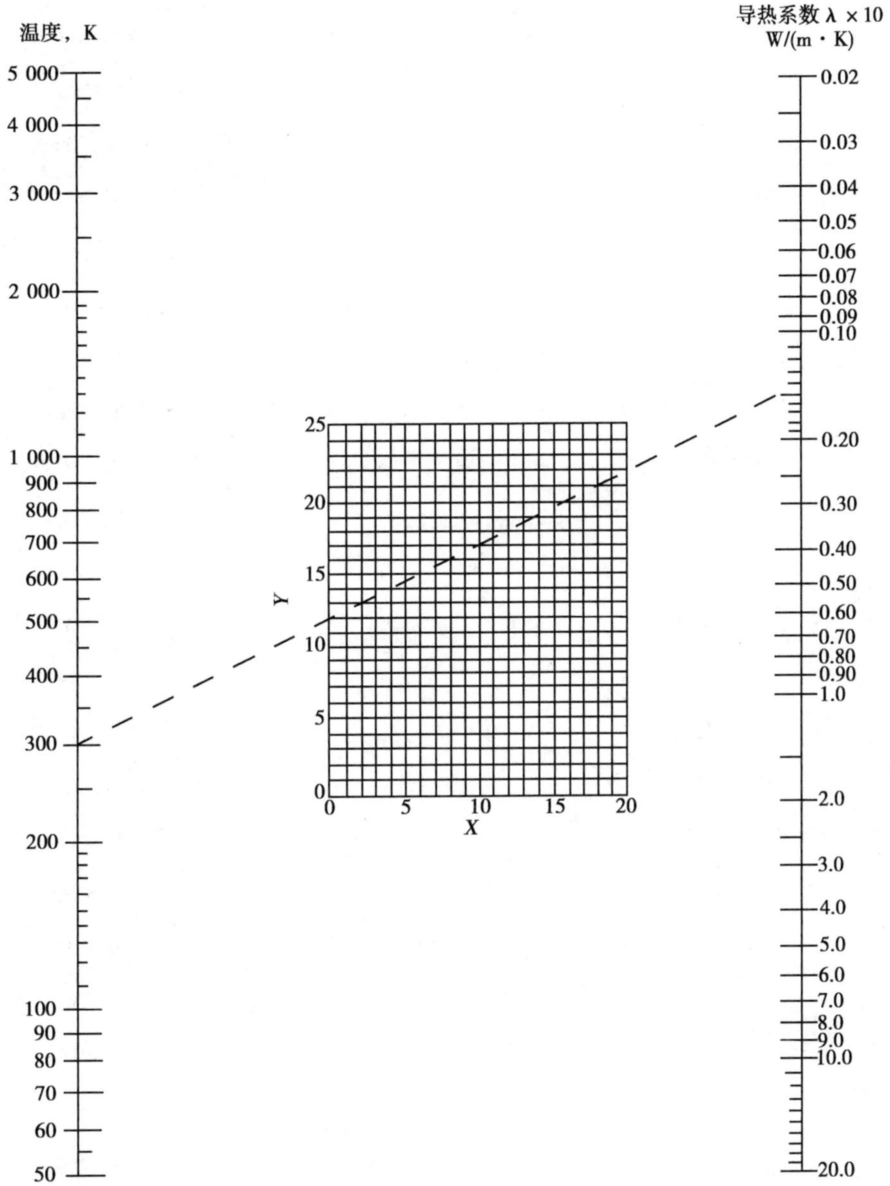

用法举例:求乙醇在 300K 时的导热系数。首先由表中查得乙醇的坐标 X=2.0,Y=13.0。然后根据 X 和 Y 的值在共线图上标出相应的点,将该点与图中左方温度标尺上 300K 的点连成一条直线,将该直线延长与右方导热系数标尺相交,由交点读出 300K 乙醇的导热系数为 0.014W/(m·K)。

气体导热系数共线图的坐标值

气体或蒸汽	温度范围 K	X	Y	气体或蒸汽	温度范围 K	X	Y
乙炔	200~600	7.5	13.5	氟利昂-113($CCl_2F \cdot CClF_2$)	250~400	4.7	17.0
空气	50~250	12.4	13.9	氦	50~500	17.0	2.5
空气	250~1 000	14.7	15.0	氦	500~5 000	15.0	3.0
空气	1 000~1 500	17.1	14.5	正庚烷	250~600	4.0	14.8
氨	200~900	8.5	12.6	正庚烷	600~1 000	6.9	14.9
氩	50~250	12.5	16.5	正己烷	250~1 000	3.7	14.0
氩	250~5 000	15.4	18.1	氢	50~250	13.2	1.2
苯	250~600	2.8	14.2	氢	250~1 000	15.7	1.3
三氟化硼	250~400	12.4	16.4	氢	1 000~2 000	13.7	2.7
溴	250~350	10.1	23.6	氯化氢	200~700	12.2	18.5
正丁烷	250~500	5.6	14.1	氪	100~700	13.7	21.8
异丁烷	250~500	5.7	14.0	甲烷	100~300	11.2	11.7
二氧化碳	200~700	8.7	15.5	甲烷	300~1 000	8.5	11.0
二氧化碳	700~1 200	13.3	15.4	甲醇	300~500	5.0	14.3
一氧化碳	80~300	12.3	14.2	氯甲烷	250~700	4.7	15.7
一氧化碳	300~1 200	15.2	15.2	氖	50~250	15.2	10.2
四氯化碳	250~500	9.4	21.0	氖	250~5 000	17.2	11.0
氯	200~700	10.8	20.1	氧化氮	100~1 000	13.2	14.8
氘	50~100	12.7	17.3	氮	50~250	12.5	14.0
丙酮	250~500	3.7	14.8	氮	250~500	15.8	15.3
乙烷	200~1 000	5.4	12.6	氮	1 500~3 000	12.5	16.5
乙醇	250~350	2.0	13.0	一氧化二氮	200~500	8.4	15.0
乙醇	350~500	7.7	15.2	一氧化二氮	500~1 000	11.5	15.5
乙醚	250~500	5.3	14.1	氧	50~300	12.2	13.8
乙烯	200~450	3.9	12.3	氧	300~1 500	14.5	14.8
氟	80~600	12.3	13.8	戊烷	250~500	5.0	14.1
氩	600~800	18.7	13.8	丙烷	200~300	2.7	12.0
氟利昂-11(CCl_3F)	250~500	7.5	19.0	丙烷	300~500	6.3	13.7
氟利昂-12($CClF_2$)	250~500	6.8	17.5	二氧化硫	250~900	9.2	18.5
氟利昂-13($CClF_3$)	250~500	7.5	16.5	甲苯	250~600	6.4	14.8
氟利昂-21($CHCl_2F$)	250~450	6.2	17.5	氟利昂-22($CHClF_2$)	250~500	6.5	18.6

附录 13　液体的比热

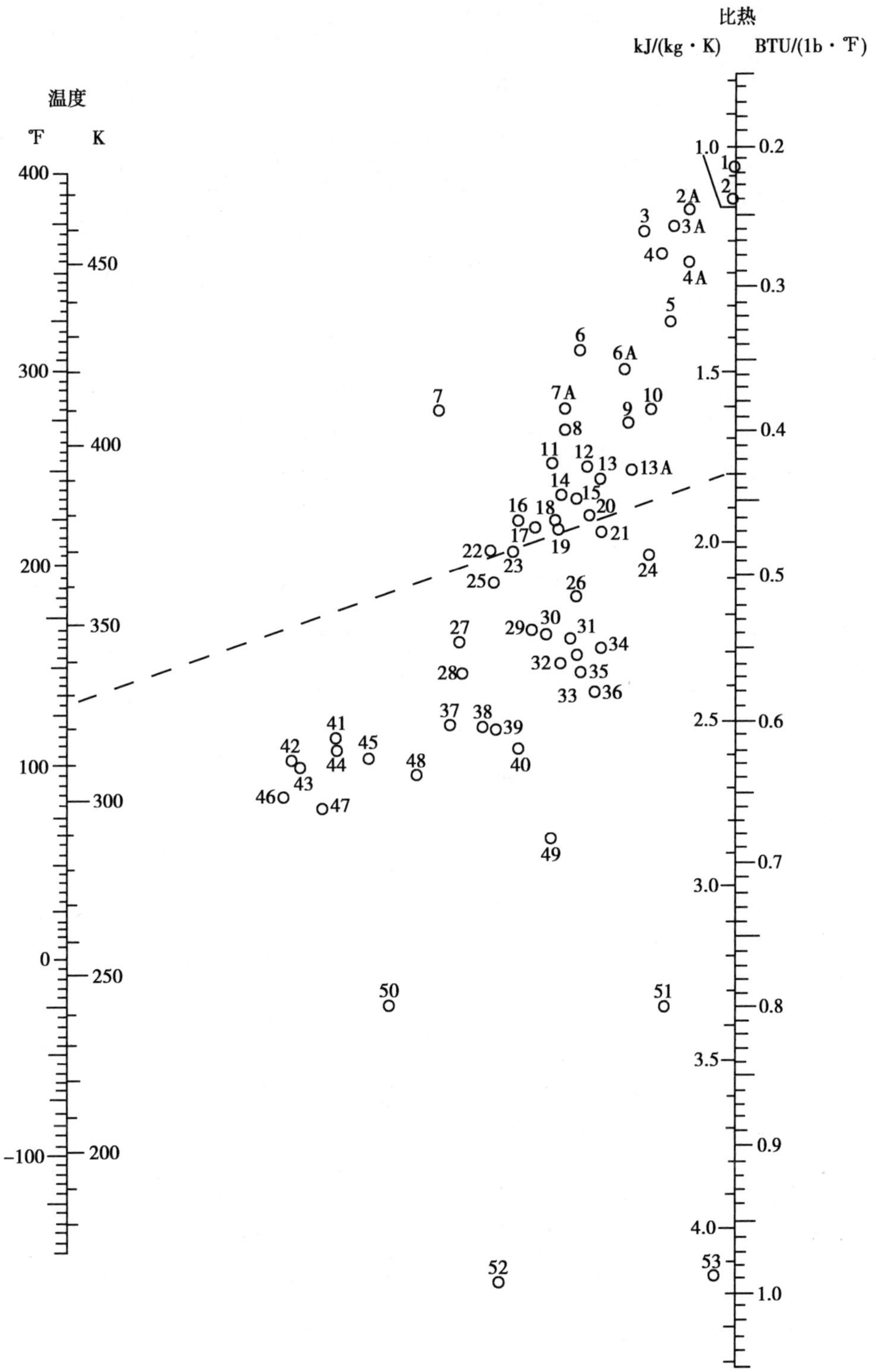

用法举例:求苯在 50℃时的比热。首先由表中查得苯的编号为 23,在图中找到此点,将该点与图中左方温度标尺上 50℃即 323K 的点连成一条直线,将该直线延长与右方比热标尺相交,由交点读出 50℃苯的比热为 1.79kJ/(kg · K)。

液体比热共线图中的编号

编号	液体	温度范围，℃	编号	液体	温度范围，℃
29	醋酸 100%	0~80	7	碘乙烷	0~100
32	丙酮	20~50	39	乙二醇	-40~200
52	氨	-70~50	2A	氟里昂-11(CCl_3F)	-20~70
37	戊醇	-50~25	6	氟里昂-12(CCl_2F_2)	-40~15
26	乙酸戊酯	0~100	4A	氟里昂-21($CHCl_2F$)	-20~70
30	苯胺	0~130	7A	氟里昂-22($CHClF_2$)	-20~60
23	苯	10~80	3A	氟里昂-113(CCl_2F-$CClF_2$)	-20~70
27	苯甲醇	-20~30	38	三元醇	-40~20
10	卡基氧	-30~30	28	庚烷	0~60
49	$CaCl_2$ 盐水 25%	-40~20	35	己烷	-80~20
51	NaCl 盐水 25%	-40~20	48	盐酸 30%	20~100
44	丁醇	0~100	41	异戊醇	10~100
2	二硫化碳	-100~25	43	异丁醇	0~100
3	四氯化碳	10~60	47	异丙醇	-20~50
8	氯苯	0~100	31	异丙醚	-80~20
4	三氯甲烷	0~50	40	甲醇	-40~20
21	癸烷	-80~25	13A	氯甲烷	-80~20
6A	二氯乙烷	-30~60	14	萘	90~200
5	二氯甲烷	-40~50	12	硝基苯	0~100
15	联苯	80~120	34	壬烷	-50~125
22	二苯甲烷	80~120	33	辛烷	-50~25
16	二苯醚	0~200	3	过氯乙烯	-30~140
16	道舍姆 A(Dowtherm A)	0~200	45	丙醇	-20~100
24	乙酸乙酯	-50~25	20	吡啶	-51~25
42	乙醇 100%	30~80	9	硫酸 98%	10~45
46	95%	20~80	11	二氧化硫	-20~100
50	50%	20~80	23	甲苯	0~60
25	乙苯	0~100	53	水	-10~200
1	溴乙烷	5~25	19	二甲苯(邻位)	0~100
13	氯乙烷	-80~40	18	二甲苯(间位)	0~100
36	乙醚	-100~25	17	二甲苯(对位)	0~100

附录 14 气体的比热（101.3kPa）

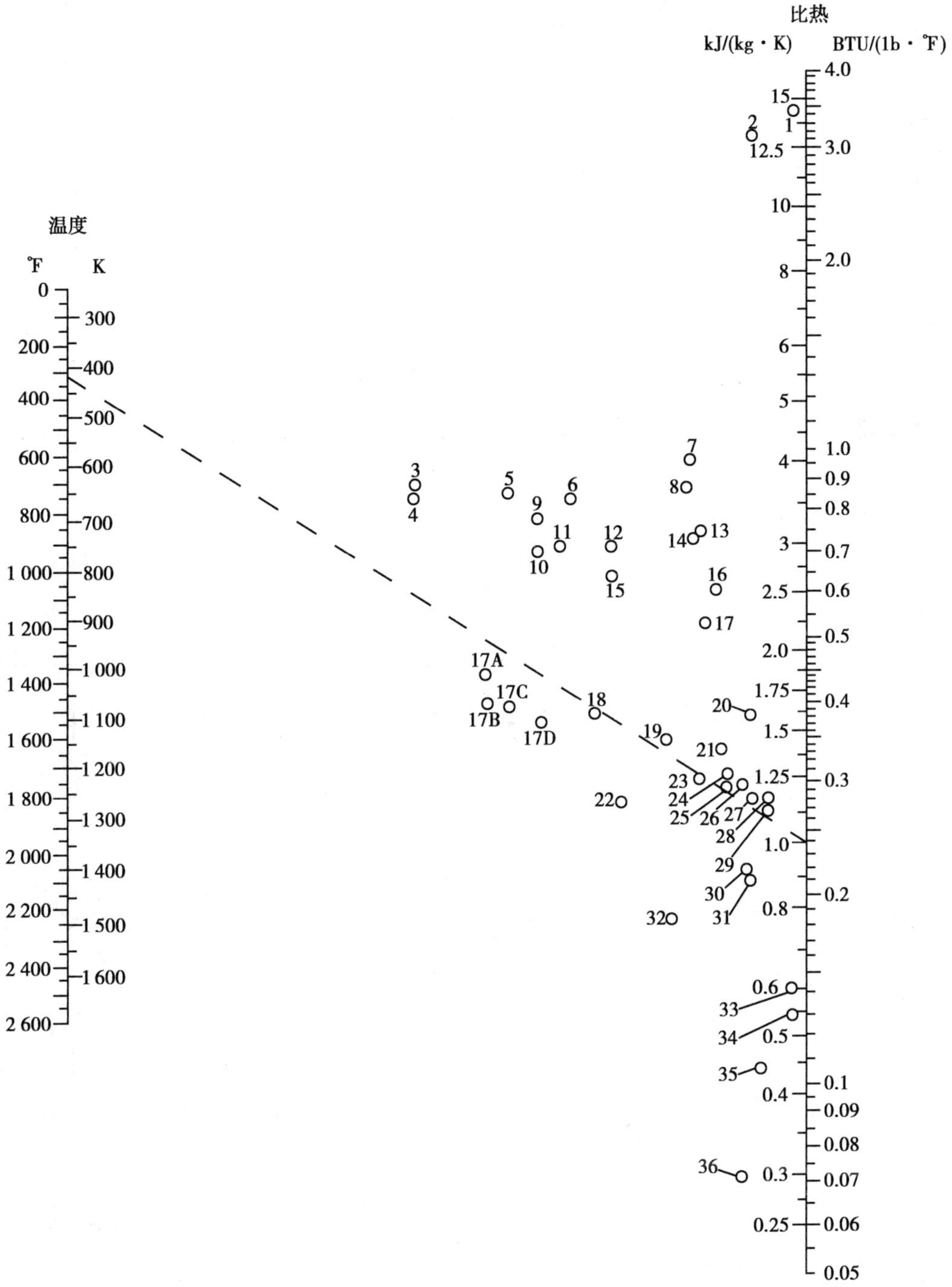

用法举例：求二氧化碳在 150℃时的比热。当二氧化碳的温度为 150℃即 423K 时，由表中查得其编号为 18，在图中找到此点，将该点与图中左方温度标尺上 423K 的点连成一条直线，将该直线延长与右方比热标尺相交，由交点读出 150℃二氧化碳的比热为 1.0kJ/(kg·K)。

气体比热共线图中的编号

编号	气体	温度范围,K	编号	气体	温度范围,K
10	乙炔	273～473	1	氢	273～873
15	乙炔	473～673	2	氢	873～1 673
16	乙炔	673～1 673	35	溴化氢	273～1 673
27	空气	273～1 673	30	氯化氢	273～1 673
12	氨	273～873	20	氟化氢	273～1 673
14	氨	873～1 673	36	碘化氢	273～1 673
18	二氧化碳	273～673	19	硫化氢	273～973
24	二氧化碳	673～1 673	21	硫化氢	973～1 673
26	一氧化碳	273～1 673	5	甲烷	273～573
32	氯	273～473	6	甲烷	573～973
34	氯	473～1 673	7	甲烷	973～1 673
3	乙烷	273～473	25	一氧化氮	273～973
9	乙烷	473～873	28	一氧化氮	973～1 673
8	乙烷	873～1 673	26	氮	273～1 673
4	乙烯	273～473	23	氧	273～773
11	乙烯	473～873	29	氧	773～1 673
13	乙烯	873～1 673	33	硫	573～1 673
17B	氟里昂-11(CCl_3F)	273～423	22	二氧化硫	273～673
17C	氟里昂-21($CHCl_2F$)	273～423	31	二氧化硫	673～1 673
17A	氟里昂-22($CHClF_2$)	278～423	17	水	273～1 673
17D	氟里昂-113(CCl_2F-$CClF_2$)	273～423			

附录 15 液体的汽化潜热（蒸发潜热）

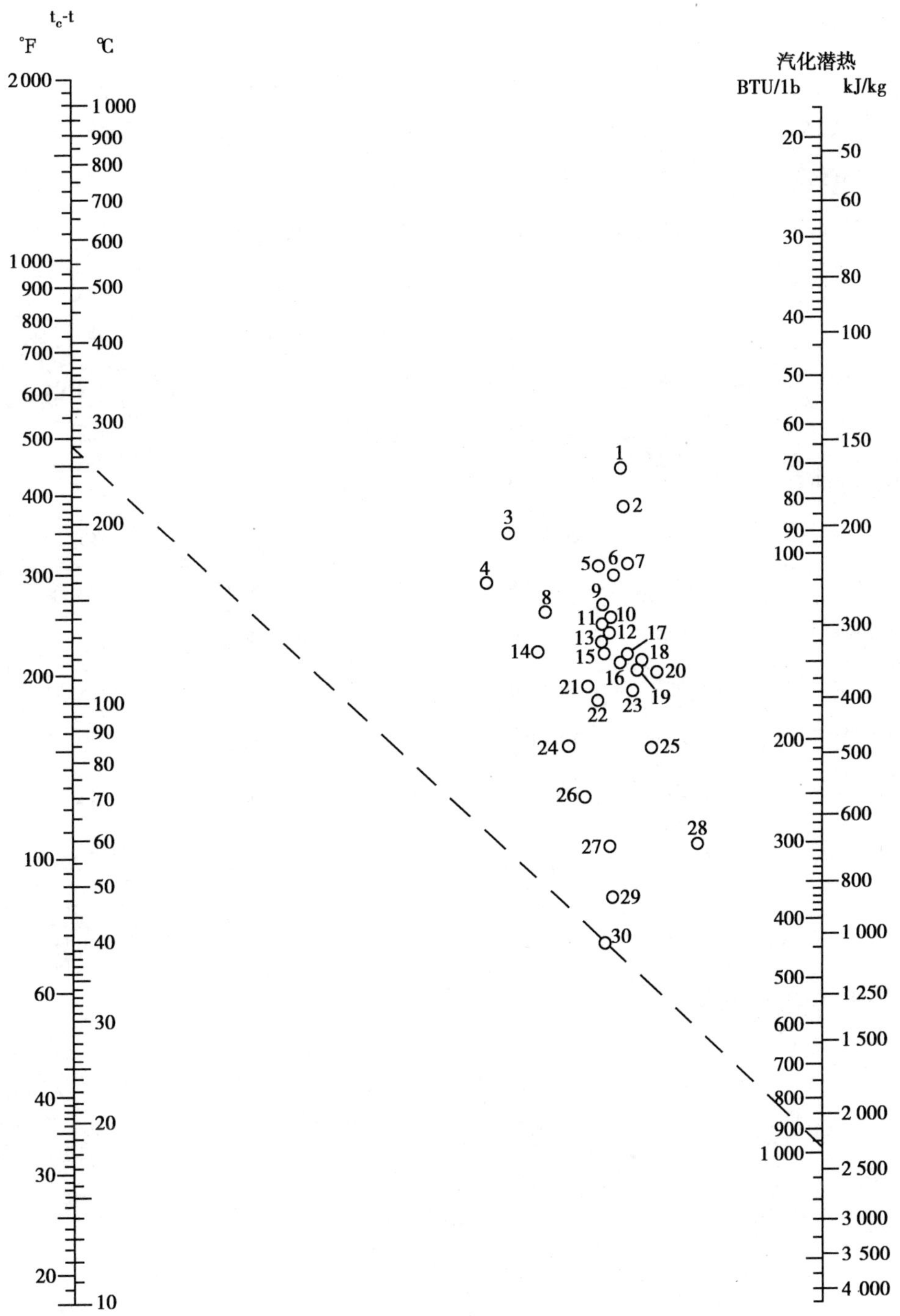

用法举例：求水在 t = 100℃时的汽化潜热。首先由表中查得水的编号为 30，其临界温度 t_c = 374℃，故得 $t_c - t$ = 374−100 = 274℃，在共线图左侧的 $t_c - t$ 标尺上定出 274℃的点，与图中编号为 30 的圆圈中心点连成一条直线，将该直线延长与右侧的汽化热标尺相交，交点的读数为 2 260kJ/kg，该数值即为水在 100℃时的汽化潜热。

液体汽化潜热共线图中的编号

编号	液体	t_c,℃	(t_c-t),℃	编号	液体	t_c,℃	(t_c-t),℃
30	水	374	100~500	7	三氯甲烷	263	140~270
29	氨	133	50~200	2	四氯甲烷	283	30~250
19	一氧化氮	36	25~150	17	氯乙烷	187	100~250
21	二氧化碳	31	10~100	13	苯	289	10~400
4	二氧化碳	273	140~275	3	联苯	527	175~400
14	二氧化硫	157	90~160	27	甲醇	240	40~250
25	乙烷	32	25~150	26	乙醇	243	20~140
23	丙烷	96	40~200	24	丙醇	264	20~200
16	丁烷	153	90~200	13	乙醚	194	10~400
15	异丁烷	134	80~200	22	丙酮	235	120~210
12	戊烷	197	20~200	18	醋酸	321	100~225
11	己烷	235	50~225	2	氟里昂-11	198	70~225
10	庚烷	267	20~300	2	氟里昂-12	111	40~200
9	辛烷	296	30~300	5	氟里昂-21	178	70~250
20	一氯甲烷	143	70~250	6	氟里昂-22	96	50~170
8	二氯甲烷	216	150~250	1	氟里昂-113	214	90~250

附录16　管子规格

1. 低压液体输送用焊接钢管规格（摘自 YB234—63）

公称直径		外径，mm	壁厚，mm		公称直径		外径，mm	壁厚，mm	
mm	in		普通管	加厚管	mm	in		普通管	加厚管
6	1/8	10.0	2.00	2.50	40	1½	48.0	3.50	4.25
8	1/4	13.5	2.25	2.75	50	2	60.0	3.50	4.50
10	3/8	17.0	2.25	2.75	70	2½	75.5	3.75	4.50
15	1/2	21.25	2.75	3.25	80	3	88.5	4.00	4.75
20	3/4	26.75	2.75	3.50	100	4	114.0	4.00	5.00
25	1	33.5	3.25	4.00	125	5	140.0	4.50	5.50
32	1¼	42.25	3.25	4.00	150	6	165.0	4.50	5.50

注：1. 本标准适用于输送水、压缩空气、煤气、冷凝水和采暖系统等压力较低的液体。

2. 焊接钢管可分为镀锌钢管和不镀锌钢管两种，后者又称为黑管。

3. 端无螺纹的黑管长度为 4~12m，管端有螺纹的黑管或镀锌管的长度为 4~9m。

4. 普通钢管的水压试验压力为 $20kgf/cm^2$，加厚管的水压试验压力为 $30kgf/cm^2$。

5. 钢管的常用材质为 A3。

2. 普通无缝钢管

（1）热轧无缝钢管（摘自 YB231—64）

外径，mm	壁厚，mm		外径，mm	壁厚，mm		外径，mm	壁厚，mm	
	从	到		从	到		从	到
32	2.5	8	102	3.5	28	219	6.0	50
38	2.5	8	108	4.0	28	245	(6.5)	50
45	2.5	10	114	4.0	28	273	(6.5)	50
57	3.0	(13)	121	4.0	30	299	(7.5)	75
60	3.0	14	127	4.0	32	325	8.0	75
63.5	3.0	14	133	4.0	32	377	9.0	75
68	3.0	16	140	4.5	36	426	9.0	75
70	3.0	16	152	4.5	36	480	9.0	75
73	3.0	(19)	159	4.5	36	530	9.0	75
76	3.0	(19)	168	5.0	(45)	560	9.0	75
83	3.5	(24)	180	5.0	(45)	600	9.0	75
89	3.5	(24)	194	5.0	(45)	630	9.0	75
95	3.5	(24)	203	6.0	50			

注：1. 壁厚有 2.5、2.8、3、3.5、4、4.5、5、5.5、6、(6.5)、7、(7.5)、8、(8.5)、9、(9.5)、10、11、12、(13)、14、(15)、16、(17)、18、(19)、20、22、(24)、25、(26)、28、30、32、(34)、(35)、36、(38)、40、(42)、(45)、(48)、50、56、60、63、(65)、70、75mm。

2. 括号内尺寸不推荐使用。

3. 钢管长度为 4~12.5m。

（2）冷轧（冷拔）无缝钢管（摘自 YB231—64）

外径，mm	壁厚，mm 从	到	外径，mm	壁厚，mm 从	到	外径，mm	壁厚，mm 从	到
6	0.25	1.6	38	0.40	9.0	95	1.4	12
8	0.25	2.5	44.5	1.0	9.0	100	1.4	12
10	0.25	3.5	50	1.0	12	110	1.4	12
16	0.25	5.0	56	1.0	12	120	(1.5)	12
20	0.25	6.0	63	1.0	12	130	3.0	12
25	0.40	7.0	70	1.0	12	140	3.0	12
28	0.40	7.0	75	1.0	12	150	3.0	12
32	0.40	8.0	85	1.4	12			

注：1. 壁厚有 0.25、0.30、0.4、0.5、0.6、0.8、1.0、1.2、1.4、(1.5)、1.6、1.8、2.0、2.2、2.5、2.8、3.0、3.2、3.5、4.0、4.5、5.0、5.5、6.0、6.5、7.0、7.5、8.0、8.5、9.0、9.5、10、12、(13)、14mm。

2. 括号内尺寸不推荐使用。

3. 钢管长度：壁厚≤1mm，长度为 1.5~7m；壁厚>1mm，长度为 1.5~9m。

（3）热交换器用普通无缝钢管（摘自 YB231—70）

外径，mm	壁厚，mm	备注
19	2	1. 括号内尺寸不推荐使用。 2. 管长有 1 000、1 500、2 000、2 500、3 000、4 000 及 6 000mm
25	2	
	2.5	
38	2.5	
57	2.5	
	3.5	
(51)	3.5	

3. 承插式铸铁管（摘自 YB428—64）

公称直径，mm	内径，mm	壁厚，mm	有效长度，mm	备注
75	75	9	3 000	
100	100	9	3 000	
125	125	9	4 000	
150	151	9	4 000	
200	201.2	9.4	4 000	
250	252	9.8	4 000	
300	302.4	10.2	4 000	
(350)	352.8	10.6	4 000	不推荐使用
400	403.6	11	4 000	
450	453.8	11.5	4 000	
500	504	12	4 000	
600	604.8	13	4 000	
(700)	705.4	13.8	4 000	不推荐使用
800	806.4	14.8	4 000	
(900)	908	15.5	4 000	不推荐使用

附录 17　常用流速范围

介质名称	条件	流速,m/s
过热蒸气	$D_g<100$	20~40
	$100\leqslant D_g\leqslant 200$	30~50
	$D_g>200$	40~60
饱和蒸气	$D_g<100$	15~30
	$100\leqslant D_g\leqslant 200$	25~35
	$D_g>200$	30~40
蒸气 低压	$P<0.98$MPa	15~20
中压	$0.98\leqslant P\leqslant 3.92$MPa	20~40
高压	$3.92\leqslant P\leqslant 11.76$MPa	40~60
一般气体	常压	10~20
高压乏气		80~100
氢气		≤8.0
氮气	P=4.9~9.8MPa	2~5
氧气	P=0~0.05MPa(表)	5~10
	P=0.05~0.59MPa(表)	7~8
	P=0.59~0.98MPa(表)	4~6
	P=0.98~1.96MPa(表)	4~5
	P=1.96~2.94MPa(表)	3~4
压缩空气	P=0.10~0.20MPa(表)	10~15
压缩气体	$P<0.1$MPa(表)	5~10
	P=0.10~0.20MPa(表)	8~12
	P=0.20~0.59MPa(表)	10~20
	P=0.59~0.98MPa(表)	10~15
	P=0.98~1.96MPa(表)	8~10
	P=1.96~2.94MPa(表)	3~6
	P=2.94~24.5MPa(表)	0.5~3.0
设备排气		20~25
煤气		8~10
半水煤气	P=0.10~0.15MPa	10~15
烟道气	烟道内	3.0~6.0
	管道内	3.0~4.0
工业烟囱	自然通风	2.0~8.0
车间通风换气	主管	4.5~15
	支管	2.0~8.0
硫酸	质量浓度 88%~100%	1.2
液碱	质量浓度 0~30%	2
	30%~50%	1.5
	50%~63%	1.2
乙醚、苯	易燃易爆安全允许值	<1.0
甲醇、乙醇、汽油	易燃易爆安全允许值	<2
食盐水	含固体	2~4.5
	无固体	1.5

介质名称	条件	流速,m/s
水及黏度相似的液体	P=0.10~0.29MPa(表)	0.5~2.0
	$P\leqslant 0.98$MPa(表)	0.5~3.0
	$P\leqslant 7.84$MPa(表)	2.0~3.0
	P=19.6~29.4MPa(表)	2.0~3.5
锅炉给水	$P\geqslant 0.784$MPa(表)	>3.0
自来水	主管 P=0.29MPa(表)	1.5~3.5
	支管 P=0.29MPa(表)	1.0~1.5
蒸汽冷凝水	自流	0.5~1.5
冷凝水		0.2~0.5
过热水		2.0
热网循环水		0.5~1.0
热网冷却水		0.5~1.0
压力回水		0.5~2.0
无压回水		0.5~1.2
油及黏度较大的液体		0.5~2.0
液体(μ=50mPa·s)	$D_g\leqslant 25$	0.5~0.9
	$25\leqslant D_g\leqslant 50$	0.7~1.0
	$50\leqslant D_g\leqslant 100$	1.0~1.6
液体(μ=100mPa·s)	$D_g\leqslant 25$	0.3~0.6
	$25\leqslant D_g\leqslant 50$	0.5~0.7
	$50\leqslant D_g\leqslant 100$	0.7~1.0
液体(μ=1 000mPa·s)	$D_g\leqslant 25$	0.1~0.2
	$25\leqslant D_g\leqslant 50$	0.16~0.25
	$25\leqslant D_g\leqslant 50$	0.16~0.25
	$50\leqslant D_g\leqslant 100$	0.25~0.35
	$100\leqslant D_g\leqslant 200$	0.35~0.55
离心泵(水及黏度相似的液体)	吸入管	1.0~2.0
	排出管	1.5~3.0
往复泵(水及黏度相似的液体)	吸入管	0.5~1.5
	排出管	1.0~2.0
往复式真空泵	吸入管	13~16
	排出管 $P<0.98$MPa	8~10
	排出管 P=0.98~9.8MPa	10~20
空气压缩机	吸入管	<10~15
	排出管	15~20
旋风分离器	吸入管	15~25
	排出管	4.0~15
通风机、鼓风机	吸入管	10~15
	排出管	15~20

附录 18 IS 型单级单吸离心泵规格（摘录）

泵型号	流量，m^3/h	扬程，m	转速，r/min	汽蚀余量，m	泵效率，%	功率，kW	
						轴功率	配带功率
IS50-32-125	7.5	22	2 900		47	0.96	2.2
	12.5	20	2 900	2.0	60	1.13	2.2
	15	18.5	2 900		60	1.26	2.2
	3.75		1 450				0.55
	6.3	5	1 450	2.0	54	0.16	0.55
	7.5		1 450				0.55
IS50-32-160	7.5	34.3	2 900		44	1.59	3
	12.5	32	2 900	2.0	54	2.02	3
	15	29.6	2 900		56	2.16	3
	3.75		1 450				0.55
	6.3	8	1 450	2.0	48	0.28	0.55
	7.5		1 450				0.55
IS50-32-200	7.5	525	2 900	2.0	38	2.82	5.5
	12.5	50	2 900	2.0	48	3.54	5.5
	15	48	2 900	2.5	51	3.84	5.5
	3.75	13.1	1 450	2.0	33	0.41	0.75
	6.3	12.5	1 450	2.0	42	0.51	0.75
	7.5	12	1 450	2.5	44	0.56	0.75
IS50-32-250	7.5	82	2 900	2.0	28.5	5.67	11
	12.5	80	2 900	2.0	38	7.16	11
	15	78.5	2 900	2.5	41	7.83	11
	3.75	20.5	1 450	2.0	23	0.91	15
	6.3	20	1 450	2.0	32	1.07	15
	7.5	19.5	1 450	2.5	35	1.14	15
IS65-50-125	15	21.8	2 900		58	1.54	3
	25	20	2 900	2.0	69	1.97	3
	30	18.5	2 900		68	2.22	3
	7.5		1 450				0.55
	12.5	5	1 450	2.0	64	0.27	0.55
	15		1 450				0.55

续表

泵型号	流量,m^3/h	扬程,m	转速,r/min	汽蚀余量,m	泵效率,%	功率,kW	
						轴功率	配带功率
IS65-50-160	15	35	2 900	2.0	54	2.65	5.5
	25	32	2 900	2.0	65	3.35	5.5
	30	30	2 900	2.5	66	3.71	5.5
	7.5	8.8	1 450	2.0	50	0.36	0.75
	12.5	8.0	1 450	2.0	60	0.45	0.75
	15	7.2	1 450	2.5	60	0.49	0.75
IS65-40-200	15	63	2 900	2.0	40	4.42	7.5
	25	50	2 900	2.0	60	5.67	7.5
	30	47	2 900	2.5	61	6.29	7.5
	7.5	13.2	1 450	2.0	43	0.63	1.1
	12.5	12.5	1 450	2.0	66	0.77	1.1
	15	11.8	1 450	2.5	57	0.85	1.1
IS65-40-250	15		2 900				15
	25	80	2 900	2.0	63	10.3	15
	30		2 900				15
IS65-40-315	15	127	2 900	2.5	28	18.5	30
	25	125	2 900	2.5	40	21.3	30
	30	123	2 900	3.0	44	22.8	30
IS80-65-125	30	22.5	2 900	3.0	64	2.87	5.5
	50	20	2 900	3.0	75	3.63	5.5
	60	18	2 900	3.5	74	3.93	5.5
	15	5.6	1 450	2.5	55	0.42	0.75
	25	5	1 450	2.5	71	0.48	0.75
	30	4.5	1 450	3.0	72	0.51	0.75
IS80-65-160	30	36	2 900	2.5	61	4.82	7.5
	50	32	2 900	2.5	73	5.97	7.5
	60	29	2 900	3.0	72	6.59	7.5
	15	9	1 450	2.5	66	0.67	1.5
	25	8	1 450	2.5	69	0.75	1.5
	30	7.2	1 450	3.0	68	0.86	1.5

续表

泵型号	流量,m^3/h	扬程,m	转速,r/min	汽蚀余量,m	泵效率,%	功率,kW	
						轴功率	配带功率
IS80-50-200	30	53	2 900	2.5	55	7.87	15
	50	50	2 900	2.5	69	9.87	15
	60	47	2 900	3.0	71	10.8	15
	15	13.2	1 450	2.5	51	1.06	2.2
	25	12.5	1 450	2.5	65	1.31	2.2
	30	11.8	1 450	3.0	67	1.44	2.2
IS80-50-160	30	84	2 900	2.5	52	13.2	22
	50	80	2 900	2.5	63	17.3	
	60	75	2 900	3.0	64	19.2	
IS50-50-250	30	84	2 900	2.5	52	13.2	22
	50	80	2 900	2.5	63	17.3	22
	60	75	2 900	3.0	64	19.2	22
IS80-50-315	30	128	2 900	2.5	41	25.5	37
	50	125	2 900	2.5	54	31.5	37
	60	123	2 900	3.0	57	35.3	37
IS100-80-125	60	24	2 900	4.0	67	5.86	11
	100	20	2 900	4.5	78	7.00	11
	120	16.5	2 900	5.0	74	7.28	11

附录 19　错流和折流时的对数平均温度差校正系数

1. 折流时的对数平均温度差校正系数

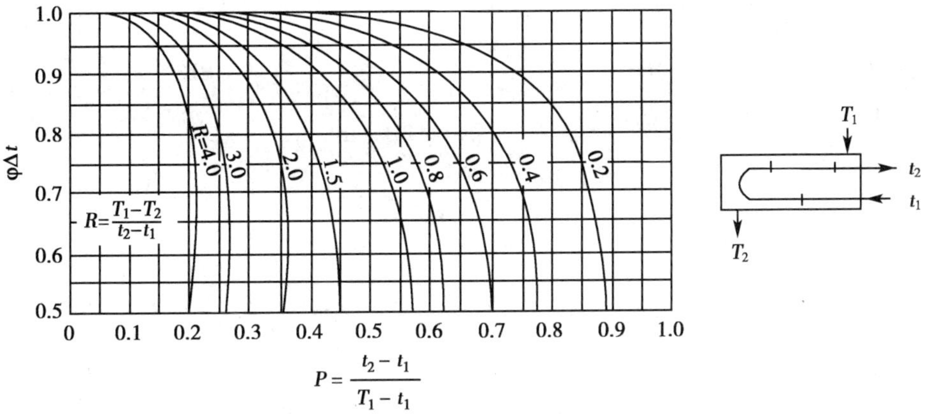

(a) 单壳程，2、4、6……管程

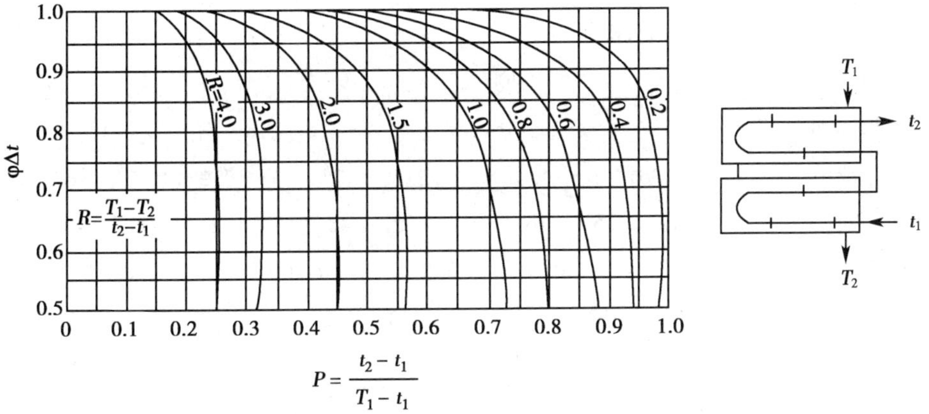

(b) 双壳程，4、8……管程

2. 错流时的对数平均温度差校正系数

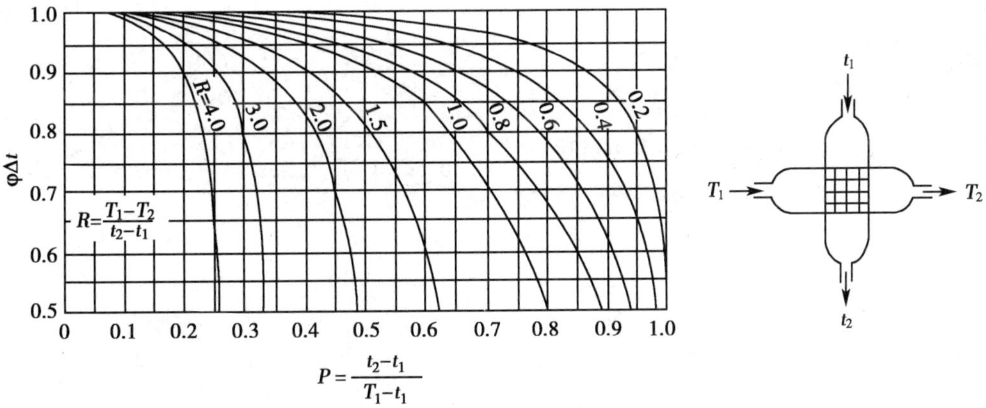

附录 20 换热器系列标准（摘录）

管板式热交换器系列标准

(1) 固定管板式(代号 G)

公称直径，mm		159			273							
公称压强	kgf/cm^2	25			25							
	kPa	2.45×10^3			2.45×10^3							
公称面积,m^2		1	2	3	4		5		8		18	14
管长,m		1.5	2.0	3.0	1.5		2.0		3.0		6.0	
管子总数		13	13	13	38	32	38	32	38	32	38	32
管程数		1	1	1	1	2	1	2	1	2	1	2
壳程数		1	1	1	1		1		1		1	
管子尺寸，mm	碳钢	$\phi25\times2.5$			$\phi25\times2.5$							
	不锈钢	$\phi25\times2$			$\phi25\times2$							
管子排列方法		正三角行排列			正三角行排列							

公称直径，mm		400								500					
公称压强	kgf/cm^2	10，16，25								10，16，25					
	kPa	0.981×10^3，1.57×10^3，2.45×10^3								0.981×10^3，1.57×10^3，2.45×10^3					
公称面积,m^2		10	12	15	16	24	26	48	52	35	40	40	70	80	80
管长,m		1.5		2.0		3.0		6.0		3.0			6.0		
管子总数		102	113	102	113	102	113	102	113	152	172	177	152	172	177
管程数		2	1	2	1	2	1	2	1	4	2	1	4	2	1
壳程数		1		1		1		1		1			1		
管子尺寸，mm	碳钢	$\phi25\times2.5$								$\phi25\times2.5$					
	不锈钢	$\phi25\times2$								$\phi25\times2$					
管子排列方法		正三角行排列								正三角行排列					

公称直径，mm		600				800							
公称压强	kgf/cm^2	6，16，25				6，10，16，25							
	kPa	0.588×10^3，1.57×10^3，2.45×10^3				0.588×10^3，0.981×10^3，1.57×10^3，2.45×10^3							
公称面积,m^2		55	60	120	125	100		110		200	210	220	230
管长,m		3.0		6.0		3.0				6.0			
管子总数		258	269	258	269	444	456	488	501	444	456	488	501
管程数		2	1	2	1	4		2	1	4		2	1
壳程数		1		1		1				1			
管子尺寸，mm	碳钢	$\phi25\times2.5$				$\phi25\times2.5$							
	不锈钢	$\phi25\times2$				$\phi25\times2$							
管子排列方法		正三角行排列											

注：以 kPa 表示的公称压强是以原系列标准中的 kgf/cm^2 换算而来。

（2）浮头式（代号 F）

①F_A系列

公称直径，mm		325	400	500	600	700	800
公称压强	kgf/cm²	40	40	16，25，40	16，25，40	16，25，40	25
	kPa	3.92×10^3	3.92×10^3	1.57×10^3 2.45×10^3 3.92×10^3	1.57×10^3 2.45×10^3 3.92×10^3	1.57×10^3 2.45×10^3 3.92×10^3	2.45×10^3
公称面积，m²		10	25	80	130	185	245
管长，m		3	3	6	6	6	6
管子尺寸，mm		ϕ19×2	ϕ19×2	ϕ19×2	ϕ19×2	ϕ19×2	ϕ19×2
管子总数		76	138	228(224)	372(368)	528(528)	700(696)
管程数		2	2	2(4)	2(4)	2(4)	2(4)
管子排列方法		正三角行排列，管子中心距为 25mm					

注：1. 括号内的数据为四管程的数据。

2. 以 kPa 表示的公称压强是以原系列标准中的 kgf/cm² 换算而来。

②F_B系列

公称直径，mm		325	400	500	600	700	800
公称压强	kgf/cm²	40	40	16，25，40	16，25，40	16，25，40	10，16，25
	kPa	3.92×10^3	3.92×10^3	1.57×10^3 2.45×10^3 3.92×10^3	1.57×10^3 2.45×10^3 3.92×10^3	1.57×10^3 2.45×10^3 3.92×10^3	0.981×10^3 1.57×10^3 2.45×10^3
公称面积，m²		10	15	65	95	135	180
管长，m		3	3	6	6	6	6
管子尺寸，mm		ϕ25×2.5	ϕ25×2.5	ϕ25×2.5	ϕ25×2.5	ϕ25×2.5	ϕ25×2.5
管子总数		36	72	124(120)	208(192)	292(292)	388(384)
管程数		2	2	2(4)	2(4)	2(4)	2(4)
管子排列方法		正三角行排列，管子中心距为 25mm					

公称直径，mm		900	1100
公称压强	kgf/cm²	10，16，25	10，16
	kPa	0.981×10^3，1.57×10^3，2.45×10^3	0.981×10^3，1.57×10^3
公称面积，m²		225	365
管长，m		6	6
管子尺寸，mm		ϕ25×2.5	ϕ25×2.5
管子总数		512	(748)
管程数		2	4
管子排列方法		正方行斜转 45°排列，管子中心距为 32mm	

注：1. 括号内的数据为四管程的数据。

2. 以 kPa 表示的公称压强是以原系列标准中的 kgf/cm² 换算而来。

附录 21 壁面污垢热阻

1. 冷却水

单位：$m^2/(℃ \cdot W)$

加热液体温度，℃	115 以下		115～205	
水的温度，℃	25 以上		25 以下	
水的速度，m/s	1 以下	1 以上	1 以下	1 以上
海水	0.8598×10^{-4}	0.8598×10^{-4}	1.7197×10^{-4}	1.7197×10^{-4}
自来水、井水、湖水、软化锅炉水	1.7197×10^{-4}	1.7197×10^{-4}	3.4394×10^{-4}	3.4394×10^{-4}
蒸馏水	0.8598×10^{-4}	0.8598×10^{-4}	0.8598×10^{-4}	0.8598×10^{-4}
硬水	5.1590×10^{-4}	5.1590×10^{-4}	8.598×10^{-4}	8.598×10^{-4}
河水	5.1590×10^{-4}	3.4394×10^{-4}	6.8788×10^{-4}	5.1590×10^{-4}

2. 工业用气体

单位：$m^2/(℃ \cdot W)$

气体名称	热阻	气体名称	热阻
有机化合物	0.8598×10^{-4}	溶剂蒸气	1.7197×10^{-4}
水蒸气	0.8598×10^{-4}	天然气	1.7197×10^{-4}
空气	3.4394×10^{-4}	焦炉气	1.7197×10^{-4}

3. 工业用液体

单位：$m^2/(℃ \cdot W)$

液体名称	热阻	液体名称	热阻
有机化合物	1.7197×10^{-4}	熔盐	0.8598×10^{-4}
盐水	1.7197×10^{-4}	植物油	5.1590×10^{-4}

4. 石油分馏物

单位：$m^2/(℃ \cdot W)$

馏出物名称	热阻	馏出物名称	热阻
原油	3.4394×10^{-4}～12.098×10^{-4}	柴油	3.4394×10^{-4}～5.1590×10^{-4}
汽油	1.7197×10^{-4}	重油	8.698×10^{-4}
石脑油	1.7197×10^{-4}	沥青油	17.197×10^{-4}
煤油	1.7197×10^{-4}		